VDE- Schriftenreihe 35

Potentialausgleich, Fundamenterder, Korrosionsgefährdung

DIN VDE 0100, DIN 18014 und viele mehr

Dipl.-Ing. Dieter Vogt

4., völlig neu bearbeitete und erweiterte Auflage

VDE-VERLAG GMBH · Berlin · Offenbach

Die Deutsche Bibliothek – CIP-Einheitsaufnahme

Vogt, Dieter:
Potentialausgleich, Fundamenterder, Korrosionsgefährdung :
DIN VDE 0100, DIN 18014 und viele mehr / Dieter Vogt. –
4. völlig neu bearb. und erw. Aufl. –
Berlin ; Offenbach : VDE-VERLAG, 1996
(VDE-Schriftenreihe ; 35)
ISBN 3-8007-2207-0
NE: Verband Deutscher Elektrotechniker: VDE-Schriftenreihe

ISSN 0506-6719
ISBN 3-8007-2207-0

Druck: Graphoprint, Koblenz

9612

Einleitung

Die erste Auflage des Bandes 35 „Potentialausgleich und Fundamenterder – VDE 0100/VDE 0190“ – erstmalig erschienen 1979 – bedurfte 1987 (2. Auflage) dringend einer Überarbeitung, denn inzwischen hatte sich eine Reihe wesentlicher Aussagen geändert.
Durch das Erscheinen von DIN VDE 0100 Teil 410:1983-11 „Schutzmaßnahmen; Schutz gegen gefährliche Körperströme“ und DIN VDE 0100 Teil 540:1983-11 „Auswahl und Errichtung elektrischer Betriebsmittel; Erdung, Schutzleiter, Potentialausgleichsleiter“ wurden die Aussagen zum Potentialausgleich neu gegliedert: Unterschieden werden „Hauptpotentialausgleich“ und „Zusätzlicher Potentialausgleich“, wobei Teil 410 unter anderem die für den Potentialausgleich erforderlichen Maßnahmen vorgibt und Teil 540 unter anderem Bemessungskriterien für den Potentialausgleichsleiter sowie Aussagen zur Potentialausgleichsschiene enthält.
Die Anforderungen an den Hauptpotentialausgleich in DIN VDE 0100 Teil 410 und Teil 540 ergänzend erschien DIN VDE 0190 „Einbeziehen von Gas- und Wasserleitungen in den Hauptpotentialausgleich von elektrischen Anlagen“ im Mai 1986 in überarbeiteter Fassung. Ebenfalls im Mai 1986 wurde die Ausgabe November 1983 von DIN VDE 0100 Teil 540 durch eine Folgeausgabe ersetzt.
Die 2. Auflage des Bandes 35 berücksichtigte somit DIN VDE 0100 Teil 410:1983-11, DIN VDE 0100 Teil 540:1986-05 und DIN VDE 0190:1986-05.
Zwischenzeitlich haben sich aber wiederum Änderungen bei den für den Potentialausgleich wichtigen vorgenannten DIN-VDE-Normen ergeben. So ist nunmehr DIN VDE 0100 Teil 540:1986-05 durch die Folgeausgabe November 1991 ersetzt worden. Gleichzeitig mit dem Erscheinen von DIN VDE 0100 Teil 540:1991-11 wurde DIN VDE 0190:1986-05 zurückgezogen, da die wesentlichen Aussagen aus DIN VDE 0190:1986-05 in DIN VDE 0100 Teil 540:1991-11 übernommen wurden.
Diese Änderungen waren ein wesentlicher Grund für die Überarbeitung des Bandes 35 im Jahr 1993. Die dritte Auflage des Bandes 35 berücksichtigte somit DIN VDE 0100 Teil 410:1983-11 und DIN VDE 0100 Teil 540:1991-11.
Ein wesentlicher Grund für die erneute Überarbeitung des Bandes 35 lag darin, daß das Harmonisierungsdokument HD 384.4.41 S2:1996 noch im Jahr 1996 von Deutschland übernommen werden und bis zu diesem Zeitpunkt auch die nationale Norm DIN VDE 0100 Teil 410:1983-11 zurückgezogen werden mußte. DIN VDE 0100 Teil 410 liegt nun mit Ausgabedatum 1997-01 vor und ist in der vorliegenden vierten Ausgabe des Bandes 35 der VDE-Schriftenreihe berücksichtigt.
Darüber hinaus sind im Band 35 die Aussagen zum örtlichen zusätzlichen Potentialausgleich der DIN-VDE-Normen – insbesondere der Gruppe 700 der Normen der Reihe DIN VDE 0100 – behandelt, in denen ein Potentialausgleich wegen einer besonderen Gefährdung aufgrund der Umgebungsbedingungen für Anlagen besonderer Art gefordert wird.

Dies sind in der Gruppe 700 der Normen der Reihe DIN VDE 0100:

- Teil 701:1984-05 „Räume mit Badewanne oder Dusche“,
- Teil 702:1992-06 „Überdachte Schwimmbäder (Schwimmhallen) und Schwimmbäder im Freien“,
- Teil 705:1992-10 „Landwirtschaftliche und gartenbauliche Anwesen“,
- Teil 706:1992-06 „Leitfähige Bereiche mit begrenzter Bewegungsfreiheit“,
- Teil 708:1993-10 „Elektrische Anlagen auf Campingplätzen und in Caravans“,
- Teil 721:1984-04 „Caravans, Boote und Jachten sowie ihre Stromversorgung auf Camping- bzw. an Liegeplätzen“,
- Teil 723:1990-11 „Unterrichtsräume mit Experimentierständen“,
- Teil 726:1990-03 „Hebezeuge“,
- Teil 728:1990-03 „Ersatzstromversorgungsanlagen“,
- Teil 738:1988-04 „Springbrunnen“.

Außerhalb der Normen der Reihe DIN VDE 0100 sind behandelt:

- DIN VDE 0107 für Krankenhäuser und medizinisch genutzte Räume außerhalb von Krankenhäusern,
- DIN VDE 0165 für explosionsgefährdete Bereiche,
- DIN VDE 0185 für Blitzschutzanlagen,
- DIN VDE 0800 für Anlagen der Fernmeldetechnik,
- DIN EN 50083-1 (VDE 0855 Teil 1) für Antennenanlagen.

Auch die Sachaussagen über den Potentialausgleich in diesen Räumen, Bereichen und Anlagen wurden in der vierten Auflage dem neuesten Stand der DIN-VDE-Normen angepaßt.
Das schon in den früheren Auflagen des Bandes 35 durchgeführte Zusammenführen der vielen Aussagen zum Potentialausgleich aus den verschiedensten DIN-VDE-Normen in ein Werk wurde von der Praxis sehr positiv aufgenommen. In der vorliegenden vierten Auflage des Bandes 35 wird dieses Vorgehen deshalb noch konsequenter praktiziert.
Völlig überarbeitet wurde mit der dritten Auflage das Kapitel „Fundamenterder“. Die Überarbeitung wurde erforderlich, weil die bisher für das Einbringen von Fundamenterdern zuständigen „Richtlinien für das Einbetten von Fundamenterdern in Gebäudefundamente“ der VDEW in die Norm DIN 18014 „Fundamenterder“ überführt wurde. Insbesondere die Behandlung der Anordnung des Fundamenterders im Fundament wurde dabei aktualisiert und den heutigen Baupraktiken angepaßt. In der vierten Auflage wurden einige Aussagen dem aktuellen Stand angepaßt bzw. ergänzt.
Immer größere Bedeutung erlangt in der Praxis das Wissen um Korrosionsgefährdungen beim Zusammenschließen verschiedenster Anlagenteile und Betriebsmittel. Das Verbinden läßt sich manchmal nicht vermeiden, oft – so z. B. bei der Durchführung des Potentialausgleichs – ist es zwingend erforderlich. Unterschiedliche Werkstoffe oder Umgebungen, z. B. Erdreich als Elektrolyt, können dann zu einer mehr

oder weniger großen Korrosionsgefährdung führen. Das Kapitel „Korrosionsgefährdung“ geht deshalb ausführlich auf das Korrosionsgeschehen ein. Behandelt sind unter anderem Eigenkorrosion (chemische Korrosion) und Kontaktkorrosion (elektrochemische Korrosion). Umfassend werden die Erderwerkstoffe im Hinblick auf Eigenkorrosion beurteilt sowie der Zusammenschluß von Erdern verschiedener Werkstoffe im Hinblick auf Kontaktkorrosion diskutiert.
Der Inhalt des Bandes ist keinesfalls Ersatz für die behandelten DIN-Normen, DIN-VDE-Normen (VDE-Bestimmungen), Verordnungen und sonstigen Vorgaben im Originaltext. Er versteht sich nur als eine Art der Interpretation.
Dem Autor liegt es fern, seine Lesart als die einzig richtige darzustellen. Allerdings hat sich der Autor bemüht, die DIN-Normen, DIN-VDE-Normen (VDE-Bestimmungen), Verordnungen und sonstigen Vorgaben objektiv wiederzugeben und zu erläutern.

Dorsten, Oktober 1996 Dieter Vogt

Wichtiger Hinweis:
Die fachliche Bearbeitung wurde im Sommer 1996 abgeschlossen. Spätere Änderungen in Entwürfen und Normen konnten nicht mehr berücksichtigt werden. Soweit es möglich war, fanden aber die Weißdruckvorlagen von kurz vor der Veröffentlichung stehenden Normen noch Berücksichtigung. Somit ist weitgehend sichergestellt, daß dieser Band bei seinem Erscheinen äußerst aktuell ist.

Inhalt

Hinweis:
Die Schreibweise für die Nummern der als VDE-Bestimmung gekennzeichneten DIN-Normen hat sich geändert. Um den Benutzer des Buchs nicht durch unnötig lange Nummernfolgen vom eigentlichen Text abzubringen, wird im laufenden Text die bisher übliche Schreibweise beibehalten; in den Literaturverzeichnissen wird die neue Schreibweise angewendet.

1 Begriffe

1.1 Allgemeines

Von außerordentlicher Bedeutung ist es, im technischen Sprachgebrauch eine eindeutige Sprache zu sprechen, also zweifelsfreie Aussagen zu treffen. Nur zu oft entstehen dadurch, daß verschiedene Personen unter einem Begriff unterschiedliche Definitionen verstehen, in der tagtäglichen Auseinandersetzung mit Wort und Text große Probleme. Als Beispiel sei das Wasserrohrnetz genannt. Gehört zum Wasserrohrnetz auch die in das Haus führende Anschlußleitung oder gar auch Wasserzähler oder Hauptabsperreinrichtungen?
Helfen können hier nur eindeutige Begriffsdefinitionen, die zu einem einheitlichen Verständnis führen.
Daher sind die für diesen Band wichtigen Begriffe und Anmerkungen im folgenden aufgeführt und erläutert. Die Definitionen sind DIN VDE 0100 Teil 200, DIN VDE 0100 Teil 410, DIN VDE 0100 Teil 540, DIN VDE 0107, DIN VDE 0165, DIN VDE 0185, DIN VDE 0800 Teil 2, DIN VDE 0150 und DIN VDE 0151 entnommen.
Hierdurch wird gewährleistet, daß die in diesem Band verwendeten Begriffe im Sinne der vorgenannten Bestimmungstexte verstanden werden.
Soweit bei den folgenden Definitionen kein besonderer Hinweis auf die Ursprungsquelle gegeben ist, entsprechen sie DIN VDE 0100 Teil 200.

1.2 Definitionen

1.2.1 Kenngrößen der Anlagen (aus DIN VDE 0100 Teil 200:1993-11)

Elektrische Anlagen (von Gebäuden)
Alle einander zugeordneten elektrischen Betriebsmittel für einen bestimmten Zweck und mit koordinierten Kenngrößen.

Hausinstallationen
Starkstromanlagen mit Nennspannungen bis 250 V gegen Erde für Wohnungen sowie andere Starkstromanlagen mit Nennspannungen bis 250 V gegen Erde, die in Umfang und Art der Ausführung den Starkstromanlagen für Wohnungen entsprechen.

Neutralleiter (Symbol N)
Ein mit dem Mittelpunkt bzw. Sternpunkt des Netzes verbundener Leiter, der geeignet ist, zur Übertragung elektrischer Energie beizutragen.

1.2.2 Spannungen (aus DIN VDE 0100 Teil 200:1993-11)

Nennspannung (einer Anlage)
Spannung, durch die eine Anlage oder ein Teil einer Anlage gekennzeichnet ist.
Anmerkung:
Die tatsächliche Spannung kann innerhalb der zulässigen Toleranzen von der Nennspannung abweichen.

Berührungsspannung
Spannung, die zwischen gleichzeitig berührbaren Teilen während eines Isolationsfehlers auftreten kann.
Anmerkung:
Es gibt Fälle, in denen der Wert der Berührungsspannung durch die Impedanz der Person, die mit diesen Teilen in Berührung ist, erheblich beeinflußt werden kann.

Zu erwartende Berührungsspannung
Die höchste Berührungsspannung, die im Falle eines Fehlers mit vernachlässigbarer Impedanz in einer elektrischen Anlage je auftreten kann.

Vereinbarte Grenze der Berührungsspannung (U_L)
Höchstwert der Berührungsspannung, der zeitlich unbegrenzt bestehen bleiben darf.
Anmerkung:
Der zulässige Wert hängt von den Bedingungen der äußeren Einflüsse ab.

Spannung gegen Erde ist:
- in Netzen mit geerdetem Mittel- oder Sternpunkt die Spannung eines Außenleiters gegen den geerdeten Mittel- oder Sternpunkt;
- in den übrigen Netzen die Spannung, die bei Erdschluß eines Außenleiters an den übrigen Außenleitern gegen Erde auftritt.

1.2.3 Schutz gegen elektrischen Schlag (Schutz gegen gefährliche Körperströme) (aus DIN VDE 0100 Teil 200:1993-11)

Aktives Teil
Jeder Leiter oder jedes leitfähige Teil, das dazu bestimmt ist, bei ungestörtem Betrieb unter Spannung zu stehen, einschließlich des Neutralleiters, aber vereinbarungsgemäß nicht der PEN-Leiter.

Körper (eines elektrischen Betriebsmittels)
Ein berührbares, leitfähiges Teil eines elektrischen Betriebsmittels, das normalerweise nicht unter Spannung steht, das jedoch im Fehlerfall unter Spannung stehen kann.
Anmerkung 1:
Ein leitfähiges Teil der elektrischen Betriebsmittel, das im Fehlerfall nur über andere Körper unter Spannung geraten kann, ist nicht als Körper anzusehen.
Anmerkung 2:
Das Wort „Körper" wird auch entsprechend der allgemeinen Umgangssprache für den menschlichen oder tierischen Körper angewendet; z. B. auch in zusammengesetzten Wörtern wie „Körperstrom".

Fremdes leitfähiges Teil
Ein leitfähiges Teil, das nicht zur elektrischen Anlage gehört, das jedoch ein elektrisches Potential, einschließlich des Erdpotentials, einführen kann.
Anmerkung:
Zu den fremden leitfähigen Teilen gehören auch leitfähige Fußböden und Wände, wenn über diese Erdpotential eingeführt werden kann.

Elektrischer Schlag
Pathophysiologischer Effekt, ausgelöst von einem elektrischen Strom, der den menschlichen Körper oder den Körper eines Tieres durchfließt.

Direktes Berühren
Berühren aktiver Teile durch Personen oder Nutztiere (Haustiere).

Indirektes Berühren
Berühren von Körpern elektrischer Betriebsmittel, die infolge eines Fehlers unter Spannung stehen, durch Personen oder Nutztiere (Haustiere).

Gefährlicher Körperstrom
Ein Strom, der den Körper eines Menschen oder eines Tieres durchfließt und der Merkmale hat, die üblicherweise einen pathophysiologischen (schädigenden) Effekt auslösen.

Gleichzeitig berührbare Teile
Leiter oder leitfähige Teile, die von einer Person – gegebenenfalls auch von Nutztieren (Haustieren) – gleichzeitig berührt werden können.
Anmerkung:
Gleichzeitig berührbare Teile können sein:
- aktive Teile,
- Körper von elektrischen Betriebsmitteln,
- fremde leitfähige Teile,

- Schutzleiter,
- Erder.

Handbereich
Ein Bereich, der sich von Standflächen aus erstreckt, die üblicherweise betreten werden und dessen Grenzen eine Person in alle Richtungen ohne Hilfsmittel mit der Hand erreichen kann.

1.2.4 Erdung (im wesentlichen aus DIN VDE 0100 Teil 200:1993-11)

Erde
Das leitfähige Erdreich, dessen elektrisches Potential an jedem Punkt vereinbarungsgemäß gleich null gesetzt wird.
Anmerkung 1:
Das Wort „Erde" ist auch die Bezeichnung sowohl für die Erde als Ort als auch für die Erde als Stoff, z. B. die Bodenarten Humus, Lehm, Sand, Kies, Gestein.
Anmerkung 2:
Der Definitionstext setzt vereinbarungsgemäß den stromlosen Zustand des Erdreichs voraus. Im Bereich von Erdern oder Erdungsanlagen kann das Erdreich ein von 0 V abweichendes Potential haben. Für diesen Begriff wurde bisher der Begriff „Bezugserde" verwendet.

Erder
Ein leitfähiges Teil oder mehrere leitfähige Teile, die in gutem Kontakt mit Erde sind und mit dieser eine elektrische Verbindung bilden.
Anmerkung:
Hierzu zählen auch Fundamenterder.

Gesamterdungswiderstand
Der Widerstand zwischen der Haupterdungsklemme/-schiene (Potentialausgleichsschiene) und Erde.
Anmerkung 1:
Der Ausbreitungswiderstand wird mit berücksichtigt.
Anmerkung 2:
Im VDE-Vorschriftenwerk wird im allgemeinen anstelle des Begriffs „Haupterdungsklemme" der Begriff „Potentialausgleichsschiene" verwendet.

Erden
heißt, einen elektrisch leitfähigen Teil über eine Erdungsanlage mit der Erde zu verbinden.

Erdung
ist die Gesamtheit aller Mittel und Maßnahmen zum Erden. Sie wird als offen bezeichnet, wenn Überspannungs-Schutzeinrichtungen, z. B. Schutzfunkenstrecken, in die Erdungsleitung (Erdungsleiter) eingebaut sind.

Betriebserdung
ist die Erdung eines Punkts des Betriebsstromkreises, die für den ordnungsgemäßen Betrieb von Geräten oder Anlagen notwendig ist. Sie wird bezeichnet:

- als *unmittelbar*, wenn sie außer des Erdungswiderstands keine weiteren Widerstände enthält,
- als *mittelbar*, wenn sie über zusätzliche ohmsche, induktive oder kapazitive Widerstände hergestellt ist.

Natürlicher Erder
ist ein mit der Erde oder mit Wasser unmittelbar oder über Beton in Verbindung stehendes Metallteil, dessen ursprünglicher Zweck nicht die Erdung ist, das aber als Erder wirkt.
Anmerkung:
Hierzu gehören z. B. Rohrleitungen, Spundwände, Betonpfahlbewehrungen, Stahlteile von Gebäuden usw.

Oberflächenerder
ist im Sinne von DIN VDE 0185 Teil 1:1982-11 ein Erder, der im allgemeinen in geringer Tiefe bis etwa 1 m eingebracht wird. Er kann z. B. aus Band-, Rundmaterial oder Seil bestehen und als Strahlen-, Ring- oder Maschenerder oder als Kombination aus diesen ausgeführt werden.

Tiefenerder
ist im Sinne von DIN VDE 0185 Teil 1:1982-11 ein Erder, der im allgemeinen lotrecht in größeren Tiefen eingebracht wird. Er kann z. B. aus Rohr-, Rund- oder anderem Profilmaterial bestehen.

Fundamenterder
ist ein Leiter, der in Beton eingebettet ist, der mit der Erde großflächig in Berührung steht.
Anmerkung:
DIN 18014:1994-02 hat diese Definition voll übernommen.

Anschlußfahne (für Fundamenterder)
ist im Sinne von DIN 18014:1994-02 das Verbindungsstück zwischen dem Fundamenterder und der Potentialausgleichsschiene für den Hauptpotentialausgleich, der Ableitung einer Blitzschutzanlage oder sonstigen Konstruktionsteilen aus Metall.

Anschlußteil (für Fundamenterder)
ist im Sinne von DIN 18014:1994-02 ein in Beton oder Mauerwerk oberflächenbündig eingebettetes Bauelement, das mit dem Fundamenterder verbunden ist und zum Anschluß eines Erdungsleiters dient.

Steuererder
ist ein Erder, der nach Form und Anordnung mehr zur Potentialsteuerung als zur Einhaltung eines bestimmten Ausbreitungswiderstands dient.

Erdungsanlage
ist eine örtlich abgegrenzte Gesamtheit miteinander leitend verbundener Erder oder in gleicher Weise wirkender Metallteile (z. B. Mastfüße, Bewehrungen, Kabelmetallmäntel) und Erdungsleiter.

Spezifischer Erdwiderstand ρ_E
ist der spezifische elektrische Widerstand der Erde. Er wird meist in $\Omega\,m^2/m = \Omega m$ angegeben und stellt dann den Widerstand eines Erdwürfels von 1 m Kantenlänge zwischen zwei gegenüberliegenden Würfelflächen dar.
Anmerkung:
Hier ist das Wort „Erde“ die Bezeichnung für die Erde als Stoff.

Ausbreitungswiderstand
eines Erders ist der Widerstand der Erde zwischen dem Erder und der Bezugserde.
Anmerkung:
Hier ist das Wort „Erde“ die Bezeichnung für die Erde als Stoff.

Potentialsteuerung
ist die Beeinflussung des Erdpotentials, insbesondere des Erdoberflächenpotentials, durch Erder.

Schutzleiter (Symbol PE)
Ein Leiter, der für einige Schutzmaßnahmen gegen elektrischen Schlag (Schutzmaßnahmen gegen gefährliche Körperströme) erforderlich ist, um die elektrische Verbindung zu einem der folgenden Teile herzustellen:
- Körper der elektrischen Betriebsmittel,
- fremde leitfähige Teile,
- Haupterdungsklemme (Potentialausgleichsschiene),
- Erder,
- geerdeter Punkt der Stromquelle oder künstlicher Sternpunkt.

Hauptschutzleiter
ist im Sinne von DIN VDE 0100 Teil 410 der
- von der Stromquelle kommende oder
- vom Hausanschlußkasten oder dem Hauptverteiler abgehende Schutzleiter.

PEN-Leiter
Ein geerdeter Leiter, der zugleich die Funktion des Schutzleiters und des Neutralleiters erfüllt.
Anmerkung:
Die Bezeichnung PEN resultiert aus der Kombination der beiden Symbole PE für den Schutzleiter und N für den Neutralleiter.

Erdungsleiter
Ein Schutzleiter, der die Haupterdungsklemme oder -schiene (Potentialausgleichsschiene) mit dem Erder verbindet.
Anmerkung:
Zur Zeit wird im VDE-Vorschriftenwerk zum Teil noch der Begriff „Erdungsleitung“ verwendet.

Haupterdungsleitung
ist im Sinne von DIN VDE 0100 Teil 410 die vom Erder oder von den Erdern kommende Erdungsleitung (Erdungsleiter).

Erdungssammelleitung
ist eine Erdungsleitung (Erdungsleiter), an die mehrere Erdungsleitungen (Erdungsleiter) angeschlossen sind.

Haupterdungsklemme, Haupterdungsschiene
Eine Klemme oder Schiene, die vorgesehen ist, die Schutzleiter, die Potentialausgleichsleiter und gegebenenfalls die Leiter für die Funktionserdung mit der Erdungsleitung (Erdungsleiter) und den Erdern zu verbinden.
Anmerkung:
Der Ausdruck „Haupterdungsschiene“ ist mit dem in einigen VDE-Bestimmungen üblichen Ausdruck „Potentialausgleichsschiene“ vergleichbar.

Potentialausgleich
Elektrische Verbindung, die die Körper elektrischer Betriebsmittel und fremde leitfähige Teile auf gleiches oder annähernd gleiches Potential bringt.

Potentialausgleichsleiter
Ein Schutzleiter zum Sicherstellen des Potentialausgleichs.

Potentialausgleichsschiene
siehe Haupterdungsklemme, Haupterdungsschiene.
Anmerkung:
In DIN VDE 0618 Teil 1:1989-08 lautet die Definition:
Potentialausgleichsschiene (PAS) ist die Schiene, die vorgesehen ist, Schutzleiter, Potentialausgleichsleiter und gegebenenfalls Leiter für die Funktionserdung mit dem Erdungsleiter und den Erdern zu verbinden.
Die Definition aus DIN VDE 0618 Teil 1:1989-08 wurde sinngemäß von DIN 18014:1994-02 übernommen.

Wasserrohrnetz
ist die Gesamtheit eines vorwiegend unterirdischen Leitungssystems verzweigter und oft auch vermaschter Haupt-, Versorgungs- und Anschlußleitungen einschließlich Wasserzähler oder Hauptabsperrvorrichtung ausschließlich Wasserverbrauchsleitungen (aus zurückgezogener DIN VDE 0190:1986-05 bzw. Erläuterungen zu DIN VDE 0100 Teil 540:1991-11).

Hauptwasserrohre
sind im Sinne von DIN VDE 0100 Teil 410:1983-11 Wasserverbrauchsleitungen nach der Hauseinführung in Fließrichtung hinter der ersten Absperrarmatur.

Wasserverbrauchsleitungen
sind Rohrleitungen hinter Wasserzählern oder Hauptabsperrvorrichtungen in Wasserströmungsrichtung gesehen (aus zurückgezogener DIN VDE 0190:1986-05 bzw. Erläuterungen zu DIN VDE 0100 Teil 540:1991-11).

Gasrohrnetz
ist die Gesamtheit eines vorwiegend unterirdischen Leitungssystems verzweigter und oft auch vermaschter Versorgungs- und Hausanschlußleitungen einschließlich Hauptabsperreinrichtung, ausschließlich der Gasinnenleitungen (aus zurückgezogener DIN VDE 0190:1986-05).

Hauptgasrohre
sind im Sinne von DIN VDE 0100 Teil 410:1983-11 Gasinnenleitungen nach der Hauseinführung in Fließrichtung hinter der ersten Absperrarmatur.

Gasinnenleitungen
sind Rohrleitungen hinter der dem Gebäude zugeordneten Hauptabsperreinrichtung – in Gasströmrichtung gesehen – im Gebäude (aus zurückgezogener DIN VDE 0190:1986-05).

1.2.5 Andere Betriebsmittel (aus DIN VDE 0100 Teil 200:1993-11)

Elektrische Betriebsmittel
sind alle Gegenstände, die zum Zwecke der Erzeugung, Umwandlung, Übertragung, Verteilung und Anwendung von elektrischer Energie benutzt werden, z. B. Maschinen, Transformatoren, Schaltgeräte, Meßgeräte, Schutzeinrichtungen, Kabel und Leitungen, Stromverbrauchsgeräte.

Elektrische Verbrauchsmittel
sind Betriebsmittel, die dazu bestimmt sind, elektrische Energie in andere Formen der Energie umzuwandeln, z. B. in Licht, Wärme oder in mechanische Energie.

Ortsveränderliche Betriebsmittel
sind Betriebsmittel, die während des Betriebs bewegt werden oder die leicht von einem Platz zu einem anderen gebracht werden können, während sie an den Versorgungsstromkreis angeschlossen sind.

Handgeräte
sind ortsveränderliche Betriebsmittel, die dazu bestimmt sind, während des üblichen Gebrauchs in der Hand gehalten zu werden und bei denen ein gegebenenfalls eingebauter Motor einen festen Bestandteil des Betriebsmittels bildet.
Anmerkung:
Ortsveränderliche Betriebsmittel können nicht nur Motoren, sondern auch z. B. Heizeinrichtungen enthalten, da das Kriterium für Handgeräte nicht nur von motorischen Antrieben abhängt, z. B. beim Lötkolben oder Frisierstab.

Ortsfeste Betriebsmittel
Fest angebrachte Betriebsmittel oder Betriebsmittel, die keine Tragvorrichtung haben und deren Masse so groß ist, daß sie nicht leicht bewegt werden können.
Beispiel:
Der Wert dieser Masse wird in IEC-Normen für Haushaltgeräte mit 18 kg festgelegt.

Fest angebrachte Betriebsmittel
Betriebsmittel, die auf einer Haltevorrichtung angebracht oder in einer anderen Weise fest an einer bestimmten Stelle montiert sind.

1.2.6 Fehlerarten (aus DIN VDE 0100 Teil 200:1993-11)

Isolationsfehler
ist ein fehlerhafter Zustand in der Isolierung.

Körperschluß
ist eine durch einen Fehler entstandene leitende Verbindung zwischen Körper und aktiven Teilen elektrischer Betriebsmittel.

Kurzschluß
ist eine durch einen Fehler entstandene leitende Verbindung zwischen betriebsmäßig gegeneinander unter Spannung stehenden Leitern (aktiven Teilen), wenn im Fehlerstromkreis kein Nutzwiderstand liegt.

Erdschluß
ist eine durch einen Fehler, auch über einen Lichtbogen, entstandene leitende Verbindung eines Außenleiters oder eines betriebsmäßig isolierten Neutralleiters mit Erde oder geerdeten Teilen.

Vollkommener Körper-, Kurz- oder Erdschluß
liegt vor, wenn die leitende Verbindung an der Fehlerstelle nahezu widerstandslos ist.

Fehlerstrom
ist der Strom, der durch einen Isolationsfehler zum Fließen kommt.

Erdschlußstrom
ist der Strom, der infolge eines Erdschlusses zum Fließen kommt.

1.2.7 Explosionsgefährdete Bereiche (aus DIN VDE 0165:1991-02)

Explosionsgefährdete Bereiche
Explosionsgefährdete Bereiche sind Bereiche, in denen aufgrund der örtlichen und betrieblichen Verhältnisse explosionsfähige Atmosphäre in gefahrdrohender Menge (gefährliche explosionsfähige Atmosphäre) auftreten kann (Explosionsgefahr).

Explosionsfähige Atmosphäre
Explosionsfähige Atmosphäre ist ein Gemisch von brennbaren Gasen, Dämpfen, Nebel oder Stäuben mit Luft einschließlich üblicher Beimengungen, z. B. Feuchte, unter atmosphärischen Bedingungen, in dem sich eine Reaktion nach erfolgter Zündung selbständig fortpflanzt.

Als atmosphärische Bedingungen gelten hier Gesamtdrücke von 0,8 bar bis 1,1 bar und Gemischtemperaturen von – 20 °C bis + 60 °C.
Anmerkung:
Explosionsfähige Atmosphäre kann sich in der Regel nicht aus einer Flüssigkeit bilden, deren Temperatur mehr als 5 K unterhalb des Flammpunkts liegt. Beim Versprühen ist jedoch auch bei einer Temperatur unterhalb des Flammpunkts mit explosionsfähiger Atmosphäre (Nebel/Luft-Gemisch) zu rechnen. Explosionsfähige Atmosphäre kann sich außerdem durch Aufwirbeln von Staubablagerungen (Staub/ Luft-Gemisch) bilden.

1.2.8 Blitzschutz (aus DIN VDE 0185 Teil 1:1982-11)

Blitzschutzanlage
ist die Gesamtheit aller Einrichtungen für den äußeren und inneren Blitzschutz der zu schützenden Anlage.

Äußerer Blitzschutz
ist die Gesamtheit aller außerhalb, an und in der zu schützenden Anlage verlegten und bestehenden Einrichtungen zum Auffangen und Ableiten des Blitzstroms in die Erdungsanlage.

Innerer Blitzschutz
ist die Gesamtheit der Maßnahmen gegen die Auswirkungen des Blitzstroms und seiner elektrischen und magnetischen Felder auf metallene Installationen und elektrische Anlagen im Bereich der baulichen Anlage.

Ableitung
ist eine elektrisch leitende Verbindung zwischen einer Fangeinrichtung und einem Erder.

Blitzschutzerdung
ist die Erdung einer Blitzschutzanlage zur Ableitung des Blitzstroms in die Erde.

Ventilableiter (Überspannungs-Schutzeinrichtung)
ist ein Überspannungsschutzgerät zur Verbindung der Blitzschutzanlage mit aktiven Teilen der Starkstromanlage, z. B. bei Gewitterüberspannungen. Er besteht im wesentlichen aus in Reihe geschalteter Funkenstrecke und spannungsabhängigem Widerstand.

Trennfunkenstrecke
für eine Blitzschutzanlage ist eine Funkenstrecke zur Trennung von elektrisch leitfähigen Anlagenteilen. Bei einem Blitzeinschlag werden die Anlagenteile durch Ansprechen der Funkenstrecke vorübergehend leitend verbunden.

Metallene Installationen
sind alle in und an der zu schützenden Anlage vorhandenen großen metallenen Einrichtungen, wie Wasser-, Gas-, Heizungs-, Feuerlösch- und sonstige Rohrleitungen, Gebläserohre, Treppen, Klima- und Lüftungskanäle, Hebezeuge, Führungsschienen von Aufzügen, Metalleinsätze in Schornsteinen, metallene Umhüllungen abgeschirmter Räume.

Elektrische Anlagen
sind Starkstrom- und Fernmeldeanlagen einschließlich elektrischer MSR-Anlagen. Dies sind Anlagen mit Meß-, Steuer- und Regeleinrichtungen zum Erfassen und Verarbeiten von Meßwerten (Meßgrößen).

Starkstromanlagen
sind elektrische Anlagen mit Betriebsmitteln zum Erzeugen, Umwandeln, Speichern, Fortleiten, Verteilen und Verbrauchen elektrischer Energie mit dem Zweck des Verrichtens von Arbeit, z. B. in Form von mechanischer Arbeit, zur Wärme- und Lichterzeugung oder bei elektrochemischen Vorgängen.

Fernmeldeanlagen
einschließlich Informationsverarbeitungsanlagen sind Anlagen zur Übertragung und Verarbeitung von Nachrichten und Fernwirkinformationen mit elektrischen Betriebsmitteln. Hierzu zählen z. B. elektrische MSR-Anlagen. Dies sind Anlagen mit Meß-, Steuer- und Regeleinrichtungen zum Erfassen und Verarbeiten von Meßwerten (Meßgrößen).

Näherung
ist ein zu geringer Abstand zwischen Blitzschutzanlage und metallenen Installationen oder elektrischen Anlagen, bei der die Gefahr eines Über- oder Durchschlags bei Blitzeinschlag besteht.

1.2.9 Fernmeldeanlagen (aus DIN VDE 0800 Teil 2:1985-07)

Funktions-Potentialausgleich
mindert die Spannung zwischen leitfähigen Teilen auf einen zur einwandfreien Funktion eines Betriebsmittels, Geräts oder einer Anlage ausreichend geringen Wert.

Schutz-Potentialausgleich
verhindert das Auftreten von zu hohen Spannungen zwischen leitfähigen Teilen.

Funktions- und Schutz-Potentialausgleich
ist die Kombination von Funktions-Potentialausgleich und Schutz-Potentialausgleich und genügt sowohl den Anforderungen hinsichtlich der Funktion als auch hinsichtlich des Schutzes eines Betriebsmittels, Geräts oder einer Anlage.

Bezugsleiter
ist ein System leitender Verbindungen, auf die die Potentiale der anderen Leiter, insbesondere der signalführenden Leiter, bezogen werden.
Die Bezugsleiter können mit Erde verbunden sein.

Funktionserdung
ist eine Erdung, die nur den Zweck hat, die beabsichtigte Funktion einer Fernmeldeanlage oder eines Betriebsmittels zu ermöglichen. Die Funktionserdung schließt auch Betriebsströme von solchen Fernmeldegeräten ein, die die Erde als Rückleitung benutzen.

Schutzerdung
ist die unmittelbare Erdung, die den Zweck hat, Personen und Betriebsmittel vor dem Auftreten oder Bestehenbleiben einer unbeabsichtigt hohen Spannung zu schützen.

1.2.10 Korrosion (zum Teil aus DIN VDE 0150:1983-04 und DIN VDE 0151:1986-06)

Anode
ist eine Elektrode, bei der der Strom – bezogen auf die technische Stromrichtung – vom Leiter in den Elektrolyten übertritt. Die Anode hat:

- positive Polarität, wenn sie ihre Eigenschaft als Anode dadurch besitzt, daß sie Bestandteil einer elektrolytischen Zelle ist;
- negative Polarität, wenn sie ihre Eigenschaft als Anode dadurch besitzt, daß sie Bestandteil eines elektrochemischen Elements mit geschlossenem Stromkreis ist.

Anodischer Bereich
ist derjenige Bereich einer Metalloberfläche, aus dem ein Gleichstrom in den Erdboden übertritt.

Elektrode
ist ein Leiter, an dessen Grenzfläche zu einem Elektrolyten Elektronen und Ionen ausgetauscht werden.

Bezugselektrode
ist eine Meßelektrode zum Bestimmen des Potentials eines Metalls im Erdboden. Beim Messen von Wechselspannungen genügt ein Metallstab, beim Messen von Gleichspannungen ist eine unpolarisierbare Elektrode erforderlich, z. B. gesättigte Kupfer/Kupfersulfat-Elektrode ($Cu/CuSO_4$).

Elektrolytlösung
ist ein ionenleitendes Medium, z. B. wäßrige Lösungen, Erdboden, Salzschmelzen.

Katode
ist eine Elektrode, bei der der Strom – bezogen auf die technische Stromrichtung – vom Elektrolyten in den Leiter übertritt. Ihre Polarität ist entgegengesetzt zu derjenigen der Anode.

Katodischer Bereich
ist derjenige Bereich einer Metalloberfläche, in den ein Gleichstrom aus dem Erdboden eintritt.

Galvanisches Element (elektrochemisches Element)
ist die Kombination zweier Elektroden, die unterschiedliche Ruhepotentiale haben und elektrolytisch leitend (ionenleitend) miteinander verbunden sind.

Korrosion
ist die Reaktion eines metallischen Werkstoffs mit seiner Umgebung, die eine Veränderung des Werkstoffs bewirkt und zu einem Korrosionsschaden führen kann.

Elektrochemische Korrosion (elektrolytische Korrosion)
ist die Korrosion eines Metalls in Gegenwart eines Elektrolyten, wobei elektrische Ladungsträger (Elektronen und Ionen) auftreten. Sie wird durch Fremdgleichstrom – z. B. Streustrom – oder durch ein Korrosionselement bewirkt.

Korrosionselement
ist ein galvanisches Element, das eine elektrochemiche Korrosion dadurch bewirkt, daß seine Elektroden (Anode, Katode) auch metallisch leitend (elektronenleitend) miteinander verbunden sind.
Es ist bei der Korrosion eines metallischen Werkstoffs im Erdreich wirksam und führt zu einer örtlichen Korrosion. Anodische und katodische Bereiche eines Korrosionselements werden durch unterschiedliche Art bzw. Zustände der Metalle bzw. des sie umgebenden Erdbodens gebildet.

Eigenkorrosion
ist der Anteil des Massenverlusts, der an Elektroden in einheitlichen Elektrolytlösungen auftritt und nicht durch einen anodischen Summenstrom (Elementstrom, Streustrom) verursacht wird.

Korrosionsgefährdung
ist die Gefahr einer Beeinträchtigung der Funktion von Erdern, Erdungsanlagen und damit verbundenen erdverlegten metallischen Bauteilen durch Korrosion.

Korrosionsschaden
ist die Beeinträchtigung der Funktion von Erdern, Erdungsanlagen und damit verbundenen erdverlegten metallischen Bauteilen durch Korrosion.

Lochfraß
ist eine örtliche Korrosion, die zu krater- oder naldelstichförmigen Vertiefungen und im Endzustand zur Durchlöcherung führt.

Ruhepotential (Metall/Erdreich-Potential)
ist die Gleichspannung zwischen einem Metall und dem umgebenden Erdboden, die mit Hilfe einer Bezugselektrode hochohmig gemessen wird. Das Vorzeichen des Meßwerts wird auf die Polarität des Metalls bezogen, und bei der Angabe des Potentials ist die Bezugselektrode anzugeben.

Unedlere Metalle
sind Metalle mit negativerem Ruhepotential, z. B. Zink, Aluminium und Magnesium, gegenüber Stahl.

Edlere Metalle
sind Metalle mit positiverem Ruhepotential, z. B. Kupfer, Silber und Gold, gegenüber Stahl.

Kupfer/Kupfersulfat-Elektrode
ist eine Bezugselektrode, die aus Kupfer in gesättigter Kupfersulfatlösung besteht. Die Kupfer/Kupfersulfat-Elektrode ($Cu/CuSO_4$) ist die gebräuchlichste Bezugselektrode für die Potentialmessung im Erdboden.

Wirksame Elementspannung
ist die zwischen den verbundenen Metallen wirksame Spannung, die unmittelbar nach dem Auftrennen der Verbindung gemessen werden kann; sie ist nicht die Differenz der Ruhepotentiale.

Streustrom
ist der in einem Elektrolyten, z. B. Erdreich, Wasser, fließende Strom, soweit er vom im Elektrolyten liegenden Leiter stammt und von elektrischen Anlagen geliefert wird.
Ein Streustrom kann metallene, nicht zum Stromführen bestimmte Leiter benutzen. Gleichstrom verursacht bei seinem Austritt aus diesen Leitern in das Erdreich Streustromkorrosion.

Streustromkorrosion
ist die Zerstörung eines Metalls im Elektrolyten durch Streustrom.

Katodischer Korrosionsschutz
ist ein Schutzverfahren gegen Korrosion, bei dem die zu schützende Anlage zur Katode gemacht wird, und zwar durch galvanische Anoden, Fremdstromanlagen, Streustromableitungen oder -absaugungen.

Das Schutzpotential
ist ein Kriterium für den katodischen Korrosionsschutz eines Metalls in einem Elektrolyten. Der Bereich des Schutzpotentials, gemessen gegen eine gesättigte Kupfer/Kupfersulfat-Elektrode ($Cu/Cu\ SO_4$), ist bei:

Kupfer	– 0,15 V und negativer,
Blei	– 0,6 V bis etwa – 2,0 V,
Eisen	– 0,85 V und negativer,
Aluminium etwa	– 1,0 V bis etwa – 1,2 V.

Aluminium hat nur einen sehr kleinen Potentialbereich, in dem der katodische Schutz möglich ist. Bei stark negativem Potential wird Aluminium korrodiert.

Streustromableitung oder Drainage
ist die Ableitung von Streuströmen aus streustromgefährdeten Anlagen über eine metallene Verbindung zu den Punkten der störenden Anlage, die ein negatives Potential gegen den umgehenden Elektrolyten haben, z. B. den Straßenbahnschienen oder der Minussammelschiene von Gleichrichterwerken.

Unmittelbare Streustromableitung
ist die Ableitung von Streuströmen über eine Kabelverbindung (Streustromrückleiter) von der gefährdeten Anlage zu stets negativen Punkten der die Streuströme erzeugenden Anlage, auch über einen einstellbaren Widerstand. Im Einflußbereich von Gleichstrombahnen mit mehreren Unterwerken sind unmittelbare Streustromableitungen im allgemeinen nur zu Sammelschienen von ständig betriebenen Unterwerken möglich.

Gerichtete oder polarisierte Streustromableitung
ist die Ableitung von Streuströmen über eine Kabelverbindung, jedoch mit einem stromrichtungsabhängigen Glied, z. B. Gleichrichterzellen. Durch diese wird eine Stromumkehr im Streustromrückleiter verhindert.

Streustromabsaugung (Soutirage)
ist eine erzwungene Streustromableitung, bei der im Streustromrückleiter eine Gleichstromquelle liegt. Durch sie kann an der gefährdeten Anlage auch dann ein negatives Potential gegenüber dem umgebenden Elektrolyten (Erdboden) erzwungen werden, wenn dies allein durch die Ableitung der Streuströme nicht erreicht wird.

Streustromrückleiter
ist die metallene Verbindung zwischen einer gefährdeten Anlage, z. B. Rohrleitung oder Kabel, und der die Streuströme hervorrufenden Anlage, z. B. Schienen einer Gleichstrombahn oder Minussammelschiene des Gleichrichterwerks.

Fremdstromanlage
ist eine Anlage, die zum Erzeugen des Schutzstroms für den katodischen Korrosionsschutz dient.
Sie besteht aus der Gleichstromquelle, den Fremdstromanoden und den erforderlichen Kabelverbindungen. Der Gleichstrom wird meist mit Hilfe von Gleichrichtern aus der öffentlichen Stromversorgung erzeugt. Der negative Pol des Gleichrichters wird mit der zu schützenden Anlage, der positive Pol mit den in den Elektrolyten (Erdboden) eingebrachten Fremdstromanoden verbunden.

Galvanische Anoden
sind Elektroden, die aus einem unedleren Metall bestehen als die zu schützende Anlage, z. B. aus Magnesium oder Zink.
Die Anoden werden in den Elektrolyten (Erdboden) eingebracht und mit der zu schützenden Anlage verbunden. Der Schutzstrom wird durch die natürliche Potentialdifferenz zwischen dem unedleren Anodenmetall und der zu schützenden Anlage erzeugt.

Rückleitung
ist die zur Übertragung elektrischer Energie an Fahrzeuge benutzte Fahrschiene und die an die Fahrschiene angeschlossenen und zum Unterwerk führenden Leiter (Rückleiter). Hierzu gehören auch die Verbinder der Fahrschienen sowie parallel geschaltete Leiter sowie Gleisdrosselspulen und Saugtransformatoren. In Fahrzeugen wird unter Rückleitung auch die Verbindung der Rückleitungssammelschienen zu metallenen Radreifen bzw. zu den Radsatzkontakten verstanden.

2 Potentialausgleich

2.1 Aufgabe, Wesen und Arten des Potentialausgleichs

Durch die technische Entwicklung sind in Neubauten nicht nur die Wasser-, Gas- und Starkstrominstallationen umfangreicher geworden, sondern zu ihnen sind in wachsendem Maße Zentralheizungs-, Antennen-, Fernsprech- und Rufanlagen getreten. Diese Vielzahl von Leitungs- und Rohranlagen bildet in den Gebäuden ein verzweigtes Netz metallener Systeme, die ineinandergreifen, teils voneinander getrennt, teils unmittelbar oder mittelbar verbunden sind. Hinzu kommt die ständig steigende Anzahl elektrischer Verbrauchsmittel in Haushalt, Gewerbe und Landwirtschaft. Deshalb können Fehler oder Mängel in einem Leitungssystem ungünstige Rückwirkungen auf ein anderes System haben. Dies gilt insbesondere hinsichtlich der Möglichkeiten des Verschleppens elektrischer Spannungen.
Um beim Auftreten solcher Mängel einen erhöhten Schutz, vor allem gegen Berührungsspannungen, zu erzielen, wird nach DIN VDE 0100 Teil 410 ein Potentialausgleich gefordert, der alle verwendeten metallenen Systeme miteinander verbindet. Zweck des Potentialausgleichs ist es, daß alle miteinander verbundenen Teile annähernd gleiches Potential haben. Berührungsspannungen, die im Fehlerfall ohne Potentialausgleich zwischen verschiedenen Systemen auftreten können, werden vermieden bzw. deutlich herabgesetzt. **Bild 2.1** und **Bild 2.2** zeigen das Wirkungsprinzip stark vereinfacht auf.
Dem Potentialausgleich ist darum ein immer größer werdender Anwendungsbereich zuzuordnen. Insbesondere die zwischenzeitlich zurückgezogene DIN VDE 0190 hat dazu beigetragen, daß der Potentialausgleich – im wesentlichen erstmals in der Ausgabe 1970 behandelt – mehr und mehr angewendet wird.
Das Einbeziehen von Rohrleitungssystemen (Wasserverbrauchs-, Gasinnen- und Heizrohrleitungen) in den Potentialausgleich stellt einen beachtlichen Schutzwert dar. Daher ist dem Hauptpotentialausgleich (zentraler Potentialausgleich) nach DIN VDE 0100 Teil 410 sehr große Bedeutung beizumessen.
Durch den Hauptpotentialausgleich werden an zentraler Stelle einer Anlage fremde leitfähige Teile – in erster Linie Rohrleitungssysteme – untereinander und über den Schutzleiter auch mit den Körpern der Verbrauchsmittel verbunden. Dadurch nehmen die einbezogenen fremden leitfähigen Teile und mit Abstrichen ebenfalls die Standflächen und Wände im Wirkungsbereich des Hauptpotentialausgleichs im Fehlerfall, z. B. bei Körperschluß eines Betriebsmittels, eine Fehlerspannung an. Diese Fehlerspannung unterscheidet sich nur durch den Spannungsfall am Schutzleiter von der Fehlerspannung am Körper des schlußbehafteten Betriebsmittels (siehe Abschnitt 2.2). Der Hauptpotentialausgleich vermindert die Höhe der möglichen Berührungsspannung und verringert somit die Gefahr. Folglich wird die Wirksamkeit von Schutzleiter-Schutzmaßnahmen dadurch erhöht, daß der Hauptpotential-

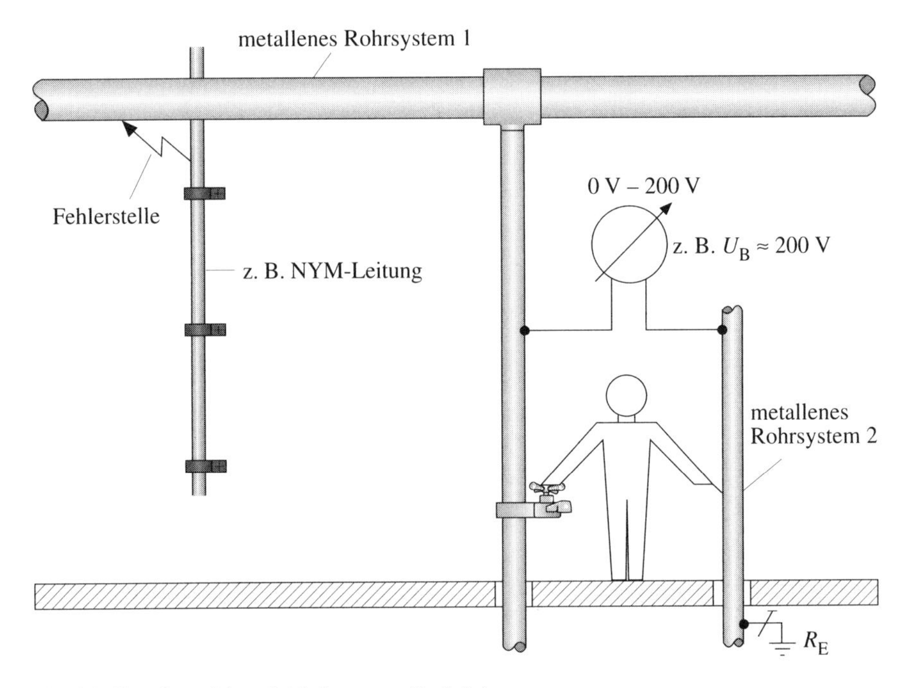

Bild 2.1 Ohne Potentialausgleich Spannungsüberbrückung

ausgleich während der Zeit zwischen Wirksamwerden des Fehlers bis zur Abschaltung zur Herabsetzung der Berührungsspannung beiträgt (siehe Abschnitt 2.2).
Der Hauptpotentialausgleich bietet auch Schutz in den Fällen, in denen die Schutzmaßnahmen durch Abschaltung oder Meldung allein nicht greifen oder durch Fehler unwirksam geworden sind. Im letztgenannten Fall kann der Hauptpotentialausgleich zusätzlich zu seiner primären Aufgabe des Beseitigens bzw. Herabsetzens von Potentialunterschieden die Zuverlässigkeit von Schutzleiter-Schutzmaßnahmen erhöhen, da er mitunter streckenweise dem vorhandenen Schutzleiter parallel geschaltet ist und für den Fehlerfall Schutzleiterunterbrechnung eine gewisse Reserve bietet.
Kommt in einem Gebäude die Schutzmaßnahme im TN-System zur Anwendung und ist deshalb der PEN-Leiter mit dem Hauptpotentialausgleich verbunden (siehe Abschnitt 2.2), so können die in den Hauptpotentialausgleich einbezogenen geerdeten Teile, z. B. Fundamenterder, metallenes Wasserrohrnetz, den Betriebserder des Verteilungsnetzes gegebenenfalls verbessern. Allerdings fällt die Erfüllung der an ein TN-Verteilungssystem gestellten Anforderungen – somit ebenfalls die Einhaltung ausreichender Widerstandswerte des Betriebserders – ausschließlich in den Be-

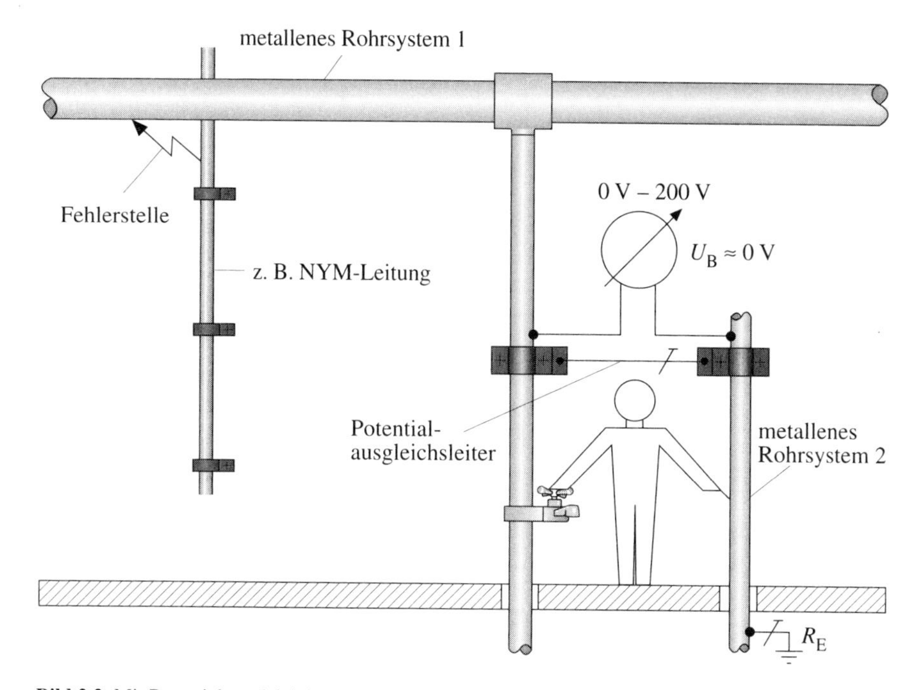

Bild 2.2 Mit Potentialausgleich keine Spannungsüberbrückung

reich der Elektrizitätsversorgungsunternehmen, die diese Aufgabe auch ohne stützende Maßnahmen, z. B. Mitbenutzung des Fundamenterders über den Potentialausgleich, allein erfüllen. So wirkt sich der über den Potentialausgleich vorgenommene Zusammenschluß mit dem Fundamenterder des Gebäudes zusätzlich positiv aus (siehe hierzu Abschnitt 3.1).

Der Hauptpotentialausgleich wird meist nur an einer Stelle innerhalb eines Gebäudes ausgeführt. Es gibt keine Grenzen für den höchstzulässigen Spannungsfall, der zwischen fremden leitfähigen Teilen innerhalb des Hauptpotentialausgleichs auftreten darf. Die Berührungsspannung kann sich bei einem Fehler innerhalb der Verbraucheranlage daher deutlich von null unterscheiden. Das tritt um so eher ein, je größer die Entfernung und je kleiner der Schutzleiterquerschnitt bis zum Anbindungspunkt des Hauptpotentialausgleichs ist (siehe Abschnitt 2.2).

In DIN VDE 0100 Teil 410 ist darauf hingewiesen, daß neben dem Hauptpotentialausgleich auch ein sogenannter „zusätzlicher Potentialausgleich" unter bestimmten Voraussetzungen anzuwenden ist. Dieser „zusätzliche Potentialausgleich" wird auch „örtlicher Potentialausgleich" genannt und kommt an Orten mit erhöhtem Risiko zur Ausführung. Durch den zusätzlichen Potentialausgleich werden alle gleich-

zeitig berührbaren Körper fest angebrachter Betriebsmittel in unmittelbarer Nähe des Aufstellungsorts mit allen gleichzeitig berührbaren fremden leitfähigen Teilen verbunden. Die mögliche Berührungsspannung innerhalb des zusätzlichen Potentialausgleichs wird dadurch im Fehlerfall sehr gering gehalten.
Typische Anwendungsbereiche des zusätzlichen Potentialausgleichs als Ergänzung zum Hauptpotentialausgleich sind z. B.:

- Räume mit Badewanne oder Dusche (DIN VDE 0100 Teil 701),
- überdachte Schwimmbäder (Schwimmhallen) und Schwimmbäder im Freien (DIN VDE 0100 Teil 702),
- landwirtschaftliche Anwesen (DIN VDE 0100 Teil 705),
- Springbrunnen (DIN VDE 0100 Teil 738),
- Krankenhäuser und medizinisch genutzte Räume außerhalb von Krankenhäusern (DIN VDE 0107).

Der zusätzliche Potentialausgleich für sich allein ist nicht zweckmäßig. Er kann sogar zur thermischen Überlastung des am Ausführungsort relativ schwachen Schutzleiters führen und gegebenenfalls eine Brandgefahr hervorrufen. Daher wird dieser örtliche Potentialausgleich immer nur zusätzlich zum zentralen Hauptpotentialausgleich ausgeführt. Der zentrale Potentialausgleich – Hauptpotentialausgleich – für sich allein ist dagegen möglich.
Auch im Rahmen der internationalen Harmonisierung der Errichtungsbestimmungen hat der Potentialausgleich gegenüber den bisherigen nationalen Bestimmungen eine erweiterte Bedeutung gewonnen.

2.2 Wirksamkeit des Potentialausgleichs

Die berührungsspannungsmindernde Wirkung des Potentialausgleichs ist unbestreitbar. Das Vorhandensein des Potentialausgleichs ist darum unentbehrlich. Allerdings muß man sich jedoch darüber klar sein, daß die Wirkung des Potentialausgleichs ihre Grenzen hat.
An einem Beispiel mit unterschiedlicher Lage der Fehlerstelle soll dies verdeutlicht werden. Vorausgesetzt wird, daß als wirksame Schutzmaßnahme zum Schutz gegen elektrischen Schlag (Schutz bei indirektem Berühren) die am häufigsten angewendete Schutzmaßnahme im TN-System vorliegt. Betrachtet wird der Fehlerfall vom Eintritt eines Körperschlusses bzw. eines einpoligen Kurzschlusses bis zur Abschaltung des Fehlers.

- **Fall 1**: Kein Potentialausgleich vorhanden.

  Im Fehlerfall wird die den Fehlerstrom treibende Spannung, z. B. 230 V im 230-V-/400-V-Drehstromnetz, so auf den Außenleiter und Schutzleiter sowie auf deren Abschnitte aufgeteilt, daß die Teilspannungen den Teilwiderständen pro-

portional sind. Der Einfluß des induktiven Widerstands soll dabei vernachlässigt werden.
Ist der Betriebserder nur an der Station vorhanden (**Bild 2.3**), tritt der auf den Schutzleiter entfallene Anteil des Spannungsfalls als Fehlerspannung auf. Teilt sich der Betriebserder streckenweise auf, tritt nur ein Teil davon als Fehlerspannung auf.
Ist nun kein Potentialausgleich vorhanden, können die nicht zur elektrischen Anlage gehörenden metallenen Teile, z. B. Rohrleitungen, Erdpotential – also Potential 0 V – haben. Damit tritt zwischen diesen und den Körpern der in die Schutzmaßnahme einbezogenen Betriebsmittel eine Berührungsspannung in voller Größe der Fehlerspannung auf.

- **Fall 2**: Potentialausgleich vorhanden, Fehler vor der Potentialausgleichsstelle.

Bei Vorhandensein des Potentialausgleichs und Lage des Fehlers in Energieflußrichtung vor der Potentialausgleichsstelle oder genau bei dieser, ist die Berührungsspannung annähernd 0 V (**Bild 2.4**).

- **Fall 3**: Potentialausgleich vorhanden, Fehler hinter der Potentialausgleichsstelle.

Bei Vorhandensein des Potentialausgleichs und Lage des Fehlers in Energieflußrichtung hinter der Potentialausgleichsstelle wird das Potential der nicht zur elektrischen Anlage gehörenden metallenen Teile, z. B. Rohrleitungen, an das Potential der Körper der in die Schutzmaßnahme einbezogenen Betriebsmittel angenä-

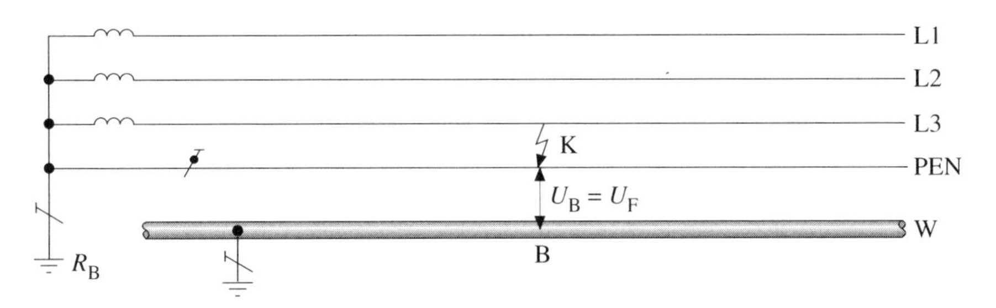

Bild 2.3 Volle Fehlerspannung zwischen PEN-Leiter und metallener Wasserverbrauchsleitung beim Fehlen des Potentialausgleichs

L1, L2, L3	Außenleiter
PEN	PEN-Leiter
R_B	Betriebserder
W	metallene Wasserverbrauchsleitung
K	Lage des Fehlers (Körperschluß oder einpoliger Kurzschluß)
B	Stelle der Berührung
U_B	Berührungsspannung
U_F	Fehlerspannung

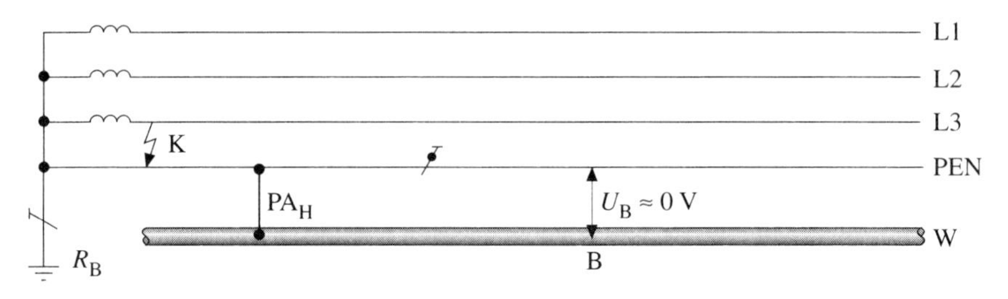

Bild 2.4 Berührungsspannung bei Lage des Fehlers vor der Potentialausgleichsstelle
L1, L2, L3 Außenleiter
PEN PEN-Leiter
R_B Betriebserder
W metallene Wasserverbrauchsleitung
K Lage des Fehlers (Körperschluß oder einpoliger Kurzschluß)
B Stelle der Berührung
U_B Berührungsspannung
U_F Fehlerspannung
PA_H Hauptpotentialausgleich

hert. Im allgemeinen Sprachgebrauch spricht man auch vom „Anheben" des Potentials. Die Berührungsspannung wird dadurch herabgesetzt (**Bild 2.5**). Sie ist dem Spannungsfall auf dem Schutzleiter zwischen der Potentialausgleichsstelle und der Berührungsstelle annähernd gleich.

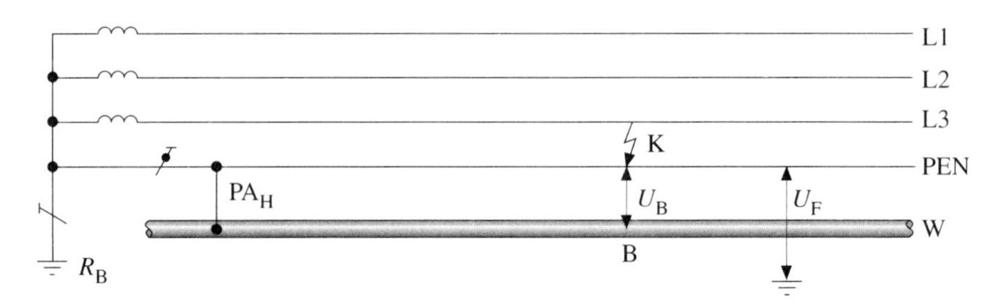

Bild 2.5 Verminderung der Berührungsspannung infolge Anhebung des Potentials der metallenen Wasserverbrauchsleitung durch Potentialausgleich
L1, L2, L3 Außenleiter
PEN PEN-Leiter
R_B Betriebserder
W metallene Wasserverbrauchsleitung
K Lage des Fehlers (Körperschluß oder einpoliger Kurzschluß)
B Stelle der Berührung
U_B Berührungsspannung
U_F Fehlerspannung
PA_H Hauptpotentialausgleich

Je nach Lage der Berührungsstelle ergeben sich unterschiedliche Berührungsspannungen (**Bild 2.6**):

- An der Potentialausgleichsstelle selbst ist die Berührungsspannung annähernd 0 V.
- An der Fehlerstelle ist die Berührungsspannung dem Spannungsfall des Schutzleiters zwischen Potentialausgleichsstelle und Fehlerstelle annähernd gleich.
- Hinter der Fehlerstelle hat die Berührungsspannung annähernd die gleiche Größe wie an der Fehlerstelle.
- Zwischen der Potentialausgleichsstelle und der Fehlerstelle tritt nur ein Teil der Berührungsspannung auf, die dem Spannungsfall des Schutzleiters zwischen Potentialausgleichsstelle und Fehlerstelle annähernd gleich ist.

- **Fall 4**: Mehrfacher Potentialausgleich vorhanden.

Wird der Potentialausgleich an mehreren Stellen vorgenommen, ist die Berührungsspannung zwischen zwei Potentialausgleichsstellen annähernd 0 V, sofern die Fehlerstelle außerhalb der zwei Potentialausgleichsstellen liegt und sich die Teilwiderstände des Schutzleiters vor und hinter der Berührungsstelle wie die entsprechenden Teilwiderstände der metallenen Teile, z. B. Rohrleitungen, verhalten (**Bild 2.7**).

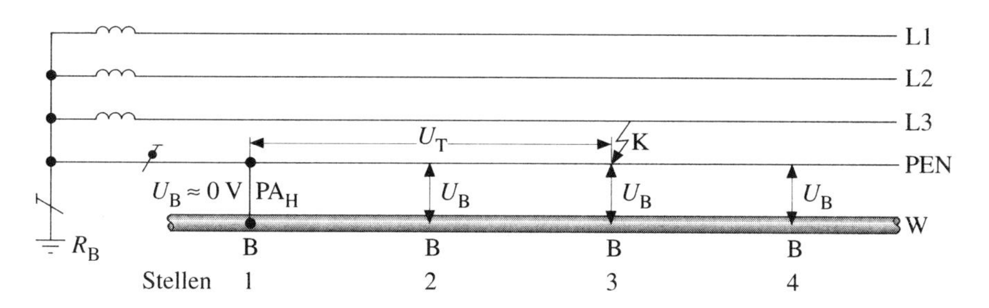

Bild 2.6 Berührungsspannung bei Lage des Fehlers hinter der Potentialausgleichsstelle
Stelle 1 $U_B \approx 0$ V Berührung an der Potentialausgleichsstelle
Stelle 2 $U_B < U_T$ Berührung zwischen Potentialausgleichsstelle und Fehlerstelle
Stelle 3 $U_B \approx U_T$ Berührung an der Fehlerstelle
Stelle 4 $U_B \approx U_T$ Berührung hinter der Fehlerstelle
L1, L2, L3 Außenleiter
PEN PEN-Leiter
R_B Betriebserder
W metallene Wasserverbrauchsleitung
K Lage des Fehlers (Körperschluß oder einpoliger Kurzschluß)
B Stelle der Berührung
U_B Berührungsspannung
U_T Teilspannungsfall auf dem Schutzleiterabschnitt zwischen Potentialausgleichsstelle und Fehlerstelle
PA_H Hauptpotentialausgleich

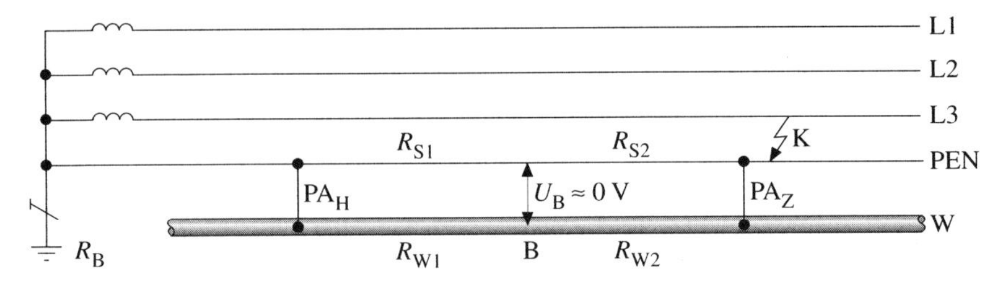

Bild 2.7 Berührungsspannung bei Vorhandensein von Hauptpotentialausgleich und zusätzlichem örtlichen Potentialausgleich und Lage des Fehlers außerhalb des Potentialausgleichbereichs (bei proportionaler Widerstandsverteilung am Schutzleiter und an der metallenen Wasserverbrauchsleitung beträgt dann die Berührungsspannung annähernd 0 V)

L1, L2, L3	Außenleiter
PEN	PEN-Leiter
R_B	Betriebserder
W	metallene Wasserverbrauchsleitung
K	Lage des Fehlers (Körperschluß oder einpoliger Kurzschluß)
B	Stelle der Berührung
U_B	Berührungsspannung
PA_H	Hauptpotentialausgleich
PA_Z	zusätzlicher örtlicher Potentialausgleich
R_{S1}	Teilwiderstand des Schutzleiters
R_{S2}	Teilwiderstand des Schutzleiters
R_{W1}	Teilwiderstand der metallenen Wasserverbrauchsleitung
R_{W2}	Teilwiderstand der metallenen Wasserverbrauchsleitung

Folgende Gleichung muß erfüllt sein:

$$\frac{R_{S1}}{R_{S2}} = \frac{R_{W1}}{R_{W2}},$$

mit:

R_{S1}, R_{S2} Teilwiderstände des Schutzleiters,
R_{W1}, R_{W2} Teilwiderstände der metallenen Wasserverbrauchsleitung.

Die Vervielfachung des Potentialausgleichs (**Bild 2.8**) erhöht die Wirkung. Sie erfolgt aus zweierlei Gründen. Zum einen wegen der mehrfachen Angleichung der Potentiale, zum anderen auch durch die aus der Parallelschaltung des Schutzleiters mit den metallenen Teilen, z. B. Rohrleitungen, resultierende Verminderung des Schutzleiterwiderstands.

Aus Vorgesagtem läßt sich ableiten, daß der Spannungsfall auf einem Schutzleiterabschnitt zwischen der Potentialausgleichsstelle und der Fehlerstelle sich zur gesamten Spannung (230 V im 230-V-/400-V Drehstromnetz) verhält wie der Widerstand des gesamten Schutzleiterabschnitts zwischen der Potentialausgleichsstelle

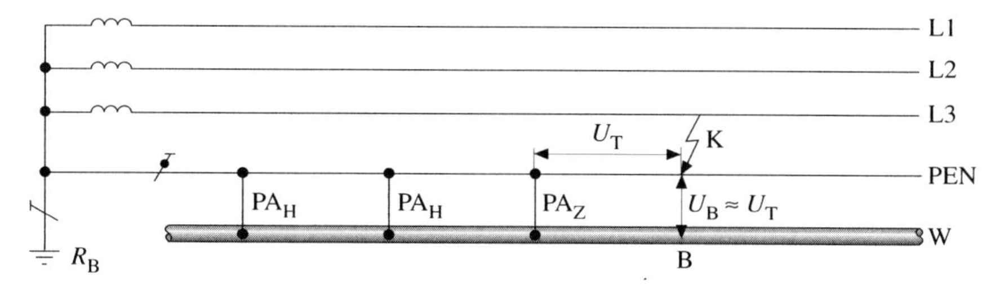

Bild 2.8 Berührungsspannung bei Vervielfachung des Potentialausgleichs

L1, L2, L3	Außenleiter
PEN	PEN-Leiter
R_B	Betriebserder
W	metallene Wasserverbrauchsleitung
K	Lage des Fehlers (Körperschluß oder einpoliger Kurzschluß)
B	Stelle der Berührung
U_B	Berührungsspannung
U_T	Teilspannungsfall auf dem Schutzleiterabschnitt zwischen Potentialausgleichsstelle und Fehlerstelle
PA_H	Hauptpotentialausgleich
PA_Z	zusätzlicher örtlicher Potentialausgleich

und der Fehlerstelle zum Widerstand der gesamten Bahn des Fehlerstroms (Widerstand der Schleife) (**Bild 2.9**).
Es ergibt sich folgender Zusammenhang:

$$\frac{U_B}{U} = \frac{R_{Sh}}{R_{sch}},$$

$$U_B = U \frac{R_{Sh}}{R_{sch}},$$

$$U_B = U \frac{R_{sh}}{R_A + R_{Sv} \cdot R_{Sh}},$$

mit:
U_B Berührungsspannung,
U Leiter-Sternpunkt-Spannung,
R_A Widerstand des Außenleiters,
R_{Sv} Widerstand des Schutzleiters vor der Potentialausgleichsstelle,
R_{Sh} Widerstand des Schutzleiters hinter der Potentialausgleichsstelle,
$R_{Sch} = R_A + R_{Sv} + R_{Sh}$ = Schleifenwiderstand.

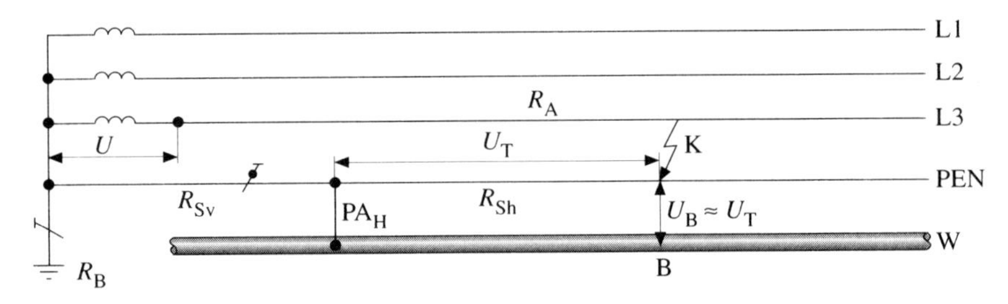

Bild 2.9 Berührungsspannung, resultierend aus Teilwiderständen der Fehlerstrombahn

L1, L2, L3	Außenleiter
PEN	PEN-Leiter
R_B	Betriebserder
W	metallene Wasserverbrauchsleitung
K	Lage des Fehlers (Körperschluß oder einpoliger Kurzschluß)
B	Stelle der Berührung
U_B	Berührungsspannung
U_T	Teilspannungsfall auf dem Schutzleiterabschnitt zwischen Potentialausgleichsstelle und Fehlerstelle
U	Leiter-Sternpunkt-Spannung
R_A	Widerstand des Außenleiters
R_{Sv}	Widerstand des Schutzleiters vor der Potentialausgleichsstelle
R_{Sh}	Widerstand des Schutzleiters hinter der Potentialausgleichsstelle
R_{Sch}	Schleifenwiderstand ($R_{Sch} = R_A + R_{Sv} + R_{Sh}$)
PA_H	Hauptpotentialausgleich

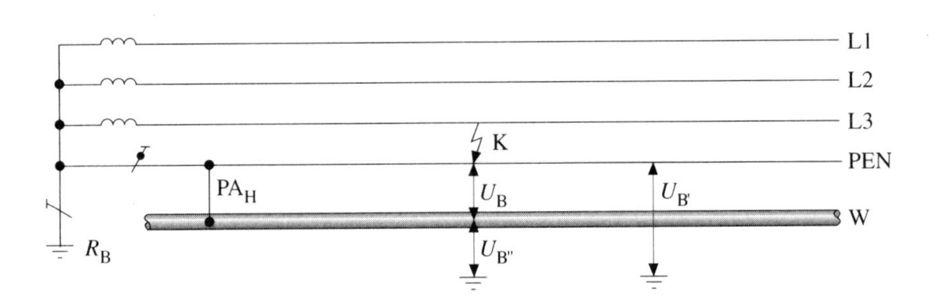

Bild 2.10 Berührungsspannung gegen einen Standort bei Nichtvorhandensein einer Potentialsteuerung

L1, L2, L3	Außenleiter
PEN	PEN-Leiter
R_B	Betriebserder
W	metallene Wasserverbrauchsleitung
K	Lage des Fehlers (Körperschluß oder einpoliger Kurzschluß)
U_B	Berührungsspannung
$U_{B'}$	Berührungsspannung des Schutzleiters
$U_{B''}$	Berührungsspannung der metallenen Wasserverbrauchsleitung
PA_H	Hauptpotentialausgleich

Diese Spannung U_B kann an der Fehlerstelle oder hinter der Fehlerstelle als Berührungsspannung auftreten.
Seiner Definition entsprechend erstreckt sich die Wirkung des Potentialausgleichs in erster Linie auf die Herabsetzung der Berührungsspannung zwischen den durch ihn verbundenen Körpern und den metallenen Teilen, z. B. Rohrleitungen. Nebenbei und zusätzlich ergibt sich ebenfalls eine Verminderung der Berührungsspannungen gegen Wände, Fußböden und sonstige nicht in den Potentialausgleich einbezogenen metallenen Teile (**Bild 2.10**).
Diese Verminderung der Berührungsspannung ergibt sich beim mehrfachen Potentialausgleich durch die aus der Parallelschaltung des Schutzleiters mit metallenen Teilen, z. B. Rohrleitungen, hervorgerufene Verringerung des Schutzleiterwiderstands. Der Potentialausgleich bringt demnach eine je nach vorliegenden Verhältnissen mehr oder weniger wirksame Art der Potentialsteuerung (siehe hierzu folgenden Abschnitt 2.3).

2.3 Aufgabe und Wirksamkeit der Potentialsteuerung

Wie im Abschnitt 2.2 dargelegt, vermindert der Potentialausgleich vom Grundsatz her nicht oder nur unwesentlich die Berührungsspannung gegen Wände, Fußböden und sonstige nicht in den Potentialausgleich einbezogenen metallenen Teile. Solch eine Herabsetzung der Berührungsspannung wird aber durch eine Potentialsteuerung bewirkt.
An manchen Orten kann die Wirksamkeit des zusätzlichen Potentialausgleichs durch eine Potentialsteuerung verbessert werden. So z. B. bei überdachten Schwimmbädern (Schwimmhallen) und Schwimmanlagen im Freien (siehe Abschnitt 2.14), im Standbereich von Tieren in landwirtschaftlichen Anwesen (siehe Abschnitt 2.15) und bei Springbrunnen nach DIN VDE 0100 Teil 738 (siehe Abschnitt 2.23).
Unter Potentialsteuerung versteht man nach DIN VDE 0100 Teil 200 die Beeinflussung des Erdpotentials, insbesondere des Erdoberflächenpotentials, durch Erder. Sie bringt also eine Standfläche aus schlecht leitendem Material, z. B. Erdreich, Beton, Steinzeug, auf näherungsweise gleiches Potential. Die Potentialsteuerung ist demnach eine berührungs- und schrittspannungsmindernde Beeinflussung des Potentialverlaufs auf der Erdoberfläche zwischen einer Erdungsanlage und einer Bezugserde (**Bild 2.11**). Bei Körper- oder Erdschluß tritt bei Vorhandensein einer Potentialsteuerung keine gefährliche Schritt- bzw. Berührungsspannung auf.
Vorzugsweise findet die Beeinflussung durch Anordnung von Steuererdern statt. Diese werden eigens zum Zwecke einer Potentialsteuerung hergestellt. Die in der Reihe 700 der DIN VDE 0100 angesprochenen Potentialsteuerungen werden meist durch unter der Standfläche verlegte, untereinander verschweißte Baustahlmatten erreicht. Die exakten Anforderungen sind in den jeweils in Frage kommenden Abschnitten 2.14 (überdachte Schwimmbäder (Schwimmhallen) und Schwimmbäder

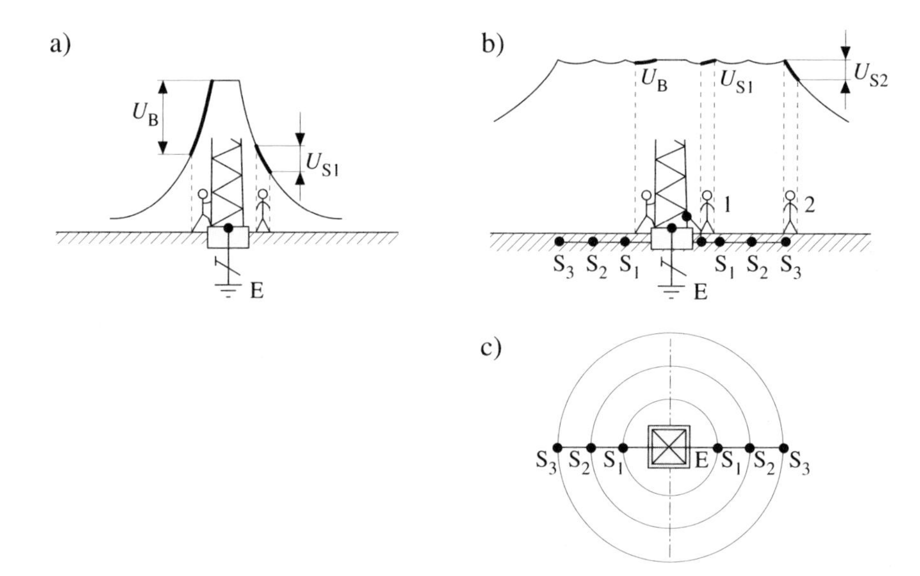

Bild 2.11 Potentialverlauf an der Erdoberfläche, beeinflußt durch Steuererder

a)	ohne Potentialsteuerung
b)	mit Potentialsteuerung durch Erder gleich bleibender Verlegungstiefe
c)	Lage der Steuererder
E	Erder
$S_1 - S_3$	Steuererder, die den Mast ringförmig umgeben und mit ihm metallisch verbunden sind
U_B	Berührungsspannung
U_{S1}	Schrittspannung
U_{S2}	Schrittspannung

im Freien), 2.15 (landwirtschaftliche Anwesen nach DIN VDE 0100 Teil 705) und 2.23 (Springbrunnen nach DIN VDE 0100 Teil 738) behandelt.
Eine wirksame Potentialsteuerung in Gebäuden wird z. B. mit einem Fundamenterder erzielt, weil er das Potential des gesamten Baukörpers annähernd auf das Potential des Potentialausgleichssystems bringt. Einen ähnlichen Effekt hat ein in Erde verlegter Ringerder.
Die Erder bilden einen Potentialtrichter. Mitunter ist in der Literatur der Ausdruck „Potentialhut" zu finden, wenn im Diagramm das Potential nach oben eingetragen wird.
Eine geringe Potentialsteuerung können z. B. metallene Rohrleitungen, metallene Gebäudekonstruktionsteile und dergleichen haben. Sogar Heizungskessel und stationäre Elektrogroßgeräte bewirken eine – wenn auch sehr geringe – Potentialbeeinflussung des Kellerfußbodens, in dem sie über leitfähige Füße oder Befestigungsmittel ihr Potential auf den Baukörper übertragen.

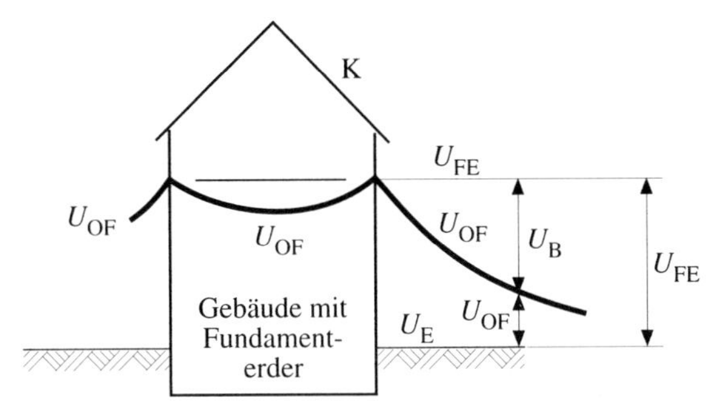

Bild 2.12 Potentialhut eines Gebäudes mit Fundamenterder und Berührungsspannung im Freien bei Lage des Fehlers K an der Potentialausgleichsstelle im Gebäude
U_{FE} Potential des Fundamenterders
U_E Erdpotential (Potential 0 V)
U_{OF} Potentialverlauf auf der Oberfläche von Kellerfußboden und Erde
U_B Berührungsspannung
K Lage des Fehlers (Körperschluß)
B Stelle der Berührung

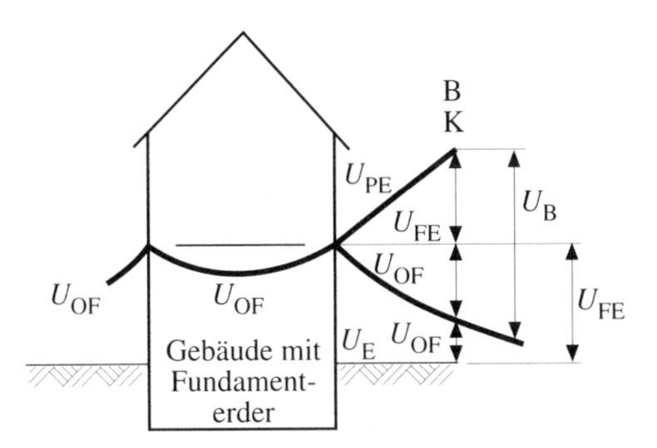

Bild 2.13 Potentialhut eines Gebäudes mit Fundamenterder und Berührungsspannung im Freien bei Körperschluß eines Betriebsmittels im Freien
U_{FE} Potential des Fundamenterders
U_E Erdpotential (Potential 0 V)
U_{OF} Potentialverlauf auf der Oberfläche von Kellerfußboden und Erde
U_{PE} Potential des Schutzleiters
U_B Berührungsspannung
K Lage des Fehlers (Körperschluß)
B Stelle der Berührung

Gefahr besteht, wenn Potentiale durch metallene Gebilde oder durch Schutzleiter von Betriebsmitteln der Schutzklasse I in Bereiche außerhalb des Spannungstrichters des Baukörpers verschleppt werden, da in diesen Bereichen annähernd das Erdpotential (Potential 0 V) vorherrscht (**Bild 2.12**). Gefahr besteht ebenfalls, wenn in den Bereichen außerhalb des Spannungstrichters des Baukörpers Betriebsmittel der Schutzklasse I Körperschluß bekommen (**Bild 2.13**).

2.4 Forderung des Potentialausgleichs

2.4.1 Forderung des Hauptpotentialausgleichs (DIN VDE 0100 Teil 410:1997-01, Abschnitt 413.1.2.1)

Nach DIN VDE 0100 Teil 410:1997-01, Abschnitt 413.1.2.1, müssen in jedem Gebäude Hauptschutzleiter, Haupterdungsleiter und Haupterdungsklemme oder Haupterdungsschiene (Potentialausgleichsschiene) und die folgenden fremden leitfähigen Teile zu einem Hauptpotentialausgleich verbunden werden:

- metallene Rohrleitungen von Versorgungssystemen innerhalb des Gebäudes, z. B. Wasserverbrauchsleitungen, Gasinnenleitungen,
- Metallteile der Gebäudekonstruktionen, Zentralheizungsanlagen und Klimaanlagen,
- wesentliche metallene Verstärkungen von Gebäudekonstruktionen aus bewehrtem Beton, soweit möglich.

DIN 18015-1 greift die Aussage auf und hält unter Abschnitt 8 fest, daß zur Vermeidung gefahrbringender Potentialunterschiede elektrisch leitfähige Rohrleitungen und andere leitfähige Bauteile gemäß DIN VDE 0100 Teil 410 und Teil 540 untereinander und mit dem Schutzleiter durch Potentialausgleichsleiter unabhängig von der angewendeten Schutzmaßnahme gegen gefährliche Körperströme zu verbinden sind und im Gebäude eine Potentialausgleichsschiene im Hausanschlußraum bzw. in der Nähe der Hausanschlüsse vorzusehen ist.

2.4.2 Forderung des zusätzlichen Potentialausgleichs (DIN VDE 0100 Teil 410:1997-01, Abschnitt 413.1.2.2)

Nach DIN VDE 0100 Teil 410:1997-01, Abschnitt 413.1.2.2, muß ein zusätzlicher Potentialausgleich – DIN VDE 0100 Teil 410 spricht von einem örtlichen Potentialausgleich – angewendet werden, wenn die festgelegten Bedingungen für die automatische Abschaltung der Stromversorgung bei der Schutzmaßnahme „Schutz gegen elektrischen Schlag unter Fehlerbedingungen (Schutz bei indirektem Berühren)" in der Anlage oder in einem Teil der Anlage nicht erfüllt werden können.
In einer Anmerkung 2 weist DIN VDE 0100 Teil 410:1997-01 darauf hin, daß der zusätzliche Potentialausgleich die gesamte Anlage, einen Teil der Anlage, einen Bereich oder gar nur ein Gerät einschließen darf.

Ein wichtiger Hinweis wird in der Anmerkung 3 gemacht. Hier wird darauf hingewiesen, daß ein zusätzlicher Potentialausgleich auch für Anlagen besonderer Art oder aus anderen Gründen gefordert werden darf.
Bei den Anlagen besonderer Art handelt es sich um Anlagen, die insbesondere unter die Gruppe 700 „Betriebsstätten, Räume und Anlagen besonderer Art" der Normen der Reihe DIN VDE 0100 fallen (siehe vor allen Dingen Abschnitte 2.13 bis 2.23).
Der zusätzliche Potentialausgleich für Anlagen besonderer Art wurde in der alten DIN VDE 0100 Teil 410:1983-11 als Potentialausgleich bezeichnet, der wegen besonderer Gefährdung aufgrund der Umgebungsbedingungen in den Bestimmungen, z. B. der Gruppe 700 der Normen der Reihe DIN VDE 0100, gefordert wird.
Als jeweils sachbezogene Bestimmungen, in denen der örtliche zusätzliche Potentialausgleich für Anlagen besonderer Art geregelt wird, sind z. B. in der Gruppe 700 der Normen der Reihe DIN VDE 0100 zu nennen:

- Teil 701 „Räume mit Badewanne oder Dusche" (siehe Abschnitt 2.13),
- Teil 702 „Überdachte Schwimmbäder (Schwimmhallen) und Schwimmbäder im Freien" (siehe Abschnitt 2.14),
- Teil 705 „Landwirtschaftliche und gartenbauliche Anwesen" (siehe Abschnitt 2.15),
- Teil 706 „Leitfähige Bereiche mit begrenzter Bewegungsfreiheit" (siehe Abschnitt 2.16),
- Teil 708 „Elektrische Anlagen auf Campingplätzen und in Caravans" (siehe Abschnitt 2.17),
- Teil 721 „Caravans, Boote und Jachten sowie ihre Stromversorgung auf Camping- bzw. an Liegeplätzen" (siehe Abschnitt 2.19),
- Teil 723 „Unterrichtsräume mit Experimentierständen" (siehe Abschnitt 2.20),
- Teil 728 „Ersatzstromanlagen" (siehe Abschnitt 2.22),
- Teil 738 „Springbrunnen" (siehe Abschnitt 2.23).

Außerhalb der Normen der Reihe DIN VDE 0100 sind beispielsweise zu nennen:

- DIN VDE 0107 für Krankenhäuser und medizinisch genutzte Räume außerhalb von Krankenhäusern (siehe Abschnitt 2.24),
- DIN VDE 0165 für explosionsgefährdete Bereiche (siehe Abschnitt 2.25),
- DIN VDE 0185 für Blitzschutzanlagen (siehe Abschnitt 2.26),
- DIN VDE 0800 für Anlagen der Fernmeldetechnik (siehe Abschnitt 2.27),
- DIN EN 50083 Teil 1 (VDE 0855 Teil 1) für Antennenanlagen (siehe Abschnitt 2.28).

In den vorgenannten Normen wird ein eventuell von DIN VDE 0100 Teile 410 und 540 abweichender Umfang des zusätzlichen Potentialausgleichs festgelegt.
Der zusätzliche Potentialausgleich kann – wie schon ausgeführt – die gesamte Anlage, einen Teil der Anlage, einen einzelnen Raum oder gar nur bestimmte Betriebsmittel betreffen.

In der Installationspraxis kommt der zusätzliche Potentialausgleich hauptsächlich in Teilen der elektrischen Anlage zum Einsatz, bei denen aufgrund der Umgebungsbedingungen eine besondere Gefährdung vorliegt (Anlagen besonderer Art) und entsprechende andere Normen ihn verbindlich fordern.
Des weiteren ist für den zusätzlichen Potentialausgleich ein Einsatzbereich im IT-System gegeben (siehe Abschnitt 2.10).
Eine nennenswerte Anwendung des zusätzlichen Potentialausgleichs als Alternative zu den Abschaltbedingungen im TN- und TT-System ist nicht gegeben. In diesen Fällen lassen sich Probleme mit der Einhaltung der Abschaltbedingungen in der Praxis immer viel besser durch den Einsatz von Fehlerstrom-Schutzeinrichtungen (RCD) lösen. Diese Lösung ist in der Praxis wesentlich einfacher zu verwirklichen.

2.5 Was muß in den Potentialausgleich einbezogen werden?

2.5.1 Hauptpotentialausgleich (DIN VDE 0100 Teil 410:1997-01, Abschnitt 413.1.2.1)

Nach DIN VDE 0100 Teil 410:1997-01, Abschnitt 413.1.2.1, sind in jedem Gebäude Hauptschutzleiter, Haupterdungsleiter und Haupterdungsklemme oder Haupterdungsschiene (Potentialausgleichsschiene) und die folgenden fremden leitfähigen Teile zu einem Hauptpotentialausgleich zu verbinden:

- metallene Rohrleitungen von Versorgungssystemen innerhalb des Gebäudes, z. B. Gasinnenleitungen, Wasserverbrauchsleitungen,
- Metallteile der Gebäudekonstruktion,
- Zentralheizungsanlagen,
- Klimaanlagen,
- wesentliche metallene Verstärkungen von Gebäudekonstruktionen aus bewehrtem Beton, soweit dies möglich ist.

Metallteile der Gebäudekonstruktion können z. B. sein:

- Stahlskelette,
- Stahlträger,
- Stahleinlagen im Beton,
- Metallfassaden,
- Metalleindeckungen,
- Aufzugsführungsschienen.

Die Auflistung der in den Hauptpotentialausgleich einzubeziehenden fremden leitfähigen Teile ist aber nicht vollständig. Sie enthält im wesentlichen die häufig vorzufindenden fremden leitfähigen Teile. Weniger häufig vorkommende fremde leitfähige Teile, z. B. Sprinkleranlagen, Feuerlöschleitungen, sind im neuen Teil 410: 1997-01 von DIN VDE 0100, Abschnitt 413.1.2.1, nicht genannt, wenngleich sie

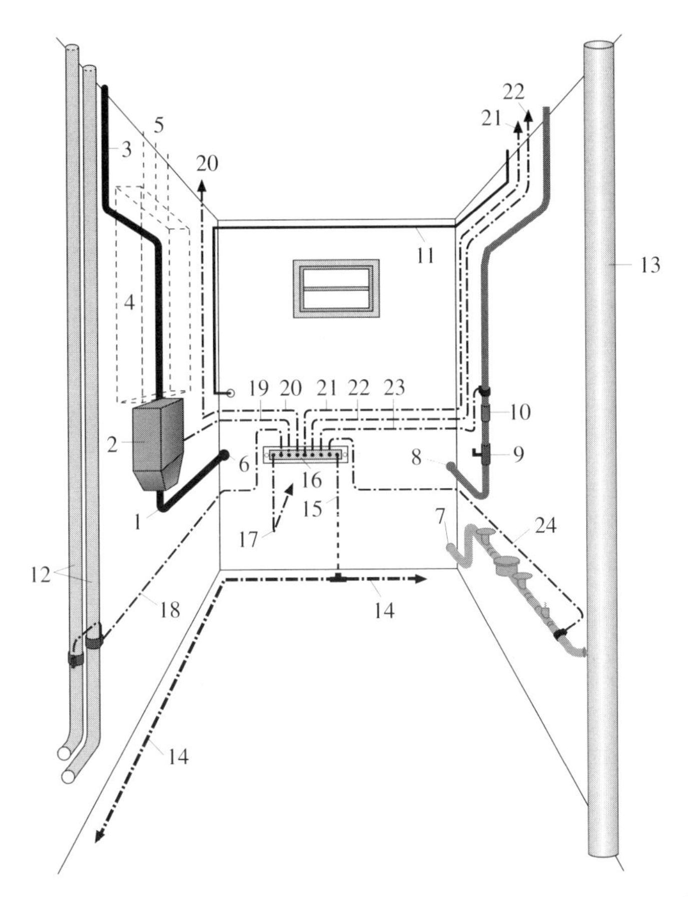

Bild 2.14 Beispiel eines Hauptpotentialausgleichs im Hausanschlußraum nach DIN 18012 (Quelle: in Anlehnung an RWE Energie Bau-Handbuch)

1 Hauseinführungskabel für Starkstrom
2 Starkstrom-Hausanschlußkasten
3 Starkstrom-Hauptleitung
4 ggf. vorhandener Zählerplatz
5 Starkstrom-Verbindungsleitung vom Zählerplatz zum Stromkreisverteiler
6 Kabelschutzrohr
7 Hausanschlußleitung für Wasserversorgung mit Wasserzähler
8 Hausanschlußleitung für Gasversorgung
9 Gas-Hauptabsperreinrichtung
10 Isolierstück
11 Hausanschlußkabel für Fernmeldeversorgung
12 Heizungsrohre
13 Abwasserrohr
14 Fundamenterder
15 Anschlußfahne des Fundamenterders
16 Potentialausgleichsschiene
17 Verbindung mit Blitzschutzanlage
18 Verbindung mit Heizungsrohren
19 Verbindung mit PEN-Leiter bei Schutzmaßnahme im TN-System
20 Verbindung mit Schutzleiter bei Schutzmaßnahme im TT-System
21 Verbindung mit Fernmeldeanlage
22 Verbindung mit Antennenanlage
23 Verbindung mit Gasrohren
24 Verbindung mit Wasserrohren

selbstverständlich auch in den Hauptpotentialausgleich einzubeziehen sind. Alle fremden leitfähigen Teile müssen zu einem Hauptpotentialausgleich verbunden werden. Auch alle metallischen Umhüllungen von Fernmeldekabeln und -leitungen müssen in den Hauptpotentialausgleich einbezogen werden. Für das Einbeziehen ist jedoch die Zustimmung des Besitzers oder Betreibers solcher Kabel und Leitungen einzuholen.

Sofern eine Zustimmung nicht erreicht werden kann und die Kabel und Leitungen somit nicht mit dem Hauptpotentialausgleich verbunden sind, liegt die Verantwortung zur Vermeidung der Gefahr beim Besitzer oder Betreiber.

Darüber hinaus sind gegebenenfalls Gleisanlagen und Krangerüste in den Hauptpotentialausgleich einzubeziehen. Einbezogen in den Hauptpotentialausgleich werden auch Antennenanlagen (siehe Abschnitt 2.28) sowie Anlagen der Fernmeldetechnik (siehe Abschnitt 2.27).

Abwasserrohrsysteme können im allgemeinen wegen der hohen Übergangswiderstände (Muffen) nicht wirksam in den Hauptpotentialausgleich einbezogen werden (siehe Abschnitt 2.6.5).

Der Hauptpotentialausgleich muß mit Potentialausgleichsleitern nach DIN VDE 0100 Teil 540 durchgeführt werden (siehe Abschnitt 2.6 dieses Bandes).

Ein Beispiel für die Ausführung eines Hauptpotentialausgleichs im Hausanschlußraum zeigt **Bild 2.14**.

2.5.2 Zusätzlicher Potentialausgleich (DIN VDE 0100 Teil 410:1997-01, Abschnitt 413.1.6.1)

In den zusätzlichen Potentialausgleich für Anlagen besonderer Art (Potentialausgleich, der wegen besonderer Gefährdung aufgrund der Umgebungsbedingungen in den VDE-Bestimmungen gefordert wird) müssen alle gleichzeitig berührbaren Körper fest angebrachter Betriebsmittel und alle gleichzeitig berührbaren fremden leitfähige Teile, z. B. Wasserverbrauchsleitungen, metallene Träger, Metallwände, einbezogen werden. Sofern durchführbar, gilt dies auch für wesentliche metallische Verstärkungen von Gebäudekonstruktionen von bewehrtem Beton, z. B. die Bewehrung der Stahlbetonkonstruktionen von Gebäuden.

Das Potentialausgleichssystem des zusätzlichen Potentialausgleichs muß mit den Schutzleitern aller Betriebsmittel – auch den von Steckdosen – verbunden werden. Welche Körper fest angebrachter Betriebsmittel als gleichzeitig berührbar gelten, ist indirekt Abschnitt 413.3.3 von DIN VDE 0100 Teil 410:1997-01 bei der Behandlung des Schutzes durch nichtleitende Räume zu entnehmen. Danach sind im Umkehrschluß unter anderem Abstände zwischen den einzelnen Körpern untereinander als gleichzeitig berührbar anzusehen, wenn die Entfernung zwischen zwei Teilen < 2,5 m beträgt (**Bild 2.15**). Sie kann außerhalb des Handbereichs (**Bild 2.16**) auf < 1,25 m herabgesetzt werden.

Eine konkrete Aussage darüber, wann zwei Teile als gleichzeitig berührbar gelten, macht auch DIN VDE 0100 Teil 410:1997-12 im Abschnitt 412.4 bei der Behand-

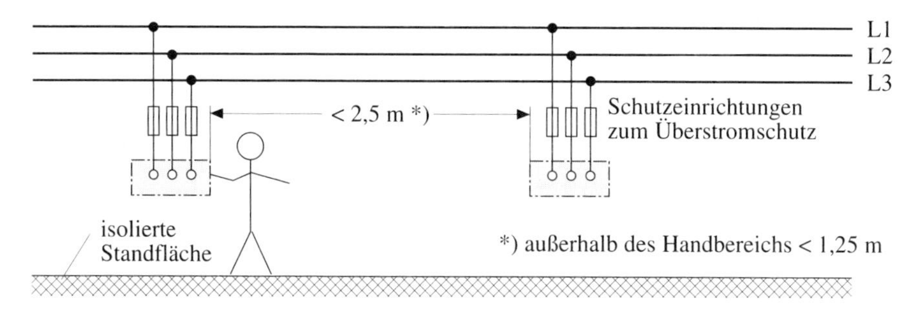

Bild 2.15 Untereinander gleichzeitig berührbare Körper bei isolierter Standfläche

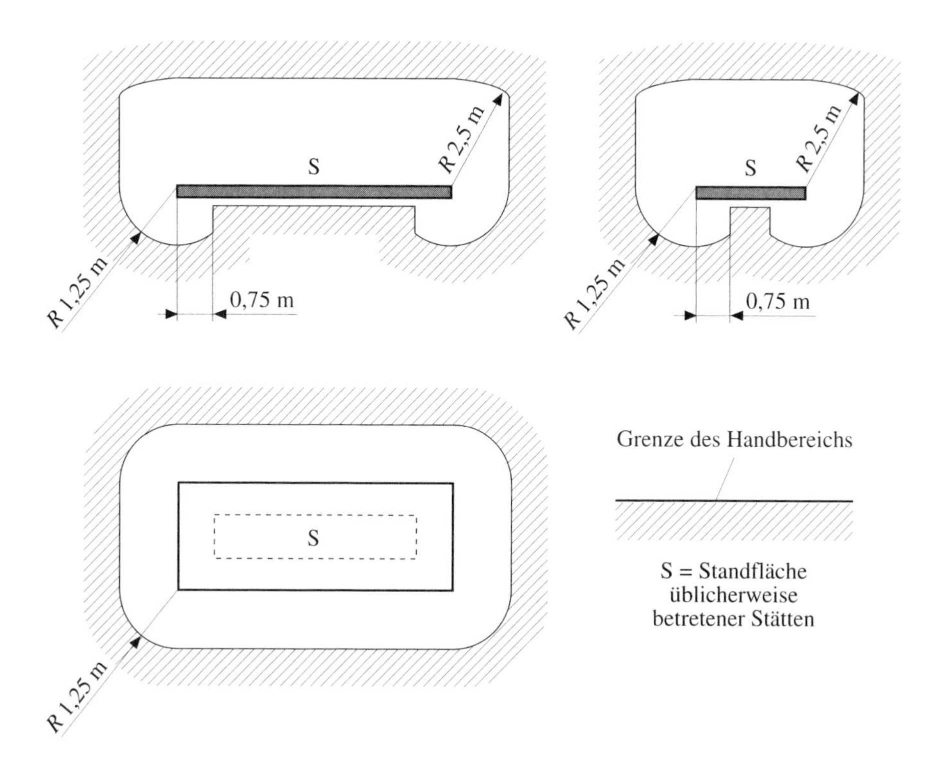

Bild 2.16 Maße des Handbereichs (nach DIN VDE 0100 Teil 200)

lung des Schutzes durch Abstand. Danach gelten zwei Teile als gleichzeitig berührbar, wenn sie nicht mehr als 2,5 m voneinander entfernt sind.
Als fremdes leitfähiges Teil gilt auch eine leitfähige Standfläche (**Bild 2.17**).
Ein Beispiel für das Einbeziehen von Körpern ortsfester Betriebsmittel und fremden leitfähigen Teilen in den zusätzlichen Potentialausgleich bei leitfähiger Standfläche zeigt **Bild 2.18**.
DIN VDE 0100 Teil 410:1997-01 weist in einer Anmerkung noch darauf hin, daß der zusätzliche Potentialausgleich nicht anwendbar ist, wenn der Fußboden aus nicht isolierendem Material besteht und nicht einbezogen werden kann.
Das Einbeziehen aller gleichzeitig berührbaren Körper beschränkt sich auf fest angebrachte Betriebsmittel. Beim Einsatz ortsveränderlicher Verbrauchsmittel der Schutzklasse I können die Anforderungen nicht immer eingehalten werden. Als Beispiel hierfür ist eine längere bewegliche Anschlußleitung eines Verbrauchsmittels zu nennen, die eine größere Entfernung als den Handbereich überbrücken kann. Außerdem kann das ortsveränderliche Verbrauchsmittel außerhalb des Bereichs genutzt werden, in dem der zusätzliche Potentialausgleich zur Anwendung kommt. Die Wirksamkeit des zusätzlichen Potentialausgleichs wird damit aufgehoben.
Der zusätzliche Potentialausgleich muß mit Potentialausgleichsleitern nach DIN VDE 0100 Teil 540 durchgeführt werden (siehe Abschnitt 2.6 dieses Bandes). Er kann allerdings ebenfalls durch fremde leitfähige Teile wie Metallkonstruktionen oder durch zusätzliche Leiter oder durch eine Kombination von beiden hergestellt werden.
Sowohl im TN-System als auch im TT-System können die Potentialausgleichsleiter des zusätzlichen Potentialausgleichs als Ergänzung der Schutzleiter angesehen werden. Im IT-System sind sie quasi Ersatz der Schutzleiter.
In der Installationspraxis wird wohl bis auf wenige Ausnahmen der zusätzliche Potentialausgleich für Anlagen besonderer Art (wegen besonderer Gefährdung aufgrund der Umgebungsbedingungen) – in den VDE-Bestimmungen insbesondere die Gruppe 700 der Normen der Reihe DIN VDE 0100 – verwendet werden.

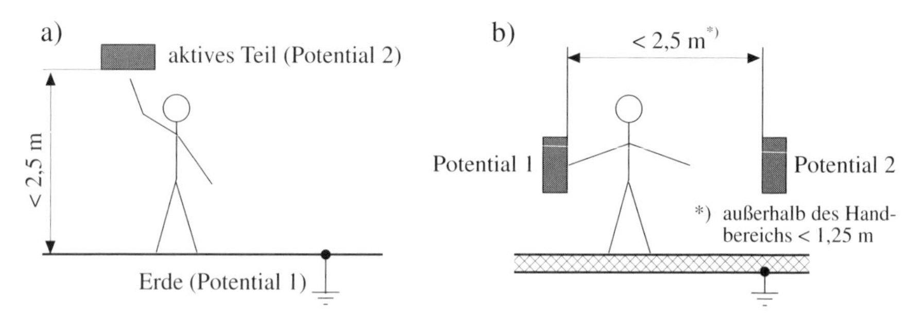

Bild 2.17 Untereinander gleichzeitig berührbare Körper
a) bei leitfähigem Standort
b) bei isoliertem Standort

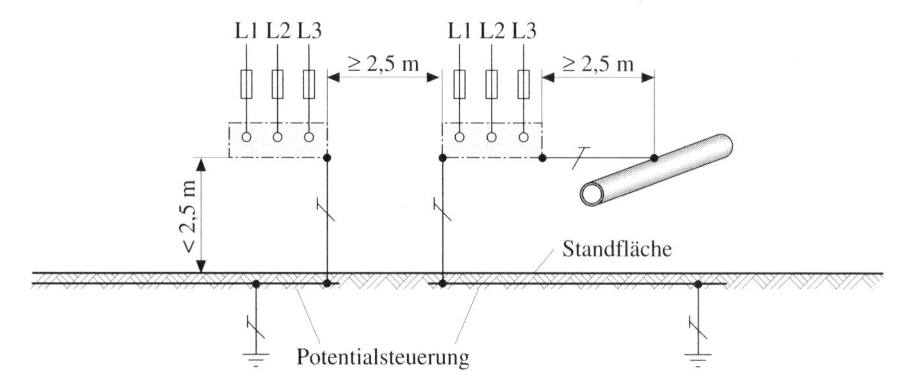

Bild 2.18 Beispiel für das Einbeziehen von Körpern ortsfester Betriebsmittel und fremden leitfähigen Teilen in den zusätzlichen Potentialausgleich bei leitfähiger Standfläche

Als Beispiele sind der örtliche zusätzliche Potentialausgleich nach DIN VDE 0100 Teil 701 für Räume mit Badewanne oder Dusche (siehe Abschnitt 2.13) oder der örtliche zusätzliche Potentialausgleich in DIN VDE 0100 Teil 705 für landwirtschaftliche Anwesen (siehe Abschnitt 2.15) zu nennen. In diesen Fällen des zusätzlichen Potentialausgleichs sind mitunter noch Abweichungen von den genannten Anforderungen in den jeweiligen Bestimmungen festgelegt, die dann vorrangig einzuhalten sind.

2.6 Ausführung der Potentialausgleichsleiter und deren Anschlüsse

2.6.1 Querschnitt (DIN VDE 0100 Teil 540:1991-11, Abschnitte 5.1 und 9.1)

Da die Aufgaben von Schutz- und Potentialausgleichsleitern sehr nahe beieinanderliegen, macht sich dies auch bei der Querschnittsbemessung bemerkbar. So ist der Querschnitt von Potentialausgleichsleitern in Abhängigkeit vom Schutzleiterquerschnitt festzulegen.
Zu unterscheiden sind die Querschnitte der Potentialausgleichsleiter des Hauptpotentialausgleichs einerseits und des zusätzlichen Potentialausgleichs andererseits.

2.6.1.1 Querschnitte von Potentialausgleichsleitern des Hauptpotentialausgleichs

2.6.1.1.1 Querschnittsbestimmung bis zum Erscheinen von DIN VDE 0100 Teil 540:1991-11

Basis für die Bestimmung des Querschnitts von Potentialausgleichsleitern des Hauptpotentialausgleichs war bisher nach DIN VDE 0100 Teil 540, Ausgaben 1983-11 und 1986-05, der Querschnitt des in der elektrischen Anlage erforderlichen Hauptschutzleiters.
Als Hauptschutzleiter kamen nach DIN VDE 0100 Teil 540, Ausgaben 1983-11 und 1986-05, in Frage:

- der von der Stromquelle kommende oder
- der vom Hausanschlußkasten oder dem Hauptverteiler abgehende Schutzleiter.

Wie wurde diese Zuordnung nun in die Praxis umgesetzt?
In der Vergangenheit hatte es bei der davor gültigen Zuordnung nach DIN VDE 0190:1973-05 – die Potentialausgleichsleiter waren je nach den Querschnitten der Außenleiter der stärksten vom Hausanschlußkasten oder dem Hauptverteiler abgehenden Hauptleitung der betreffenden Anlage zu bemessen – immer wieder unterschiedliche Meinungen darüber gegeben, was als Hauptleitung anzusehen war.
Schwierigkeiten ergaben sich bei dieser alten Regelung nach DIN VDE 0190:1973-05 dadurch, daß der Begriff Hauptleitung in den VDE-Errichtungsbestimmungen nicht definiert war und in den Technischen Anschlußbedingungen (TAB) der Elektrizitätsversorgungsunternehmen (EVU) sowie in der in den TAB herangezogenen DIN 18015-1 die Hauptleitung im Gegensatz zu DIN VDE 0190:1973-05 die Verbindung zwischen Hausanschlußkasten und den Zählerplätzen ist (Leitung, die nicht gemessene elektrische Energie führt).
Erst in den Erläuterungen zu § 5 b) von DIN VDE 0190:1973-05 wurde von W. Schrank später darauf hingewiesen, daß als Hauptleitung im Sinne von DIN VDE 0190:1973-05 auch solche Leitungen gelten, die z. B. bei zentraler Zähleranordnung im Kellergeschoß von den Zählern zu den Verteilern in den Obergeschossen führen.
Das zuständige Komitee von DIN VDE 0100 ließ damals in bezug auf die Auslegung nur folgende Interpretation zu:

„Bei zentraler Anordnung der Zähler hinter dem Hausanschluß gelten die von den Zählern abgehenden und z. B. zu den einzelnen Wohnungen führenden Leitungen, an deren Ende sich die Wohnungsverteiler befinden, in diesem Sinne als Hauptleitungen. Denn es kommt darauf an, die Hauptleitung zu erfassen, bei der auch im ungünstigsten Fall mit einem Isolationsfehler unmittelbar oder mittelbar gegen die in DIN VDE 0190:1973-05 genannten Rohrleitungen zu rechnen ist."

Die Formulierung „vom Hausanschlußkasten oder dem Hauptverteiler abgehende Schutzleiter“ aus DIN VDE 0100 Teil 540, Ausgaben 1983-11 und 1986-05 warf exakt die alte Frage wieder auf: „Welche Leitung ist nun als Bemessungsgrundlage heranzuziehen?“ Eindeutig konnte hier die bewährte und schon jahrzehntelang geübte Handhabung Anwendung finden.
Die alte Interpretation des für DIN VDE 0100 zuständigen Komitees hatte also weiterhin Gültigkeit:

Bei zentraler Zähleranordnung galt diese als Hauptverteiler. Die von den Zählern abgehenden Verbindungsleitungen zwischen Zählerplatz und Stromkreisverteiler der einzelnen Wohnungen dienten demnach als Bemessungsgrundlage für den Querschnitt der Potentialausgleichsleiter des Hauptpotentialausgleichs. Der der stärksten Verbindungsleitung zuzuordnende Schutzleiter war der in DIN VDE 0100 Teil 540, Ausgaben 1983-11 und 1986-05, angezogene vom Hauptverteiler abgehende Schutzleiter, der zur Bemessung des Quuerschnitts der Potentialausgleichsleiter des Hauptpotentialausgleichs heranzuziehen ist.

Für *Wohngebäude* waren nach DIN VDE 0100 Teil 540, Ausgaben 1983-11 und 1986-05, also bisher zwei unterschiedliche Handhabungen in Abhängigkeit von der Anordnung des Stromkreisverteilers möglich:

Anwendungsfall 1
Es kommt ein Zählerplatz mit integriertem Stromkreisverteiler in gemeinsamer Umhüllung zur Anwendung (**Bild 2.19** und **Bild 2.20**). Eine Verbindungsleitung zwischen Zählerplatz und Stromkreisverteiler ist demnach nicht vorhanden (üblich bei Einfamilienhäusern).
Als Bemessungsgrundlage für den Querschnitt von Potentialausgleichsleitern des Hauptpotentialausgleichs diente die vom Hausanschlußkasten abgehende Hauptleitung. Der dieser Hauptleitung zuzuordnende Schutzleiter ist zur Bemessung des Querschnitts der Potentialausgleichsleiter des Hauptpotentialausgleichs heranzuziehen.

Anwendungsfall 2
Es wird eine Zählerzentralisation, z. B. im Kellergeschoß, mit jeweils in der Wohnung angeordnetem Stromkreisverteiler angewendet (**Bild 2.21**).
Die zwischen den Zählerplätzen und den Stromkreisverteilern in den Wohnungen befindlichen Verbindungsleitungen dienten als Bemessungsgrundlage für den Querschnitt der Potentialausgleichsleiter des Hauptpotentialausgleichs. Der der stärksten Verbindungsleitung zuzuordnende Schutzleiter war zur Bemessung des Querschnitts der Potentialausgleichsleiter des Hauptpotentialausgleichs heranzuziehen.
Oft wurde aber auch unrichtigerweise als Bemessungsgrundlage für den Querschnitt der Potentialausgleichsleiter des Hauptpotentialausgleichs die vom Hausanschlußkasten abgehende Hauptleitung (im Beispiel NYY $4 \times 50\ mm^2$) herangezogen.

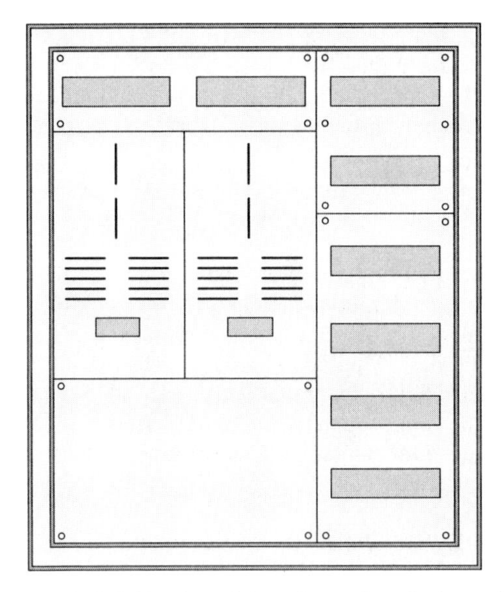

Bild 2.19 Zählerplatz mit integriertem Stromkreisverteiler in gemeinsamer Umhüllung

In großen *Gewerbe- und Industriebetrieben* wurde die Vorgehensweise noch deutlicher (**Bild 2.22**). Als Bemessungsgrundlage für den Querschnitt der Potentialausgleichsleiter für den Hauptpotentialausgleich dienten die vom Hauptverteiler abgehenden Hauptleitungen. Der der stärksten Hauptleitung zuzuordnende Schutzleiter

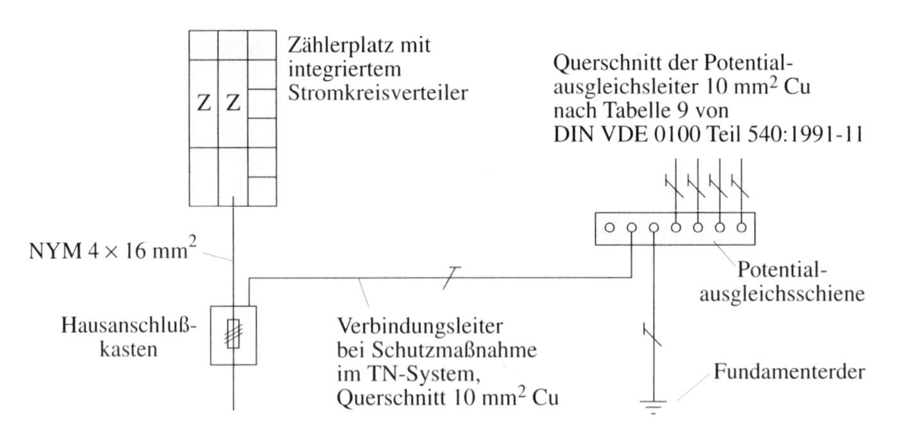

Bild 2.20 Querschnitt der Potentialausgleichsleiter am Beispiel Einfamilienhaus

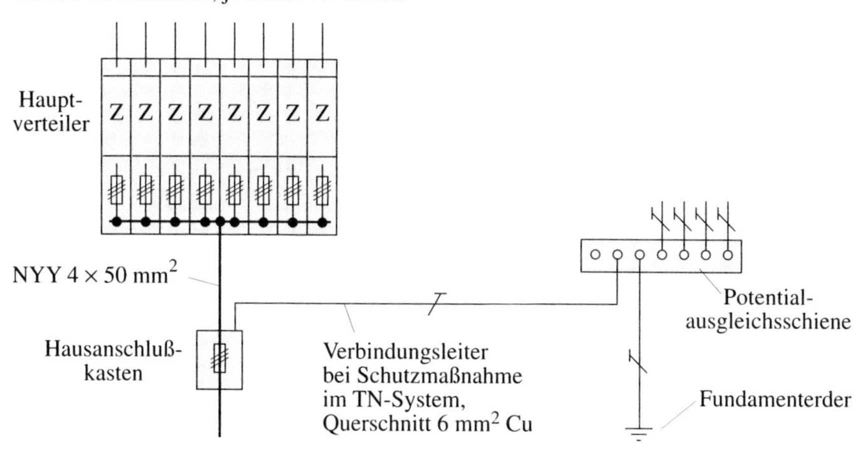

Bild 2.21 Querschnitt der Potentialausgleichsleiter am Beispiel einer zentralen Zähleranordnung

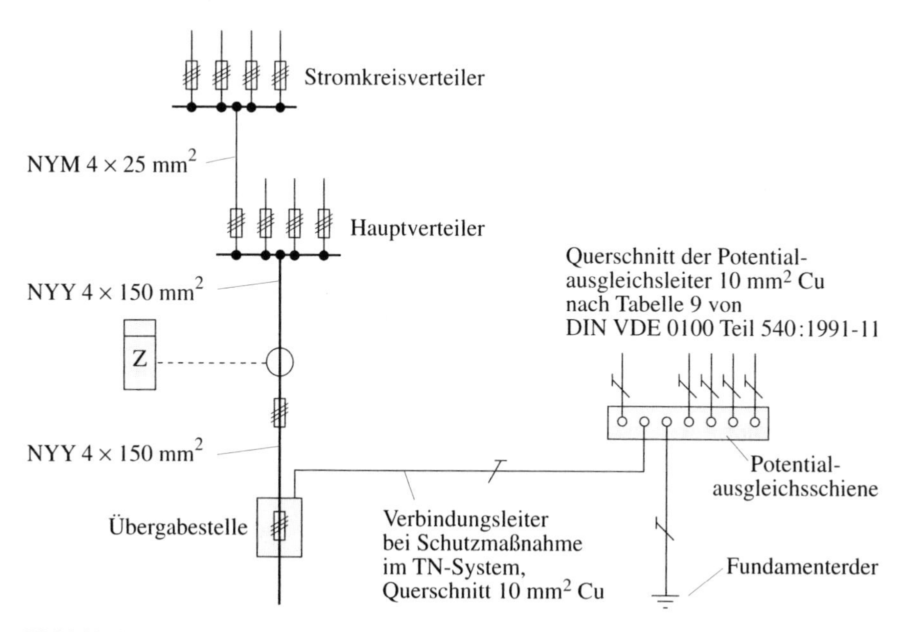

Bild 2.22 Querschnitt der Potentialausgleichsleiter am Beispiel einer Großanlage (z. B. Sonderabnehmer)

	Querschnitte für Potentialausgleichsleiter
normal	0,5 × Querschnitt des Hauptschutzleiters*)
mindestens	6 mm² Cu oder gleichwertiger Leitwert**)
mögliche Begrenzung	25 mm² Cu oder gleichwertiger Leitwert**)
*) Hauptschutzleiter im Sinne dieser Festlegungen ist der – von der Stromquelle kommende oder – vom Hausanschlußkasten oder dem Hauptverteiler abgehende Schutzleiter. **) Ungeschützte Verlegung von Leitern aus Aluminium ist nicht zulässig.	

Tabelle 2.1 Querschnitte für Potentialausgleichsleiter des Hauptpotentialausgleichs (Werte entsprechen Tabelle 7 aus DIN VDE 0100 Teil 540:1983-11 bzw. Tabelle 8 aus DIN VDE 0100 Teil 540:1986-05)

war für die Bemessung der Querschnitte der Potentialausgleichsleiter des Hauptpotentialausgleichs heranzuziehen.

Die Korrektheit der vorgenommenen Unterscheidungen zeigt die Betrachtung des Isolationsfehlers und seiner Auswirkungen. Im Einfamilienhaus wird im Falle eines Erdschlusses auf dem häufig längeren Weg der Hauptleitung bis zur ersten Querschnittsverjüngung der Potentialausgleichsleiter ähnlich hohen Belastungen ausgesetzt sein, wie sie für die Bemessung des Hauptschutzleiters maßgebend sind. In einem Gebäude mit vielen Wohneinheiten oder großen Gewerbe- und Industriebetrieben ist diese Art der Bemessungsgrundlage jedoch fragwürdig, wenn die vom Hausanschlußkasten abgehende Leitung nur wenige Meter bis zum Hauptverteiler verlegt ist und auf dieser kurzen Strecke kaum mit einem Erdschluß zu rechnen ist. Den größten Schutzleiterquerschnitt hinter dem Hauptverteiler als Bemessungsgrundlage für den Querschnitt der Potentialausgleichsleiter des Hauptpotentialausgleichs heranzuziehen ist folglich zulässig.
Der Querschnitt von Potentialausgleichsleitern des Hauptpotentialausgleichs mußte nach Tabelle 7 von DIN VDE 0100 Teil 540:1983-11 bzw. Tabelle 8 von DIN VDE 0100 Teil 540:1986-05 (**Tabelle 2.1**) 0,5 × Querschnitt des Hauptschutzleiters betragen, mindestens aber 6 mm² Cu oder gleichwertiger Leitwert. Als mögliche obere Begrenzung war der Querschnitt 25 mm² Cu oder gleichwertiger Leitwert festgelegt. Bei Verwendung von Werkstoffen mit gleichwertigem Leitwert war die ungeschützte Verlegung von Leitern aus Aluminium nicht zulässig.
In der Vergangenheit – genauer gesagt bis zur Herausgabe von DIN VDE 0100 Teil 540:1983-11 – waren die entsprechenden Grenzwerte gemäß den Anforderungen in DIN VDE 0100:1973-05:

- untere Begrenzung 10 mm² Cu,
- obere Begrenzung 50 mm² Cu.

2.6.1.1.2 Querschnittsbestimmung gemäß DIN VDE 0100 Teil 540:1991-11

Nach DIN VDE 0100 Teil 540:1991-11 müssen die Querschnitte für die Potentialausgleichsleiter des Hauptpotentialausgleichs mindestens halb so groß sein wie der Querschnitt des größten Schutzleiters der Anlage, mindestens jedoch 6 mm² betragen (**Tabelle 2.2**).

Als größter Schutzleiter der Anlage gilt dabei der vom Hauptverteiler abgehende Schutzleiter mit dem größten Querschnitt. Bei Kupfer braucht der Querschnitt des Potentialausgleichsleiters für den Hauptpotentialausgleich nicht größer zu sein als 25 mm², bei anderen Metallen nicht größer als ein im Hinblick auf die Strombelastbarkeit dazu gleichwertiger Querschnitt.

Welche Änderungen haben sich nun bei DIN VDE 0100 Teil 540:1991-11 gegenüber den Vorgängerausgaben 1983-11 und 1986-05 ergeben?

Im Großen und Ganzen ist die Querschnittsbestimmung von Potentialausgleichsleitern für den Hauptpotentialausgleich nach DIN VDE 0100 Teil 540:1991-11 so geblieben, wie sie zuvor nach den Ausgaben 1983-11 und 1986-05 vorzunehmen war. Es bleibt beim halben Querschnitt des vom Hauptverteiler abgehenden Schutzleiters mit dem größten Querschnitt. Zuvor war es der halbe Querschnitt des Hauptschutzleiters, wobei dieser definiert war als der:

- von der Stromquelle kommende oder
- vom Hausanschlußkasten oder dem Hauptverteiler abgehende Schutzleiter.

Die neue Formulierung ist viel besser handhabbar. Nicht mehr genannt – und bisher auch in der Hausinstallation gar nicht benötigt – wird die Formulierung „der von der Stromquelle kommende Schutzleiter“. Gleichfalls weggefallen ist die Formulierung „der vom Hausanschlußkasten abgehende Schutzleiter“.

Allein übrig geblieben ist als Basis für die Bestimmung der Querschnitte von Potentialausgleichsleitern des Hauptpotentialausgleichs der Querschnitt des größten Schutzleiters der Anlage, wobei eindeutig ausgesagt wird, daß als solcher der vom Hauptverteiler abgehende Schutzleiter mit dem größten Querschnitt gilt. Dieser Schutzleiter war bisher in der Hausinstallation immer schon als Basis herangezogen worden.

Es gibt also praktisch keine Änderung in der Installationspraxis. Die Streichung der anderen als Basis dienenden Schutzleiter (der von der Stromquelle kommende und

	Querschnitte für Potentialausgleichsleiter
normal	0,5 × Querschnitt des größten Schutzleiters der Anlage
mindestens	6 mm²
mögliche Begrenzung	25 mm² Cu oder gleichwertiger Leitwert bei anderen Werkstoffen

Tabelle 2.2 Querschnitte für Potentialausgleichsleiter des Hauptpotentialausgleichs (Werte entsprechen Tabelle 9 aus DIN VDE 0100 Teil 540:1991-11)

der vom Hausanschluß abgehende Schutzleiter) ist nur zu begrüßen, sie führt zu einer eindeutigen Handhabbarkeit der Bestimmung.
Zu klären ist nur noch, was als Hauptverteiler in der Hausinstallation anzusehen ist. Nach wie vor bleibt es bei der alten Interpretation des für DIN VDE 0100 zuständigen Komitees, die sich bewährt hat und schon jahrzehntelang wie folgt gehandhabt wird:

Bei zentraler Zähleranordnung gilt diese als Hauptverteiler. Die von den Zählern abgehenden Verbindungsleitungen zwischen Zählerplatz und Stromkreisverteiler der einzelnen Wohnungen dienen demnach als Bemessungsgrundlage für den Querschnitt der Potentialausgleichsleiter des Hauptpotentialausgleichs (siehe Ausführungen zu Abschnitt 2.6.1.1.1).
Anhand der Beispiele der Bilder 2.19 bis 2.22 aus Abschnitt 2.6.1.1.1 wird aufgezeigt, daß sich praktisch keine Veränderungen ergeben:

Wohngebäude

Anwendungsfall 1
Es kommt ein Zählerplatz mit integriertem Stromkreisverteiler in gemeinsamer Umhüllung zur Anwendung (siehe Bild 2.19 und Bild 2.20). Eine Verbindungsleitung zwischen Zählerplatz und Stromkreisverteiler ist demnach nicht vorhanden (üblich bei Einfamilienhäusern).
Als Bemessungsgrundlage für den Querschnitt von Potentialausgleichsleitern des Hauptpotentialausgleichs dient die Hauptleitung. Der dieser Hauptleitung zuzuordnende Schutzleiter ist der größte Schutzleiter der Anlage und somit zur Bemessung des Querschnitts der Potentialausgleichsleiter des Hauptpotentialausgleichs heranzuziehen.

Anwendungsfall 2
Es wird eine Zählerzentralisation, z. B. im Kellergeschoß, mit jeweils in der Wohnung angeordnetem Stromkreisverteiler angewendet (siehe Bild 2.21).
Die zwischen den Zählerplätzen und den Stromkreisverteilern in den Wohnungen befindlichen Verbindungsleitungen dienen als Bemessungsgrundlage für den Querschnitt der Potentialausgleichsleiter des Hauptpotentialausgleichs, da die zentral angeordneten Zählerplätze als Hauptverteiler anzusehen sind. Der der stärksten Verbindungsleitung zuzuordnende Schutzleiter ist zur Bemessung des Querschnitts der Potentialausgleichsleiter des Potentialausgleichs heranzuziehen.
Die vom Hausanschlußkasten abgehende Hauptleitung (im Beispiel NYY 4 × 50 mm^2) ist nicht als Bemessungsgrundlage für den Querschnitt der Potentialausgleichsleiter des Hauptpotentialausgleichs heranzuziehen. Dadurch, daß der vom Hausanschlußkasten abgehende Schutzleiter nach DIN VDE 0100 Teil 540:1991-11 nicht mehr als größter Schutzleiterquerschnitt für die Bemessung von Potentialaus-

gleichsleitern des Hauptpotentialausgleichs anzusehen ist, wird diese Vorgehensweise nun aber viel klarer zum Ausdruck gebracht.

Gewerbe- und Industrieanlagen

Auch in Gewerbe- und Industrieanlagen bleibt es bei der bisherigen Praxis (siehe Bild 2.22).
Als Bemessungsgrundlage für den Querschnitt der Potentialausgleichsleiter des Hauptpotentialausgleichs dienen die vom Hauptverteiler abgehenden Hauptleitungen. Der der stärksten Hauptleitung zuzuordnende Schutzleiter ist für die Bemessung der Querschnitte der Potentialausgleichsleiter heranzuziehen.

Weitere Änderungen hinsichtlich der Querschnittsbemessung von Potentialausgleichsleitern des Hauptpotentialausgleichs in DIN VDE 0100 Teil 540:1991-11 gegenüber den Vorgängerausgaben 1983-11 und 1986-05 sind beim Mindestquerschnitt sowie bei der möglichen Begrenzung des Querschnitts zu finden. Sie betreffen aber nicht die Querschnittswerte.
Weiterhin beträgt der Mindestquerschnitt 6 mm². Allerdings gibt es keine Werkstoffangabe mehr. In den Vorgängerausgaben hieß es noch 6 mm² Cu oder gleichwertiger Leitwert, wobei das ungeschützte Verlegen von Leitern aus Aluminium nicht zulässig war.
Die mögliche obere Begrenzung liegt bei Kupfer weiterhin bei 25 mm² oder gleichwertigem Leitwert bei anderen Werkstoffen.
Weggefallen ist der Hinweis, daß die ungeschützte Verlegung von Leitern aus Aluminium nicht zulässig ist.
Eine Gegenüberstellung der alten und neuen oberen und unteren Begrenzungen der Querschnitte von Hauptpotentialausgleichsleitern zeigt **Tabelle 2.3**.
Bei der Ermittlung des als Basis für die Querschnittsbestimmung von Potentialausgleichsleitern des Hauptpotentialausgleichs dienenden Querschnitts des größten Schutzleiters der Anlage (vom Hauptverteiler abgehender Schutzleiter mit dem größten Querschnitt) ist zu unterscheiden, ob ein TN-System oder ein TT-System vorliegt.

	Nennquerschnitte		
	Werte gemäß DIN VDE 0190: 1973-05 (zurückgezogen)	**Werte gemäß DIN VDE 0100 Teil 540:1983-11 bzw. Teil 540:1986-05**	**Werte gemäß DIN VDE 0100 Teil 540:1991-11**
unterer Grenzwert oberer Grenzwert	10 mm² Cu*) 50 mm² Cu*)	6 mm² Cu*) 25 mm² Cu*)	6 mm² 25 mm² Cu*)
*) oder gleichwertiger Leitwert			

Tabelle 2.3 Alte und neue untere und obere Grenzwerte von Querschnitten für Potentialausgleichsleiter des Hauptpotentialausgleichs

2.6.1.1.3 Querschnitt von Potentialausgleichsleitern im TN-System

Basis für die Ermittlung des Querschnitts von Potentialausgleichsleitern des Hauptpotentialausgleichs im TN-System ist der Querschnitt des in der Anlage erforderlichen größten Schutzleiters (vom Hauptverteiler abgehender Schutzleiter mit dem größten Querschnitt). Üblicherweise wird er nach Tabelle 6 von DIN VDE 0100 Teil 540:1991-11 (**Tabelle 2.4**) ermittelt. Er kann allerdings auch berechnet werden (Berechnungsgang siehe Abschnitt 2.6.1.1.4). Die Anwendung der Tabelle ist der Normalfall. Sie führt zwar nicht immer zum kleinstmöglichen Querschnitt, ist aber angesichts des doch aufwendigeren Rechenverfahrens meist ein wirtschaftlicher Weg.
Bei Anwendung der Tabelle 6 aus DIN VDE 0100 Teil 540:1991-11 (siehe Tabelle 2.4) ist ein Nachrechnen gemäß des in Abschnitt 2.6.1.1.4 aufgezeigten Rechenverfahrens nicht erforderlich. Nur wenn bei der Schutzmaßnahme „Schutz durch Abschaltung im TN-System" die Wahl des Querschnitts der Außenleiter durch den Kurzschlußstrom bestimmt wird (kommt allgemein sehr selten vor, in der Hausinstallation gar nicht), kann ein Nachrechnen mit dem in Abschnitt 2.6.1.1.4 aufgezeigten Rechenverfahren notwendig werden.
Sofern sich bei Anwendung der Tabelle 2.4 keine genormten Querschnitte ergeben, müssen die Leiter mit dem nächsten benachbarten genormten Querschnitt verwendet werden.
Die Werte der Tabelle 6 aus DIN VDE 0100 Teil 540:1991-11 (siehe Tabelle 2.4) sind nur dann gültig, wenn der Schutzleiter und die Außenleiter aus gleichem Metall bestehen. Sofern der Schutzleiter aus einem anderen Metall besteht, ist sein Querschnitt so festzulegen, daß sich dieselbe Leitfähigkeit ergibt wie bei Anwendung der Tabelle.
Der Vergleich der neuen Tabelle 6 aus DIN VDE 0100 Teil 540:1992-11 (siehe Tabelle 2.4) mit den zuvor anzuwendenden Tabellen in DIN VDE 0100:1973-05 sowie DIN VDE 0100 Teil 540, Ausgaben 1983-11 und 1986-05 (**Tabelle 2.5**), zeigt, daß eine deutliche Verbesserung in der Lesbarkeit und Anwendung erreicht wurde. Von Bedeutung ist, daß sich hinsichtlich der für den Hauptpotentialausgleich wichtigen Querschnitte keine Änderungen bei den Werten ergeben haben. Die bisherige Praxis kann also auch bei den als Basis für die Bestimmung des Querschnitts von Potentialausgleichsleitern des Hauptpotentialausgleichs dienenden Schutzleitern beibehalten werden.

Außenleiterquerschnitt der Anlage	**Mindestquerschnitt des Schutzleiters**
S in mm^2	S in mm^2
$S \leq 16$	S
$16 < S \leq 35$	16
$S > 35$	$S/2$

Tabelle 2.4 Zuordnung der Mindestquerschnitte von Schutzleitern zum Querschnitt der Außenleiter (Werte entsprechen Tabelle 6 aus DIN VDE 0100 Teil 540:1991-11)

Nennquerschnitte					
Außenleiter in mm²	Schutzleiter oder PEN-Leiter[1]		Schutzleiter, getrennt verlegt		
	isolierte Starkstrom-leitungen in mm²	0,6-/1-kV-Kabel mit vier Leitern in mm²	geschützt in mm²		ungeschützt[2] in mm²
			Cu	Al	Cu
bis 0,5	0,5	–	2,5	4	4
0,75	0,75	–	2,5	4	4
1	1	–	2,5	4	4
1,5	1,5	1,5	2,5	4	4
2,5	2,5	2,5	2,5	4	4
4	4	4	4	4	4
6	6	6	6	6	6
10	10	10	10	10	10
16	16	16	16	16	16
25	16	16	16	16	16
35	16	16	16	16	16
50	25	25	25	25	25
70	35	35	35	35	35
95	50	50	50	50	50
120	70	70	50	50	50
150	70	70	50	50	50
185	95	95	50	50	50
240	–	120	50	50	50
300	–	150	50	50	50
400	–	185	50	50	50

1) PEN-Leiter ≥ 10 mm² Cu oder ≥ 16 mm² Al.
2) Ungeschütztes Verlegen von Leitern aus Aluminium ist nicht zulässig.

Tabelle 2.5 Zuordnung der Mindestquerschnitte von Schutzleitern zum Querschnitt der Außenleiter (Werte entsprechen Tabelle 2 aus DIN VDE 0100 Teil 540:1983-11 bzw. Teil 540:1986-05)

Ist der Querschnitt des größten Schutzleiters der Anlage in der Praxis im konkreten Fall größer als der nach Tabelle 6 aus DIN VDE 0100 Teil 540:1991-11 (siehe Tabelle 2.4) notwendige Querschnitt, so ist dennoch nur der Tabellenwert als Basis für die Querschnittsbemessung der Potentialausgleichsleiter heranzuziehen.

Beispiel:
Verlegt sei ein Kabel NYY 4 × 25 mm², bei der der PEN-Leiter gemeinsam mit den Außenleitern in gemeinsamer Umhüllung verlegt ist.
In diesem Fall hat der PEN-Leiter einen Querschnitt von 25 mm². Zur Potentialausgleichsleiter-Querschnittsbemessung braucht jedoch nach Tabelle 6 von DIN VDE 0100 Teil 540 (siehe Tabelle 2.4) nur der Wert 16 mm² herangezogen werden.

Somit ergeben sich für die Beispiele in den Bildern 2.20 bis 2.22 bei der Querschnittsermittlung der Potentialausgleichsleiter des Hauptpotentialausgleichs folgende Sachverhalte:

Für Bild 2.20 (Zählerplatz mit integriertem Stromkreisverteiler; keine Verbindungsleitung zwischen Zählerplatz und Stromkreisverteiler) ergibt sich für den größten Schutzleiter der Anlage bei einem Querschnitt des Außenleiters der heranzuziehenden Hauptleitung von 16 mm^2 Cu nach Tabelle 6 aus DIN VDE 0100 Teil 540 (siehe Tabelle 2.4) ebenfalls ein Querschnitt von 16 mm^2. Nach Tabelle 9 aus DIN VDE 0100 Teil 540 (siehe Tabelle 2.2) ist dann als Querschnitt für die Potentialausgleichsleiter des Hauptpotentialausgleichs der halbe Querschnitt des größten Schutzleiters der Anlage anzusetzen, also 0,5 × 16 mm^2 Cu gleich 8 mm^2 Cu. Gewählt wird der Nennquerschnitt 10 mm^2 Cu.
Für Bild 2.21 (Zählerzentralisitation; Verbindungsleitungen zwischen Zählerplatz und Stromkreisverteiler vorhanden) ergibt sich für den vom Hauptverteiler abgehenden Schutzleiter mit dem größten Querschnitt bei einem Querschnitt des Außenleiters der heranzuziehenden Verbindungsleitungen zwischen Zählerplatz und Stromkreisverteiler von 10 mm^2 Cu nach Tabelle 6 aus DIN VDE 0100 Teil 540 (siehe Tabelle 2.4) ebenfalls ein Querschnitt von 10 mm^2 Cu. Nach Tabelle 9 aus DIN VDE 0100 Teil 540 (siehe Tabelle 2.2) ist dann als Querschnitt für die Potentialausgleichsleiter des Hauptpotentialausgleichs der halbe Querschnitt für die Potentialausgleichsleiter des vom Hauptverteiler abgehenden Schutzleiters mit dem größten Querschnitt anzusetzen, folglich 0,5 × 10 mm^2 Cu gleich 5 mm^2 Cu. Gewählt wird der Nennquerschnitt 6 mm^2 Cu.
Würde, wie unter „Anwendungsfall 2" schon angeführt, unrichtigerweise als Bemessungsgrundlage für den Querschnitt des Potentialausgleichsleiters die vom Hausanschlußkasten abgehende Hauptleitung (im Beispiel NYY 4 × 50 mm^2) herangezogen, so ergäbe sich für den größten Schutzleiter der Anlage nach Tabelle 6 aus DIN VDE 0100 Teil 540 (siehe Tabelle 2.4) ein Querschnitt von 25 mm^2 Cu. Nach Tabelle 9 aus DIN VDE 0100 Teil 540 (siehe Tabelle 2.2) ergäbe sich dann als Querschnitt für die Potentialausgleichsleiter des Hauptpotentialausgleichs der halbe Querschnitt des vom Hauptverteiler abgehenden Schutzleiters mit dem größten Querschnitt, demnach 0,5 × 25 mm^2 Cu gleich 12,5 mm^2 Cu. Gewählt würde der Nennquerschnitt 16 mm^2 Cu. Wenngleich dieser größere Querschnitt – erforderlich sind nur 6 mm^2 Cu – niemals schädlich ist, so wäre er aber aus wirtschaftlicher Sicht verschwenderisch.
Für Bild 2.22 (Industriebetrieb; vom Hauptverteiler abgehende Hauptleitungen vorhanden) ergibt sich für den vom Hauptverteiler abgehenden Schutzleiter mit dem größten Querschnitt bei einem Querschnitt des Außenleiters der heranzuziehenden Verbindungsleitungen (Hauptleitungen) zwischen Hauptverteiler und Stromkreisverteiler von 25 mm^2 Cu nach Tabelle 6 aus DIN VDE 0100 Teil 540 (siehe Tabelle 2.4) ein Querschnitt von 16 mm^2 Cu. Nach Tabelle 9 aus DIN VDE 0100 Teil 540 (siehe Tabelle 2.2) ist dann als Querschnitt für die Potentialausgleichsleiter des Hauptpotentialausgleichs der halbe Querschnitt des vom Hauptverteiler abgehenden Schutzleiters mit dem größten Querschnitt anzusetzen, also 0,5 × 16 mm^2 Cu gleich 8 mm^2 Cu. Gewählt wird als Nennquerschnitt 10 mm^2 Cu.

2.6.1.1.4 *Querschnitt von Potentialausgleichsleitern im TT-System mit Schutzeinrichtung Fehlerstrom-Schutzeinrichtung (RCD)*

Basis für die Ermittlung des Querschnitts von Potentialausgleichsleitern des Hauptpotentialausgleichs im TT-System mit Fehlerstrom-Schutzeinrichtung (RCD) als Schutzeinrichtung zur automatischen Abschaltung ist der Querschnitt des in der elektrischen Anlage erforderlichen größten Schutzleiters (vom Hauptverteiler abgehender Schutzleiter mit dem größten Querschnitt).

Selbstverständlich darf auch hier Tabelle 6 aus DIN VDE 0100 Teil 540 (siehe Tabelle 2.4) als Basis herangezogen werden. Allerdings führt dies zu einer aus physikalischer Sicht zu hohen Querschnittsdimensionierung, weil der in der Praxis auftretende Fehlerstrom, der letztlich für die thermische Beanspruchung des Schutzleiters entscheidend ist, durch Anwendung einer Fehlerstrom-Schutzeinrichtung (RCD) relativ gering ist.

Daher wird man im TT-System zweckmäßigerweise eine andere Methode der Auswahl der Querschnitte der Schutzleiter wählen, und zwar die Berechnung nach Abschnitt 5.1.1 von DIN VDE 0100 Teil 540. Danach ist zur Berechnung der Mindestquerschnitte für Abschaltzeiten bis 5 s folgende Gleichung anzuwenden:

$$S = \frac{\sqrt{I^2 \cdot t}}{\mathrm{k}},$$

mit:

S Mindestquerschnitt in mm^2,

I effektiver Wechselstromwert des Fehlerstroms in A, der bei einem Fehler mit vernachlässigbarer Impedanz durch die Schutzeinrichtung fließen kann,

t Ansprechzeit in s für die Abschaltvorrichtung,

k Materialbeiwert (Faktor), der abhängt:
- vom Leiterwerkstoff des Schutzleiters,
- vom Werkstoff der Isolierung,
- vom Werkstoff anderer Teile,
- von der Anfangs- und der Endtemperatur des Schutzleiters.

Die physikalische Einheit von k ist:

$$\mathrm{A} \cdot \frac{\sqrt{\mathrm{s}}}{\mathrm{mm}^2}.$$

Die Gleichung zur Berechnung des Querschnitts von Schutzleitern wurde von der Querschnittsberechnung beim Schutz bei Kurzschluß übernommen.

Der Materialbeiwert k kann durch folgende Gleichung bestimmt werden:

$$k = \sqrt{\frac{Q_c (B + 20\,°C)}{\rho_{20}} \ln\left(1 + \frac{\vartheta_f - \vartheta_i}{B + \vartheta_i}\right)},$$

mit:

Q_c volumetrische Wärmekapazität des Leiterwerkstoffs in J/(°C mm^3),
B Reziprokwert des Temperaturkoeffizienten des spezifischen Widerstands bei 0 °C für den Leiterwerkstoff in °C,
ρ_{20} spezifischer Widerstand des Leiterwerkstoffs bei 20 °C in Ω mm,
ϑ_i Anfangstemperatur des Leiters in °C,
ϑ_f Endtemperatur des Leiters in °C (zulässige Höchsttemperatur).

Dieses Verfahren zur Ermittlung des Materialbeiwerts k ist im Anhang A von DIN VDE 0100 Teil 540:1991-11 aufgeführt.
Die einzelnen Größen zur Ermittlung des Materialbeiwerts k können der **Tabelle 2.6** (Werte entsprechen Tabelle A.1 aus DIN VDE 0100 Teil 540:1991-11) entnommen werden.
Um das umständliche Ermitteln des Materialbeiwerts k zu vermeiden, sind die Werte für die Schutzleiter der wichtigsten Kabel und Leitungen **Tabelle 2.7**, **Tabelle 2.8**, **Tabelle 2.9** und **Tabelle 2.10** (Werte entsprechen den Tabellen 2, 3, 5 und C.1 aus DIN VDE 0100 Teil 540:1991-11) zu entnehmen.
Dabei sind die Werte der Tabelle 2.10 (Werte entsprechen der Tabelle C.1 aus DIN VDE 0100 Teil 540:1991-11) noch nicht harmonisiert. Es handelt sich hier um ergänzende nationale Festlegungen, die im internationalen Harmonisierungsdokument nicht enthalten sind und den harmonisierten Festlegungen nicht entgegenstehen. Sie gelten solange, bis entsprechende Aussagen international harmonisiert sind.
Da für einadrige Kabel und einadrige Mantelleitungen als Schutzleiter in den Bestimmungen noch keine Werte festgelegt sind, empfiehlt es sich, für einadrige Kabel und einadrige Mantelleitungen die Materialbeiwerte der Tabelle 2.7 anzuwenden.

Leiterwerkstoff	B in °C	Q_c in J/(°C mm^3)	ρ_{20} in Ω mm	$\sqrt{\frac{Q_c(B+20\,°C)}{\rho_{20}}}$ in $A\sqrt{s}/mm^2$
Kupfer	234,5	$3{,}45 \cdot 10^{-3}$	$17{,}241 \cdot 10^{-6}$	226
Aluminium	228	$2{,}5 \cdot 10^{-3}$	$28{,}264 \cdot 10^{-6}$	148
Blei	230	$1{,}45 \cdot 10^{-3}$	$214 \cdot 10^{-6}$	42
Stahl	202	$3{,}8 \cdot 10^{-3}$	$138 \cdot 10^{-6}$	78

Tabelle 2.6 Größen zur Ermittlung des Materialbeiwerts k (Werte entsprechen Tabelle A.1 aus DIN VDE 0100 Teil 540:1991-11)

	Isolierwerkstoff von Schutzleitern oder der Mäntel von Kabeln und Leitungen		
	Polyvinylchlorid (PVC)	**vernetztes Polyethylen (PE-X) Ethylen-Propylen-Kautschuk (EPR)**	**Butyl-Kautschuk (IIK)**
Anfangstemperatur	30 °C	30 °C	30 °C
Endtemperatur	160 °C	250 °C	220 °C
	Materialbeiwert k in: $A\sqrt{s}/mm^2$		
Leiterwerkstoff:			
Kupfer	143	176	166
Aluminium	95	116	110
Stahl	52	64	60

Tabelle 2.7 Materialbeiwerte k für isolierte Schutzleiter außerhalb von Kabeln und Leitungen oder blanke Schutzleiter, die mit Kabel- oder Leitungsmänteln in Berührung kommen
(Werte entsprechen Tabelle 2 aus DIN VDE 0100 Teil 540:1991-11)

Zwei Beispiele sollen zeigen, daß für Schutzleiter im TT-System die Querschnitte deutlich unter den in Tabelle 6 von DIN VDE 0100 Teil 540:1991-11 (siehe Tabelle 2.4) angegebenen Mindestwerten liegen.

Beispiel 1
In einem TT-System mit Schutzeinrichtung Fehlerstrom-Schutzeinrichtung (RCD) ist der Hauptschutzleiter als getrennt geführter, PVC-isolierter Kupferleiter verlegt. Wie berechnet sich der Querschnitt?

		Isolierwerkstoffe	
	Polyvinylchlorid (PVC)	**vernetztes Polyethylen (PE-X) Ethylen-Propylen-Kautschuk (EPR)**	**Butyl-Kautschuk (IIK)**
Anfangstemperatur	70 °C	90 °C	85 °C
Endtemperatur	160 °C	250 °C	220 °C
	Materialbeiwert k in: $A\sqrt{s}/mm^2$		
Leiterwerkstoff:			
Kupfer	115	143	134
Aluminium	76	94	89

Tabelle 2.8 Materialbeiwerte k für isolierte Schutzleiter in einem mehradrigen Kabel oder in einer mehradrigen Leitung
(Werte entsprechen Tabelle 3 aus DIN VDE 0100 Teil 540:1991-11)

Leiterwerkstoff	Bedingungen	sichtbar und in abgegrenzten Bereichen*)	normale Bedingungen	bei Feuergefährdung
Kupfer	Temperatur maximal	500 °C	200 °C	150 °C
	Materialbeiwert k in $A\sqrt{s}/mm^2$	228	159	138
Aluminium	Temperatur maximal	300 °C	200 °C	150 °C
	Materialbeiwert k in $A\sqrt{s}/mm^2$	125	105	91
Stahl	Temperatur maximal	500 °C	200 °C	150 °C
	Materialbeiwert k in $A\sqrt{s}/mm^2$	82	58	50
Anmerkung: Die Anfangstemperatur des Leiters wird mit 30 °C angenommen. *) Die angegebenen Temperaturen gelten nur dann, wenn die Temperatur der Verbindungsstelle die Qualität der Verbindung nicht beeinträchtigt.				

Tabelle 2.9 Materialbeiwerte k für blanke Leiter in Fällen, in denen keine Gefährdung benachbarter Teile infolge der in der Tabelle angegebenen Temperaturen entsteht
(Werte entsprechen Tabelle 5 aus DIN VDE 0100 Teil 540:1991-11)

	Isolierwerkstoffe			
	G	PVC	PE-X, EPR	IIK
Anfangstemperatur der Leiter	50 °C	60 °C	80 °C	75 °C
Endtemperatur	200 °C	160 °C	250 °C	220 °C
	Materialbeiwert k in: $A\sqrt{s}/mm^2$			
Leiterwerkstoff:				
Fe und Fe kupferplattiert	53	44	54	51
Al	97	81	98	93
Pb	27	22	27	26
G Gummi-Isolierung PVC Isolierung aus Polyvinylchlorid PE-X Isolierung aus vernetztem Polyethylen EPR Isolierung aus Ethylen-Propylen-Kautschuk IIK Isolierung aus Butyl-Kautschuk Die Endtemperatur ist die zulässige Höchsttemperatur am Leiter.				

Tabelle 2.10 Materialbeiwerte k für Schutzleiter als Mantel oder Bewehrung eines Kabels oder einer Leitung
(Werte entsprechen Tabelle C.1 aus DIN VDE 0100 Teil 540:1991-11)

Im Falle eines Körperschlusses fließt im TT-System mit Fehlerstrom-Schutzeinrichtung (RCD) als Schutzeinrichtung ein Fehlerstrom, der von der Schleifenimpedanz zwischen Außenleiter und Schutzleiter bestimmt wird.
Für die Höhe des fließenden Fehlerstroms sind die Ausbreitungswiderstände der Erder am Transformatorsternpunkt und in der Verbraucheranlage entscheidend. Setzt man z. B. einen schon äußerst günstigen Wert von insgesamt 2 Ω für den Ausbreitungswiderstand an – in der Praxis kaum erreichbar –, so ergibt sich bei einer Spannung von 230 V im ungünstigen Fall ein Fehlerstrom von 115 A. Hier darf also nicht der Nennfehlerstrom (Bemessungsdifferenzstrom) der Fehlerstrom-Schutzeinrichtung (RCD) zur Berechnung herangezogen werden. Die Höhe des Fehlerstroms ist unabhängig davon.

Als Abschaltzeit kann bei dieser Höhe des Fehlerstroms eine Zeit von 0,04 s gemäß DIN VDE 0664 angesetzt werden. Damit ergibt sich der Querschnitt S zu:

$$S = \frac{\sqrt{I^2 \cdot t}}{\mathrm{k}}.$$

Mit k = 143 A$\sqrt{\mathrm{s}}$/mm^2 nach Tabelle 2.7 ergibt sich der Querschnitt S zu:

$$S = \frac{\sqrt{115^2\,\mathrm{A}^2 \cdot 0{,}04\ \mathrm{s}}}{143\ \mathrm{A}\sqrt{\mathrm{s}}/\mathrm{mm}^2} = 0{,}16\ \mathrm{mm}^2.$$

Beispiel 2
In einem TT-System mit Schutzeinrichtung Fehlerstrom-Schutzeinrichtung (RCD) ist der zum Erder führende Schutzleiter als getrennt geführter PVC-isolierter Aluminiumleiter verlegt. Wie berechnet sich der Querschnitt?

Unter Berücksichtigung der Ausführungen im Beispiel 1 ergibt sich der Querschnitt S zu:

$$S = \frac{\sqrt{I^2 \cdot t}}{\mathrm{k}}.$$

Mit k = 95 A$\sqrt{\mathrm{s}}$ /mm^2 nach Tabelle 2.7 ergibt sich der Querschnitt S zu:

$$S = \frac{\sqrt{115^2\,\mathrm{A}^2 \cdot 0{,}04\ \mathrm{s}}}{95\ \mathrm{A}\sqrt{\mathrm{s}}/\mathrm{mm}^2} = 0{,}24\ \mathrm{mm}^2.$$

Die Rechnungen zeigen, daß – obwohl schon äußerst ungünstige Voraussetzungen angenommen wurden – in den gewählten Beispielen die mögliche thermische Be-

anspruchung des Schutzleiters einen Querschnitt deutlich unterhalb der Mindestwerte nach Tabelle 6 von DIN VDE 0100 Teil 540 (siehe Tabelle 2.4) ermöglicht. Allerdings muß auch bei der rechnerischen Ermittlung sehr kleiner Querschnitte darauf geachtet werden, daß im Hinblick auf den mechanischen Schutz Mindestquerschnitte einzuhalten sind.
Nach Abschnitt 5.1.3 von DIN VDE 0100 Teil 540:1991-11 darf der nach

$$S = \frac{\sqrt{I^2 \cdot t}}{\text{k}}$$

berechnete Querschnitt S jedes Schutzleiters, der nicht mit Außenleitern und Neutralleiter in einer gemeinsamen Umhüllung verlegt ist – also nicht Bestandteil des Zuleitungskabels (Versorgungsleitung) ist –, aus mechanischen Gründen in keinem Fall kleiner sein als:

- 2,5 mm², wenn mechanischer Schutz vorgesehen ist,
- 4 mm², wenn mechanischer Schutz nicht vorgesehen ist.

Damit kann der nicht mit Außenleitern und Neutralleitern in gemeinsamer Umhüllung verlegte Schutzleiter im TT-System mit Fehlerstrom-Schutzeinrichtungen (RCD) allein nach dem mechanischen Schutz bemessen werden. Thermisch kann er praktisch nicht zu hoch belastet werden.

Wenngleich es bei den Querschnittswerten gegenüber den Vorgängerausgaben keine Veränderungen gibt, so haben sich aber bei der Materialzuordnung für Aluminiumleiter Änderungen ergeben. Bei vorgesehenem mechanischen Schutz des Schutzleiters darf schon bei einem Querschnitt von 2,5 mm² ein Aluminiumleiter verlegt werden, früher mußte der Aluminiumleiter bei geschützter Verlegung einen Mindestquerschnitt von 4 mm² besitzen. Wird ein mechanischer Schutz nicht vorgesehen, darf bei dem Mindestquerschnitt von 4 mm² neuerdings auch ein Aluminiumleiter verlegt werden. In den Vorgängerausgaben war das ungeschützte Verlegen von Leitern aus Aluminium – gleich welcher Querschnitt – nicht zulässig.
Die Änderungen hinsichtlich des Aluminiumleiters sind bedingt durch die internationale Harmonisierung. Zu beachten ist, daß bei ungeschütztem Verlegen von Aluminiumleitern wegen der möglichen Korrosion und der geringen mechanischen Festigkeit eine erhöhte Möglichkeit der Leiterunterbrechnung besteht.
Weggefallen ist in DIN VDE 0100 Teil 540:1991-11 die Festlegung, wonach als Mindestquerschnitt von Schutzleitern 50 mm² Fe bei Bandstahl von mindestens 2,5 mm Dicke verwendet werden kann.
Als Basis für die Bemessung des Querschnitts des Potentialausgleichsleiters kann daher bei Schutzleitern, die nicht mit Außenleitern und Neutralleitern in einer gemeinsamen Umhüllung verlegt sind, der gegenüber Tabelle 6 aus DIN VDE 0100 Teil 540:1991-11 (siehe Tabelle 2.4) geringere, nur aus Gründen des mechanischen Schutzes gewählte Querschnitt des Schutzleiters herangezogen werden.

Unter Berücksichtigung der Tabelle 9 von DIN VDE 0100 Teil 540:1991-11 (siehe Tabelle 2.2) ist danach der halbe Querschnitt des größten Schutzleiters der Anlage (vom Hauptverteiler abgehender Schutzleiter mit dem größten Querschnitt) als Querschnitt des Potentialausgleichsleiters des Hauptpotentialausgleichs anzusetzen. Daraus ergibt sich immer ein Querschnitt unter 6 mm^2. Da aber ein Mindestquerschnitt von 6 mm^2 gefordert wird, muß mindestens dieser Querschnitt für den Potentialausgleichsleiter verwendet werden.

2.6.1.1.5 Übersichtstabelle für die tägliche Praxis

Bei Benutzung der **Tabelle 2.11** können unter Beachtung aller vorangegangenen Aussagen die meisten Anwendungsfälle der Praxis abgedeckt werden. Tabelle 2.11 ermöglicht auf einfache Art, den erforderlichen Querschnitt von Potentialausgleichsleitern des Hauptpotentialausgleichs in Abhängigkeit vom Außenleiterquerschnitt zu ermitteln.

	Nennquerschnitte			
Außenleiter in mm^2	**Schutzleiter (PE) im TT-System in mm^2**	**Potentialausgleichsleiter im TT-System in mm^2**	**größter Schutzleiter der Anlage (PEN) im TN-System in mm^2**	**Potentialausgleichsleiter im TN-System in mm^2**
10	2,5	6	10	6
16	2,5	6	16	10
25	2,5	6	16	10
35	2,5	6	16	10
50	2,5	6	25	16
70	2,5	6	35	25
95	2,5	6	50	25
120	2,5	6	70	25*)
150	2,5	6	70	25*)
*) Gilt für Kupfer. Bei anderen Werkstoffen als Kupfer ist ein gleichwertiger Leitwert erforderlich.				

Tabelle 2.11 Mindestquerschnitte von Potentialausgleichsleitern für den Hauptpotentialausgleich in Abhängigkeit vom als Basis dienenden Außenleiterquerschnitt (gemäß DIN VDE 0100 Teil 540:1991-11)

2.6.1.2 Querschnitte von Potentialausgleichsleitern des zusätzlichen Potentialausgleichs

Die Querschnitte von Potentialausgleichsleitern des zusätzlichen Potentialausgleichs sind ebenfalls in Tabelle 9 von DIN VDE 0100 Teil 540:1991-11 (**Tabelle 2.12**) geregelt. Danach beträgt der Querschnitt:

- zwischen zwei Körpern: 1 × Querschnitt des kleineren Schutzleiters,
- zwischen einem Körper und einem fremden leitfähigen Teil: 0,5 × Querschnitt des entsprechenden Schutzleiters.

	Querschnitte für Potentialausgleichsleiter	
normal	zwischen zwei Köpern	1 × Querschnitt des kleineren Schutzleiters
	zwischen einem Körper und einem fremden leitfähigen Teil	0,5 × Querschnitt des Schutzleiters
mindestens	bei mechanischem Schutz	2,5 mm^2 Cu oder Al*)
	ohne mechanischen Schutz	4 mm^2 Cu oder Al*)
*) Werden Aluminiumleiter ungeschützt verlegt, besteht wegen möglicher Korrosion und geringer mechanischer Festigkeit eine erhöhte Möglichkeit der Leiterunterbrechung.		

Tabelle 2.12 Querschnitte für Potentialausgleichsleiter des zusätzlichen Potentialausgleichs (Auszug aus Tabelle 9 von DIN VDE 0100 Teil 540:1991-11)

Als Mindestquerschnitt ist jedoch anzusetzen:

- bei mechanischem Schutz: 2,5 mm^2 Cu oder Al,
- ohne mechanischen Schutz: 4 mm^2 Cu oder Al.

Wenngleich es bei den Querschnitten gegenüber den Vorgängerausgaben keine Veränderungen gibt, so haben sich aber bei der Materialzuordnung für Aluminiumleiter Änderungen ergeben. Bei vorgesehenem mechanischen Schutz der Potentialausgleichsleiter des zusätzlichen Potentialausgleichs darf schon beim Querschnitt von 2,5 mm^2 ein Aluminiumleiter verlegt werden, früher mußte der Aluminiumleiter bei geschützter Verlegung einen Mindestquerschnitt von 4 mm^2 besitzen. Wird ein mechanischer Schutz nicht vorgesehen, darf bei dem Mindestquerschnitt 4 mm^2 neuerdings auch ein Aluminiumleiter verlegt werden. In den Vorgängerausgaben war das ungeschützte Verlegen von Leitern aus Aluminium – gleich welchen Querschnitts – nicht zulässig.
Die Änderungen hinsichtlich des Aluminiumleiters sind bedingt durch die internationale Harmonisierung. Zu beachten ist deshalb, daß bei ungeschütztem Verlegen von Aluminiumleitern wegen der möglichen Korrosion und der geringen mechanischen Festigkeit eine erhöhte Möglichkeit der Leiterunterbrechnung besteht.
Als gegen mechanische Beschädigungen geschützt verlegt gelten z. B. einadrige Mantelleitungen NYM oder Kabel, in Rohr oder geschlossenen Installationskanälen verlegte PVC-Aderleitungen und selbstverständlich auch Bandstahl. Ungeschützt verlegt sind dagegen blanke Leiter oder Leiter nur mit Aderisolation (z. B. PVC-Aderleitungen H07V-U), wenn sie einfach auf Putz, im Putz oder unter Putz verlegt sind.
Zu berücksichtigen ist, daß der zusätzliche Potentialausgleich auch mit Hilfe von fest angebrachten fremden leitfähigen Teilen, z. B. Metallkonstruktionen, oder zusätzlichen Leitern oder der Kombination von beiden, ausgeführt sein darf. Selbstverständlich müssen dabei die für den zusätzlichen Potentialausgleich erforderlichen Querschnitte leitwertgleich zur Verfügung stehen.

Wichtig:
Wird der örtliche zusätzliche Potentialausgleich wegen besonderer Gefährdung aufgrund der Umgebungsbedingungen (Anlagen besonderer Art) in den Bestimmungen, z. B. der Gruppe 700 der Normen der Reihe DIN VDE 0100, gefordert (siehe z. B. Abschnitte 2.13 bis 2.23), so müssen – sofern dort Querschnitte für den Potentialausgleichsleiter des zusätzlichen Potentialausgleichs angegeben sind – diese zur Anwendung kommen.
Als Beispiel sei wiederum DIN VDE 0100 Teil 701 „Räume mit Badewanne oder Dusche" genannt, wo ein Mindestquerschnitt von 4 mm^2 Cu oder feuerverzinkter Bandstahl von mindestens 2,5 mm × 20 mm Dicke für Potentialausgleichsleiter des zusätzlichen Potentialausgleichs gefordert werden (siehe Abschnitt 2.13).

2.6.2 Kennzeichnung von Potentialausgleichsleitern (DIN VDE 0100 Teil 510:1995-11, Abschnitt 514.3.1)

Nach DIN VDE 0100 Teil 200 ist ein Potentialausgleichsleiter ein Schutzleiter zum Sicherstellen des Potentialausgleichs. Somit gelten für den Potentialausgleichsleiter alle Aussagen zur Kennzeichnung, die auch für den Schutzleiter Gültigkeit haben.
Aussagen über die Kennzeichnung von Schutzleitern – und damit auch von Potentialausgleichsleitern – macht DIN VDE 0100 Teil 510:1995-11.
In DIN VDE 0100 Teil 540:1991-11 sind keine Aussagen mehr über die Kennzeichnung von Potentialausgleichsleitern zu finden. Lediglich zum Schluß der Erläuterungen wird darauf hingewiesen, daß die Festlegungen zur Kennzeichnung von Potentialausgleichsleitern – auch Schutzleitern und Erdungsleitern – jetzt in DIN VDE 0100 Teil 510:1987-06, Abschnitt 7.3.1, die Kennzeichnung des PEN-Leiters in DIN VDE 0100 Teil 510:1987-06, Abschnitt 7.3.3, enthalten sind. Hierbei ist zu berücksichtigen, daß DIN VDE 0100 Teil 510:1987-06 durch DIN VDE 0100 Teil 510:1995-11 abgelöst worden ist, also keine Gültigkeit mehr hat.
Spezifizierte Aussagen werden in DIN VDE 0100 Teil 510:1995-11 zur Kennzeichnung jedoch nicht mehr gemacht. Es wird im Abschnitt 514.3.1 nur allgemein gefordert, daß die Kennzeichnung von getrennten Schutzleitern mit der Publikation IEC 446 „Kennzeichnung isolierter und blanker Leiter durch Farben" übereinstimmen muß.
Die internationale Norm IEC 446 entspricht der deutschen Norm DIN 40705:1980-02 „Kennzeichnung isolierter und blanker Leiter durch Farben". Die für den Schutzleiter relevanten Aussagen der DIN 40705 sind in der Erläuterung in DIN VDE 0100 Teil 510 wiedergegeben.
Grundsätzlich sind Schutzleiter – also auch Potentialausgleichsleiter – in ihrem gesamten Verlauf grün-gelb zu kennzeichnen.
Wenn jedoch der Schutzleiter – also auch der Potentialausgleichsleiter – durch seine Form (z. B. konzentrischer Leiter), den Aufbau oder seine Anordnung leicht zu erkennen ist, ist die farbliche Kennzeichnung über die gesamte Länge nicht notwendig. Jedoch sollten in diesen Fällen die Enden oder zugänglichen Stellen durch ein

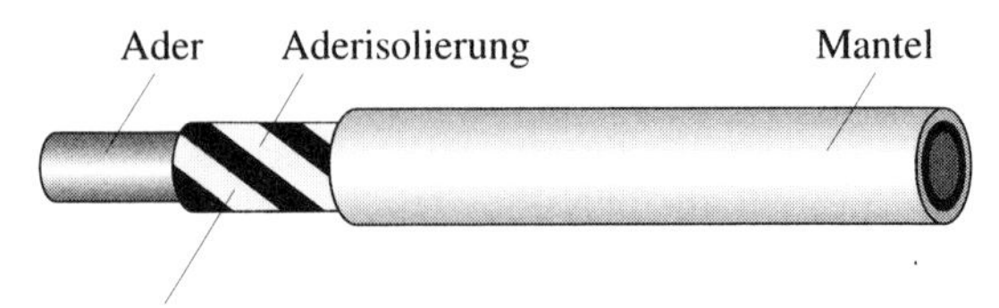

Bild 2.23 Grün-gelbe Kennzeichnung an den Enden von Potentialausgleichsleitern (nicht mehr generell zulässige Möglichkeit)

grafisches Symbol oder die Zwei-Farben-Kombination grün-gelb deutlich gekennzeichnet sein.
Speziell beim Potentialausgleichsleiter könnte diese Erleichterung mitunter in Anspruch genommen werden. Aufgrund seiner Anordnung ist er als Potentialausgleichsleiter in einigen Fällen leicht zu erkennen.
Bei der Verwendung von einadrigen Leitungen mit Mantel, z. B. NYM, und einadrigen Kabeln, z. B. NYY, durfte nach DIN VDE 0100 Teil 510:1987-06 bei Potentialausgleichsleitern generell auf die durchgehende Aderkennzeichnung verzichtet werden. Bei der Installation konnte jedoch eine dauerhafte grün-gelbe Kennzeichnung an den Enden angebracht werden. Als Enden waren in diesem Zusammenhang die Teile von Leitungen und Kabeln zu verstehen, bei denen an den Anschlußstellen der Mantel entfernt wurde (**Bild 2.23**). Auch diese Möglichkeit ist nach DIN VDE 0100 Teil 510:1995-11 nicht mehr gegeben. Sie kann gegebenenfalls noch bei der vorgenannten Ausnahme (leichtes Erkennen) zur Anwendung kommen.
Blanke Leiter oder Sammelschienen, die als Schutzleiter – also auch Potentialausgleichsleiter – verwendet werden, müssen mit geschlossen aneinanderliegenden, gleichbreiten grünen und gelben Streifen, von denen jeder zwischen 15 mm und 100 mm breit ist, gekennzeichnet sein, und zwar entweder über die gesamte Länge jedes Leiters oder in jedem Feld oder Fach oder Gehäuse oder an jeder zugänglichen Stelle. Wird Klebeband verwendet, dann muß zweifarbiges Band verwendet werden.
Die vorgenannten Aussagen über die Kennzeichnung von Potentialausgleichsleitern gelten jedoch nicht für elektrische Anlagen, an die besondere Anforderungen zu stellen sind, z. B. Krankenhäuser und medizinisch genutzte Räume außerhalb von Krankenhäusern nach DIN VDE 0107 (siehe Abschnitt 2.24). Bei solchen Anlagen werden schärfere Anforderungen an die Kennzeichnung von Potentialausgleichsleitern gestellt.

2.6.3 Errichten von Potentialausgleichsleitern (DIN VDE 0100 Teil 520:1996-01, DIN VDE 0100 Teil 540:1991-11, Abschnitte 5, 6 und 9; DIN VDE 0298 Teil 3:1983-08, Abschnitt 9.2.2)

Ganz allgemein gilt für das Errichten von Potentialausgleichsleitern DIN VDE 0100 Teil 520:1996-01. Gegenüber der alten Ausgabe DIN VDE 0100 Teil 520:1985-11 sind die Aussagen jedoch noch allgemeiner gefaßt. Zu Potentialausgleichsleitern (auch Schutzleiter) werden keine konkreten Angaben gemacht. In einer Anmerkung zum Abschnitt „Allgemeines" wird der Hinweis gegeben, daß der Teil 520 von DIN VDE 0100 im allgemeinen auch für Schutzleiter (damit also auch für Potentialausgleichsleiter) Gültigkeit hat und der Teil 540 von DIN VDE 0100 weitere Anforderungen für diese Leiter enthält.
Als Potentialausgleichsleiter können massive (Regelfall), mehr- und feindrähtige Leiter verwendet werden.
Potentialausgleichsleiter dürfen blank oder isoliert sein (siehe Abschnitt 2.6.2). Sie müssen durch ihre Lage oder Verkleidung oder auch Umhüllung vor mechanischer, thermischer und chemischer Beschädigung, wie sie z. B. durch Rauch oder Abgase auftreten können, geschützt sein.
Auch als PVC-Aderleitungen (H07V-U, H07V-R, H07V-K) dürfen Potentialausgleichsleiter direkt auf, im und unter Putz sowie auf Pritschen, Rinnen, Wannen und dergleichen verwendet werden. Der sonst bei der Verwendung von PVC-Aderleitungen für die Isolierung erforderliche zusätzliche Schutz durch Rohre oder geschlossene Installationskanäle kann entfallen, weil Potentialausgleichsleiter keinen Betriebsstrom führen und sogar als blanke Leiter verlegt werden dürfen.
Auch das sonst nicht zulässige gemeinsame Verlegen von PVC-Aderleitungen in Elektroinstallationsrohren oder Zügen von Elektroinstallationskanälen mit anderen Leitungen oder Kabeln ist bei Verwendung von PVC-Aderleitungen als Potentialausgleichsleiter erlaubt.
Sinngemäß ist also auch die Verlegung von PVC-Aderleitungen bei Verwendung als Potentialausgleichsleiter direkt unter oder auf Holzleisten möglich.
Bei Verlegung von Potentialausgleichsleitern in Erde, z. B. beim zusätzlichen örtlichen Potentialausgleich in landwirtschaftlichen Anwesen nach DIN VDE 0100 Teil 705 (siehe Abschnitt 2.15), dürfen aus Gründen des Korrosionsschutzes nur isolierte Leiter eingesetzt werden. Hierunter fällt aber nicht die Verlegung von Potentialausgleichsleitern aus Stahl (rund oder flach) in Beton, diese Verlegungsart ist zulässig.
Zu beachten ist, daß Gasinnenleitungen nicht als Potentialausgleichsleiter – auch nicht als Schutzleiter, Erdungsleiter oder Erder – verwendet werden dürfen. Die Begründung hierfür ist in der Tatsache zu suchen, daß bei einem möglichen Fehlerstrom an widerstandsbehafteten Verbindungsmuffen elektrische Wärme umgesetzt wird und dabei mit einem Undichtwerden der Muffen zu rechnen ist.
Das Verbot der Verwendung von Gasinnenleitungen als Potentialausgleichsleiter bedeutet allerdings nicht, daß das Einbeziehen von Gasinnenleitungen nicht zuläs-

sig ist. Gasinnenleitungen müssen sehr wohl in den Hauptpotentialausgleich einbezogen werden (siehe Abschnitt 2.6.6).
Als Potentialausgleichsleiter dürfen auch metallene Rohrleitungen verwendet werden (siehe Abschnitt 2.6.5), nicht jedoch – wie zuvor erwähnt – Gasinnenleitungen. Auch Konstruktions- und andere Anlagenteile, z. B. Gleisanlagen, Krangerüste, können als Potentialausgleichsleiter benutzt werden. So läßt z. B. DIN VDE 0100 Teil 726:1990-03 „Hebezeuge“ das Krangerüst als Potentialausgleichsleiter zu, wenn es den Anforderungen nach DIN VDE 0100 Teil 540 entspricht (siehe Abschnitt 2.21). Selbstverständlich ist bei der Verwendung solcher metallenen Teile als Potentialausgleichsleiter der Querschnitt gemäß DIN VDE 0100 Teil 540 (siehe Abschnitt 2.6.1) zu berücksichtigen.

2.6.4 Potentialausgleichsschiene (DIN VDE 0100 Teil 540:1991-11, Abschnitte 4.3 und 4.4)

In jeder Anlage muß nach DIN VDE 0100 Teil 540 eine Haupterdungsklemme oder -schiene vorgesehen werden. In Deutschland wird für Haupterdungsklemme oder -schiene üblicherweise der Begriff „Potentialausgleichsschiene“ verwendet.
Unter Anlagen sind dabei zu verstehen:
- elektrische Anlagen von Ein- und Mehrfamilienhäusern,
- Industrieanlagen, die von einem oder mehreren Transformatoren versorgt werden,
- Stromversorgungen für ein Verbrauchsmittel auf einem Anwesen,
- Abschnitt eines ausgedehnten Anwesens.

Bei Versorgung aus mehreren Einspeisungen, z. B. Transformatoren, können sowohl eine gemeinsame Potentialausgleichsschiene als auch einzeln zugeordnete Potentialausgleichsschienen zweckmäßig sein.
Die Potentialausgleichsschiene ist nach DIN 18015-1 „Elektrische Anlagen in Wohngebäuden; Planungsgrundlagen“ im Hausanschlußraum bzw. in der Nähe der Hausanschlüsse vorzusehen. Auch DIN 18012 „Hausanschlußräume; Planungsgrundlagen“ weist darauf hin, daß die Potentialausgleichsschiene im Hausanschlußraum in der Nähe des Starkstromanschlusses vorzusehen ist. Sie sollte möglichst über der Anschlußfahne des Fundamenterders, etwa in Höhe des Hausanschlußkastens angebracht werden.
Dadurch ist ideal die Möglichkeit geschaffen, den Hauptpotentialausgleich im Hausanschlußraum mit kürzesten Leitungslängen der Potentialausgleichsleiter durchzuführen. Mit der Potentialausgleichsschiene müssen – sofern vorhanden – verbunden werden (**Bild 2.24**):
- Erdungsleiter,
- Anschlußfahne des Fundamenterders,
- Schutzleiter PE bei Schutzmaßnahme im TT-System,
- PEN-Leiter bei Schutzmaßnahme im TN-System,

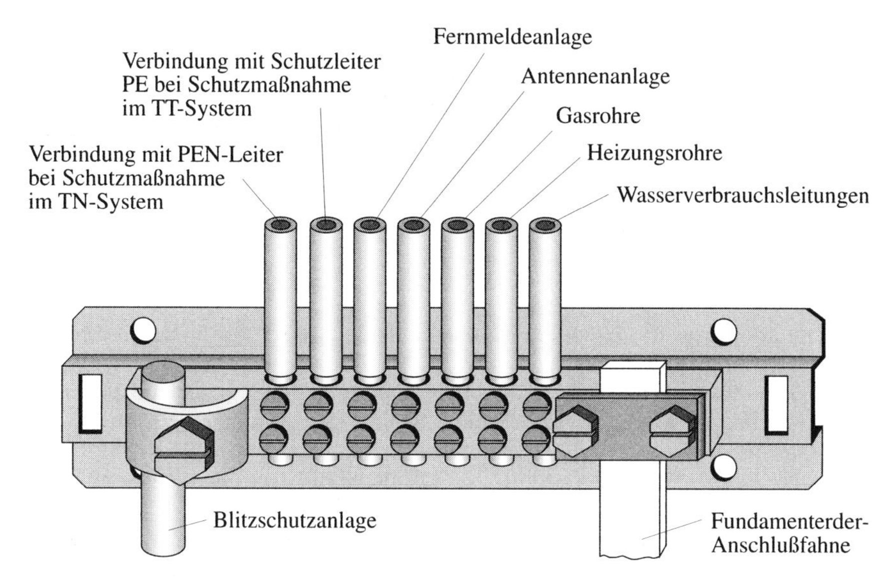

Bild 2.24 Beispiel einer Potentialausgleichsschiene

- Leiter des Hauptpotentialausgleichs, z. B. von metallenen Wasserverbrauchsleitungen (Hauptwasserrohre), metallenen Gasinnenleitungen (Hauptgasrohre), anderen metallenen Rohrsystemen (z. B. Steigeleitungen zentraler Heizungs- und Klimaanlagen, Metallteile der Gebäudekonstruktionen – soweit möglich –, Aufzugsschienen, gegebenenfalls Abwasserleitungen),
- Leiter zum Blitzschutzerder nach DIN VDE 0185 Teil 1,
- Erdungsleiter für Funktionserdungen (Betriebserdung), z. B. Erdung von Außenantennen nach DIN EN 50083-1 (VDE 0855 Teil 1), Erdung von Fernmeldeanlagen nach DIN VDE 0845,
- andere Ausgleichsleiter, z. B. der Antennenanlage nach DIN EN 50083-1 (VDE 0855 Teil 1),
- gegebenenfalls metallener Endverschluß des Fernmeldekabels.

Wie in Abschnitt 2.6.5 aufgeführt, braucht jedoch nicht jede Rohrleitung über einen eigenen Potentialausgleichsleiter angeschlossen zu sein. Es dürfen durchaus mehrere Rohrleitungen untereinander verbunden und über einen gemeinsamen Potentialausgleichsleiter an die Potentialausgleichsschiene angeschlossen werden.
Seit Erscheinen von DIN VDE 0618 Teil 1 im August 1989 gibt es Baubestimmungen für Potentialausgleichsschienen für den Hauptpotentialausgleich. Somit sind auch Potentialausgleichsschienen mit VDE-Zeichen auf dem Markt erhältlich.

Derzeit sind Potentialausgleichsschienen erhältlich für Querschnitte bis maximal 16 mm^2, maximal 25 mm^2, maximal 50 mm^2 und bis maximal 95 mm^2. Es gibt sie in relativ leichter und auch in schwerer Ausführung.
Anschlußmöglichkeiten müssen nach DIN VDE 0618 Teil 1:1989-08 an Potentialausgleichsschienen vorhanden sein für Leiter:

- 1 × flach 4 mm × 30 mm/10 mm Durchmesser,
- 1 × 50 mm^2,
- 6 × 6 mm^2 bis 25 mm^2,
- 1 × 2,5 mm^2 bis mindestens 6 mm^2.

Folgende weitere Anforderungen erfüllen Potentialausgleichsschienen nach DIN VDE 0618 Teil 1:1989-08:

- Der Mindestquerschnitt der Klemmenschiene beträgt an der querschnittsschwächsten Stelle mindestens 25 mm^2 Kupfer (bei anderen Werkstoffen leitwertgleich).
- Die Anschlußstellen geben nach DIN VDE 0609 Teil 1 gut und dauerhaft Kontakt, wobei die Kontaktkraft dauerhaft aufrecht erhalten bleibt.
- Die Klemmstellen sind so beschaffen, daß die Leiter zwischen Metallflächen ohne Beschädigung geklemmt werden können, wobei das Klemmen und Lösen der jeweils zugeordneten Leiter möglich ist.
- Das Klemmen ist an den Klemmstellen ohne besonderes Herrichten der Leiter möglich.
- Klemmstellen für Leiter ab 10 mm^2 sind blitzstromtragfähig.
- Klemmstellen von Potentialausgleichsschienen sind nur mit Werkzeug lösbar.

Vorteilhaft ist es, die Anschlüsse an der Potentialausgleichsschiene zu bezeichnen. Potentialausgleichsschienen müssen daher eine Kennzeichnungsmöglichkeit der Leiteranschlüsse haben. Hierbei haben sich Haftetiketten an der Abdeckung als Kennzeichnungsmöglichkeit bewährt. So wird eine leichte und schnelle Identifizierung bei der Messung der Potentialausgleichsleiter ermöglicht.
Vorrichtungen zum Abtrennen von Erdungsleitern – Schutzleiter, der die Potentialausgleichsschiene des Hauptpotentialausgleichs mit dem Erder verbindet – müssen zugänglich bleiben. Die Zugänglichkeit wird gefordert, damit es möglich ist, den Erdungswiderstand der Erdungsanlage zu messen. Da diese Klemmverbindung an der Potentialausgleichsschiene besonders wichtig ist – ein Lösen im ungestörten Betrieb bleibt unbemerkt –, darf sie nur mit Werkzeug lösbar sein, muß eine ausreichende mechanische Festigkeit haben und eine dauerhafte elektrische Verbindung sicherstellen.

2.6.5 Anschlüsse und Klemmen (DIN VDE 0100 Teil 520:1996-01, Abschnitt 526.1, und DIN VDE 0100 Teil 540:1991-11)

Anschlüsse in Verbraucheranlagen an Wasserverbrauchsleitungen, Gasinnenleitungen und Heizrohrleitungen sind vom Errichter der elektrischen Anlage fachgerecht auszuführen.
Nicht jede Rohrleitung braucht über einen eigenen Potentialausgleichsleiter an die Potentialausgleichsschiene angeschlossen zu werden. Es dürfen auch mehrere Rohrleitungen untereinander verbunden und über einen gemeinsamen Potentialausgleichsleiter an die Potentialausgleichsschiene angeschlossen werden (**Bild 2.25**). Vorteilhaft ist es, sich an die im Deckel der Potentialausgleichsschiene vorgegebene Aufgliederung der Potentialausgleichsleiter zu halten (siehe Abschnitt 2.6.4).
Alle Anschlüsse müssen gut und dauerhaft Kontakt geben. Der Anschluß von Potentialausgleichsleitern an Rohrleitungen muß mit Rohrschellen, z. B. nach DIN 48818 (**Bild 2.26**), Bandschellen, Anschlußfahnen, Kontaktbolzen oder Hartlot- bzw. Schweißverbindungen vorgenommen werden.
Rohrschellen nach DIN 48818 sind Schellen für die Blitzschutzanlage, die selbstverständlich auch für den Potentialausgleich Verwendung finden können. Bestimmungen für Schellen für den Potentialausgleich werden zur Zeit erarbeitet (DIN VDE 0618 Teil 2, Entwurf).
Schrauben zur Befestigung von Rohrschellen und Spannbandklemmen müssen ein Gewinde von mindestens M6 haben. An den Anschlußklemmen darf nur ein Leiter angeklemmt werden, jedoch ist die Verwendung von Verbindungsklemmen für die Durchgangsverdrahtung (Längsverdrahtung, Querverdrahtung) zulässig.
Als vorteilhaft haben sich für die Praxis Klemmen mit Spannband erwiesen, die eine rationelle Lagerhaltung gestatten, weil sie für viele Rohrquerschnitte passen und universell auf verzinkten Stahl- und Kupferrohren verwendbar sind. Außerdem ist auf einfache Art und Weise eine Durchgangsverdrahtung möglich (**Bild 2.27** und **Bild 2.28**).
Bei Verwendung von mehr- oder feindrähtigen Leitern für Potentialausgleichsleiter müssen die Klemmen für den Anschluß geeignet sein. Jedoch können die Leiterenden auch besonders hergerichtet sein. Das Verlöten (Verzinnen) des gesamten Leiterendes ist nicht zulässig, wenn Schraubklemmen verwendet werden.
Sind Anschluß- und Verbindungsstellen betrieblichen Erschütterungen ausgesetzt, so dürfen verlötete Leiterenden in keinem Fall Verwendung finden.
Anschlüsse von Potentialausgleichsleitern müssen – wie die Potentialausgleichsleiter selbst auch (siehe Abschnitt 2.6.3) – durch ihre Lage oder Umkleidung bzw. Umhüllung vor mechanischer, thermischer oder chemischer Beschädigung, z. B. durch Abgase oder Rauch, geschützt sein. Außerhalb der Erde müssen sie zugänglich sein. Werden Potentialausgleichsleiter an Rohrleitungen in Erde, in feuchten und nassen Räumen sowie bei stark korrosiver Beanspruchung angeschlossen, z. B. in Viehstäl-

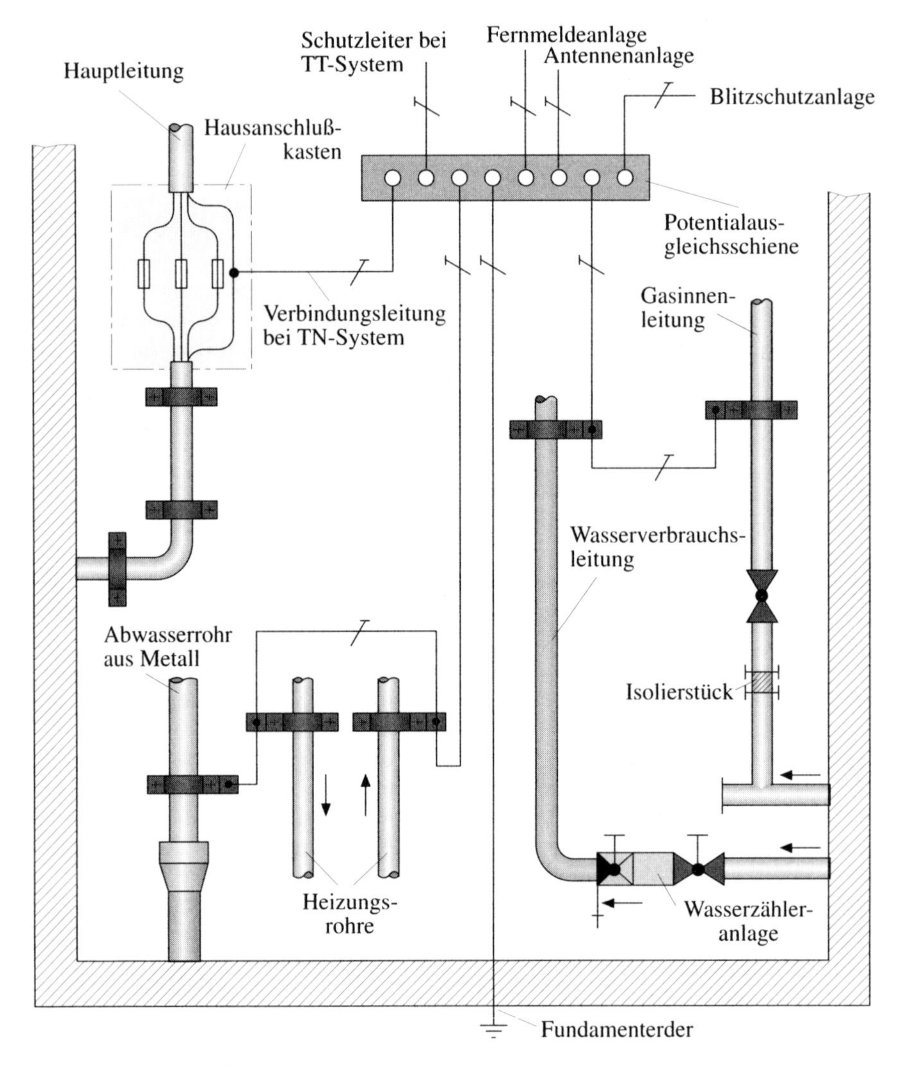

Bild 2.25 Beispiel für das Anschließen der Potentialausgleichsleiter

len, so müssen die Anschlüsse mit einem Korrosionsschutz versehen sein. Solch ein Korrosionsschutz kann z. B. sein:

- Auftragen einer plastischen Vergußmasse, z. B. Bitumen, und Bewickeln mit einer Korrosionsschutzbinde,

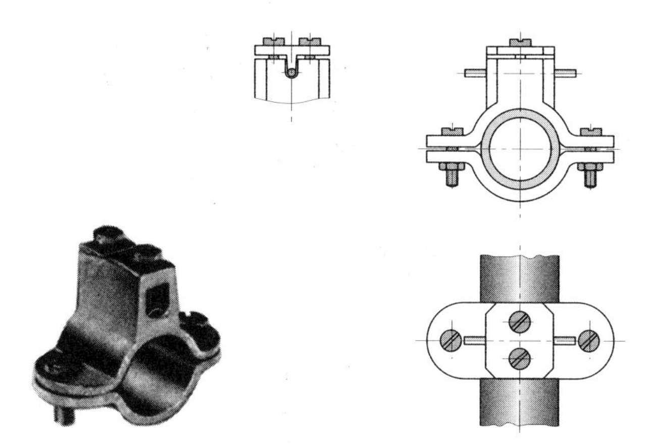

Bild 2.26 Rohrschelle zum Anschließen von Leitern bis 50 mm²

- Verwendung einer Korrosionsschutzbinde mit unverrottbarem Trägergewebe und porenfreier Kunststoffolie,
- Verwendung von geeigneten Schrumpfschläuchen nach DIN 30672.

In feuchten oder nassen Räumen dürfen als Korrosionsschutz auch Anstriche, Beschichtungen oder korrosionsbeständige Werkstoffe verwendet werden.
Muß an Rohrleitungen mit isolierender Umhüllung (Korrosionsschutz) eine elektrisch leitende Verbindung hergestellt werden, z. B. Anschluß eines Potentialausgleichsleiters, so ist anschließend der Außenschutz wieder regelgerecht herzustellen.
Sofern Anschlüsse an in Erde befindlichen Rohrleitungen erforderlich sind, müssen sie mit dem Eigentümer der Rohrleitungen vereinbart werden. Auch hier dürfen

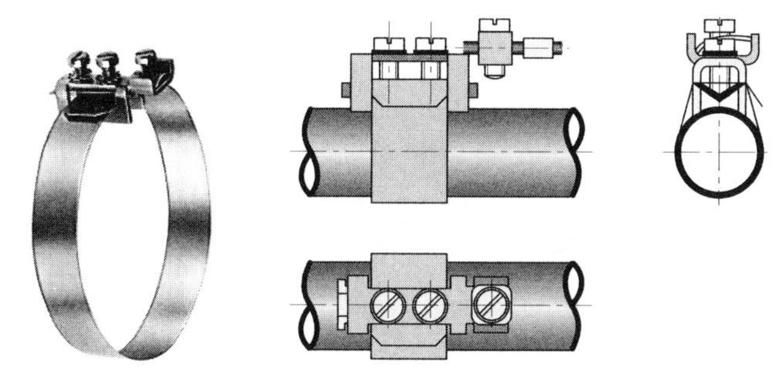

Bild 2.27a Bandschelle – Prinzipielle Darstellung

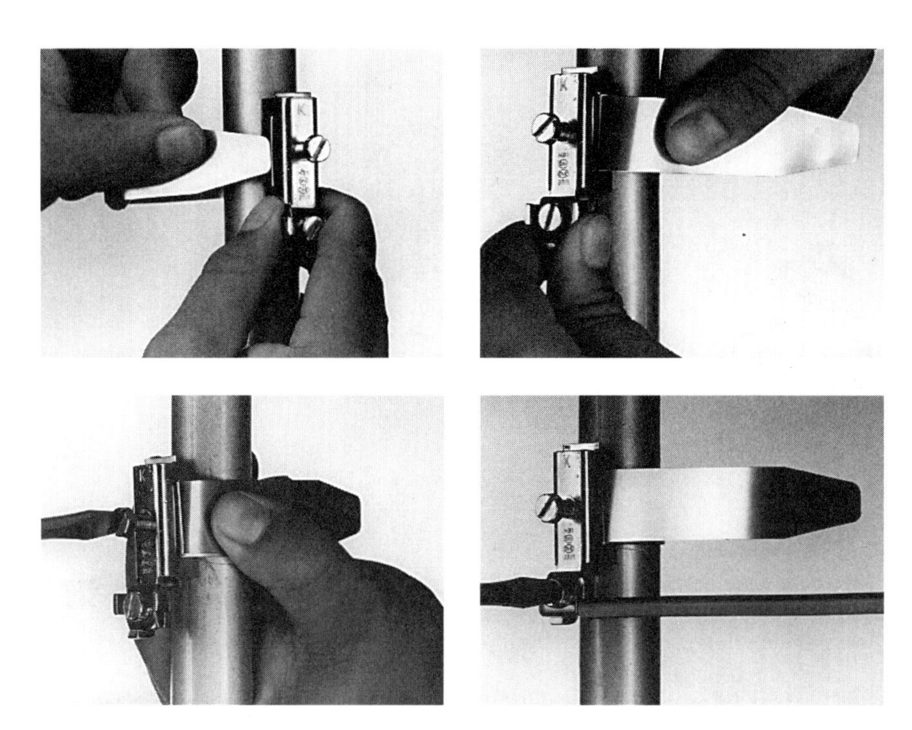

Bild 2.27b Bandschelle – Montage von Klemmen mit Spannband (Fotos: Firma Kleinhuis)

Bild 2.28 Durchgangsverdrahtung mit Bandschellen (Foto: Firma Kleinhuis)

eventuell vorhandene Isolierstücke durch den Anschluß von Potentialausgleichsleitern nicht überbrückt werden (siehe auch Abschnitt 2.6.6).
Potentialausgleichsleiter müssen an Rohrleitungen in Gebäuden – in Strömungsrichtung (Fließrichtung) gesehen – unmittelbar hinter den Verbindungsarmaturen der jeweiligen Hauptabsperreinrichtung angeschlossen werden. Ist hinter der Absperreinrichtung ein Isolierstück vorhanden, z. B. bei Gasinnenleitungen (siehe auch Abschnitt 2.6.6), so ist der Anschluß hinter einem nach der Absperreinrichtung vorhandenen Isolierstück im weiteren Verlauf der Rohrleitung bis zum Hauptverteiler vorzunehmen.
Sind die Wasserverbrauchsleitungen und Gasinnenleitungen streckenweise aus nichtmetallenen Werkstoffen, so brauchen die nicht leitfähigen Leitungsstrecken nicht mit einem Potentialausgleichsleiter überbrückt zu werden.
Sofern Gasinnen- und Wasserverbrauchsleitungen sowie Abwasserrohrsysteme in ihrem Verlauf so miteinander verbunden sind, daß die Verbindung als isolierend anzusehen ist, brauchen die Isolierstellen nicht überbrückt zu werden. Eine gefährliche Spannung kann dann ja nicht verschleppt werden.
In diesem Zusammenhang ist darauf hinzuweisen, daß die bei der Schutzmaßnahme im TN-System erforderliche Verbindungsleitung zum PEN-Leiter im Hausanschlußkasten (HAK) auf jeden Fall bei Neuanlagen in den Hausanschlußkasten eingeführt werden muß, da sonst bei herausgeführtem PEN-Leiterbolzen am Hausanschlußkasten die Schutzmaßnahme Schutzisolierung des Hausanschlußkastens aufgehoben würde. Bei Freileitungsanschlüssen kann sie auch zur Hauptleitungsabzweigklemme an der untersten Meßeinrichtung oder zum untersten Hauptleitungsabzweigkasten geführt werden.
Diese Erleichterung nach Abschnitt 7.4.2 (7) der Technischen Anschlußbedingungen (TAB) verhindert in vielen Fällen – insbesondere bei der Umstellung auf eine Schutzmaßnahme im TN-System in bestehenden Anlagen – größere Installationsarbeiten im Treppenraum über alle Etagen hinweg bis zum Keller.

2.6.6 Isolierstück (Isolierflansch) in Gasinnenleitungen

Das sowohl in DIN VDE 0190:1973-05 als auch noch in DIN VDE 0190:1986-05 angeführte Isolierstück im Zuge von Gasinnenleitungen soll ausschließlich Belange der Gasseite sichern. Aufgaben, die die Wirksamkeit des Potentialausgleichs sicherstellen, erfüllt es nicht. Es soll verhindern, daß Ströme aus dem Gebäude über die Gas-Hausanschlußleitung in das Gasrohrnetz geschleppt werden. An widerstandsbehafteten Muffen können die Ströme dann zu einer Gefahr infolge Erwärmung und zur Undichtigkeit von Muffen führen (siehe Abschnitt 2.6.3).
Insbesondere sollen Isolierstücke auch die Korrosionsgefahr durch in das Gasrohrnetz geschleppte Korrosionsströme ausschließen.
Der Anschluß von Potentialausgleichsleitern an Rohrleitungen in Gebäuden – in Strömungsrichtung gesehen – erfolgt unmittelbar hinter den Verbindungsarmaturen der jeweiligen Hauptabsperreinrichtung bzw. hinter einem nach dieser Absperrein-

richtung vorhandenen Isolierstück im weiteren Verlauf der Rohrleitung bis zum Hauptverteiler (**Bild 2.29a** und **Bild 2.29b**) (siehe Abschnitt 2.6.5).
In der Praxis gibt es mitunter Probleme mit dem Isolierstück. Hier stellen sich oft die Fragen: Ist das Isolierstück immer einzubauen, wer baut das Isolierstück ein, und wie verhält sich der Elektroinstallateur, wenn das Isolierstück nicht vorhanden ist? Die Schwierigkeiten treten sowohl in bestehenden Bauten als auch in Neubauten auf.
Erstmals enthalten die TRGI 1972 (TRGI: „Technische Regeln für Gas-Installationen", entsprechen den TAB auf der Elektroseite) des DVGW (Deutscher Verein des

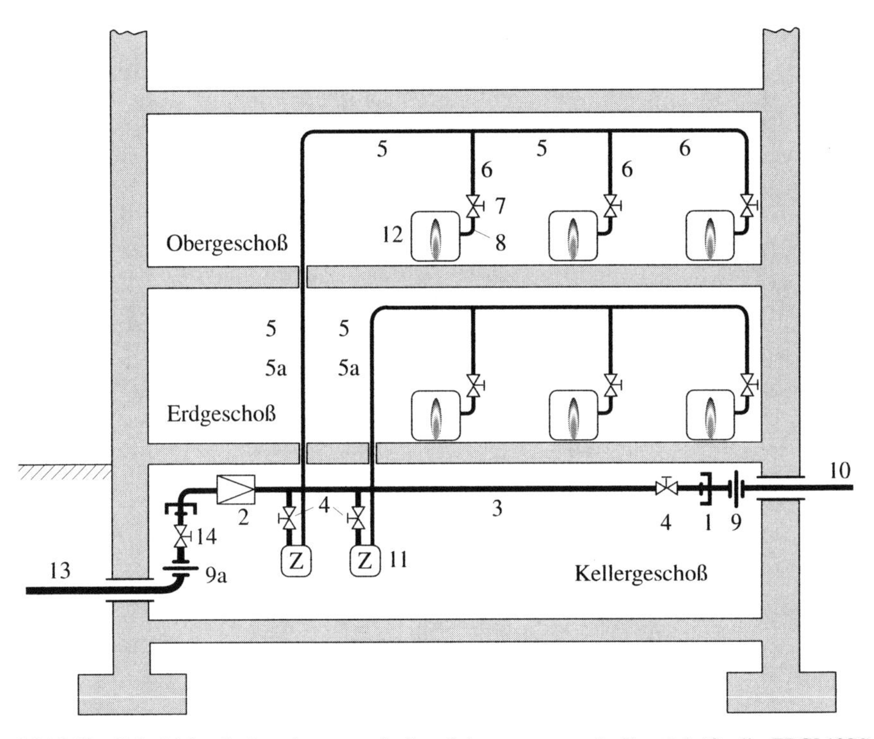

Bild 2.29a Beispiel für die Anordnung von Isolierstücken – separates Isolierstück (Quelle: TRGI 1986)

1	lösbare Verbindung	8	Geräteanschlußleitung
2	Gas-Druckregelgerät	9	Isolierstück
3	Verteilungsleitung	9a	Isolierstück
4	Absperreinrichtung (AE)	10	Außenleitung (freiverlegt oder erdverlegt)
5	Verbrauchsleitung	11	Gaszähler
5a	Steigleitung	12	Gasgerät
6	Abzweigleitung	13	Hausanschlußleitung
7	Geräteanschlußarmatur	14	Hauptabsperreinrichtung (HAE)

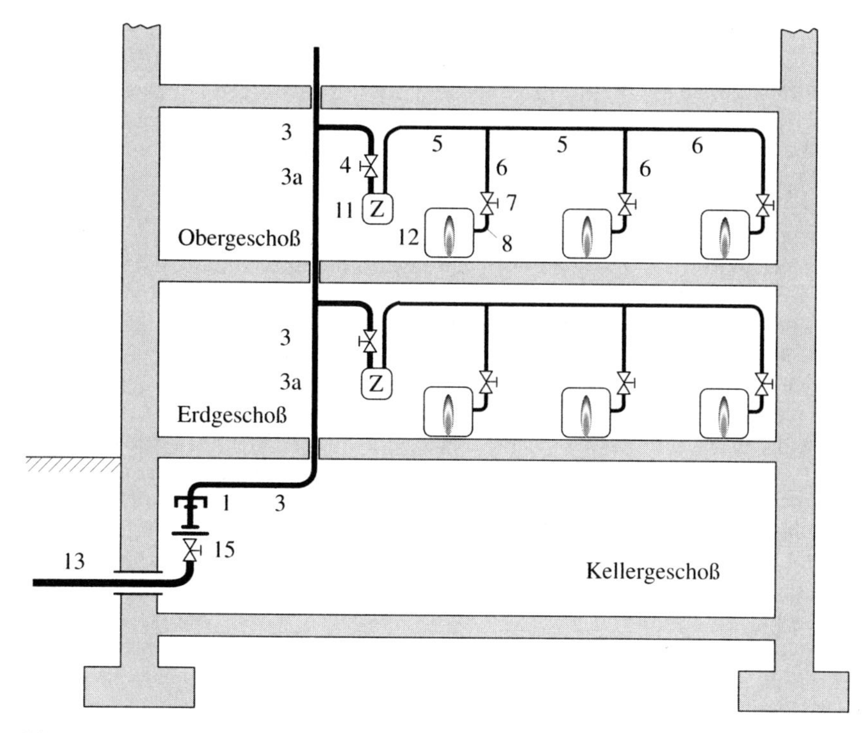

Bild 2.29b Beispiel für die Anordnung von Isolierstücken – in Hauptabsperreinrichtung integriertes Isolierstück (Quelle: TRGI 1986)

1	lösbare Verbindung	7	Geräteanschlußarmatur
3	Verteilungsleitung	8	Geräteanschlußleitung
3a	Steigleitung	11	Gaszähler
4	Absperreinrichtung (AE)	12	Gasgerät
5	Verbrauchsleitung	13	Hausanschlußleitung
6	Abzweigleitung	15	HAE mit integriertem Isolierstück

Gas- und Wasserfachs e.V.) die Forderung des Einbaus eines Isolierstücks. Unter Abschnitt 3.3.6 der TRGI 1972 ist zum Isolierstück ausgesagt:
„In der Nähe der Hauseinführung, vor oder unmittelbar hinter der Hauptabsperreinrichtung, ist ein Isolierstück nach DVGW-Arbeitsblatt G 663 „Technische Regeln für Isolierstücke in Gasleitungen“ einzubauen. Bei elektrisch nichtleitenden Hausanschlußleitungen kann auf den Einbau eines Isolierstücks verzichtet werden“.
DIN VDE 0190 erwähnte das Isolierstück zum ersten Mal in der Ausgabe Oktober 1970. Allerdings war es dort nur in einem Bild dargestellt.
Wie stehen nun die Fachleute zu diesem Problem? In den Erläuterungen zu DIN VDE 0190:1973-05, § 5d) ging *W. Schrank* schon damals davon aus, daß das Iso-

lierstück nicht vorgeschrieben ist und somit keine Voraussetzung für die Durchführung des Potentialausgleichs ist. In der VDE-Schriftenreihe Band 21 „Erläuterungen zu den Bestimmungen für das Errichten von Starkstromanlagen mit Nennspannungen bis 1000 V“ verfolgte *W. Schrank* bei der Erläuterung zu § 6 c) 2 diese Richtung konsequent, indem er vorgab, daß Gasinnenleitungen stets in den Potentialausgleich einbezogen werden müssen, unabhängig davon, ob ein Isolierstück eingebaut ist oder nicht.
Woher soll auch der Elektroinstallateur wissen, ob ein Isolierstück vorhanden ist. Oft bildet das Isolierstück auch mit der Hauptabsperreinrichtung eine Baueinheit (siehe Bild 2.29 b); es ist für den Elektroinstallateur gar nicht ohne weiteres erkennbar. Im übrigen liegt es oft im Ermessen des örtlichen Gasversorgungsunternehmens (GVU), Isolierstücke grundsätzlich oder fallweise einzubauen. Es kann nicht Aufgabe des Errichters der elektrischen Anlage sein, das Vorhandensein eines Isolierstücks nachzuprüfen.
Gasinnenleitungen sind daher stets in den Potentialausgleich einzubeziehen, unabhängig davon, ob ein Isolierstück eingebaut ist oder nicht. Der Errichter der elektrischen Anlage muß sich darauf verlassen können, daß der Errichter der Gas-Installationsanlage die für ihn gültigen Regeln der Technik beachtet hat. In den Erläuterungen zu Abschnitt 5 von DIN VDE 0190:1986-05 war darum auch ein solcher Hinweis gegeben.
Unabhängig vom Einbeziehen der Gasinnenleitungen in den Hauptpotentialausgleich haben die Gasinnenleitungen durch die häufig vorhandenen elektrischen Betriebsmittel in Gasverbrauchsgeräten, die einen Schutzleiteranschluß erfordern, zwangsläufig eine Verbindung mit dem Hauptpotentialausgleich.
Sofern die Gasversorgungsunternehmen Wert darauf legen, ihr Gasversorgungsnetz frei von Fehlerströmen aus den elektrischen Verbraucheranlagen zu halten, sollten sie gemäß Abschnitt 3.3.5 der TRGI 1986 in durchgehend metallenen Leitungen in Gebäuden nahe der Absperreinrichtung ein Isolierstück nach DIN 3389 einbauen.
Erdverlegte Verbindungsleitungen zwischen mehreren Gebäuden müssen sowohl vor dem Austritt aus einem Gebäude als auch nach der Einführung in ein Gebäude mit Isolierstücken ausgerüstet werden. Hierzu geben die TRGI den Hinweis, daß Gasinnenleitungen eines jeden Gebäudes getrennt in den jeweiligen Hauptpotentialausgleich einzubeziehen sind (**Bild 2.29 c**).
Auch im DVGW-Arbeitsblatt G 459 „Gasverteilung – Errichtung von Gashausanschlüssen“ – es gilt für Betriebsdrücke bis 4 bar – werden unter Abschnitt 3.2.5.4 Isolierstücke behandelt. Danach ist in einer durchgehend metallenen Leitung ein Isolierstück nach DIN 3389 einzubauen. Es muß für Gas bestimmt und mit einem „G“ gekennzeichnet sein. Sofern das Isolierstück innerhalb von Gebäuden eingebaut wird, muß es thermisch erhöht belastbar und mit „GT“ gekennzeichnet sein. Isolierstücke können auch konstruktiv mit der Hauptabsperreinrichtung verbunden (integriert) sein.
Nach der ersatzlosen Zurückziehung der DIN VDE 0190:1986-05 gibt es nun in den DIN-VDE-Normen keinerlei Aussagen mehr über das Isolierstück in Gasinnenlei-

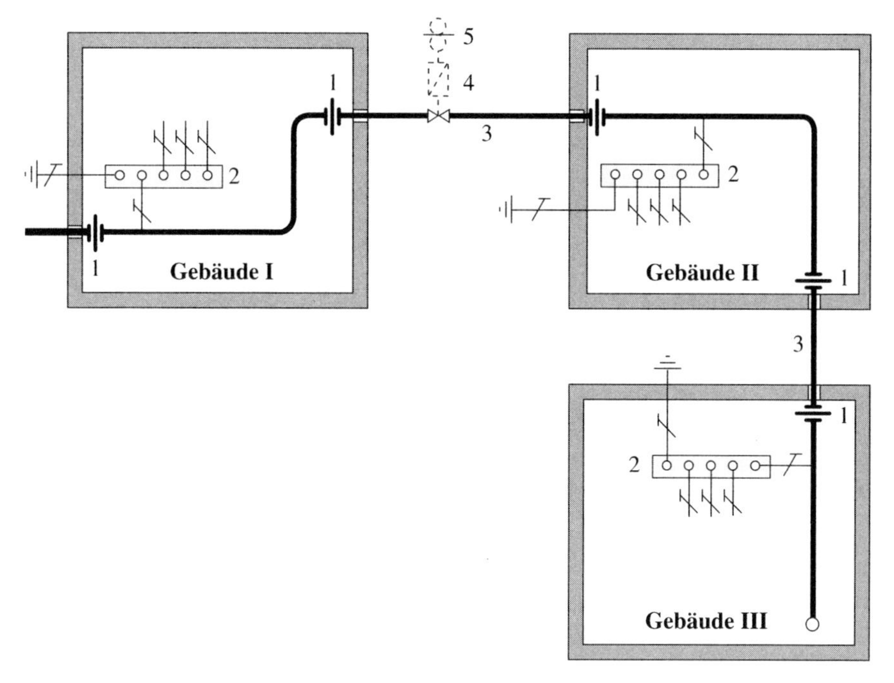

Bild 2.29c Beispiel für die Anordnung von Isolierstücken – erdverlegte Verbindungsleitungen zwischen mehreren Gebäuden (Quelle: TRGI 1986)
1 Isolierstück, Ausführung GT, DIN 3389
2 Potentialausgleichsschiene
3 erdverlegte Außenleitung
4 elektrisches Betriebsmittel (z. B. Motorschieber)
5 Schutztrennung

tungen. Direkt betrifft es den Elektrofachmann ja auch nicht, er muß es nicht einbauen. Ob Isolierstück vorhanden oder nicht vorhanden, die Gasinnenleitung muß ja immer in den Hauptpotentialausgleich einbezogen werden. Insofern kann auf Ausführungsbestimmungen für den Elektrofachmann verzichtet werden.

2.6.7 Überbrückung von Wasserzählern (DIN VDE 0100 Teil 540:1991-11, Abschnitt 9.1.3)

Werden Wasserverbrauchsleitungen eines Gebäudes als Schutzleiter, Potentialausgleichsleiter oder Erdungsleiter verwendet, so muß der Wasserzähler überbrückt werden. Der Querschnitt des Überbrückungsleiters muß dabei so gewählt werden, daß er dem Verwendungszweck – Verwendung als Schutzleiter, Potentialausgleichs-

Material des Überbrückungsleiters	Querschnitt in mm²
Cu-Seil, verzinnt Fe-Seil, verzinnt Bandstahl, verzinkt	16[1)] 25[1)] 60[1)2)]
1) oder leitwertgleiche Haltekonstruktion 2) Mindestdicke 3 mm	

Tabelle 2.13 Überbrückungsleiter von Wasserzählern gemäß DIN VDE 0100 Teil 540:1991-11

leiter oder Erdungsleiter für Funktionszwecke – entspricht. Als ausreichend gelten nach DIN VDE 0100 Teil 540:1991-11 die Querschnitte nach **Tabelle 2.13**.
Auch die leitfähige Haltekonstruktion (Wasserzählerbügel, Halterung) des Wasserzählers darf unter der Voraussetzung, daß sie leitwertgleich den genannten Querschnitten ist, als Überbrückungsleiter verwendet werden.
Selbstverständlich muß die Überbrückung auch bestehen bleiben, wenn der Wasserzähler ausgebaut ist. Überbrückungen von Wasserzählern sind demnach so auszuführen, daß sie den Einbau oder Ausbau der Wasserzähler sowie die Bedienung der Armaturen nicht behindern.
Auf eines muß aber ganz besonders hingewiesen werden:

Die Überbrückung von Wasserzählern ist nur dann erforderlich, wenn die Wasserverbrauchsleitungen als Schutzleiter, Potentialausgleichsleiter oder Erdungsleiter vor und hinter dem Wasserzähler verwendet werden.

Werden die Wasserverbrauchsleitungen jedoch durch Potentialausgleichsleiter „nur" in den Hauptpotentialausgleich einbezogen, so ist eine ständige Überbrükkung nicht notwendig (siehe hierzu auch Abschnitt 2.6.8).
Auch hierbei gibt es eine Ausnahme. Ist bei der in den Potentialausgleich einbezogenen Wasserverbrauchsleitung der Wasserzähler nicht gleich nach der Hauseinführungsstelle in Fließrichtung hinter der ersten Absperrarmatur, sondern erst nach einigen Metern in einem anderen Raum eingebaut, so muß der Wasserzähler mit einem Überbrückungsleiter überbrückt werden, so daß auch die nach Hauseinführung in Fließrichtung hinter der ersten Absperrarmatur und vor dem Wasserzähler befindliche Wasserverbrauchsleitung in den Hauptpotentialausgleich einbezogen ist. Dies kommt z. B. ebenfalls bei Unter-Wasserzählern vor.

2.6.8 Maßnahmen beim Trennen von elektrisch leitfähigen Rohrleitungen

In jedem Fall ist vor dem Trennen von elektrisch leitfähigen Gas- oder Wasserhausanschlußleitungen oder Rohrleitungen in Gebäuden, z. B. beim Auswechseln von Armaturen, Zählern (Gas, Wasser), für die Dauer der Arbeit eine elektrische Überbrückung herzustellen (**Bild 2.30a**). Auf diese Maßnahme kann dann verzichtet

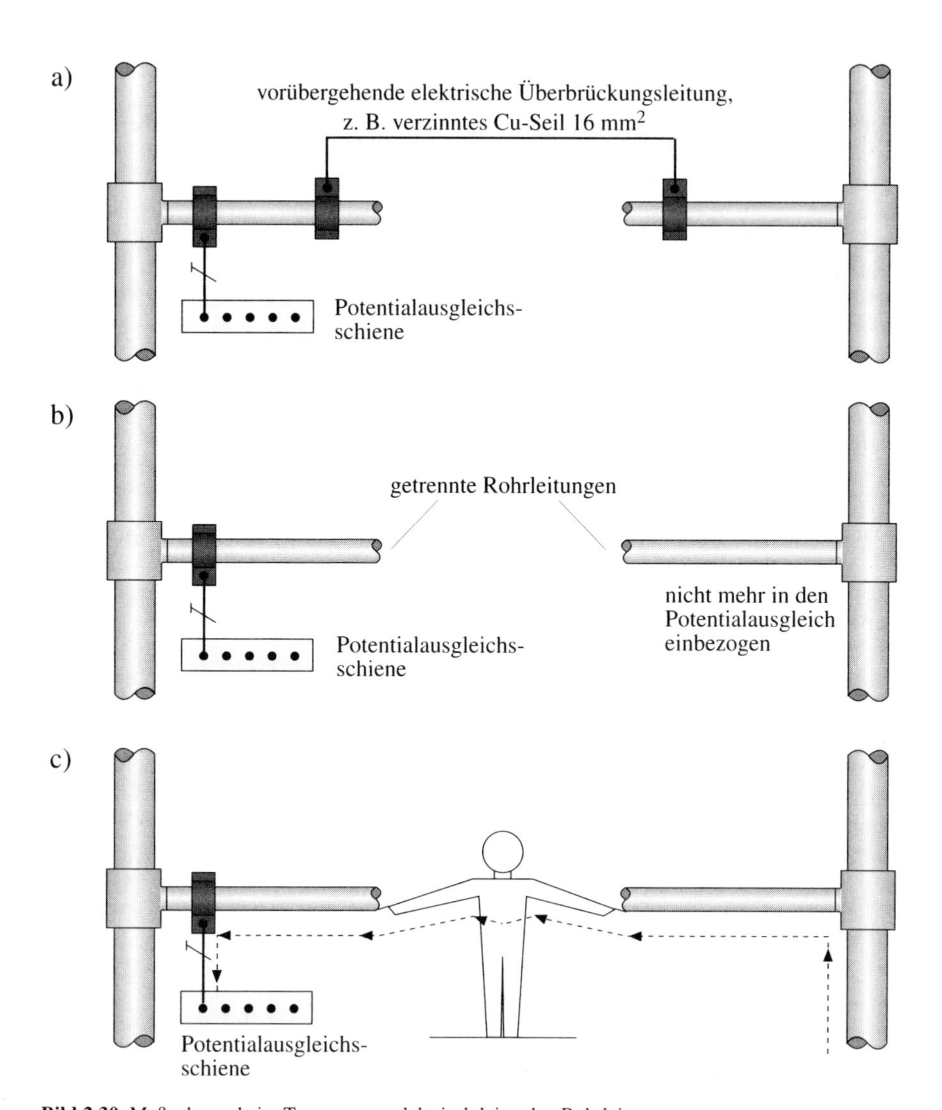

Bild 2.30 Maßnahmen beim Trennen von elektrisch leitenden Rohrleitungen
a) keine Gefahr, da durch Trennen der Rohrleitungen der Potentialausgleich nicht aufgehoben wird
b) Teilbereiche sind nicht mehr in den Potentialausgleich einbezogen
c) Gefährdung durch Überbrückung unterschiedlicher Potentiale bei Nichtvorhandensein der vorübergehenden elektrischen Überbrückungsleitung

werden, wenn die Verbindung auf andere Weise sichergestellt ist, z. B. durch eine leitfähige Haltekonstruktion.
Im Gegensatz zu den Aussagen unter Abschnitt 2.6.7 ist diese vorübergehende Überbrückung auch dann erforderlich, wenn die elektrisch leitfähigen Rohrleitungen „nur" in den Potentialausgleich einbezogen worden sind.
Würde eine Überbrückung bei den in den Potentialausgleich einbezogenen Rohrleitungen nicht vorgenommen, so könnte zum einen ein Teil der im Normalfall in den Potentialausgleich einbezogenen Rohrleitungen „völlig in der Luft hängen" (**Bild 2.30b**) und durch die Nichtwirksamkeit eine Gefährdung hervorgerufen werden (**Bild 2.30c**). Zum anderen könnte eine Gefährdung der Person, die die Rohrleitung trennt, dadurch entstehen, daß sie beim Auftrennen bzw. Arbeiten zwei unterschiedliche Potentiale durch den eigenen menschlichen Körper überbrückt.
Der Querschnitt der vorübergehenden elektrischen Überbrückung muß DIN VDE 0100 Teil 540:1991-11, Abschnitt 9.1.3, entsprechen (siehe Tabelle 2.13 in Abschnitt 2.6.7).
Das Beispiel einer vorübergehenden Überbrückung zeigt **Bild 2.31**.
Die Rohranschlußklemmen sind auf den vorhandenen Rohrquerschnitt abzustimmen. Bei allen Anschlüssen ist auf guten metallenen Kontakt zu achten. Kontaktstellen am Rohr sind daher bei der allgemein üblichen Verwendung von Preßkontakten vor dem Montieren metallisch blankzumachen, damit eine elektrisch gut leitende Verbindung zustande kommt.
Nach der ersatzlosen Zurückziehung der DIN VDE 0190 gibt es in den DIN-VDE-Normen keinerlei Aussagen mehr über Maßnahmen beim Trennen von elektrisch leitfähigen Rohrleitungen. Direkt betreffen sie den Elektrofachmann ja auch nicht, er wird üblicherweise solche Rohrtrennungen nicht vornehmen. Insofern kann auf Ausführungen dieser Art in DIN-VDE-Normen verzichtet werden.
Für die Gewerke, für die Maßnahmen beim Trennen von elektrisch leitfähigen Rohrleitungen wichtig sind, müssen Maßnahmen in den jeweils anzuwendenden Regelwerken aufgeführt werden. So wird z. B. in DIN 1988-2 unter Abschnitt 10.1 „Elektrische Schutzmaßnahmen und Streuströme" gefordert, daß vor dem Trennen

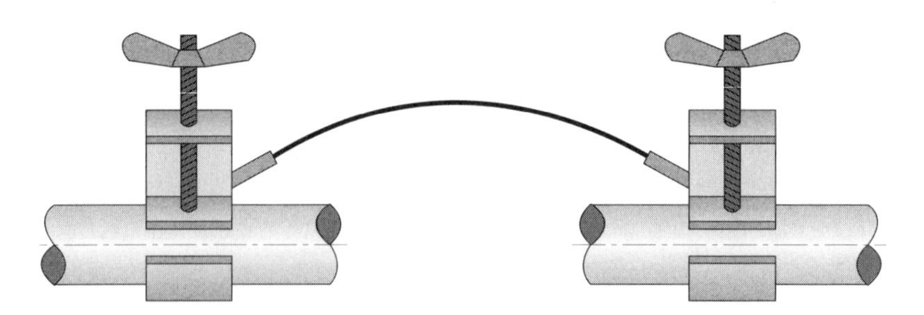

Bild 2.31 Vorübergehende Überbrückung beim Trennen von Rohrleitungen

oder Verbinden von metallenen Leitungen für Trinkwasser-Installationen als Schutz gegen elektrische Berührungsspannungen und Funkenbildung eine metallene Überbrückung der Trennstelle herzustellen ist, sofern eine solche nicht bereits besteht, wie z. B. durch Wasserzählerbügel beim Auswechseln der Wasserzähler.
Exakt wird in DIN 1988-2 vorgegeben, wie eine solche elektrische Überbrückung mit Schraubklemmen ausgeführt werden soll. Es ist als Überbrückungsleiter ein hochflexibles, isoliertes Kupferseil nach DIN 46440 mit mindestens 16 mm^2 Querschnitt und einer maximalen Länge von 3 m zu verwenden. Die Anschlußklemmen sollen auf den Rohrdurchmesser abgestimmt sein. Bei allen Anschlüssen ist auf guten metallenen Kontakt zu achten. Die Kontaktstellen am Rohr sind daher bei Verwendung von Preßkontakten vor dem Montieren metallisch blank zu machen, damit eine elektrisch gut leitende Verbindung zustande kommt. Ein Zwischenlegen von Metallfolien ist unzulässig.
Eindeutig wird in DIN 1988-2 aber darauf hingewiesen, daß für alle elektrischen Schutzmaßnahmen, die an neu zu errichtenden Gebäuden und bei wesentlichen Änderungen bestehender Gebäude durchgeführt werden, ein Elektroinstallateur zuständig ist.

2.6.9 Probleme der Praxis

2.6.9.1 Geschraubte, mit Hanf eingedichtete Rohrverbindungen

Auf die Frage, ob eine mit Hanf eingedichtete, geschraubte Rohrverbindung als leitende Verbindung angesehen werden kann, war in der Vergangenheit nur schwer eine Antwort zu finden.
Nach der nunmehr ungültigen DIN VDE 0100 Teil 600:1987-11 reichte üblicherweise allein das Besichtigen zum Prüfen der Wirksamkeit des Hauptpotentialausgleichs aus. Das Messen war nach DIN VDE 0100 Teil 600:1987-11 nur dann erforderlich, wenn die Wirksamkeit des Hauptpotentialausgleichs durch Besichtigen nicht beurteilt werden konnte. Hier war also ein großer Ermessensspielraum gegeben.
Nach DIN VDE 0100 Teil 610:1994-04, Abschnitt 5.2, die die Norm DIN VDE 0100 Teil 600:1987-11 abgelöst hat, muß nun generell das Messen der Durchgängigkeit der Verbindungen des Potentialausgleichs durchgeführt werden (siehe Abschnitt 2.30.2.2).
Somit wird die Frage, ob eine mit Hanf eingedichtete, geschraubte Rohrverbindung als leitende Verbindung angesehen werden kann, nunmehr durch die erforderliche Messung geklärt.
Zu unterscheiden ist noch, ob ein Stahlrohr, das im Rohrverlauf mit Hanf eingedichtete, geschraubte Rohrverbindungen enthält, in den Potentialausgleich einbezogen werden muß oder ob es als Potentialausgleichsleiter dient, also selbst die Funktion eines Potentialausgleichsleiters wahrnimmt (siehe Bild 2.102).
Dient ein solches Rohr als Potentialausgleichsleiter, so ist die Durchgängigkeit dieser Verbindung des Potentialausgleichs durch Messen nachzuweisen, da in diesem

Fall auch die Anforderungen erfüllt sein müssen, die an einen Potentialausgleichsleiter gestellt werden.
Eine konkrete Aussage darüber, bis zu welchem Widerstandswert die Wirksamkeit des Hauptpotentialausgleichs gegeben ist, wird in DIN VDE 0100 Teil 610:1994-04 nicht gemacht. Auf jeden Fall müssen die Verbindungen niederohmig sein. Ein Richtwert, an den man sich auch noch heute im Rahmen des zugelassenen Ermessensspielraums anlehnen kann, ist der Widerstandswert von 3 Ω aus der alten, inzwischen zurückgezogenen DIN VDE 0190:1973-05. Die niederohmige Widerstandsmessung, z. B. mit einem Meßgerät nach DIN VDE 0413 Teil 4, ermöglicht es, auf einfache Art und Weise festzustellen, ob die Dichtmittel an den Verschraubungen der Stahlrohre unzulässig hohe Übergangswiderstände darstellen.
Ist ein Stahlrohr, das im Rohrverlauf mit Hanf eingedichtete, geschraubte Rohrverbindungen enthält, nur in den Potentialausgleich einzubeziehen, und ist die Verbindung als isoliert anzusehen, z. B. meßtechnisch nachgewiesen, brauchen die „Isolierstellen" nicht überbrückt zu werden. Dies gilt auch für Absperrhähne, Mischventile usw. (siehe Abschnitt 2.6.5).

2.6.9.2 Einbeziehen von Edelstahlrohren mit Preßfittings in den Potentialausgleich

Eine konkrete Aussage kann zu dem Problem vom Schreibtisch aus nicht gemacht werden, da es unterschiedliche Systeme mit Preßfittings am Markt gibt.
Unter den am Markt befindlichen Systemen gibt es auch solche mit Preßfittingverbindungen, bei denen der verwendete Dichtring keinerlei negativen Einfluß auf die durchgehend metallene Verbindung der mit Hilfe der Preßfittings verpreßten Rohre hat. Das Einbeziehen des Rohrsystems in dieser Ausführung in den Potentialausgleich ist deshalb erforderlich. Selbstverständlich kann ein Rohrsystem in dieser Ausführung dann auch als Potentialausgleichsleiter genutzt werden.
Zur Klärung der Frage, ob ein Rohrsystem mit Preßfittings generell als durchgehend elektrisch leitend angesehen werden kann, kann der Hersteller des Systems beitragen. Mit einer solchen Aussage des Herstellers wissen Planer und Errichter im voraus, welche Maßnahmen bei Verwendung eines solchen Systems ergriffen werden müssen oder nicht ausgeführt werden können.
Unabhängig davon muß nach DIN VDE 0100 Teil 610:1994-04, Abschnitt 5.2, die Durchgängigkeit der Verbindungen des Hauptpotentialausgleichs und des zusätzlichen Potentialausgleichs durch Messen festgestellt werden (siehe Abschnitt 2.30.2.2). Somit läßt sich auch nachträglich (nach dem Errichten) die aufgeworfene Frage durch die erforderliche Messung klären.
Auf eine weitere mögliche Problemstellung soll noch aufmerksam gemacht werden. Nicht eindeutig ist die Situation hinsichtlich einer durchgehend elektrisch leitenden Verbindung, wenn Stahlrohre mit einer aus Korrosionsschutzgründen aufgebrachten Kunststoffschicht zur Anwendung kommen, auf die zunächst eine Grundierung aufgebracht wurde. Bei der Abisolierung des Kunststoffmantels wird die Grundierung in der Praxis in aller Regel nur wenig entfernt. Auch die blanke Stirnfläche des

Rohrs in dem Preßfitting bietet nur einen geringen metallenen Kontakt. Eine visuelle Prüfung des Rohrsystems vor Ort kann keinen Aufschluß darüber geben, ob die Verbindungsstellen als elektrisch leitend anzusehen sind. Eine Klärung wird hier immer erst durch die nach DIN VDE 0100 Teil 610:1994-04, Abschnitt 5.2, durchzuführende Messung der Durchgängigkeit der Verbindungen des Hauptpotentialausgleichs und des zusätzlichen Potentialausgleichs erfolgen (siehe Abschnitt 2.30).

2.7 Fremdspannungsarmer Potentialausgleich (DIN VDE 0100 Teil 540:1991-11, Abschnitt 7.2 und Abschnitt C.2, sowie DIN VDE 0100 Teil 540/A2:1992-01, Entwurf)

Fachleute der Fernmeldetechnik empfehlen ganz allgemein – auch bei Querschnitten ab 10 mm^2 Cu bzw. 16 mm^2 Al – keinen PEN-Leiter, sondern grundsätzlich für den Schutzleiter (PE) und den Neutralleiter (N) jeweils getrennte Leiter im TN-System anzuwenden. Begründet wird dies damit, daß es für den einwandfreien Betrieb von Anlagen der Informationstechnik, z. B. moderne Fernsprech-, Text- und Datenverarbeitungssysteme, bei denen die Geräte über geschirmte Signalleitungen miteinander verbunden sind, eine wesentliche Voraussetzung ist, daß ein von Betriebsströmen freies Potentialausgleichsnetz (Schutzleiter (PE)) zur Verfügung steht. Nur auf diese Art kann ein gleiches Bezugspotential für alle angeschlossenen Geräte der Fernmeldetechnik vorgegeben werden.
Allgemein erfordern Signalverbindungen zwischen mit hohen Frequenzen arbeitenden Betriebsmitteln eine wirkungsvolle Abschirmung der Signalleiter (geschirmte Leitungen). Normalerweise erfolgt dies durch den Anschluß der Leitungsabschirmung in den Potentialausgleich an beiden Enden. Dann aber werden durch Spannungsunterschiede zwischen den verschiedenen geerdeten Punkten der Betriebsmittel Ausgleichsströme in den Abschirmungen verursacht. Diese können zu einer Fehlfunktion der Betriebsmittel führen. In diesen Fällen ist es besser, wenn die Schutzleiterverbindungen zu den miteinander verbundenen Betriebsmitteln der Informationstechnik einem Potentialausgleich zugeordnet sind.
Ideale Voraussetzung für die Wirksamkeit eines solchen fremdspannungsarmen Potentialausgleichs sind getrennte Leiter für die Funktionen des Schutzleiters (PE) und des Neutralleiters (N), also die Ausführung der Starkstromanlage als TN-S-System. Wenig geeignet ist der kombinierte Leiter für Schutzleiter- und Neutralleiterfunktionen (PEN-Leiter (PEN)), also die Ausführung der Starkstromanlage als TN-C-System bzw. TN-C-S-System. Bei einem zusätzlichen Potentialausgleich zwischen dem PEN-Leiter (PEN) und den geerdeten Metallteilen des Gebäudes, z. B. Wasserverbrauchsleitungen, Gasinnenleitungen, metallenen Gebäudekonstruktionsteilen, Heizungsanlagen, Klimaanlagen, werden diese Metallteile zu Parallelstrompfaden für den Betriebsstrom des PEN-Leiters (PEN). Dabei hängt die Größe des Stroms, der über die geerdeten Metallteile des Gebäudes fließt, von den Wider-

standsverhältnissen zwischen diesen geerdeten Metallteilen des Gebäudes und dem PEN-Leiter (PEN) ab.
Abhängig vom Strom und den Widerständen entsteht so eine Spannung gegen Erde. Diese stört die Geräte der Informationstechnik sowie auch der Fernmeldetechnik.
Hinzu kommt, daß in Gebäuden mit umfangreichen informationstechnischen Einrichtungen die als Folge des Laststroms im PEN-Leiter (PEN) ständig vorhandene Netzspannung zwischen zwei beliebigen Stellen des PEN-Leiters (PEN) noch durch Laststromeigenschaften verschlechtert wird. So wird bei linearen Lasten der Strom im Neutralleiter infolge der Lastverteilung normalerweise weit weniger als die Hälfte des Außenleiterstroms betragen. Dagegen ist der Strom im Neutralleiter bei hauptsächlich elektronischen Lasten oft größer als der Außenleiterstrom selbst. Schließlich werden die Störeigenschaften dieses Stroms durch den hohen Scheitelfaktor und Oberschwingungsanteil noch vergrößert.
Die Anwendung des TN-S-Systems (oder, falls möglich, TT- oder IT-System mit isoliertem Neutralleiter) vermeidet die vorgenannte Auswirkung und läßt den fremdspannungsarmen Potentialausgleich wirksam werden. Die Anwendung des TN-S-Systems macht Schutzleiter und Potentialausgleichsleiter zu fremdspannungsarmen geerdeten Leitern. Der Schutzleiter wird also zur fremdspannungsarmen Erde, der Potentialausgleich zum fremdspannungsarmen Potentialausgleich. Die unterschiedlichen Neutralleiterströme in einem TN-S-System einerseits und in einem TN-C-System andererseits zeigt **Bild 2.32**.
Über die physikalischen Zusammenhänge bestehen in Fachkreisen keine wesentlichen Meinungsverschiedenheiten, wohl aber über die Auswirkungen und die damit erforderlichen Maßnahmen. Unterschiedliche Bewertungen nehmen nicht nur die Fachleute der Starkstromtechnik einerseits und die Fachleute der Informationstechnik andererseits vor, auch die Experten der Informationstechnik sind sich international nicht völlig einig über die erforderlichen Maßnahmen.
Der Sachstand in den Errichtungsbestimmungen für Starkstromanlagen stellt sich wie folgt dar:
Erstmalige Aufnahme fand das Thema im Entwurf DIN VDE 0100 Teil 540:1988-11. Danach wurde für jedes Gebäude, in dem der Einbau von informations- und fernmeldetechnischen Anlagen vorgesehen oder zumindest zu erwarten ist, empfohlen, zur Vermeidung möglicher Funktionsstörungen der Anlagen im ganzen Gebäude keinen PEN-Leiter (PEN) anzuwenden.
Einsprüche zu dieser sehr weitgehenden Empfehlung gingen dahin, die Empfehlung im wesentlichen nur auf solche Gebäude anzuwenden, wo der Einbau von intensiven informationstechnischen Anlagen vorgesehen ist.
Die Einspruchsberatung brachte schließlich folgende Einigung:

„Die Empfehlung, ein TN-S-System generell bei Vorhandensein von fernmeldetechnischen Einrichtungen vorzusehen, wurde fallengelassen. Das TN-S-System – also auch die fünfadrige Hauptleitung – wurde in der Empfehlung eingeschränkt lediglich auf Gebäude mit informationstechnischen Einrichtungen."

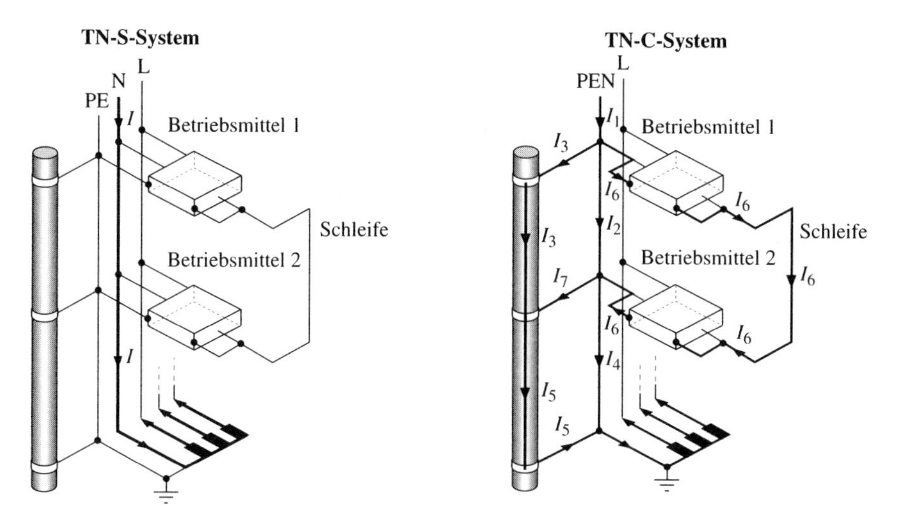

Bild 2.32 Vergleich der Neutralleiterströme in einem TN-S-System und einem TN-C-System

Entsprechend sind die Aussagen in DIN VDE 0100 Teil 540:1991-11 zu verstehen. Im Bestimmungstext selbst ist unter Abschnitt 7.2 nur der Hinweis zu finden, daß das Thema international in Beratung ist, jedoch ergänzende nationale – also deutsche – Festlegungen in Abschnitt C.2 aufgeführt sind. Bei solchen ergänzenden nationalen Festlegungen handelt es sich um Aussagen, die nicht im internationalen Harmonisierungsdokument enthalten sind und den harmonisierten Festlegungen nicht entgegenstehen. Sie gelten in diesem Fall solange, bis entsprechende Festlegungen zum fremdspannungsarmen Potentialausgleich international harmonisiert sind.

Der Wortlaut der deutschen Festlegungen sagt aus, daß – sofern in einem Gebäude der Einbau von informationstechnischen Anlagen vorgesehen oder zumindest zu erwarten ist – zur Vermeidung möglicher Funktionsstörungen dieser Anlagen empfohlen wird:

- Im ganzen Gebäude keinen PEN-Leiter anzuwenden, also im Falle von TN-Systemen das TN-S-System anzuwenden (TT-Systeme und IT-Systeme erfüllen von sich aus die Bedingung).
- In jedem Stockwerk oder auch Gebäudeabschnitt, in dem informationstechnische Anlagen errichtet werden sollen, einen Potentialausgleich auszuführen. In diesen sind – soweit vorhanden – vom jeweiligen Stockwerk oder Gebäudeabschnitt einzubeziehen:
  - Schutzleiter,
  - Wasserrohre (Wasserrohrnetz, Wasserverbrauchsleitungen, alle anderen zum Wassertransport verwendeten Rohre),

- Gasrohre (Gasrohrnetz, Gasinnenleitungen),
- andere metallene Rohrsysteme, z. B. Steigleitungen zentraler Heizungs- und Klimaanlagen,
- Metallteile der Gebäudekonstruktion – soweit möglich.

Zu den Leiterquerschnitten der hierfür erforderlichen Potentialausgleichsleiter werden im Abschnitt C.2 von DIN VDE 0100 Teil 540:1991-11 keine konkreten Angaben gemacht. Es wird nur der Hinweis gegeben, daß Leiterquerschnitte in Beratung sind.
Ein internationaler Beratungsstand zum fremdspannungsarmen Potentialausgleich hinsichtlich der Ausführung des PEN-Leiters wurde der deutschen Öffentlichkeit mit Erscheinen des Entwurfs DIN VDE 0100 Teil 540 A2:1992-01 bekanntgegeben. Danach dürfen/sollten PEN-Leiter – also TN-C-Systeme oder TN-C-S-Systeme – nicht nach dem Speisepunkt in Gebäuden eingesetzt werden, in denen wichtige informationstechnische Einrichtungen errichtet sind oder wahrscheinlich errichtet werden. Informationstechnische Einrichtungen sind dabei Telekommunikations- und datenverarbeitende Einrichtungen.
Den Nationalen Komitees soll die Entscheidung darüber gelassen werden, ob der Text eine Anforderung („dürfen nicht") oder eine Empfehlung („sollten nicht") sein soll. Diese Lösung ist sicherlich nicht positiv zu bewerten.
Aber auch der im vorgenannten Entwurf DIN VDE 0100 Teil 540 A2:1992-01 aufgezeigte Beratungsstand ist wohl immer noch nicht als von allen Seiten akzeptierte Meinung anzusehen. Aufgrund paritätischer Stimmabgabe der Länder für eine zwingende oder eine empfehlende Aussage wurde international ein weiterer Kompromißvorschlag erarbeitet. Danach müssen in Gebäuden, in denen in bedeutendem Umfang Einrichtungen der Informationstechnik errichtet sind oder wahrscheinlich errichtet werden, Überlegungen durchgeführt werden, ob die Benutzung getrennter Leiter für den Schutz- und Neutralleiter nach dem Speisepunkt zweckmäßig ist. Die Überlegungen müssen im Hinblick auf das Kleinhalten von möglichen Überströmen und Problemen der elektromagnetischen Verträglichkeit, die auf das Fließen von Neutralleiterströmen in Signalleitungen zurückzuführen sind, angestellt werden. Zusätzlich wird angemerkt, daß diese Aussage insbesondere anzuwenden ist bei Gebäuden, die als Büroräume oder für Industriezwecke genutzt werden.
Der letztgenannte Beratungsstand ist sicherlich positiv zu bewerten. Die Aussage wendet sich an den Planer der Anlage, dem zwingend auferlegt wird, sich mit dieser Frage zu beschäftigen und letztlich im Einvernehmen mit seinem Auftraggeber eine geeignete Lösung für den jeweiligen Anwendungsfall herbeizuführen.
Im übrigen zeigt sich nach den bisherigen international geführten Diskussionen, daß auch unter den Experten der Informationstechnik keine einheitliche Meinung hinsichtlich der grundsätzlichen Notwendigkeit zur Anwendung des TN-S-Systems besteht.
Ein Grund dafür ist sicherlich darauf zurückzuführen, daß es bisher bewährte Praxis ist, im Rahmen der Hauptstromversorgung 4-Leiter-Netze zu verwenden, ohne daß

dies bislang in der Praxis auf erhebliche Schwierigkeiten – auch bei Vorhandensein von informationstechnischen Einrichtungen – gestoßen ist.
Dies wiederum hat seinen Grund darin, daß auch in bestehenden Anlagen, die als TN-C-S-System ausgeführt sind, Telekommunikationseinrichtungen und Datenverarbeitungsanlagen zuverlässig betrieben werden können, wenn geeignete Maßnahmen zur Vermeidung einer Beeinflussung durch Ströme im PEN-Leiter ergriffen werden.
Solche geeigneten Maßnahmen, die sich in der Praxis in bestehenden Gebäudeanlagen bewährt haben, können sein:

- Verwendung von Lichtwellenleitern,
- Verwendung von Betriebsmitteln der Schutzklasse II (soweit möglich),
- Verwendung eines örtlichen Trenntransformators für die Versorgung von Betriebsmitteln der Informationstechnik der Schutzklasse I,
- Verwendung einer geeigneten Leitungsanordnung, um Bereiche gemeinsamer Leiterschleifen der Starkstromversorgung mit PEN-Leiter und der Informationstechnik mit Signalleitungen innerhalb des Gebäudes so klein wie möglich zu halten.

Die vorgenannten möglichen Maßnahmen bestätigen, daß es nicht zweckmäßig ist, die Voraussetzungen für einen zuverlässigen Betrieb von informationstechnischen Anlagen nur einseitig an ein bestimmtes Netzsystem zu knüpfen.
Welche Maßnahmen sind denn nun von Planern und Errichtern elektrischer Anlagen in der Praxis durchzuführen? Folgende Vorgehensweise läßt sich aus dem Vorgesagten ableiten:

- Im Hinblick auf die ständig steigende Anwendung moderner informationstechnischer Einrichtungen und zukünftig zu erwartender Technik fällt dem Planer bzw. Errichter elektrischer Anlagen ein hohes Maß an Beratungspflicht zu.
- Zunächst ist zu klären, ob in dem zu errichtenden Gebäude überhaupt besondere Maßnahmen erforderlich sind. In Zusammenarbeit mit dem Bauherrn bzw. Betreiber der Anlage ist zu klären, welcher Nutzung das Gebäude zugeführt werden soll, z. B. Bürogebäude, und ob in bedeutendem Umfang Einrichtungen der Informationstechnik (Telekommunikationseinrichtungen, Datenverarbeitungsanlagen) errichtet werden oder zu einem späteren Zeitpunkt wahrscheinlich errichtet werden.
- Werden in bedeutendem Umfang Einrichtungen der Informationstechnik errichtet oder zu einem späteren Zeitpunkt wahrscheinlich errichtet, ist zu überlegen, ob mögliche Überströme und Probleme der elektromagnetischen Verträglichkeit, die auf das Fließen von Neutralleiterströmen in Signalleitungen zurückzuführen sind, Probleme bereiten können.
- Sind Auswirkungen zu erwarten, die das zuverlässige Arbeiten der informationstechnischen Anlagen beeinflussen, ist zu überlegen, welche Maßnahmen ergriffen werden sollen. Folgende Fragen sind zu klären:

- Sollen (können) bisher in der Praxis bewährte, geeignete Maßnahmen angewendet werden?
- Soll beim TN-System dieses als TN-S-System ausgeführt werden?

Bei der Beantwortung der Frage, welche Maßnahmen ergriffen werden sollen, spielen selbstverständlich auch wirtschaftliche Aspekte eine Rolle. Gegebenenfalls muß auch schon vorab für die Zukunft investiert werden. Unter Umständen kann es günstiger sein, erst später – nämlich dann, wenn wirklich erforderlich – nachträgliche Maßnahmen zu verwirklichen. Möglicherweise können die später auftretenden Kosten aber auch über den Kosten der von vornherein durchgeführten Maßnahmen liegen.
Keine Lösung kann sein, den fünften Leiter zur Vermeidung des PEN-Leiters generell zu verlegen. Das Argument hierfür, die Kosten des fünften Leiters wären nur ein kleiner Anteil an den Gesamtkosten für die Beschaffung und Errichtung einer Verteileranlage in einem Gebäude, kann nicht gelten. Mit solch einem Argument könnten noch viele andere zusätzliche Dinge in ein Gebäude eingebracht werden, deren immer nur geringe Kosten im Vergleich zu den Gesamtkosten sich schließlich doch zu einem großen Betrag summieren. Außerdem sind Kosten für eine Maßnahme, die ggf. aus technischer Sicht gar nicht erforderlich sind, aus wirtschaftlicher Sicht unbedingt zu vermeiden.

2.8 Potentialausgleich bei Schutz durch Kleinspannung SELV (DIN VDE 0100 Teil 410:1997-01, Abschnitt 411.1)

Nach DIN VDE 0100:1965-12, § 8 N d) 3, durften Schutzkleinspannungs-Betriebsmittel keine Schutzleiterklemme haben. Diese Bestimmung wurde durch DIN VDE 0100:1973-05, § 8, aufgehoben, da auch diese Betriebsmittel in gewissen Fällen, z. B. in feuer- und explosionsgefährdeten Betriebsstätten, in den Potentialausgleich einbezogen werden mußten. Nach DIN VDE 0100 Teil 410:1983-11, Abschnitt 4.1.5.5, durften Steckvorrichtungssysteme in Stromkreisen mit Schutzkleinspannung wieder keinen Schutzkontakt haben bzw. ein vorhandener Schutzkontakt durfte nicht angeschlossen sein.
Nach Abschnitt 411.1.3.3 der neuen DIN VDE 0100 Teil 410:1997-01 dürfen Stekker und Steckdosen von SELV-Stromkreisen weiterhin keinen Schutzkontakt haben. PELV-Stecker und PELV-Steckdosen dürfen dagegen Schutzkontakte haben.
Die Kurzbezeichnungen PELV und SELV sind mit den bisherigen Bezeichnungen wie folgt vergleichbar:

- SELV – Schutz durch Schutzkleinspannung,
- PELV – Schutz durch Funktionskleinspannung mit sicherer Trennung.

2.9 Zusätzlicher Potentialausgleich bei Schutzmaßnahmen im TN-System (DIN VDE 0100 Teil 410:1997-01, Abschnitt 413.1.3.5)

2.9.1 Anforderungen gemäß alter DIN VDE 0100 Teil 410:1983-11, Abschnitt 6.1.3.3

Bei Nichterfüllung der Abschaltbedingungen war nach DIN VDE 0100 Teil 410: 1983-11, Abschnitt 6.1.3.3, bei Anwendung der Schutzmaßnahmen im TN-System ein zusätzlicher Potentialausgleich notwendig. Diese Möglichkeit war neu und als vollwertige Schutzmaßnahme bei indirektem Berühren anzusehen.
Sowohl die Kennwerte der Schutzeinrichtungen als auch die Querschnitte der Leiter mußten nach DIN VDE 0100 Teil 410:1983-11, Abschnitt 6.1.3.3, beim Anwenden einer Schutzmaßnahme im TN-System so ausgewählt werden, daß bei Auftreten eines Fehlers mit vernachlässigbarem Scheinwiderstand (Impedanz) an beliebiger Stelle zwischen einem Außenleiter und einem Schutzleiter bzw. PEN-Leiter oder damit verbundenen Körpern die automatische Abschaltung innerhalb der festgelegten Zeit stattfindet.
Dies ist erfüllt bei Berücksichtigung der Bedingung:

$$Z_s \cdot I_a \leq U_0.$$

Darin bedeuten:
Z_s Impedanz der Fehlerschleife,
U_0 Nennspannung gegen geerdeten Leiter,
I_a Strom, der das automatische Abschalten bewirkt:
- in Stromkreisen bis 35 A Nennstrom mit Steckdosen innerhalb von 0,2 s,
- in Stromkreisen, die ortsveränderliche Betriebsmittel der Schutzklasse I enthalten, die während des Betriebs dauernd in der Hand gehalten oder umfaßt werden, innerhalb von 0,2 s,
- in allen anderen Stromkreisen innerhalb von 5 s.

Konnten die vorgenannten Abschaltbedingungen nicht erfüllt werden, war also die geforderte Abschaltzeit z. B. bei sehr großen Motoren mit Schweranlauf nicht eingehalten worden, so war ein zusätzlicher Potentialausgleich erforderlich.
Der Querschnitt der Potentialausgleichsleiter mußte Tabelle 9 aus DIN VDE 0100 Teil 540 entsprechen, wobei die Aussagen für den „zusätzlichen Potentialausgleich" heranzuziehen sind (siehe Tabelle 2.12 aus Abschnitt 2.6.12 dieses Bandes).
Die Möglichkeit der Berücksichtigung des zusätzlichen Potentialausgleichs für den Fall, daß die Abschaltzeit mit Überstrom-Schutzeinrichtungen nicht erreicht werden kann, war neu. Sie spielte jedoch ebenfalls nur eine untergeordnete Rolle, da mit

Fehlerstrom-Schutzeinrichtungen (RCD) die Abschaltzeit immer verwirklicht werden kann.

2.9.2 Anforderungen gemäß neuer DIN VDE 0100 Teil 410:1997-01, Abschnitt 413.1.3.6

Die in Abschnitt 2.9.1 dieses Bandes aufgeführten Anforderungen werden auch in der neuen DIN VDE 0100 Teil 410:1997-01 behandelt. Im Abschnitt 413.1.3.6 ist festgehalten, daß – sofern die Bedingungen der Unterabschnitte 413.1.3.3, 413.1.3.4 und 413.1.3.5 bei der Verwendung von Überstrom-Schutzeinrichtungen nicht erfüllt werden können – ein zusätzlicher Potentialausgleich nach Abschnitt 413.1.2.2 von DIN VDE 0100 Teil 410:1997-01 (siehe Abschnitt 2.4.2 dieses Bandes) erforderlich ist. Allerdings kann in diesem Fall für die Abschaltung der Stromversorgung auch eine Fehlerstrom-Schutzeinrichtung (RCD) vorgesehen werden.
Im Abschnitt 413.1.3.3 der neuen DIN VDE 0100 Teil 410:1997-01 steht nichts anderes als die Abschaltbedingung für das TN-System. Die Kennwerte der Schutzeinrichtungen und die Schleifenimpedanz müssen so sein, daß bei Auftreten eines Fehlers mit vernachlässigbarer Impedanz zwischen einem Außen- und einem Schutzleiter oder einem Körper irgendwo in der Anlage die automatische Abschaltung der Stromversorgung innerhalb der festgelegten Zeit erfolgt. Folgende Bedingung erfüllt diese Anforderung:

$$Z_s \cdot I_a \le U_0,$$

mit:
Z_s Impedanz der Fehlerschleife, die aus der Stromquelle, dem aktiven Leiter bis zum Fehlerort und dem Schutzleiter zwischen dem Fehlerort und der Stromquelle besteht,
I_a Strom, der das automatische Abschalten der Schutzeinrichtung innerhalb der festgelegten bzw. vereinbarten Zeit bewirkt,
U_0 Nennwechselspannung (effektiv) gegen Erde.

Der Abschnitt 413.1.3.4 der neuen DIN VDE 0100 Teil 410:1997-01 befaßt sich mit den Bedingungen für die Abschaltzeiten. Die in der Tabelle 41 A (**Tabelle 2.14**) festgelegten maximalen Abschaltzeiten erfüllen die Festlegungen zur Abschaltung

U_0 in V	Abschaltzeit in s
230	0,4
400	0,2
> 400	0,1

Tabelle 2.14 Maximale Abschaltzeit für TN-Systeme in Abhängigkeit von der Nennspannung (Werte entsprechen Tabelle 41A aus DIN VDE 0100 Teil 410:1997-01)

der Stromversorgung für Endstromkreise, welche Steckdosen oder fest angeschlossene Handgeräte der Schutzklasse I oder ortsveränderliche Betriebsmittel der Schutzklasse I, die während des Betriebs üblicherweise dauernd in der Hand gehalten oder umfaßt werden, versorgen.
Abschnitt 413.1.3.5 der neuen DIN VDE 0100 Teil 410:1997-01 befaßt sich mit der vereinbarten Abschaltzeit ≤ 5 s für Verteilungsstromkreise von Gebäuden.
So ist eine Abschaltzeit ≤ 5 s (jedoch länger als die in Tabelle 2.14 dieses Bandes geforderte Zeit) für Endstromkreise – sofern diese nur ortsfeste Betriebsmittel versorgen – unter der Voraussetzung erlaubt, daß für diese Endstromkreise eine der folgenden Bedingungen erfüllt wird:

- Die Impedanz des Schutzleiters zwischen der Verteilung und dem Punkt, an dem der Schutzleiter mit dem Hauptpotentialausgleich verbunden ist, überschreitet nicht:

$$\frac{50\ \text{V}}{U_0} \cdot Z_\text{S}$$

- oder es ist ein Potentialausgleich an der Verteilung durchzuführen, in den dann die gleichen fremden leitfähigen Teile wie beim Hauptpotentialausgleich örtlich einbezogen sind und der die Anforderungen des Unterabschnitts 413.1.2.1 (siehe Abschnitt 2.5.1 dieses Bandes) für den Hauptpotentialausgleich erfüllt.

Darin bedeuten:
U_0 Nennwechselspannung (effektiv) gegen Erde in Volt,
Z_S Impedanz der Fehlerschleife, die aus der Stromquelle, dem aktiven Leiter bis zum Fehlerort und dem Schutzleiter zwischen dem Fehlerort und der Stromquelle besteht.

Die vorgenannten Möglichkeiten haben nur Gültigkeit, wenn andere Endstromkreise, für die eine Abschaltzeit entsprechend Tabelle 2.14 dieses Bandes (entspricht Tabelle 41 A aus DIN VDE 0100 Teil 410:1997-01) gefordert ist, aus derselben Verteilung oder demselben Verteilungsstromkreis versorgt werden.
Zu berücksichtigen ist noch, daß selbstverständlich außerhalb des Einflußbereichs des Hauptpotentialausgleichs die folgenden anderen Schutzmaßnahmen angewendet werden dürfen:

- Schutztrennung,
- Schutzisolierung.

2.10 Zusätzlicher Potentialausgleich bei Schutzmaßnahmen im IT-System (DIN VDE 0100 Teil 410:1997-01, Abschnitt 413.1.5.7)

2.10.1 Anforderungen gemäß alter DIN VDE 0100 Teil 410:1983-11, Abschnitt 5.1.5.4

Bei Anwendung einer Schutzmaßnahme im IT-System war nach DIN VDE 0100 Teil 410:1983-11, Abschnitt 6.1.5.4, als eine Möglichkeit, das Bestehenbleiben von zu hohen Berührungsspannungen im Fall des Auftretens von zwei Fehlern zu verhindern, vorgegeben, in der gesamten Anlage einen „zusätzlichen Potentialausgleich" und eine Isolationsüberwachungseinrichtung vorzusehen (**Bild 2.33**). Diese Möglichkeit konnte immer dann genutzt werden, wenn z. B. die Abschaltzeit schwer zu berechnen oder nachzuweisen war. Sie stellte eine vollwertige Schutzmaßnahme bei indirektem Berühren dar. Im IT-System war der zusätzliche Potentialausgleich als gleichwertig gegenüber der Anwendung der hochempfindlichen Fehlerstrom-Schutzeinrichtung (RCD) anzusehen.

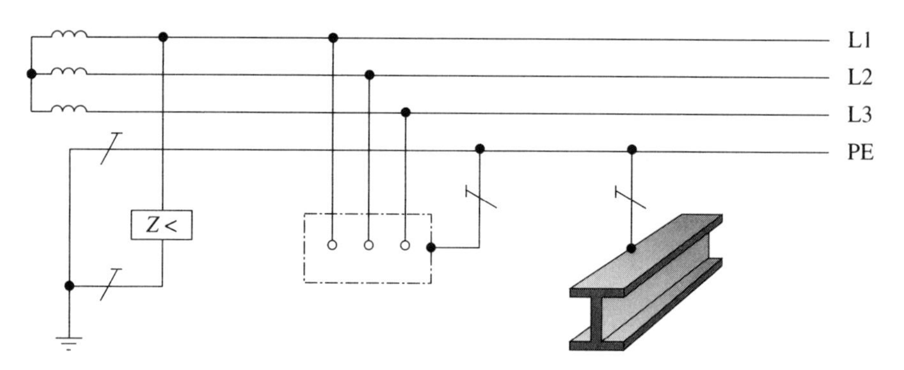

Bild 2.33 Isolationsüberwachungseinrichtung mit zusätzlichem Potentialausgleich im IT-System

Zuvor war in Deutschland der Doppelfehlerfall direkt nicht behandelt, sondern nur indirekt durch die Forderung nach einem umfassenden Potentialausgleich abgedeckt. Diese Ausführungsart entsprach dem bisherigen Schutzleitungssystem nach DIN VDE 0100:1973-05, § 11.

2.10.2 Anforderungen gemäß neuer DIN VDE 0100 Teil 410:1997-01, Abschnitt 413.1.5.7

Auch nach der neuen DIN VDE 0100 Teil 410:1997-01 müssen Bedingungen für die Abschaltung der Stromversorgung bei Verwendung von Überstrom-Schutzeinrichtungen im Falle eines zweiten Fehlers (nach dem Auftreten eines ersten Fehlers) erfüllt werden. Unter anderem gelten – sofern Körper untereinander über einen Schutzleiter gemeinsam geerdet sind – die folgenden Bedingungen für das TN-System:

- wenn der Neutralleiter nicht mit verteilt wird:

$$Z_{\mathrm{s}} \leq \frac{U}{2 \cdot I_{\mathrm{a}}}$$

- oder wenn der Neutralleiter mit verteilt wird:

$$Z_{\mathrm{s}}' \leq \frac{U_{\mathrm{o}}}{2 \cdot I_{\mathrm{a}}}.$$

Darin bedeuten:

U_0 Nennwechselspannung (effektiv) zwischen Außenleiter und Neutralleiter,
U Nennwechselspannung (effektiv) zwischen Außenleitern,
Z_{S} Impedanz der Fehlerschleife, bestehend aus dem Außenleiter und dem Schutzleiter des Stromkreises,
Z_{s}' Impedanz der Fehlerschleife, bestehend aus dem Neutralleiter und dem Schutzleiter des Stromkreises,
I_{a} Strom, der die Abschaltung des Stromkreises innerhalb der in **Tabelle 2.15** (entspricht Tabelle 41 B von DIN VDE 0100 Teil 410:1997-01) angegebenen Zeit t, soweit anwendbar, oder für alle anderen Stromkreise innerhalb von 5 s bewirkt, sofern die Abschaltzeit zugelassen ist.

Wenn nun die vorgenannten Bedingungen bei Verwendung von Überstrom-Schutzeinrichtungen nicht erfüllt werden können, muß ein zusätzlicher Potentialausgleich (siehe Abschnitt 2.4.2) zur Ausführung kommen. Hier ist jedoch der Schutz auch

Nennspannung der elektrischen Anlage U_0/U in V	**Abschaltzeit in s**	
	Neutralleiter nicht verteilt	**Neutralleiter verteilt**
230/400	0,4	0,8
400/690	0,2	0,4
580/1000	0,1	0,2

Tabelle 2.15 Maximale Abschaltzeiten für IT-System in Abhängigkeit von der Nennspannung (zweiter Fehler) (Werte entsprechen Tabelle 41B aus DIN VDE 0100 Teil 410:1997-01)

durch eine Fehlerstrom-Schutzeinrichtung (RCD) für jedes Verbrauchsmittel alternativ möglich.

2.11 Schutz durch erdfreien örtlichen Potentialausgleich (DIN VDE 0100 Teil 410:1997-1, Abschnitt 413.4, und DIN VDE 0100 Teil 540:1991-11, Abschnitt 9.2)

Durch die Anwendung eines erdfreien örtlichen Potentialausgleichs wird das Auftreten einer gefährlichen Berührungsspannung verhindert.
Beim erdfreien örtlichen Potentialausgleich müssen alle gleichzeitig berührbaren Körper und fremden leitfähigen Teile durch Potentialausgleichsleiter miteinander verbunden werden (**Bild 2.34**).
Der Querschnitt ist dabei nach Tabelle 9 von DIN VDE 0100 Teil 540 zu ermitteln (siehe Tabelle 2.12 aus Abschnitt 2.6.1.2 dieses Bandes). Eine solche Empfehlung wird auch in den Erläuterungen zu Abschnitt 9.2 von DIN VDE 0100 Teil 540:1991-11 gegeben. Der Abschnitt 9.2 selbst enthält zur Zeit keine Aussagen. Es wird nur darauf hingewiesen, daß entsprechende Bestimmungen international in Beratung sind.
Welche Teile als gleichzeitig berührbar gelten, ist indirekt Abschnitt 413.3.3 von DIN VDE 0100 Teil 410:1997-01 zu entnehmen. Danach sind Abstände zwischen den einzelnen Körpern untereinander und zwischen den Körpern und fremden leitfähigen Teilen als gleichzeitig berührbar anzusetzen, wenn die Entfernung zwischen zwei Teilen < 2,5 m beträgt (siehe Bild 2.15 und Bild 2.17). Sie kann außerhalb des Handbereichs (siehe Bild 2.16) auf < 1,25 m herabgesetzt werden.

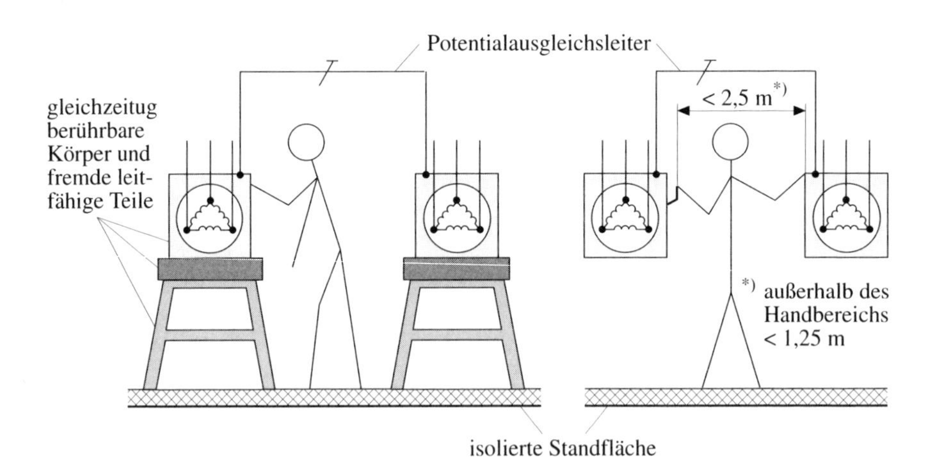

Bild 2.34 Schutz durch erdfreien örtlichen Potentialausgleich

Das örtliche Potentialausgleichssystem darf dabei weder direkt noch über Körper noch über fremde leitfähige Teile mit geerdeten Teilen bzw. der Erde verbunden sein. Der erdfreie örtliche Potentialausgleich setzt also isolierenden Fußboden und isolierende Wände voraus (siehe DIN VDE 0100 Teil 410:1997-01, Abschnitt 413.3 „Schutz durch nichtleitende Räume"). Daher kann bei dieser Schutzmaßnahme die zulässige Fehlerspannung sowohl in der Höhe als auch in der Dauer der Zeit unbegrenzt bleiben. Aus diesem Grund muß dann aber auch die Weiterleitung der Fehlerspannung in andere Bereiche verhindert werden. Sofern die Anforderung jedoch nicht erfüllt werden kann, darf der Schutz durch eine automatische Abschaltung der Stromversorgung gewährleistet sein.
Dadurch, daß an den erdfreien örtlichen Potentialausgleich mitunter viele elektrische Betriebsmittel angeschlossen sein können, ist mit großer Wahrscheinlichkeit damit zu rechnen, daß am Potentialausgleichsleiter eine Fehlerspannung ansteht. Diese Fehlerspannung darf natürlich auch an der Grenze des erdpotentialfreien Raums zu einer Berührungsspannung führen. Deshalb müssen bei Anwendung des erdfreien örtlichen Potentialausgleichs Maßnahmen getroffen werden, die sicherstellen, daß beim Betreten eines erdpotentialfreien Raums die Personen keiner gefährlichen Berührungsspannung ausgesetzt werden. Dies gilt insbesondere dann, wenn ein gegen Erdpotential isolierter leitfähiger Fußboden mit dem erdfreien örtlichen Potentialausgleich verbunden ist. Darum ist der erdfreie örtliche Potentialausgleich so zu verlegen, daß er für mögliche Standorte außerhalb des erdpotentialfreien Raums außerhalb des Handbereichs liegt.
Die Erfüllung der vorgenannten Anforderungen gewährleistet, daß beim Einfachfehler alle gleichzeitig berührbaren Körper und fremden leitfähigen Teile gleiches Potential annehmen und wegen des erdpotentialfreien Raums auch keine gefährliche Berührungsspannung zur Erde hin auftreten kann. Nur beim sicherlich seltenen Doppelfehler in unterschiedlichen Außenleitern ist eine Berührungsspannung möglich. Jedoch werden bei diesem Fehlerfall die vorhandenen Überstrom-Schutzeinrichtungen eine Abschaltung bewirken.
Den vorausgegangenen Ausführungen kann entnommen werden, daß der erdfreie örtliche Potentialausgleich im Gegensatz zum Hauptpotentialausgleich keine Ergänzung einer Schutzmaßnahme durch Abschaltung oder Meldung ist. Er stellt eine völlig eigenständige Schutzmaßnahme zum Schutz gegen elektrischen Schlag unter Fehlerbedingungen (Schutz bei indirektem Berühren) dar.
Allerdings wird diese Schutzmaßnahme hinsichtlich ihrer praktischen Anwendung nur eine geringe Bedeutung haben.

2.12 Potentialausgleich bei Schutztrennung (DIN VDE 0100 Teil 410:1997-01, Abschnitt 413.5)

2.12.1 Allgemeines

Bei der Schutztrennung nach Abschnitt 413.5 von DIN VDE 0100 Teil 410:1997-01 wird unterschieden zwischen der Speisung nur eines Betriebsmittels und der Speisung mehrerer Betriebsmittel. In DIN VDE 0100:1973-05 wurden die Aussagen dagegen getrennt behandelt. Die Schutztrennung mit der Speisung nur eines Betriebsmittels war in § 14, die Schutztrennung mit der Speisung mehrerer Betriebsmittel nur für mobile Ersatzstromerzeuger in § 53c) von DIN VDE 0100:1973-05 festgehalten. Aber schon in DIN VDE 0100 Teil 410:1983-11 wurden die Aussagen unter Abschnitt 6.5 zusammen behandelt.
Nunmehr finden sich in DIN VDE 0100 Teil 410:1997-01 Aussagen über die Schutztrennung mit Speisung eines oder mehrerer angeschlossener Betriebsmittel in Abschnitt 413.5, wobei bei besonderer Gefährdung auch weiterhin hinter einer getrennten Stromquelle nur ein Betriebsmittel angeschlossen werden darf.
Für Ersatzstromerzeuger mit der angewendeten Schutzmaßnahme Schutz durch Schutztrennung mit Speisung eines oder mehrerer angeschlossener Betriebsmittel finden sich zusätzliche verschärfende Aussagen in DIN VDE 0100 Teil 728 (siehe Abschnitt 2.22 dieses Bandes).
Ganz allgemein gilt, daß das Produkt aus Spannung in Volt und Leitungslänge (Kabellänge) in Meter den Wert 100000 Vm nicht überschreiten sollte, wobei die Leitungslänge (Kabellänge) jedoch nicht länger als 500 m sein sollte.
Diese Projektierungshilfe berücksichtigt auf einfache und pauschale Art den kapazitiven Ableitstrom, denn bei einem Körper- bzw. Erdschluß wird der mögliche Körperstrom in erster Linie durch den Ableitstrom bestimmt. Da der Ableitstrom mit wachsender Leitungslänge und Nennspannung zunimmt, wird das Produkt aus Leitungslänge und Nennspannung als Maß für den Ableitstrom angesetzt.
Werden also 100000 Vm nicht überschritten, so liegt der Ableitstrom bei ungefährlichen Werten. Dies trifft dann auch für den Körperstrom zu.
Bei einer Nennspannung von 400 V ergibt sich damit eine Länge von:

$$l = \frac{100000 \text{ Vm}}{400 \text{ V}} = 250 \text{ m}$$

und bei einer Nennspannung von 230 V eine Länge von:

$$l = \frac{100000 \text{ Vm}}{230 \text{ V}} \approx 435 \text{ m.}$$

Aber nicht nur die Höhe des Ableitstroms ist von Wichtigkeit. Auch die Übersichtlichkeit hat eine wesentliche Bedeutung, damit ein Erd- bzw. Körperschluß vor Auftreten eines weiteren Fehlers bemerkt wird. Daher wurde die Leitungslänge maximal auf 500 m begrenzt.

2.12.2 Potentialausgleich bei Schutztrennung und Speisung nur eines Betriebsmittels (DIN VDE 0100 Teil 410:1997-01, Abschnitte 413.5.1 und 413.5.2)

Wird nur ein einzelnes Betriebsmittel versorgt, dürfen die Körper der Betriebsmittel des Stromkreises der Schutztrennung weder mit dem Schutzleiter noch mit den Körpern anderer Stromkreise verbunden werden.
Hierbei ist zu beachten, daß der Schutz gegen elektrischen Schlag nicht mehr allein von der Schutzmaßnahme Schutz durch Schutztrennung abhängt, wenn in Stromkreisen mit Schutztrennung die Körper entweder zufällig oder absichtlich mit Körpern anderer Stromkreise in Berührung kommen können. In solchen Fällen hängt der Schutz gegen elektrischen Schlag auch von der Schutzmaßnahme ab, in die die Körper der anderen Stromkreise einbezogen sind.
Wenn nun der Standort des Benutzers metallisch leitend ist, z. B. auf Stahlgerüsten, in Kesseln und Schiffsrümpfen, ist vom sonst allgemein vorliegenden Erdungsverbot für Körper abzuweichen und der Körper des zu schützenden Verbrauchsmittels mit dem Standort durch einen besonderen Leiter zu verbinden, dessen Querschnitt nach DIN VDE 0100 Teil 540 zu bemessen ist (**Bild 2.35**). Der besondere Leiter hat dabei die Funktion eines Schutzleiters. Er ist demnach nach Abschnitt 5.1 von DIN VDE 0100 Teil 540 auszulegen (siehe Abschnitt 2.6.1.1 dieses Bandes). Dieser Leiter muß außerhalb der Zuleitung sichtbar verlegt werden.

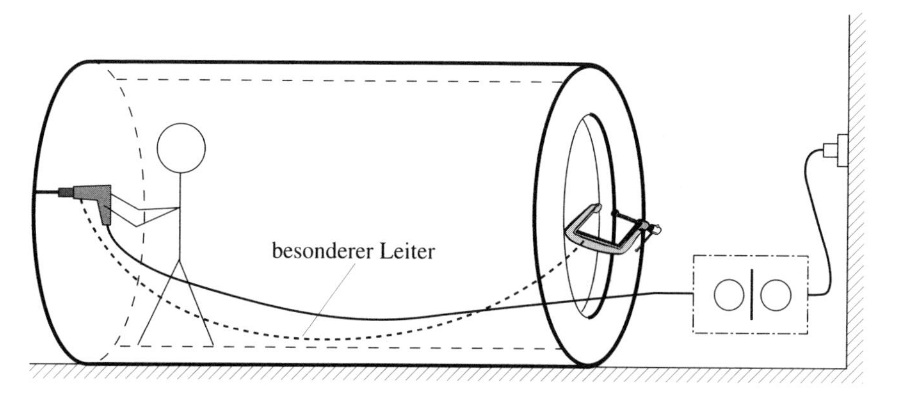

Bild 2.35 Anwendung des besonderen Leiters bei der Schutztrennung in einem Kessel

Durch den „besonderen Leiter“ läßt sich sogar für den Doppelfehlerfall eine gefährliche Berührungsspannung ausschließen.
Bei schutzisolierten Geräten, die nur aus Gründen des mechanischen Schutzes eine metallene Umhüllung haben, ist der „besondere Leiter“ selbstverständlich nicht erforderlich.

2.12.3 Potentialausgleich bei Schutztrennung und Speisung mehrerer Betriebsmittel (DIN VDE 0100 Teil 410:1997-01, Abschnitte 413.5.1 und 413.5.3)

Nur wenn Vorkehrungen getroffen sind, um einen Stromkreis mit Schutztrennung vor Schäden und Isolationsfehlern zu schützen und alle nachfolgend aufgeführten Anforderungen erfüllt sind, darf ein einzelner Trenntransformator oder eine Stromquelle, die eine gleichwertige Sicherheit bietet, z. B. ein Motorgenerator mit gleichwertig isolierten Wicklungen, mehr als ein Betriebsmittel versorgen. Die zu erfüllenden Anforderungen sind dabei:

- Die Körper der Betriebsmittel des Stromkreises mit Schutztrennung sind untereinander durch ungeerdete isolierte Potentialausgleichsleiter zu verbinden. Diese Leiter dürfen aber nicht mit den Schutzleitern oder Körpern von Betriebsmitteln anderer Stromkreise oder mit fremden leitfähigen Teilen verbunden werden.
  Hierbei ist zu beachten, daß der Schutz gegen elektrischen Schlag nicht mehr allein von der Schutzmaßnahme Schutz durch Schutztrennung abhängt, wenn in Stromkreisen mit Schutztrennung die Körper anderer Stromkreise in Berührung kommen können. In solchen Fällen hängt der Schutz gegen elektrischen Schlag auch von der Schutzmaßnahme ab, in die die Körper der anderen Stromkreise einbezogen sind (**Bild 2.36**).
  Anmerkung:
  In jüngster Zeit ist in Fachkreisen diese Anforderung mit dem Ergebnis diskutiert worden, daß durch sie kein sicherheitsrelevanter Vorteil erreicht wird. Es wurde festgestellt, daß diese Anforderung im übrigen kaum einzuhalten ist, z. B. dann nicht, wenn Werkzeuge der Schutzklasse I auf fremden leitfähigen Teilen abgelegt werden und dadurch der Potentialausgleich mit diesen und damit auch mit Erdpotential verbunden wird.
- Alle verwendeten Steckdosen müssen Schutzkontakte haben, die mit dem vorerwähnten ungeerdeten isolierten Potentialausgleichsleiter zu verbinden sind.
- Es müssen alle beweglichen Anschlußleitungen, ausgenommen Anschlußleitungen an schutzisolierten Betriebsmitteln (Schutzklasse II), einen Schutzleiter enthalten, der als Potentialausgleichsleiter zu verwenden ist. Der Potentialausgleichsleiter muß also in der beweglichen Anschlußleitung enthalten sein.
- Es muß sichergestellt sein, daß beim Auftreten von zwei Fehlern (Doppelfehlerfall), die zwei Körper von Betriebsmitteln betreffen, welche von unterschiedlichen Außenleitern (unterschiedliche Polarität) versorgt werden, eine Abschaltung der Stromversorgung innerhalb der erforderlichen Abschaltzeit (0,4 s bei 230 V,

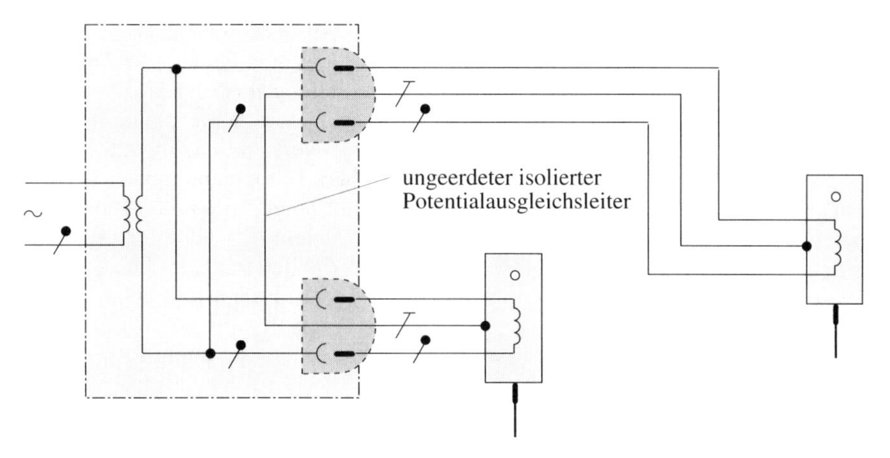

Bild 2.36 Schutztrennung mit Potentialausgleich bei Anschluß von mehreren Betriebsmitteln je Stromquelle

0,2 s bei 400 V) gemäß Tabelle 41 A von DIN VDE 0100 Teil 410:1997-01 (siehe Tabelle 2.14 dieses Bandes) durch eine Schutzeinrichtung bewirkt wird.

Der ungeerdete isolierte Potentialausgleichsleiter hat auch hier die Funktion eines Schutzleiters. Dementsprechend ist er nach Abschnitt 5.1 von DIN VDE 0100 Teil 540:1991-11 (siehe Abschnitt 2.6.1.1 dieses Bandes) zu dimensionieren.

Der Potentialausgleich bei Schutztrennung mit mehreren Betriebsmitteln ist also eine vollwertige Schutzmaßnahme zum Schutz gegen elektrischen Schlag unter Fehlerbedingungen (Schutz bei indirektem Berühren).

2.13 Zusätzlicher Potentialausgleich in Räumen mit Badewanne oder Dusche (DIN VDE 0100 Teil 701:1984-05, Abschnitt 4.2)

2.13.1 Gefährdung

In Räumen mit Badewanne oder Dusche können in bestimmten Bereichen durch die Herabsetzung des Hautwiderstands des Menschen und des Standortwiderstands – sie resultieren aus dem Umgang mit Wasser und dem Fehlen von Kleidung und Schuhwerk – schon vergleichsweise kleine Berührungsspannungen gefährlich sein. Der Mensch ist in erhöhtem Maß gefährdet! Fehlt ein Potentialausgleich, sind besonders die Personen gefährdet, die sich in der metallenen Bade- oder Duschwanne befinden und eine metallene Wasserverbrauchsleitung berühren. So z. B. beim Be-

rühren der Wasserarmatur, wenn über ein metallenes Abwasserrohr und eine metallene Ablaufarmatur (Ablaufventil und Geruchverschluß) eine Fehlerspannung eingeschleppt wird und die metallene Wasserverbrauchsleitung annähernd Erdpotential hat. Die Gefährdung ist auch gegeben, wenn umgekehrt über die metallene Wasserverbrauchsleitung die Fehlerspannung eingeschleppt wird und das metallene Abwasserrohr mit der metallenen Ablaufarmatur annähernd Erdpotential hat.
Deshalb müssen berührbare metallene Körper und leitfähige Teile miteinander verbunden werden. Sie werden alle auf annähernd ein Potential gebracht, so daß ein Auftreten einer berührungsgefährlichen Spannung verhindert wird, der Mensch also keine für ihn gefährlich wirkende Spannung überbrücken kann und gefährlichen Körperströmen ausgesetzt ist.
Mitunter wird die Auffassung vertreten, daß der Potentialausgleich in Räumen mit Badewanne oder Dusche die Gefahren nicht mindert, sondern sogar noch erhöht. So meinte man z. B., daß es besser wäre, Badewanne oder Dusche gegen den Fußboden und die Abwasserrohre zu isolieren, um auf diese Weise die Überbrückung einer Fehlerspannung zwischen Bade- oder Duschwanne und Fußboden zu vermeiden, für den Fall, daß der Fußboden ein Potential gegen Erde hat. Eine Isolierung auf Dauer ist aber fast unmöglich. Außerdem ist ohnehin nur an die Abwendung von Gefahren gedacht, wenn sich der Mensch in der Bade- oder Duschwanne befindet, da jede Überbrückung einer relativ kleinen Fehlerspannung einen Strom durch den menschlichen Körper zu treiben vermag, der tödlich sein kann, weil der Widerstand des menschlichen Körpers hier ganz erheblich herabgesetzt ist. Der Potentialausgleich in Räumen mit Badewanne oder Dusche ist deshalb eine Maßnahme, die zusätzlich angewendet werden muß, um einen optimalen Schutz für den in der Bade- oder Duschwanne befindlichen Menschen zu erreichen.

2.13.2 Anwendungsbereich

Die Aussagen über den örtlichen zusätzlichen Potentialausgleich in DIN VDE 0100 Teil 701 gelten allgemein für Räume mit Bade- oder Duscheinrichtungen. Dazu gehören nicht nur „reine“ Bade- oder Duschräume, sondern auch andere Räume, in denen unter anderem Badewannen oder Duschen aufgestellt werden.
Betroffen sind demnach Bade- und Duscheinrichtungen in Wohnungen, Hotels, Badeanstalten, Waschkauen und -räumen usw. Für medizinisch genutzte Baderäume gelten gegebenenfalls zusätzliche Aussagen gemäß DIN VDE 0107.

2.13.3 Klärung der sanitären Begriffe

Leider werden im Zusammenhang mit dem örtlichen zusätzlichen Potentialausgleich in DIN VDE 0100 Teil 701 Begriffe für sanitäre Einrichtungen verwendet, die eindeutige Zuordnungen nur schwer zulassen. Diese negative Feststellung soll aber das sonst gelungene Bemühen, eindeutige Aussagen darüber zu treffen, was in den Potentialausgleich einbezogen werden muß, nicht abwerten. Um klare Entscheidun-

Begriffe aus DIN VDE 0100 Teil 701	Fachbegriffe aus dem Sanitärbereich
Duschwanne	Auch Brausewanne, Brausetasse, Duschtasse.
Ablaufstutzen (im Text verwendet) Abflußstutzen (im Bild verwendet)	Im Bereich Bade- und Duschwanne in der Sanitärsprache nicht gebräuchlich. DIN VDE 0100 Teil 701 verwendet die Begriffe als Sammelbegriffe für Ablaufventil plus Geruchsverschluß (Syphon), plus dem hinter der Wannenverkleidung liegenden Teilstück des Ablaufrohrs.
Ablaufventil	Einrichtung zwischen Badewanne/Duschwanne und Geruchsverschluß (Syphon). DIN VDE 0100 Teil 701 schließt unter Ablaufventil auch den Geruchsverschluß mit ein. In der Sanitärsprache spricht man dann von einer Ablaufarmatur.
Ablaufrohr	Auch Abwasserrohrleitung, Abwasserrohr (mündet in die Abwasser-Steigeleitung).

Tabelle 2.16 Gegenüberstellung von Begriffen aus DIN VDE 0100 Teil 701:1984-05 und Fachbegriffen aus dem Sanitärbereich für sanitäre Einrichtungen

gen für den jeweils vorliegenden Praxisfall treffen zu können, sind jedoch eindeutige Begriffsdefinitionen erforderlich. **Tabelle 2.16** stellt die in DIN VDE 0100 Teil 701 verwendeten Begriffe für sanitäre Einrichtungen den im Sanitärbereich verwendeten Begriffen gegenüber. **Bild 2.37** verdeutlicht die Begriffszuordnungen.

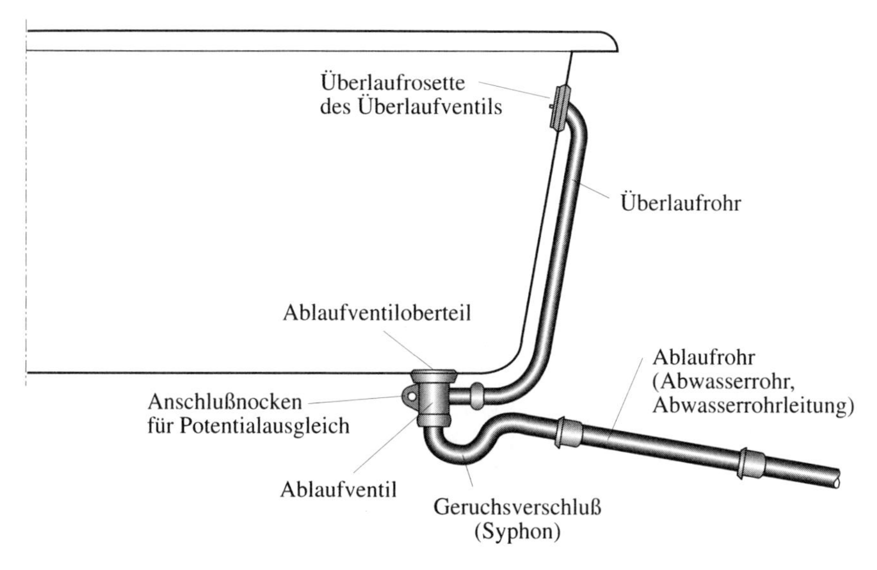

Bild 2.37 Fachbegriffe aus dem Sanitärbereich für sanitäre Einrichtungen im Bereich Badewanne

2.13.4 Welche Teile sind gemäß DIN VDE 0100 Teil 701 in den zusätzlichen Potentialausgleich einzubeziehen?

Nach dem Wortlaut der DIN VDE 0100 Teil 701:1984-05, Abschnitt 4.2, muß in den Bereichen 1, 2 und 3 (**Bild 2.38**, **Bild 2.39**, **Bild 2.40**, **Bild 2.41**, **Bild 2.42** und **Bild 2.43**) ein örtlicher Potentialausgleich durchgeführt werden.

Es müssen:
- der leitfähige Ablaufstutzen (siehe Tabelle 2.16) an der Bade- oder Duschwanne,
- die leitfähige Bade- oder Duschwanne,
- die metallene Wasserverbrauchsleitung,
- und erforderlichenfalls sonstige metallene Rohrleitungssysteme

miteinander durch einen Potentialausgleichsleiter verbunden werden (**Bild 2.44**).

Fragen zur konkreten Ausführung dieser Anforderungen im Bad hat es immer gegeben (siehe Abschnitt 2.13.5). In jüngster Zeit mehren sich die Anfragen, die sich mit der Problematik befassen, ob die metallenen Bade- und Duschwannen in den örtlichen zusätzlichen Potentialausgleich einzubeziehen sind, wenn die in das Bad führenden Ver- und Entsorgungsleitungen nicht aus Metall sind.
Zunächst ging die Fragestellung in der Regel in die Richtung, daß nur gefragt wurde, ob die metallenen Bade- und Duschwannen bei Vorliegen eines solchen Sachverhalts nun noch in den örtlichen zusätzlichen Potentialausgleich einzubeziehen sind.

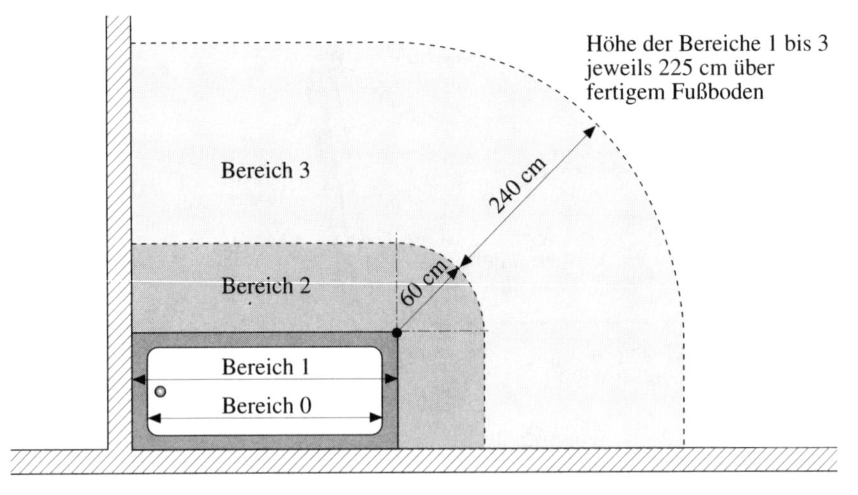

Bild 2.38 Beispiel für Bereichseinteilung – Räume mit Badewanne (gemäß DIN VDE 0100 Teil 701: 1984-05)

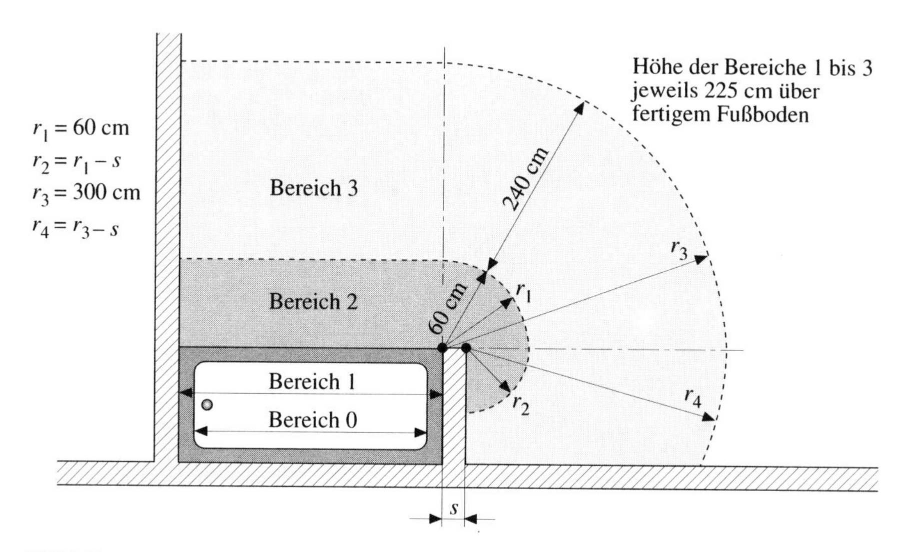

Bild 2.39 Beispiel für Bereichseinteilung – Räume mit Badewanne und fester Trennwand (gemäß DIN VDE 0100 Teil 701:1984-05)

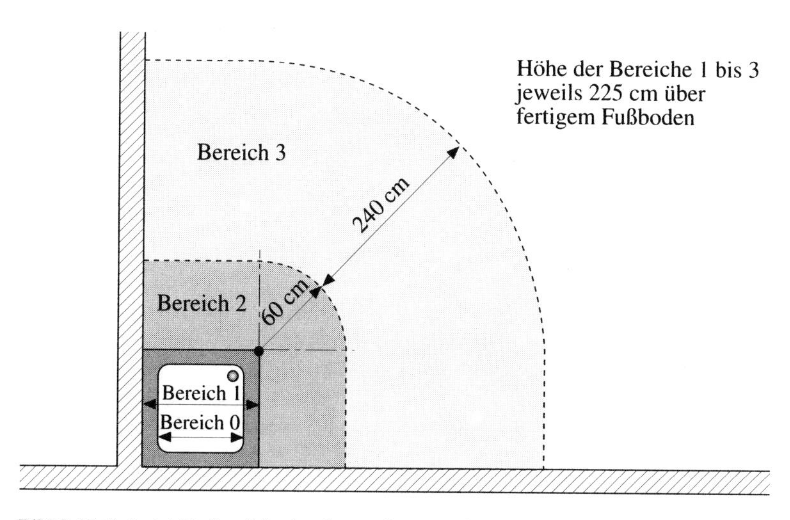

Bild 2.40 Beispiel für Bereichseinteilung – Räume mit Duschwanne (gemäß DIN VDE 0100 Teil 701:1984-05)

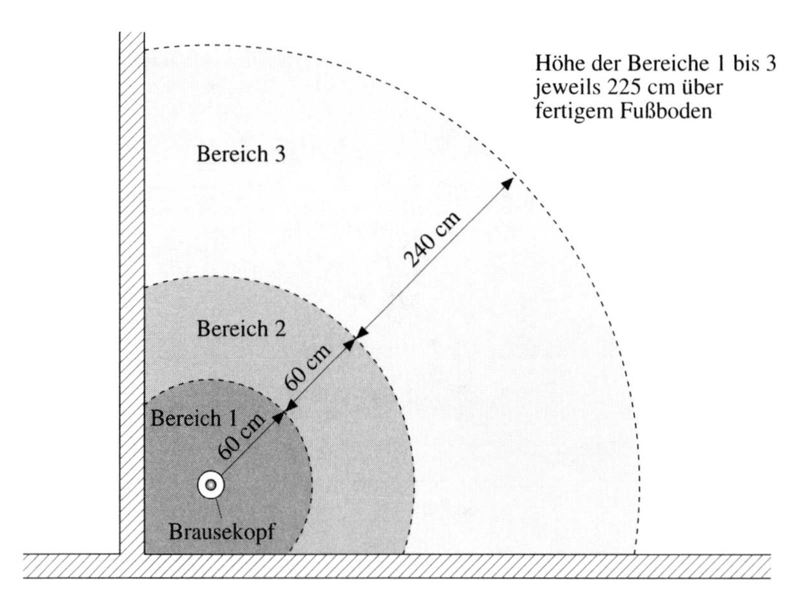

Bild 2.41 Beispiel für Bereichseinteilung – Räume mit Dusche ohne Duschwanne (gemäß DIN VDE 0100 Teil 701:1984-05)

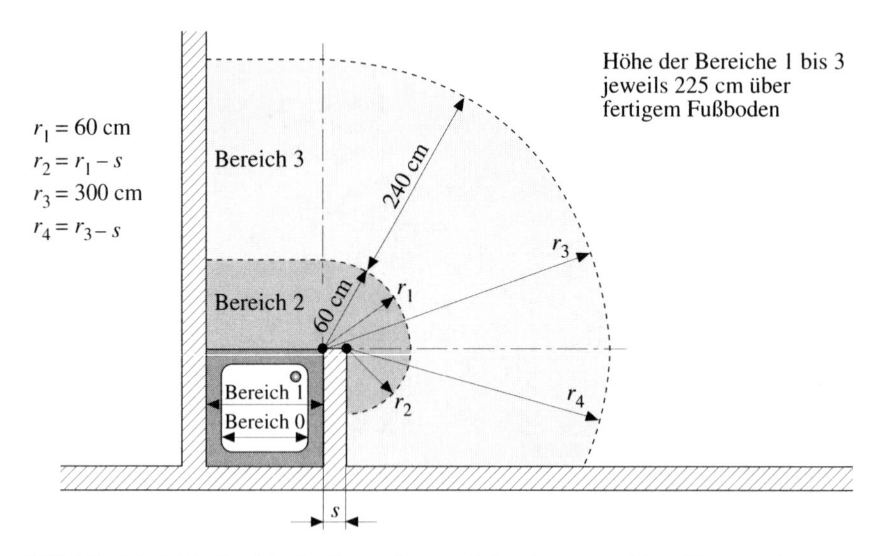

Bild 2.42 Beispiel für Bereichseinteilung – Räume mit Duschwanne und fester Trennwand (gemäß DIN VDE 0100 Teil 701:1984-05)

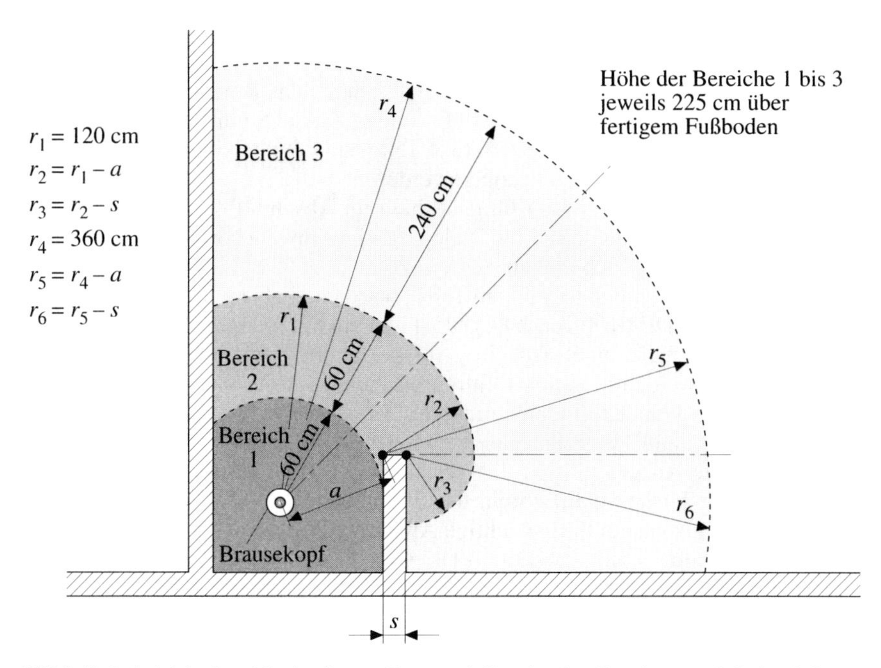

Bild 2.43 Beispiel für Bereichseinteilung – Räume mit Dusche ohne Duschwanne, jedoch mit fester Trennwand (gemäß DIN VDE 0100 Teil 701:1984-05)

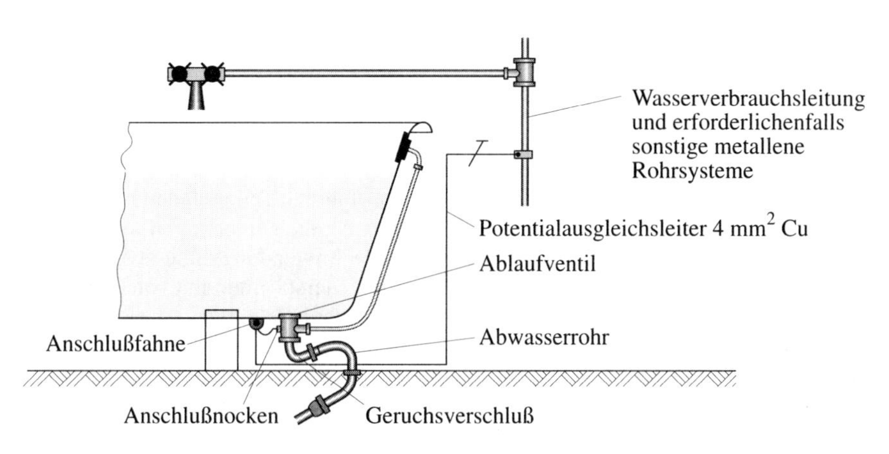

Bild 2.44 Herstellen des zusätzlichen Potentialausgleichs an Badewannen (schematische Darstellung)

Die Antwort war vor dem Erscheinen von DIN VDE 0100 Teil 200:1993-11 ein klares „Ja“. Denn nach der alten Definition war ein „fremdes leitfähiges Teil“ ein leitfähiges Teil, das nicht zur elektrischen Anlage gehört, das jedoch ein elektrisches Potential (einschließlich Erdpotential) übertragen kann. Somit waren metallene Bade- und Duschwannen „fremde leitfähige Teile“ und mußten in den örtlichen zusätzlichen Potentialausgleich einbezogen werden.
DIN VDE 0100 Teil 701:1984-05 führt deshalb im Abschnitt 4.2.1 konsequenterweise an, daß u. a. auch die leitfähige Bade- oder Duschwanne in den örtlichen zusätzlichen Potentialausgleich einzubeziehen ist.
Die Definition des „fremden leitfähigen Teils“ wurde nun aber zwischenzeitlich geändert. Nach DIN VDE 0100 Teil 200:1993-11 ist ein „fremdes leitfähiges Teil“ ein leitfähiges Teil, das nicht zur elektrischen Anlage gehört, jedoch ein elektrisches Potential (einschließlich Erdpotential) einführen kann. Somit sind metallene Bade- und Duschwannen keine „fremden leitfähigen Teile“ und müssen auch nicht in den örtlichen zusätzlichen Potentialausgleich einbezogen werden.
Diese gravierende Änderung wird den gesamten örtlichen zusätzlichen Potentialausgleich in allen Teilen der Errichtungsbestimmungen DIN VDE 0100 wesentlich verändern. Ein Hinweis auf diese wichtige Änderung erfolgte schon in den Erläuterungen zu Abschnitt 4.1.2 von DIN VDE 0100 Teil 702:1992-06 „Überdachte Schwimmbäder (Schwimmhallen) und Schwimmbäder im Freien“.
Es wurde nämlich seinerzeit bei den nationalen Beratungen festgestellt, daß die deutschsprachige Begriffserklärung des „fremden leitfähigen Teils“ im Abschnitt 2.3.3 von DIN VDE 0100 Teil 200:1985-07 „Allgemeingültige Begriffe“ nicht exakt übersetzt wurde und somit nicht voll der französischen und englischen Fassung entsprach.
Entsprechend der alten deutschen Formulierung wurde ein leitfähiges Teil, z. B. Bade- oder Duschwanne, das weder Körper noch aktiver Leiter ist, zu einem fremden leitfähigen Teil.
Nach der neuen Formulierung, die nun identisch mit der französischen und englischen Fassung ist, ist ein leitfähiges Teil, z. B. Bade- oder Duschwanne, das weder Körper noch aktiver Leiter ist, kein fremdes leitfähiges Teil, da es kein Potential in den Raum einführen kann.
Somit zählen leitfähige Teile, sofern sie kein Potential (im allgemeinen das Erdpotential) einführen können, nicht zu den fremden leitfähigen Teilen und müssen somit auch nicht in den zusätzlichen örtlichen Potentialausgleich einbezogen werden.
Diese neue Definition wird Auswirkungen auf alle Anwendungsfälle des örtlichen zusätzlichen Potentialausgleichs haben. Bei allen Neuerscheinungen von Teilen der DIN VDE 0100 mit Aussagen zum örtlichen zusätzlichen Potentialausgleich werden die Aussagen zum örtlichen zusätzlichen Potentialausgleich unter Berücksichtigung der neuen Definition des fremden leitfähigen Teils revidiert werden. Den Anfang hat DIN VDE 0100 Teil 702:1992-06 im Vorgriff schon gemacht. Eine Neufassung von DIN VDE 0100 Teil 701 mit entsprechenden Änderungen wird voraussichtlich noch im Jahr 1997 folgen.

Dann wird klar und deutlich der DIN VDE 0100 Teil 701 zu entnehmen sein, was heute nur indirekt im Zusammenspiel der Teile 200 und 701 der DIN VDE 0100 zu entnehmen ist:

„Metallene Bade- und Duschwannen brauchen nicht in den örtlichen zusätzlichen Potentialausgleich einbezogen zu werden".

Diese Vorgehensweise ist in den Rosadrucken DIN VDE 0100 Teil 701:1992-04 und DIN VDE 0100 Teil 701:1995-06 schon dargelegt. Eine Änderung des Sachverhalts ist nicht zu erwarten.
Mit den vorangegangenen Ausführungen ist die Frage schnell beantwortet, ob metallene Bade- und Duschwannen in den örtlichen zusätzlichen Potentialausgleich einzubeziehen sind, wenn die in das Bad führenden Ver- und Entsorgungsleitungen nicht aus Metall sind:
Es wird kein elektrisches Potential eingeführt, weder durch die Wasserverbrauchsleitungen, Abwasser- sowie Heizungsrohre noch durch die Bade- und Duschwanne. Das Einbeziehen der metallenen Bade- und Duschwanne in den örtlichen zusätzlichen Potentialausgleich ist in diesem Fall also nicht erforderlich.
Auf einen Punkt ist aber noch hinzuweisen. In dem Rosadruck DIN VDE 0100 Teil 701:1995-06 wird die deutliche Aussage getroffen, daß metallene Bade- und Duschwannen nicht als Teile zu betrachten sind, die ein Potential einführen können. Allerdings wird dabei vorausgesetzt, daß sie vom Gebäude und anderen metallenen Teilen, die selbst ein Potential einführen können, isoliert sind. Ist dies jedoch nicht sichergestellt, müssen metallene Bade- und Duschwannen nach wie vor in den örtlichen zusätzlichen Potentialausgleich einbezogen werden.
Als Prüfkriterium für die „isolierte Aufstellung" ist der Wert 50 kΩ gemäß DIN VDE 0100 Teil 410:1983-11, Abschnitt 6.3.3, heranzuziehen. Im neuen Teil 410:1997-01 von DIN VDE 0100 sind die Aussagen Abschnitt 413.3.4 zu entnehmen. Die Prüfung hat dann nach DIN VDE 0100 Teil 610:1994-04, Abschnitt 5.5, zu erfolgen. Siehe hierzu die ausführliche Beschreibung im Abschnitt 2.14.3.3 dieses Bandes.
Das Kriterium „isolierte Aufstellung" für das Nichteinbeziehen von metallenen Bade- und Duschwannen ist durchaus positiv zu bewerten. Allerdings wird es in der Praxis mitunter schwer zu beurteilen sein; eindeutige Aussagen bringt wohl nur die vorerwähnte Prüfung des Isolationswiderstands.
Bevor aber im Zweifelsfall die aufwendige Messung durchgeführt wird, empfiehlt es sich, die Bade- und Duschwanne von vornherein in den örtlichen zusätzlichen Potentialausgleich einzubeziehen. Der Aufwand hierfür wird in aller Regel im Vergleich zur Messung geringer sein.
Die Fachwelt wird in dieser Sachfrage sicherlich unterschiedliche Meinungen vertreten.
Formalisten werden sich ausschließlich auf den gültigen Weißdruck DIN VDE 0100 Teil 701:1984-05 beziehen und zu dem Ergebnis kommen, daß leitfähige Bade- und Duschwannen immer in den örtlichen Potentialausgleich einzubeziehen sind; auch

dann, wenn die sonst noch einzubeziehenden Teile (z. B. Wasserverbrauchsleitungen, Heizungsrohre) aus Kunststoff sind. Das Denken wird geprägt durch das Motto „Weißdruck ist Weißdruck".
Durchaus legitim ist es aber auch, darüber hinaus mit- und weiterzudenken. Dabei wird man unter Berücksichtigung der Aussagen des Weißdrucks DIN VDE 0100 Teil 200:1993-11 und des Rosadrucks DIN VDE 0100 Teil 701:1995-06 zu dem Ergebnis kommen, daß leitfähige Bade- und Duschwannen nicht in den örtlichen Potentialausgleich einbezogen zu werden brauchen, wenn die sonst üblicherweise noch einzubeziehenden Teile aus Kunststoff sind.
Der Potentialausgleichsleiter ist auch dann notwendig, wenn in Räumen mit Badewanne oder Dusche keine elektrischen Einrichtungen vorhanden sind, weil gefährliche Fehlerspannungen aus anderen Gebäudeteilen, ja sogar aus anderen Gebäuden verschleppt werden können. Eine mögliche Verschleppung von Fehlerspannungen ist selbstverständlich auch dann gegeben, wenn elektrische Einrichtungen in Räumen mit Badewanne oder Dusche nicht vorliegen. So kann z. B., wie im Abschnitt 2.12.1 angeführt, eine Fehlerspannung über die metallene Wasserverbrauchsleitung oder die leitfähige Ablaufarmatur aus anderen Bereichen oder Räumen eingeschleppt werden und vom Badenden bei Nichtvorhandensein des örtlichen zusätzlichen Potentialausgleichs gegen erdpotentialführende metallene Teile überbrückt werden.
Das Einbeziehen von anderen leitfähigen Teilen in den zusätzlichen Potentialausgleich, wie z. B. Türzargen und Fensterrahmen aus Metall, im Fußboden eingelassene metallene Roste (Abdeckungen) von Abflüssen, ist – auch wenn sie sich in den Schutzbereichen 1, 2 und 3 befinden – unter Berücksichtigung der vorangegangenen Ausführungen nicht erforderlich.
Sicherlich wäre auch das Einbeziehen von Metallrahmen von Duschkabinen und Duschtrennwänden, metallenen Handgriffen und Handtuchhaltern in den zusätzlichen Potentialausgleich im Bad bzw. in der Dusche ein weiterer Schritt bei der Erreichung des Optimums: Alles auf ein Potential bringen. Nur, wie soll das in der Praxis durchgeführt werden?
Nun kann selbstverständlich ein Schutzziel – Verhindern von Spannungsüberbrükkungen – nicht einfach aufgegeben werden, weil die dazu notwendigen Maßnahmen in der Praxis nur äußerst schwer durchzuführen sind. Auch im vorliegenden Fall ist das Schutzziel nicht aufgegeben. Es wird nur durch andere Maßnahmen, die sich in der Praxis besser durchführen lassen, erreicht, und zwar durch die Festlegungen in den Abschnitten 5.2.2 bis 5.2.4 von DIN VDE 0100 Teil 701:1984-05.
Danach dürfen in den Schutzbereichen 0, 1 und 2 keine Leitungen im oder unter Putz sowie hinter Wandbekleidungen verlegt werden. Ausgenommen davon sind jedoch Leitungen zur Versorgung in den Bereichen 1 und 2 fest angebrachter Verbrauchsmittel, wenn sie senkrecht über dem Verbrauchsmittel verlegt und von hinten in dieses eingeführt werden. Außerdem muß auf der Rückseite der Wände, die die Bereiche 1 und 2 begrenzen, zwischen Kabel oder Leitung einschließlich Wand-

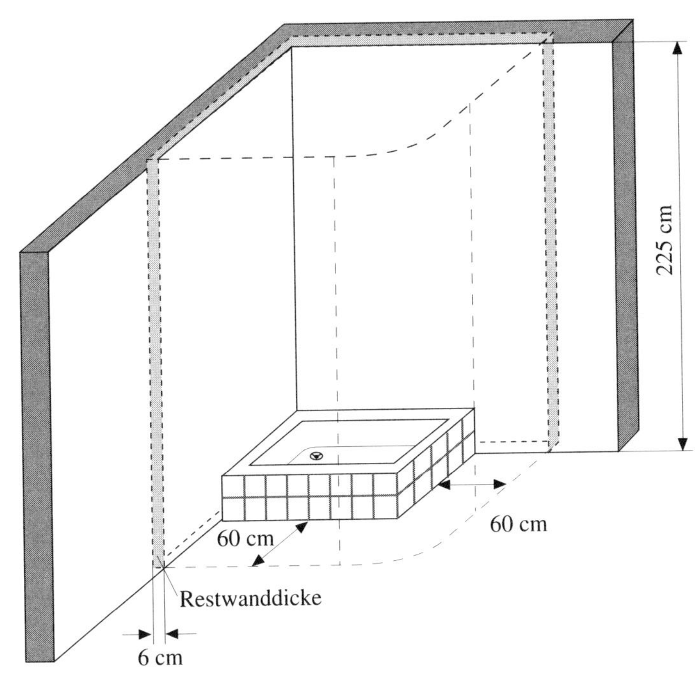

Bild 2.45 Erforderliche Restwanddicke im Bereich des Schutzbereichs am Beispiel Duschwanne

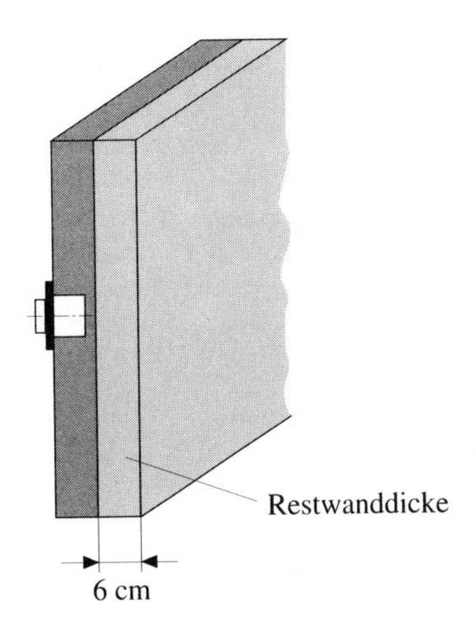

Bild 2.46 Geräteeinbaudose verletzt nicht die Restwanddicke

einbaugehäusen und der Wandoberfläche der Bade- oder Duschräume eine Wanddicke von mindestens 6 cm erhalten bleiben (**Bild 2.45** und **Bild 2.46**).
Durch diese Maßnahmen wird verhindert, daß bei der späteren Anbringung von metallenen Handgriffen, Aufhängevorrichtungen für Brausen und Rahmen von Duschabtrennungen (Duschwand) die Isolierung von Leitungen und Wandeinbaugehäusen durch die Befestigungsmittel, z. B. Schrauben, beschädigt wird und gegebenenfalls eine Spannungsverschleppung auftreten kann. Daher kann auf das Einbeziehen solcher Teile und Einrichtungen in den zusätzlichen Potentialausgleich von vornherein verzichtet werden.

2.13.5 Kriterien für das Einbeziehen von leitfähigen Teilen

In der Vergangenheit hat es vielfältige Probleme gegeben, wenn es um die Frage ging, welche leitfähigen Teile im Zusammenspiel Badewanne (Duschwanne), Ablaufventil, Geruchsverschluß, Abwasserrohr in den örtlichen zusätzlichen Potentialausgleich einbezogen werden mußten. Einfach war die Frage zu klären, wenn alle in Frage kommenden Teile aus Metall waren, z. B. metallene Bade- oder Duschwanne, Metallablaufventil, metallener Geruchsverschluß und metallenes Abwasserrohr. War aber eines der Teile aus Kunststoff, kamen die Probleme auf. Ganz schwierig wurde es gar, wenn ein Metallteil zwischen zwei Kunststoffteilen eingebunden war, z. B. Metallablaufventil zwischen Kunststoffwanne und Kunststoffgeruchsverschluß.
Dem Durcheinander in der Praxis und der Ungewißheit darüber, was im Einzelfall nun in den örtlichen Potentialausgleich einzubeziehen ist, wurden 1981 in einer offiziellen Stellungnahme des für DIN VDE 0100 zuständigen Komitees 221 der Deutschen Elektrotechnischen Kommission DKE) zu DIN VDE 0100:1973-05, § 49e), ein Ende bereitet. Es wurden folgende Aussagen getroffen:

- Bei Kunststoffwannen, Kunststoffablaufrohren (siehe Tabelle 2.16) und Metallablaufventilen (siehe Tabelle 2.16) wird das Einbeziehen in den Potentialausgleich nicht gefordert.
- Bei Metallwannen, Kunststoffablaufrohren (siehe Tabelle 2.16) und Metallablaufventilen (siehe Tabelle 2.16) wird nur das Einbeziehen der Metallwanne in den Potentialausgleich gefordert.

Exakt dieser Text wurde auch in DIN VDE 0100 Teil 701:1984-05, Abschnitte 4.2.4 und 4.2.5, übernommen.
Die Aussagen betreffen die genannten Einrichtungen als Kombination. Anhand der konkreten Aussagen läßt sich erkennen, daß vorhandene Wassersäulen in Kunststoffrohren, z. B. Wassersäule im Geruchsverschluß aus Kunststoff, nicht in den örtlichen zusätzlichen Potentialausgleich einbezogen werden müssen.
Da es in der Praxis im Einzelfall immer wieder Diskussionen darüber geben wird, ob bestimmte leitfähige Teile nun in den Potentialausgleich einzubeziehen sind oder nicht, nachfolgend einige Praxisfälle zur Klärung der Fragen:

Bereich Rohrleitungen

- Die Wasserverbrauchsleitung ist aus Kunststoff:
  Das Einbeziehen von Wasserverbrauchsleitungen aus Kunststoff in den zusätzlichen Potentialausgleich entfällt selbstverständlich, weil die Frischwassersäule einen so hohen Widerstand hat, der groß genug ist, das Zustandekommen gefährlicher Berührungsspannungen zu verhindern. Außerdem ist das Einbeziehen technisch wohl kaum zu verwirklichen. Die erforderliche Verbindung des Potentialausgleichsleiters des örtlichen zusätzlichen Potentialausgleichs von anderen einzubeziehenden leitfähigen Teile mit dem Schutzleiter muß dann zwangsläufig an einer zentralen Stelle, z. B. Verteiler oder der Hauptpotentialausgleichsschiene stattfinden.
- Die Wasserverbrauchsleitung ist keine Frischwasserleitung, sondern eine Warmwasserleitung der zentralen Warmwasserversorgung aus Kunststoff:
  Das Einbeziehen in den Potentialausgleich entfällt. Begründung wie vor.
- Die Wasserverbrauchsleitung ist keine Frischwasserleitung, sondern eine Warmwasserleitung der zentralen Warmwasserversorgung aus Metall:
  Diese Leitung ist wie eine metallene Wasserverbrauchsleitung zu behandeln und in den zusätzlichen Potentialausgleich einzubeziehen.
- Im Raum mit Badewanne oder Dusche befinden sich Heizungsrohre, Zentralheizungskörper oder Gasinnenleitungen:
  Hierbei ist zu unterscheiden, ob sich die Heizungsrohre, Zentralheizungskörper oder Gasinnenleitungen innerhalb oder außerhalb der Schutzbereiche 1, 2 und 3 befinden (siehe Bilder 2.37 bis 2.42).
  Außerhalb der Schutzbereiche ist das Einbeziehen der Einrichtungen in den zusätzlichen Potentialausgleich nicht notwendig. Innerhalb der Schutzbereiche 1, 2 und 3 ist das Einbeziehen der Einrichtungen in den zusätzlichen Potentialausgleich erforderlich. Metallene Zentralheizungskörper, die über Kunststoffrohre bzw. Kunststoffschläuche angeschlossen sind, brauchen nicht in den zusätzlichen Potentialausgleich einbezogen zu werden.

Bereich Bade- oder Duschwanne
(Abwasserinstallation im Haus mit Kunststoffrohren)

Unter Berücksichtigung der Aussagen des Abschnitts 2.13.4 haben die nachfolgenden Aussagen nur noch Bedeutung, wenn der Wortlaut der DIN VDE 0100 Teil 701:1984-05 exakt angewendet werden soll. Wird aber die neue Begriffsdefinierung des „fremden leitfähigen Teils“ berücksichtigt, haben die nachfolgenden Aussagen keine Bedeutung, da dann die hier angesprochenen Teile üblicherweise nicht in den zusätzlichen Potentialausgleich einbezogen werden müssen.

- Die Bade- oder Duschwanne, die Ablaufarmatur und das Abwasserrohr sind aus Kunststoff:
  Ein Einbeziehen aller aufgeführten Einrichtungen aus Kunststoff in den zusätzlichen Potentialausfall entfällt.

- Die Bade- oder Duschwanne und die Ablaufarmatur sind aus Kunststoff, das Abwasserrohr ist aus Metall:
  Für Bade- oder Duschwanne und Ablaufarmatur aus Kunststoff entfällt das Einbeziehen. Das metallene Abwasserrohr muß in den zusätzlichen Potentialausgleich einbezogen werden.
- Die Bade- oder Duschwanne und das Abwasserrohr sind aus Kunststoff, die Ablaufarmatur ist aus Metall:
  Für Bade- oder Duschwanne und Abwasserrohr aus Kunststoff entfällt das Einbeziehen. Die Metallablaufarmatur braucht nach DIN VDE 0100 Teil 701:1984-05, Abschnitt 4.2.4, nicht in den zusätzlichen Potentialausgleich einbezogen zu werden.
- Die Bade- oder Duschwanne ist aus Kunststoff, Ablaufarmatur und Abwasserrohr sind aus Metall:
  Das Einbeziehen von Metallablaufarmatur und Metallabwasserrohr ist erforderlich.
- Die Bade- oder Duschwanne ist aus Metall, Ablaufarmatur und Abwasserrohr sind aus Metall:
  Das Einbeziehen der metallenen Bade- oder Duschwanne und der Metallablaufarmatur mit metallenem Abwasserrohr in den zusätzlichen Potentialausgleich ist erforderlich.
- Die Bade- oder Duschwanne und die Ablaufarmatur sind aus Metall, das Abwasserrohr aus Kunststoff:
  Nach Abschnitt 4.2.5 von DIN VDE 0100 Teil 701:1984-05 ist nur das Einbeziehen der metallenen Bade- oder Duschwanne notwendig.
- Die Bade- oder Duschwanne und das Abwasserrohr sind aus Metall, die Ablaufarmatur aus Kunststoff:
  Das Einbeziehen der metallenen Bade- oder Duschwanne sowie des metallenen Abwasserrohrs in den zusätzlichen Potentialausgleich ist notwendig.
- Die Bade- oder Duschwanne ist aus Metall, Ablaufarmatur und Abwasserrohr sind aus Kunststoff:
  Das Einbeziehen der metallenen Bade- oder Duschwanne in den zusätzlichen Potentialausgleich ist erforderlich.

Hinweis:
Bilden die metallene Ablaufarmatur und das metallene Abwasserrohr ein zusammenhängendes metallenes System, so muß dieses nur einmal in den zusätzlichen Potentialausgleich einbezogen werden.

2.13.6 Verbinden des Potentialausgleichsleiters mit dem Schutzleiter

Der Potentialausgleichsleiter muß mit dem Schutzleiter verbunden sein. Das Verbinden kann vorgenommen werden an:
- einer Wasserverbrauchsleitung, die eine durchgehende leitende Verbindung zum Hauptpotentialausgleich hat, oder

- einer zentralen Stelle, z. B. Verteiler, oder
- der Hauptpotentialausgleichsschiene.

Alle drei genannten Anbindungsmöglichkeiten sind gleichwertig. Im Normalfall wird beim Vorhandensein von metallenen Wasserverbrauchsleitungen im Gebäude das Verbinden des örtlichen zusätzlichen Potentialausgleichs mit dem Schutzleiter über die Wasserverbrauchsleitungen vorgenommen, die – eine durchgehende leitende Verbindung vorausgesetzt – im Rahmen des Hauptpotentialausgleichs sowieso mit dem Schutzleiter an der Potentialausgleichsschiene verbunden sind (**Bild 2.47**). Diese Möglichkeit wird wohl immer die einfachste und kostengünstigste sein.

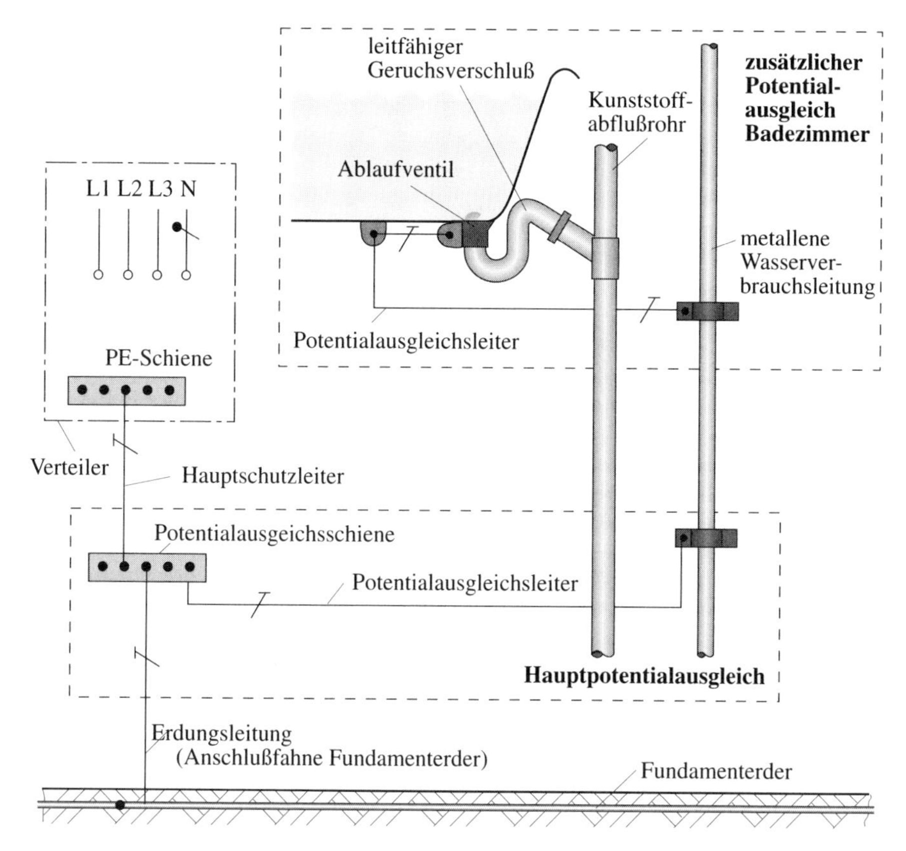

Bild 2.47 Vereinfachte Darstellung des Zusammenspiels von Hauptpotentialausgleich und zusätzlichem Potentialausgleich in Räumen mit Badewanne oder Dusche (unter Einbeziehung der Badewanne)

Werden Kunststoff-Wasserverbrauchsleitungen verwendet oder ist – was sicher selten vorkommt – eine durchgehende leitende Verbindung von metallenen Wasserverbrauchsleitungen zum Hauptpotentialausgleich nicht vorhanden, so dürfen ausschließlich die beiden in obiger Aufzählung letztgenannten Methoden angewendet werden. In diesen Fällen ist also der Potentialausgleichsleiter bis zu einer zentralen Stelle, z. B. Verteiler, oder zu der Potentialausgleichsschiene des Hauptpotentialausgleichs zu führen. Das Verbinden des Potentialausgleichsleiters an der zentralen Stelle, z. B. Verteiler, wird dabei wohl die installationstechnisch und wirtschaftlich günstigste Lösung sein.
Häufig wird auch die Frage diskutiert, ob es in einem mehrgeschossigen Mehrfamilienhaus notwendig ist, von Bad zu Bad eine Verbindung mit einem zusätzlichen Potentialausgleichsleiter zu schaffen, der die einzelnen örtlichen zusätzlichen Potentialausgleiche miteinander verbindet und an die Potentialausgleichsschiene des Hauptpotentialausgleichs angeschlossen ist. Ganz eindeutig ist solch eine Ausführung des örtlichen zusätzlichen Potentialausgleichs nicht erforderlich, wenn metallene Wasserverbrauchsleitungen vorhanden sind, die eine durchgehende leitende Verbindung zum Hauptpotentialausgleich haben. Dann genügt es, wenn die Potentialausgleichsleiter der einzelnen örtlichen zusätzlichen Potentialausgleiche mit dem Schutzleiter über diese Wasserverbrauchsleitung verbunden sind. Eine Verbindungsleitung von Bad zu Bad ist unter den gegebenen Verhältnissen also eindeutig nicht notwendig, die Installation darf aber durchaus in der geschilderten Form durchgeführt werden.
Nur wenn Wasserleitungen mit einer durchgehenden leitenden Verbindung zum Hauptpotentialausgleich im Mehrfamilienhaus nicht vorhanden sind, z. B. weil Kunststoff-Wasserverbrauchsleitungen angewendet werden, kann durch die vorerwähnte Methode des Schleifens eines Potentialausgleichsleiters von Bad zu Bad mit Anbindung an den jeweils vorhandenen örtlichen zusätzlichen Potentialausgleich und einer einmaligen Anbindung an die Potentialausgleichsschiene des Hauptpotentialausgleichs oder den Schutzleiter an zentraler Stelle, z. B. Hauptverteiler, der Anforderung gemäß DIN VDE 0100 Teil 701:1984-05 entsprochen werden.
Jeweils eigene Verbindungen der einzelnen örtlichen zusätzlichen Potentialausgleiche in den Bädern der Wohnungen des Mehrfamilienhauses mit der Potentialausgleichsschiene des Hauptpotentialausgleichs oder dem Schutzleiter an zentraler Stelle, z. B. Verteiler in der Wohnung, sind allerdings auch möglich.
Sinngemäß kann verfahren werden, wenn mehrere Wohnungen auf einer Etage liegen.
Welche Ausführung letztlich zur Anwendung kommt, ist unter Berücksichtigung der örtlichen Gegebenheiten, z. B. Leitungsführung, Vorhandensein einer Wasserverbrauchsleitung mit durchgehender leitender Verbindung zum Hauptpotentialausgleich, im Einzelfall zu klären. Beachtet werden sollte auch die Wirtschaftlichkeit der Lösung.

2.13.7 Querschnitt, Art und Ausführung des Potentialausgleichsleiters

Der Querschnitt des Potentialausgleichsleiters muß mindestens 4 mm^2 Cu betragen. Der Potentialausgleichsleiter kann auch aus feuerverzinktem Bandstahl von mindestens 2,5 mm × 20 mm bestehen.
Über die Art und Ausführung der Verlegung der Potentialausgleichsleiter des örtlichen zusätzlichen Potentialausgleichs in Räumen mit Badewanne oder Dusche sind in DIN VDE 0100 Teil 701:1984-05 keine Aussagen getroffen.
Die Anforderungen, die ganz allgemein an die Verlegung von Potentialausgleichsleitern gestellt werden, gelten sinngemäß. So dürfen als Potentialausgleichsleiter massive (Regelfall), mehr- oder feindrähtige Leiter verwendet werden. Potentialausgleichsleiter dürfen blank oder isoliert, z. B. PVC-Aderleitung, NYM, sein. Als isolierte Leiter sind sie wie Schutzleiter zu kennzeichnen. Sie müssen also in ihrem ganzen Verlauf grün-gelb gekennzeichnet sein. Für medizinisch genutzte Bäder nach DIN VDE 0107 sind schärfere Anforderungen an die Kennzeichnung von Potentialausgleichsleitern gestellt. Weitere Ausführungen zur Kennzeichnung von Potentialausgleichsleitern siehe Abschnitt 2.6.2. dieses Bandes.
Sowohl in blanker Ausführung als auch als PVC-Aderleitung (H07V-U, H07V-R, H07V-K) dürfen Potentialausgleichsleiter nach DIN VDE 0298 Teil 3:1983-08, Abschnitt 9.2.2, direkt auf, im und unter Putz verlegt werden. Sie dürfen demnach durchaus unter den Fliesen und gegebenenfalls im Estrich angeordnet sein. Weitere Ausführungen zur Verlegung von Potentialausgleichsleitern siehe Abschnitt 2.6.3.

2.13.8 Problemfall Anschlußfahnen an emaillierten Bade- und Duschwannen aus Stahlblech

Die an den Bade- und Duschwannen erforderlichen Anschlußmöglichkeiten für den Potentialausgleichsleiter sind für Badewannen aus Grauguß als Einbauwanne in der Vornorm DIN 4475 aufgeführt. Für Duschwannen aus Grauguß sind entsprechende Aussagen zum Anschlußnocken für den Potentialausgleichsleiter in DIN 4488 zu finden. Die Anschlußfahnen für den Potentialausgleichsleiter bei Einbaubadewannen aus Stahl sind in der Vornorm DIN 4470 behandelt.
Vor Herausgabe der Vornorm DIN 4470 (Ausgabedatum August 1981) gab es für die am häufigsten vorkommenden emaillierten Stahlblechwannen keine Aussagen über die Anschlußfahnen für den Potentialausgleichsleiter. Daher gab und gibt es in der Praxis für den Elektroinstallateur immer wieder Schwierigkeiten mit den Anschlußfahnen beim Anschließen von Potentialausgleichsleitern. Fertigungstechnisch läßt es sich nicht vermeiden, daß bei der Grundemaillierung (Spritzen oder Tauchen schwarzer Emaille) der Wanne von innen und außen auch die Anschlußfahne mit der Grundemaille überzogen wird. Es gibt Badewannen, bei denen befindet sich die Anschlußfahne nicht abgewinkelt unter dem Wannenboden. Somit läuft bei der Grundemaillierung dann die Emaille auch zwischen nicht abgewinkelter Anschlußfahne und Wannenboden, und die Anschlußfahne backt bei dem sich anschließenden Ein-

brennvorgang am Wannenboden fest. Für den Elektroinstallateur ergibt sich dann oft die Schwierigkeit, die festgebackene Anschlußfahne von der schon feststehenden und vom Gas- und Wasser-Installateur angeschlossenen Badewanne zu lösen. Da dieses Vorhaben in der Praxis – bedingt durch „Bauch-, Rücken- und Seitenlage“ des Elektroinstallateurs – recht schwierig ist, kommt es des öfteren vor, daß sich nicht nur die Fahne löst, sondern auch die Emaille in der Wanne abspringt.
Die Vornorm DIN 4470 für emaillierte Einbauwannen aus Stahl schließt solche, sich in der Praxis ergebenden Schwierigkeiten durch Aussagen über die Anbringungsart und den Anbringungsort aus.
So ist als sicherheitstechnische Anforderung aufgeführt, daß der Wannenkörper auf der Unterseite in der Nähe des Ablauflochs mit zwei angeschweißten Anschlüssen für den Potentialausgleich im Abstand von mindestens 80 mm von der Ablauflochmitte zu versehen ist und das Loch für den Anschluß des Potentialausgleichsleiters frei und zugänglich sein muß. Zur Vermeidung des Zulaufens des Loches mit Grundemaille wird die Verwendung eines Hohlniets mit 6 mm Durchmesser aus Kupfer oder Kupferlegierung gefordert, da sowohl Kupfer als auch eine Kupferlegierung Emaille nicht annehmen.
Auch das „Anbacken“ der Anschlußfahnen wird nach der Vornorm DIN 4470 geprüft. Im Rahmen der Prüfung der sicherheitstechnischen Anforderungen sind zur Prüfung der freien und zugänglichen Öffnung der Anschlüsse für den Potentialausgleich die Anschlußfahnen senkrecht zur Wannenkörperunterseite zu biegen. Das freie Loch wird durch Führen eines Stahlprüfstabs von 6 mm Durchmesser durch das Loch geprüft. Nach den Prüfungen können die Anschlüsse für Transportzwecke wieder parallel zur Wannenkörperunterseite zurückgebogen werden.
Die Vornorm DIN 4470 gewährleistete also, daß praxisgerechte Fabrikate auf den Markt kommen konnten.
Erfreulicherweise sind zur Zeit europäische Normen für Bade- und Duschwannen in Arbeit. Sie werden für emaillierte Bade- und Duschwannen aus Stahlblech und

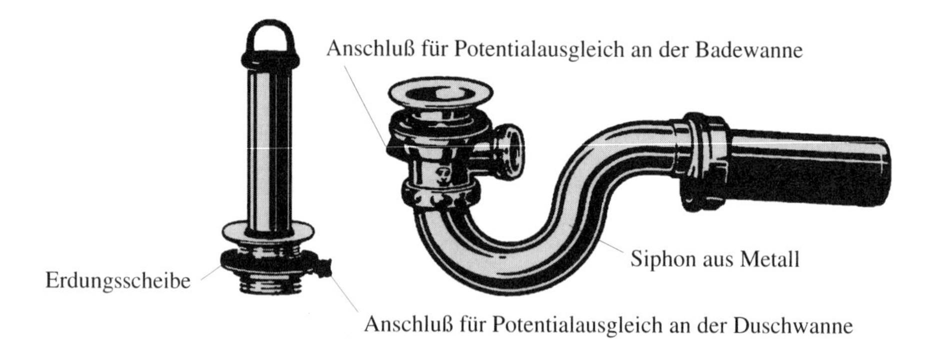

Bild 2.48 Standrohrventil mit Erdungsscheibe (links) und Badewannen-Ablauf-Armatur mit Anschlußnocken (rechts) für Potentialausgleich (Bild aus RWE Energie Bau-Handbuch)

Guß auch Aussagen zu den Anschlußmöglichkeiten für Potentialausgleichsleiter enthalten. Allerdings sind konkrete Aussagen zur Vermeidung des Zulaufens des Loches mit Grundemaille, wie sie in den vorgenannten Vornormen enthalten waren, nicht vorgesehen.
Für Anschlußnocken an Badewannen-Ablauf und -Überlaufarmaturen ist DIN 3270 zuständig. Es sind Armaturen mit den erforderlichen Anschlußnocken im Handel. Außerdem gibt es auch sogenannte Erdungsscheiben mit Anschlußschrauben, die zwischen Duschtasse und Ablaufstutzen geklemmt werden, weil Standrohrventile für Duschtassen keine Anschlußnocken haben (**Bild 2.48**). Die für das Einbeziehen von Duschwannen in den zusätzlichen örtlichen Potentialausgleich zuständige DIN VDE 0100 Teil 701 macht über den Werkstoff der Erdungsscheibe und der Anschlußschraube keine Aussage. Der Werkstoff sollte aber schon der zu erwartenden korrosiven Beanspruchung standhalten können.

2.13.9 Örtlicher zusätzlicher Potentialausgleich bei beweglichen Bade- und Duschwannen

Bade- und Duschwannen von beweglichen Bade- und Duscheinrichtungen mit eingebauten elektrischen Betriebsmitteln (Schrankbäder, Duschkabinen) gelten als ortsfeste Verbrauchsmittel, die begrenzt bewegbar sind. Die Bade- oder Duschwannen müssen mit dem Schutzleiter der eingebauten elektrischen Betriebsmittel über einen Potentialausgleichsleiter verbunden werden. Somit sind sie auch mit dem Schutzleiter in der beweglichen Anschlußleitung (mindestens H07RN-F) verbunden. Dieser wiederum muß an den fest verlegten Schutzleiter der Verbraucheranlage über eine ortsfeste Geräteanschlußdose angeschlossen werden (**Bild 2.49**).
Die Formulierung „ … über einen Potentialausgleichsleiter mit dem Schutzleiter der eingebauten elektrischen Betriebsmittel verbunden werden“ bedeutet, daß der Potentialausgleich nur intern vorzunehmen ist. Eine Anbindung an den Schutzleiter – wie in Abschnitt 4.2.3 von DIN VDE 0100 Teil 701:1984-05 gefordert – an:

- einer zentralen Stelle, z. B. Verteiler, oder
- der Hauptpotentialausgleichsschiene oder
- einer Wasserverbrauchsleitung, die eine durchgehende leitende Verbindung zum Hauptpotentialausgleich hat,

ist für bewegliche Bade- oder Duschwannen nicht erforderlich.
Werden dagegen Fertigduschen nicht als bewegliche Duschwannen eingesetzt, sondern z. B. bei Umbaumaßnahmen fest in den Baukörper des Hauses integriert und so auch sanitärseitig angeschlossen, so muß bezüglich des Verbindens des Potentialausgleichsleiters mit dem Schutzleiter der Abschnitt 4.2.3 von DIN VDE 0100 Teil 701:1984-05 berücksichtigt werden.
Es wäre wünschenswert, wenn die Hersteller von solchen Einrichtungen eine Aufstellungs- und Benutzungsanweisung beigeben oder sie sichtbar im Innern der Einrichtung anbringen würden. Diese sollte Hinweise auf die Sicherheitsmaßnahmen

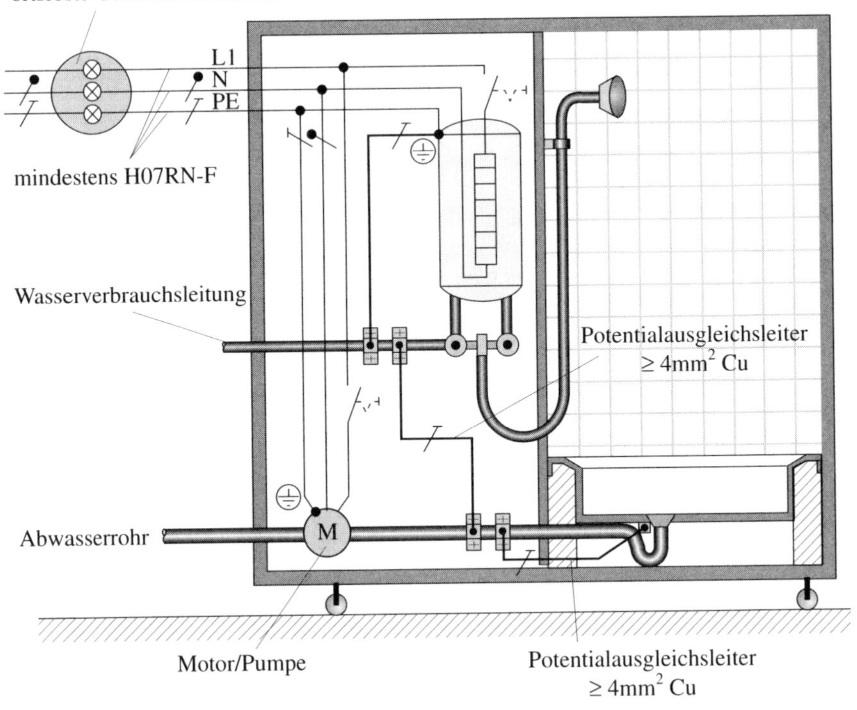

Bild 2.49 Schematische Darstellung der Durchführung des Potentialausgleichs in einer beweglichen Duschkabine

enthalten und außerdem darauf hinweisen, daß der Anschluß nur durch einen Fachmann vorzunehmen ist.

2.13.10 Zusammenspiel zwischen Errichtern elektrischer und sanitärer Anlagen

Für eine ordnungemäße und reibungslose Abwicklung sowie für die Sicherstellung des örtlichen zusätzlichen Potentialausgleichs ist es unbedingt erforderlich, daß sich die Errichter der elektrischen Anlagen (Elektroinstallateur) und der sanitären Anlagen (Wasserinstallateur) ins Benehmen setzen. Die gegenseitige Verständigung ist unter allen Umständen anzustreben, sie sollte selbstverständliche Pflicht sein.

2.13.11 Prüfung der Wirksamkeit des zusätzlichen Potentialausgleichs

Die Prüfung der Wirksamkeit des örtlichen zusätzlichen Potentialausgleichs hat nach DIN VDE 0100 Teil 610 (hat Teil 600 abgelöst) zu erfolgen. Danach muß eine Prüfung der Durchgängigkeit der Verbindungen des zusätzlichen Potentialausgleichs durch Messung erfolgen.
DIN VDE 0100 Teil 610:1994-04 empfiehlt, die Prüfung mit einem Strom von mindestens 0,2 A mit einer Stromquelle durchzuführen, deren Leerlaufspannung zwischen 4 V und 24 V Gleich- oder Wechselspannung liegt (siehe Abschnitt 2.30.4 dieses Bandes). Widerstands-Meßgeräte nach DIN VDE 0413 Teil 4 erfüllen diese Empfehlung. Entgegen bislang geübter Praxis ist somit eine Prüfung der Durchgängigkeit der Verbindungen des zusätzlichen Potentialausgleichs nunmehr unumgänglich.
Bisher konnte davon ausgegangen werden, daß im Rahmen der Errichtung als Prüfen das Besichtigen genügte. Das Messen erübrigte sich, wenn klar erkennbar war, daß die geforderten leitenden Verbindungen bestehen. Nur im Zweifelsfall war das Vorhandensein der notwendigen leitfähigen Verbindungen mit einem Widerstands-Meßgerät nach DIN VDE 0413 Teil 4 zu prüfen.
Siehe zur Prüfung des zusätzlichen Potentialausgleichs auch Abschnitt 2.30.3.

2.13.12 Meßtechnischer Nachweis des erfolgten Einbeziehens von Badewanne bzw. Duschtasse in den zusätzlichen Potentialausgleich

Durch das nach DIN VDE 0100 Teil 610:1994-04, Abschnitt 5.2, geforderte Messen der Durchgängigkeit der Verbindungen des zusätzlichen Potentialausgleichs muß festgestellt werden, daß zwischen den in den zusätzlichen Potentialausgleich einbezogenen fremden leitfähigen Teilen untereinander Verbindung besteht.
Bei der Messung sind die Meßpunkte auf den in den zusätzlichen Potentialausgleich einzubeziehenden fremden leitfähigen Teilen so zu wählen, daß die Übergangswiderstände der Verbindungsstellen, z. B. Rohrschellen oder ähnliche Verbindungselemente, mitgemessen werden.
So liegt korrekterweise bei der Messung der Durchgängigkeit der Verbindungen des zusätzlichen Potentialausgleichs in Räumen mit Badewanne oder Dusche einer der erforderlichen Meßpunkte auf der metallenen Badewanne bzw. Duschtasse, wenn diese in den zusätzlichen Potentialausgleich einbezogen sind (siehe Abschnitt 2.13.4). Nur so kann exakt das erfolgte Einbeziehen von metallenen Badewannen bzw. Duschtassen in den zusätzlichen Potentialausgleich meßtechnisch nachgewiesen werden.
Eine solche Messung ist im fertig eingefliesten Zustand von Badewanne bzw. Duschtasse praktisch nicht durchführbar. Bei Badewannen kann mitunter eine „Revisionsfliese“ den Zugang zur Badewanne von unten ermöglichen.
Die Messung muß somit im noch nicht eingefliesten Zustand von Badewanne bzw. Duschtasse vorgenommen werden.

Zu berücksichtigen ist, daß bei metallenen Badewannen bzw. Duschtassen in aller Regel auch die Unterseiten durch die vorgenommene Grundemaillierung (Spritzen oder Tauchen schwarzer Emaille) mit Grundemaille überzogen sind (siehe Abschnitt 2.13.8). An den Unterseiten läßt sich aber problemlos durch vorsichtiges Entfernen der Grundemaille an unkritischen Stellen ein Meßpunkt an der metallenen Badewanne bzw. Duschtasse finden.

2.14 Zusätzlicher Potentialausgleich bei überdachten Schwimmbädern (Schwimmhallen) und Schwimmbädern im Freien (DIN VDE 0100 Teil 702:1992-06, Abschnitt 4.1.2)

2.14.1 Gefährdung

Auch überdachte Schwimmbäder (Schwimmhallen) und Schwimmbäder im Freien sind – wie Räume mit Badewanne oder Dusche (siehe Abschnitt 2.13.1) – mit einem erhöhten Gefahrenpotential verbunden. Insbesondere sind es die Schwimmbecken selbst und deren nächste Umgebung. Ursache des erhöhten Gefahrenpotentials ist wiederum die Herabsetzung des Hautwiderstands des Menschen und des Standortwiderstands. Sie ergeben sich durch den Umgang mit Wasser, also der Durchfeuchtung der Haut, und dem Fehlen von Kleidung und Schuhwerk. Als Folge davon ergibt sich eine steigende Empfindlichkeit des Menschen für Berührungsspannungen. Schon vergleichsweise kleine Berührungsspannungen können gefährlich werden.
Dennoch – oder gerade deshalb – muß die Elektrizitätsanwendung im Schwimmbad genauso sicher sein wie sonst üblich. Es sind folglich Maßnahmen zu ergreifen, die dem erhöhten Gefährdungspotential entgegenwirken und einen gefahrlosen „Badespaß“ ermöglichen. Solche Maßnahmen sind ein umfassender örtlicher zusätzlicher Potentialausgleich und die Potentialsteuerung. Durch beide wird die eventuelle Berührungsspannung reduziert.
Die Aufgabe des zusätzlichen örtlichen Potentialausgleichs besteht darin, fremde leitfähige Teile auf näherungsweise gleiches Potential zu bringen. Der Potentialausgleich dient dabei nicht der Erdung (siehe Bild 2.1 und Bild 2.2).
Der zusätzliche örtliche Potentialausgleich hat auch die Aufgabe, nicht isolierende Fußböden, z. B. Betonplatten mit Armierung, auf näherungsweise gleiches Potential zu bringen bzw. den Potentialverlauf so zu ändern, daß bei Erd- bzw. Körperschluß keine gefährliche Schritt- oder Berührungsspannung auftritt.

2.14.2 Anwendungsbereich

Die Aussagen über den örtlichen zusätzlichen Potentialausgleich in DIN VDE 0100 Teil 702:1992-06 gelten für Schwimmbecken in besonderen baulichen Anlagen,

z. B. Schwimmhalle, oder für in das Erdreich eingelassene Schwimmbecken, da sich nur für sie wirksam ein Potentialausgleich und eine Potentialsteuerung durchführen lassen.
Für transportable Schwimmbecken können sie nicht gelten, weil diese durchaus an verschiedenen Stellen einer Gartenanlage aufgestellt werden können.
Sie haben jedoch Gültigkeit für in das Erdreich eingelassene Kunststoffschwimmbecken, z. B. in Gartenanlagen von Wohnungen. Hier müssen die erforderlichen Maßnahmen auch getroffen werden, sofern die Becken von der Wasser- bzw. Elektroinstallation her mit der baulichen Anlage, z. B. Wohngebäude, verbunden sind.

2.14.3 Zusätzlicher Potentialausgleich

2.14.3.1 Allgemeine Anforderungen

Nach DIN VDE 0100 Teil 702:1992-06, Abschnitt 4.1.2, sind alle fremden leitfähigen Teile in den Bereichen 0, 1 und 2 in den zusätzlichen örtlichen Potentialausgleich einzubeziehen. Dieser zusätzliche örtliche Potentialausgleich wiederum ist mit den Schutzleitern der Körper, die in den Bereichen 0, 1 und 2 angeordnet sind, zu verbinden.

2.14.3.2 Schutzbereiche

In der alten DIN VDE 0100 Teil 702:1982-11 gab es nur einen Schutzbereich (**Bild 2.50** und **Bild 2.51**). Dieser Schutzbereich ist in DIN VDE 0100 Teil 702:1992-06 nun unterteilt in die Bereiche 0 und 1. Neu hinzugekommen ist ein Be-

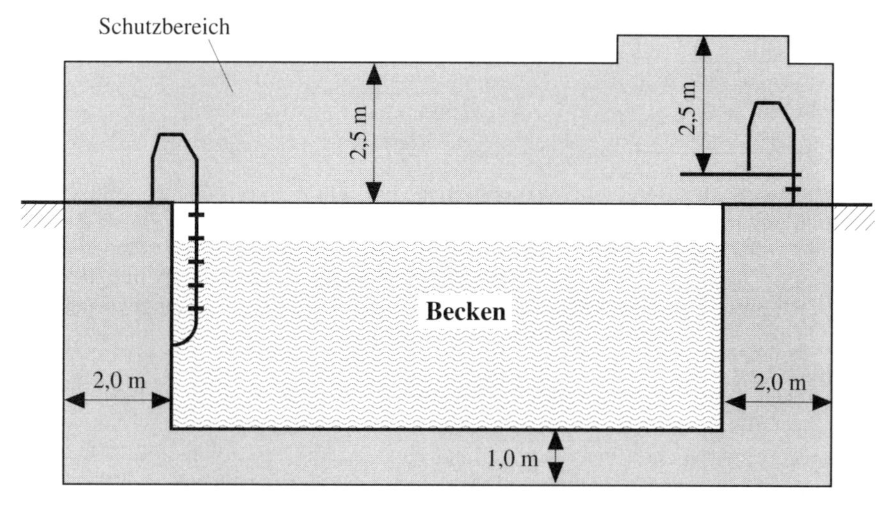

Bild 2.50 Schutzbereich um ein Schwimmbecken (gemäß DIN VDE 0100 Teil 702:1982-11)

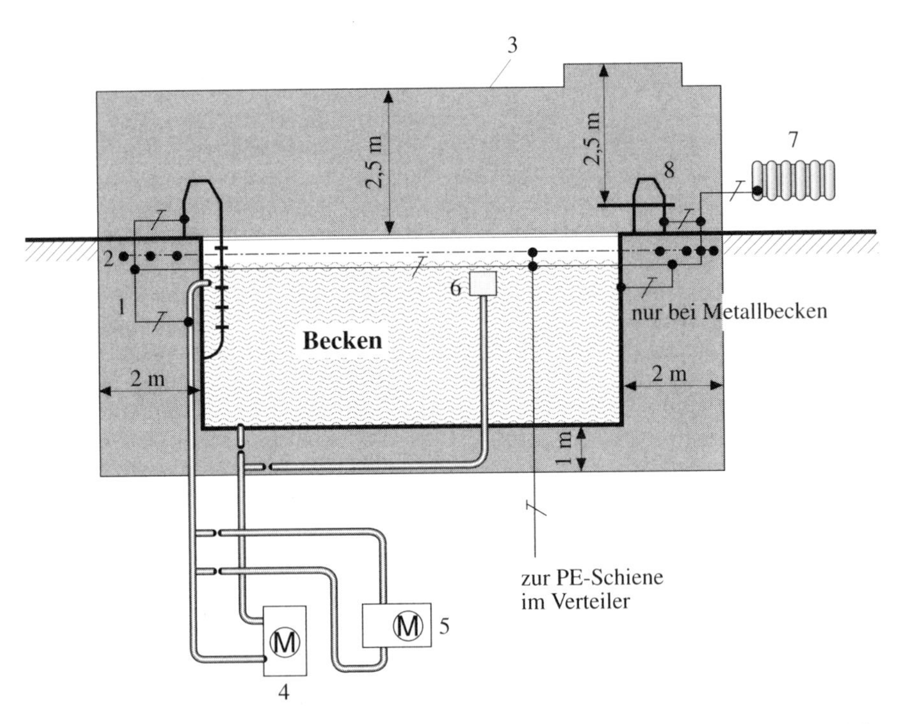

Bild 2.51 Beispiel für Schutzbereich mit Potentialsteuerung und umfassenden Potentialausgleich bei Schwimmbecken (gemäß DIN VDE 0100 Teil 702:1982-11)

1	Potentialausgleichsleiter	5	Wärmetauscher
2	Steuererder	6	Skimmer (Oberflächenabsauger)
3	Schutzbereichsgrenze	7	Warmwasserheizkörper
4	Filteranlage	8	Sprungbrett

reich 2, der den bisherigen Schutzbereich um 1,5 m in der seitlichen Richtung vom Beckenrand bei einer Höhe von 2,5 m erweitert. Der in DIN VDE 0100 Teil 702:1982-11 festgelegte Bereich unter dem Beckenboden – 1 m nach unten ab Beckenboden – ist in der neuen DIN VDE 0100 Teil 702:1992-06 nicht mehr enthalten. Die Schutzbereiche (**Bild 2.52** und **Bild 2.53**) sind dabei wie folgt eingegrenzt:

Schutzbereich 0

Der Bereich 0 umfaßt das gesamte Innere eines Beckens. Er schließt vorhandene wesentliche Öffnungen in den Wänden oder im Fußboden des Beckens ein, wenn sie den im Becken befindlichen Personen zugänglich sind. Als wesentlich sind Öffnungen dann anzusehen, wenn in sie mit Kopf, Armen oder Füßen eingedrungen werden kann. Zum Bereich 0 gehört auch die Fußwaschrinne.

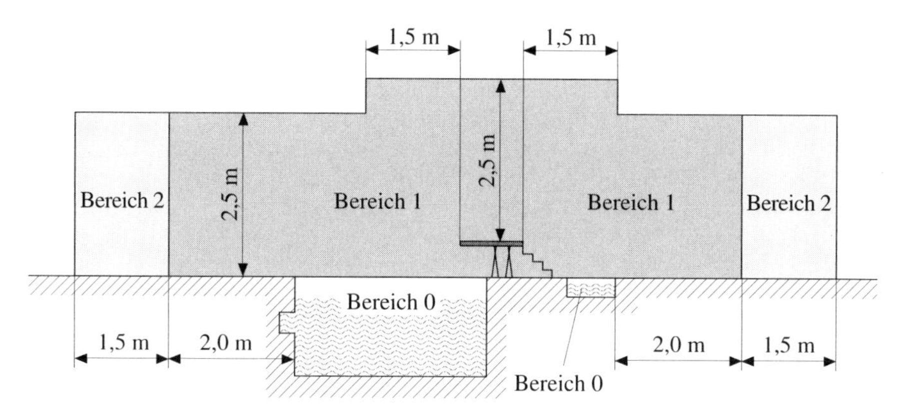

Bild 2.52 Einteilung der Bereiche für Schwimmbecken und Fußwaschrinnen (gemäß DIN VDE 0100 Teil 702:1992-06)
Bei den Maßen für die Bereichseinteilungen dürfen Wände und feste Trennwände berücksichtigt werden.

Schutzbereich 1

Die Begrenzung des Bereichs 1 erfolgt:

- einerseits durch die senkrechte Fläche in 2 m Abstand vom Beckenrand,
- andererseits durch die Standfläche oder den Boden, auf dem sich Personen aufhalten können,
- sowie durch die waagerechte Fläche in 2,5 m Höhe über der Standfläche oder dem Boden.

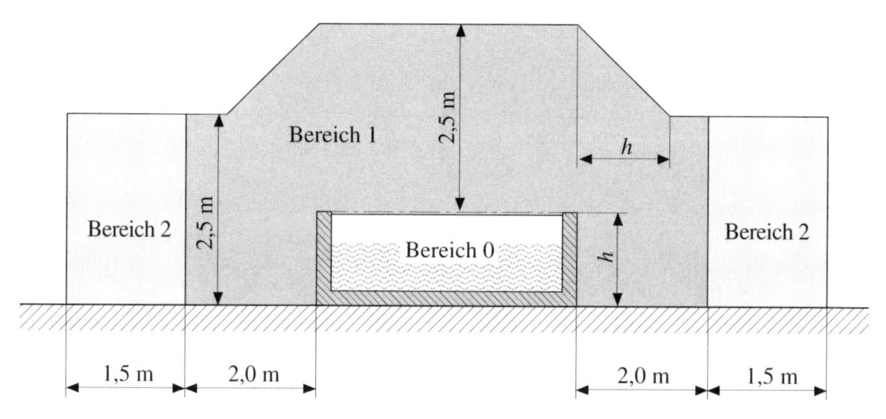

Bild 2.53 Einteilung der Bereiche für Schwimmbecken, die auf einer Fläche (z. B. Erdboden) aufgestellt sind (gemäß DIN VDE 0100 Teil 702:1992-06)
Bei den Maßen für die Bereichseinteilungen dürfen Wände und feste Trennwände berücksichtigt werden.

Der Bereich 1 ist selbstverständlich auch noch durch die (obere) Grenze des Bereichs 0 begrenzt, da er ja auch über dem Becken vorhanden ist.
Sofern in der Schwimmanlage Sprungtürme, Sprungbretter, Startblöcke oder Rutschbahnen vorhanden sind, umfaßt der Bereich 1 auch den Raum, der durch die senkrechte Fläche in 1,5 m Abstand von diesen Einrichtungen und die waagrechte Fläche in 2,5 m Höhe über der höchsten Standfläche, auf der sich Personen aufhalten können, begrenzt wird.
Bei Becken, die auf eine Fläche, z. B. Erdboden, aufgestellt sind, gibt es im Bereich 1 eine Ausnahme. Hier grenzt im oberen Bereich eine Schräge, deren Verlauf durch die Beckenhöhe h vorgegeben ist, den Bereich 1 ein (siehe Bild 2.53).

Schutzbereich 2

Die Begrenzung des Bereichs 2 erfolgt:

- einerseits durch die senkrechte Fläche, die den Bereich 1 begrenzt und eine dazu parallele Fläche im Abstand von 1,5 m,
- andererseits durch die Standfläche oder den Boden, auf dem sich Personen aufhalten können,
- sowie durch die waagerechte Fläche in 2,5 m Höhe über der Standfläche oder dem Boden.

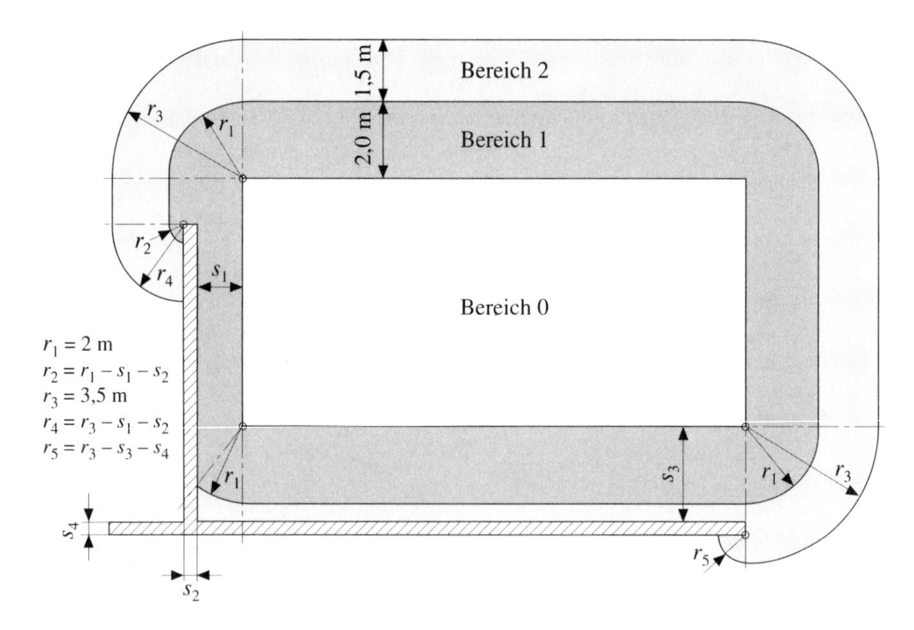

Bild 2.54 Beispiel der Bereichseinteilung bei Schwimmbecken und fester Trennwand (gemäß DIN VDE 0100 Teil 702:1992-06)

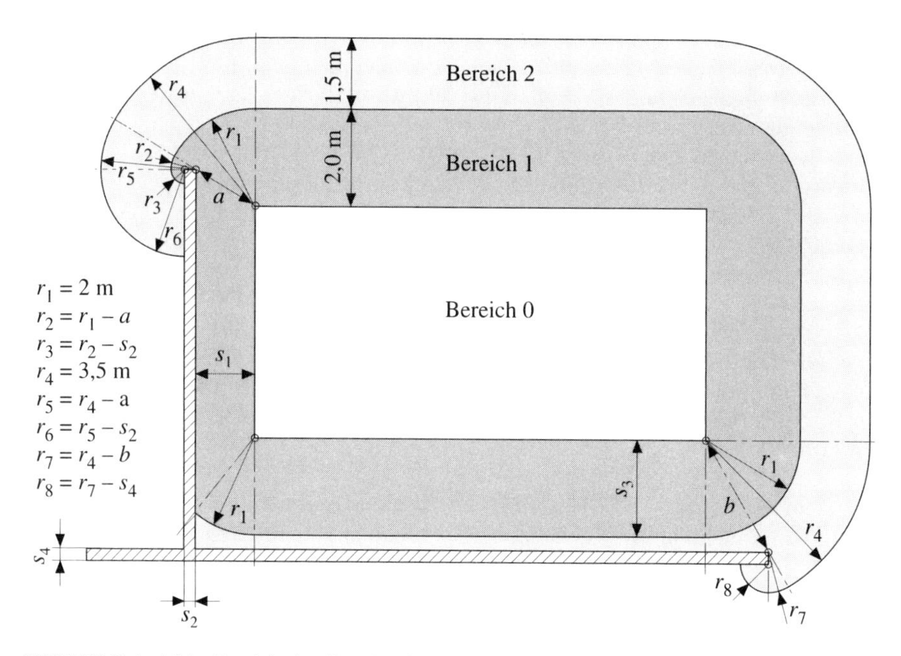

Bild 2.55 Beispiel der Bereichseinteilung bei Schwimmbecken und fester Trennwand (gemäß DIN VDE 0100 Teil 702:1992-06)

Wände und feste Trennwände beeinflussen die Bereichseinteilungen (**Bild 2.54** und **Bild 2.55**). Diese müssen allerdings eine Höhe von 2,5 m über der Standfläche haben. Eine solche Berücksichtigung von vorhandenen Wänden und festen Trennwänden ist nicht neu. Sie ist in DIN VDE 0100 Teil 701 geübte Praxis (siehe Bild 2.39, Bild 2.42 und Bild 2.43). Türen in bereichsbegrenzenden Wänden und festen Trennwänden gelten als Grenze, nicht aber offene Durchgänge. Letztere werden sinngemäß wie das Ende einer trennenden Wand behandelt.

Gegenüber DIN VDE 0100 Teil 702:1982-11 (siehe Bild 2.50 und Bild 2.51) sind somit bei der Schutzbereichseinteilung doch gravierende Änderungen eingetreten, die nachfolgend noch einmal kurz herausgestellt werden:

- Einteilung des bisherigen Schutzbereichs in die Bereiche 0 und 1.
- Völlig neu ist der Bereich 2, der den bisherigen Schutzbereich um 1,5 m in der Waagrechten und 2,5 m in der Senkrechten erweitert.
- Wegfall des Schutzbereichs nach unten ab Beckenboden (1 m).
- Fußwaschrinne gehört zum Bereich 0.

2.14.3.3 Was ist in den zusätzlichen Potentialausgleich einzubeziehen?

Auf eine gravierende Änderung, die den gesamten Potentialausgleich in allen Teilen der Errichtungsbestimmung DIN VDE 0100 wesentlich verändern wird, muß zunächst hingewiesen werden. Ein Hinweis auf diese wichtige Änderung erfolgt in den Erläuterungen zu Abschnitt 4.1.2 von DIN VDE 0100 Teil 702:1992-06.
Es wurde nämlich bei den nationalen Beratungen festgestellt, daß die deutschsprachige Begriffserklärung des „fremden leitfähigen Teils“ im Abschnitt 2.3.3 von DIN VDE 0100 Teil 200:1985-07 „Allgemeingültige Begriffe“ nicht exakt übersetzt wurde und somit nicht voll der französichen und englischen Fassung entsprach.
Entsprechend der bisherigen deutschen Formulierung (DIN VDE 0100 Teil 200:1985-07) wird ein leitfähiges Teil, das weder Körper noch aktiver Leiter ist, zu einem fremden leitfähigen Teil.
Angelehnt an die französische und englische Fassung ist jedoch folgende Fassung der Begriffserklärung des fremden leitfähigen Teils in DIN VDE 0100 Teil 200 erforderlich:

„Ein fremdes leitfähiges Teil ist ein Teil, das nicht zur elektrischen Anlage gehört und das ein Potential, im allgemeinen das Erdpotential, einführen kann.“

In DIN VDE 0100 Teil 200 wurde der korrekte Wortlaut mit Ausgabe 1993-11 übernommen (siehe Abschnitt 1.2.3).
Somit zählen leitfähige Teile, sofern sie nicht zur elektrischen Anlage gehören und kein Potential einführen können, nicht zu den fremden leitfähigen Teilen und müssen somit auch nicht in den zusätzlichen örtlichen Potentialausgleich einbezogen werden.
Für den zusätzlichen örtlichen Potentialausgleich von überdachten Schwimmbädern (Schwimmhallen) und Schwimmbädern im Freien bedeutet dies, daß folgende leitfähigen Teile nicht zu den fremden leitfähigen Teilen zählen und somit nicht zwingend in den zusätzlichen örtlichen Potentialausgleich einbezogen werden müssen:

- leitfähige Handläufe am Beckenrand,
- leitfähige Einstiegleiter,
- leitfähige Gitterabdeckungen einschließlich der erforderlichen Einbaurahmen von Überlaufrinnen,
- leitfähige Teile von Sprungtürmen und -brettern.

Alle vorgenannten leitfähigen Teile gehören zwar nicht zur elektrischen Anlage, können aber kein Potential in die Schutzbereiche einführen und sind somit keine fremden leitfähigen Teile.

Wohl aber sind in den zusätzlichen Potentialausgleich einzubeziehen:

- metallene Rohrleitungen für Gas, Heizung, Wasser usw.,
- Metallteile der Gebäudekonstruktion,
- nichtisolierende Fußböden.

Zu den fremden leitfähigen Teilen gehören somit auch nichtisolierende Fußböden, also Fußböden mit nichtisolierender Eigenschaft.
Die Isolationseigenschaft von Fußböden konnte nach DIN VDE 0100 Teil 410: 1983-11, Abschnitt 6.3, beurteilt werden.
Als isolierend wurde danach ein Fußboden bzw. eine Wand angesehen, wenn der Widerstand an keiner Stelle die folgenden Werte unterschreitet:

- 50 kΩ bei einer Nennspannung von ≤ 500 V Wechselspannung oder ≤ 750 V Gleichspannung,
- 100 kΩ bei einer Nennspannung > 500 V Wechselspannung oder > 750 V Gleichspannung.

Diese Werte wurden bisher auch in DIN VDE 0100 Teil 600:1987-11 sowie der Vorgängernorm DIN VDE 0100 g/1976-07, § 24, genannt. In DIN VDE 0100 Teil 610:1994-04, der DIN VDE 0100 Teil 600:1987-11 abgelöst hat, sind Widerstandswerte jedoch nicht mehr aufgeführt. In DIN VDE 0100 Teil 610:1994-04 wird nur noch auf VDE 0100 Teil 410:1983-11, Abschnitt 6.3, hingewiesen. In der neuen DIN VDE 0100 Teil 410:1997-01 sind diese Anforderungen im Abschnitt 413.3.4 unverändert enthalten.
DIN VDE 0100 Teil 610:1994-04 verlangt, daß mindestens drei Messungen je Ort gemacht werden müssen, wenn die Einhaltung der Anforderungen nach DIN VDE 0100 Teil 410:1983-11, Abschnitt 6.3 (Widerstand von isolierenden Fußböden in Abschnitt 6.3.3), notwendig ist. In der neuen DIN VDE 0100 Teil 410:1997-01 stehen diese Anforderungen im Abschnitt 413.3 (Widerstand von isolierenden Fußböden in Abschnitt 413.3.4). Sind berührbare fremde leitfähige Teile vorhanden, muß eine dieser Messungen in ungefähr 1 m Abstand von berührbaren fremden leitfähigen Teilen des Orts entfernt erfolgen. Die erforderlichen zwei weiteren Messungen müssen in einem größeren Abstand durchgeführt werden. Zu berücksichtigen sind dabei auch ungünstige Stellen, z. B. Fugen oder Stoßstellen von Fußbodenbelägen. Selbstverständlich müssen die drei Messungen bei unterschiedlichen Fußböden des Orts für jede zu prüfende Oberfläche des Ortes vorgenommen werden.
Folgende Meßverfahren dürfen nach DIN VDE 0100 Teil 610:1994-04 z. B. angewendet werden:

- Eine Messung mit Gleichspannung. Als Gleichspannungsquelle darf dabei dienen ein Kurbelinduktor oder ein batteriebetriebenes Isolations-Meßgerät mit einer Leerlaufspannung von etwa
  - 500 V, wenn die Nennspannung der elektrischen Anlage ≤ 500 V beträgt,
  - 1000 V, wenn die Nennspannung der elektrischen Anlage > 500 V beträgt.
- Eine Messung mit Wechselspannung (**Bild 2.56**).

Der Isolationswiderstand wird dabei zwischen der Meßelektrode und dem Schutzleiter oder der Erde gemessen.
Die Messung sollte vorzugsweise mit den vorkommenden Nennspannungen und Nennfrequenzen gegen Erde durchgeführt werden.

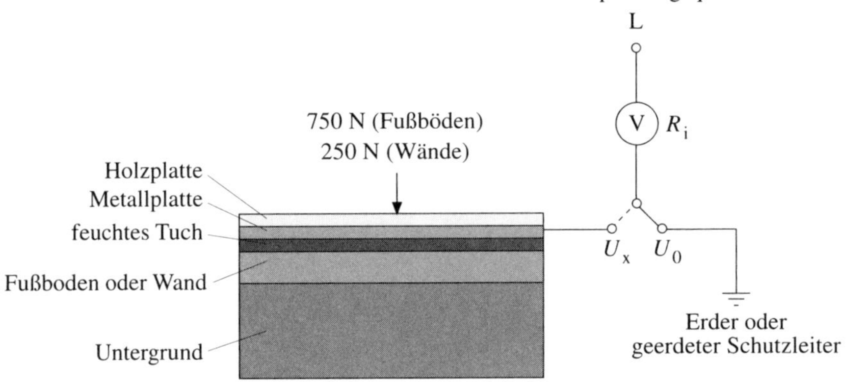

Bild 2.56 Meßanordnung zur Messung des Widerstands von Fußböden und Wänden mit Wechselspannung

Dabei darf wahlweise als Spannungsquelle verwendet werden:

- eine unabhängige Spannungsquelle,
- die Sekundärspannung eines Transformators mit sicher getrennten Wicklungen,
- das am Meßort vorhandene geerdete Netz (also Spannung gegen Erde).

In den beiden erstgenannten Fällen ist für die Messung ein Leiter zu erden. Üblicherweise wird wohl die letztgenannte Spannungsquelle verwendet werden.
Als Meßelektrode dürfen die zwei nachfolgend beschriebenen Elektrodenarten verwendet werden, wobei das Verfahren mit der Meßelektrode 1 im Zweifelsfall das Referenzverfahren darstellt. Es ist im Prinzip auch das Meßverfahren, das schon in DIN VDE 0100:1973-05, § 24, DIN VDE 0100 g/1976-07, § 24, und auch in DIN VDE 0100 Teil 600:1987-11 vorgegeben war.

Meßelektrode 1
Die Elektrode besteht aus einer quadadratischen Metallplatte von 250 mm Seitenlänge. Zwischen der Metallplatte und der zu messenden Fußbodenfläche wird ein Quadrat aus feuchtem, wasserdurchlässigem Papier oder Stoff mit einer Seitenlänge von etwa 270 mm gelegt. Vom feuchten, wasserdruchlässigen Papier oder Stoff werden zuvor die Wassertropfen abgeschüttelt. Während der Durchführung der Messung ist eine Kraft von ungefähr 750 N (bei Wänden ungefähr 250 N) auf die Elektrode aufzubringen (siehe Bild 2.56).

Meßelektrode 2
Die Elektrode besteht aus einem metallischen Dreifuß. Dabei müssen die mit dem Boden in Berührung kommenden Teile die Punkte eines gleichseitigen Dreiecks bilden. Jede Auflagenfläche besitzt eine flexible Unterlage, die im Belastungsfall einen engen Kontakt mit der Fußbodenfläche auf einer Fläche von ungefähr 900 mm^2 sicherstellt und einen Widerstand von weniger als 5000 Ω darstellt. Vor Durchführung der Messung ist die zu messende Fußbodenfläche anzufeuchten oder mit einem feuchten Tuch abzudecken. Während der Durchführung der Messung ist eine Kraft von ungefähr 750 N (bei Wänden ungefähr 250 N) auf die Elektrode aufzubringen. Der gesuchte Widerstand des Fußbodens zwischen der belasteten Metallplatte und der Erder ergibt sich aus der Gleichung:

$$R_x = R_i \left(\frac{U_0}{U_x} - 1 \right),$$

mit:
R_x gesuchter Widerstand des Fußbodens gegen Erde,
R_i Innenwiderstand des Spannungsmessers,
U_0 die gemessene Spannung gegen Erde,
U_x die gemessene Spannung gegen die Metallplatte.

Der Innenwiderstand des Spannungsmessers sollte als untere Grenze den Wert 0,7 kΩ/V des gewählten Meßbereichsendwerts nicht unterschreiten, da bei kleinem Innenwiderstand gegebenenfalls gefährliche Körperströme beim Berühren der Metallplatte auftreten können. Die obere Grenze des Innenwiderstands des Spannungsmessers sollte 500 kΩ für Meßbereiche bis 500 V bzw. 1 MΩ für Meßbereiche bis 1000 V Wechselspannung nicht überschreiten. Bei Gleichspannung über 500 V bis 1500 V sollte ein Innenwiderstand von 1,5 MΩ nicht überschritten werden.
Sofern die Messung mit Gleichspannung mit einem Isolations-Meßgerät durchgeführt wird, ist der gesuchte Widerstand des Fußbodens am Meßgerät abzulesen.
Liegt ein gut isolierender Fußboden vor, z. B. bei Kunststoff, kann der mit Wechselspannung gemessene Wert des Widerstands um einige Dekaden kleiner sein als ein mit Gleichspannung gemessener Wert. Hier spielt die Kapazität der Metallplatte gegen Erde eine entscheidende Rolle. Sie liegt in der Größenordnung von nF.
In jedem Fall sollte die Messung zur Feststellung des Widerstands an vielen beliebig gewählten Stellen ausgeführt werden. Nur so ist eine ausreichende Beurteilung möglich.
Da Überzüge und Farben von Fußbodenoberflächen im Laufe der Zeit Schaden nehmen können – ihre mitisolierende Wirkung ist dann nicht mehr vorhanden –, wird in einer Anmerkung des Anhangs A von DIN VDE 0100 Teil 610:1994-04 empfohlen, die Messung vor der Behandlung von Oberflächen, z. B. Überzüge, Farben, durchzuführen.

Um nicht grundsätzlich die Beurteilung der Isoliereigenschaft aller Fußböden nach vorgenannter Messung durchführen zu müssen, nachfolgend einige Beurteilungen von Fußböden unterschiedlicher Konstruktion:

- Als nichtisolierende Fußböden gelten z. B. Betonplatten (Betonböden), die mit einer Armierung (z. B. Baustahlmatten) versehen sind.
  Wichtig:
  Diese Armierung ist beim Einbringen zu verrödeln oder auch zu verschweißen und mit dem örtlichen zusätzlichen Potentialausgleich zu verbinden.
  Durch dieses Vorgehen wird eine ähnliche Wirkung wie bei der Potentialsteuerung erreicht, die in der Vorgängerausgabe DIN VDE 0100 Teil 702:1982-11 gefordert wurde (siehe Abschnitt 2.14.4).
- Fußböden aus einzelnen Betonplatten, deren Armierungen nur nach Beschädigungen der Platten zugänglich sind, brauchen nicht in den zusätzlichen Potentialausgleich einbezogen werden.
  Dies ist aber kein Freibrief dafür, die Armierung vor Ort beim Einbringen nicht zu verrödeln oder zu verschweißen und dann zu behaupten, die Armierungen seien nicht ohne Beschädigung zugänglich.
- Betonplatten – auch nichtisoliernde Betonplatten – ohne Armierung, Bodenbeläge (z. B. Platten) sowie das Erdreich (Mutterboden, Rasen) brauchen nicht in einen zusätzlichen Potentialausgleich einbezogen zu werden.
  In diesem Fall, sowie für isolierende Fußböden, ist auch keine zusätzliche Potentialsteuerung mehr erforderlich, wie sie in der Vorgängerausgabe DIN VDE 0100 Teil 702:1982-11 gefordert wurde (siehe Abschnitt 2.14.4).

2.14.3.4 Querschnitt von Potentialausgleichsleitern

Aussagen über den Querschnitt der Potentialausgleichsleiter werden in DIN VDE 0100 Teil 702:1992-06 nicht mehr gemacht.
In der alten DIN VDE 0100 Teil 702:1982-11 war noch der Hinweis gegeben, daß die Leitfähigkeit der Potentialausgleichsleiter mindestens 6 mm^2 Cu entsprechen mußte, was einem Eisenquerschnitt von etwa 35 mm^2 gleichkommt (κ_{Cu} = 56 mΩ^{-1} mm^{-2}, κ_{Fe} = 10 mΩ^{-1} mm^{-2}).
Da nunmehr im neuen Teil 702 von DIN VDE 0100 keine Anforderungen zum Querschnitt des Potentialausgleichsleiters aufgeführt sind, muß dieser nach Abschnitt 9.1.2 von DIN VDE 0100 Teil 540:1991-11 bestimmt werden (siehe hierzu die Anmerkung „Wichtig“ in Abschnitt 2.6.1.2).
Somit muß in überdachten Schwimmbädern (Schwimmhallen) und Schwimmbädern im Freien der Querschnitt von Potentialausgleichsleitern für den zusätzlichen Potentialausgleich, der Körper mit fremden leitfähigen Teilen verbindet, mindestens halb so groß sein wie der Querschnitt des entsprechenden Schutzleiters (siehe auch Tabelle 2.12).
Potentialausgleichsleiter für den zusätzlichen Potentialausgleich, die zwei Körper verbinden, müssen einen Querschnitt besitzen, der mindestens so groß ist wie der des kleineren Schutzleiters (siehe auch Tabelle 2.12).

Der Mindestquerschnitt muß nach DIN VDE 0100 Teil 540:1991-11 jedoch betragen:

- bei mechanischem Schutz 2,5 mm^2 Cu oder Al,
- ohne mechanischen Schutz 4 mm^2 oder Al

(siehe hierzu auch Abschnitt 2.6.1.2). Dabei ist zu berücksichtigen, daß bei ungeschützter Verlegung von Aluminiumleitern wegen möglicher Korrosion und geringer mechanischer Robustheit eine erhöhte Möglichkeit der Leiterunterbrechung besteht.
Selbstverständlich darf der zusätzliche Potentialausgleich auch mit Hilfe von fest angebrachten fremden leitfähigen Teilen, beispielsweise Konstruktionsteilen aus Metall, oder zusätzlichen Leitern ausgeführt werden. Die Kombination von Konstruktionsteilen und zusätzlichen Leitern ist ebenfalls möglich.
Querschnitte für die Verbindungsleiter des zusätzlichen Potentialausgleichs zwischen der Stahlarmierung und anderen einzubeziehenden Teilen sind in DIN VDE 0100 Teil 702:1992-06 nicht genannt, auch gibt es keine Vorgaben für die Ausführung und Anbindung dieser Verbindungsleiter.
Als Verbindungsleiter empfiehlt sich feuerverzinkter Bandstahl, mindestens 30 mm × 3,5 mm bzw. feuerverzinkter Rundstahl, mindestens 8 mm Durchmesser. Allerdings können die Verbindungen zwischen der Stahlarmierung und anderen in den Potentialausgleich einzubeziehenden Teilen, z. B. Konstruktionsteile, auch direkt durch Schweißen hergestellt werden.
Für die Ausführung dieser Verbindungsleiter können auch die Aussagen des Abschnitts 2.14.4.3 herangezogen werden.

2.14.4 Potentialsteuerung

2.14.4.1 Wegfall bzw. Ersatz der Potentialsteuerung nach DIN VDE 0100 Teil 702:1982-11

Gegenüber DIN VDE 0100 Teil 702:1982-11 ist die Potentialsteuerung weggefallen. Anstelle der Potentialsteuerung bei nichtisolierenden Fußböden ist nunmehr nach DIN VDE 0100 Teil 702:1992-06 der zusätzliche örtliche Potentialausgleich zu erstellen, da Fußböden mit nichtisolierender Eigenschaft zu den fremden leitfähigen Teilen gehören (siehe Abschnitt 2.14.3).
Betonplatten mit Armierung (z. B. Baustahlmatten) gelten beispielsweise als nichtisolierende Fußböden. Die einzelnen Teile der Armierung sind beim Einbringen zu verrödeln oder zu verschweißen und mit dem örtlichen zusätzlichen Potentialausgleich zu verbinden.
Hierdurch wird eine ähnliche Wirkung wie bei der Potentialsteuerung, die in der Vorgängerausgabe von DIN VDE 0100 Teil 702:1992-06 noch gefordert wurde, erreicht.
Liegt ein isolierender Fußboden vor, so ist im Gegensatz zu früher – DIN VDE 0100 Teil 702:1982-11 forderte im Abschnitt 4.1.2, unabhängig, ob isolierender oder nicht isolierender Fußboden, immer die Potentialsteuerung – keine Potentialsteue-

rung mehr gefordert. Die Potentialsteuerung wurde bei isolierenden Fußböden ersatzlos gestrichen.
Sind Flächenheizungen zur Raumheizung im Fußboden eingebettet, so dürfen sie unter den Bereichen 1 und 2 angeordnet sein, wenn sie:

- mit einem Metallgitter, z. B. Baustahlmatte, oberhalb der Heizelemente abgedeckt sind oder
- eine metallene Umhüllung haben.

In beiden Fällen ist die Durchführung des nach Abschnitt 4.1.2 von DIN VDE 0100 Teil 702:1992-06 geforderten örtlichen zusätzlichen Potentialausgleichs erforderlich (siehe Abschnitt 2.14.3).
Durch den Wegfall der zwingenden Forderung der Einbringung eines Steuererders um das Becken herum gewinnt die Einbringung eines Fundamenterders in Becken aus Beton oder Mauerwerk und das Einbeziehen dieses Erders in den zusätzlichen Potentialausgleich an Bedeutung. Der Fundamenterder beeinflußt positiv den Potentialverlauf im und außerhalb des Beckens. Er schafft ein fast einheitliches Potential innerhalb des Beckens. Die Einbringung eines Fundamenterders in Becken aus Beton oder Mauerwerk ist daher sehr zu empfehlen.

2.14.4.2 Ausführung der Potentialsteuerung nach DIN VDE 0100 Teil 702:1982-11

Wenngleich die Potentialausteuerung gemäß DIN VDE 0100 Teil 702:1982-11 in der Ausgabe Juni 1992 nicht mehr gefordert wird, kann sie aber dennoch in der Praxis Berücksichtigung finden. Nachfolgend ist deshalb weiterhin die Ausführung einer solchen Potentialsteuerung wiedergegeben, wie sie nach DIN VDE 0100 Teil 702:1982-11 erforderlich war.
Im gesamten Schutzbereich 1 um das Becken (siehe Bild 2.50 und Bild 2.51 (alt) und Bild 2.52 bis Bild 2.55 (neu)) – also 2 m um das Becken – sind im Fußboden möglichst dicht unter der Oberfläche Leiter zur Potentialsteuerung (Steuererder) zu verlegen.
Es gibt in der Praxis zwei Ausführungsmöglichkeiten:

- **Parallel zum Beckenrand geführte Leiter**
  Die Leiter sind parallel zum Beckenrand mit einem gegenseitigen Abstand von ungefähr 0,6 m zu verlegen. An mindestens zwei Stellen sind Querverbindungen herzustellen (**Bild 2.57**).
  Die Leiterquerschnitte müssen den Mindestquerschnitten für Erder (Fundamenterder) entsprechen. Möglich ist z. B. die Verwendung von Bandstahl 30 mm × 3,5 mm und von Rundstahl mit mindestens 10 mm Durchmesser.
- **Verschweißte Baustahlmatten**
  Als einfachere Methode gegenüber der Verlegung von parallel zum Beckenrand geführten Leitern ist die Verwendung von Baustahlmatten (**Bild 2.58**) anzusehen. Diese müssen jedoch miteinander verschweißt werden.

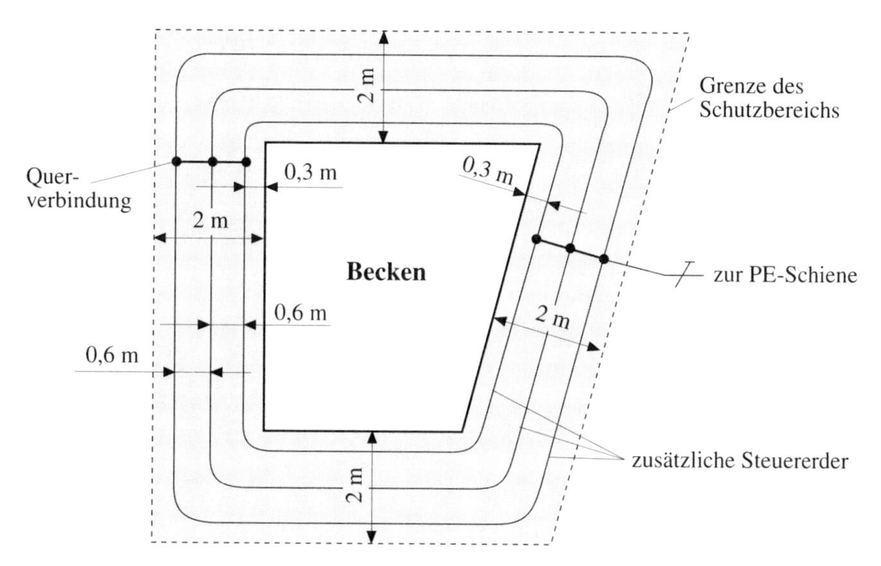

Bild 2.57 Ausführungsbeispiel für eine Potentialsteuerung um ein Schwimmbecken mit parallel zum Beckenrand geführten Leitern

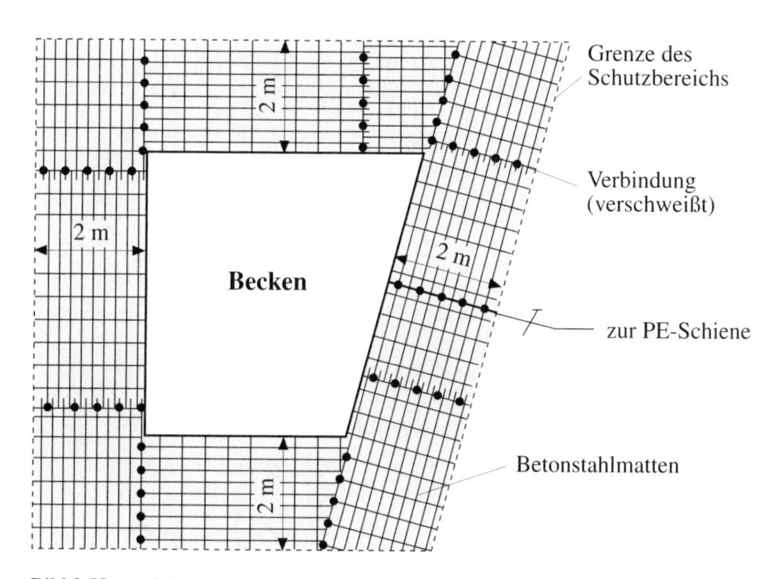

Bild 2.58 Ausführungsbeispiel für eine Potentialsteuerung um ein Schwimmbecken mit Baustahlmatten

Die Potentialsteuerung muß mit dem Schutzleiter im Verteiler der Schwimmanlage verbunden werden. Die Leitfähigkeit dieser Leitung muß der Hälfte des Schutzleiterquerschnitts, mindestens aber 6 mm^2 Cu, entsprechen.

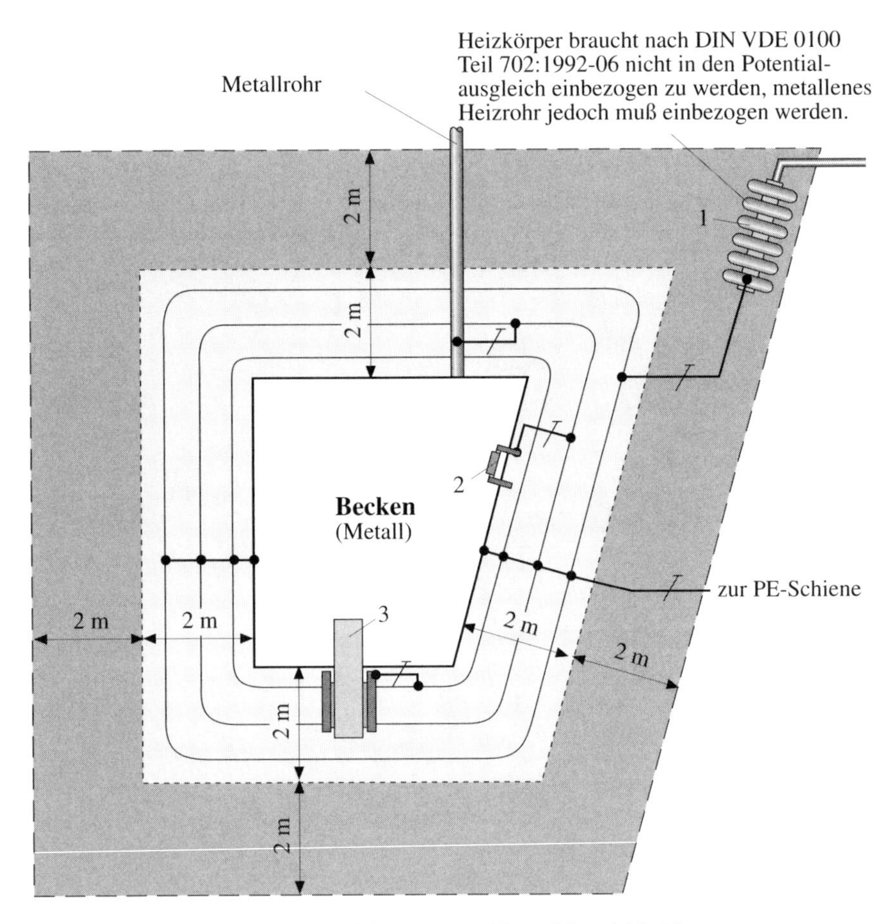

Bild 2.59 Verbindung zwischen Potentialsteuerung und Potentialausgleichsleitern
1 Heizkörper
2 Leiter*)
3 Sprungbrett*)
*) braucht nach DIN VDE 0100 Teil 702:1992-06 nicht in den Potentialausgleich einbezogen zu werden

Hinweis:
Der Kupferquerschnitt 6 mm^2 entspricht einem Eisenquerschnitt von etwa 35 mm^2 ($\kappa_{Cu} = 56$ mΩ^{-1} mm^{-2}, $\kappa_{Fe} = 10$ mΩ^{-1} mm^{-2}).

2.14.4.3 Verbindung zwischen Potentialausgleich und Potentialsteuerung
Die Potentialsteuerung muß – wie erwähnt – mit dem Schutzleiter des Verteilers der Schwimmanlage verbunden werden. Für die Führung der Potentialausgleichsleiter ergeben sich zwei Möglichkeiten:

- Die Potentialausgleichsleiter werden von den fremden leitfähigen Teilen direkt zur PE-Schiene des Stromkreisverteilers der Schwimmanlage geführt.
- Die Potentialausgleichsleiter werden von den fremden leitfähigen Teilen zur Potentialsteuerung geführt. Durch die erforderliche Verbindung der Potentialsteuerung mit dem Schutzleiter im Verteiler der Schwimmanlage sind somit auch die fremden leitfähigen Teile über die Potentialsteuerung mit dem Schutzleiter im Verteiler verbunden.

Damit der Spannungsfall an den Potentialausgleichsleitern im Erdschlußfall möglichst klein ist, sollten die Potentialausgleichsleiter zwischen den fremden leitfähigen Teilen und der Potentialsteuerung kurz sein. Deshalb sollte üblicherweise die Verbindung direkt hergestellt werden (**Bild 2.59**).

2.14.5 Anpassung bestehender Anlagen

Bezüglich des Potentialausgleichs mußten bestehende Schwimmbäder entsprechend dem Abschnitt „Beginn der Gültigkeit“ von DIN VDE 0100 Teil 702:1982-11 wie folgt bis zum 31. Oktober 1985 angepaßt sein:
Metallene Rohrleitungssysteme mußten nach Abschnitt 4.1.2.2 (siehe Abschnitt 2.14.3 dieses Bandes) zum Zwecke des Potentialausgleichs miteinander verbunden sein.
In einer Mitteilung der Deutschen Elektrotechnischen Kommission im DIN und VDE (DKE), veröffentlicht z. B. in der „etz“ Elektrotechnische Zeitschrift, Band 105 (1984) H. 10, gab es hierzu nach ersten Erfahrungen mit der Anpassung eine Klarstellung.
Danach sind nur metallene Rohrsysteme, die ganz oder zum Teil vom Becken aus berührt werden können, innerhalb von Betriebsräumen um und unter dem Beckentrog von im Erdreich eingelassenen oder in baulichen Anlagen befindlichen Schwimmanlagen von der Anpassung betroffen.
In der Mitteilung wird ausdrücklich darauf hingewiesen, daß nicht die Absicht bestand, alle Rohrsysteme oder Konstruktionsteile innerhalb des Schutzbereichs nachträglich in den Potentialausgleich einzubeziehen.
Die alten Anlagen, die am 1. November 1982 bereits bestanden, sind nur dann ordnungsgemäß, wenn innerhalb der Frist bis zum 31. Oktober 1985 die vorgenannte Anpassung nach DIN VDE 0100 Teil 702:1982-11 vorgenommen wurde. Die bishe-

rigen Anpassungsforderungen wurden in DIN VDE 0100 Teil 702:1992-06 nicht wiederholt, weil die Frist bereits am 31. Oktober 1985 abgelaufen war.

2.15 Zusätzlicher Potentialausgleich in landwirtschaftlichen Anwesen (DIN VDE 0100 Teil 705:1992-10, Abschnitt 3.4)

2.15.1 Fortfall der Isoliermuffe – Zeitliche Entwicklung des zusätzlichen Potentialausgleichs in landwirtschaftlichen Anwesen

Da Nutztiere (Großvieh) aufgrund ihrer körperlichen Voraussetzungen – große Schrittweite, geringe Übergangswiderstände – höhere Spannungen abgreifen, darf in landwirtschaftlichen Betriebsstätten keine höhere Berührungsspannung als 25 V Wechselspannung (vorher 24 V)oder 60 V Gleichspannung bestehenbleiben.
Um nun die Bereiche, in denen die Berührungsspannung maximal 25 V Wechselspannung (vorher 24 V) oder 60 V Gleichspannung betragen darf, auch sicher gegen von außen hereingeschleppte Spannungen isolieren zu können, mußten nach DIN VDE 0100:1973-05 alle in diese Bereiche – z. B. den Stall – führenden leitfähigen Rohrleitungen oder sonstigen Systeme durch isolierende Zwischenstücke unterbrochen werden.
Die Begründung für diese Maßnahme war darin zu suchen, daß über die metallenen Wasserverbrauchsleitungen und Rohrleitungen von stationären Melkanlagen Spannungen in den Stall geschleppt werden konnten und dort die Nutztiere über zwangsläufige Verbindungen mit Selbsttränke oder Stahlkonstruktionsteilen, an denen sie angekettet sind, den verschleppten Spannungen ausgesetzt waren.
Um keine für die Tiere gefährliche Berührungsspannung auf die Stahlkonstruktionsteile oder Selbsttränke zu verschleppen, durften – entgegen DIN VDE 0100:1973-05, § 50a) 5 – in Ställen Schutzleiter der übrigen Anlage und der Blitzableiter nicht mit den Stahlkonstruktionsteilen, an denen die Tiere angekettet sind, verbunden werden, da sonst die eingebauten Isoliermuffen in den Rohrleitungen wieder überbrückt und somit wirkungslos geworden wären. Konnte eine solche Verbindung nicht umgangen werden – z. B. bei Mistentfernern, die direkt an der Stahlkonstruktion montiert sind –, dann mußte zwischen den Metallteilen der elektrischen Betriebsmittel der Mistentfernungsanlage und der Stahlkonstruktion ein Potentialausgleich hergestellt und die Anlage für sich gegen das Auftreten zu hoher Berührungsspannungen durch eine Fehlerstrom-Schutzeinrichtung (RCD) geschützt werden.
In der Praxis hat sich jedoch im Laufe der Zeit bei der Anwendung dieser Maßnahme eine Reihe von Schwierigkeiten ergeben, durch Isoliermuffen eine ständige elektrische Trennung herbeizuführen und die Verschleppung von Spannungen durch Isoliermuffen zu verhindern. Tödliche Viehunfälle trotz Isoliermuffen haben dies bewiesen. Des weiteren hatten die Errichter der elektrischen Anlage erhebliche Pro-

bleme beim Einbau der Isoliermuffen. Sie konnten meist nur beim Betreiber der elektrischen Anlage veranlassen, dieser möge den Wasserinstallateur mit dem Einbau der Muffen beauftragen. Ob dies dann tatsächlich ordnungsgemäß geschah, entzog sich ihrer Beurteilung und Nachprüfung. Häufig wurden Isoliermuffen von Gas- und Wasserinstallateuren aus Unkenntnis auch an falscher Stelle eingebaut.
Ferner war die Wirksamkeit der Muffen oft nur sehr fraglich, weil im Zuge der wachsenden Technisierung in der Landwirtschaft, z. B. durch Entmistungsanlagen, Dungkrane sowie durch Nachinstallation von metallenen Rohrleitungen und Verwendung von Stahlkonstruktionen für Stallgebäude, die Isoliermuffe unbeabsichtigt wieder elektrisch überbrückt war.
In der Zwischenzeit hat der Potentialausgleich allgemeine Anerkennung gefunden. Bei ordnungsgemäß durchgeführtem Potentialausgleich wird der Spannungstrichter in eine verhältnismäßig flache Spannungsmulde umgewandelt, die keine für Nutztiere gefährliche Schrittspannung entstehen läßt.
Daher wurde der in DIN VDE 0100:1973-05, § 56, noch geforderte Einbau von Isoliermuffen nicht mehr aufrecht erhalten. An die Stelle der Isoliermuffe trat mit Herausgabe von DIN VDE 0100 Teil 705:1982-11 erstmals die Forderung nach einem umfassenden Potentialausgleich, verbunden mit einer Potentialsteuerung im Standbereich der Tiere.
Bei alten Ställen, in denen keine größeren leitfähigen Einbauten vorhanden sind, kann die Isoliermuffe aber mitunter durchaus noch ihre Aufgabe erfüllen. Allerdings muß dann die Isolierstrecke kontrollierbar bleiben. Eine Anpassung bestehender Anlagen mit funktionsfähigen Isolierstücken wird nicht gefordert. Vorhandene Isolierstücke brauchen dann also nicht entfernt oder überbrückt zu werden. Sollte eine Überprüfung jedoch aufzeigen, daß die Isolierstücke durch eine zwangsweise vorhandene Überbrückung wirkungslos geworden sind, so ist die Durchführung des an die Stelle der Isolierstücke gerückten Potentialausgleichs erforderlich.

2.15.2 Angrenzende Bereiche von landwirtschaftlichen Anwesen

Als Folge des Ersatzes der Isoliermuffe durch einen umfassenden Potentialausgleich ergeben sich auch Auswirkungen auf die angrenzenden Bereiche der landwirtschaftlichen Betriebsstätten, z. B. Wohnungen. Nach DIN VDE 0100:1973-05 war es zulässig, im Wohnbereich eines landwirtschaftlichen Anwesens die Schutzmaßnahme Nullung (heute Schutzmaßnahme im TN-System) anzuwenden, während im landwirtschaftlich genutzten Bereich die Fehlerstrom-Schutzschaltung (jetzt Schutzmaßnahme im TT-System mit Fehlerstrom-Schutzeinrichtung (RCD)) bei einer maximalen Berührungsspannung von 24 V (heute 25 V Wechselspannung) verbindlich war. Dadurch grenzten zwei Bereiche aneinander, in denen unterschiedlich hohe Berührungsspannungen – 65 V (jetzt 50 V Wechselspannung) bzw. 24 V (heute 25 V Wechselspannung) – zulässig waren. Die Isoliermuffe sorgte dafür, daß keine Fehlerspannung aus dem Wohnbereich in den Stallbereich verschleppt werden konnte.

Da die Forderung nach Einbau einer Isoliermuffe mit Erscheinen von DIN VDE 0100 Teil 705:1982-11 durch den umfassenden Potentialausgleich ersetzt wurde, durfte auch aus den an landwirtschaftliche Betriebsstätten angrenzenden Bereichen, die mit leitfähigen Teilen, z. B. Konstruktionsteilen, Rohrleitungen, Einrichtungsgegenständen, der landwirtschaftlichen Betriebsstätte unmittelbar verbunden sind, keine gefährliche Fehlerspannung verschleppt werden. Daher durfte auch in diesen angrenzenden Bereichen die dauernd zulässige Berührungsspannung nur maximal 25 V Wechselspannung betragen.
Damit kam praktisch für den Gesamtbereich eines landwirtschaftlichen Anwesens – Wohnbereich, Werkstätten und landwirtschaftliche Betriebsstätte – als Schutz bei indirektem Berühren die Schutzmaßnahme im TT-System mit Fehlerstrom-Schutzeinrichtung (RCD) zum Einsatz, weil es kaum landwirtschaftliche Anwesen geben wird, in denen nicht durch leitfähige Teile Verbindungen zwischen der landwirtschaftlichen Betriebsstätte und den angrenzenden anderen Bereichen bestehen.
Mit Erscheinen von DIN VDE 0100 Teil 705:1992-10 gibt es diese besonderen Anforderungen an angrenzende Wohnungen nicht mehr.
Nach DIN VDE 0100 Teil 705:1992-10 ist es wieder zulässig, im Wohnbereich eines landwirtschaftlichen Anwesens eine Schutzmaßnahme im TN-System mit einer dauernd zulässigen Berührungsspannung U_L von 50 V anzuwenden, während in einem für die Tierhaltung bestimmten Bereich des landwirtschaftlich genutzten Bereichs die Schutzmaßnahme im TT-System mit Fehlerstrom-Schutzeinrichtung (RCD) und einer dauernd zulässigen Berührungsspannung U_L von 25 V zur Anwendung kommt.
Allerdings darf aus dem angrenzenden Wohnbereich keine Fehlerspannung > 25 V Wechselspannung in die Bereiche verschleppt werden, die für die Tierhaltung bestimmt sind.
Damit ist die unter dem Buchstaben b) im Abschnitt „Änderungen" von DIN VDE 0100 Teil 705:1992-10 aufgeführte Änderung „Keine besonderen Anforderungen an angrenzende Wohnungen" nur eine rein theoretische Änderung. Sie hat praktisch keine Bedeutung. Da bei Anwendung eines TN-Systems im angrenzenden Wohnbereich des landwirtschaftlichen Anwesens das Nichtüberschreiten der dauernd zulässigen Berührungsspannung U_L = 25 V Wechselspannung nicht gewährleistet werden kann, kann also eine Fehlerspannung > 25 V Wechselspannung in die Bereiche verschleppt werden, die für die Tierhaltung bestimmt sind und für die eine dauernd zulässige Berührungsspannung U_L = 25 V Wechselspannung gilt.
Sehr wohl bestehen also praktisch nach wie vor besondere Anforderungen an angrenzende Wohnungen. Da aus den an landwirtschaftliche Anwesen angrenzenden Bereichen (Wohnbereich), die mit leitfähigen Teilen, z. B. Konstruktionsteilen, Rohrleitungen, Einrichtungsgegenständen, des landwirtschaftlichen Anwesens unmittelbar verbunden sind, keine gefährlichen Fehlerspannungen (> 25 V Wechselspannung) verschleppt werden dürfen, darf auch in diesen angrenzenden Bereichen die dauernd zulässige Berührungsspannung U_L maximal nur 25 V betragen. Gewährleisten kann dies praktisch nur die Schutzmaßnahme im TT-System mit Fehler-

strom-Schutzeinrichtung (RCD). Das IT-System ist zwar ebenfalls formal zulässig, hat aber in landwirtschaftlichen Anwesen keine Bedeutung. Damit kommt praktisch nach wie vor für den Gesamtbereich eines landwirtschaftlichen Anwesens einschließlich der Wohnung als Schutz gegen elektrischen Schlag unter Fehlerbedingungen (Schutz bei indirektem Berühren) die Schutzmaßnahme im TT-System mit Fehlerstrom-Schutzeinrichtung (RCD) zum Einsatz, weil es kaum landwirtschaftliche Anwesen geben wird, in denen nicht durch leitfähige Teile Verbindungen zwischen dem landwirtschaftlichen Anwesen und den angrenzenden Wohnungen bestehen.

Überhaupt haben sich bei der Anwendung der Schutzmaßnahmen zum Schutz gegen elektrischen Schlag unter Fehlerbedingungen (Schutz bei indirektem Berühren) Änderungen ergeben, die ohne Erläuterungen kaum zu verstehen sind. So sind für landwirtschaftliche Anwesen mit Erscheinen von DIN VDE 0100 Teil 705:1992-10 nun neben dem TT-System auch das TN-System sowie das IT-System zulässig. Dies gilt auch für die Bereiche, die für die Tierhaltung bestimmt sind, wo ja nur eine dauernd zulässige Berührungsspannung U_L von 25 V zulässig ist. Hierauf wird unter dem Buchstaben d) im Abschnitt „Änderungen" von DIN VDE 0100 Teil 702:1992-10 ausdrücklich hingewiesen. Die Aussage lautet „TN-System und IT-System bei U_L = 25 V zulässig".

Wie zuvor ausgeführt, ist diese Änderung rein theoretischer Art. Sie ergibt sich zwangsläufig und formal durch eine grundsätzlich andere Philosophie im Aufbau des Abschnitts 3 „Schutz gegen gefährliche Körperströme" von DIN VDE 0100 Teil 705:1992-10.

Da bei Anwendung eines TN-Systems die Einhaltung der Grenze der für Tierhaltungsbereiche dauernd zulässigen Berührungsspannung von U_L = 25 V Wechselspannung nicht gewährleistet werden kann, hat das TN-System für Bereiche, die für die Tierhaltung bestimmt sind, praktisch keine Bedeutung.

Dies gilt aber, obwohl die Einhaltung der dauernd zulässigen Berührungsspannung U_L = 25 V nur für Bereiche gilt, die für die Tierhaltung bestimmt sind, auch für die anderen Bereiche, z. B. Bruträume, Räume zur Aufbereitung des Futters, des landwirtschaftlichen Anwesens. Denn zwischen diesen Räumen und den Stallungen bestehen üblicherweise Verbindungen durch leitfähige Teile, z. B. Konstruktionsteile, Rohrleitungen, so daß Fehlerspannungen > 25 V aus dem TN-System in die Bereiche, die für die Tierhaltung bestimmt sind, verschleppt werden können.

Das TN-System ist also nur formal als Schutzmaßnahme zum Schutz gegen elektrischen Schlag unter Fehlerbedingungen (Schutz bei indirektem Berühren) in landwirtschaftlichen Anwesen zugelassen; praktisch ist es aber ausgeschlossen. Das IT-System ist zwar formal ebenfalls zugelassen, hat jedoch in landwirtschaftlichen Anwesen keine Bedeutung.

Somit bleibt bei der Anwendung der Schutzmaßnahme zum Schutz gegen elektrischen Schlag unter Fehlerbedingungen (Schutz bei indirektem Berühren) in landwirtschaftlichen Anwesen alles beim alten, zum Einsatz kommt nach wie vor das TT-System mit Fehlerstrom-Schutzeinrichtung (RCD).

2.15.3 Zusätzlicher Potentialausgleich

2.15.3.1 Was ist in den zusätzlichen Potentialausgleich einzubeziehen?

Im Standbereich der Tiere müssen nach DIN VDE 0100 Teil 705:1992-10, Abschnitt 3.4, alle durch Tiere berührbare Körper von elektrischen Betriebsmitteln und alle fremden leitfähigen Teile durch einen zusätzlichen Potentialausgleich untereinander und mit dem Schutzleiter der Anlage verbunden sein. Derartige in den zusätzlichen Potentialausgleich einzubeziehenden Metallteile sind z. B. metallene Anbindevorrichtungen, Selbsttränkeanlage, Melkanlage, mechanische Fütterungsanlagen, mechanische Entmistungsanlagen, Führungsschienen von Gitterrosten, Metallkonstruktionsteile des Gebäudes (**Bild 2.60**).

Sofern eine Potentialsteuerung im Fußboden vorhanden ist (siehe Folgeabschnitt 2.15.4), so muß auch diese mit in den Potentialausgleich einbezogen werden. Dabei

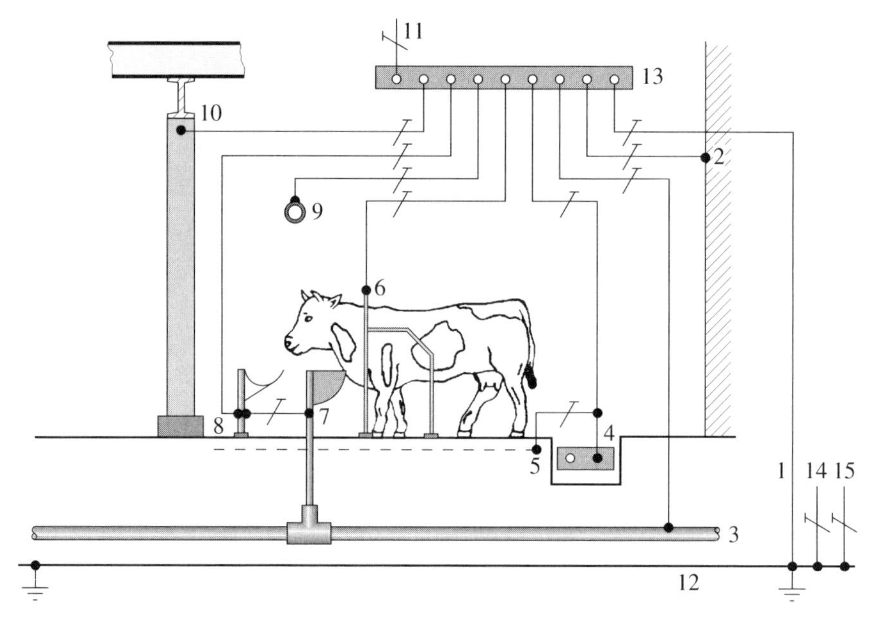

Bild 2.60 Potentialausgleich in landwirtschaftlichen Anwesen

1 Erdungsleiter
2 Blech-, Folienwände
3 Wasserverbrauchsleitung
4 Entmistung
5 Baustahlmatte zur Potentialsteuerung
6 Anbindevorrichtung
7 Selbsttränke
8 Futteranlage
9 Melkanlage
10 Stahlkonstruktion
11 Schutzleiter (PE)
12 Fundamenterder, Erder, sonstige Erdung
13 Potentialausgleichsschiene
14 Blitzschutzerde
15 Weidezaunerde

sind isolierende Zwischenstücke (Kunststoffrohre), z. B. Isoliermuffen, die den Potentialausgleich in Frage stellen, gut leitend zu überbrücken.
Das Einbeziehen von lose auf Metallführungsschienen, z. B. Winkeleisen (siehe Bild 2.63, Variante 2), aufliegenden Gitterrosten von Entmistungskanälen (Schwemmkanal) ist nicht notwendig, weil es praktisch nicht durchführbar ist. Allerdings sind die Metallführungsschienen in den Potentialausgleich einzubeziehen. Die Kontaktgabe der Gitterroste mit den Metallführungsschienen muß als ausreichend angesehen werden. Liegen die Gitterroste lose in einem Betonrahmen – Metallführungsschienen sind nicht vorhanden –, so brauchen sie nicht in den Potentialausgleich einbezogen zu werden, da dies – wie angeführt – praktisch nicht durchführbar ist. Es ist auch kaum anzunehmen, daß über diese Gitterroste ein gefährliches Potential eingeschleppt wird.

2.15.3.2 Querschnitt von Potentialausgleichsleitern

Im Gegensatz zu DIN VDE 0100 Teil 705:1984-11 macht DIN VDE 0100 Teil 705:1992-10 über den Mindestquerschnitt der Potentialausgleichsleiter keine Angabe mehr.
Somit ist in landwirtschaftlichen Anwesen also der Querschnitt der Potentialausgleichsleiter des zusätzlichen Potentialausgleichs nach Abschnitt 9.1.2 von DIN VDE 0100 Teil 540:1991-11 zu bestimmen (siehe hierzu die Anmerkung „Wichtig“ in Abschnitt 2.6.1.2 dieses Bandes).
Danach beträgt der Querschnitt von Potentialausgleichsleitern des zusätzlichen Potentialausgleichs zwischen einem Körper und einem fremden leitfähigen Teil 0,5 × Querschnitt des entsprechenden Schutzleiters (siehe auch Tabelle 2.12).
Potentialausgleichsleiter für den zusätzlichen Potentialausgleich, die zwei Körper verbinden, müssen einen Querschnitt besitzen, der mindestens so groß ist wie der des kleineren Schutzleiters, der an die Körper angeschlossen ist (siehe auch Tabelle 2.12).

Der Mindestquerschnitt muß nach DIN VDE 0100 Teil 540:1991-11 jedoch betragen:

- bei mechanischem Schutz: 2,5 mm^2 Cu oder Al,
- ohne mechanischen Schutz: 4 mm^2 Cu oder Al

(siehe hierzu auch Abschnitt 2.6.1.2 dieses Bandes).

Unter Berücksichtigung der unter Umständen aggressiven Luftzusammensetzung werden die vorgenannten Mindestleiterquerschnitte jedoch wohl nicht ausreichen. Es muß auf einen wirksamen und dauerhaften Korrosionsschutz der Potentialausgleichsleiter geachtet werden. Deshalb ist die grundsätzlich zulässige Verwendung von Aluminiumleitern in Stallungen nicht geeignet, insbesondere nicht bei ungeschützter Verlegung.

Auch ausreichender mechanischer Schutz muß unter Berücksichtigung des rauhen Betriebs in den Stallungen gewährleistet sein. Potentialausgleichsleiter für den zusätzlichen Potentialausgleich in Stallungen sollten deshalb bestehen aus:

- feuerverzinktem Bandstahl mindestens 20 mm × 3,5 mm oder
- feuerverzinktem Rundstahl mindestens 8 mm Durchmesser.

2.15.3.3 Ausführung des zusätzlichen Potentialausgleichs

Es gibt aber auch leitfähige Teile, an die nicht unmittelbar Potentialausgleichsleiter angeschlossen werden können, weil sie z. B. dem direkten Zugriff entzogen sind. Für solche Verbindungen sind unter Beachtung des mechanischen Schutzes und des Korrosionsschutzes auch andere geeignete Materialien zulässig. So darf der zusätzliche Potentialausgleich ebenfalls mit Hilfe von fest angebrachten fremden leitfähigen Teilen, z. B. Metallkonstruktionen, zusätzlichen Leitern, Kombination aus Metallkonstruktion und zusätzlichen Leitern, ausgeführt werden.

Die Potentialausgleichsleiter müssen nach DIN VDE 0100 Teil 540 verlegt werden (siehe Abschnitte 2.6.2 und 2.6.3 dieses Bandes).

In vielen Fällen läßt sich der Potentialausgleich oberirdisch nur sehr schwer herstellen. Abhilfe schafft hier die Verlegung im Beton oder im Estrich (**Bild 2.61**). Hierfür eignet sich der feuerverzinkte Rund- bzw. Bandstahl gut.

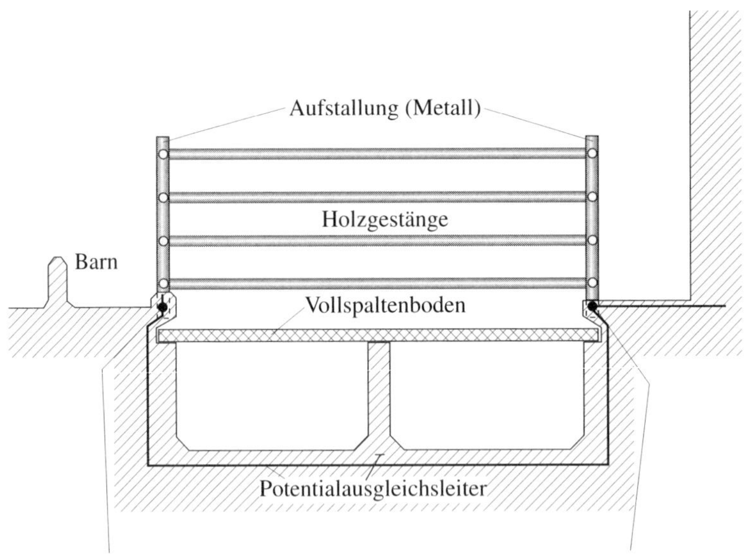

Bild 2.61 Profil eines Spaltenboden-Rinderstalls mit Potentialausgleich

2.15.3.4 Verbindung zwischen PEN-Leiter und Potentialausgleich

In landwirtschaftlichen Betriebsstätten mußte nach DIN VDE 0100 Teil 705:1984-11 die feste Installation als TT-System mit Fehlerstrom-Schutzeinrichtung (RCD) ausgeführt werden. Ein im als TT-System ausgeführtes Verteilungssystem vorhandener PEN-Leiter durfte nicht als Schutzleiter verwendet und nicht mit dem Potentialausgleich – weder dem Hauptpotentialausgleich noch dem zusätzlichen Potentialausgleich – verbunden werden, da beim Vorhandensein einer solchen Verbindung die Einhaltung des Grenzwerts von 25 V Wechselspannung als dauernd zulässige Berührungsspannung U_L nicht gewährleistet werden kann.
Nach DIN VDE 0100 Teil 705:1992-10 dürfen als Schutzmaßnahme zum Schutz gegen elektrischen Schlag unter Fehlerbedingungen (Schutz bei indirektem Berühren) nun außer dem TT-System auch das IT-System sowie das TN-System zur Anwendung kommen. Deshalb ist der Hinweis, daß ein im Verteilungsnetz (TN-System) vorhandener PEN-Leiter nicht als Schutzleiter verwendet und nicht mit dem Potentialausgleichsleiter verbunden werden darf, nicht mehr in DIN VDE 0100 Teil 705:1992-10 enthalten, was rein formal zunächst richtig ist.
Da jedoch, wie im Abschnitt 2.15.2 ausführlich behandelt, bei Anwendung des TN-Systems die Einhaltung des Grenzwerts von 25 V Wechselspannung als dauernd zulässige Berührungsspannung U_L praktisch nicht gewährleistet werden kann, darf nach wie vor ein im Verteilungsnetz vorhandener PEN-Leiter, z. B. im Hausanschlußkasten, nicht als Schutzleiter verwendet und nicht mit dem Potentialausgleich verbunden werden.
Nur wenn absolut sichergestellt ist, daß aus dem an das landwirtschaftliche Anwesen angrenzenden Bereich, z. B. Wohnbereich, keinerlei leitfähige Verbindungen, z. B. durch Konstruktionsteile, Rohrleitungen, Einrichtungsgegenstände, mit den für die Tierhaltung bestimmten Bereichen (U_L = 25 V Wechselspannung) bestehen, kann das TN-System in dem an das landwirtschaftliche Anwesen angrenzenden Bereich angewendet werden und darf dann auch dort eine Verbindung mit dem Potentialausgleich bestehen. Beim Hauptpotentialausgleich ist die Verbindung des PEN-Leiters mit dem Hauptpotentialausgleich dann sogar zwingend erforderlich (siehe Abschnitt 2.29).

2.15.4 Potentialsteuerung

DIN VDE 0100 Teil 705:1984-11 forderte im Abschnitt 4.6 den Einbau einer Potentialsteuerung in den Standbereich der Tiere. Diese mußte mit den leitfähigen Teilen der Umgebung zum Zweck des Potentialausgleichs verbunden werden (**Bild 2.62**). Die Potentialsteuerung war somit in allen Stallungen in Verbindung mit einem Potentialausgleich einzubauen.
DIN VDE 0100 Teil 705:1992-10 fordert die Potentialsteuerung im Standbereich der Tiere nicht mehr zwingend. Im Abschnitt 3.4 wird in einer Anmerkung darauf hingewiesen, daß im Fußboden ein mit dem Schutzleiter verbundenes Metallgitter eingebaut werden sollte. Wenngleich die Potentialsteuerung somit nicht mehr direkt

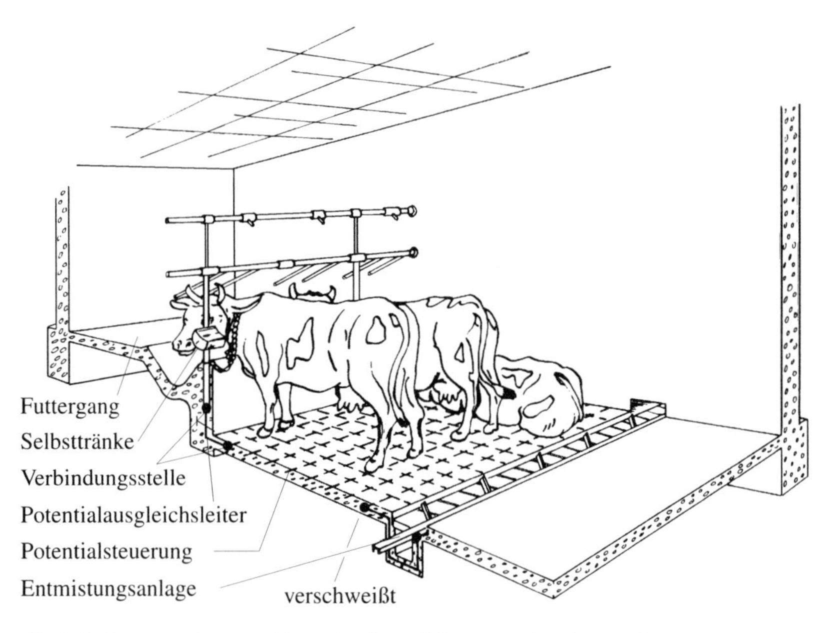

Bild 2.62 Schematische Darstellung einer Potentialsteuerung im Rinderstall

gefordert wird, sollte aus Sicherheitsgründen der Anmerkung unbedingt gefolgt werden.

Während der Potentialausgleich in Stallungen bewirkt, daß im Fehlerfall zwischen den leitfähigen Metallteilen und dem Stallboden wohl eine verminderte, aber nicht selten doch noch für Tiere gefährliche Berührungsspannung auftreten kann, vermindert die Potentialsteuerung diese Spannung zuverlässig auf ein ungefährliches Maß dadurch, daß aus dem Spannungstrichter eine Spannungsmulde wird (siehe Abschnitt 2.3).

An die Ausführung der Potentialsteuerung werden in DIN VDE 0100 Teil 705:1992-10 keine konkreten Anforderungen gestellt. Für die Praxis wird wohl die Verwendung von verschweißten Baustahlmatten die günstigste Möglichkeit sein. Sie müssen möglichst dicht unter der Oberfläche, in etwa 2 cm bis 4 cm Tiefe, verlegt werden. Bei den Verbindungsstellen der Baustahlmatten untereinander und den Anbindungsstellen mit den leitfähigen Teilen der Umgebung ist – wie beim Potentialausgleich auch – auf einen wirksamen und dauerhaften Korrosionsschutz zu achten. Der mechanische Schutz darf ebenfalls nicht vernachlässigt werden. Liegen die Verbindungs- und Anbindungsstellen im Beton, so ist dies gewährleistet (siehe Abschnitt 4.4.4).

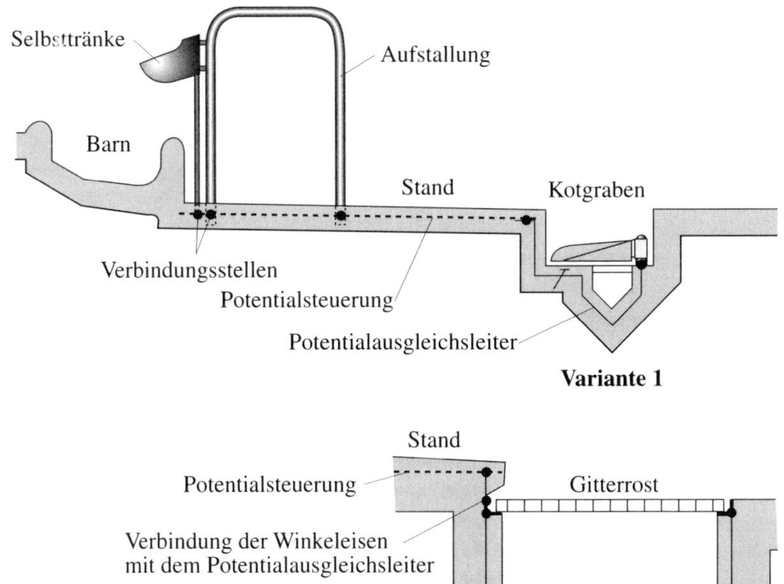

Bild 2.63 Profil eines Rinderstalls mit Potentialausgleich und Potentialsteuerung

Es scheint daher zweckmäßig zu sein, die Anbindung der Potentialsteuerung an die leitfähigen Teile der Umgebung, z. B. Aufstallung, Selbsttränke, Entmistungskanal, an Ort und Stelle vorzunehmen (**Bild 2.63** und **Bild 2.64**). Meist bietet sich das direkte Verschweißen an.
Der Einbau einer Potentialsteuerung empfiehlt sich auch in Stallungen mit einem Standbodenbelag aus PVC oder Gummi. Im Falle einer Beschädigung bzw. Abnutzung verlieren diese Beläge nämlich ihre isolierende Wirkung. In Stallungen mit den derzeit üblichen Spaltenböden ist die Potentialsteuerung aus bautechnischen Gründen nicht herstellbar (siehe Bild 2.61).

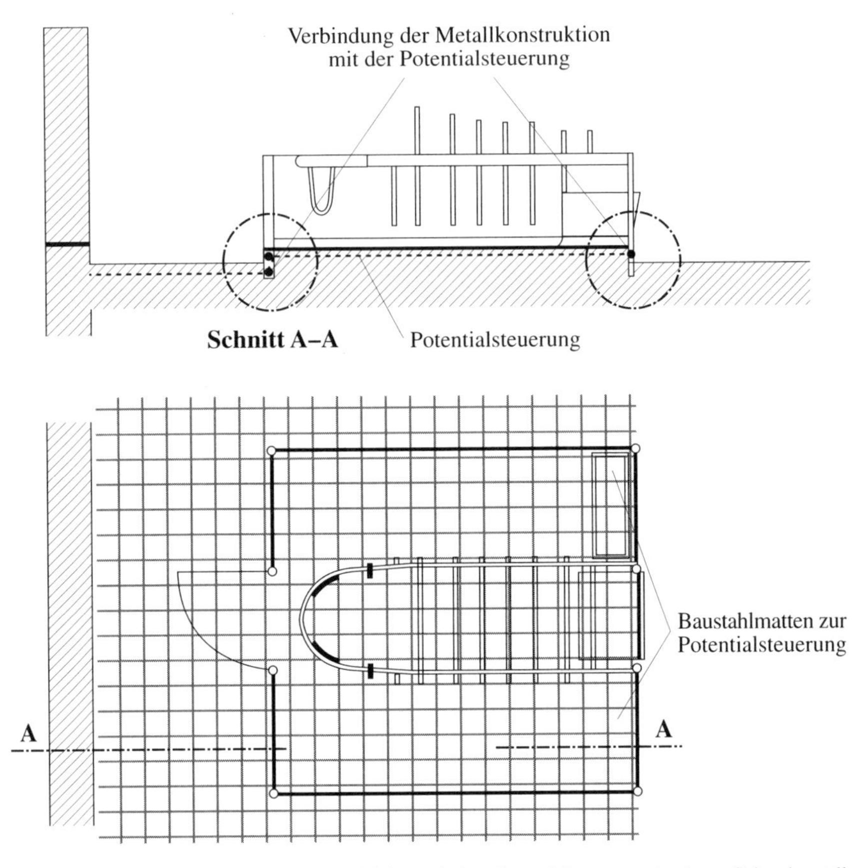

Bild 2.64 Darstellung eines Potentialausgleichs und einer Potentialsteuerung in einem Schweinestall

2.16 Zusätzlicher Potentialausgleich in leitfähigen Bereichen mit begrenzter Bewegungsfreiheit (DIN VDE 0100 Teil 706:1992-06, Abschnitte 4.2.2 und 4.2.4)

Unter einem leitfähigen Bereich mit begrenzter Bewegungsfreiheit versteht man einen Bereich,

- dessen Begrenzungen im wesentlichen aus Metallteilen oder leitfähigen Teilen bestehen und

- eine Person mit ihrem Körper großflächig mit der umgebenden Begrenzung in Berührung stehen kann und
- die Möglichkeit der Unterbrechung einer solchen Berührung eingeschränkt ist.

In diesen Bereichen dürfen nur bestimmte Schutzmaßnahmen zum Schutz gegen elektrischen Schlag unter Fehlerbedingungen (Schutz bei indirektem Berühren) zur Anwendung kommen.
Bei der Stromversorgung von fest angebrachten Betriebsmitteln ist eine dieser Schutzmaßnahmen der Schutz durch automatische Abschaltung, wobei ein zusätzlicher Potentialausgleich die Körper der fest angebrachten Betriebsmittel mit den leitfähigen Teilen des Raums verbinden muß.
Sofern bei bestimmten Geräten, z. B. Steuereinrichtungen, Meßgeräte, eine Betriebserdung erforderlich ist, müssen alle Körper und alle fremden leitfähigen Teile innerhalb des leitfähigen Bereichs mit begrenzter Bewegungsfreiheit und die Erdung für Funktionszwecke (Betriebserdung) in einen Potentialausgleich einbezogen sein.

2.17 Zusätzlicher Potentialausgleich in Caravans (DIN VDE 0100 Teil 708:1993-10, Abschnitt 5.1.4)

Für Caravans und Campingplätze, die bislang in den Geltungsbereich von DIN VDE 0100 Teil 721:1984-04 fielen, gilt nunmehr DIN VDE 0100 Teil 708:1993-10.
Für Caravans ist im Rahmen der Schutzmaßnahmen zum Schutz gegen elektrischen Schlag unter Fehlerbedingungen (Schutz bei indirektem Berühren) auch ein Potentialausgleich durchzuführen.
So müssen die berührbaren leitfähigen Teile des Caravans mit dem Schutzleiter der elektrischen Anlage verbunden sein. Wenn durch die Art der Konstruktion eine durchgehende Verbindung der Konstruktion nicht sichergestellt ist, muß eine solche Verbindung erforderlichenfalls an mehreren Stellen erfolgen.
Der Nennquerschnitt der Potentialausgleichsleiter muß dabei mindestens 4 mm^2 Cu betragen oder eine gleichwertige Leitfähigkeit und mechanische Festigkeit haben.
Besteht der Caravan im wesentlichen aus Isolierstoff, brauchen die isoliert angebrachten Metallteile, bei denen das Auftreten einer Fehlerspannung unwahrscheinlich ist, nicht an den Potentialausgleichsleiter angeschlossen zu werden.

2.18 Potentialausgleich in feuergefährdeten Betriebsstätten

In DIN VDE 0100:1973-05 befand sich im § 50 a) eine Aussage, daß in feuergefährdeten Betriebsstätten größere zugängliche leitfähige Gebäudekonstruktionsteile, z. B. Stahlkonstruktionen, Metallrohrleitungen, untereinander und mit dem Schutzleiter, z. B. an der Verteilung, verbunden werden sollen. Rohrleitungen durften dabei jedoch nur unter Beachtung von DIN VDE 0190:1973-05 Berücksichtigung fin-

den, damit ein unkontrollierter Übertritt von Fehlerströmen nicht zur Funkenbildung und dadurch zu einer Entzündung führen konnte.
DIN VDE 0100 Teil 720:1983-03 enthält eine solche Anforderung nicht mehr. Auf die Aussagen zur Verbesserung der Abschaltbedingungen durch den Potentialausgleich beim Verhüten von Bränden infolge von Isolationsfehlern konnte in DIN VDE 0100 Teil 720 verzichtet werden, da diese Anforderungen nach DIN VDE 0100 Teil 410 und DIN VDE 0100 Teil 540 sowieso zu erfüllen sind.

2.19 Zusätzlicher Potentialausgleich in Booten und Jachten (DIN VDE 0100 Teil 721:1984-04, Abschnitt 6.2)

Für Boote und Jachten sind mit Herausgabe der DIN VDE 0100 Teil 721:1984-04 erstmals Sicherheitsfestlegungen in den Errichtungsbestimmungen DIN VDE 0100 erschienen.
So müssen berührbare leitfähige Teile der Einheit (Boot, Jacht), die Fehlerspannungen oder Erdpotential annehmen können, über Potentialausgleichsleiter miteinander und mit dem Schutzleiter verbunden werden. Berührbare leitfähige Teile können dabei z. B. Rohrsysteme oder der Oberbau sein.
Der Potentialausgleichsleiter muß einen Nennquerschnitt von mindestens 4 mm^2 Cu haben und feindrähtig sein, z. B. H07V-K. Die feindrähtige Ausführung des Potentialausgleichsleiters wird gefordert, weil starre Verbindungen mit massiven Leitern den Beanspruchungen durch Erschütterungen im Fahrbetrieb nicht standhalten können. Der Nennquerschnitt wurde aus Gründen der mechanischen Festigkeit auf 4 mm^2 Cu festgelegt.
Die vorgenannten Ausführungen haben keine Gültigkeit für Metallteile an Booten oder Jachten, die von Isolierstoff umgeben sind.
Bei Booten und Jachten aus nichtmetallenen Werkstoffen sind zusätzliche Anforderungen zu erfüllen. Zum Schutz gegen kapazitive Entladungen ist bei ihnen ein Potentialausgleichsleiter zwischen den Metallteilen des Boots über und im Wasser, z. B. Kiel, herzustellen.
Eine Aussage zum Querschnitt des Potentialausgleichsleiters zwischen den Metallteilen des Boots über und im Wasser ist in DIN VDE 0100 Teil 721 nicht enthalten. Auch hier sollte der Querschnitt 4 mm^2 Cu angewendet werden.

Anmerkung:
Für Caravans und Campingplätze, die bislang in den Geltungsbereich von DIN VDE 0100 Teil 721 fielen, gilt nunmehr DIN VDE 0100 Teil 708:1993-10 (siehe Abschnitt 2.17 dieses Bandes).

2.20 Zusätzlicher Potentialausgleich in Unterrichtsräumen mit Experimentierständen (DIN VDE 0100 Teil 723:1990-11, Abschnitt 5)

In Unterrichtsräumen mit Experimentierständen sind besondere Sicherheitsvorkehrungen zu treffen. Unter anderem ist der Handbereich (siehe Bild 2.16) um den Experimentierstand ein solcher Bereich, in dem im Hinblick auf vorhandene fremde leitfähige Teile besondere Maßnahmen notwendig sind. Als eine von mehreren Möglichkeiten ist auch der Potentialausgleich angeführt.
DIN VDE 0100 Teil 723:1990-11 legt im Abschnitt 5.1 fest, daß im Handbereich um den Experimentierstand befindliche fremde leitfähige Teile:

- zu isolieren oder
- abzudecken oder
- zu umhüllen oder
- über Potentialausgleichsleiter miteinander und mit dem Schutzleiter zu verbinden sind.

Es wäre durchaus erstrebenswert, alle im Handbereich um den Experimentierstand der Berührung zugänglichen fremden leitfähigen Teile zu isolieren, abzudecken oder zu umhüllen. Dies ist aber leider nicht realisierbar, da eine Reihe von Betriebsmitteln dies nicht konsequent zuläßt. In dem auch möglichen Potentialausgleich zwischen den fremden leitfähigen Teilen in diesem Bereich ist eine gleichwertige Maßnahme zu sehen.
Der Potentialausgleich hat den Zweck, Potentialunterschiede zwischen den Körpern elektrischer Betriebsmittel und den berührbaren fremden leitfähigen Teilen auch im Fehlerfall zu verhindern.
Nach DIN VDE 0100 Teil 723:1983-11 mußten die Potentialausgleichsleiter mit dem Schutzleiter an zentraler Stelle verbunden werden, z. B. an einer Verteilung, an der der Schutzleiter einen Querschnitt von mindestens 4 mm^2 hat. Der Querschnitt der Potentialausgleichsleiter mußte mindestens 4 mm^2 Cu betragen.
DIN VDE 0100 Teil 723:1990-11 macht dagegen bei dem Mindestquerschnitt der Potentialausgleichsleiter keine direkte Angabe mehr. Es wird nur noch ausgesagt, daß Potentialausgleichsleiter den Mindestquerschnitt des zusätzlichen Potentialausgleichs haben und mit dem Schutzleiter an zentraler Stelle, z. B. einer Verteilungstafel, verbunden werden müssen.
Somit gilt also der Querschnitt des zusätzlichen Potentialausgleichs nach DIN VDE 0100 Teil 540:1991-11 (siehe Abschnitt 2.6.1.2 dieses Bandes).
Danach beträgt der Querschnitt von Potentialausgleichsleitern des zusätzlichen Potentialausgleichs zwischen einem Körper und einem fremden leitfähigen Teil 0,5 × Querschnitt des entsprechenden Schutzleiters (siehe auch Tabelle 2.12).
Potentialausgleichsleiter für den zusätzlichen Potentialausgleich, die zwei Körper verbinden, müssen einen Querschnitt besitzen, der mindestens so groß ist wie der

des kleinsten Schutzleiters, der an die Körper angeschlossen ist (siehe auch Tabelle 2.12).
Der Mindestquerschnitt muß jedoch betragen:

- bei mechanischem Schutz: 2,5 mm^2 Cu oder Al,
- ohne mechanischen Schutz: 4 mm^2 Cu oder Al

(siehe hierzu auch Abschnitt 2.6.1.2 dieses Bandes).

2.21 Krangerüst und zusätzlicher Potentialausgleich (DIN VDE 0100 Teil 726:1990-03, Abschnitt 10.7)

Nach DIN VDE 0100 Teil 726:1990-03, Abschnitt 10.7, darf ein Krangerüst als Schutzleiter und zum Potentialausgleich nach DIN VDE 0100 Teil 410 und DIN VDE 0100 Teil 540 verwendet werden. Voraussetzung ist dabei, daß das Krangerüst den Anforderungen nach DIN VDE 0100 Teil 540 entspricht.
Diese wichtige Erleichterung für Geräte in galvanisch getrennten Stromkreisen ist neu gegenüber DIN VDE 0100 Teil 728:1983-03.
Früher gab es immer wieder Schwierigkeiten bei der Erstellung durchgängiger Schutzmaßnahmen auf Hebezeugen. So konnten z. B. Läuferkreise von Schleifringläufermotoren oder Erregerstromkreise von Gleichstrommotoren nicht geerdet werden. Die Verwendung des Krangerüstes als zusätzlicher Potentialausgleich zum Schutz bei indirektem Berühren läßt dies nun zu.
Auf Hebezeugen kommt als Schutz gegen elektrischen Schlag unter Fehlerbedingungen (Schutz bei indirektem Berühren) praktisch nur der „Schutz durch Abschaltung“ nach DIN VDE 0100 Teil 410:1997-01, Abschnitt 413.1, in Frage, der durch einen zusätzlichen Potentialausgleich nach DIN VDE 0100 Teil 410:1997-01, Abschnitt 413.1.6, ergänzt werden muß. Der zusätzliche Potentialausgleich hat den Zweck, zu hohe Berührungsspannungen zwischen allen gleichzeitig berührbaren Körpern im Fehlerfall zu verhindern.
Das Krangerüst darf somit sowohl als Schutzleiter (schon immer) als auch zum Potentialausgleich (erstmalige Aussage in DIN VDE 0100 Teil 726:1990-03) verwendet werden. In der Praxis können damit annähernd gleiche Potentiale im Fehlerfall zwischen den verschiedenen Körpern und fremden leitfähigen Teilen geschaffen werden.
Allerdings muß das Krangerüst den Anforderungen von DIN VDE 0100 Teil 540 entsprechen. So sollten bei Verwendung von fremden leitfähigen Teilen – hier das Krangerüst – u. a. diese Teile vorzugsweise geschweißt oder genietet sein. Werden Schraubverbindungen verwendet, so müssen diese gegen Selbstlockern gesichert sein. Sind diese Voraussetzungen nicht überall gegeben, so müssen diese Stellen, z. B. Auslegerübergänge, mit Potentialausgleichsleitern entsprechenden Querschnitts überbrückt werden.

2.22 Zusätzlicher Potentialausgleich bei Ersatzstromversorgungsanlagen (DIN VDE 0100 Teil 728:1990-03, Abschnitt 4.2.4)

Auch für Ersatzstromversorgungsanlagen müssen Maßnahmen zum Schutz gegen elektrischen Schlag unter Fehlerbedingungen (Schutz bei indirektem Berühren) nach DIN VDE 0100 Teil 410 angewendet werden.
Ist ein Verteilungsnetz der normalen Stromversorgung nicht vorhanden oder ist nicht sichergestellt, daß die im vorhandenen Verteilungsnetz der normalen Stromversorgung angewendete Schutzmaßnahme auch nach dem Umschalten auf den Ersatzstromerzeuger wirksam bleibt, dürfen als Schutzmaßnahmen zum Schutz gegen elektrischen Schlag unter Fehlerbedingungen (Schutz bei indirektem Berühren) nur besondere Festlegungen gemäß DIN VDE 0100 Teil 728:1990-03 angewendet werden.
Wird die Schutztrennung nach Abschnitt 413.5 von DIN VDE 0100 Teil 410:1997-01 angewendet, so muß bezüglich des Potentialausgleichs folgende abweichende Forderung erfüllt werden:
Sofern der Ersatzstromerzeuger nicht schutzisoliert ausgeführt ist, muß sein Körper mit dem Potentialausgleichsleiter verbunden sein (siehe Abschnitt 2.12 dieses Bandes).

2.23 Zusätzlicher Potentialausgleich bei Springbrunnen (DIN VDE 0100 Teil 738:1988-04, Abschnitte 4.4 bis 4.6)

2.23.1 Gefährdung

Im Springbrunnenbereich ist aufgrund der Verringerung des elektrischen Widerstands des menschlichen Körpers und seiner Verbindung mit Erdpotential mit einer erhöhten Wahrscheinlichkeit des Auftretens von gefährlichen Körperströmen zu rechnen. Da nun Springbrunnen an heißen Tagen zum Teil wie Schwimm- oder Badebecken benutzt werden, ist es unumgänglich, auch für Springbrunnen Errichtungsbestimmungen ähnlich den Festlegungen für Räume mit Badewanne oder Dusche gemäß DIN VDE 0100 Teil 701 (siehe Abschnitt 2.13 dieses Bandes) bzw. den Festlegungen bei überdachten Schwimmbädern (Schwimmhallen) und Schwimmbädern im Freien gemäß DIN VDE 0100 Teil 702 (siehe Abschnitt 2.14 dieses Bandes) zu erstellen. Selbstverständlich haben auch bei Springbrunnen der Potentialausgleich und die Potentialsteuerung große Bedeutung.

2.23.2 Zusätzlicher Potentialausgleich (DIN VDE 0100 Teil 738:1988-04, Abschnitt 4.4)

2.23.2.1 Allgemeine Anforderungen

Nach DIN VDE 0100 Teil 738:1988-04, Abschnitt 4.4, muß in den Bereichen 0, 1 und 2 ein örtlicher zusätzlicher Potentialausgleich durchgeführt werden.

2.23.2.2 Schutzbereiche

Die Schutzbereiche (**Bild 2.65**) sind dabei wie folgt eingegrenzt:

Schutzbereich 0

Der Bereich 0 umfaßt das gesamte Innere von Becken und anderen Behältern.

Schutzbereich 1

Die Begrenzung des Bereichs 1 erfolgt:

- einerseits durch die senkrechte Fläche im Abstand von 2 m vom Rand des Beckens,
- andererseits durch den Boden oder die Standfläche, auf der sich Personen aufhalten können,
- sowie durch die waagerechte Fläche in 2,5 m Höhe über der Standfläche oder dem Boden.

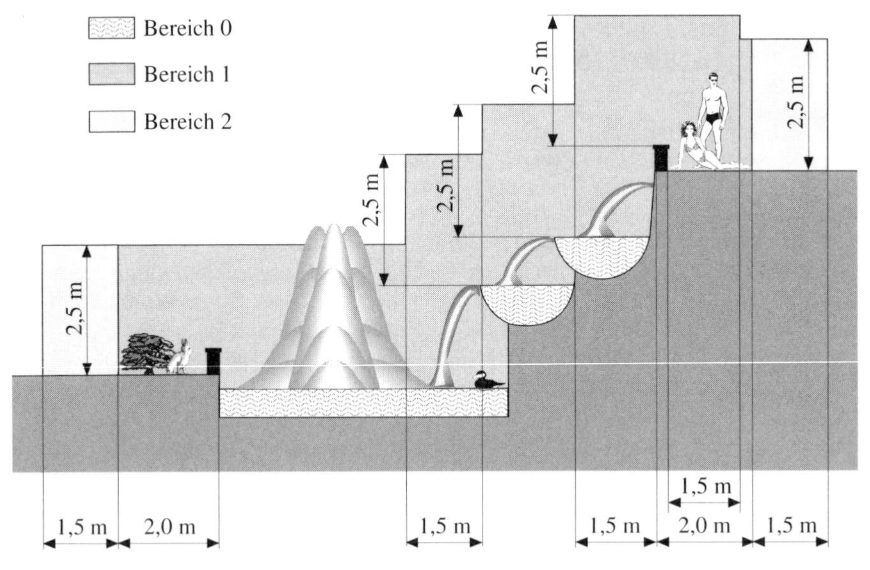

Bild 2.65 Beispiel für die Bereichseinteilung bei Springbrunnen (gemäß DIN VDE 0100 Teil 738: 1988-04)

Sofern der Springbrunnen durch seine Form so gestaltet ist, daß Bauteile, z. B. Skulpturen, besteigbar sind, so wird der Bereich 1 begrenzt durch den Raum, der durch die senkrechte Fläche in 1,5 m Abstand von möglichen Standflächen und die waagrechte Fläche in 2,5 m Höhe über der jeweiligen höchsten Stelle der Standfläche begrenzt wird.

Schutzbereich 2

Die Begrenzung des Bereichs 2 erfolgt:

- einerseits durch die äußere senkrechte Fläche des Bereichs 1 und die dazu parallele Fläche in 1,5 m Abstand von dieser Fläche,
- andererseits durch den Boden oder die Standfläche, auf der sich Personen aufhalten können,
- sowie durch die waagerechte Fläche in 2,5 m Höhe über dem Boden oder der möglichen Standfläche.

2.23.2.3 Was ist in den zusätzlichen Potentialausgleich einzubeziehen?

Es müssen alle großflächigen berührbaren leitfähigen Teile, z. B. Becken aus Metall, die Bewehrung der Stahlbetonkonstruktionen von Becken, metallene Konstruktionsteile, Rohrleitungssysteme und metallene Skulpturen und Fontänenteile durch einen Potentialausgleichsleiter leitend miteinander verbunden werden.

Dieser Potentialausgleich ist selbst dann notwendig, wenn in den Bereichen 0 und 1 keine elektrischen Betriebsmittel vorhanden sind.

Kurze Schutzrohre aus leitfähigem Werkstoff von Durchführungen für Kabel und Leitungen brauchen in der Regel nicht in den zusätzlichen Potentialausgleich einbezogen zu werden. Hierbei wird als kurz üblicherweise eine Länge bis zu 1 m anzusehen sein.

2.23.2.4 Querschnitt von Potentialausgleichsleitern

Die Leitfähigkeit des Potentialausgleichsleiters muß mindestens 6 mm^2 Cu entsprechen.

Hinweis:

Der Kupferquerschnitt 6 mm^2 Cu entspricht einem Eisenquerschnitt von etwa 35 mm^2 ($\kappa_{Cu} = 56\ m\Omega^{-1}\ mm^{-2}$, $\kappa_{Fe} = 10\ m\Omega^{-1}\ mm^{-2}$).

2.23.3 Potentialsteuerung (DIN VDE 0100 Teil 738:1988-04, Abschnitt 4.5)

Wie die Potentialsteuerung bei überdachten Schwimmbädern (Schwimmhallen), Schwimmbädern im Freien (siehe Abschnitt 2.14.4) und in landwirtschaftlichen Anwesen (siehe Abschnitt 2.15.4) soll auch die Potentialsteuerung bei Springbrunnenanlagen die aus schlecht leitendem Material, z. B. Beton, Steinzeug, Erdreich, bestehenden vorhandenen Oberflächen in unmittelbarer Nähe um den Springbrunnen

herum auf näherungsweise gleiches Potential bringen bzw. den Potentialverlauf so gezielt ändern, daß bei Erd- bzw. Körperschluß keine gefährliche Schrittspannung auftritt. Siehe hierzu auch Abschnitt 2.3 und Bild 2.11.
Bei Springbrunnenanlagen sind nach DIN VDE 0100 Teil 738:1988-04, Abschnitt 4.5, unterhalb des Bereichs 1 im Boden um das Becken – möglichst dicht unter der Oberfläche – Leiter zur Potentialsteuerung zu verlegen. Da Schrittspannungen auch von fremden Stromkreisen verursacht werden können, ist die Potentialsteuerung generell durchzuführen.

Als Leiter zur Potentialsteuerung gelten folgende Ausführungen als ausreichend:
- feuerverzinkter Bandstahl, Mindestquerschnitt 100 mm^2, Mindestdicke 3 mm, z. B. 25 mm × 4 mm, 30 mm × 3,5 mm,
- feuerverzinkter Rundstahl, Mindestdurchmesser 10 mm,
- Kupferband, Mindestquerschnitt 50 mm^2, Mindestdicke 2 mm oder Rundkupfer, Mindestquerschnitt 35 mm^2,
- handelsübliche Baustahlmatten, sofern in Beton verlegt.

Werden Leiter verlegt, so sind sie – wie bei überdachten Schwimmbädern (Schwimmhallen) und Schwimmbädern im Freien (siehe Abschnitt 2.14.4) – parallel zum Beckenrand mit einem gegenseitigen Abstand von maximal 0,6 m zu verlegen. Querverbindungen sind an mindestens zwei Stellen herzustellen (siehe beispielhafte Ausführung für Schwimmbad in Bild 2.57).

Werden Baustahlmatten angewendet – aus Gründen des Korrosionsschutzes (siehe Abschnitt 4.4.4) dürfen sie nur in Beton verlegt werden –, so müssen sie miteinander verschweißt werden (siehe beispielhafte Ausführung für Schwimmbad in Bild 2.58).

Besteht die Standfläche im Bereich 1 aus Beton oder ist eine Betonplatte vorhanden, auf die andere Oberflächenmaterialien, z. B. Fliesen, aufgebracht sind, so empfiehlt sich die einfachere Verwendung von miteinander verschweißten Baustahlmatten.

2.23.4 Verbindung von Potentialausgleich und Potentialsteuerung (DIN VDE 0100 Teil 738:1988-04, Abschnitt 4.6)

Der Potentialausgleich und die Potentialsteuerung müssen untereinander und mit den Schutzleitern eventuell vorhandener elektrischer Betriebsmittel in den Bereichen 1 und 2 an einer Stelle verbunden sein; und zwar an:
- einer zentralen Stelle, z. B. dem Verteiler, oder
- der Potentialausgleichsschiene.

Ist nur ein großflächiges berührbares leitfähiges Teil vorhanden, das in den Potentialausgleich einbezogen werden muß, z. B. nur das metallene Becken, so ist auch

dieses mit den Schutzleitern eventuell vorhandener elektrischer Betriebsmittel zu verbinden.
Potentialausgleich und Potentialsteuerung können mit den Schutzleitern eventuell vorhandener elektrischer Betriebsmittel derart verbunden werden, daß zunächst Potentialausgleich und Potentialsteuerung untereinander verbunden werden und von der zusammengeschlossenen Einheit eine Verbindung zu einer zentralen Stelle, z. B. Verteiler, oder der Potentialausgleichsschiene geschaffen wird (siehe beispielhafte Ausführung für Schwimmbad in Bild 2.59).

2.24 Zusätzlicher Potentialausgleich in Krankenhäusern und medizinisch genutzten Räumen außerhalb von Krankenhäusern (DIN VDE 0107:1994-10, Abschnitte 2, 4, 7, 8 und 10)

2.24.1 Gefährdung

In Krankenhäusern und medizinisch genutzten Räumen außerhalb von Krankenhäusern sind im Hinblick auf den Gefahrenschutz hohe Anforderungen an die elektrische Anlage gestellt. Bei Anwendung medizinischer elektrischer Geräte an Patienten ist ein besonderer Schutz erforderlich. Das Leben oder die Gesundheit von Patienten sind bereits gefährdet, wenn sehr kleine Ströme unbeabsichtigt den Patientenkörper durchfließen.
In Abhängigkeit von der Art der Behandlung oder Untersuchung von Patienten mit medizinischen elektrischen Geräten können schon viel kleinere Ströme, die aufgrund von Gerätefehlern den Körper von Patienten durchfließen, gefährlich werden, als es außerhalb des medizinisch genutzten Bereichs der Fall ist. Folgende Ursachen sind beispielhaft hierfür zu nennen, die sich aus den anwendungsbedingten Umständen ergeben:

- Medizinische elektrische Geräte oder Teile davon müssen an den Patienten fest angeschlossen werden oder sogar in den Patientenkörper eingeführt werden.
- Der Hautwiderstand ist bei bestimmten Anwendungsfällen durchbrochen.
- Das Abwehrvermögen des Patienten kann vermindert oder sogar ganz ausgeschaltet sein.
- Bei Untersuchungen im Herzen oder am freigelegten Herzen sowie bei Herzkatheterisierungen sind allerkleinste Ströme lebensgefährlich.

Die Bauart der medizinischen elektrischen Geräte kann die notwendige Sicherheit von Patienten nicht alleine erreichen. Erst im Zusammenwirken mit einem durch die Errichtung der elektrischen Anlage in den medizinisch genutzten Räumen vorgegebenen Schutz gegen gefährliche Körperströme, wozu auch in starkem Maß der zu-

sätzliche Potentialausgleich gehört, ist beim Einsatz der medizinischen elektrischen Geräte die erforderliche Sicherheit gewährleistet.
Für die Anforderungen, die an den zusätzlichen Potentialausgleich gestellt werden müssen, sind unter Berücksichtigung der vorgenannten Ausführungen folgende Stromwerte von Bedeutung:

- Der durch die Fibrilationsgrenze des Herzens vorgebene maximal zulässige Patienten-Ableitstrom I_{ab} bei intrakardialer Anwendung medizinischer elektrischer Geräte in Höhe von 10 µA bei einem Körperwiderstand des Patienten zwischen einer Elektrodenspitze am Herzinnenmuskel und der Hautoberfläche von 1000 Ω. Ein über den Herzinnenmuskel fließender Strom > 10 µA birgt die Gefahr des Herzkammerflimmerns.
- Der Ableitstrom I_{abex} in Höhe von von 3,5 µA, der bei externer Anwendung medizinischer elektrischer Geräte als maximaler Ableitstrom über den Körper des Patienten fließen darf.

2.24.2 Einteilung und Zuordnung medizinisch genutzter Räume

2.24.2.1 Was gilt als medizinisch genutzter Raum?
Die Kernfrage bei allen anzustellenden Überlegungen ist zunächst einmal:

„Wann liegen medizinisch genutzte Räume vor, und wie sind sie zuzuordnen?"

Da Art und Umfang von Gefahren von den angewandten Behandlungs- und Untersuchungsmethoden abhängen, muß der Arzt schon bei der Planung die bestimmungsgemäße Nutzung der Räume, also die Raumart, festlegen und der Errichter der elektrischen Anlage die entsprechenden Anforderungen berücksichtigen. Die Festlegung der Raumart ist Voraussetzung für die Auswahl der jeweils anzuwendenden Maßnahmen.
Als medizinisch genutzte Räume (Human- und Dentalmedizin) gelten – zunächst allgemein angesprochen – Räume, die bestimmungsgemäß bei der Untersuchung oder Behandlung von Menschen benutzt werden. Hierzu gehören auch hydrotherapeutische und pysikalisch-therapeutische Behandlungsräume sowie Massageräume. Allgemein gelten aber in medizinischen Bereichen solche Räume, in denen Patienten nicht untersucht, behandelt oder gepflegt werden, nicht zu den medizinisch genutzten Räumen. Solche Räume sind z. B. Flure, Treppenräume, Etagenbäder und Toiletten, Naßzellen in Bettenräumen, Stationsdienstzimmer, Stationsflure, Teeküchen, Aufenthaltsräume, Apotheken, Sektionsräume, pathologische Labors, Laboratorien allgemein (sofern Patienten nicht mit medizinischen elektrischen Geräten in Berührung kommen), Patientenschleusen und OP-Flure (nicht jedoch Flure, die als Aufwachzone dienen), Stationsbäder (nicht jedoch solche, in denen Patienten bestimmungsgemäß während des Bades an Apparate angeschlossen oder beatmet werden können), Nebenräume von OP-Räumen, z. B. Wasch-, Sterilisations- und Geräteräume.

2.24.2.2 *Was gilt als Krankenhaus bzw. Poliklinik?*

Etwas einfacher ist die Frage zu beantworten, was als Krankenhaus gilt. Krankenhäuser der Dental- und Humanmedizin sind nach DIN VDE 0107 alle baulichen Anlagen mit Einrichtungen, in denen durch ärztliche und pflegerische Hilfeleistungen Krankheiten, Leiden oder auch Körperschäden festgestellt, geheilt oder gelindert werden sollen oder Geburtshilfe geleistet wird. In diesen baulichen Anlagen können die zu versorgenden Personen untergebracht und verpflegt werden.
Für Krankenhäuser, die nur für Katastrophenfälle in Bereitschaft gehalten und nicht regelmäßig benutzt werden – sogenannte Hilfskrankenhäuser –, gilt DIN VDE 0107 nicht.
Polikliniken der Dental- und Humanmedizin sind dagegen bauliche Anlagen oder Teile baulicher Anlagen, in denen Personen untersucht und behandelt, nicht aber untergebracht, verpflegt und gepflegt werden. Sie fallen voll unter den Geltungsbereich von DIN VDE 0107.

2.24.2.3 *Einteilung medizinisch genutzter Räume in Anwendungsgruppen*

Hinsichtlich der zum Schutz gegen Gefahren im Fehlerfall notwendigen Maßnahmen werden medizinisch genutzte Räume in Anwendungsgruppen eingeteilt.

DIN VDE 0107:1994-10 unterscheidet:

Räume der Anwendungsgruppe 0

Räume der Anwendungsgruppe 0 sind medizinisch genutzte Räume, in denen bei bestimmungsgemäßem Gebrauch sichergestellt ist, daß:
- medizinische elektrische Geräte nicht zur Anwendung kommen, z. B. Ordinationsräume, oder
- Patienten wärend der Behandlung der Untersuchung mit medizinischen elektrischen Geräten, die bestimmungsgemäß angewendet werden, nicht in Berührung kommen, z. B. Sprech- und Verbandszimmer, Massage- und Bettenräume, oder
- medizinische elektrische Geräte betrieben werden, die ohne Ausnahme aus in die Geräte eingebauten Stromquellen versorgt werden, z. B. Bewegungsbäder, Schmetterlingsbäder, nicht galvanische Bäder, oder
- medizinische elektrische Geräte verwendet werden, die gemäß Angaben in den Begleitpapieren auch zur Anwendung außerhalb von medizinisch genutzten Räumen zugelassen sind, z. B. Inhalatorien, Gymnastikräume, OP-Nebenräume.

Räume der Anwendungsgruppe 1

Räume der Anwendungsgruppe 1 sind medizinisch genutzte Räume, in denen netzabhängige medizinische elektrische Geräte Verwendung finden, mit denen Patienten bei der Behandlung oder Untersuchung bestimmungsgemäß in Berührung kommen. In solchen Räumen kommt der Patient mit medizinischen elektrischen Geräten oder deren Anwendungsteilen in Verbindung, gegebenenfalls wird er mit den medizinischen elektrischen Geräten auch verbunden.

Verbindung oder Berührung können erfolgen:
- am Körper,
- in oder unter der Haut,
- in natürlichen Körperöffnungen,
- in künstlichen Körperöffnungen.

In Räumen der Anwendungsgruppe 1 sind besondere Maßnahmen zum Schutz des Patienten vor gefährlichen Körperströmen erforderlich, weil:
- der Hautwiderstand durchbrochen sein kann, z. B. bei der Elektro-Akkupunktur,
- die Wahrnehmung des Patienten beeinträchtigt sein kann, z. B. durch Herabsetzung der Schmerzempfindlichkeit (Analgesie),
- das Abwehrvermögen ausgeschaltet sein kann, z. B. durch Anästhesie,
- die Patienten mit medizinischen elektrischen Geräten fest verbunden sein können, z. B. bei EKG, EEG, Endoskopie.

Räume der Anwendungsgruppe 1 sind z. B. Untersuchungszimmer, Röntgenräume, normale Bettenräume, Dialyseräume (nicht aber solche in Wohnungen), hydro- und physiotherapeutische Behandlungsräume.
Allgemein kann man sagen, daß in Räumen der Anwendungsgruppe 1 nahezu alle äußerlichen Behandlungen durchgeführt werden. Darüber hinaus können in solchen Räumen aber auch Endoskopien, Entbindungen sowie kleinere chirurgische Eingriffe erfolgen.

Räume der Anwendungsgruppe 2
Räume der Anwendungsgruppe 2 sind medizinisch genutzte Räume, in denen netzabhängige medizinische Geräte betrieben werden, die operativen Eingriffen oder lebenswichtigen Maßnahmen dienen.
Solche Räume sind z. B. alle Operationsräume mit ihren Ein- und Ausleitungsräumen, Anästhesieräume, Aufwachräume, Intensivpflegeräume, Räume für Herzeingriffe, Herzlaboratorien.
In Räumen der Anwendungsgruppe 2 werden Geräte oder deren Anwendungsteile nicht nur am Körper, in und unter der Haut, in natürlichen Körperöffnungen, sondern auch im Körper, in den inneren Organen (auch im Herzen) verwendet. Das Leben der Patienten kann mit apparativen Maßnahmen erhalten oder gar wieder hergestellt werden.
Bei Eingriffen im offenen Herzen oder über Katheter ist der maximal zulässige Patienten-Ableitstrom bei intrakardialer Anwendung auf 10 µA begrenzt, weil ja bereits bei Strömen über 10 µA Herzkammerflimmern eintreten kann (siehe Abschnitt 2.24.1). Die hierfür erforderlichen Maßnahmen werden durch besondere Ausführungen des Potentialausgleichs erreicht (siehe Abschnitt 2.24.5.2).

2.24.2.4 Zuordnung von Raumarten zu den Anwendungsgruppen

Die Einteilung medizinisch genutzter Räume hinsichtlich der zum Schutz gegen Gefahren im Fehlerfall notwendigen Maßnahmen allein beantwortet die Fragen „Wann liegt ein medizinisch genutzter Raum vor, und was ist zu machen?" noch nicht. Es fehlt die Zuordnung der einzelnen medizinisch genutzten Räume zu den Anwendungsgruppen.

In beispielhafter Form gibt **Tabelle 2.17** (entspricht Tabelle 1 aus DIN VDE 0107:1994-10) Zuordnungen von Raumarten zu Anwendungsgruppen.

<table>
<tr><th>Anwendungs-gruppe</th><th>Raumart, bezogen auf den bestimmungsgemäßen Gebrauch</th><th>Art der medizinischen Nutzung</th></tr>
<tr><td>0</td><td>Bettenräume,
OP-Sterilisationsräume,
OP-Waschräume,
Praxisräume der Human- und Dentalmedizin</td><td>keine Anwendung medizinischer elektrischer Geräte oder Anwendung medizinischer elektrischer Geräte</td></tr>
<tr><td>1</td><td>Bettenräume,
Räume für physikalische Therapie,
Räume für Hydro-Therapie,
Massageräume,
Praxisräume der Human- und Dentalmedizin,
Räume für radiologische Diganostik und Therapie,
Endoskopie-Räume,
Dialyseräume,
Intensiv-Untersuchungsräume,
Entbindungsräume,
Chirurgische Ambulanzen,
Herzkatheter-Räume für Diagnostik</td><td>Anwendung medizinischer elektrischer Geräte am oder im Körper über natürliche Körperöffnungen oder bei kleineren operativen Eingriffen (kleine Chirurgie)

Untersuchungen mit Schwemmkatheter</td></tr>
<tr><td>2</td><td>Operations-Vorbereitungsräume,
Operationsräume,
Aufwachräume,
Operations-Gipsräume,
Intensiv-Untersuchungsräume,
Intensiv-Überwachungsräume,
Endoskopie-Räume,
Räume für radiologische Diagnostik und Therapie,
Herzkatheter-Räume für Diagnostik und Therapie, ausgenommen diejenigen, in denen ausschließlich Schwemmkatheter angewendet werden,
klinische Entbindungsräume,
Räume für Notfall- bzw. Akutdialyse</td><td>Organoperationen jeder Art (große Chirurgie), Einbringen von Herzkathetern, chirurgisches Einbringen von Geräteteilen, Operationen jeder Art, Erhalten der Lebensfunktionen mit medizinischen elektrischen Geräten, Eingriffe am offenen Herzen</td></tr>
<tr><td colspan="3">Die Zuordnung von Raumarten zu den Anwendungsgruppen bestimmt sich aus der Art ihrer vorgesehenen medizinischen Nutzung und medizinischen Einrichtungen. Aus diesem Grund können bestimmte Raumarten mehreren Anwendungsgruppen zugeordnet sein.
Bei Planung von Starkstromanlagen in Krankenhäusern ist der zu erwartende bestimmungsgemäße Gebrauch medizinischer elektrischer Geräte, z. B. in Bettenräumen, meist nicht vorhersehbar. Im Zweifelsfall sollte deshalb von der Anwendungsgruppe 0 kein Gebrauch gemacht werden.</td></tr>
</table>

Tabelle 2.17 Beispiele für die Zuordnung der Raumarten zu den Anwendungsgruppen (Zuordnungen entsprechen Tabelle 1 aus DIN VDE 0107:1994-10)

2.24.2.5 Arten medizinisch genutzter Räume

Um in der Praxis einen bestimmten medizinisch genutzten Raum mit vorgegebener Nutzung richtig zuordnen zu können und dann auch bestimmungsgemäß installieren zu können, sind nachfolgend gängige medizinisch genutzte Räume (Raumarten) in Übereinstimmung mit DIN VDE 0107:1994-10 beschrieben:

Aufwachräume

Aufwachräume sind Räume, in denen die Anästhesie des Patienten unter Beobachtung abklingt.

Bettenräume

Bettenräume sind Räume, in denen Patienten während der Dauer ihres Aufenthalts in Krankenhäusern, Sanatorien, Kliniken oder dergleichen stationär untergebracht sind und gegebenenfalls mit medizinischen elektrischen Geräten untersucht und behandelt werden.

Chirurgische Ambulanzen

Chirurgische Ambulanzen sind Räume, in denen kleinere operative Eingriffe ambulant vorgenommen werden.

Dialyseräume

Dialyseräume sind Räume, in denen Patienten bestimmungsgemäß der Blutwäsche unterzogen werden.

Endoskopieräume

Endoskopieräume sind Räume, in denen zur Beobachtung von Organen im Körperinnern Endoskope durch natürliche oder künstliche Körperöffnungen des Patienten eingeführt werden.

Anmerkung:

Zur Endoskopie gehören z. B. Bronchoskopie, Laryngoskopie, Zystoskopie, Gastroskopie, Laparoskopie.

Herzkatheterräume

Herzkatheterräume sind Räume, in denen Katheter in das Herz eingebracht werden.

Intensiv-Überwachungsräume

Intensiv-Überwachungsräume sind Räume, in denen stationär behandelte Patienten über längere Zeit an medizinische elektrische Geräte zur Überwachung, gegebenenfalls auch zum Anreiz der Körperaktionen, angeschlossen werden.

Intensiv-Untersuchungsräume

Intensiv-Untersuchungsräume sind Räume, in denen Personen an eine oder mehrere medizinische elektrische Meß- oder Überwachungseinrichtungen angeschlossen werden.

Operations-Gipsräume
Operations-Gipsräume sind Räume, in denen Gipsverbände unter Aufrechterhaltung der Anästhesie angelegt werden.

Operationsräume
Operationsräume sind Räume, in denen chirurgische Eingriffe vorgenommen werden. Dabei werden entsprechend der Art und der Schwere des Eingriffs Analgesien (Aufhebung der Schmerzempfindlichkeit) oder Anästhesien (Teil- oder Vollnarkosen) vorgenommen und Überwachungs- und Wiederbelebungsgeräte, Röntgenapparate oder andere medizinische Einrichtungen eingesetzt.

Operations-Vorbereitungsräume
Operations-Vorbereitungsräume sind Räume, in denen der Patient für die Operation vorbereitet wird, z. B. durch Einleitung der Anästhesie.

Praxisräume der Human- und Dentalmedizin
Praxisräume der Human- und Dentalmedizin sind alle Räume zur Untersuchung und Behandlung von Patienten bei niedergelassenen Ärzten.

Räume für Heimdialyse
Räume für Heimdialyse sind Wohnräume, in denen Patienten an Dialysegeräte angeschlossen werden dürfen.

Räume für Hydrotherapie
Räume für Hydrotherapie sind Räume, in denen Patienten medizinisch mit Wasser behandelt werden.

Räume für physikalische Therapie
Räume für physikalische Therapie sind Räume, in denen Patienten mit Hilfe von Geräten mit elektrischer, mechanischer oder thermischer Energie behandelt werden.

Räume für radiologische Diagnostik und Therapie
Räume für radiologische Diagnostik und Therapie sind Räume, in denen Strahlen zur Darstellung des Körperinnern und zur Erzielung therapeutischer Effekte an der Oberfläche und im Innern des Körpers angewendet werden.

2.24.3 Aufgabe des zusätzlichen Potentialausgleichs

Der zusätzliche Potentialausgleich hat die Aufgabe, Potentiale verschiedener, gleichzeitig berührbarer Metallteile anzugleichen oder Potentialunterschiede zu verringern, die zwischen Körpern medizinischer elektrischer Geräte und fest eingebauten fremden leitfähigen Teilen entstehen können.

Insbesondere hat der zusätzliche Potentialausgleich also die Aufgabe, Potentialunterschiede zwischen den Körpern elektrischer Betriebsmittel (leitfähige Gehäuse) und den vom Patienten berührbaren, fest eingebauten fremden leitfähigen Teilen nichtelektrischer Betriebsmittel und Gebäudeteile auch im Fehlerfall (z. B. Körperschluß des medizinischen elektrischen Geräts) zu verhindern.
Entsprechend den Aussagen zu den Maßnahmen zum Schutz gegen elektrischen Schlag unter Fehlerbedingungen (Schutz bei indirektem Berühren) dürfen Berührungsspannungen über 25 V nicht auftreten (entstehen bzw. bestehenbleiben). Im Fehlerfall dürfen also Berührungsspannungen bis 25 V vorhanden sein. Diese Spannung kann demnach vom Patienten überbrückt werden. So z. B., wenn er mit einem fehlerhaften medizinischen elektrischen Gerät (Körperschluß) verbunden ist und gleichzeitig ein fremdes leitfähiges Teil berührt. Es fließt ein Strom über den Patienten. Dieser Strom muß durch den Potentialausgleich auf ungefährliche Werte begrenzt werden. Wie in Abschnitt 2.24.1 aufgeführt, sind in Abhängigkeit von den medizinischen Anwendungen und Eingriffen zwei Grenzwerte zu berücksichtigen: 3,5 mA bzw. 10 µA.
Die Höhe des im Fehlerfall wirklich über den Patientenkörper fließenden Stroms ist im Einzelfall abhängig vom jeweils vorliegenden Körperwiderstand und dem Widerstand, den das berührte Metallteil gegen Erde hat. Das Einbeziehen in den zusätzlichen Potentialausgleich ist daher nur für die Metallteile erforderlich, deren Widerstand gegen Erde so gering ist, daß im Fehlerfall die Stromgrenzen von 3,5 mA bzw. 10 µA überschritten würden (siehe Abschnitt 2.24.5.1).

2.24.4 Durchführung des zusätzlichen Potentialausgleichs in Räumen der Anwendungsgruppe 0

Bei Einspeisung aus dem allgemeinen Netz sind für die allgemeine Stromversorgung Schutzmaßnahmen nach den Normen der Reihe DIN VDE 0100 anzuwenden. Dabei ist kein zusätzlicher Potentialausgleich für Räume der Anwendungsgruppe 0 erforderlich.
Werden Räume der Anwendungsgruppe 0 aus einer Sicherheitsstromquelle eingespeist, so kann dies z. B. der Schutz durch Meldung mit Isolationsüberwachungseinrichtung im IT-System sein. Auch in diesem Fall darf auf den zusätzlichen Potentialausgleich (oder die Erfüllung der Abschaltbedingungen bei zwei Körperschlüssen) nach DIN VDE 0100 Teil 410:1997-01, Abschnitt 413.1.5.7 (siehe Abschnitt 2.10 dieses Bandes), verzichtet werden.

2.24.5 Durchführung des zusätzlichen Potentialausgleichs in Räumen der Anwendungsgruppen 1 und 2

2.24.5.1 Allgemeines

Bei Räumen der Anwendungsgruppen 1 und 2 ist zum Ausgleich von Potentialunterschieden zwischen den Körpern der elektrischen Betriebsmittel und fest eingebauten fremden leitfähigen Teilen generell immer ein zusätzlicher Potentialausgleich zu errichten. Hierzu ist in jedem Verteiler oder dessen Nähe eine Potentialausgleichs-Sammelschiene (Potentialausgleichsschiene) anzubringen, an die die Potentialausgleichsleiter übersichtlich und einzeln lösbar angeschlossen werden können.

2.24.5.2 Was muß in den zusätzlichen Potentialausgleich einbezogen werden?

In den zusätzlichen Potentialausgleich medizinisch genutzter Räume der Anwendungsgruppen 1 und 2 sind über Potentialausgleichsleiter folgende Teile mit der Potentialausgleichs-Sammelschiene (Potentialausgleichsschiene) zu verbinden:

- Die Schutzleiter-Sammelschiene (des zugehörigen Verteilers).
  Durch diese Maßnahme werden alle Körper elektrischer Betriebsmittel, deren Schutzleiter an die Sammelschiene angeschlossen sind, in den zusätzlichen Potentialausgleich einbezogen.
- Fremde leitfähige Teile, die sich in einem Bereich von 1,50 m bei der Behandlung oder Untersuchung eines Patienten mit netzabhängigen medizinischen elektrischen Geräten um die Patientenposition befinden.
  Nach der alten DIN VDE 0107:1989-11 war der Bereich um die Patientenposition (Patientenumgebung) noch mit 1,25 m festgelegt (Handbereich nach DIN VDE 0100 Teil 200:1993-11). Durch Anpassung an internationale Festlegungen wurde der Bereich in der neuen DIN VDE 0107:1994-10 nunmehr auf 1,50 m festgesetzt. Gemeint ist dabei der waagrechte Abstand von der äußeren Begrenzung der Patientenliegefläche. Als senkrechte Begrenzung der Patientenumgebung haben die Fachleute die Ebene 2,50 m über der Standfläche des medizinischen Personals vorgegeben.
  Im Normalfall ist die Patientenposition, bei der eine Behandlung mit netzabhängigen medizinischen elektrischen Geräten erfolgt, also der Anschluß der erforderlichen medizinischen elektrischen Geräte an der festen Installation des Raums vorgenommen wird, eine im Raum durch besondere Vorkehrungen festgelegte Position, z. B. der Intensivpflegeplatz, der OP-Tisch-Sockel.
  In Sonderfällen kann die Patientenposition auch variieren, sie ist dann nicht eindeutig festgelegt. In solch einem Fall ist bei der Festlegung des Umfangs des zusätzlichen Potentialausgleichs der „denkbare“ Positionsbereich zugrunde zu legen.
  Leitfähige Teile mit einem relativ hohen Widerstand gegen Erde müssen nicht in den zusätzlichen Potentialausgleich einbezogen werden.
  Einbezogen werden müssen jedoch fremde leitfähige Teile, deren Widerstand, gemessen zum Schutzleiter, beträgt:
  - 7 kΩ in Räumen der Anwendungsgruppe 1 (R_{ex}),
  - $<$ 2,4 MΩ in Räumen der Anwendungsgruppe 2 (R_{in}).
    Gemeint sind dabei die leitfähigen Teile, die nicht mit dem Schutzleiter in Verbindung stehen (fremde leitfähige Teile).

Der Wert von < 7 kΩ in Räumen der Anwendungsgruppe 1 stellt sicher, daß bei einer Überbrückung zwischen einem fehlerhaften medizinischen elektrischen Gerät und einem fremden leitfähigen Teil keine höheren Ströme als 3,5 mA über den Körper des Patienten fließen:

$$R_{ex} < \frac{U_L}{I_{abex}},$$

$$R_{ex} < \frac{25\ \text{V}}{3{,}5\ \text{mA}},$$

$$R_{ex} \approx 7\ \text{k}\Omega.$$

Darin bedeuten:

R_{ex} Widerstand leitfähiger Teile gegenüber Schutzleiter bei externer Anwendung medizinischer elektrischer Geräte,

U_L Grenze der dauernd zulässigen Berührungsspannung an den Verbrauchsmitteln,

I_{abex} angenommener maximaler Ableitstrom extern angewendeter medizinischer elektrischer Geräte.

Der Wert von < 2,4 MΩ in Räumen der Anwendungsruppe 2, d. h. bei möglicher intrakardialer Anwendung medizinischer elektrischer Geräte, stellt sicher, daß bei einer Überbrückung zwischen einem fehlerhaften medizinischen elektrischen Gerät und einem fremden leitfähigen Teil keine höheren Ströme als 10 µA über den Körper des Patienten fließen.
Der Wert 2,4 MΩ resultiert aus dem vorgegebenen maximal zulässigen Patienten-Ableitstrom bei intrakardialer Anwendung I_{abin} von 10 µA (Eingriff im oder am Herzen; siehe auch Abschnitt 2.24.1) und der seinerzeit zulässigen Berührungsspannung U_B von 24 V. Er ergibt sich dann zu:

$$R_{in} = \frac{U_B}{I_{abin}},$$

$$R_{in} = \frac{24\ \text{V}}{10\ \mu\text{A}},$$

$$R_{in} = 2{,}4\ \text{M}\Omega.$$

Darin bedeuten:

R_{in} Widerstand leitfähiger Teile gegenüber Schutzleiter bei intrakardialer Anwendung medizinischer elektrischer Geräte,

U_B seinerzeit zulässige maximale Berührungsspannung,

I_{abin} maximal zulässiger Patienten-Ableitstrom bei intrakardialer Anwendung medizinischer elektrischer Geräte.

Obwohl die heutige Grenze der dauernd zulässigen Berührungsspannung bei $U_L = 25$ V liegt, ist als Grenzwert weiterhin ein Widerstand von $R_{in} < 2{,}4$ MΩ anzusetzen.

- Die Abschirmung gegen elektrische Störfelder.
  Gemeint sind hier die Abschirmungen gegen elektrische Störfelder, die ggf. als Maßnahmen in EEG-, EMG- und EKG-Räumen sowie in Intensivstationen, Herzkatheterräumen und Operationsräumen erforderlich sind. Solche Maßnahmen können z. B. das Einlegen von Abschirmgeweben oder Metallfolien in Wand, Decke oder Fußboden der zu entstörenden Räume sein.

- Die Ableitnetze elektrostatisch leitfähiger Fußböden.
  Solche Böden werden mitunter in Operationsräumen verlegt, um die zwar ungefährliche, aber unangenehme Schockwirkung, die der Entladungsvorgang hervorruft, zu vermeiden. In explosionsgefährdeten Räumen sind elektrostatisch leitfähige Fußböden immer erforderlich, allerdings wird es explosionsgefährdete Räume heutzutage in Krankenhäusern kaum noch geben.

- Ortsfeste, nicht elektrisch betriebene Operationstische, die nicht mit dem Schutzleiter verbunden sind.
  Somit müssen also elektrisch betriebene ortsfeste Operationstische, bei denen die Gehäuse der Motoren mit dem Schutzleiter verbunden sind, nicht über einen Potentialausgleichsleiter in den zusätzlichen Potentialausgleich einbezogen werden. Ortsfeste Operationstische mit elektrischer Verstellung und Anwendung einer Schutzmaßnahme ohne Schutzleiter (Schutztrennung, Schutzkleinspannung, Funktionskleinspannung mit sicherer Trennung (PELV)) müssen aber in den zusätzlichen Potentialausgleich einbezogen werden.
  Kommen ortsveränderliche Operationstische zur Anwendung, so können diese nicht vom Errichter elektrischer Anlagen in den Potentialausgleich einbezogen werden. In diesem Fall ist das Einbeziehen in den zusätzlichen Potentialausgleich eine betriebliche Maßnahme, die vom zuständigen medizinischen Personal vorgenommen werden muß.

- Operationsleuchten bei Anwendung der Funktionskleinspannung mit sicherer Trennung (PELV).
  Solche Leuchten können bei Operationen vom medizinischen Personal berührt werden und im Fehlerfall zu Potentialunterschieden im Bereich des Operations-

tisches führen. Sie müssen daher in den zusätzlichen Potentialausgleich einbezogen werden.

Gegenüber der alten DIN VDE 0107:1981-06 machte die Folgefassung DIN VDE 0107:1989-11 und macht nun auch die Neufassung DIN VDE 0107:1994-11 eine wesentlich klarere Aussage darüber, was in den zusätzlichen Potentialausgleich einbezogen werden muß. Die Festlegungen der früher geltenden DIN VDE 0107:1981-06 konnten leider auch mißverständlich interpretiert werden.
Oft wurde der dort verwendete alte Begriff „besonderer Potentialausgleich“ auch falsch gedeutet. Als Folge wurde häufig ein viel zu großer und keinesfalls gerechtfertigter Aufwand getrieben. So wurden ohne Erfordernis leitfähige Teile, wie z. B. metallene Tür- oder Fensterrahmen, Wasserverbrauchsanlagen, Heizungsrohre, die in Räumen der Anwendungsgruppe 1 bei der Untersuchung und Behandlung von Patienten mit netzabhängigen medizinischen elektrischen Geräten außerhalb des Handbereichs der Patienten lagen, in den zusätzlichen (besonderen) Potentialausgleich einbezogen worden. Dies war auch nach der alten DIN VDE 0107:1981-06 jedoch völlig überflüssig. Mitunter wurde das Einbeziehen von leitfähigen Teilen sogar auf die Spitze getrieben, nämlich dann, wenn auch Handtuch- und Papierrollenhalter in den zusätzlichen Potentialausgleich einbezogen wurden.

Zusätzlich sind in Räumen der Anwendungsgruppe 2 folgende Maßnahmen erforderlich:

- In der Nähe der Patientenpositionen müssen Anschlußbolzen für Potentialausgleichsleiter nach DIN 42801 angebracht werden. Über diese Anschlußbolzen können dann ortsveränderliche medizinische elektrische Geräte bei intrakardialen Eingriffen und ortsveränderliche Operationstische bei Anwendung der HF-Chirurgie in den Potentialausgleich einbezogen werden.
- Es darf die Spannung in den Räumen der Anwendungsgruppe 2 im fehlerfreien Betrieb der elektrischen Anlage zwischen fremden leitfähigen Teilen, Schutzkontakten von Steckdosen und Körpern fest angeschlossener elektrischer Betriebsmittel den Wert 20 mV nicht überschreiten.
  In einer Anmerkung macht DIN VDE 0107:1994-10 darauf aufmerksam, daß diese Bedingung in Anlagen ohne PEN-Leiter – in Starkstromanlagen mit Nennspannungen bis 1 000 V dürfen vom Hauptverteiler des Gebäudes ab keine PEN-Leiter verwendet werden – erfüllt sind. Somit muß die Einhaltung dieser Forderung bei Änderung oder Erweiterung bestehender Anlagen, in denen PEN-Leiter ab Gebäude-Hauptverteiler verlegt sind (TN-C-System), meßtechnisch nachgewiesen werden.

Nachfolgend einige Erläuterungen zu den vorerwähnten Maßnahmen:
Bei verschiedenen medizinischen elektrischen Geräten, die bei intrakardialen Eingriffen oder Untersuchungen am Herzen eingesetzt werden, kann der Ableitstrom höher sein als der zulässige Körperstrom. Im Falle eines Schutzleiterbruchs besteht

durch die Ableitströme, die dann direkt über das Herz des Patienten abgeleitet werden, unmittelbare Lebensgefahr für den Patienten. Deshalb müssen solche medizinischen elektrischen Geräte zusätzlich zum Schutzleiter über Anschlußvorrichtungen an die Potentialausgleichsschiene angeschlossen werden, damit im Falle des Schutzleiterbruchs der Ableitstrom des medizinischen elektrischen Geräts über den Potentialausgleichsleiter gefahrlos abgeführt wird.
Beim Errichten elektrischer Anlagen können aber nur fest eingebaute fremde leitfähige Teile in den zusätzlichen Potentialausgleich einbezogen werden. Das Einbeziehen von ortsveränderlichen medizinischen elektrischen Geräten kann in DIN VDE 0107 nicht geregelt werden, weil es keinen Adressaten gibt.
Ortsveränderliche medizinische elektrische Geräte für intrakardiale Eingriffe (Eingriffe unmittelbar in das Herz hinein) und ortsveränderliche Operationstische bei Anwendung der HF-Chirurgie müssen aber während der Dauer des Eingriffs in den zusätzlichen Potentialausgleich einbezogen werden.
Die ortsveränderlichen Operationstische bei Anwendung der HF-Chirurgie im übrigen deshalb, weil dadurch HF-Verbrennungen vermieden werden können.
Deshalb müssen in Räumen, in denen intrakardiale Eingriffe vorgenommen werden, zusätzlich zu den zuvor beschriebenen Maßnahmen in der Nähe der Patientenposition Anschlußbolzen für Potentialausgleichsleiter nach DIN 42801 angebracht werden, über die dann die ortsveränderlichen medizinischen elektrischen Geräte bei intrakardialen Eingriffen und ortsveränderlichen Operationstische bei Anwendung der HF-Chirurgie in den zusätzlichen Potentialausgleich einbezogen werden können.
Bei dem Anschlußbolzen für Potentialausgleichsleiter nach DIN 42801 handelt es sich um eine gegen unbeabsichtigtes Lösen gesicherte Anschlußvorrichtung. Sie besteht aus dem Anschlußbolzen für den Anschluß des ortsfesten Potentialausgleichsleiters (Potentialausgleich-Steckdose) (**Bild 2.66**) und der zugehörigen Anschlußbuchse für den beweglichen Potentialausgleichsleiter (Winkel-Buchsenstecker) (**Bild 2.67**).

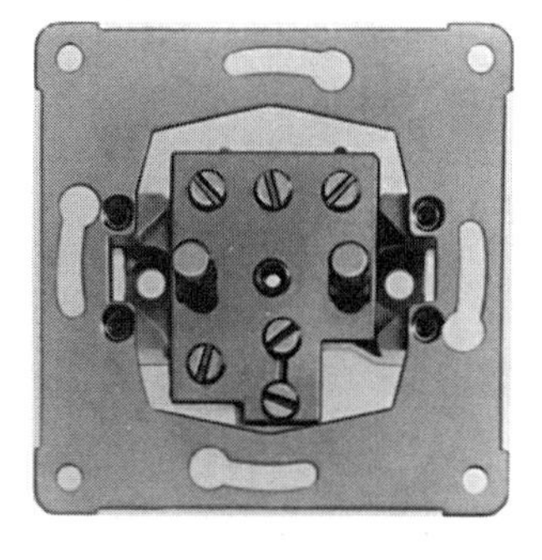

Bild 2.66 Anschlußbolzen für Potentialausgleichsleiter nach DIN 42801 in Doppelausführung (Doppel-Potentialausgleich-Steckdose) (links ohne, rechts mit Zentralstück und Rahmen) (Foto: Firma Berker)

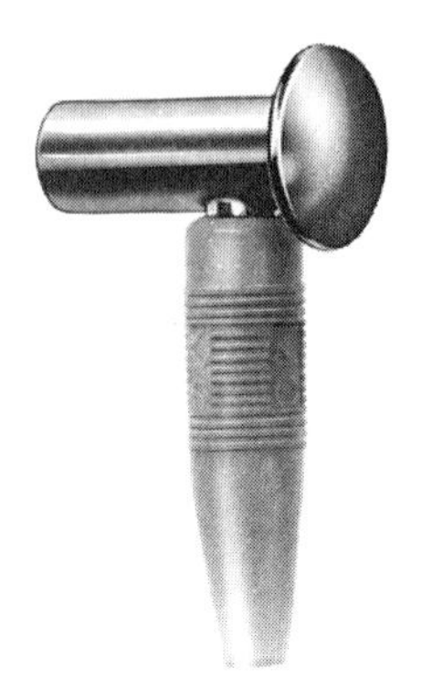

Bild 2.67 Winkel-Buchsenstecker nach DIN 42801 für Potentialausgleichsleiter (Foto: Firma Berker)

Es empfiehlt sich, diese Anschlußvorrichtungen nicht nur in den Räumen, in denen intrakardiale Eingriffe vorgenommen werden, zu installieren, sondern in allen medizinisch genutzten Räumen vorzusehen.
Solche Anschlußvorrichtungen lassen sich problemos in die normale Elektroinstallation einbeziehen, da es die Potentialausgleich-Steckdosen bei den Herstellern von Schaltern und Steckdosen in den verschiedenen Programmen gibt.
In Räumen der Anwendungsgruppe 2, in denen Untersuchungen oder Behandlungen im Herzen oder am freigelegten Herzen erfolgen, darf die Spannung (Potentialdifferenz) den Wert von 20 mV im fehlerfreien Betrieb der elektrischen Anlage zwischen fremden leitfähigen Teilen, Schutzkontakten von Steckdosen und Körpern fest angeschlossener elektrischer Betriebsmittel nicht überschreiten. Dies muß durch den zusätzlichen Potentialausgleich gewährleistet sein. Die alte DIN VDE 0107:1989-11 hatte noch 10 mV als Grenzwert.
Die Forderung ist dadurch begründet, daß Gebäudestreuströme über leitfähige Gebäudekonstruktionen, Bewehrungen, Rohrleitungen, Heizungsanlagen und andere metallene Teile fließen und Potentialdifferenzen zwischen diesen stromdurchflossenen, nicht elektrischen Metallteilen und den elektrischen Betriebsmitteln erzeugen, die das Potential der Schutzleiterschiene haben.
Solche Gebäudestreuströme können auftreten, wenn kein getrennter Schutzleiter bei den Schutzmaßnahmen zum Schutz gegen elektrischen Schlag unter Fehlerbedingungen (Schutz bei indirektem Berühren) angewendet wird und wenn z. B. bei Leiterquerschnitten ab 10 mm^2 Cu der PEN-Leiter sowohl Schutzleiter- als auch Neutralleiterfunktion hat. Der PEN-Leiter führt Betriebsstrom und ist mit den Körpern der elektrischen Betriebsmittel, leitfähigen Gebäudekonstruktionen, Rohrleitungen, Heizungsanlagen usw. verbunden. Bei unsymmetrischer Belastung fließt ein Differenzstrom nun nicht ausschließlich über den PEN-Leiter zurück, sondern zum Teil über die vorgenannten leitfähigen Teile des Gebäudes (siehe hierzu auch Abschnitt 2.7).

Die Auswirkungen solcher Gebäudestreuströme können in medizinisch genutzten Räumen u. U. kritisch sein. So werden Potentiale an den stromdurchflossenen metallenen Teilen verursacht, die auch an leitfähige Teile im Patientenbereich medizinisch genutzter Räume gelangen können. Erfolgt nun die gleichzeitige Berührung von Metallteilen mit unterschiedlichen Potentialen, so besteht bei intrakardialen Eingriffen für Patienten eine unmittelbare Gefahr, wenn die Potentialdifferenz mehr als 20 mV beträgt.
Wird die Potentialdifferenz so groß, daß durch sie ein größerer Strom als 10 µA verursacht wird, besteht bei Herzoperationen unmittelbar Gefahr, wenn der Strom über den Herzinnenmuskel fließt. Deshalb die Begrenzung der Potentialdifferenz auf 20 mV.
Die Forderung ist meist erfüllbar, wenn Gebäudestreuströme vollends vermieden werden. Dies ist gegeben, wenn auch in nicht medizinisch genutzten Räumen des Gebäudes ein getrennter Schutzleiter im gesamten Verlauf der elektrischen Anlage mitgeführt wird. Deshalb dürfen nach DIN VDE 0107:1994-10 in Starkstromanlagen bis 1 000 V von Gebäuden im Krankenhausbereich, in denen medizinische Räume vorhanden sind, vom Hauptverteiler des Gebäudes ab keine PEN-Leiter verwendet werden. Dies gilt allerdings nur für neu errichtete Gebäude. Werden bestehende Anlagen mit vorhandenen PEN-Leitern erweitert, können im erweiterten Teil der Starkstromanlage auch PEN-Leiter verlegt werden, weil durch den Verzicht auf PEN-Leiter nur in einem Teil der Anlage (erweiterter Teil) Gebäudestreuströme nicht vermieden werden können.
Die Einhaltung des vorgenannten Grenzwerts von 20 mV ist durch Messung nachzuweisen (siehe Abschnitt 2.24.9).
Der Nachweis erübrigt sich in Gebäuden, in denen keine PEN-Leiter verlegt sind, da die vorgenannte Bedingung – Einhaltung des Grenzwerts von 20 mV – in Anlagen ohne PEN-Leiter ohnehin erfüllt ist. Somit ist ein solcher Nachweis bei allen Neuanlagen nicht erforderlich, da ja nach DIN VDE 0107:1994-10 in Starkstromanlagen bis 1 000 V vom Hauptverteiler des Gebäudes ab keine PEN-Leiter verlegt werden dürfen (siehe hierzu auch Abschnitt 2.7 dieses Bandes).
Lediglich bei Änderung oder Erweiterung bestehender Anlagen, in denen PEN-Leiter ab Gebäude-Hauptverteiler verlegt sind (TN-C-System), ist die Einhaltung der Forderung meßtechnisch nachzuweisen.

2.24.5.3 Ausführung des zusätzlichen Potentialausgleichs

Alle für die vorgenannten Fälle erforderlichen Potentialausgleichsleiter sind auf eine Potentialausgleichs-Sammelschiene (Potentialausgleichsschiene) zu führen. Sie müssen übersichtlich und einzeln lösbar an der Schiene angebracht werden. Als übersichtlich ist hier eine entsprechende Kennzeichnung der Zugehörigkeit zu verstehen.
Die Potentialausgleichs-Sammelschiene muß entweder in jedem Verteiler oder in dessen Nähe angebracht sein. Die Anbringung außerhalb des Verteilers wurde in die Ausgabe November 1989 von DIN VDE 0107 erstmals aufgenommen.

Die in DIN VDE 0107:1994-10 genannte Potentialausgleichs-Sammelschiene ist dabei nichts anderes als die herkömmliche Potentialausgleichsschiene für den Hauptpotentialausgleich nach DIN VDE 0618 Teil 1, die u. a. auch die Kennzeichnungsmöglichkeit enthält (siehe Abschnitt 2.6.4 dieses Bandes).
Zwischen den Potentialausgleichs-Sammelschienen (Potentialausgleichsschiene) von Räumen oder Raumgruppen mit funktionsmäßig gemeinsamen Meß- oder Überwachungseinrichtungen, z. B. für Körperaktionsspannungen oder Körperfunktionen, sind Potentialausgleichsleiter zu verlegen.
Auswahl und Bemessung von Potentialausgleichsleitern des zusätzlichen Potentialausgleichs müssen nach DIN VDE 0100 Teil 540 vorgenommen werden. Somit gilt für sie die Tabelle 9 von DIN VDE 0100 Teil 540:1991-11 (siehe Tabelle 2.12 dieses Bandes). Danach muß der Querschnitt eines zwischen der Potentialausgleichs-Sammelschiene (Potentialausgleichsschiene) und einem fremden leitfähigen Teil verlegten Potentialausgleichsleiters die Hälfte des Querschnitts des größten Schutzleiters der Anlage betragen. Mit Anlage ist hierbei der Bereich der elektrischen Anlage gemeint, in der der zusätzliche Potentialausgleich durchgeführt wird.
Für Potentialausgleichsleiter, die gegen mechanische Beschädigungen geschützt verlegt sind, reicht ein Mindestquerschnitt von 2,5 mm^2 Cu oder Al, bei Verlegung ohne mechanischen Schutz ist ein Mindestquerschnitt von 4 mm^2 Cu oder Al erforderlich.
Siehe hierzu auch die Aussagen im Abschnitt 2.6.1.2.
Einen Grenzwert für den Widerstand von Potentialausgleichsleitern, wie er noch in DIN VDE 0107:1981-06 für Räume der Anwendungsgruppe 2 E gefordert war, gibt es in DIN VDE 0107:1994-10 nicht mehr. Seinerzeit war gefordert, daß der Widerstand zwischen der Potentialausgleichs-Sammelschiene (Potentialausgleichsschiene) einerseits und allen in den Potentialausgleich einbezogenen Teilen und auch den Anschlußvorrichtungen (Anschlußbolzen) für den Potentialausgleich andererseits 0,2 Ω nicht überschreiten durfte.
Nach DIN VDE 0107:1994-10 müssen Potentialausgleichsleiter in medizinisch genutzten Räumen isoliert und grün-gelb gekennzeichnet sein. Dies ist gegenüber DIN VDE 0100 eine Verschärfung (siehe Abschnitt 2.6.2 dieses Bandes), die aber gerechtfertigt ist. Schließlich handelt es sich bei den elektrischen Anlagen in medizinisch genutzten Räumen um Anlagen, an die besondere Anforderungen zu stellen sind.

2.24.6 Potentialausgleich bei Maßnahmen gegen die Beeinflussung von medizinischen elektrischen Meßeinrichtungen durch Starkstromanlagen

2.24.6.1 Allgemeines

Durch elektrische (kapazitive) oder magnetische (induktive) Felder von elektrischen Anlagen können medizinische Meßeinrichtungen, insbesondere solche für Körperaktionsspannungen, bis zur Funktionsunfähigkeit gestört werden.

Daher sind Maßnahmen als Schutz gegen Störungen erforderlich, die durch Starkstromanlagen in oder in der Nähe medizinisch genutzter Räume hervorgerufen werden. Ihre Anwendung ermöglicht erst den bestimmungsgemäßen Betrieb medizinischer Meßeinrichtungen.
Ist nach den örtlichen Gegebenheiten mit dem Auftreten von Störungen zu rechnen, so sind in Räumen und in der Umgebung von Räumen, in denen bestimmungsgemäß Messungen von Körperaktionsspannungen, z. B. EEG, EKG oder EMG, durchgeführt werden, entsprechende Maßnahmen zu ergreifen. Sie sind gegebenenfalls zur Herstellung des bestimmungsgemäßen Gebrauchs auch nachträglich durchzuführen.
Zu den Räumen, die gegen Störungen geschützt werden sollen, gehören insbesondere:

- EKG-Räume, EEG-Räume und EMG-Räume in Krankenhäusern,
- Intensivuntersuchungsräume,
- Intensivüberwachungsräume,
- Herzkatheterräume,
- Operationsräume.

Es ist zu beachten, daß auch auf Überwachungsstationen (Patientenmonitoring) häufig im Alarmfall Elektrokardiogramme zu diagnostischen Zwecken ungestört aufgenommen werden müssen.
Bei den zu ergreifenden Maßnahmen gegen die Beeinflussung von elektromedizinischen Meßeinrichtungen durch Starkstromanlagen sind zu unterscheiden:

- Maßnahmen gegen Störungen durch magnetische (induktive) Felder und
- Maßnahmen gegen Störungen durch elektrische (kapazitive) Felder.

2.24.6.2 Maßnahmen gegen Störungen durch elektrische (kapazitive) Felder

Die Durchführung des Potentialausgleichs ist von Bedeutung bei Maßnahmen, die sich gegen Störungen durch das elektrische Feld der Starkstromanlage durch kapazitive Kopplung zwischen Netz und Meßkreis richten. Auf Störungen durch netzfrequente magnetische Felder kann durch Potentialausgleichsmaßnahmen nicht eingewirkt werden.
So soll das gesamte Starkstromleitungsnetz des zu schützenden Raums mit Kabeln und Leitungen mit leitfähigen, abschirmenden Umhüllungen verlegt werden. Diese Maßnahmen sind an allen Teilen des Leitungsnetzes durchzuführen, die im zu schützenden Raum, in den begrenzenden Wänden, Decken und Fußböden sowie auf deren Außenseite verlegt sind.
Die leitfähigen Umhüllungen von Leitungen und Kabeln (z. B. abgeschirmte Leitungen mit Metallmantel, Stahlpanzerrohr oder ähnliche Installationsrohre und -kanäle) sollten untereinander und mit dem Potentialausgleichsleiter gut leitend verbunden werden (Schweißpunkte, übergelötete Drahtbrücken). Dabei sollten die Abschirmungen (z. B. die metallene Umhüllung der abgeschirmten Leitungen bzw. das Stahlpanzerrohr) keine geschlossenen Ringverbindungen (Maschen) bilden. Die

elektrische Entstörwirkung könnte dann in das Gegenteil umschlagen, wenn die metallenen Schirme mit ihren zu erdenden Zuleitungen den Raum ganz oder teilweise als magnetisch wirkende Ringverbindung (Masche, Erdschleife) umfassen. Dieser Effekt kann durch eine sternpunktartige Verbindung der einzelnen Schirme zur Erde verhindert werden.
Die vorgenannten Maßnahmen können entfallen, wenn die zu schützenden Einrichtungen auf andere Weise wirksam gegen Störungen geschützt werden. Dies kann durch Einlegen eines Abschirmgewebes oder einer Metallfolie in den Fußboden, die Decke oder die Wände der zu entstörenden Räume geschehen. Diese Abschirmung ist von Rohrleitungen und leitfähigen Gebäudeteilen usw. isoliert zu verlegen und über einen eigenen Potentialausgleichsleiter mit der Potentialausgleichs-Sammelschiene (Potentialausgleichsschiene) zu verbinden.
Fest angeschlossene elektrische Verbrauchsmittel sollten in Schutzklasse I ausgeführt sein.

2.24.7 Zusätzlicher Potentialausgleich in Praxisräumen der Human- und Dentalmedizin

In Räumen der Anwendungsgruppen 1 und 2 (siehe Abschnitt 2.24.3) von Arztpraxen ist ebenfalls ein zusätzlicher Potentialausgleich erforderlich. In diesen zusätzlichen Potentialausgleich müssen aber nur die fremden leitfähigen Teile einbezogen werden, die Patienten bei der Behandlung oder Untersuchung mit netzabhängigen medizinischen elektrischen Geräten berühren können. Kommen solche netzabhängigen medizinischen elektrischen Geräte nicht zur Anwendung oder kann der Patient fremde leitfähige Teile nicht berühren, so ist ein zusätzlicher Potentialausgleich nicht erforderlich.
Auch hier gilt wieder ein Abstand nach allen Seiten von 1,50 m um die Patientenposition. Außerhalb dieses Bereichs können Patienten keine vorhandenen fremden leitfähigen Teile berühren.
So ist in vielen Zahnarztpraxen mit fest angebrachtem Behandlungsstuhl ein zusätzlicher Potentialausgleich nicht erforderlich, weil vom Behandlungsstuhl aus keine fremden leitfähigen Teile berührt werden können.
In Praxisräumen der Humanmedizin sieht die Situation etwas anders aus. Hier sind die Stühle und Liegen, auf denen die Patienten mit medizinischen elektrischen Geräten behandelt werden, oft beweglich. Ihre Position im Raum ist also veränderbar. In solchen Räumen sollten deshalb fremde leitfähige Teile generell in den zusätzlichen Potentialausgleich einbezogen werden. Üblicherweise sind dies aber nur metallene Wasserverbrauchsleitungen und metallene Heizungsrohre.
Auswahl und Bemessung der Potentialausgleichsleiter des zusätzlichen Potentialausgleichs müssen nach DIN VDE 0100 Teil 540 vorgenommen werden. Somit gilt für sie Tabelle 9 von DIN VDE 0100 Teil 540:1991-11 (siehe Tabelle 2.12 dieses Bandes). Danach muß der Querschnitt des Potentialausgleichsleiters – üblicherweise von der Schutzleiterschiene des Stromkreisverteilers abgehend, von dem die

Stromkreise der Praxisräume abzweigen – die Hälfte des Querschnitts des größten Schutzleiters der Anlage betragen. Mit Anlage ist hierbei der Bereich der elektrischen Anlage gemeint, in der der zusätzliche Potentialausgleich durchgeführt wird. Für Potentialausgleichsleiter, die gegen mechanische Beschädigungen geschützt verlegt sind, reicht ein Mindestquerschnitt von 2,5 mm^2 Cu oder Al, bei Verlegung ohne mechanischen Schutz ist ein Mindestquerschnitt von 4 mm^2 Cu oder Al erforderlich.
Siehe hierzu auch die Aussagen im Abschnitt 2.6.1.2.
Die Potentialausgleichsleiter müssen abweichend von DIN VDE 0100 isoliert und grün-gelb gekennzeichnet sein (siehe Abschnitt 2.24.5.3 dieses Bandes).

2.24.8 Zusätzlicher Potentialausgleich beim Betrieb von Heimdialysegeräten in Räumen von Wohnungen

2.24.8.1 Allgemeines

Bei der regelmäßigen Versorgung von Geräten der Heimdialyse in Räumen von Wohnungen sind zu unterscheiden:

- Maßnahmen in der elektrischen Anlage,
- Verwendung von Anschluß-Einrichtungen zwischen Steckdose der Hausinstallation und Heimdialysegerät.

Entsprechend unterschiedlich gestalten sich die Maßnahmen für den zusätzlichen Potentialausgleich.

2.24.8.2 Zusätzlicher Potentialausgleich bei Maßnahmen in der elektrischen Anlage

Hierbei ist ein eigener, am Stromkreisverteiler der Wohnung beginnender Stromkreis bis zum Aufstellungsort des Dialysegeräts vorzusehen. Der Stromkreis ist zum Schutz gegen elektrischen Schlag unter Fehlerbedingungen (Schutz bei indirektem Berühren) durch eine Fehlerstrom-Schutzeinrichtung (RCD) mit einem Nennfehlerstrom (Bemessungsdifferenzstrom) $I_{\Delta n} \leq 30$ mA zu schützen, wobei die Prüftaste alle sechs Monate zu betätigen ist.
Der Anschluß des Heimdialysegeräts muß mit Steckvorrichtungen erfolgen, die mit den übrigen Steckdosen unverwechselbar sind.
Für die geschilderte Art der Versorgung von Heimdialysegeräten ist ein zusätzlicher Potentialausgleich nach DIN VDE 0100 Teil 410 vorzusehen, in den alle fremden leitfähigen Teile einbezogen werden müssen, die ein Patient während der Dialyse berühren kann.
Auch hier gilt zunächst wieder ein Abstand nach allen Seiten von 1,50 m um die Patientenposition. Da aber das Heimdialysegerät nicht fest angebracht ist, muß der Bereich, in dem alle fremden leitfähigen Teile in den zusätzlichen Potentialausgleich einzubeziehen sind, größer angesetzt werden. Kriterium kann hier die fest installierte Steckdose für den Anschluß des Heimdialysegeräts sein. Von diesem Punkt aus

sind zunächst die Länge der Anschlußleitung des Geräts und dann die 1,50 m zusätzlich zu berücksichtigen.
Auswahl und Bemessung der Potentialausgleichsleiter müssen nach DIN VDE 0100 Teil 540 vorgenommen werden. Somit gilt für sie Tabelle 9 von DIN VDE 0100 Teil 540:1991-11 (siehe Tabelle 2.12 dieses Bandes). Danach muß der Querschnitt des Potentialausgleichsleiters – üblicherweise von der Schutzleiterschiene des Stromkreisverteilers der Wohnung abgehend – die Hälfte des Querschnitts des größten Schutzleiters der Anlage betragen. Mit Anlage ist hierbei der Bereich der elektrischen Anlage gemeint, in der der zusätzliche Potentialausgleich durchgeführt wird. Für Potentialausgleichsleiter, die gegen mechanische Beschädigungen geschützt verlegt sind, reicht ein Mindestquerschnitt von 2,5 mm^2 Cu oder Al, bei Verlegung ohne mechanischen Schutz ist ein Mindestquerschnitt von 4 mm^2 Cu oder Al erforderlich.
Siehe hierzu auch die Aussagen im Abschnitt 2.6.1.2.
Die Potentialausgleichsleiter müssen abweichend von DIN VDE 0100 isoliert und grün-gelb gekennzeichnet sein (siehe Abschnitt 2.24.5.3 dieses Bandes).

2.24.8.3 Zusätzlicher Potentialausgleich bei Verwendung von Anschluß-Einrichtungen zwischen Steckdose der Hausinstallation und Heimdialysegerät

Anstelle der unter Abschnitt 2.24.8.2 beschriebenen Maßnahmen in der elektrischen Anlage können Heimdialysegeräte auch an eine ortsveränderliche Anschluß-Einrichtung angeschlossen werden. Diese wird aus einer in der Wohnung vorhandenen Schutzkontaktsteckdose versorgt.
Das Schutzprinzip dieser Anschluß-Einrichtung besteht darin, daß für die angeschlossenen Geräte der Schutz durch Schutztrennung mit mehreren Verbrauchsmitteln nach DIN VDE 0100 Teil 410:1997-01, Abschnitt 413.5.3, zur Anwendung kommt (siehe Abschnitt 2.12.3 dieses Bandes). An der Sekundärwicklung des Trenntransformators sind ausgangsseitig also mehrere Steckdosen angeschlossen, die in die Gehäusewand der Anschluß-Einrichtung eingebaut sind. Auch hier muß sich die Bauart der Steckdosen von derjenigen der in der Hausinstallation verwendeten Steckdosen unterscheiden.
Die Schutzkontakte der ausgangsseitigen Steckdosen der Anschluß-Einrichtung sind untereinander durch einen ungeerdeten isolierten Potentialausgleichsleiter zu verbinden (siehe Abschnitt 2.12.3).
Zwischen den Ausgangsklemmen des Trenntransformators und den ausgangsseitigen Steckdosen muß entweder

- jede der Steckdosen mit einer eigenen Fehlerstrom-Schutzeinrichtung (RCD) mit einem Nennfehlerstrom (Bemessungsdifferenzstrom) $I_{\Delta n} \leq 30$ mA versehen sein oder
- eine Isolationsüberwachung gegen den vorgenannten ungeerdeten isolierten Potentialausgleichsleiter, der die Schutzkontakte der ausgangsseitigen Steckdosen der Anschlußeinrichtung untereinander verbindet, vorgesehen werden.

2.24.9 Prüfung des zusätzlichen Potentialausgleichs in medizinisch genutzten Räumen

Über die Prüfung des zusätzlichen Potentialausgleichs in medizinisch genutzten Räumen werden in DIN VDE 0107:1994-10 im Abschnitt 10 „Prüfungen" detaillierte Aussagen getroffen.
Unterschieden werden im Abschnitt 10 „Erstprüfungen" und „wiederkehrende Prüfungen". Die Prüfung des zusätzlichen Potentialausgleichs ist allerdings nur im Rahmen der Erstprüfungen erforderlich, also vor Inbetriebnahme einer neu errichteten Starkstromanlage sowie nach Änderungen oder Instandsetzungen vor der Wiederinbetriebnahme durchzuführen.
Allgemein wird in DIN VDE 0107:1994-10 zunächst der Hinweis gegeben, daß Prüfungen entsprechend den Festlegungen der Norm DIN VDE 0100 Teil 610 vorzunehmen sind. Im Hinblick auf den zusätzlichen Potentialausgleich in medizinisch genutzten Räumen kommt hier wohl nur das Besichtigen in Frage (siehe Abschnitt 2.30.3.2.2 dieses Bandes).
Hinsichtlich des Messens werden für die jeweiligen Anwendungsfälle in DIN VDE 0107:1994-10 konkrete Anforderungen gestellt.
So ist durch Messen der Nachweis zu erbringen, daß die in den Abschnitten 2.24.5.2 und 2.24.7 dieses Bandes aufgeführten fremden leitfähigen Teile in Räumen der Anwendungsgruppen 1 und 2 in den zusätzlichen Potentialausgleich einbezogen sind.
Gleichermaßen ist – sofern eine Versorgung von Geräten der Heimdialyse vorliegt – durch Messen der Nachweis zu erbringen, daß der in Abschnitt 2.24.8.2 dieses Bandes angeführte zusätzliche Potentiausgleich durchgeführt worden ist, also alle fremden leitfähigen Teile in den zusätzlichen Potentialausgleich einbezogen sind, die der Patient während der Dialyse berühren kann.
Über das anzuwendende Meßverfahren zur Prüfung der Wirksamkeit des zusätzlichen Potentialausgleichs macht DIN VDE 0107:1994-10 keine Aussagen, auch nicht über die Meßgeräte. Somit können Meßgeräte zur Anwendung kommen, die nach DIN VDE 0100 Teil 610 für die Prüfung der Wirksamkeit des Potentialausgleichs erforderlich sind (siehe Abschnitt 2.30.4 dieses Bandes).
Am einfachsten ist es danach, ein Meßgerät nach DIN VDE 0413 Teil 4 „Widerstands-Meßgeräte" zu verwenden, da diese auch zur Prüfung des Widerstands von Potentialausgleichsleitern einschließlich ihrer Verbindungen und Anschlüsse geeignet sind.
Die Messung darf mit einer Gleich- oder Wechselspannung von 4 V bis 24 V durchgeführt werden, wobei ein Strom von mindestens 200 mA bei Gleichstrom und 5 A bei Wechselstrom fließen muß. Die Mindestleerlaufspannung muß deshalb 4 V betragen, da bei niedrigeren Spannungen die Gefahr besteht, daß die Meßwerte in unzulässiger Weise, z. B. durch Thermospannungen oder galvanische Spannungen, Fremdschichten an Prüfobjekten, verfälscht werden können. Die untere Grenze des Kurzschlußstroms wurde bei Verwendung von Wechselstrom auf 5 A festgelegt, um den Einfluß von überlagerten Gleichströmen auf das Meßergebnis niedrig zu halten.

Bei Anwendung von Gleichstrom – die meisten Geräte auf dem Markt sind so ausgelegt – ist ein Polwender vorgeschrieben. Dadurch ist auf einfache und schnelle Weise zu prüfen, ob Störgleichströme, z. B. galvanische Erdströme, in der Anlage vorhanden sind. Deren Einfluß läßt sich so ausschließen.
Da hier mitunter lange Meßleitungen benötigt werden, ist zu beachten, daß der Widerstand der Meßleitungen vom Meßwert abzuziehen ist, wenn dies nicht durch eine entsprechende Schaltung des Meßgeräts berücksichtigt ist.
Bei der Messung ist der Widerstand jedes Potentialausgleichsleiters zwischen den Anschlußstellen an der Potentialausgleichs-Sammelschiene (Potentialausgleichsschiene) und dem fremden leitfähigen Teil zu ermitteln.
Widerstandswerte für Potentialausgleichsleiter werden in DIN VDE 0107:1994-10 nicht mehr genannt. Nach der alten DIN VDE 0107:1981-06 durfte in Räumen der Anwendungsgruppe 2 E der Widerstand zwischen der Potentialausgleichs-Sammelschiene (Potentialausgleichsschiene) einerseits und allen in den zusätzlichen Potentialausgleich einbezogenen Teilen und auch der Anschlußvorrichtungen für den Potentialausgleich andererseits den Wert 0,2 Ω nicht überschreiten.
Eine solche Forderung der Einhaltung eines vorgegebenen Widerstandswerts von Potentialausgleichsleitern ist aber in DIN VDE 0107:1994-10 nicht mehr enthalten. Sie ist deshalb nicht erforderlich, weil der zusätzliche Potentialausgleich in medizinisch genutzten Räumen nicht als Ersatz der Schutzmaßnahmen gegen elektrischen Schlag unter Fehlerbedingungen (Schutzmaßnahmen bei indirektem Berühren) dient. Vielmehr ist der zusätzliche Potentialausgleich eine Ergänzung der Schutzmaßnahme gegen elektrischen Schlag unter Fehlerbedingungen (Schutzmaßnahme bei indirektem Berühren) (siehe Abschnitte 2.30.1 und 2.30.3.3 dieses Bandes).
Wenngleich kein Widerstandsgrenzwert für den Potentialausgleichsleiter genannt wird, müssen die Verbindungen in jedem Fall niederohmig sein. Ein Wert von etwa 0,5 Ω bis 1 Ω sollte angestrebt werden.
Weiterhin muß in Räumen, in denen intrakardiale Eingriffe (Eingriffe unmittelbar in das Herz hinein) erfolgen, durch Messen geprüft werden, daß die Spannung von 20 mV

- in Räumen der Anwendungsgruppe 2, in denen Untersuchungen oder Behandlungen im Herzen oder am freigelegten Herzen vorgenommen werden, und
- in Räumen der Anwendungsgruppe 1, in denen Untersuchungen mit Einschwemmkatheter vorgenommen werden,

zwischen den Schutzkontakten von Steckdosen, Körpern fest angeschlossener Betriebsmittel sowie fremden leitfähigen Teilen innerhalb eines Bereichs von 1,50 m um die zu erwartende Patientenposition im fehlerfreien Betrieb der elektrischen Anlage nicht überschritten werden (siehe Abschnitt 2.24.5.2).
Diese letztgenannte Überprüfung der Einhaltung der Spannung erübrigt sich in Gebäuden, in denen keine PEN-Leiter verlegt sind, da die vorgenannte Einhaltung des Grenzwerts von 20 mV in Anlagen ohne PEN-Leiter ohnehin erfüllt sind. In solchen Fällen fließen keine Gebäudestreuströme, und somit können auch keine unterschiedlichen Spannungen an fremden leitfähigen Teilen vorhanden sein (siehe auch

Abschnitt 2.7). Somit ist eine solche Prüfung bei allen Neuanlagen nicht erforderlich, da ja nach DIN VDE 0107:1994-10 in Starkstromanlagen bis 1000 V vom Hauptverteiler des Gebäudes ab keine PEN-Leiter (TN-System) verlegt werden dürfen.
Lediglich bei Änderungen oder Erweiterungen bestehender Anlagen, in denen PEN-Leiter ab Gebäude-Hauptverteiler verlegt sind (TN-C-System), ist die Kontrolle der Einhaltung der Spannungsgrenzwerte durch Messen erforderlich.
Eine solche Prüfung muß zu einem Zeitpunkt vorgenommen werden, zu dem die elektrische Anlage des Gebäudes belastet ist. Dies ist deshalb erforderlich, weil die zu messenden Spannungen von der Belastung der im Gebäude verlegten PEN-Leiter und den Gebäudestreuströmen, die über fremde leitfähige Teile fließen, verursacht werden (siehe auch Abschnitt 2.7). Somit sind diese Spannungen auch nicht immer gleich, sie ändern sich mit der Strombelastung der Starkstromanlage des Gebäudes. Daher muß die Messung zu einem Zeitpunkt durchgeführt werden, zu dem die Strombelastung im Gebäude möglichst groß ist, weil zu einem solchen Zeitpunkt dann die höchsten Spannungen zu erwarten sind, die durch Gebäudestreuströme verursacht werden. Üblicherweise sind die höchsten Gebäudestreuströme während der Spitzenlastzeiten eines Krankenhauses zu erwarten.
Die Messung selbst soll mit einem Spannungsmesser für Effektivwerte (Wechselspannung) mit einem Innenwiderstand von 1 kΩ – entspricht dem Körperwiderstand eines Menschen – erfolgen, wobei der Frequenzbereich 1 kHz nicht überschreiten sollte. Selbstverständlich dürfen auch Spannungsmesser mit höherem Innenwiderstand verwendet werden, wenn ein entsprechender Widerstand dem Innenwiderstand parallel geschaltet wird (äußere Beschaltung).

2.25 Potentialausgleich in explosionsgefährdeten Bereichen (DIN VDE 0165:1991-02, Abschnitt 5.3.3)

2.25.1 Gefährdung

Wenn sich Teile unterschiedlichen Potentials berühren oder auch mit einem leitfähigen Gegenstand überbrückt werden, können die bestehenden Potentialdifferenzen, die in explosionsgefährdeten Bereichen zwischen leitfähigen Teilen auftreten, zündfähige Funken verursachen.
Fremde leitfähige Teile, z. B. metallene Rohrleitungen, Metallkonstruktionen, metallene Behälter sowie die Körper der elektrischen Betriebsmittel, können aus den verschiedensten Gründen Potentiale annehmen. So z. B. auch bei Vorhandensein von Schutzmaßnahmen zum Schutz gegen elektrischen Schlag unter Fehlerbedingungen (Schutz bei indirektem Berühren) mit Schutzleitern, da hierbei die Körper der elektrischen Betriebsmittel an Schutzleiter angeschlossen werden müssen, diese Schutzleiter aber sogar im ungestörten Betrieb Potentiale annehmen können, die sie auf die berührbaren Körper der elektrischen Betriebsmittel übertragen.

Deshalb wird schon seit Ausgabe 1980 der DIN VDE 0165 bei Anwendung der Schutzmaßnahme Nullung – heute Schutzmaßnahme im TN-System – für explosionsgefährdete Bereiche gefordert, daß von der letzten Verteilung außerhalb des explosionsgefährdeten Bereichs bis zu dem zu schützenden Gerät die Funktion des Schutzleiters und des Neutralleiters nicht in einem Leiter vereinigt sein darf (TN-C-System). Das bedeutet, daß in explosionsgefährdeten Bereichen, also auch bei Querschnitten ≥ 10 mm² Cu, kein PEN-Leiter verlegt werden darf. Durch diese Maßnahme ist gewährleistet, daß im ungestörten Betrieb – es liegt demnach kein Körperschluß vor – alle Körper innerhalb des explosionsgefährdeten Bereichs gleiches Potential haben, und zwar das Potential der Schutzleitersammelschiene im Verteiler, von der alle Schutzleiter abgehen.
In Altanlagen konnten bis zum 31.5.1980 durchaus in explosionsgefährdeten Bereichen PEN-Leiter verlegt werden – bis zum 1.10.1970 (Erscheinen von DIN VDE 0190) PEN-Leiter jeden Querschnitts, danach nur PEN-Leiter mit Leiterquerschnitten ≥10 mm² Cu. Hier nehmen dann alle Körper von elektrischen Betriebsmitteln, die an einen PEN-Leiter angeschlossen sind, Potentiale an, deren Höhe vom Strom im PEN-Leiter und dessen Leiterimpedanz abhängig ist. Somit können in diesen Fällen also auch Potentialdifferenzen zwischen den Körpern verschiedener elektrischer Betriebsmittel auftreten.
Der außerhalb des explosionsgefährdeten Bereichs befindliche Verteiler darf allerdings nach wie vor als gemeinsame Zuleitung für die Schutzleiter- und Neutralleitersammelschiene mit einem PEN-Leiter angefahren werden, sofern der Querschnitt ≥ 10 mm² Cu – in Altanlagen bis zum 1.10.1970 Leiter jeden Querschnitts – beträgt. Im PEN-Leiter fließt jedoch im Normalbetrieb ein Strom, dessen Höhe von der jeweils vorliegenden Belastung abhängig ist. Dieser Strom im PEN-Leiter verursacht einen Spannungsfall, was wiederum zu einer Potentialanhebung der Schutzleitersammelschiene und aller daran angeschlossenen Schutzleiter führt. Somit wird das sich mit der Belastung ändernde Potential des PEN-Leiters auch auf die Körper der elektrischen Betriebsmittel übertragen. Dadurch können zwischen den Körpern der elektrischen Betriebsmittel und fremden leitfähigen Teilen durchaus Potentialdifferenzen auftreten.
Die vorgenannte Problematik wird auch in den Abschnitten 2.7 „Fremdspannungsarmer Potentialausgleich“ und 2.24 „Zusätzlicher Potentialausgleich in Krankenhäusern und medizinisch genutzten Räumen außerhalb von Krankenhäusern“ (Abschnitte 2.24.5.2 und 2.24.9) behandelt.
Schließlich können auch fremde leitfähige Teile andere Potentiale als das Erdpotential annehmen. Üblicherweise führen sie zwar Erdpotential, sie können aber, z. B. durch Gebäudestreuströme, andere Potentiale annehmen. Des weiteren ist es möglich, daß anderenorts entstandene Potentiale über fremde leitfähige Teile in den explosionsgefährdeten Bereich übertragen werden. Verschiedenartige fremde leitfähige Teile können folglich unterschiedliche Potentiale annehmen, zwischen ihnen können also ebenfalls Potentialdifferenzen auftreten.

Ein umfassender Potentialausgleich kann die Gefährdung durch unterschiedliche Potentiale, die Zündgefahren darstellen, vermeiden.

2.25.2 Einteilung explosionsgefährdeter Bereiche in Zonen

2.25.2.1 Allgemeines

Um die Beurteilung des Umfangs der zu stellenden Anforderungen zu ermöglichen, werden explosionsgefährdete Bereiche nach der Wahrscheinlichkeit des Auftretens einer gefährlichen explosiven Atmosphäre in Zonen eingeteilt.

2.25.2.2 Zonen für brennbare Gase, Dämpfe und Nebel

Zone 0

Zone 0 umfaßt Bereiche, in denen eine gefährliche explosionsfähige Atmosphäre ständig oder langzeitig vorhanden ist.

Zone 1

Zone 1 umfaßt Bereiche, in denen damit zu rechnen ist, daß eine gefährliche explosionsfähige Atmosphäre gelegentlich auftritt.

Zone 2

Zone 2 umfaßt Bereiche, in denen damit zu rechnen ist, daß eine gefährliche explosionsfähige Atmosphäre nur selten und dann auch nur kurzzeitig auftritt.

2.25.2.3 Zonen für brennbare Stäube

Zone 10

Zone 10 umfaßt Bereiche, in denen eine gefährliche explosionsfähige Atmosphäre langzeitig oder häufig vorhanden ist.

Zone 11

Zone 11 umfaßt Bereiche, in denen damit zu rechnen ist, daß eine gefährliche explosionsfähige Atmosphäre gelegentlich durch Aufwirbeln abgelagerten Staubes kurzfristig auftritt.

2.25.3 Ausführung des Potentialausgleichs

2.25.3.1 Wo ist der Potentialausgleich durchzuführen?

Nach DIN VDE 0165:1983-09, Abschnitt 5.3.3, war zur Vermeidung von Zündgefahren, bedingt durch Potentialdifferenzen, innerhalb von explosionsgefährdeten Bereichen der Zonen 0 und 1 bei Anwendung von Schutzmaßnahmen mit Schutzleitern zum Schutz gegen elektrischen Schlag unter Fehlerbedingungen (Schutz bei indirektem Berühren) ein Potentialausgleich erforderlich.

Nach DIN VDE 0165:1991-02 ist zur Vermeidung zündfähiger Funken innerhalb von explosionsgefährdeten Bereichen ein Potentialausgleich erforderlich. Gemeint ist hierbei – wenngleich nicht direkt ausgesprochen – ein örtlicher zusätzlicher Potentialausgleich nach DIN VDE 0100 Teil 410:1983-11, Abschnitt 6.1.6 bzw. Abschnitt 413.1.6 der neuen DIN VDE 0100 Teil 410:1997-01 (siehe Abschnitte 2.4.2 und 2.5.2 dieses Bandes).
Gegenüber DIN VDE 0165:1983-09 ist somit die Einschränkung, daß der örtliche zusätzliche Potentialausgleich nur in den Zonen 0 und 1 vorzunehmen ist, entfallen. Sie entsprach auch nicht den Sicherheitsanforderungen. Nunmehr gilt die Forderung nach einem örtlichen Potentialausgleich nach DIN VDE 0165:1991-02 zunächst für alle explosionsgefährdeten Bereiche.
Allerdings ist der örtliche zusätzliche Potentialausgleich immer nur dann innerhalb der explosionsgefährdeten Bereiche erforderlich, wenn die angewendeten Schutzmaßnahmen zum Schutz gegen elektrischen Schlag unter Fehlerbedingungen (Schutz bei indirektem Berühren) einen solchen Potentialausgleich nach DIN VDE 0100 Teil 410 fordern.
Hierzu gibt es aber eine wichtige Ausnahme. Innerhalb von explosionsgefährdeten Bereichen der Zonen 0 und 10 ist über die vorgenannten Anforderungen hinaus immer ein örtlicher zusätzlicher Potentialausgleich nach DIN VDE 0100 Teil 410: 1997-01, Abschnitt 413.1.6 (siehe Abschnitte 2.4.2 und 2.5.2 dieses Bandes), erforderlich. Werden eigensichere Betriebsmittel verwendet, ist jedoch ein solcher örtlicher zusätzlicher Potentialausgleich nicht erforderlich.

2.25.3.2 *Was ist in den Potentialausgleich einzubeziehen?*

Was in den örtlichen zusätzlichen Potentialausgleich einzubeziehen ist, regelt zunächst allgemein DIN VDE 0100 Teil 410:1997-01, Abschnitt 413.1.6 (siehe Abschnitt 2.5.2 dieses Bandes).
Zum Zwecke des Potentialausgleichs sind auch die leitfähigen Konstruktionsteile, z. B. Behälter, Stützen, Rohrleitungen – alles fremde leitfähige Teile –, miteinander und mit dem Schutzleiter zu verbinden.
Leitfähige Teile, die nicht zur Konstruktion bzw. Installation der Anlage gehören und bei denen nicht mit einer Potentialverschiebung durch Fehlerströme gerechnet werden muß, brauchen nicht in den Potentialausgleich einbezogen zu werden. Solche leitfähigen Teile sind z. B. metallene Fensterrahmen, Türzargen.
Auch Gehäuse brauchen nicht extra in den Potentialausgleich einbezogen zu werden, wenn Sie durch ihre Befestigung sicheren Kontakt zu den Rohrleitungen oder Konstruktionsteilen haben und diese schon in den Potentialausgleich einbezogen sind.
Je nach Ausführung der Schutzleiter-Schutzmaßnahme sind in der Praxis verschiedenartige Maßnahmen zu treffen, um der Forderung nach Durchführung eines Potentialausgleichs nachzukommen.
Sind in den elektrischen Anlagen von explosionsgefährdeten Bereichen keine PEN-Leiter verlegt – bei Neuanlagen Normalfall (siehe Abschnitt 2.25.1) –, so ist ein Po-

tentialausgleich zwischen Körpern verschiedener elektrischer Betriebsmittel nicht erforderlich, weil diese ja an Schutzleitern mit gleichem Potential angeschlossen sind. Es reicht also völlig aus, nur die der Berührung zugänglichen fremden leitfähigen Teile über Potentialausgleichsleiter miteinander und mit dem Schutzleiter zu verbinden.
Sind in den elektrischen Anlagen von explosionsgefährdeten Bereichen jedoch PEN-Leiter verlegt (Altanlagen) und stehen diese direkt mit den Körpern oder Schutzkontakten von elektrischen Betriebsmitteln in Verbindung, so müssen neben dem Verbinden der der Berührung zugänglichen fremden leitfähigen Teile untereinander und mit dem Schutzleiter auch die Körper oder Schutzkontakte der elektrischen Betriebsmittel zusätzlich über Potentialausgleichsleiter miteinander verbunden werden. Der Potentialausgleich zwischen den Körpern verschiedener Betriebsmittel ist in diesem Fall deshalb erforderlich, weil sie unterschiedliche Potentiale aufweisen können (siehe Abschnitt 2.25.1).
Zu beachten ist, daß das Einbeziehen der metallenen Umhüllungen (Schirme) der in DIN VDE 0165:1991-02, Abschnitt 6.2.2.1, angesprochenen zulässigen Kabel und Leitungen für Betriebsmittel der Zone 0 – zulässig sind für die feste Verlegung nur Leitungen und Kabel mit Metallmantel, Metallgeflecht aus Kupfer oder mit einem Schirm – in den Potentialausgleich nicht generell gefordert wird. Das Einbeziehen ist abhängig von den Netzverhältnissen und der Funktion der angeschlossenen Betriebsmittel. Bei Anschluß an den Potentialausgleich bzw. bei Erdung der Umhüllungen werden diese meistens nur einseitig angeschlossen, weil bei beidseitigem Erden die Wirkung des Schirms wieder aufgehoben werden kann. Ist ein Anschluß an die Erdung notwendig, so wird er im allgemeinen außerhalb der Zone 0, z. B. am Abgang der Leitung an der Verteilung, vorgenommen.

2.25.3.3 Querschnitt des Potentialausgleichsleiters

Die in der Fassung September 1983 von DIN VDE 0165 gemachten Aussagen über die Querschnittsbemessung der Potentialausgleichsleiter stimmten mit den entsprechenden Angaben der kurze Zeit später erschienenen Teile 410 und 540 von DIN VDE 0100, Ausgabe November 1984, nicht mehr überein. Auch die in DIN VDE 0165:1983-09 angezogene DIN VDE 0190 (wurde im November 1991 schließlich ganz zurückgezogen) wurde durch DIN VDE 0100 Teil 540 bezüglich der Querschnittsbemessung von Potentialausgleichsleitern abgelöst.
Nach Meinung des für DIN VDE 0165 zuständigen Komitees 235 der DKE genügten hinsichtlich des Querschnitts von Potentialausgleichsleitern in explosionsgefährdeten Bereichen die Festlegungen von DIN VDE 0100 Teil 540 (siehe hierzu Aufsatz „Potentialausgleich in explosionsgefährdeten Bereichen“ von *E. Pointner* im „de“ der elektromeister + deutsches elektrohandwerk (1984) H. 4, S. 209 – 211). So ist es nun auch in DIN VDE 0165:1991-02 vorgegeben. Schlicht und einfach heißt es dort, daß der geforderte Potentialausgleich nach DIN VDE 0100 Teil 540 zu dimensionieren ist.

Dies bedeutete zur Zeit der Gültigkeit von DIN VDE 0165:1983-09, daß durchaus kleinere Querschnitte als in DIN VDE 0165:1983-09 angegeben ausreichend sein konnten, denn die dort genannten Querschnitte entsprachen nicht mehr dem Stand der Technik.
Nach der in DIN VDE 0100 Teil 410:1983-11 vorgegebenen Unterscheidung in „Hauptpotentialausgleich" und „zusätzlichen Potentialausgleich" war zu überlegen, worunter der Potentialausgleich in explosionsgefährdeten Bereichen einzuordnen ist. Ganz eindeutig war er als ein zusätzlicher Potentialausgleich, der wegen besonderer Gefährdung aufgrund der Umgebungsbedingungen neben dem Hauptpotentialausgleich erforderlich ist, einzustufen. Die Querschnitte der Potentialausgleichsleiter wurden demnach entsprechend den Angaben zum Querschnitt von Potentialausgleichsleitern des zusätzlichen Potentialausgleichs in Tabelle 7 von DIN VDE 0100 Teil 540:1983-11 bzw. Tabelle 8 von DIN VDE 0100 Teil 540:1986-05 berechnet.
Heute ist nach DIN VDE 0165:1991-02 genauso zu verfahren. Nur ist es jetzt die Tabelle 9 von DIN VDE 0100 Teil 540:1991-11 (siehe Tabelle 2.12 dieses Bandes), die angewendet werden muß (siehe Abschnitt 2.6.1.2 dieses Bandes).
Es gibt in der Praxis zwei Möglichkeiten, die Verbindung der der Berührung zugänglichen fremden leitfähigen Teile mit dem Schutzleiter herzustellen, die zu unterschiedlichen Querschnitten der Potentialausgleichsleiter führen:

Möglichkeit 1
Zunächst werden alle der Berührung zugänglichen fremden leitfähigen Teile untereinander verbunden und dieses System mit der Schutzleitersammelschiene des zugehörigen Verteilers über einen Potentialausgleichsleiter angeschlossen.
Der Querschnitt der Potentialausgleichsleiter muß hierbei mindestens dem halben Querschnitt des größten vom Verteiler abgehenden Schutzleiters entsprechen.

Möglichkeit 2
Die Körper von elektrischen Betriebsmitteln und Schutzleiteranschlüsse werden über Potentialausgleichsleiter direkt mit den unmittelbar benachbarten fremden leitfähigen Teilen verbunden.
Der Querschnitt der Potentialausgleichsleiter muß hierbei mindestens dem halben Querschnitt des jeweiligen Schutzleiters entsprechen, an den das Betriebsmittel angeschlossen ist.

Bei beiden aufgeführten Möglichkeiten darf bei mechanisch geschützter Verlegung des Potentialausgleichsleiters ein Mindestquerschnitt von 2,5 mm^2 nicht unterschritten werden. Bei meachanisch ungeschützter Verlegung muß der Querschnitt mindestens 4 mm^2 betragen.
Problematischer ist die Bemessung der Querschnitte von Potentialausgleichsleitern, wenn diese in den elektrischen Anlagen von explosionsgefährdeten Bereichen PEN-Leiter verlegt sind (Altanlagen) und diese direkt mit den Körpern oder Schutzkon-

takten von elektrischen Betriebsmitteln in Verbindung stehen. Hierbei müssen sowohl die der Berührung zugänglichen fremden leitfähigen Teile untereinander und mit dem Schutzleiter als auch die an den PEN-Leiter angeschlossenen Körper oder Schutzleiteranschlüsse der elektrischen Betriebsmittel zusätzlich über Potentialausgleichsleiter miteinander verbunden werden.
Die Querschnittsbemessung kann in diesem Fall weder DIN VDE 0100 noch DIN VDE 0165 entnommen werden.
Auf jeden Fall ist zu berücksichtigen, daß der zurückfließende Strom nicht nur über den PEN-Leiter, sondern auch über den Potentialausgleichsleiter fließt. Somit kann die angestrebte Potentialgleichheit zwischen allen angeschlossenen Teilen sowieso nicht erreicht werden. Jedoch kann die Potentialdifferenz durch Verwendung möglichst großer Querschnitte der Potentialausgleichsleiter gering gehalten werden. Der Querschnitt von Potentialausgleichsleitern, die die Körper der elektrischen Betriebsmittel verbinden, soll daher mindestens dem größten Querschnitt des vorhandenen PEN-Leiters entsprechen. Verbindet der Potentialausgleichsleiter den Körper eines elektrischen Betriebsmittels mit fremden leitfähigen Teilen, ist mindestens der Querschnitt des PEN-Leiters notwendig, mit dem das elektrische Betriebsmittel angeschlossen ist.

Achtung:
Potentialausgleichsleiter, die Betriebsstrom führen, müssen zur Vermeidung von Streuströmen für die höchste zu erwartende Spannung isoliert werden.

Ausdrücklich sei noch einmal darauf hingewiesen, daß der Potentialausgleich bei Vorhandensein von PEN-Leitern – also „klassisch genullten" Betriebsmitteln – die gewünschte Beseitigung der Zündgefahr nicht bewirkt. Die Zündgefahr wird nur verringert. Daraus kann man folgern, daß es – je nach vorliegendem Einzelfall – gegebenenfalls besser ist, die in Altanlagen vorhandenen PEN-Leiter durch getrennte Neutral- und Schutzleiter zu ersetzen.

2.25.3.4 Art und Durchführung des Potentialausgleichs
Anschlüsse von Potentialausgleichsleitern müssen mit gesicherten Schraubverbindungen hergestellt werden. Das bedeutet, daß Preßverbindungen sowie Schweißen oder Hartlöten, die nach DIN VDE 0165:1983-09 noch angewendet werden durften, nicht mehr nach DIN VDE 0165:1991-02 zur Anwendung kommen dürfen.
Werden mehr- oder feindrähtige Leiter verwendet, müssen die Enden gegen Aufspleißen geschützt sein, z. B. durch Verwendung von Aderendhülsen, Kabelschuhen oder auch durch die Art der Klemmen. Löten allein ist nicht zulässig.
Über die Kennzeichnung von Potentialausgleichsleitern wird in DIN VDE 0165:1991-08 keine Aussage mehr gemacht. Es gilt somit allgemein die Kennzeichnung gemäß DIN VDE 0100 Teil 510 (siehe Abschnitt 2.6.2 dieses Bandes).

2.25.4 Anlagen für katodischen Korrosionsschutz

Wird der katodische Korrosionsschutz angewendet, so sind die Empfehlungen der Arbeitsgemeinschaft DVGW/VDE für Korrosionsfragen (AfK-Empfehlung Nr. 5) zu beachten. Katodisch geschützte Anlagen brauchen nicht an den Potentialausgleich angeschlossen zu werden. Jedoch sind die für den katodischen Schutz notwendigen Isolierstücke, z. B. in Rohrleitungen und Gleisen, nach Möglichkeit außerhalb des explosionsgefährdeten Bereichs anzuordnen. Sofern dies nicht möglich ist, sind die Anforderungen der AfK-Empfehlungen Nr. 5 zu berücksichtigen.

2.25.5 Anpassung bestehender Anlagen

Die dem Explosionsschutz dienende Maßnahme der Erstellung des Potentialausgleichs zur Vermeidung von Zündgefahren durch Potentialdifferenzen ist so wichtig, daß für bestehende elektrische Anlagen in explosionsgefährdeten Bereichen in DIN VDE 0165:1983-09 eine Anpassung gefordert wurde.
Elektrische Anlagen in explosionsgefährdeten Bereichen, die zum Zeitpunkt des Inkrafttretens von DIN VDE 0165 – September 1983 – bereits bestanden, mußten bis zum 31. Mai 1985 so umgebaut werden, daß sie den Anforderungen an den Potentialausgleich nach DIN VDE 0165:1983-09 entsprachen. Eine Nachrüstung des Potentialausgleichs für die Zonen 0, 1 und 10 war also erforderlich.
DIN VDE 0100:1991-02 enthält keine Anpassungsforderung hinsichtlich des Potentialausgleichs. Eine Nachrüstung des Potentialausgleichs für die Zonen 2 und 11 ist also nicht erforderlich.

2.26 Blitzschutz-Potentialausgleich, Überspannungsschutz (DIN VDE 0185 Teil 1:1982-11, Abschnitt 6, DIN VDE 0185 Teil 2:1982-11, DIN V ENV 61024-1 (VDE V 0185 Teil 100), E DIN VDE 0100 Teil 443, E DIN VDE 0100 Teil 534/A1)

2.26.1 Allgemeines

Immer häufiger sind Überspannungen die Ursache für Störungen und Schadenfälle. Insbesondere deshalb, weil heutzutage immer mehr elektronische Geräte, Systeme und Anlagen zum Einsatz kommen. Sie sind sowohl im Beruf und im Haushalt als auch im Hobby bzw. in der Freizeit zu finden. Zudem ist ein weiterer Grund für das verstärkte Auftreten von Schäden durch Überspannungen darin zu suchen, daß im Vergleich zu früher im Netzeingang vieler Elektrogeräte mit Elektronik heute nur relativ preiswerte elektronische Bauteile verwendet werden, die gegen die auftreten-

den Überspannungen nicht resistent sind. Viel positiver verhielten sich dagegen die früher in den Netzeingängen verwendeten Transformatoren.
Am bekanntesten sind durch Blitzeinwirkungen bei Gewitter hervorgerufene Überspannungen. Aber auch durch Schalthandlungen in elektrischen Stromkreisen oder durch elektrostatische Entladungen werden Überspannungen hervorgerufen.
Solche Überspannungen sind Spannungssysteme, die nur für einen Zeitraum von Mikrosekunden oder gar Nanosekunden anstehen. Überspannungen durch Schalthandlungen in elektrischen Stromkreisen und durch elektrostatische Entladungen treten im Vergleich zu durch Blitzeinwirkung bei Gewitter hervorgerufene Überspannungen viel häufiger auf, sie sind allerdings weniger energiereich.
Elektrische und elektronische Anlagen und Geräte können durch ein Überspannungs-Schutzzonenkonzept geschützt werden. Ausschließliche Blitz-Schutzzonenkonzepte, die neben der Blitzschutzanlage („Äußerer Blitzschutz") auch die Installation von Überspannungs-Schutzeinrichtungen im Rahmen des „Inneren Blitzschutzes" enthalten, sind unter Berücksichtigung der heutigen Technik allein nicht mehr ausreichend. Erst durch ein abgestimmtes Überspannungs-Schutzzonenkonzept, in dem die Auswirkungen des Blitzes mit berücksichtigt sind, läßt sich der Schutz gegen alle Arten von Überspannungen verwirklichen.
Der Überspannungsschutz ist auch ein wichtiger Baustein im Bereich der EMV (Elektromagnetische Verträglichkeit). Dieses Thema kann wegen seiner Komplexheit in diesem Band keine Berücksichtigung finden. Hierzu gibt es spezielle Fachliteratur.

2.26.2 Überspannungen – Entstehungen und Auswirkung

2.26.2.1 Allgemeines

Überspannungen können entstehen durch:

- Blitzentladung bei Gewitter,
- Schalthandlungen an kapazitiven und induktiven Verbrauchsmitteln,
- elektrostatische Entladung.

In allen vorgenannten Fällen haben die auftretenden Spannungsspitzen sehr hohe Amplituden. Am energiereichsten sind dabei die Überspannungen, die durch Blitzentladung bei Gewitter entstehen.

2.26.2.2 Überspannungen durch Blitzeinschläge

Gewitterwolken laden sich elektrisch auf. Höher gelegene Teile der Gewitterwolken nehmen dabei eine positive Ladung, tiefer gelegene Teile der Gewitterwolken eine negative Ladung an. Die Bereiche unterschiedlicher Ladung entstehen dabei durch Reibung und entsprechender Ladungstrennung. Die jeweiligen Gegenpole zu den Ladungen stellt entweder die Erde oder eine benachbarte Wolke anderer Polarität dar.

Wird zwischen den beiden Ladungen unterschiedlicher Polarität die Feldstärke zu groß, entsteht ein Leitblitz, der die Blitzentladung einleitet. Nähert sich der Leitblitz dem entgegengesetzten Potential, so kommt ihm von diesem, bedingt durch die hohe Feldstärke, eine Fangentladung entgegen. Als Folge des Zusammentreffens von Leitblitz und Fangentladung entsteht ein Blitzkanal. Durch diesen Blitzkanal erfolgt dann die Hauptentladung.
Zu unterscheiden sind sowohl positive und negative Erde-Wolke-Blitze als auch positive und negative Wolke-Erde-Blitze. Daneben gibt es dann auch die Entladung zwischen zwei Wolken unterschiedlicher Polarität als Wolke-Wolke-Blitz.
Der Blitzstrom steigt bei einer Entladung in wenigen Mikrosekunden auf den Maximalwert an. Die Rückenhalbwertszeit, d. h. der Abfall auf 50 % des Maximalwerts, beträgt einige Mikrosekunden. Die Amplituden erreichen mehrere 10 kA, wobei die positiven Blitze größere Amplituden erreichen, mitunter sogar über 200 kA bei Rückenhalbwertszeiten von mehreren 100 µs.
Die Höhe der Spannung, die in eine zur Ableitung der Blitzschutzanlage benachbarte Leiterschleife eingekoppelt wird, hängt außer vom Anstieg des Blitzstroms auch vom Abstand zwischen der Ableitung der Blitzschutzanlage und der Leiterschleife sowie von der durch die Leiterschleife umschlossenen Fläche ab. Je näher die Leiterschleife zur Ableitung der Blitzschutzanlage angeordnet ist und je größer die Kantenlängen der Leiterschleife sind, desto höher ist die Überspannung. Sie kann durchaus Werte von 100 kV und darüber annehmen. Zu beachten ist, daß der Blitzstrom nicht nur bei dem Weg über eine Ableitung einer Blitzschutzanlage, sondern auch bei jedem anderen Weg zur Erde eine Spannung in benachbarte Leiterschleifen einkoppelt.

2.26.2.3 Überspannungen durch Schaltvorgänge

Die häufigste Ursache für das Entstehen von Überspannungen ist das Abschalten induktiver Verbraucher. Die vorhandenen Induktivitäten eines Stromkreises sind Energiespeicher. Wird ein solcher Stromkreis unterbrochen, so wird die gespeicherte Energie freigesetzt. Die Entladung der in der Induktivität gespeicherten Energie erfolgt über die Scheinkapazitäten des Stromkreises. Es können somit beim Abschalten einer Induktivität Spitzenspannungen von einigen Kilovolt entstehen.

2.26.2.4 Überspannungen durch elektrostatische Entladungen

Eine elektrostatische Entladung läuft im Nanosekunden-Bereich ab, ist also ein sehr schneller Vorgang. Bei der elektrostatischen Entladung erfolgt ein Ladungsaustausch zwischen Körpern, die elektrostatisch unterschiedlich aufgeladen sind. Dabei kann die Aufladung auf ein hohes elektrisches Potential gegenüber anderen Körpern auf verschiedene Art und Weise erfolgen, so z. B. durch das elektrische Feld, in dem sich jeder Körper befindet, oder auch durch Reibung. Auch ein Mensch stellt eine Kapazität gegen Erde von einigen 10 pF dar. Bewegt sich nun der Mensch auf einem isolierten Fußboden, so wird ein Teil der verrichteten mechanischen Energie (das

Gehen) im Körper des Menschen in elektrische Energie umgewandelt und gespeichert.
Des weiteren wirkt der Mensch in dem elektrischen Feld, in dem er sich bewegt, als Antenne. Je nach Stärke des elektrischen Felds stellt sich eine Spannung entsprechend der Körperlänge (vom Kopf bis zu den Füßen) ein. Die Höhe der bei der elektrostatischen Entladung auftretenden Spannung liegt im Bereich bis zu einigen 10 kV gegen Erde.
Der „aufgeladene Kondensator Mensch" strebt nun nach einem Ladungsaustausch mit anderen Potentialen der Umgebung. Erfolgt dieser spontane Ladungsaustausch mit einem geerdeten Metallteil der Umgebung, z. B. Metalltür auf einem Gebäudegang, so führt dies zu einem unangenehmen Effekt für den Menschen in Form eines Funkenüberschlags. Hierbei fließt ein Entladungsstrom, der durch den Stoßwiderstand des Menschen in Höhe einiger 100 Ω begrenzt wird. Für den Menschen stellen diese elektrostatischen Entladungen im allgemeinen keine Gefahr dar. Es besteht allein die Möglichkeit des Erschreckens und dadurch ausgelöster Fehlhandlungen.
Will aber der „aufgeladene Kondensator Mensch" dagegen ein elektronisches Gerät berühren, und kommt er kurz vor dem Berühren mit der Hand sehr nahe an die empfindliche Elektronik heran, so erfolgt die elektrostatische Entladung. Die sehr hohe Spannung kann die elektronischen Bauelemente zerstören.
Die elektrostatische Entladung ist als zweithäufigste Ursache für das Entstehen von Überspannungen anzusehen.
Die elektrostatische Entladung hat auch große Bedeutung als Zündquelle, die eine explosionsfähige Atmosphäre zur Entzündung bringen kann, weil durch viele betriebliche Vorgänge ungewollt solche elektrostatischen Auf- und Entladungen ausgelöst werden. Diese Thematik wird behandelt in der ZH-Richtlinie 1/200 „Richtlinie für die Vermeidung von Zündgefahren infolge elektrostatischer Aufladungen" – Richtlinie „Statische Elektrizität".
Diese Richtlinie findet Anwendung auf die Beurteilung und die Vermeidung von Zündgefahren infolge atmosphärischer Aufladungen in explosionsgefährdeten Bereichen und beim Umgang mit explosionsgefährlichen Arbeitsstoffen.

2.26.3 Einkopplung von Überspannungen

2.26.3.1 Allgemeines

Abhängig vom Verhältnis der Wellenlänge von Überspannungen zu den Abmessungen des beeinflußten Systems in elektrischen bzw. elektronischen Anlagen koppeln sich die Überspannungen ein. Sofern die Wellenlänge im Verhältnis zu den Systemabmessungen groß ist, erfolgt die Einkopplung ohmsch (galvanisch), induktiv oder kapazitiv. Sind aber die Systemabmessungen gleich oder größer als die Wellenlänge, müssen auch die Wellen- und Strahlenbeeinflussung berücksichtigt werden.
Am Beispiel einer Blitzentladung soll die ohmsche (galvanische), induktive und kapazitive Überspannungseinkopplung aufgezeigt werden.

2.26.3.2 *Ohmsche Einkopplung*

Für die Ableitung des Blitzstroms (Stoßentladung) – und damit der Verhinderung von direkten und indirekten Blitzschäden – ist nicht der meßbare Gleichstrom-Erdungswiderstand, sondern der Stoßerdungswiderstand von Bedeutung, der mit üblichen Widerstands-Meßgeräten nicht gemessen werden kann.
Bei einem Blitzeinschlag in ein Objekt, z. B. Gebäude, entsteht an dessen Stoßerdungswiderstand R_{St} ein maximaler Spannungsfall U_E von einigen hundert Kilovolt.

$$U_E = I_B \cdot R_{St},$$

mit:
U_E maximaler Spannungsfall,
I_B Blitzstrom,
R_{St} Stoßerdungswiderstand.

Eine vom Blitz getroffene Anlage erfährt also eine gewaltige Potentialanhebung gegenüber einer fernen Erde (Bezugserde). Der Stoßerdungswiderstand wird durch die geometrischen Abmessungen der Erdungsanlage festgelegt. Wirksam sind dabei nicht weitläufige Erdungsanlagen, z. B. kilometerlange Rohrleitungen, sondern nur ein Teil der Erdungsanlage bis etwa 20 m Ausdehnung. Die Größe des Stoßerdungswiderstands ist demnach im wesentlichen abhängig von der Art und Ausdehnung des Erders, z. B.:

- Tiefenerder,
- Oberflächenerder,
- Halbkugelerder,
- Kombination verschiedener Erder.

Weiterhin ist der Stoßerdungswiderstand abhängig vom spezifischen Bodenwiderstand, d. h. von der elektrischen Leitfähigkeit des Erdbodens. Siehe hierzu auch Abschnitte 3.6 und 3.9.
Den maximal auftretenden Spannungsfall U_E nehmen bei einem Blitzeinschlag in ein Objekt alle Teile an, die mit der Erdungsanlage elektrisch leitend verbunden sind. Zwischen diesen Teilen und Anlageteilen, die nicht mit der Erdungsanlage verbunden sind, treten Differenzspannungen auf, die gegebenenfalls zu Überschlägen führen können.
Bei der ohmschen Einkopplung ist außerdem zu beachten, daß bei einer Blitzentladung über eine Blitzschutzanlage durch die über die Ableitungen der äußeren Blitzschutzanlage abfließenden Blitzströme erhebliche Spannungsfälle entstehen können. Der über eine Ableitung fließende Blitzstrom erzeugt an dieser einen Längsspannungsfall.
Der Längsspannungsfall setzt sich aus einem induktiven und einem ohmschen Anteil zusammen. Mit einer Induktivität von 1 µH bis 1,5 µH je 1 m Leitungslänge er-

gibt sich ein induktiver Anteil der Längsspannung von 1 kV/m bis 1,5 kV/m je 1 kA/µs Stromsteilheit (der ohmsche Anteil am Längsspannungsfall ist relativ klein).

2.26.3.3 Induktive Einkopplung

Die von einem – vom Blitzstrom oder von Blitzteilströmen – durchflossenen Leiter ausgehenden magnetischen Felder induzieren in benachbarten metallenen Schleifen Spannungen. Die maximale zeitliche Stromänderung

$$\left(\frac{\mathrm{d}\,i}{\mathrm{d}\,t}\right)_{\max}$$

ist dabei verantwortlich für die Höhe der elektromagnetisch induzierten Spannung. Solch eine Induktion kann in offenen oder auch geschlossenen metallenen Schleifen

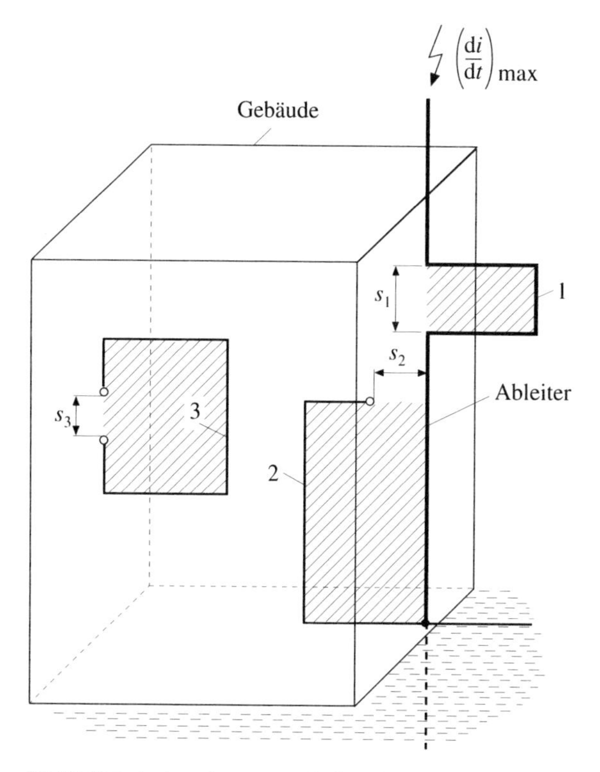

Bild 2.68 Induzierte Spannungen in Schleifen durch die maximale Stromsteilheit $(\mathrm{d}\,i/\mathrm{d}\,t)_{\max}$ des Blitzes
1 Eigenschleife des Ableiters mit möglicher Überschlagstrecke s_1
2 Schleife aus Ableiter und Installationsleitung mit möglicher Überschlagstrecke s_2
3 Installationsschleife mit möglicher Überschlagstrecke s_3

stattfinden. Derartige Schleifen können z. B. innerhalb der vorhandenen Elektroinstallation vorliegen oder durch sonstige Rohrleitungen gegeben sein. Der Maximalwert der induzierten transienten Spannung in einer Schleife errechnet sich zu:

$$u_{\text{max}} = M \cdot \left(\frac{\mathrm{d}\,i}{\mathrm{d}\,t} \right)_{\text{max}}$$

Darin bedeuten:

u_{max} Maximalwert der induzierten Spannung in einer Schleife in V,
M Gegeninduktivität der Schleife in H,

$\left(\frac{\mathrm{d}\,i}{\mathrm{d}\,t} \right)_{\text{max}}$ maximale Stromsteilheit in A/s.

Beispiele für Induktionsschleifen zeigt **Bild 2.68**.
Um Überschläge an den offenen Enden einer Schleife zu vermeiden, muß der Abstand der Enden ausreichend sein, oder die Enden werden direkt oder mit Überspannungs-Schutzeinrichtungen verbunden.

2.26.3.4 Kapazitive Einkopplung
Eine kapazitive Einkopplung infolge des elektrischen Felds tritt auf, wenn beispielsweise ein metallener, sonst isolierter Gegenstand sich in der Nähe einer Blitzableitung befindet und einen Teil des elektrischen Felds überbrückt. Auf den betreffenden Gegenstand wird eine Spannung influenziert, die bei entsprechender Höhe zu Überschlägen zur Blitzableitung oder gegen Erde führt.

2.26.4 Blitzschutz-Potentialausgleich nach DIN VDE 0185 Teil 1:1982-11

2.26.4.1 Gefährdung
In früheren Jahren war die hauptsächliche Aufgabe des Blitzschutzes das Vermeiden von Bränden und mechanischen Zerstörungen an und in Gebäuden durch Blitzeinschlag.
Jedoch sind in den vergangenen Jahren die Elektroinstallationen in den Gebäuden immer umfangreicher geworden. Auch werden elektronische Geräte oder Geräte mit elektronischen Steuerungen, die ja besonders überspannungsempfindlich sind, immer mehr verwendet (siehe Abschnitt 2.26.1).
In jüngster Zeit haben deshalb Schäden durch Gewitterüberspannungen in Niederspannungsverbraucheranlagen in starkem Maße zugenommen. Die Schadensstatistiken der Schadenversicherer sollen ausweisen, daß die Gewitterüberspannungsschäden bereits ein Vielfaches der baulichen Schäden durch direkte Blitzeinschläge betragen. Die Feuerversicherer stellen immer wieder Sachschäden bei Blitzeinschlägen fest, obwohl die bauliche Anlage mit einer ordnungsgemäßen Gebäudeblitzschutzanlage (äußerer Blitzschutz) versehen war. Die Sachschäden entstehen

dadurch, daß ein Teil des Blitzstroms von den Fang- und Ableitungen zu anderen geerdeten metallenen Einbauten überspringt bzw. metallene Installationen und elektrische Anlagen durch Blitzstrom bedingte elektrische und magnetische Felder beeinflußt werden (siehe Abschnitt 2.26.3 dieses Bandes).
Es ist deshalb in vielen Fällen nicht mehr ausreichend, nur den sogenannten „Äußeren Blitzschutz" in Form der altherkömmlichen Blitzschutzanlage um das zu schützende Gebäude zu errichten. Es müssen über die Maßnahmen für den äußeren Blitzschutz ebenfalls im Innern der zu schützenden Gebäude Maßnahmen getroffen werden, die Gewitterüberspannungsschäden vermeiden. Die entsprechenden Vorkehrungen bezeichnet man in Analogie zum „Äußeren Blitzschutz" nun „Inneren Blitzschutz".
Der innere Blitzschutz ist eine der wesentlichen Neuerungen in DIN VDE 0185:1982-11.
Eine äußere Blitzschutzanlage allein kann nicht verhindern, daß bei einem Blitzeinschlag im Innern von Gebäuden Schäden an den elektrischen und elektronischen Einrichtungen entstehen.
Der innere Blitzschutz umfaßt eine Reihe von Maßnahmen gegen Auswirkungen des Blitzstroms und seiner magnetischen und elektrischen Felder auf metallene Installationen und elektrische Anlagen. Dies sind in erster Linie Maßnahmen des Blitzschutz-Potentialausgleichs und diejenigen Maßnahmen, die zum Überspannungsschutz elektrischer Anlagen notwendig sind.

2.26.4.2 Allgemeine Anforderungen

Der Blitzschutz-Potentialausgleich gemäß DIN VDE 0185 Teil 1:1982-11 umfaßt zum einen die Forderung nach Beseitigen von Näherungen, zum anderen sind Aussagen über den Überspannungsschutz elektrischer Anlagen enthalten.
Um bei einem Blitzschlag unkontrollierte Überschläge in den Gebäudeinstallationen infolge Spannungsfalls am Erdungswiderstand (siehe Abschnitt 2.26.3) auszuschließen, sind im Rahmen des Blitzschutz-Potentialausgleichs metallene Installationen, elektrische Anlagen, Erdungsanlage und Blitzschutzanlage direkt mit Leitern oder über Trennfunkenstrecken oder über Überspannungs-Schutzeinrichtungen miteinander zu verbinden.
Bei Gefährdung der elektrischen Verbraucheranlagen ist im Rahmen des Blitzschutz-Potentialausgleichs also auch der Anschluß der aktiven Leiter mittels Überspannungs-Schutzeinrichtungen vorgesehen. Beim Hauptpotentialausgleich nach DIN VDE 0100 Teil 410 und Teil 540 gehört der Überspannungsschutz nicht zum Potentialausgleich.
Der wesentliche Unterschied kristallisiert sich wie folgt heraus:
Der Hauptpotentialausgleich nach DIN VDE 0100 Teile 410 und 540 hat die Vermeidung gefährlicher Berührungsspannung beim Auftreten von Fehlern zum Ziel. Dagegen ist der Zweck des Blitzschutz-Potentialausgleichs die Beseitigung von Potentialunterschieden, insbesondere von Überschlägen und Durchschlägen infolge

Blitzeinwirkungen. Möglich ist auch das Einbringen von kontrollierten Soll-Überschlagstellen in Form von Trennfunkenstrecken.
Ein weiteres wichtiges Unterscheidungsmerkmal ist, daß der Hauptpotentialausgleich nach DIN VDE 0100 Teil 410 und Teil 540 meist nur im Kellergeschoß ausgeführt wird.
Der Blitzschutz-Potentialausgleich nach DIN VDE 0185 Teil 1:1982-11 muß zwar zunächst auch im Kellergeschoß oder etwa in Höhe der Geländeoberfläche ausgeführt werden, bei Bauwerken über 30 m Höhe – beginnend ab 30 m Höhe – ist aber je 20 m Höhenzunahme ein weiterer Blitzschutz-Potentialausgleich zwischen den Ableitungen, den metallenen Installationen und dem Schutzleiter der Starkstromanlage durchzuführen. Im Bereich des Dachgeschosses entfällt jedoch solch ein zusätzlicher Blitzschutz-Potentialausgleich.
Bei Stahlbetonbauten, deren Bewehrungen als Ableitungen verwendet werden, sowie bei Stahlskelettbauten kann der zusätzliche Blitzschutz-Potentialausgleich entfallen; für Fernmeldeanlagen gilt aber DIN VDE 0800 Teil 2 (siehe Abschnitt 2.27 dieses Bandes). Für Gebäude mit medizinisch genutzten Räumen ist DIN VDE 0185 Teil 2 zu beachten (siehe Abschnitt 2.26.5 dieses Bandes). Ganz allgemein ist zu berücksichtigen, daß der Blitzschutz-Potentialausgleich nicht auf medizinisch genutzte Räume ausgedehnt werden darf, hier ist ein Potentialausgleich nach DIN VDE 0107 vorgesehen (siehe Abschnitt 2.24 dieses Bandes).

2.26.4.3 Blitzschutz-Potentialausgleich mit metallenen Installationen

Die metallenen Installationen müssen untereinander und mit der Blitzschutzanlage verbunden werden. Metallene Installationen sind z. B.:
Wasser-, Gas-, Heizungs- und auch Feuerlöschleitungen aus Metall, Führungsschienen von Aufzügen, Krangerüste, Lüftungs- und Klimakanäle. Die metallenen Systeme sollen möglichst an Potentialausgleichsschienen zusammengeschlossen werden. Als Verbindungsleitungen können ebenfalls elektrisch leitfähige Rohrleitungen benutzt werden, wobei jedoch das Benutzen von Gasleitungen ausgeschlossen ist.
Sofern sich in einer Gas- oder Wasserhausanschlußleitung ein Isolierstück befindet, darf der Anschluß in Strömungsrichtung nur hinter dem Isolierstück durchgeführt werden. Dabei brauchen die Isolierstücke nicht mit Trennfunkenstrecken überbrückt zu werden. Im übrigen sind Isolierstücke nach DIN 3389 mit einer als Funkenstrecke wirkenden Überschlagstelle ausgestattet.
In DIN VDE 0185 Teil 1:1982-11 wird darauf hingewiesen, daß für das Verbinden von Blitzschutzanlagen mit metallenen Gas- und Wasserleitungen in Verbraucheranlagen das Arbeitsblatt GW 306 des DVGW zu beachten ist.
Laufen unterirdische metallene Rohrleitungen in der Nähe der Erdungsanlage vorbei, so brauchen sie nicht mit der Blitzschutzanlage verbunden zu werden. Dasselbe gilt für Gleise von Bahnen.
Ist dennoch der Anschluß solcher Rohrleitungen oder Gleise mit der Blitzschutzanlage geplant – unmittelbar oder über Trennfunkenstrecken angeschlossen –, so sind vorher mit den Eigentümern bzw. Betreibern der Fremdanlagen Vereinbarungen zu

treffen. Gleise der Deutschen Bahn AG dürfen nur mit schriftlicher Genehmigung der Deutschen Bahn AG angeschlossen werden.

2.26.4.4 Blitzschutz-Potentialausgleich mit elektrischen Anlagen

Die für den Blitzschutz-Potentialausgleich erforderlichen Verbindungen müssen unter Beachtung der jeweils zutreffenden VDE-Bestimmungen durchgeführt werden. Zu unterscheiden sind unmittelbare direkte Verbindungen und Verbindungen, die nur über Trennfunkenstrecken hergestellt werden dürfen.

Für den Blitzschutz-Potentialausgleich mit Fernmeldeanlagen einschließlich elektrischer MSR-Anlagen gelten zusätzlich die Aussagen zum Überspannungsschutz für Fernmeldeanlagen und elektrische Meß-, Steuer- und Regelanlagen (MSR-Anlagen) im Zusammenhang mit Blitzschutzanlagen gemäß DIN VDE 0185 Teil 1: 1982-11, Abschnitt 6.3. Solche Anlagen werden in diesem Band nicht weiter behandelt.

2.26.4.4.1 Zulässige unmittelbare Verbindungen

Zulässige unmittelbare Verbindungen werden vorgenommen mit:

- Schutzleitern bei Anwendung der Schutzmaßnahmen im TN-System, im TT-System und im IT-System zum Schutz gegen elektrischen Schlag unter Fehlerbedingungen (Schutz bei indirektem Berühren).
- Erdungsanlagen von Starkstromanlagen über 1 kV nach DIN VDE 0141 unter der Voraussetzung, daß keine unzulässig hohe Erdungsspannung verschleppt werden kann.
- Erdungsleiter von Überspannungs-Schutzeinrichtungen.
- Erdungen in Fernmeldeanlagen nach DIN VDE 0800 Teil 2.
- Antennenanlagen nach DIN EN 50083-1 (VDE 0855 Teil 1).
- Bahngeerdete Teile von Wechselstrombahnen, wenn die Bestimmungen von DIN VDE 0115 oder signaltechnische Gesichtspunkte nicht entgegenstehen. Auch hier – wie beim Blitzschutz-Potentialausgleich mit metallenen Installationen – der Hinweis, daß Gleise von Bahnen der Deutschen Bahn AG nur mit schriftlicher Genehmigung der Deutschen Bahn AG angeschlossen werden dürfen.
- Erdungen von Überspannungs-Schutzeinrichtungen von Elektrozaunanlagen nach DIN VDE 0131.

2.26.4.4.2 Verbindungen über Trennfunkenstrecken

Ausschließlich über Trennfunkenstrecken (siehe Abschnitt 2.26.6.2.2) dürfen verbunden werden:

- Hilfserder von Fehlerspannungs-Schutzschaltern bei Einsatz gemäß DIN VDE 0100 Teil 410.
- Erdungsanlagen von Starkstromanlagen über 1 kV nach DIN VDE 0141, wenn unzulässig hohe Erdungsspannungen verschleppt werden können.
- Bahnerde von Gleichstrombahnen nach DIN VDE 0115 (siehe hierzu vorangegangene Hinweise zu den Gleisen der Deutschen Bahn AG).

- Bahnerde von Wechselstrombahnen, wenn die Bestimmungen von DIN VDE 0115 oder signaltechnische Gesichtspunkte einem unmittelbaren Zusammenschluß entgegen stehen (siehe hierzu vorangegangene Hinweise zu den Gleisen der Deutschen Bahn AG).
- Anlagen mit katodischem Korrosionsschutz und Streustromschutzverfahren nach DIN VDE 0150.
- Meßerde für Laboratorien, sofern sie von den Schutzleitern getrennt ausgeführt wird.

Trennfunkenstrecken müssen dabei so eingebaut werden, daß sie einer Prüfung zugänglich sind.

2.26.4.4.3 Verbindungen über Überspannungs-Schutzeinrichtungen

Über Überspannungs-Schutzeinrichtungen (siehe Abschnitte 2.26.6.2.3 und 2.26.6.2.4) sind Starkstrom-Verbraucheranlagen (aktive Leiter) in den Blitzschutz-Potentialausgleich einzubeziehen, wenn sie durch Blitzeinwirkung gefährdet sind. Für die Installation der Überspannungs-Schutzeinrichtungen siehe Abschnitt 2.26.6.3.
In einer Anmerkung weist DIN VDE 0185 Teil 1:1982-11 darauf hin, daß im allgemeinen Starkstromanlagen innerhalb eines flächenhaft eng vermaschten Systems von Erdern oder gut geerdeten Anlage-, Bau- oder Konstruktionsteilen nicht gefährdet sind. Die Anmerkung gibt weiterhin den Hinweis, daß sich zum Schutz gegen Gewitterüberspannungen, die von außerhalb über elektrische Freileitungen in elektrische Anlagen gelangen, Überspannungs-Schutzeinrichtungen eignen.

2.26.4.5 Querschnitt der Potentialausgleichsleiter des Blitzschutz-Potentialausgleichs

Als Mindestquerschnitte für Blitzschutz-Potentialausgleichsleiter sind nach DIN VDE 0185 Teil 1:1982-11 erforderlich:
- Kupfer 10 mm^2,
- Aluminium 16 mm^2,
- Stahl 50 mm^2.

DIN VDE 0185 Teil 1:1982-11 macht zusätzlich die Einschränkung „soweit nach DIN VDE 0190 nicht größere Querschnitte gefordert werden". Die Aussage in DIN VDE 0190 über die Querschnitte von Potentialausgleichsleitern ist aber durch DIN VDE 0100 Teil 540 abgelöst. Die vorgenannten Mindestquerschnitte haben demnach nur dann Gültigkeit, wenn nicht nach DIN VDE 0100 Teil 540 (siehe hierzu Abschnitt 2.6.1.1.) größere Querschnitte gefordert werden.
Der Vergleich mit der Vornorm DIN V ENV 61024-1 (VDE V 0185 Teil 100) zeigt, daß bei Verwendung von Kupfer und Aluminium größere Querschnitte erforderlich

	Querschnitt gemäß	
	DIN VDE 0185 Teil 1:1982-11 in mm^2	DIN V ENV 61024-1 (VDE V 0185 Teil 100) in mm^2
Kupfer	10	16 (6)
Aluminium	16	25 (10)
Stahl	50	50 (16)

Tabelle 2.18 Querschnitte für Potentialausgleichsleiter des Blitzschutz-Potentialausgleichs nach DIN V ENV 61024-1 (VDE V 0185 Teil 100) (IEC 1024-1) und DIN VDE 0185 Teil 1
Klammerwerte gelten für Potentialausgleichsleiter, die keinen wesentlichen Teil des Blitzstroms führen.

sind (**Tabelle 2.18**). Die größeren Querschnitte sollten schon heute konsequent Verwendung finden.

2.26.5 Blitzschutz-Potentialausgleich bei besonderen Anlagen nach DIN VDE 0185 Teil 2:1982-11

In DIN VDE 0185 Teil 1:1982-11 „Allgemeines für das Errichten" werden unter anderem die allgemeinen Anforderungen an die Ausführung des Blitzschutz-Potentialausgleichs getroffen. DIN VDE 0185 Teil 2:1982-11 „Errichten besonderer Anlagen" befaßt sich mit der Ausführung von Blitzschutzanlagen bei besonderen baulichen Anlagen, bei nicht stationären Anlagen oder Anlagen mit besonders gefährdeten Bereichen. Unter anderem sind auch hier Anforderungen an den Blitzschutz-Potentialausgleich festgehalten. Allerdings ist zu berücksichtigen, daß die Aussagen des zweiten Teils von DIN VDE 0185 nur zusammen mit dem ersten Teil bzw. mit DIN V ENV 61024-1 (VDE V 0185 Teil 100) gelten, also zusätzliche Aussagen von DIN VDE 0185 sind.
Die folgenden Anforderungen sind nicht vollständig, sie sollen nur zeigen, daß im Teil 2 von DIN VDE 0185 ebenfalls weitere wichtige Aussagen zum Blitzschutz-Potentialausgleich enthalten sind, die allerdings ganz speziell auf die besonderen Anlagen ausgerichtet sind:

- Fernmeldetürme aus Stahlbeton
  Alle metallenen Aufbauten, z. B. Richtstrahler, Antennen, Schienenkränze, Geländer, Befestigungsschienen, sind mit den Potentialausgleichsleitern zu verbinden.
- Frei stehende Schornsteine
  Außen am Schornstein befindliche Beleuchtungsanlagen sind durch Überspannungs-Schutzeinrichtungen zu schützen. Die Überspannungs-Schutzeinrichtungen sind an der obersten Einbaustelle der Leuchten sowie in der zugehörigen Verteilung im Bereich des Schornsteinfußes anzuordnen. Damit auch Schutz bei seitlichen Blitzeinschlägen gegeben ist, sollen auch an allen dazwischen liegenden Einbaustellen von Leuchten Überspannungs-Schutzeinrichtungen verwendet werden.

Zum Blitzschutz-Potentialausgleich sind die im Umkreis bis zu 20 m um den Schornsteinfuß innerhalb und außerhalb von Gebäuden befindlichen, zum Betrieb gehörenden Metallteile, z. B. Rohrleitungen, Kessel, Stahlgerüste, Erdungsanlagen, mit der Erdungsanlage des Schornsteins zu verbinden.

- Kirchtürme
  Der Blitzschutz-Potentialausgleich mit den Starkstromanlagen ist durch den Einbau von Überspannungs-Schutzeinrichtungenn unten im Turm oder – wenn in dieser Form nicht möglich – an der Hauptverteilung der Kirche durchzuführen.
- Seilbahnen
  Da Personenseilbahnen bei Gewitter nicht betrieben werden dürfen, dienen die in DIN VDE 0185 Teil 2:1982-11 beschriebenen Maßnahmen in erster Linie dem Schutz der Anlagen. Werden Seile zur Signalübertragung verwendet, so müssen in den Stationen Überspannungs-Schutzeinrichtungen eingebaut werden.
- Elektrosirenen
  In Gebäuden mit durchgeführtem Hauptpotentialausgleich ist die Ableitung der Sirene damit zu verbinden. Diese Verbindung darf auch über eine metallene Wasserverbrauchsleitung oder über Heizungsrohre vorgenommen werden. Liegt im Stromweg ein Wasserzähler, so ist er zu überbrücken.
- Krankenhäuser und Kliniken
  Der Blitzschutz-Potentialausgleich in Krankenhäusern und Kliniken ist von besonderer Bedeutung. Die Ausführungen in DIN VDE 0185 Teil 2:1982-11 sind für Krankenhäuser und Kliniken so ausgelegt, daß Teilblitzströme in der Blitzschutzanlage die elektrischen Einrichtungen und den besonderen Potentialausgleich von medizinisch genutzten Räumen nach DIN VDE 0107 (siehe Abschnitt 2.24) möglichst nicht beeinträchtigen.
  Metallene Installationen und elektrische Anlagen von medizinisch genutzten Räumen dürfen nicht unmittelbar und auch nicht über Funkenstrecken oder Überspannungs-Schutzeinrichtungen mit Teilen der Blitzschutzanlage verbunden werden. Der Blitzschutz-Potentialausgleich darf also nicht auf medizinisch genutzte Räume ausgedehnt werden. In solchen Räumen ist ein Potentialausgleich nach DIN VDE 0107 (siehe Abschnitt 2.24) vorgeschrieben. Der Anschluß an die Blitzschutzanlage ist nur im Bereich der Erdungsanlage, z. B. am Fundamenterder, an der Potentialausgleichsschiene im Kellerbereich oder ungefähr in Höhe der Geländeoberfläche durchzuführen.
- Sportanlagen
  Bei Flutlichtmasten von mehr als 20 m Höhe ist zwischen der Starkstromanlage und der Blitzschutz-Erdungsanlage der Blitzschutz-Potentialausgleich durchzuführen, und zwar in der Hauptverteilung für die Flutlichtanlage und am Fuß eines jeden Flutlichtmastes durch Einbau von Überspannungs-Schutzeinrichtungen zwischen den Starkstromleitern und der Erdungsanlage.
  Geländer und Gitter an Eingängen, auf Zuschauerplätzen und Tribünen sind bei Sportanlagen in den Blitzschutz-Potentialausgleich einzubeziehen.

- Brücken
  Auch für Brücken sind zusätzliche Aussagen in DIN VDE 0185 Teil 2:1982-11 enthalten. So sind z. B. Brückenlager durch isolierte bewegliche Leitungen zu überbrücken und zu erden.
  Starkstromanlagen für die Brücke, z. B. Fahrbahnbeleuchtung, Innenbeleuchtung der Fahrbahnträger, Fernmeldeanlagen, sind in den Blitzschutz-Potentialausgleich einzubeziehen.
- Explosionsgefährdete Bereiche
  Zum Schutz elektrischer Anlagen in explosionsgefährdeten Bereichen sind zusätzliche Maßnahmen, wie z. B. die Verwendung von abgeschirmten Leitungen und Kabeln, Kabelmäntel aus Metall, Leitungen mit verseilten Adernpaaren, vorzusehen. Aber auch der Einbau von Überspannungs-Schutzeinrichtungen und die Verstärkung des Blitzschutz-Potentialausgleichs gehören dazu.
- Explosivstoffgefährdete Bereiche
  Mit den metallenen Installationen in den Gebäuden ist ein Blitzschutz-Potentialausgleich herzustellen. Dabei sind Maschinen, Apparate, Heizkörper, Rohrleitungen sowie metallene Teile großer Ausdehnung, z. B. Metallbeschläge von Tischen, metallene Türen und Fenster, leitfähige Fußböden, durch Leitungen zu verbinden, die an mindestens zwei Stellen an den inneren Ringerder oder Fundamenterder anzuschließen sind.
  Bei über Tage eingebauten Stahlblechschränken von Sprengstofflagern, die der Lagerung von Zündern (Sprengkapseln) dienen, sind diese an ihrem unteren Ende an nur einer Stelle mit der Blitzschutzanlage zu verbinden.
  Metallene Rohrschlangen sind an mehreren Stellen zu überbrücken. Ausgedehnte parallel laufende Rohrleitungen sind an mehreren Stellen miteinander zu verbinden.

2.26.6 Überspannungschutz

2.26.6.1 Allgemeines

In der Vergangenheit wurden in der Regel nur an einem Einbauort – üblicherweise nach den Technischen Anschlußbedingungen (TAB) im nicht plombierten Teil der Kundenanlage, d. h. in Energieflußrichtung nach der Meßeinrichtung – Überspannungs-Schutzeinrichtungen eingebaut. Im Normalfall handelte es sich dabei um Überspannungs-Schutzeinrichtungen auf Varistorbasis (Klasse II), und zwar wurden je nach Netzausführung drei oder vier Überspannungs-Schutzeinrichtungen der Klasse II installiert (siehe Abschnitt 2.26.6.3).

Nach neueren Erkenntnissen bietet die alleinige Anordnung von Überspannungs-Schutzeinrichtungen der Klasse II auf Varistorbasis im Nachzählerbereich unter Umständen keinen ausreichenden Schutz einer Gesamt-Installationsanlage. Neuerdings wird eine Staffelung derart propagiert, daß – sofern aufgrund von Blitzströmen und Überspannungen im Zusammenhang mit direkten Blitzeinschlägen und Blitzeinschlägen in der Nähe von Gebäuden zu rechnen ist – am Anfang der Installationsanlage nahe der Gebäudeeinspeisung Überspannungs-Schutzeinrichtungen

der Klasse I (Blitzstromableiter) gesetzt werden, ihnen werden im Nachzählerbereich (Stromkreisverteiler) Überspannungs-Schutzeinrichtungen der Klasse II nachgeschaltet und schließlich noch den empfindlichen elektronischen Geräten ein Geräteschutz durch Überspannungs-Schutzeinrichtungen der Klasse III vorgeschaltet. Im vorgenannten Fall spricht man von einem dreistufigen Überspannungsschutz.
Die Überspannungs-Schutzeinrichtungen der Klasse I (Blitzstromableiter) stellen dabei die erste Stufe des Überspannungsschutzes dar. Sie sind aber nur dann erforderlich, wenn mit der Einkopplung von sehr energiereichen Überspannungen sowie hohen Blitzstoßströmen zu rechnen ist. Sind Blitzbeeinflussungen zu erwarten – wenn ein Gebäude eine Blitzschutzanlage besitzt, ist dies immer der Fall –, ist die Verwendung von Überspannungs-Schutzeinrichtungen der Klasse I (Blitzstromableiter) unumgänglich.
Wenn aber nur mit weniger energiereichen Überspannungen gerechnet werden muß, ist die Anordnung von Überspannungs-Schutzeinrichtungen der Klasse II im Nachzählerbereich ausreichend. Überspannungs-Schutzeinrichtungen der Klasse I (Blitzstromableiter) sind dann nicht erforderlich. Mit dieser zweiten Stufe wird eine niedrigere Restspannung erreicht.
Beide Vorgänge, das Ableiten der hohen Ströme und das Erzielen eines niedrigen Restspannungspegels gleichzeitig mit nur einem Gerät ist allerdings nicht möglich. Sollte die durch die Überspannungs-Schutzeinrichtungen der Klasse II erreichte niedrige Restspannung für nachgeschaltete empfindliche elektronische Geräte immer noch zu hoch sein, so sind diesen Geräten als dritte Stufe Überspannungs-Schutzeinrichtungen der Klasse III vorzuschalten.
In den meisten Fällen ist die Steh-Stoßspannungsfestigkeit zwischen zwei Leitern – also im Querspannungsbereich – geringer als im zuvor behandelten Längsspannungsbereich. Allein aus diesem Grund ist oft ein zusätzlicher Geräteschutz mit Überspannungs-Schutzeinrichtungen der Klasse III erforderlich.

Bild 2.69a Schutzkontakt-Steckvorrichtung mit integriertem Überspannungs-Schutzmodul (Foto: Firma Phoenix Contact)

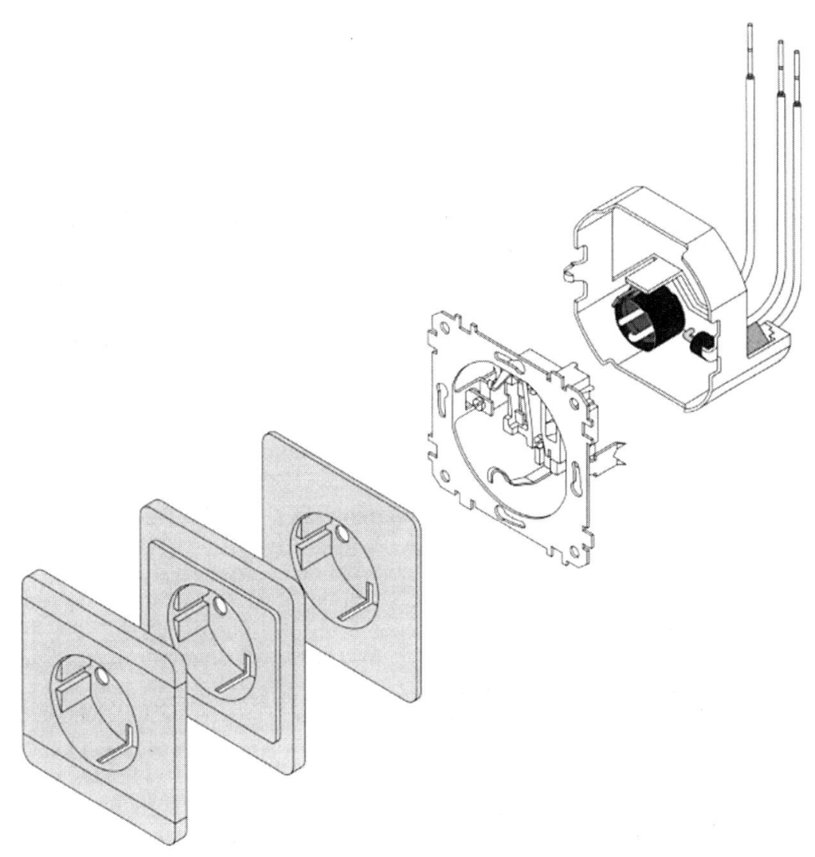

Bild 2.69 b Überspannungs-Schutzmodul zum Einbau in Schutzkontakt-Steckdosen (Foto: Firma Kleinhuis)

Überspannungs-Schutzeinrichtungen der Klasse III für den Geräteschutz gibt es unter anderem als Zwischenstecker (Adapter), integriert in Steckdosenleisten, integriert in Steckdosen (**Bild 2.69a**), als Überspannungs-Schutzmodul zum Einbau in Schutzkontakt-Steckdosen (**Bild 2.69b**). Solche am Markt befindlichen Schutzgeräte sind in ihrer Schutzwirkung mitunter sehr differenziert zu betrachten. Billigangebote, so zeigt es die Praxis, sind eine nutzlose und mitunter auch gefährliche Lösung (Brand).

2.26.6.2 Auswahl und Wirkungsweise von Überspannungs-Schutzeinrichtungen

2.26.6.2.1 Allgemeines

Es gibt sehr unterschiedliche Überspannungs-Schutzeinrichtungen auf dem Markt. Jede dieser Überspannungs-Schutzeinrichtungen ist für ein ganz bestimmtes Einsatzgebiet und dementsprechend auch für einen bestimmten Einsatzort konzipiert. Einfluß auf die Auswahl der Überspannungs-Schutzeinrichtungen haben sowohl die verschiedenen Spannungsfestigkeiten der elektrischen Anlage und der Verbrauchsmittel als auch die erforderliche Energieabsorptionsfähigkeit entsprechend dem Einsatzort.

Die Frage, ob in der Nähe der Gebäudeeinspeisung Überspannungs-Schutzeinrichtungen der Klasse I (Blitzstromableiter) eingebaut werden müssen oder ob für die elektrische Anlage Überspannungs-Schutzeinrichtungen der Klasse II auf Varistorbasis ausreichen, ist von den folgenden Kriterien abhängig:

- Vorhandensein einer Blitzschutzanlage,
- Gebäude oder andere zu schützende Einrichtung befindet sich in exponierter Lage.

Wenn auch nur eines der Kriterien vorliegt, erfordert dies die Verwendung von Überspannungs-Schutzeinrichtungen der Klasse I (Blitzstromableiter). Auch bei vorliegendem Freileitungshausanschluß empfiehlt sich der Einbau von Überspannungs-Schutzeinrichtungen der Klasse I (Blitzstromableiter).

Die nach dem Ansprechen einer Überspannungs-Schutzeinrichtung der Klasse I (Blitzstromableiter) verbleibende Restspannung zeigt das Typschild bzw. die zugehörige technische Dokumentation der Überspannungs-Schutzeinrichtung auf. Eine solche Restspannung muß nun – abhängig von der maximalen Nennspannung der elektrischen Anlage – kleiner sein als die Steh-Stoßspannungsfestigkeit der Isolation der Anlage und der Verbrauchsmittel (Endgeräte).

Der Überspannungsschutz muß dann aber zweistufig ausgeführt sein. Die erste Stufe leitet die großen Energien mit Überspannungs-Schutzeinrichtungen der Klasse I (Blitzstromableiter) ab, wobei über die vorhandenen Leitungsinduktivitäten hohe Überspannungen erzeugt werden. Daher muß mit einer zweiten Stufe im wesentlichen die Überspannung mit Überspannungs-Schutzeinrichtungen der Klasse II auf ungefährliche Werte herabgesetzt werden, wobei auch noch die Ableitung geringer Ströme erfolgt.

Eine dritte Stufe, der Geräteschutz mit Überspannungs-Schutzeinrichtungen der Klasse III, wird dann erforderlich, wenn die zu schützenden Einrichtungen mehr als etwa 5 m von den Überspannungs-Schutzeinrichtungen der Klasse II der zweiten Stufe entfernt sind.

Die zuvor erwähnte Steh-Stoßspannungsfestigkeit der Isolation für Starkstromanlagen ist in DIN VDE 0110 Teil 1 geregelt. Dort sind sogenannte Überspannungs-

Spannung Leiter – Erde in V	Bemessungs-Stoßspannungen 1,2/50 µs in V			
	I	II	III	IV
50	330	500	800	1500
100	500	800	1500	2500
150	800	1500	2500	4000
300	1500	2500	4000	6000
600	2500	4000	6000	8000
1000	4000	6000	8000	12000

Tabelle 2.19 Bemessungs-Stoßspannungen nach DIN VDE 0110 Teil 1 in Abhängigkeit von der Spannung des Versorgungsnetzes

kategorien I bis IV jeweils einer maximalen Nennspannung zwischen 50 V und 1000 V stufenweise zugeordnet (**Tabelle 2.19**).
Die Restspannung einer Überspannungs-Schutzeinrichtung darf die für die Nennspannung der elektrischen Anlage zulässigen Werte der Steh-Stoßspannung nicht überschreiten. Da als Nennspannung die Spannung zwischen Leiter und Erde herangezogen wird, ergibt sich für das 230/240-V-Netz, daß der Wert 300 V als Basis dient.

2.26.6.2.2 Trennfunkenstrecken

Trennfunkenstrecken werden immer dann eingesetzt, wenn ein unmittelbarer Zusammenschluß von zu verbindenden Teilen und Einrichtungen nicht möglich ist. So kann sich z. B. der unmittelbare, direkte Zusammenschluß von Anlageteilen und Erdern aus verschiedenen Werkstoffen aus Korrosionsschutzgründen verbieten. Auch die Beeinflussung von Einrichtungen und Erdern, z. B. Verschleppung von Spannungen, Überbrücken der Fehlerspannungsspule beim Fehlerspannungs-Schutzschalter, kann die direkte leitende Verbindung miteinander unzulässig machen. Trennfunkenstrecken werden demnach dann verwendet, wenn der Zusammenschluß zwar elektrisch sein muß, galvanisch aber nicht sein darf.
Wenn also aus Blitzschutzgründen die Verbindung von Blitzschutzanlagen mit anderen geerdeten Anlagen zur Vermeidung freier Über- oder Durchschläge an Näherungsstellen im Rahmen des inneren Blitzschutzes erforderlich ist, reicht es völlig aus, wenn die Verbindung nur während der Dauer des Blitzstromflusses wirksam ist. Dies wird durch eine Trennfunkenstrecke ermöglicht, die erst bei Auftreten ihrer Ansprechspannung, z. B. bei einem Blitzschlag, zündet und somit die notwendige elektrische Verbindung für die Dauer des Blitzstromflusses herstellt. Im Normalbetrieb wirkt die Funkenstrecke als Isolator. Die elektrische Kopplung wird auch nach dem Abklingen des Blitzstroms wieder aufgehoben.
Die Trennfunkenstrecke ist somit eine offene Erdung. Eingeschlossen in einem Porzellankörper stehen sich in einem fest definierten Abstand von wenigen Millimetern (meist 3 mm) zwei Metallelektroden bei annäherndem Vakuum gegenüber. Beim Auftreten einer hohen Spannung (gefährliche Überspannung) findet ein Überschlag

statt. Die Ansprechstoßspannung wird bestimmt durch den Elektrodenabstand, die Elektrodenform und die um die Elektroden befindliche Atmosphäre (Gas, Druck). Sie liegt – je nach Schlagweite – bei 2,5 kV bis 10 kV. Die Absenkung der Ansprechstoßspannung, z. B. durch Verringerung der Schlagweite, hat zwar die Erhöhung des Schutzwerts zur Folge, aber die Gefahr des Verschweißens der Elektroden wird größer.
Beim Durchgang von Blitzströmen beträgt der Spannungsfall an der Funkenstrecke etwa 20 V, während er bei Überspannungs-Schutzeinrichtungen der Klasse II bei etwa 1500 V bis 2000 V liegt. Der wesentliche Unterschied jedoch ist der, daß bei der Funkenstrecke der Netzfolgestrom nicht unterbrochen wird. Deshalb kann – wie erwähnt – eine Funkenstrecke immer nur dann eingesetzt werden, wenn nicht unter Spannung stehende Anlagen oder Anlageteile blitzstrommäßig gekoppelt werden müssen bzw. die Spannung zwischen beiden Anlagen nur wenige Volt, z. B. beim katodischen Korrosionsschutz, beträgt, so daß die Spannung wesentlich unter der Löschspannung der Funkenstrecke liegt.
Werden Trennfunkenstrecken zum Verbinden von Anlageteilen beim Blitzschutz eingesetzt, dann ist ihre Blitzstromtragfähigkeit von entscheidender Bedeutung. Dienen sie aber außerdem auch zum Schutz von nachgeschalteten Geräten vor Überspannungen, z. B. als Trennfunkenstrecken an Isolierflanschen, so ist ebenfalls ihre Ansprechspannung in Abhängigkeit von der Steilheit der einlaufenden Überspannungswelle (Stoßkennlinie) im Hinblick auf die Isolationsfestigkeit der zu schützenden Geräte zu beachten. In solch einem Fall ist die Ansprechstoßspannung der Trennfunkenstrecken maßgebend.
Die einfachste Form einer Trennfunkenstrecke ist die Dachständerfunkenstrecke (**Bild 2.70**). Sie ist für hohe Ansprechstoßspannungen gebaut, und ihr Ableitvermögen ist begrenzt. Es handelt sich meist um Stabfunkenstrecken. An Trennfunkenstrecken für den Einbau in Blitzschutzanlagen, Erdungsanlagen und Anlagen mit katodischem Schutz (**Bild 2.71**) werden höhere Anforderungen gestellt.

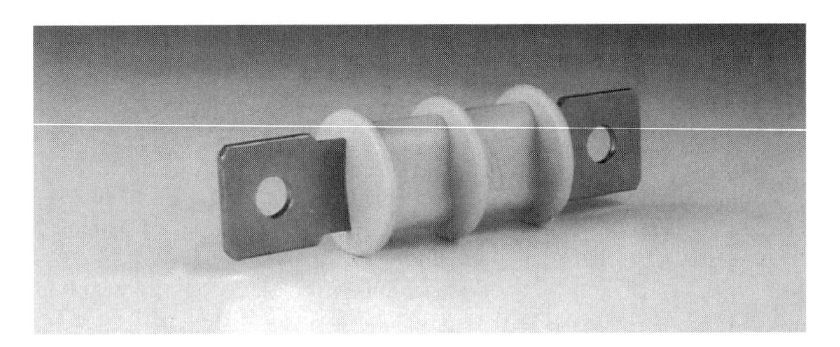

Bild 2.70 Trennfunkenstrecke für Dachständer (Foto: Firma Dehn & Söhne)

Bild 2.71 Trennfunkenstrecke zur Trennung der Blitzschutzanlagen von anderen geerdeten Anlageteilen im Normalzustand und zur Kopplung bei Blitzeinwirkung (Foto: Firma Dehn & Söhne)

Trennfunkenstrecken gibt es selbstverständlich auch in explosionsgeschützter Ausführung. Zur Ankopplung von Anlageteilen, selbst bei direkten Blitzeinschlägen, sind Hochstromfunkenstrecken auf dem Markt.

2.26.6.2.3 Überspannungs-Schutzeinrichtungen der Klasse I (Blitzstromableiter)
Im Fall von Blitzentladungen sind nur Überspannungs-Schutzeinrichtungen der Klasse I (Blitzstromableiter) in der Lage, die dadurch erzeugten Überspannungen abzuleiten. Die durch Blitzentladungen erzeugten energiereichen Überspannungen sind nur durch Funkenstrecken mit einer hohen Energieabsorption in Griff zu bekommen. Zu berücksichtigen ist, daß die großen Energien nicht allein durch die Stromamplituden entstehen, ein weiterer Grund sind die relativ langen Zeitverläufe, die sich ergeben können. Die zwar seltener vorkommenden positiven Blitze – 80 % aller Blitzentladungen sind negative Blitzentladungen – haben Rückenhalbwertszeiten von mehreren 100 µs. Da nicht vorhersehbar ist, welche Art der Blitzentladung erfolgt, sind die Überspannungs-Schutzeinrichtungen der Klasse I (Blitzstromableiter) für die längeren Zeitverläufe, also für die positiven Blitzentladungen ausgelegt. Auch bei der Berücksichtigung der maximalen Blitzstromamplitude ist die zu erwartende größte Amplitude heranzuziehen. Der derzeitige Stand der internationalen Normung geht davon aus, daß bei 98 % aller Blitze die Amplitudenwerte unter 200 kA liegen.
Verfügen Gebäude über eine Blitzschutzanlage, so kann im Falle eines Blitzeinschlags damit gerechnet werden, daß 50 % des Blitzstroms – demnach etwa 100 kA – über die Blitzschutzanlage zur Erde abgeleitet werden. Die anderen rund 100 kA fließen aber über elektrisch leitfähige Systeme in das Gebäude. Bei Vorhandensein eines metallenen Wasserrohrs, einer Starkstrom-Hauseinführung und einer Tele-

kommunikationsleitung (Fernmeldeleitung) und der Voraussetzung, daß alle drei Systeme etwa den gleichen Anteil des Blitzstroms aufnehmen, ergeben sich etwa 33 kA je System.
In einem System erfolgt wiederum eine Aufteilung entsprechend der Zahl der vorliegenden Adern. Bei einer Starkstromversorgung mit drei Außenleitern und dem Neutralleiter ergibt sich dann ein zu erwartender Blitzteilstrom von etwa 8,5 kA.
Die vorgenannten Betrachtungen sind bei der richtigen Auswahl der Überspannungs-Schutzeinrichtungen der Klasse I (Blitzstromableiter) zu berücksichtigen.
Ein weiteres wichtiges Kriterium bei Überspannungs-Schutzeinrichtungen der Klasse I (Blitzstromableiter) ist das Netzfolgestromverhalten. Hat eine Überspannungs-Schutzeinrichtung der Klasse I (Blitzstromableiter) als Folge eines Blitzes gezündet, so ist der Folgestrom aus dem angelegten Netz in der Lage, den Stromfluß über die Funkenstrecke weiter aufrecht zu erhalten. Dies darf aber nicht passieren; der Netzfolgestrom muß unbedingt gelöscht werden. Dies kann erfolgen durch Überspannungs-Schutzeinrichtungen der Klasse I (Blitzstromableiter) selbst oder durch eine Zusatzeinrichtung (z. B. Sicherung). Sicherungen sind aber wenig praktisch, weil ihr Ansprechen immer auch das Abtrennen des Blitzstromableiters vom Netz zur Folge hat und bei weiteren Blitzentladungen die Schutzfunktion nicht mehr gegeben ist. Daher strebt man ein gutes Netzfolgestrom-Löschverhalten der Überspannungs-Schutzeinrichtung der Klasse I (Blitzstromableiter) selbst an.
Bis etwa 1993 wurden als Überspannungs-Schutzeinrichtungen der Klasse I (Blitzstromableiter) für Blitzströme bis 100 kA (8/80 µs) ausschließlich Gleitfunkenstrecken verwendet. Bei einer Rückenhalbwertszeit von 10/350 µs betrug das Ableitvermögen nur etwa 20 kA bis 25 kA. Ohne das Ansprechen von Sicherungen

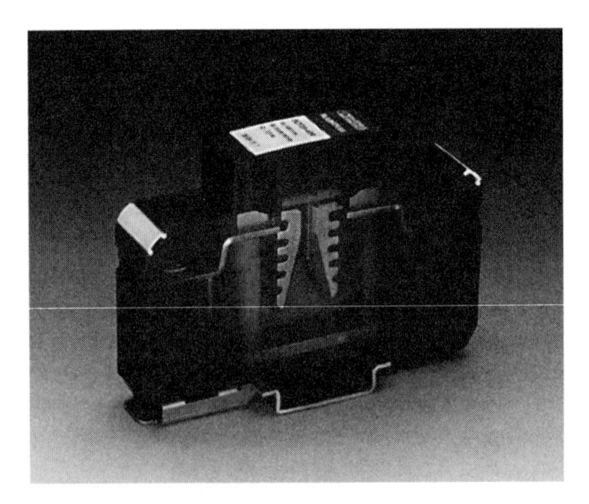

Bild 2.72a Blitzstromableiter nach dem Arc-chopping-Verfahren zum Schutz von Niederspannungs-Verbraucheranlagen vor Überspannungen durch Blitzentladungen bei direkten Blitzen (Foto: Firma Phoenix Contact)

herbeizuführen, löschten diese Überspannungs-Schutzeinrichtungen nach dem Ableiten des Blitzstroms nur geringe Netzfolgeströme selbständig.
Seit kurzer Zeit ist eine neue Generation von Überspannungs-Schutzeinrichtungen der Klasse I (Blitzstromableiter) auf dem Markt, die dieses Problem ausreichend beherrscht. Sie arbeiten nach dem Arc-chopping-Verfahren und enthalten eine Luft-Funkenstrecke zwischen zwei hörnerförmigen Elektroden (**Bild 2.72a**). Der Lichtbogen zündet durch die Blitzüberspannung über ein Zündplättchen an der engsten Stelle zwischen den beiden Hörnern, die ihn nach außen treiben. Dadurch verlängert sich der Lichtbogen, wodurch sich die Bogen-Brennspannung erhöht. Die sich aufbauende Gegenspannung wirkt der treibenden Spannung des Netzes entgegen, der Netzfolgestrom wird gelöscht.
Überspannungs-Schutzeinrichtungen der Klasse I (Blitzstromableiter) mit diesem Wirkungsprinzip löschen bei Netzen mit einer Spannung von 230 V gegen Erde Netzfolgeströme bis 4 kA, ohne daß Vorsicherungen der Charakteristik gL $\geq$ 125 A auslösen. Solche Überspannungs-Schutzeinrichtungen der Klasse I (Blitzstromableiter) gibt es je nach Rückenhalbwertszeit für Blitzströme bis 60 kA (10/350 µs) bzw. 100 kA (8/80 µs).
Relativ neu auf dem Markt sind auch Überspannungs-Schutzeinrichtungen der Klasse I (Blitzstromableiter) auf der Basis von Tandem-Funkenstrecken, bei denen zwei Gleitfunkenstrecken hintereinander geschaltet sind (**Bild 2.72b**). Sie sind ge-

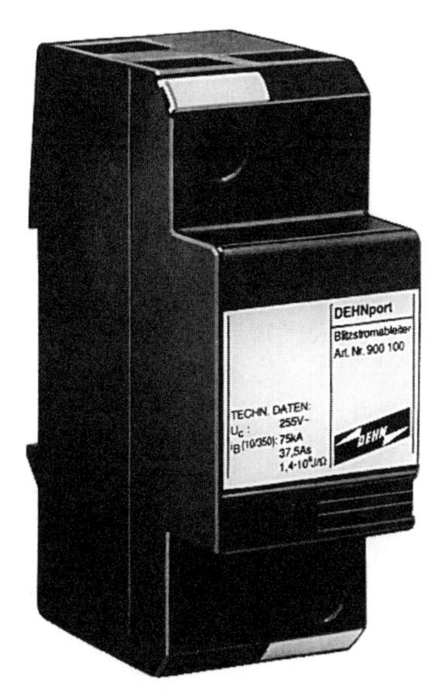

Bild 2.72b Blitzstromableiter mit Tandem-Gleitfunkenstrecke zum Schutz von Niederspannungs-Verbraucheranlagen vor Überspannungen durch Blitzentladungen bei direkten Blitzen (Foto: Firma Dehn & Söhne)

eignet für die Ableitung von Blitzströmen bis 75 kA (10/350 μs). Im Vergleich zu den Überspannungs-Schutzeinrichtungen der Klasse I (Blitzstromableiter) mit dem Arc-chopping-Verfahren ist das Löschverhalten von Netzfolgeströmen annähernd gleich.
Das hohe Ableitvermögen von Überspannungs-Schutzeinrichtungen der Klasse I (Blitzstromableiter) bedeutet zwangsläufig immer auch den Nachteil einer relativ hohen Restspannung in der Größenordnung von 2,5 kV bis 4,0 kV. Daher ist es unumgänglich, zusätzlich zu den Überspannungs-Schutzeinrichtungen der Klasse I (Blitzstromableiter) in der Installationsanlage weitere Überspannungs-Schutzeinrichtungen der Klasse II (zweite Stufe des Überspannungsschutzes) einzusetzen, z. B. Überspannungs-Schutzeinrichtungen auf Varistorbasis.

2.26.6.2.4 Überspannungs-Schutzeinrichtungen der Klasse II

Überspannungs-Schutzeinrichtungen der Klasse II werden dort verwendet, wo mit weniger energiereichen Überspannungen gerechnet werden muß oder wo die relativ hohen Restpannungen beim Einsatz von Überspannungs-Schutzeinrichtungen der Klasse I (Blitzstromableiter) vorhanden sind und auf ungefährliche Werte herabgesetzt werden müssen.
Eine einfache Trennfunkenstrecke reicht allein nicht aus, weil im Ansprechfall (Überschlag) über die leitend gewordene Trennstrecke ein Folgestrom aus dem Netz über den aktiven Leiter weiter fließen würde. Um den Netzfolgestrom zu verhindern, bedarf es zusätzlicher Bauteile.
Klassische Überspannungs-Schutzeinrichtungen bestehen daher aus einer Reihenschaltung von Abtrennvorrichtung, Funkenstrecke und spannungsabhängigem Widerstand. Im Normalbetrieb wirkt die Funkenstrecke als Isolator zwischen Netzspannung und dem Erdpotential. Erst bei Auftreten einer für die Verbraucheranlage gefährlichen Überspannung, d. h. Überschreiten der Ansprechspannung, spricht die Funkenstrecke an, der Überschlag findet statt. Der spannungsabhängige Widerstand (Varistor) wird dabei niederohmig. Dadurch kann der hohe Stoßstrom zur Erde abfließen. In der Verbraucheranlage tritt nur noch eine geringe, weniger gefährliche Restspannung auf, bestehend aus der Brennspannung der Funkenstrecke und dem Spannungsfall am Widerstand.
Klingt der Stoßstrom ab, so erhöht sich der Widerstandswert des spannungsabhängigen Widerstands. Dies wiederum hat zur Folge, daß kein hoher Folgestrom aus dem Netz nachfließen kann. Somit wird die Funkenstrecke wieder selbsttätig gelöscht. Diejenige Spannung, bis zu der eine Überspannungs-Schutzeinrichtung nach dem Ansprechen infolge des Nennableitstroms wieder löscht, heißt Löschspannung. Die im ungestörten Betrieb an der Überspannungs-Schutzeinrichtung anliegende Netzspannung darf deshalb nicht größer als seine Löschspannung sein. Die eingebaute Abtrennvorrichtung hat die Aufgabe, die Überspannungs-Schutzeinrichtung bei Überbeanspruchung (Zerstörung der Funkenstrecke oder des spannungsabhängigen Widerstands, z. B. durch direkte Blitzeinschläge mit Nachströmen im Milli-

sekundenbereich) vom Netz zu trennen. Sie macht separate Vorsicherungen vor der Überspannungs-Schutzeinrichtung in der Regel überflüssig. Fließt also nach dem Ableiten der Überspannung ein Folgestrom über die Überspannungs-Schutzeinrichtung, der von der Funkenstrecke nicht gelöscht werden kann, so spricht bei kleinen Strömen (in der Größenordnung von einigen Ampere) eine am spannungsabhängigen Widerstand anliegende Weichlötstelle an und trennt die Überspannungs-Schutzeinrichtung innerhalb kurzer Zeit vom Netz.
Bei höheren Strömen (etwa 100 A und mehr) schmilzt ein zweiter, in Reihe geschalteter Sicherungsstreifen an einer Engstelle ab, und die Überspannungs-Schutzeinrichtung wird ebenfalls, jedoch innerhalb weniger Millisekunden, vom Netz getrennt. Durch diese doppelte Auslösecharakteristik hat die Überspannungs-Schutzeinrichtung praktisch ein unbegrenztes Ableit- und Selbstreinigungsvermögen. Vom Netz getrennte Überspannungs-Schutzeinrichtungen sind durch einen hochgedrückten Signalknopf bzw. Signalstift deutlich gekennzeichnet. Bei Überspannungs-Schutzeinrichtungen der Klasse II neuerer Generation erfolgt die Defektanzeige durch eine entsprechende Markierung im vorhandenen Sichtfenster. Solche Überspannungs-Schutzeinrichtungen sind dann nicht mehr funktionsfähig und müssen durch eine Fachkraft ausgetauscht werden, da sie keinen Überspannungsschutz mehr bieten können. Die übrige elektrische Versorgung bleibt trotz ausgelöster Abtrennvorrichtung ungestört erhalten.
Zu beachten ist, daß die überwiegende Anzahl aller Überspannungen über viele Jahre hinaus einwandfrei von der Überspannungs-Schutzeinrichtung zur Erde abgeleitet wird und eine Abtrennung vom Netz nur bei extrem großer Überbeanspruchung

Bild 2.73a Überspannungs-Schutzeinrichtung (Überspannungsableiter, Ventilableiter) zum Schutz von Niederspannungs-Verbraucheranlagen vor Überspannungen – klassische Ausführung (Foto: Firma Dehn & Söhne)

eintritt, bei der funktionswichtige Teile der Überspannungs-Schutzeinrichtung zerstört werden würden.
Wird eine elektrische Anlage durch Überspannungs-Schutzeinrichtungen geschützt, sind deren Kennmelder (Signalknopf, Signalstift) nach jedem Gewitter zu kontrollieren.
Das Angebot an Überspannungs-Schutzeinrichtungen der Klasse II für unterschiedlichste Anwendungsfälle ist groß. Eine Standardausführung zum Schutz von Niederspannungs-Verbraucheranlagen vor Überspannungen gemäß DIN VDE 0675 zeigt **Bild 2.73a**). Diese sind auf Normprofilschienen befestigt und waren viele Jahre lang „die" Überspannungs-Schutzeinrichtung schlechthin. Zwischenzeitlich gibt es einige weiter entwickelte Ausführungen am Markt (**Bild 2.73b**). Überspannungs-Schutzeinrichtungen der Klasse II gibt es in Modulbauweise in 17,5 mm und 35 mm Breite. Zudem gibt es Ausführungen mit einem auswechselbaren (steckbaren) Varistormodul (**Bild 2.74**). Darüber hinaus sind für Niederspannungs-Innenraumanlagen Überspannungs-Schutzeinrichtungen der Klasse II in NH-Bauform zum Einsetzen in NH-Sicherungsunterteile der Größe 00 bzw. 1 bis 3 auf dem Markt (**Bild 2.75**). Des weiteren sind selbstverständlich Überspannungs-Schutzeinrichtungen der Klasse II in Ex-Gehäusen für den Einsatz im Ex-Bereich vorhanden.

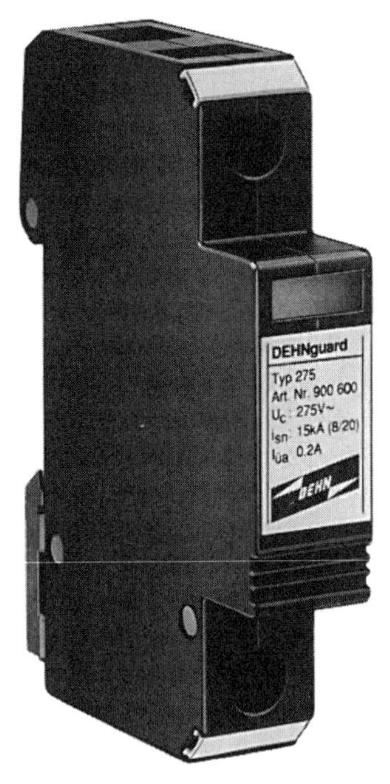

Bild 2.73b Überspannungs-Schutzeinrichtung (Überspannungsableiter, Ventilableiter) zum Schutz von Niederspannungs-Verbraucheranlagen vor Überspannungen – moderne Ausführung (Foto: Firma Dehn & Söhne)

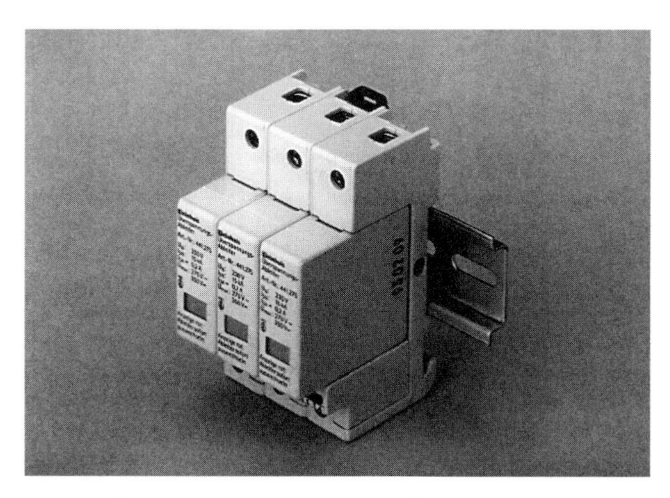

Bild 2.74 Überspannungs-Schutzeinrichtung (Überspannungsableiter/Ventilableiter) zum Schutz von Niederspannungs-Verbraucheranlagen vor Überspannungen – Ausführung in Modulbauweise mit steckbarem Varistormodul (Foto: Firma Kleinhuis)

Bild 2.75 Überspannungs-Schutzeinrichtung (Überspannungsableiter, Ventilableiter) zum Schutz von Niederspannungs-Verbraucheranlagen vor Überspannungen – Ausführung zum Einsetzen in NH-Sicherungsunterteile Größe 00 bzw. 1 bis 3 (Foto: Firma Dehn & Söhne)

Für Anlagen mit empfindlichen Geräten, z. B. Schutz von Fernmelde-, MSR- und Datenverarbeitungsanlagen vor Überspannungen, gibt es spezielle Überspannungs-Feinschutzgeräte (Überspannungsfilter).

2.26.6.3. Installation der Überspannungs-Schutzeinrichtungen

2.26.6.3.1 Allgemeines

Die korrekte Installation der Überspannungs-Schutzeinrichtungen ist von großer Wichtigkeit. Allein die richtige Auswahl von Überspannungs-Schutzeinrichtungen und der richtige Einbauort reichen nicht aus, für den erforderlichen Schutzpegel zu sorgen. Zusätzlich sind einige wichtige Installationshinweise zu beachten.
Überspannungs-Schutzeinrichtungen der Klasse I (Blitzstromableiter) müssen für den möglichen Fall der Überlastung durch Blitzströme oder Netzfolgeströme mit einer Vorsicherung geschützt werden. Die Auswahl muß sorgfältig getroffen werden, die Selektivität zu vorgeschalteten Sicherungen muß gewährleistet sein, die Überspannungs-Schutzeinrichtungen selbst dürfen nicht zerstört werden.
Auch bei Überspannungs-Schutzeinrichtungen der Klasse II muß auf die Einhaltung des durch den Hersteller maximal zugelassenen Wertes für die Vorsicherung geachtet werden.
Überspannungs-Schutzeinrichtungen der Klasse I (Blitzstromableiter) auf der Basis von Funkenstrecken blasen im Ansprechfall zwangsläufig aus. Damit das Ausblasen keine Gefahren hervorruft, z. B. auf brennbares Material oder spannungsführende Teile erfolgt, müssen die Angaben der Hersteller über notwendige Maßnahmen beachtet werden.
Im Gegensatz zu Überspannungs-Schutzeinrichtungen der Klasse I (Blitzstromableiter) und Überspannungs-Schutzeinrichtungen der Klasse II auf Varistorbasis, die üblicherweise über Stichleitungen zwischen den aktiven Leitern und der Erde (dem geerdeten Potentialausgleich) angeschlossen sind (siehe Abschnitt 2.26.6.3.10), werden Überspannungs-Schutzeinrichtungen der Klasse III für den Geräteschutz seriell in die Stromversorgungsleitungen eingefügt, z. B. über Zwischenstecker. Somit wird der Betriebsstrom des Geräts durch die Überspannungs-Schutzeinrichtung der Klasse III geführt. Daher ist bei der Installation bzw. beim Einsatz solcher Überspannungs-Schutzeinrichtungen der Klasse III auf die normal zulässigen Nennströme, in der Regel 16 A, zu achten.

2.26.6.3.2 Einbauort von Überspannungs-Schutzeinrichtungen

Nach dem Bundesmusterwortlaut 1991 der Technischen Anschlußbedingungen (TAB), Abschnitt 10 (4), muß – sofern ein Überspannungsschutz nach DIN VDE 0100 Teil 443 (Entwurf) vorgesehen ist – der Einbau der Überspannungs-Schutzeinrichtungen im nicht plombierten Teil der Kundenanlage vorgesehen werden.
Meist wurden die Überspannungs-Schutzeinrichtungen somit bisher hinter der Meßeinrichtung (Zähler) eingebaut, also im nicht vom EVU verblombten Bereich.

In besonderen Fällen, z. B. bei unter Denkmalschutz stehenden Gebäuden im Rahmen des Denkmalschutzes (Museen, Schlösser, Kirchen usw.), kam es vor, daß der Einbau von Überspannungs-Schutzeinrichtungen gleich nach dem Hausanschlußkasten, also gleich zu Beginn der Gebäudeinstallation, gefordert wurde. Im Hinblick auf den Erhalt des oft unschätzbaren ideellen Wertes wurde dem Verlangen selbstverständlich stattgegeben. Hierzu war allerdings die Zustimmung des EVU einzuholen.
Diese bislang praktizierte Vorgehensweise basierte auf der Tatsache, daß das bisherige Überspannungs-Schutzkonzept im wesentlichen nur die „klassischen" Überspannungs-Schutzeinrichtungen auf Varistorbasis (Ventilableiter) kannte. Die heutige Klassifizierung in Überspannungs-Schutzeinrichtungen der Klassen I, II und III gab es nicht, da es auch die heutige Schutzzoneneinteilung (Schutzzonen 1, 2 und 3) nicht gab.
Heute orientieren sich die Einbauorte von Überspannungs-Schutzeinrichtungen an dem Planungskonzept der Schutzzonen. Das Planungskonzept geht davon aus, daß alle Bedrohungsgrößen, z. B. Stoßspannung, Stoßstrom, in Stufen bis hin zur Festigkeit der zu schützenden Elektroinstallation bzw. zu den Verbrauchsmitteln (Geräten) reduziert werden (siehe Abschnitt 2.26.6.1). Es erfolgt eine Unterteilung der Gebäudeanlage in die Schutzzonen 1, 2 und 3. Dabei werden an den Übergängen der Schutzzonen Überspannungs-Schutzeinrichtungen eingesetzt, deren Leistungsvermögen an die am Einbauort vorliegenden Bedrohungswerte anzupassen sind (siehe Abschnitt 2.26.6.2).

Somit ergibt sich nach dem heutigen Schutzzonenkonzept folgende Anordnung der Überspannungs-Schutzeinrichtungen:

- *Übergang von Blitzschutzzone 0 auf Schutzzone 1*
  Am Anfang der Gebäudeinstallation werden Überspannungs-Schutzeinrichtungen der Klasse I (Blitzstromableiter) zum Zweck des Blitzschutz-Potentialausgleichs eingesetzt (vorzugsweise in der Überspannungskategorie IV).
  Der Anfang der Gebäudeinstallation ist dabei durchaus in der Nähe der Gebäudeeinspeisung zu suchen, also im Bereich nach dem Hausanschlußkasten.
- *Übergang von Schutzzone 1 auf Schutzzone 2*
  Es werden Überspannungs-Schutzeinrichtungen der Klasse II zum Zweck des Überspannungsschutzes in der festen Installation eingesetzt (vorzugsweise in der Überspannungskategorie III).
  Der Einbauort ist dabei üblicherweise der Hauptverteiler (Zählerplatz). Dabei erfolgt der Einbau im Falle des Zählerplatzes im oberen Anschlußraum des Zählerplatzes (nicht plombierter Bereich).
- *Übergang von Schutzzone 2 auf Schutzzone 3*
  Es werden Überspannungs-Schutzeinrichtungen der Klasse III zum Zweck des Überspannungsschutzes in der ortsveränderlichen, gegebenenfalls auch festen Installation eingesetzt (vorzugsweise in den Überspannungskategorien I und II).

Kritisch ist demnach nur der Einbauort der Überspannungs-Schutzeinrichtungen der Klasse I. Diese Überspannungs-Schutzeinrichtungen werden aber nur im Rahmen des Blitzschutz-Potentialausgleichs eingesetzt, also dann, wenn Maßnahmen zum Blitzschutz ergriffen werden.
Das Problem des Einbauorts von Überspannungs-Schutzeinrichtungen der Klasse I im ungezählten Bereich vor der Meßeinrichtung (Zähler) stellt sich also gar nicht generell. Wenn aber der Blitzschutz-Potentialausgleich erforderlich ist – bei allen Gebäuden mit einem äußeren Blitzschutz, also einer Blitzschutzanlage, ist dies immer der Fall –, so sollte dem Einbauort im ungezählten Bereich vor der Meßeinrichtung zugestimmt werden.

2.26.6.3.3 Koordination von Überspannungs-Schutzeinrichtungen in Starkstromanlagen

Koordinieren der Überspannungs-Schutzeinrichtungen bedeutet, daß die verwendeten Überspannungs-Schutzeinrichtungen in den jeweiligen Schutzzonen so aufeinander abgestimmt sind, daß vor dem Erreichen der Belastungsgrenze nachgeschalteter Überspannungs-Schutzeinrichtungen die vorgeschalteten Überspannungs-Schutzeinrichtungen die Belastung übernehmen.
In den Überspannungs-Schutzeinrichtungen sind die aufeinander abgestimmten Bauelemente voneinander entkoppelt angeordnet, wobei zur Entkopplung induktive oder ohmsche Widerstände verwendet werden.
Gleichermaßen muß auch in der Starkstromanlage eine Entkopplung erfolgen, um den Überspannungsschutz zu gewährleisten und nachgeschaltete Überspannungs-Schutzeinrichtungen nicht zu überlasten. Dies erreicht man durch eine Koordination der installierten Überspannungs-Schutzeinrichtungen.
Die Verwendung von Induktivitäten (Spulen) zur Entkopplung ist nur bedingt möglich. Unter Berücksichtigung der erforderlichen Übertragung des Dauerstroms müssen die Spulen meist sehr groß sein. Sinnvoll lassen sich Entkopplungsspulen in

Bild 2.76a Entkopplungsspule zur Koordination der Überspannungs-Schutzeinrichtungen unterschiedlicher Klassen (Foto: Firma Phoenix Contact)

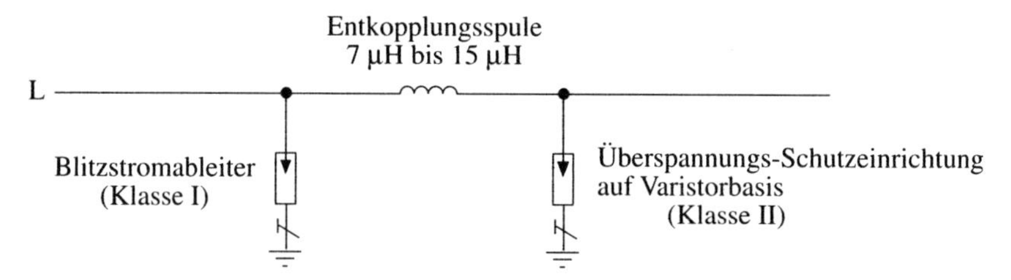

Bild 2.76b Entkopplungsspule zwischen Blitzstromableiter (Klasse I) und Überspannungs-Schutzeinrichtung auf Varistorbasis (Klasse II)

Starkstromanlagen von etwa 50 A bis 63 A seriell einsetzen. Die Induktivität der Spulen darf nicht zu groß sein. Bei zu großer Induktivität würde ein hoher Spannungsfall über der Entkopplungsspule ein zu häufiges Ansprechen der vorgeordneten stärkeren Überspannungs-Schutzeinrichtungen nach sich ziehen.
Da Spulen mit einem Eisenkern bei hochfrequenten Vorgängen sehr schnell in die Sättigung gehen, wobei dann nur noch eine geringere Induktivität wirken würde, werden Luftspulen verwendet. Ziel muß es sein, nur auf die Eigenschaften der jeweiligen Überspannungs-Schutzeinrichtungen abgestimmte Spulen zur Entkopplung zu verwenden. Es empfiehlt sich, die vom Hersteller der Überspannungs-Schutzeinrichtung angebotene geeignete Entkopplungsspule mit ausreichender Dauerstromübertragungsfähigkeit einzusetzen (**Bild 2.76a**).
Üblicherweise haben die Entkopplungsspulen eine Induktivität zwischen 7 µH und 15 µH. Ihre Installation erfolgt, wie in **Bild 2.76b** ersichtlich.
Die Entkopplung mittels einer Spule ist allerdings nur in den selteneren Fällen erforderlich. Meistens werden Installationsleitungen – zwischen Hausanschluß-

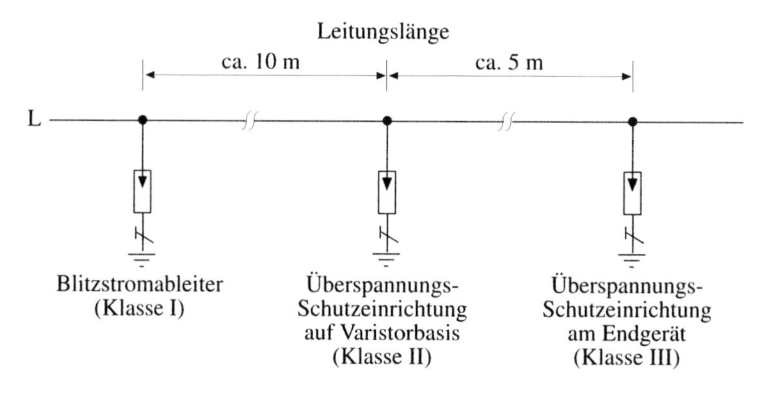

Bild 2.76c Verbindungsleitungen zwischen den Überspannungs-Schutzeinrichtungen als Entkopplungselemente

kasten und Hauptverteiler (Zählerplatz) bzw. Hauptverteiler und Unterverteiler (Stromkreisverteiler) bzw. Unterverteiler (Stromkreisverteiler) und Verbrauchsmittel (Endgerät) – als Entkopplungselemente verwendet, da jede Installationsleitung eine Eigeninduktivität hat. Diese Eigeninduktivitäten ergeben Entkopplungsinduktivitäten. Auf den Einsatz von Entkopplungsspulen kann verzichtet werden, wenn zwischen Überspannungs-Schutzeinrichtungen der Klasse I (Blitzstromableiter) und Überspannungs-Schutzeinrichtungen der Klasse II auf Varistorbasis eine Leitungslänge von etwa 10 m und zwischen Überspannungs-Schutzeinrichtungen der Klasse II auf Varistorbasis und dem Geräteschutz mit Überspannungs-Schutzeinrichtungen der Klasse III eine Leitungslänge von 5 m mindestens vorhanden ist (**Bild 2.76c**). Die Induktivität der Leitung sorgt dann dafür, daß die vorgeschaltete Überspannungs-Schutzeinrichtung anspricht, bevor eine unmittelbar nachgeschaltete Überspannungs-Schutzeinrichtung durchschaltet und überlastet wird.

2.26.6.3.4 Installation von Überspannungs-Schutzeinrichtungen im TN-, TT- und IT-System – Allgemeine Aussagen

Bei der Verwirklichung eines Überspannungs-Schutzkonzepts ist zunächst immer die Betrachtung anzustellen, ob die erste Stufe des Überspannungsschutzes erforderlich ist, also die Schutzzone 1 Berücksichtigung finden muß. Der Einbau von Überspannungs-Schutzeinrichtungen der Klasse I (Blitzstromableiter) ist immer dann erforderlich, wenn mit Blitzströmen und Überspannungen im Zusammenhang mit direkten Blitzeinschlägen und Blitzeinschlägen in der Nähe von Gebäuden zu rechnen ist.

Die Installation von Überspannungs-Schutzeinrichtungen der Klasse I (Blitzstromableiter) wird daher in den folgenden Abschnitten 2.26.6.3.5 bis 2.26.6.3.8 generell mit behandelt. Über das Erfordernis muß je nach Einzelfall entschieden werden.

Sind Blitzbeeinflussungen zu erwarten – wenn ein Gebäude eine Blitzschutzanlage besitzt, ist dies immer der Fall –, ist die Verwendung von Überspannungs-Schutzeinrichtungen der Klasse I (Blitzstromableiter) unumgänglich.

Bei der Auswahl und Installation von Überspannungs-Schutzeinrichtungen der Klasse I (Blitzstromableiter) und Überspannungs-Schutzeinrichtungen der Klasse II muß für den Längsspannungsschutz die jeweilige Netzform berücksichtigt werden. Für die Stufen 1 und 2 des Überspannungsschutzes, wo also die Schutzzonen 1 und 2 zu berücksichtigen sind, sind je nach Netzform im Drehstromnetz drei oder vier Überspannungs-Schutzeinrichtungen erforderlich. Im Wechselstromnetz werden entsprechend nur ein oder zwei Überspannungs-Schutzeinrichtungen benötigt.

Auf einen eventuell erforderlichen Überspannungsschutz der Endgeräte (Schutzzone 3) mit Überspannungs-Schutzeinrichtungen der Klasse III wird in den folgenden Abschnitten 2.26.6.3.5 bis 2.26.6.3.8 nicht eingegangen. Solche Überspannungs-Schutzeinrichtungen werden oft nur zwischengesteckt, z. B. als Steckdosenleiste mit integrierter Überspannungs-Schutzeinrichtung, Adapter mit integrierter Überspannungs-Schutzeinrichtung.

2.26.6.3.5 Installation von Überspannungs-Schutzeinrichtungen im TN-C-System

Ist in der Starkstromanlage ein Überspannungsschutz der ersten Stufe erforderlich, also die Schutzzone 1 zu berücksichtigen ist, so wird jeder Außenleiter (L1, L2, L3) im TN-C-System für den Längsspannungsschutz mit einer Überspannungs-Schutzeinrichtung der Klasse I (Blitzstromableiter) beschaltet, nicht aber der PEN-Leiter. Erforderlich sind demnach im Drehstromsystem drei Überspannungs-Schutzeinrichtungen der Klasse I (Blitzstromableiter), die jeweils zwischen den aktiven Leiter (Außenleiter) und den Hauptpotentialausgleich geschaltet werden (**Bild 2.77**).

In unmittelbarer Nähe des Installationsorts ist zusätzlich eine direkte Verbindung zwischen dem PEN-Leiter und den Fußpunkten der drei Überspannungs-Schutzeinrichtungen der Klasse I (Blitzstromableiter) herzustellen.

Beim Überspannungssschutz der Stufe 2, wo also die Schutzzone 2 zu berücksichtigen ist – Einbauort der Überspannungs-Schutzeinrichtungen der Klasse II ist in aller Regel der Hauptverteiler (Zählerplatz) oder der Unterverteiler (Stromkreisverteiler) –, wird jeder Außenleiter (L1, L2, L3) im TN-C-System für den Längsspannungs-

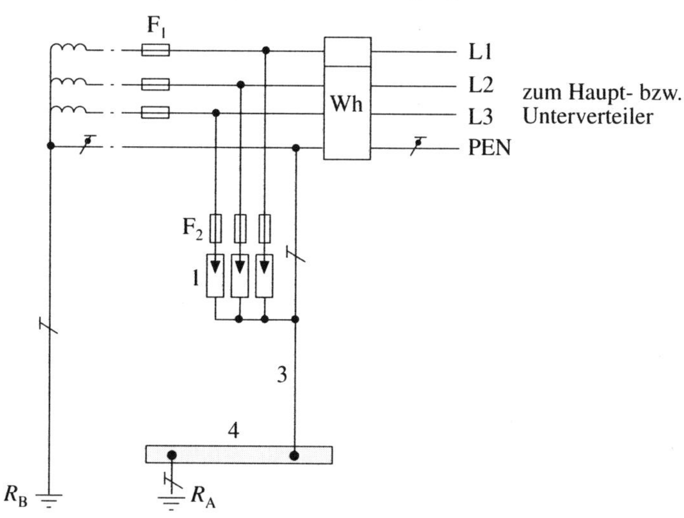

Bild 2.77 Überspannungs-Schutzeinrichtungen der Klasse I (Blitzstromableiter) im TN-C-System – Errichtung hat in Abstimmung mit dem örtlich zuständigen EVU zu erfolgen

F_1, F_2 Überstrom-Schutzeinrichtungen
R_A Anlagenerder
R_B Betriebserder
1 Überspannungs-Schutzeinrichtungen, Klasse I (Blitzstromableiter)
3 Potentialausgleichsleiter
4 Hauptpotentialausgleichsschiene

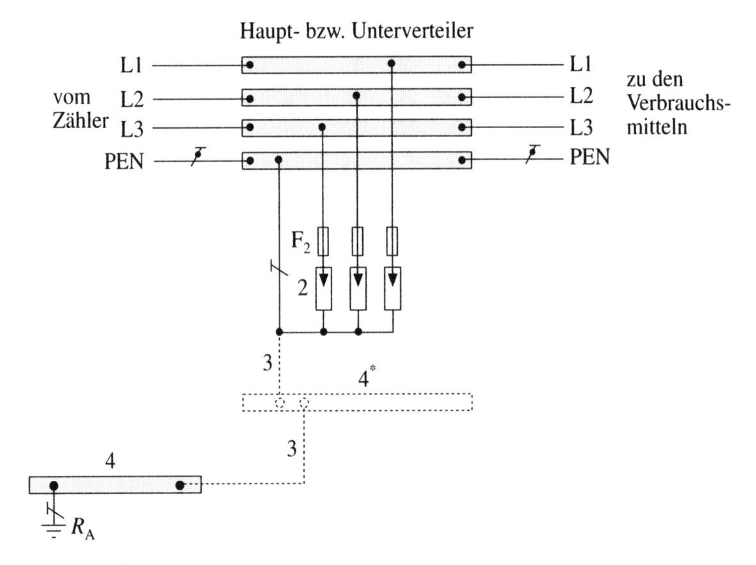

Bild 2.78 Überspannungs-Schutzeinrichtungen auf Varistorbasis der Klasse II im TN-C-System
F_2 Überstrom-Schutzeinrichtungen
R_A Anlagenerder
2 Überspannungs-Schutzeinrichtungen, Klasse II
3 Potentialausgleichsleiter
4 Hauptpotentialausgleichsschiene
4* bei Vorhandensein eines örtlichen Potentialausgleichs sind die Fußpunkte der Überspannungs-Schutzeinrichtungen zusätzlich mit diesem zu verbinden

schutz mit einer Überspannungs-Schutzeinrichtung der Klasse II beschaltet, nicht aber der PEN-Leiter. Erforderlich sind demnach im Drehstromsystem drei Überspannungs-Schutzeinrichtungen der Klasse II, die jeweils zwischen den aktiven Leiter (Außenleiter) und den Hauptpotentialausgleich geschaltet werden (**Bild 2.78**).

In unmittelbarer Nähe des Installationsorts ist zusätzlich eine direkte Verbindung zwischen dem PEN-Leiter und den Fußpunkten der drei Überspannungs-Schutzeinrichtungen der Klasse II herzustellen.

Ist ein örtlicher Potentialausgleich vorhanden, sind die Fußpunkte der Überspannungs-Schutzeinrichtungen der Klasse II auch mit diesem zu verbinden.

In keinem Fall darf der PEN-Leiter des EVU als Erder benutzt werden, da nach dem Bundesmusterwortlaut der Technischen Anschlußbedingungen (TAB), Abschnitt 10 (3), PEN-Leiter des EVU nicht als Erder für Schutz- und Funktionszwecke verwendet werden dürfen.

2.26.6.3.6 Installation von Überspannungs-Schutzeinrichtungen im TN-S-System
Ist in der Starkstromanlage ein Überspannungsschutz der ersten Stufe erforderlich, wo also die Schutzzone 1 zu berücksichtigen ist, so wird sowohl jeder Außenleiter (L1, L2, L3) als auch der Neutralleiter (N) im TN-S-System für den Längsspannungsschutz mit einer Überspannungs-Schutzeinrichtung der Klasse I (Blitzstromableiter) beschaltet. Erforderlich sind demnach im Drehstromsystem vier Überspannungs-Schutzeinrichtungen der Klasse I, die jeweils zwischen den aktiven Leiter (Außenleiter und Neutralleiter) und den Hauptpotentialausgleich geschaltet werden (**Bild 2.79**).
Die vierte Überspannungs-Schutzeinrichtung der Klasse I zwischen dem Neutralleiter und dem Hauptpotentialausgleich ist deshalb erforderlich, weil im TN-S-System der Neutralleiter und der Schutzleiter separat geführt sind und bei Einkopplung von Überspannungen deshalb auch eine hohe Potentialdifferenz zwischen diesen beiden Leitern erwartet werden muß. Der Neutralleiter wird also wie ein Außenleiter behandelt.

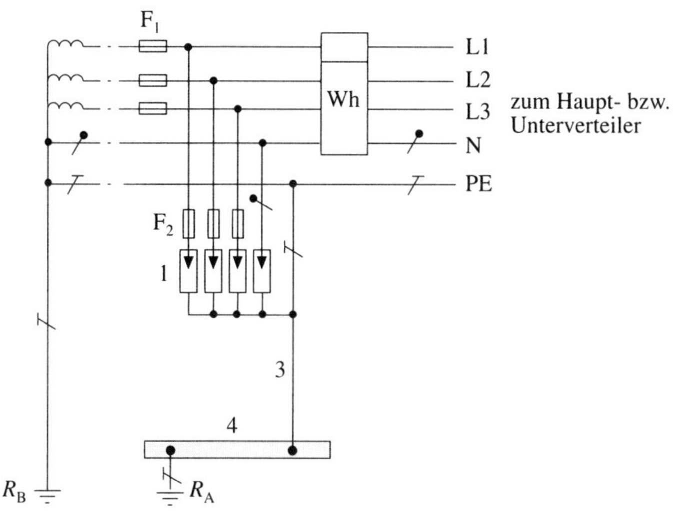

Bild 2.79 Überspannungs-Schutzeinrichtungen der Klasse I (Blitzstromableiter) im TN-S-System – Errichtung hat in Abstimmung mit dem örtlich zuständigen EVU zu erfolgen
F_1, F_2 Überstrom-Schutzeinrichtungen
R_A Anlagenerder
R_B Betriebserder
1 Überspannungs-Schutzeinrichtungen, Klasse I (Blitzsstromableiter)
3 Potentialausgleichsleiter
4 Hauptpotentialausgleichsschiene

Es genügen jedoch drei Überspannungs-Schutzeinrichtungen der Klasse 1 (Blitzstromableiter), wenn der Anschluß der Überspannungs-Schutzeinrichtungen in unmittelbarer Nähe des Aufteilungspunkts eines TN-C-Systems in ein TN-S-System erfolgt.

Beim Überspannungsschutz der Stufe 2, wo also die Schutzzone 2 zu berücksichtigen ist – Einbauort der Überspannungs-Schutzeinrichtungen der Klasse II ist in aller Regel der Hauptverteiler (Zählerplatz) oder der Unterverteiler (Stromkreisverteiler) –, wird sowohl jeder Außenleiter (L1, L2, L3) als auch der Neutralleiter (N) im TN-S-System für den Längsspannungsschutz mit einer Überspannungs-Schutzeinrichtung der Klasse II beschaltet. Erforderlich sind demnach im Drehstromsystem vier Überspannungs-Schutzeinrichtungen der Klasse II, die jeweils zwischen den aktiven Leiter (Außenleiter und Neutralleiter) und den Schutzleiter geschaltet werden (**Bild 2.80**).

Auch hier ist die vierte Überspannungs-Schutzeinrichtung der Klasse II zwischen dem Neutralleiter und dem Schutzleiter deshalb erforderlich, weil im TN-S-System

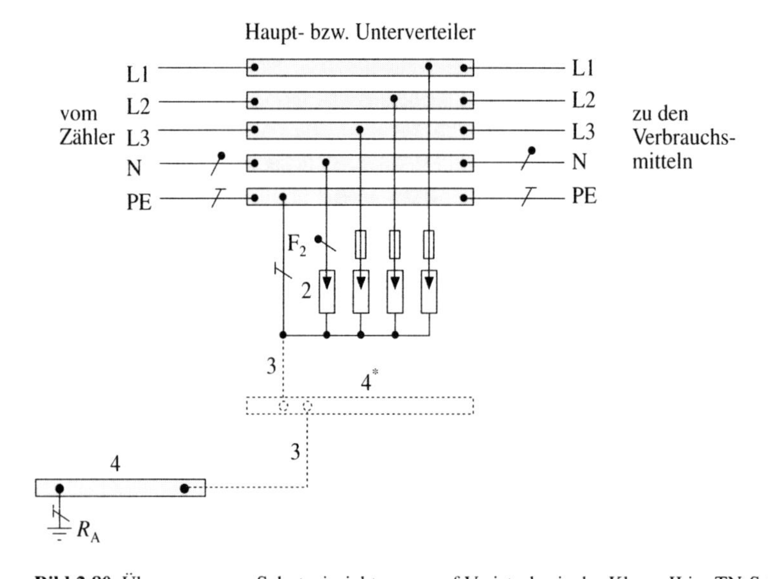

Bild 2.80 Überspannungs-Schutzeinrichtungen auf Varistorbasis der Klasse II im TN-S-System
F_2 Überstrom-Schutzeinrichtungen
R_A Anlagenerder
2 Überspannungs-Schutzeinrichtungen, Klasse II
3 Potentialausgleichsleiter
4 Hauptpotentialausgleichsschiene
4* bei Vorhandensein eines örtlichen Potentialausgleichs sind die Fußpunkte der Überspannungs-Schutzeinrichtungen zusätzlich mit diesem zu verbinden

der Neutralleiter und der Schutzleiter separat geführt sind und bei Einkopplung von Überspannungen deshalb auch eine hohe Potentialdifferenz zwischen diesen beiden Leitern erwartet werden muß. Der Neutralleiter wird also wie ein Außenleiter beschaltet.
Gleichermaßen genügen auch – wie in der ersten Stufe (Schutzzone 1) – in der zweiten Stufe (Schutzzone 2) drei Überspannungs-Schutzeinrichtungen der Klasse II, wenn der Anschluß der Überspannungs-Schutzeinrichtungen in unmittelbarer Nähe des Aufteilungspunkts eines TN-C-Systems in ein TN-S-System erfolgt.
Ist ein örtlicher Potentialausgleich vorhanden, sind die Fußpunkte der Überspannungs-Schutzeinrichtungen der Klasse II auch mit diesem zu verbinden.
In keinem Fall darf der Neutralleiter des EVU als Erder benutzt werden, da nach dem Bundesmusterwortlaut der Technischen Anschlußbedingungen (TAB), Abschnitt 10 (3), Neutralleiter des EVU nicht als Erder für Schutz- und Funktionszwecke verwendet werden dürfen.

2.26.6.3.7 Installation von Überspannungs-Schutzeinrichtungen im TT-System

Auch im TT-System wird jeder Außenleiter (L1, L2, L3) für den Längsspannungsschutz mit einer Überspannungs-Schutzeinrichtung beschaltet. Dies gilt sowohl beim Einsatz von Überspannungs-Schutzeinrichtungen der Klasse I als auch von Überspannungs-Schutzrichtungen der Klasse II.
Wie im TN-S-System ist aber auch beim TT-System eine vierte Überspannungs-Schutzeinrichtung erforderlich, weil Neutralleiter und Schutzleiter separat geführt sind und bei Einkopplung von Überspannungen deshalb auch eine hohe Potentialdifferenz zwischen diesen beiden Leitern erwartet werden muß. Der Neutralleiter wird jedoch im Vergleich zum TN-System und gegenüber früher im TT-System praktizierten Lösungen völlig anders behandelt.
In der Vergangenheit wurden für den Längsspannungsschutz ausschließlich Überspannungs-Schutzeinrichtungen auf Varistorbasis verwendet, also sowohl jeder Außenleiter (L1, L2, L3) als auch der Neutralleiter (N) mit einer solchen Überspannungs-Schutzeinrichtung beschaltet. Erforderlich waren demnach vier Überspannungs-Schutzeinrichtungen auf Varistorbasis, die jeweils zwischen den aktiven Leiter (Außenleiter und Neutralleiter) und den Hauptpotentialausgleich bzw. Schutzleiter geschaltet wurden (**Bild 2.81**).
Eine solche Installation läßt sich nach heutiger Erkenntnis nicht mehr vertreten. Aufgrund des Alterungsverhaltens von Varistoren ergeben sich wegen der zu erwartenden Leckströme zwischen den Außenleitern und dem Hauptpotentialausgleich bzw. Schutzleiter Probleme. Hinzu kommt, daß der zu erwartende Leckstrom zwischen dem Neutralleiter und dem Hauptpotentialausgleich bzw. Schutzleiter problembehaftet ist. Legiert die zwischen dem Neutralleiter und dem Hauptpotentialausgleich bzw. Schutzleiter angeordnete Überspannungs-Schutzeinrichtung durch, so existiert ein unzulässiger Schluß zwischen dem Neutralleiter und dem Schutzleiter vor der Fehlerstrom-Schutzeinrichtung (RCD).

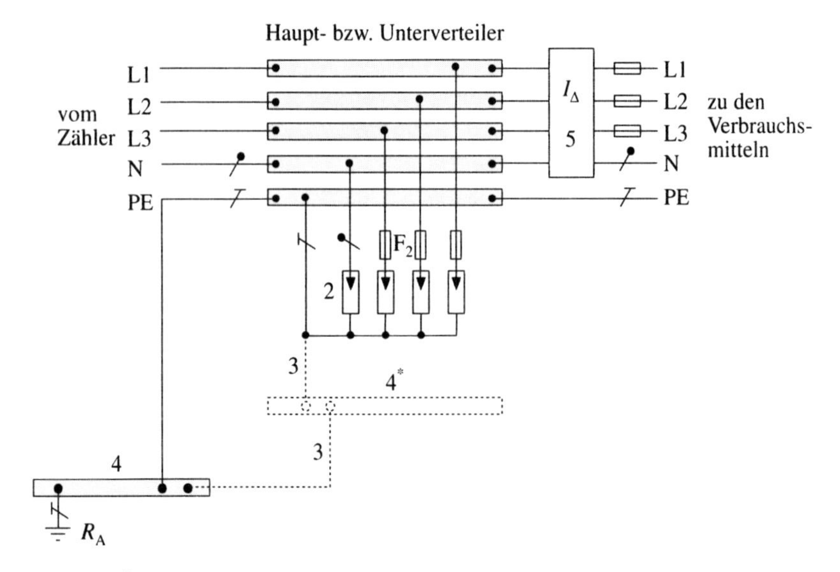

Bild 2.81 Überspannungs-Schutzeinrichtungen im TT-System – früher angewendete Schaltung
F_2 Überstrom-Schutzeinrichtungen
R_A Anlagenerder
2 Überspannungs-Schutzeinrichtungen, Klasse II (Ventilableiter)
3 Potentialausgleichsleiter
4 Hauptpotentialausgleichsschiene
4* bei Vorhandensein eines örtlichen Potentialausgleichs sind die Fußpunkte der Überspannungs-Schutzeinrichtungen zusätzlich mit diesem zu verbinden
5 Fehlerstrom-Schutzeinrichtung (RCD)

Was ist aber unter dem „Alterungsverhalten" zu verstehen?

Überspannungs-Schutzeinrichtungen der Klasse II haben nur ein mittleres Energieabsorptionsvermögen. Üblicherweise liegt das Grenzableitvermögen von in Starkstromanlagen eingesetzten Überspannungs-Schutzeinrichtungen der Klasse II auf Varistorbasis bei mehreren 10 kA (8/20 µs). Dies reicht zwar aus für Stoßstromimpulse bedingt durch Schalthandlungen, nicht aber für Blitzstoßströme. Diese können nur bis etwa 3 kA geführt werden. Sehr häufige oder energiereiche Beaufschlagungen gar bis zum Grenzableitstrom lassen die Varistoren (Diodenkörner) durchlegieren. Eine weitere Rolle bei diesem „Alterungsprozeß" spielt auch die Steilheit der abzuleitenden Ströme. Als unerwünschtes Ergebnis ergibt sich schließlich, daß der Varistor im Bereich seiner Nennspannung nicht mehr ausreichend sperrt.
Eine Lösung, die die aufgrund des Alterungsverhaltens von Varistoren zu erwartenden Leckströme und Netzfolgeströme und die damit auch verbundenen hohen ge-

fährlichen Berührungsspannungen vermeidet, ist die Verwendung von Überspannungs-Schutzeinrichtungen der Klasse II auf Varistorbasis mit zusätzlichem Ableitertrennschalter. Bei dieser Variante wird den vier Überspannungs-Schutzeinrichtungen der Klasse II auf Varistorbasis ein Ableitertrennschalter nachgeschaltet. Die Installation des Ableitertrennschalters erfolgt zwischen den Fußpunkten der vier Überspannungs-Schutzeinrichtungen der Klasse 2 und dem Schutzleiter. Ist ein örtlicher Potentialausgleich vorhanden, so ist der Fußpunkt des Ableitertrennschalters mit diesem zu verbinden. Der Ableitertrennschalter übernimmt bei einem von der Überspannungs-Schutzeinrichtung der Klasse II nicht gelöschten Netzfolgestrom oder bei Leckströmen die Abschaltung vom Netz. Zu beachten ist, daß diese Lösung in der Lage ist, Stoßstromimpulse bedingt durch Schalthandlungen (8/20 µs) zu führen, nicht aber Blitzstoßströme. Sie kann also nicht als Lösung der Stufe 1 (Schutzzone 1) angewendet werden. Der Einsatz kann nur in Stufe II (Schutzzone 2) erfolgen, der Einbau der Schutzeinrichtungen erfolgt also in aller Regel im Hauptverteiler (Zählerplatz) oder im Unterverteiler (Stromkreisverteiler).

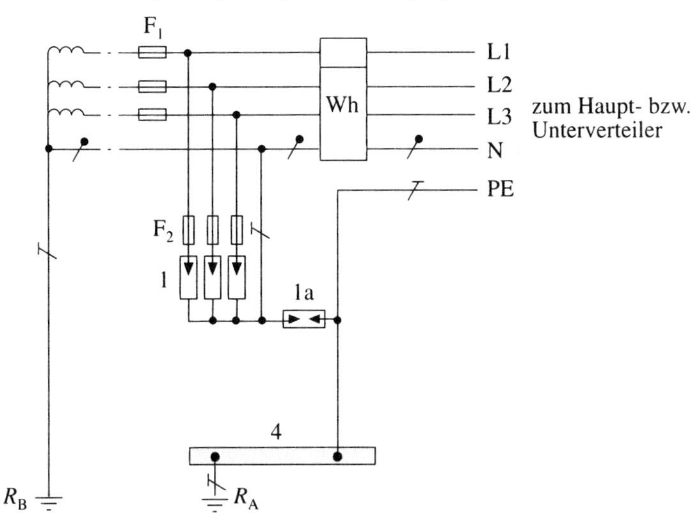

Bild 2.82 Überspannungs-Schutzeinrichtungen der Klasse I (Blitzstromableiter) im TT-System (3 +1-Lösung) – Errichtung hat in Abstimmung mit dem örtlich zuständigen EVU zu erfolgen

F_1, F_2 Überstrom-Schutzeinrichtungen
R_A Anlagenerder
R_B Betriebserder
1 Überspannungs-Schutzeinrichtungen, Klasse I (Blitzsstromableiter)
1a Funkenstrecke, Klasse I
4 Hauptpotentialausgleichsschiene

Auch diese Variante hat ihre Schwächen. Daher wurde eine Lösung gesucht, die im Falle des Durchlegierens von Überspannungs-Schutzeinrichtungen der Klasse I (Blitzstromableiter) und Überspannungs-Schutzeinrichtungen der Klasse II aufgrund einer Überlastung (Kurzschluß) eine erhöhte Sicherheit gegen gefährliche Berührungsspannungen bietet.
In Fachkreisen der DKE wurde eine entsprechende Lösung erarbeitet. Sie ist im Entwurf DIN VDE 0100 Teil 534/A1:1996-10 der deutschen Öffentlichkeit vorgestellt worden.
Bei dieser Lösung werden die Überspannungs-Schutzeinrichtungen nicht mehr – wie sonst üblich (siehe Bild 2.81) – zwischen jeden Außenleiter (L1, L2, L3) und den Hauptpotentialausgleich bzw. Schutzleiter sowie zwischen den Neutralleiter (N) und den Hauptpotentialausgleich bzw. Schutzleiter geschaltet.

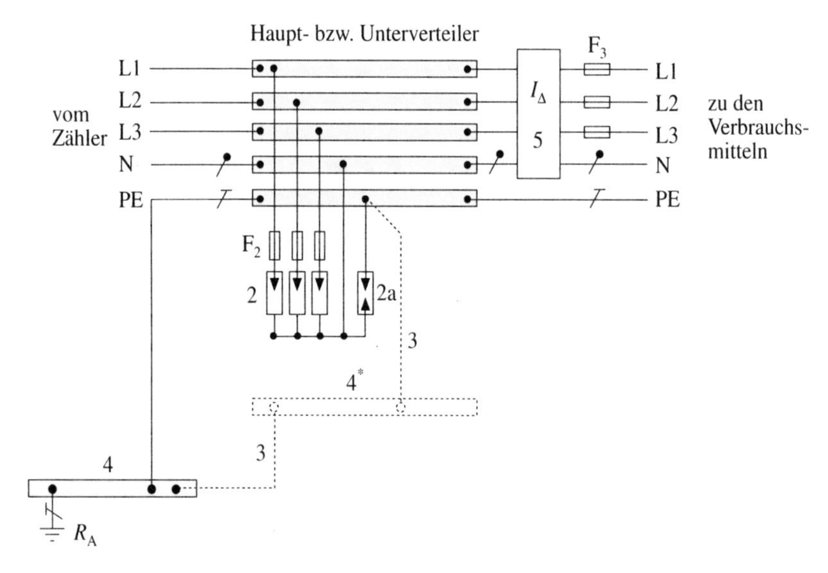

Bild 2.83 Überspannungs-Schutzeinrichtungen auf Varistorbasis der Klasse II im TT-System – „3 + 1-Lösung“

F_2, F_3	Überstrom-Schutzeinrichtungen
R_A	Anlagenerder
2	Überspannungs-Schutzeinrichtungen, Klasse II
2a	Funkenstrecke, Klasse II
3	Potentialausgleichsleiter
4	Hauptpotentialausgleichsschiene
4*	bei Vorhandensein eines örtlichen Potentialausgleichs sind die Fußpunkte der Überspannungs-Schutzeinrichtungen zusätzlich mit diesem zu verbinden
5	Fehlerstrom-Schutzeinrichtung (RCD)

Sind Blitzstrom-Einkopplungen (erste Stufe des Überspannungsschutzes, Schutzzone 1) zu erwarten, so sind zunächst die Überspannungs-Schutzeinrichtungen der Klasse I jeweils zwischen dem Außenleiter und dem Neutralleiter anzuordnen. Darüber hinaus ist zwischen den Fußpunkten der drei Überspannungs-Schutzeinrichtungen der Klasse I und dem Hauptpotentialausgleich sowie dem Schutzleiter eine Funkenstrecke zu schalten, die den Summenstrom tragen können muß.
Man spricht aufgrund dieser Anordnung auch von einer „3 + 1-Lösung“ (**Bild 2.82**).
Bei der zweiten Stufe des Überspannungs-Schutzkonzepts, wo also die Schutzzone 2 zu berücksichtigen ist – Einbauort der Überspannungs-Schutzeinrichtungen der Klasse II ist dann in aller Regel der Hauptverteiler (Zählerplatz) oder der Unterverteiler (Stromkreisverteiler) –, wird jeder Außenleiter (L1, L2, L3) im TT-System für den Längsspannungsschutz mit einer Überspannungs-Schutzeinrichtung der Klasse II beschaltet. Die Fußpunkte werden direkt gegen den Neutralleiter geschaltet. Zwischen den Fußpunkten der drei Überspannungs-Schutzeinrichtungen der Klasse II und dem Schutzleiter wird noch zusätzlich eine Trennfunkenstrecke angeordnet, die den Summenstrom führen können muß („3 + 1-Lösung“) (**Bild 2.83**).
Bei einer solchen Konzeption der Anordnung der Überspannungs-Schutzeinrichtungen wird die nachgeordnete Fehlerstrom-Schutzeinrichtung (RCD) problemlos arbeiten und gegen gefährliche Berührungsspannungen schützen können. Stoßströme lassen die Fehlerstrom-Schutzeinrichtung (RCD) auch nicht verschweißen, Stoßstrombelastungen führen nicht zur Abschaltung der Fehlerstrom-Schutzeinrichtung (RCD), es wird eine hohe Verfügbarkeit der Anlage erreicht.
Sofern ein örtlicher Potentialausgleich vorhanden ist, ist der Fußpunkt der Trennfunkenstrecke zusätzlich auch mit diesem zu verbinden. Auf keinen Fall dürfen aber die Fußpunkte der drei Überspannungs-Schutzeinrichtungen der Klasse II mit dem zusätzlichen Potentialausgleich verbunden werden, da dann im Falle der Alterung und des Durchlegierens der Überspannungs-Schutzeinrichtungen alle Vorteile der „3 + 1-Lösung“ nicht mehr greifen.

2.26.6.3.8 Installation von Überspannungs-Schutzeinrichtungen im IT-System

Ist ein Überspannungsschutz der ersten Stufe erforderlich, wo also die Schutzzone 1 zu berücksichtigen ist, so wird sowohl jeder Außenleiter (L1, L2, L3) als auch der Neutralleiter (N) im IT-System für den Längsspannungsschutz mit einer Überspannungs-Schutzeinrichtung der Klasse I (Blitzstromableiter) beschaltet. Erforderlich sind demnach im Drehstromsystem vier Überspannungs-Schutzeinrichtungen der Klasse I, die jeweils zwischen den aktiven Leiter (Außenleiter und Neutralleiter) und den Hauptpotentialausgleich geschaltet werden. Die Fußpunkte der Überspannungs-Schutzeinrichtungen werden auch mit dem Schutzleiter der Anlage verbunden (**Bild 2.84**).
Beim Überspannungsschutz der Stufe 2, wo also die Schutzzone 2 zu berücksichtigen ist – Einbauort der Überspannungs-Schutzeinrichtungen der Klasse II ist in aller Regel der Hauptverteiler (Zählerplatz) oder der Unterverteiler (Stromkreisverteiler) –, wird sowohl jeder Außenleiter (L1, L2, L3) als auch der Neutralleiter (N) im IT-

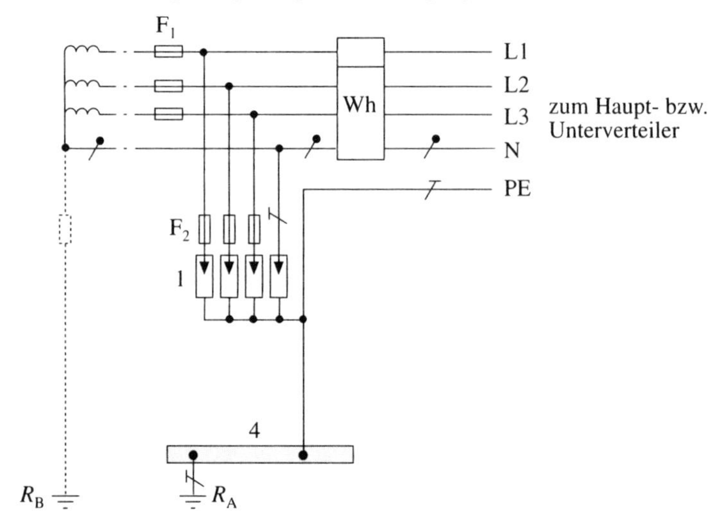

Bild 2.84 Überspannungs-Schutzeinrichtungen der Klasse I (Blitzstromableiter) im IT-System
F_1, F_2 Überstrom-Schutzeinrichtungen
R_A Anlagenerder
R_B Betriebserder
1 Überspannungs-Schutzeinrichtungen, Klasse I (Blitzsstromableiter)
4 Hauptpotentialausgleichsschiene

System für den Längsspannungsschutz mit einer Überspannungs-Schutzeinrichtung der Klasse II beschaltet. Erforderlich sind demnach im Drehstromsystem vier Überspannungs-Schutzeinrichtungen der Klasse II, die jeweils zwischen den aktiven Leiter (Außenleiter und Neutralleiter) und den Schutzleiter geschaltet werden (**Bild 2.85**).

Auch hier ist die vierte Überstrom-Schutzeinrichtung der Klasse II zwischen dem Neutralleiter und dem Schutzleiter deshalb erforderlich, weil auch zwischen Neutralleiter und Schutzleiter eine hohe Potentialdifferenz erwartet werden muß. Der Neutralleiter wird also wie ein Außenleiter beschaltet.

Ist ein örtlicher Potentialausgleich vorhanden, sind die Fußpunkte der Überspannungs-Schutzeinrichtungen der Klasse II auch mit diesem zu verbinden.

Zu beachten ist, daß netzbedingt Erdschlüsse über eine längere Zeit anstehen können. Daher ist auf eine thermische Überlastung der Varistoren zu achten. Entsprechend sollte die Ableiterbemessungsspannung sich danach richten. Am Markt sind Überspannungs-Schutzeinrichtungen erhältlich, die speziell auf das IT-System abgestimmt sind.

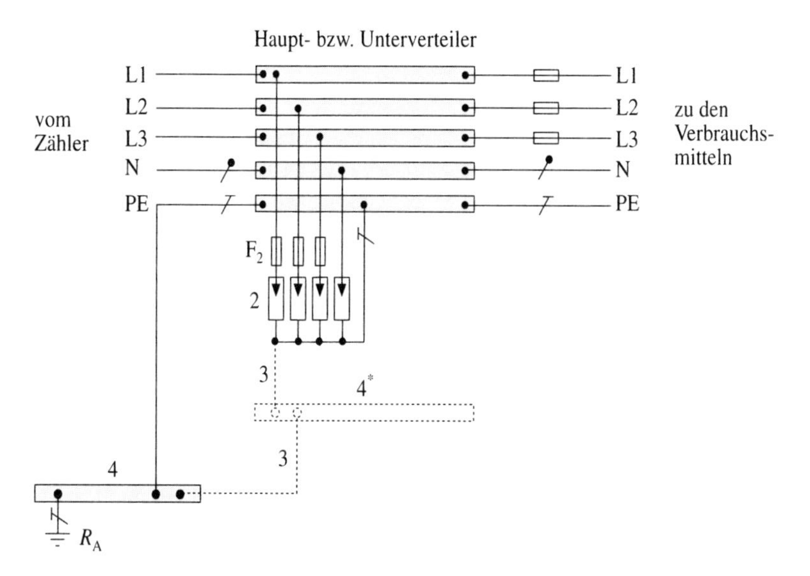

Bild 2.85 Überspannungs-Schutzeinrichtungen auf Varistorbasis der Klasse II im IT-System
F_2 Überstrom-Schutzeinrichtungen
R_A Anlagenerder
2 Überspannungs-Schutzeinrichtungen, Klasse II
3 Potentialausgleichsleiter
4 Hauptpotentialausgleichsschiene
4* bei Vorhandensein eines örtlichen Potentialausgleichs sind die Fußpunkte der Überspannungs-Schutzeinrichtungen zusätzlich mit diesem zu verbinden

2.26.6.3.9 Überspannungs-Schutzeinrichtungen in Anlagen mit Fehlerstrom-Schutzeinrichtungen (RCD)

Herkömmliche Fehlerstrom-Schutzeinrichtungen (RCD) (nicht stoßstromfeste) sind empfindlich gegen Stoßströme. Deshalb ist es nicht sinnvoll, ihnen Überspannungs-Schutzeinrichtungen nachzuschalten. Werden den Fehlerstrom-Schutzeinrichtungen (RCD) jedoch Überspannungs-Schutzeinrichtungen in Energieflußrichtung vorgesetzt, um sie mit in den Überspannungsschutz einzubeziehen, kann es aber auch Probleme geben. Durch defekte Überspannungs-Schutzeinrichtungen (Alterungsprozeß, Durchlegieren (siehe Abschnitt 2.26.6.3.7)) können unzulässig hohe Berührungsspannungen in der Verbraucheranlage auftreten, die von der Fehlerstrom-Schutzeinrichtung (RCD) dann nicht abgeschaltet werden können. Um dies zu verhindern, wurde vorübergehend eine Lösung propagiert, bei der der Erdungswiderstand R_A der Anlage bestimmte Werte nicht überschreiten durfte. Sie sind abhängig von der Auslösekennlinie der Abtrennvorrichtung der Überspannungs-Schutzeinrichtung und der maximal zulässigen Berührungsspannung der Anlage. Der Erdungswiderstand R_A errechnet sich zu:

$$R_A \leq \frac{U_L}{I_{üa}},$$

mit:

U_L vereinbarte Grenze der dauernd zulässigen Berührungsspannung,
R_A Erdungswiderstand aller mit einem Erder verbundenen Körper,
$I_{üa}$ der Strom, bei dem die Abtrennvorrichtung der Überspannungs-Schutzeinrichtung innerhalb von 30 s anspricht. Der Wert ist der vom Hersteller vorgegebenen Strom-Zeit-Kennlinie der Überspannungs-Schutzeinrichtung zu entnehmen.

Diese Variante ist aber wenig praxisnah.
Um dem unerwünschten Auslösen von Fehlerstrom-Schutzeinrichtungen (RCD) durch die Auswirkung ferner Blitzeinschläge und den daraus resultierenden Folgen zu begegnen, erfolgte die Entwicklung von Fehlerstrom-Schutzeinrichtungen (RCD) mit verzögerter Auslösung. Sie sind gegenüber herkömmlichen Fehlerstrom-Schutzeinrichtungen (RCD) stoßstromfest.
Die stoßstromunempfindlichen Fehlerstrom-Schutzeinrichtungen (RCD) werden nach DIN VDE 0664 Teil 1 gebaut und mit dem Großbuchstaben S in einem Quadrat [S] gekennzeichnet. Es sind somit abschaltverzögerte Fehlerstrom-Schutzeinrichtungen (RCD), die in Reihe installiert mit herkömmlichen Fehlerstrom-Schutzeinrichtungen (RCD) selektiv arbeiten.
Eine solche abschaltverzögerte selektive Fehlerstrom-Schutzeinrichtung (RCD) nach DIN VDE 0664 Teil 1 löst bei Stoßströmen der Kennzeichnung 8/20 µs bis zu 5000 A nicht aus. Damit hält sie auch Beanspruchungen fehlauslösungsfrei stand, wie sie bei fernen Blitzeinschlägen und auch bei Schalthandlungen auftreten können.
Die abschaltverzögerten selektiven Fehlerstrom-Schutzeinrichtungen (RCD) haben dazu verleitet, den nachgeordneten Einbau von Überspannungs-Schutzeinrichtungen vorzunehmen.
Der Markt bot hier die Kombination einer abschaltverzögerten selektiven Fehlerstrom-Schutzeinrichtung (RCD) mit einer Überspannungs-Schutzeinrichtung in adaptierbarer Ausführung an, die direkt in die Ausgangsklemmen der stoßstromfesten, abschaltverzögerten und selektiven Fehlerstrom-Schutzeinrichtung (RCD) gesteckt wurde.
Dadurch, daß bei dieser Kombination nun der Überspannungsschutz-Adapter der Fehlerstrom-Schutzeinrichtung (RCD) nachgeordnet ist (Reihenschaltung), wird er von der Fehlerstrom-Schutzeinrichtung (RCD) hinsichtlich seines netzfrequenten Ableitstroms derart überwacht, daß er spätestens beim Überschreiten eines Fehlerstroms von 300 mA durch das Abschalten der Fehlerstrom-Schutzeinrichtung

(RCD) mit abgeschaltet wird. Somit kann bei dieser Kombination auch bei einem recht unwahrscheinlichen Defekt des Überspannungsschutz-Adapters keine höhere Berührungsspannung als U_L = 50 V in der Verbraucheranlage bestehen bleiben. Hierbei ist allerdings vorausgesetzt, daß der dem Nennfehlerstrom (Bemessungsdifferenzstrom) $I_{\Delta n}$ = 300 mA zuzuordnende maximal zulässige Erdungswiderstand R_A (166 Ω bei maximal zulässiger Berührungsspannung U_L = 50 V) nicht überschritten wird. Die Aufgabe der bei herkömmlichen Überspannungs-Schutzeinrichtungen erforderlichen Abtrennvorrichtung übernimmt bei der Kombination nun die stoßstromfeste Fehlerstrom-Schutzeinrichtung (RCD).
Um sicherzustellen, daß der Überspannungsschutz-Adapter unabhängig von der Einspeiserichtung in jedem Fall der stoßstromfesten Fehlerstrom-Schutzeinrichtung (RCD) nachgeordnet ist, konnte er sowohl ober- als auch unterhalb der Fehlerstrom-Schutzeinrichtung (RCD) adaptiert werden.
Der Nachteil einer solchen Reihenschaltung zwischen Fehlerstrom-Schutzeinrichtung (RCD) und Überspannungs-Schutzeinrichtungen, die durch die Fehlerstrom-Schutzeinrichtung (RCD) geschützt werden (nicht gegen Erde geschaltet sind), besteht darin, daß die gesamte nachgeschaltete elektrische Anlage abgeschaltet wird. Aus diesem Grund wurde der Überspannungsschutz-Adapter in der adaptierbaren Ausführung vom Markt genommen.
Propagiert wurde dann von der Fachwelt wieder die Lösung mit den einer stoßstromfesten Fehlerstrom-Schutzeinrichtung (RCD) nachgeschalteten Überspannungs-Schutzeinrichtungen, deren Fußpunkte gegen den Schutzleiter bzw. Potentialausgleich geschaltet wurden. Herausgehoben wurde dabei die nun wieder vorhandene größere Betriebssicherheit im Falle des Ansprechens einer Überspannungs-Schutzeinrichtung.
Eine gravierende Fehlermöglichkeit wurde dabei aber übersehen:
Im Falle eines Körperschlusses eines Verbrauchsmittels und Vorhandensein einer durchlegierten Überspannungs-Schutzeinrichtung (Neutralleiter) wird nun der Fehlerstrom nicht mehr voll zur Erde abgeleitet. Vielmehr wird ein Teil des Fehlerstroms seinen Weg nehmen über die Verbindung zwischen Schutzleiter und Fußpunkten der Überspannungs-Schutzeinrichtungen, durchlegierter Überspannungs-Schutzeinrichtung (Neutralleiter) und Neutralleiter zurück über die Fehlerstrom-Schutzeinrichtung (RCD) zum Betriebserder R_B. Der Fehlerstrom I_F wird somit nun nicht mehr ganz über den Anlagenerder R_A, sondern zum Teil über den Neutralleiter mit seinem meist viel kleineren Widerstand und damit über die Fehlerstrom-Schutzeinrichtung (RCD) zurückfließen (**Bild 2.86a**). Genauer gesagt, wird sich der Fehlerstrom I_F den vorliegenden Widerstandswerten entsprechend aufteilen. Da der Widerstandswert des Betriebserders R_B im Verhältnis zum Widerstandswert des Anlagenerders R_A klein ist, fließt nur ein kleiner Teilstrom über den Anlagenerder R_A ab (**Bild 2.86b**). So kann es sein, daß keine Auslösung der Fehlerstrom-Schutzeinrichtung (RCD) stattfindet. Das Nichtauslösen ergibt sich immer, wenn der über die Fehlerstrom-Schutzeinrichtung (RCD) zurückfließende Teil des Fehlerstroms dazu führt, daß das Summenstromprinzip der Fehlerstrom-Schutzeinrichtung (RCD)

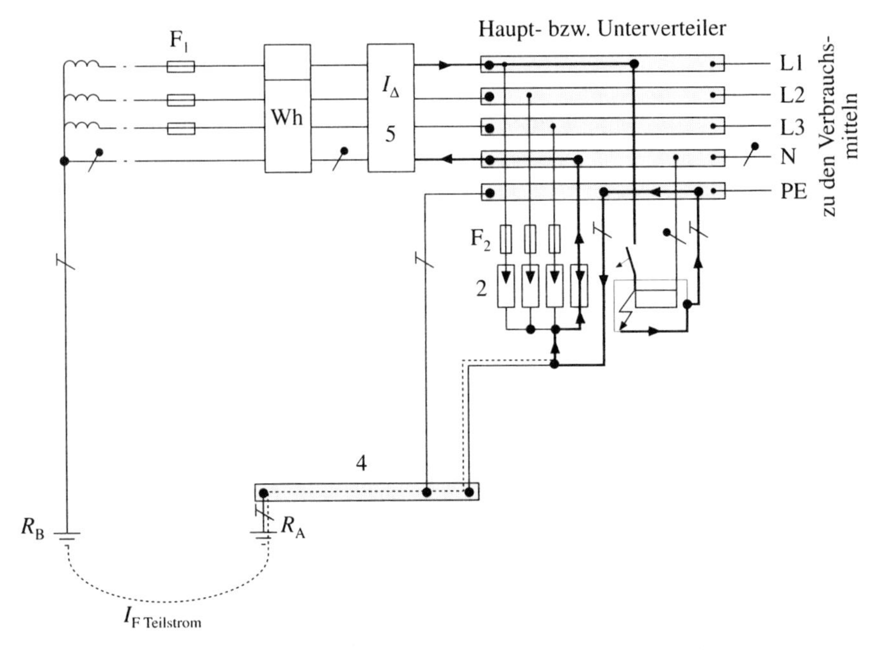

Bild 2.86a Fehlerstrom-Schutzeinrichtung (RCD) in Energieflußrichtung vor den Überspannungs-Schutzeinrichtungen – bei durchlegierter Überspannungs-Schutzeinrichtung (Neutralleiter) und Körperschluß eines Betriebsmittels wird Fehlerstrom-Schutzeinrichtung (RCD) wirkungslos

F_1, F_2 Überstrom-Schutzeinrichtungen
R_A Anlagenerder
R_B Betriebserder
2 Überspannungs-Schutzeinrichtungen, Klasse II
3 Potentialausgleichsleiter
4 Hauptpotentialausgleichsschiene
5 Fehlerstrom-Schutzeinrichtung (RCD)

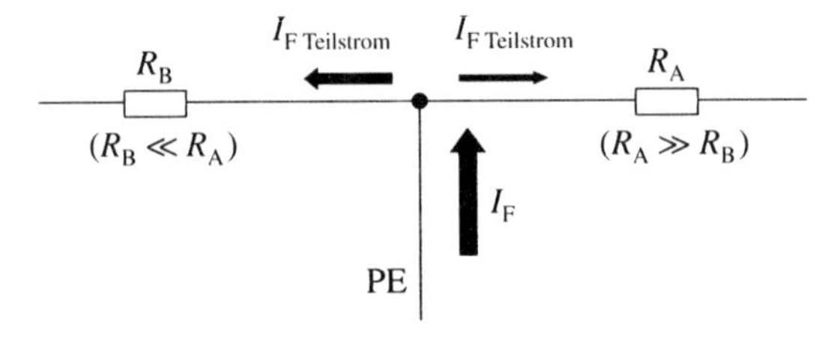

Bild 2.86b Aufteilung des Fehlerstroms bei Fehler gemäß Bild 2.86a

nicht ausreichend gestört und die Ansprechschwelle der Fehlerstrom-Schutzeinrichtung (RCD) nicht erreicht wird.
Deshalb müssen Überspannungs-Schutzeinrichtungen der Klasse II der Fehlerstrom-Schutzeinrichtung (RCD) nicht nach-, sondern vorgeschaltet werden.
In althergebrachter Weise kann es nun aber wieder die schon beschriebenen Probleme geben. Defekte Überspannungs-Schutzeinrichtungen (Alterungsprozeß, Durchlegieren (siehe Abschnitt 2.26.6.3.7)) können zu einer unzulässig hohen Berührungsspannung in der Verbraucheranlage führen, die von der Fehlerstrom-Schutzeinrichtung (RCD) dann nicht abgeschaltet werden kann.
Aus diesem „Teufelskreis" hilft allein die zum Schluß des Abschnitts 2.26.6.3.7 beschriebene Variante mit der sogenannten „3+1-Lösung" (siehe Bild 2.83). Zur Verdeutlichung wird sie nachfolgend noch einmal aufgezeigt:
Jeder Außenleiter (L1, L2, L3) wird im TT-System für den Längsspannungsschutz mit einer Überspannungs-Schutzeinrichtung der Klasse II beschaltet. Diese werden allerdings nicht direkt gegen den Schutzleiter, sondern gegen den Neutralleiter geschaltet. Zwischen den Fußpunkten und dem Schutzleiter wird noch zusätzlich eine Trennfunkenstrecke angeordnet, die den Summenstrom führen können muß.

2.26.6.3.10 Anschlußleitungen zu den Überspannungs-Schutzeinrichtungen
Häufig unbeachtet bleibt in der Installationspraxis die Beachtung einiger Installationsregeln im Zusammenhang mit den Anschlußleitungen zur Überspannungs-Schutzeinrichtung.
Um einen optimalen Überspannungsschutz zu erreichen, muß die Anschlußleitung zur Überspannungs-Schutzeinrichtung so kurz wie möglich sein. Für die gesamte Länge sollte vorzugsweise nicht mehr als 0,5 m installiert werden. Bei größeren Längen reduziert sich die Wirksamkeit des Überspannungsschutzes in starkem Maß, weil sich durch den hohen induktiven Widerstand der beiden Leitungen im Falle der Stoßstrombelastung Zusatzspannungen entstehen. Die Gesamtrestspannung kann bei einigen kV liegen.
Sofern die empfohlene Länge von 0,5 m nicht eingehalten werden kann, sollte der Anschluß der Überspannungs-Schutzeinrichtungen nicht mit einer Stichleitung, sondern durch direktes Auflegen der Leiter (Schleiftechnik, V-förmig) erfolgen (**Bild 2.87**). Die Zusatzspannung wird dadurch deutlich reduziert.

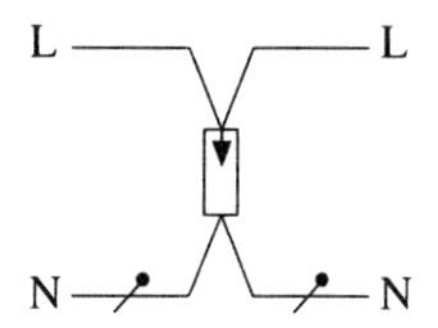

Bild 2.87 Anschlußleitungen zu den Überspannungs-Schutzeinrichtungen in V-Form, wenn eine empfohlene Leitungslänge von ≤ 0,5 m als Stichleitung nicht eingehalten werden kann

Mit Anschlußleitungen sind dabei die Leiter von den Außenleitern (Neutralleiter) zu den Überspannungs-Schutzeinrichtungen und weiter von den Überspannungs-Schutzeinrichtungen zur Potentialausgleichsschiene oder dem Schutzleiter oder dem PEN-Leiter zu verstehen.
Bei Anlagen mit Maßnahmen des Blitzschutzes (Blitzschutz-Potentialausgleich) ist der Blitzschutz-Potentialausgleich nach DIN VDE 0185-1:1982-11 bzw. DIN V ENV 61024-1 (IEC 1024-1) durchzuführen (siehe Abschnitt 2.26.4).

2.26.6.3.11 Querschnitt der Anschlußleiter von Überspannungs-Schutzeinrichtungen

Zu unterscheiden sind Anschlußleiter von Überspannungs-Schutzeinrichtungen der Klasse I (Blitzstromableiter) und Anschlußleiter von Überspannungs-Schutzeinrichtungen der Klasse II.
Der Querschnitt der Stichleitungen zu den Überspannungs-Schutzeinrichtungen der Klasse I und weiter zum Hauptpotentialausgleich darf, da es sich immer um einen Blitzschutz-Potentialausgleich handelt, die in Abschnitt 2.26.4.5 aufgeführten Werte nicht unterschreiten.
Der Querschnitt der Stichleitungen zu den Überspannungs-Schutzeinrichtungen der Klasse II und weiter zum Potentialausgleich oder Schutzleiter richtet sich nach Herstellerangaben. Werden die Überspannungs-Schutzeinrichtungen im Rahmen des Blitzschutz-Potentialausgleichs eingesetzt, so sind auch hier die im Abschnitt 2.26.4.5 genannten Werte nicht zu unterschreiten. Werden sie nicht zum Blitzschutz-Potentialausgleich eingesetzt, erfolgt ihr Einsatz also ausschließlich im Rahmen des Überspannungsschutzes, so ist ein Querschnitt von mindestens 6 mm^2 Cu erforderlich.

2.26.6.3.12 Messung des Isolationswiderstands bei Vorhandensein von Überspannungs-Schutzeinrichtungen in der Gebäudeinstallation

Überspannungs-Schutzeinrichtungen können die nach DIN VDE 0100 Teil 610, Abschnitt 5.3, durchzuführende Messung des Isolationswiderstands beeinflussen. Daher soll der Hersteller der Überspannungs-Schutzeinrichtungen ausweisen, ob die Messung des Isolationswiderstands mit errichteten (angeschlossenen) Überspannungs-Schutzeinrichtungen möglich ist.
Weist der Hersteller der Überspannungs-Schutzeinrichtungen darauf hin, daß eine Messung des Isolationswiderstands mit errichteten (angeschlossenen) Überspannungs-Schutzeinrichtungen nicht möglich ist, so sind diese vor der Messung von der Installationsanlage zu trennen (Fehlmessung durch verminderte Prüfspannung).

2.27 Potentialausgleich bei Anlagen der Fernmeldetechnik (DIN VDE 0800 Teil 2:1985-07, Abschnitt 4.2)

2.27.1 Allgemeines

Beim Potentialausgleich von Fernmeldeanlagen wird unterschieden zwischen Schutz-Potentialausgleich und Funktions-Potentialausgleich.
Der Schutz-Potentialausgleich verhindert das Auftreten von zu hohen Spannungen zwischen leitfähigen Teilen.
Der Funktions-Potentialausgleich mindert die Spannung zwischen leitfähigen Teilen auf einen zur einwandfreien Funktion eines Betriebsmittels, Geräts oder einer Anlage ausreichend geringen Wert.
Die folgenden Ausführungen enthalten Anforderungen an den Potentialausgleich mit allgemein gültigem Charakter. Anforderungen an den Potentialausgleich für bestimmte Anwendungsbereiche, z. B. Fernmeldeanlagen im Bereich von Kraft- oder Umspannwerken und Hochspannungsmasten, Fernseh- und Rundfunkübertragungsanlagen, Bild- und Tonübertragungswagen, oder Anforderungen an den Potentialausgleich von Fernmeldeanlagen mit Zentraleinheiten und deren Übertragungs- und Endeinrichtungen, werden wegen ihrer speziellen Art hier nicht behandelt.

2.27.2 Ausführung

Um Personen nicht zu gefährden oder Sachschäden zu verhindern, z. B. durch Überschlag, sind Erdungsanlagen oder Teile von Erdungsanlagen voneinander unabhängiger Systeme, zwischen denen Spannungen auftreten können, zum Potentialausgleich miteinander leitend zu verbinden. Anstelle der leitenden Verbindung ist auch eine offene Erdung möglich. Dabei ist als offene Erdung eine Erdung zu verstehen, bei der im Verlauf des Erdungsleiters ein Überspannungsbegrenzer eingebaut ist.
Das Einbeziehen in den Potentialausgleich kann durch Potentialausgleichsleiter, Leitungsschirme oder auch leitfähige Gehäuse bzw. Anlageteile erfolgen. Anlageteile können z. B. sein: metallene Wasserrohre, Heizungen, Kabelkanäle.

2.27.3 Querschnitt

2.27.3.1 Potentialausgleichsleiter zwischen zwei Geräten
Der Querschnitt des Potentialausgleichsleiters bzw. einer sonstigen Potentialausgleichsverbindung zwischen zwei Geräten muß mindestens dem Querschnitt des kleineren Schutzleiters der zu den Geräten geführten Schutzleiter, jedoch mindestens 0,75 mm^2 Cu, betragen, bei fest verlegten Netzanschlußleitungen mindestens 1,5 mm^2 Cu.
Zwischen zwei Geräten dürfen als Potentialausgleichsleiter alle Bezugsleiter unter der Voraussetzung verwendet werden, daß die Summe ihrer Querschnitte den vor-

genannten Anforderungen entspricht. Bezugsleiter sind dabei ein System leitender Verbindungen, auf die die Potentiale anderer Leiter bezogen werden. Andere Leiter sind insbesondere die signalführenden Leiter.

2.27.3.2 Potentialausgleichsleiter zwischen Potentialaugleichsschiene und Schutzleiter der zugehörigen Netzeinspeisung

Bei Potentialausgleichsleitern für den zusätzlichen Potentialausgleich zwischen einer Potentialausgleichsschiene am Ort der Fernmeldeanlage und dem Schutzleiter der zugehörigen Netzeinspeisung muß der Querschnitt 0,5 × Querschnitt des Schutzleiters betragen, mindestens jedoch 2,5 mm^2 bei mechanischem Schutz, mindestens 4 mm^2 ohne mechanischen Schutz. Diese Querschnittsbemessung entspricht DIN VDE 0100 Teil 540:1991-11, Tabelle 9 (siehe Tabelle 2-12).
Unter bestimmten Voraussetzungen – Abschnitt 9.6.1 aus DIN VDE 0800:1985-07 Teil 2 muß erfüllt sein – ist ein besonderer Potentialausgleichsleiter zwischen dem Erdungssammelleiter zum Hauptpotentialausgleich (z. B. auch Potentialausgleichsschiene des Hauptpotentialausgleichs, Haupterdungsklemme sowie Erdungsringleiter, Erdungssammelschiene, Erdungsklemme) und einer Potentialausgleichsschiene am Ort der Fernmeldeanlage nicht erforderlich.
Der Abschnitt 9.6.1 von DIN VDE 0800 Teil 2:1985-07 sagt aus, daß der Schutzleiter (PE) nicht als alleiniger Funktionserdungsleiter (E) der Fernmeldeanlage benutzt werden darf, wenn der über die Funktionserdung aus der Fernmeldeanlage fließende Betriebsstrom mehr als 9 mA Wechselstrom und/oder mehr als 100 mA Gleichstrom aus einer Gleichspannungsquelle mit 60 V oder mehr als 50 mA Gleichstrom aus einer Gleichspannungsquelle mit 120 V beträgt.

2.27.3.3 Potentialausgleichsleiter zwischen örtlicher Potentialausgleichsschiene und der Potentialausgleichsschiene des Hauptpotentialausgleichs

Bei Fernmeldeanlagen wird oft aus Funktionsgründen ein maschenförmiges Potentialausgleichsnetz gewünscht. Dieses bedingt in aller Regel eine örtliche Potentialausgleichsschiene im Bereich der Fernmeldeanlage.
Für das Potentialausgleichsnetz gelten die Bedingungen des zusätzlichen Potentialausgleichs nach DIN VDE 0100 Teil 410, Abschnitt 413.1.6 (siehe hierzu Abschnitt 2.5.2).
Die örtliche Potentialausgleichsschiene ist mit einem Potentialausgleichsleiter mit einem Querschnitt nach DIN VDE 0100 Teil 540:1991-11, Tabelle 9 (siehe Tabelle 2.12), mit der Potentialausgleichsschiene des Hauptpotentialausgleichs (Haupterdungsschiene) bzw. dem Erdungssammelleiter zu verbinden.
Der Querschnitt des Potentialausgleichsleiters darf somit dem Querschnitt des kleinsten Potentialausgleichsleiters an der örtlichen Potentialausgleichsschiene entsprechen, mindestens jedoch 2,5 mm^2 bei mechanischem Schutz, mindestens 4 mm^2 ohne mechanischen Schutz.

2.27.4 Kennzeichnung

Bei der Kennzeichnung von Potentialausgleichsleitern oder auch Verbindungsteilen sonstiger Potentialausgleichsverbindungen ist zwischen Schutz-Potentialausgleich und Funktions-Potentialausgleich zu unterscheiden.
Alle Potentialausgleichsleiter oder Verbindungsstellen sonstiger Potentialausgleichsverbindungen, die wie zuvor aufgeführt zu bemessen sind (Schutz-Potentialausgleich), müssen grün-gelb gekennzeichnet sein (siehe Abschnitt 2.6.2). Funktions-Potentialausgleichsleiter, deren Querschnitte geringer sind, dürfen nicht grün-gelb markiert sein.

2.28 Potentialausgleich bei Antennenanlagen (DIN EN 50083-1 (VDE 0855 Teil 1:1994-03), Abschnitte 5 und 10)

2.28.1 Erdungsleiter und Erder bei Erdung der Antenne

In Antennenanlagen dürfen weder durch Blitzeinwirkung noch durch umgebende Atmosphäre oder auch direkten Spannungsübertritt gefährliche Spannungsunterschiede gegenüber leitfähigen Teilen bestehen bleiben. Zur Ableitung von Blitzeinwirkungen ist deshalb eine leitende Verbindung (Erdungsleiter) mit ausreichendem Querschnitt zur Erde erforderlich.
Zur Vermeidung von Spannungsunterschieden sind die Außenleiter (Schirme) der Koaxialkabel gut leitfähig untereinander und mit dem Leiter zur Ableitung bei Blitzeinwirkung (Erdungsleiter) zu verbinden (siehe Bild 2.97).
Auf und außen an Gebäuden angebrachte Antennenträger müssen auf kurzem Weg mit Erde verbunden sein.
Die Erdungsleiter müssen geradlinig und senkrecht geführt werden, damit ein möglichst kurzer und direkter Weg gewährleistet ist. Die Bildung von Schleifen muß vermieden werden.
Vorzugsweise ist ein separater Erdungsleiter zu installieren (**Bild 2.88** und **Bild 2.89**). Als geeigneter Erdungsleiter gilt ein eindrähtiger Massivdraht mit einem Mindestquerschnitt von:

- 16 mm^2 Kupfer, isoliert oder blank,
- 25 mm^2 Aluminium, isoliert,
- 50 mm^2 Stahl.

Da Erdungsleiter nach DIN VDE 0100 Teil 200 Schutzleiter sind, sind sie auch als solche zu kennzeichnen. Grundsätzlich sind sie also im gesamten Verlauf grün-gelb zu kennzeichnen. Ist der Erdungsleiter durch seine Form, den Aufbau oder seine Anordnung jedoch leicht zu erkennen, ist die farbliche Kennzeichnung über die gesam-

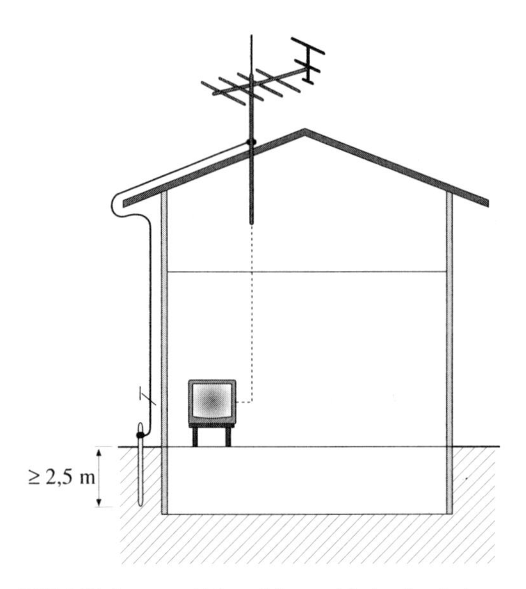

Bild 2.88 Separater Erdungsleiter und Staberder als Antennenerder

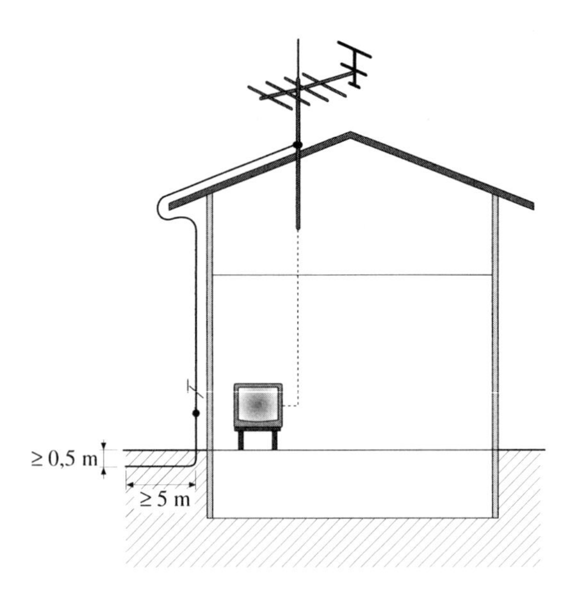

Bild 2.89 Separater Erdungsleiter und Banderder als Antennenerder (zwei horizontale Erder ≥ 5 m Länge erforderlich)

te Länge nicht notwendig. In diesen Fällen sollten die Enden oder zugänglichen Stellen durch ein grafisches Symbol oder die Zwei-Farben-Kombination grün-gelb gekennzeichnet sein.

Bei blanken Erdungsleitern bietet sich die Verwendung eines zweifarbigen Bands an.

Weitere Ausführungen zur Kennzeichnung siehe Abschnitt 2.6.2.

Unter bestimmten Umständen darf auf den separaten Erdungsleiter verzichtet und „natürliche" Bestandteile verwendet werden. Wenn andere elektrisch leitfähige Teile vorhanden, erreichbar und geeignet sind, dürfen diese als Erdungsleiter verwendet werden. Solche elektrisch leitfähigen Teile können sein:

- Metallene Installationen, z. B. durchgehende metallene Wasserverbrauchsleitungen (**Bild 2.90**), durchgehende metallene Heizungsrohre (**Bild 2.91**). Voraussetzung hierfür ist, daß:
  - die Abmessungen mindestens denen der gesamten Erdungsleiter entsprechen,
  - die elektrisch leitende Verbindung der verschiedenen Teile dauerhaft ausgeführt ist,
  - die örtlichen Vorschriften, z. B. der Versorgungsträger, es zulassen.

  (Regenrohre, Dachrinnen, Abwasserleitungen sind meistens nicht ausreichend leitfähig.)
- Ableiter von Blitzschutzanlagen (**Bild 2.92**).

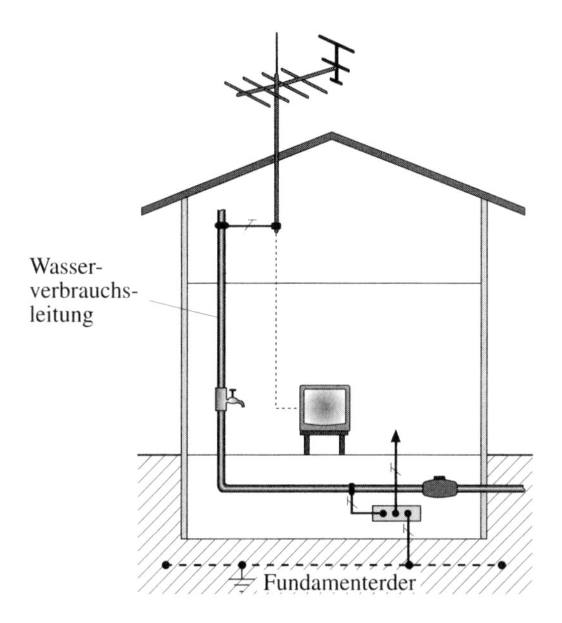

Bild 2.90 Wasserverbrauchsleitung als Erdungsleiter und Fundamenterder als Antennenerder

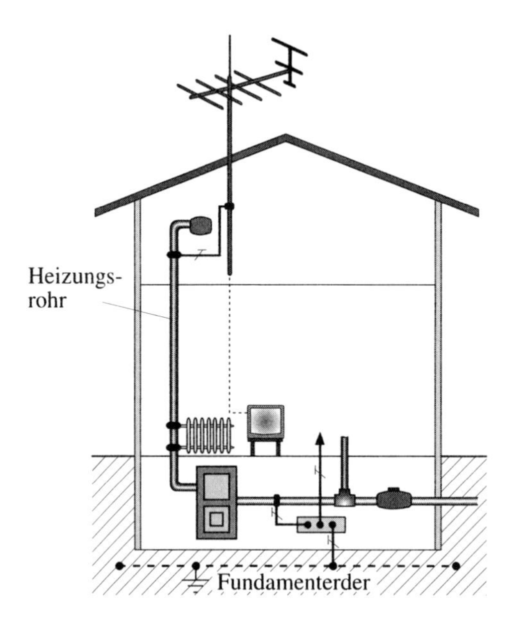

Bild 2.91 Heizungsrohr als Erdungsleiter und Fundamenterder als Antennenerder

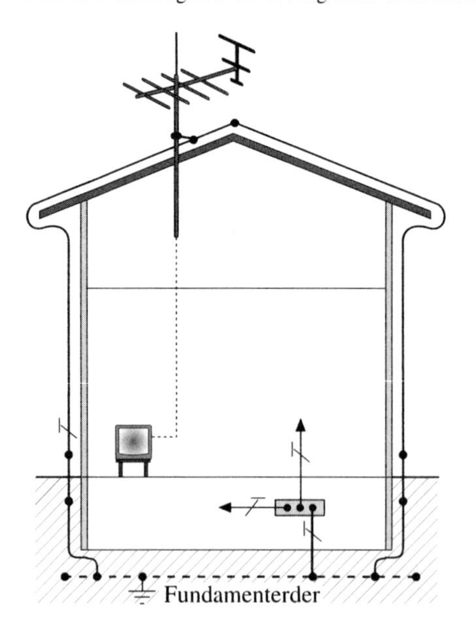

Bild 2.92 Ableitung von Blitzschutzanlage als Erdungsleiter und Blitzschutzerder als Antennenerder

- Stahlskelette und Stahlbauten (Metallgerüst der baulichen Anlage).
- Der durchverbundene Bewehrungsstahl (Armierung) der baulichen Anlage aus Beton (gilt nicht für Spannbeton, außerdem ist der Nachweis einer leitfähig durchverbundenen Armierung nur schwer zu erbringen).
- Fassaden, Geländer, Unterkonstruktionen von Metallfassaden, Feuerleitern, vorausgesetzt, daß:
  - die Abmessungen den Anforderungen an Ableitungen entsprechen und ihre Dicke nicht weniger als 0,5 mm beträgt,
  - die elektrisch leitende Verbindung in senkrechter Richtung sichergestellt ist (z. B. durch Schweißen, Hartlöten, Pressen, Schrauben, Bolzen) oder der Abstand zwischen den Metallteilen 1 mm nicht übersteigt und die Überlappung zwischen zwei Elementen mindestens 100 cm^2 beträgt.

Die Eignung solch anderer elektrisch leitfähiger Teile muß durch Besichtigen und Messen einer niederohmigen Verbindung nachgewiesen werden.
Für den Errichter der Antennenanlage stellt sich die Frage, vorhandene geeignete elektrisch leitfähige Teile als Erdungsleiter zu verwenden oder besser einen separaten Erdungsleiter zu installieren. Nur dann, wenn z. B. im Altbau aus technischen, baulichen Gründen ein Erdungsleiter absolut nicht separat verlegt werden kann, oder sich für die separate Verlegung ein wirtschaftlich nicht zu vertretender Aufwand ergibt, oder aus architektonischen, optischen Gründen sich eine separate Verlegung nicht ermöglichen läßt, sollte – sofern geeignet – auf die Verwendung anderer elektrisch leitfähiger Teile zurückgegriffen werden.
Ist eine funktionsfähige Blitzschutzanlage vorhanden, so bietet es sich an, die Ableitungen von Blitzschutzanlagen zu verwenden (siehe Bild 2.92). In diesem Fall empfiehlt sich das Installieren eines separaten Erdungsleiters nicht.
Die Außenleiter (Abschirmungen) von Koaxialkabeln sind wegen des geringen Querschnitts nicht als Erdungsleiter geeignet. Sie dürfen auf keinen Fall als Erdungsleiter verwendet werden. Auch Schutzleiter (PE), PEN-Leiter und Neutralleiter (N) von Starkstromanlagen dürfen nicht als Erdungsleiter benutzt werden (**Bild 2.93**).
Erdungsleiter – auch die Antennenleitungen – dürfen nicht durch solche Teile von Räumen geführt werden, die zur Lagerung von leicht entzündlichen Stoffen, z. B. Stroh, Heu usw., dienen oder in denen sich eine explosionsfähige Atmosphäre bilden oder ansammeln kann. Sie dürfen jedoch ohne Abstandhalter auf Holz verlegt werden.
Der Erdungsleiter ist mit einem Erder zu verbinden. Die Erdungsanlage muß nach einer der folgenden Arten ausgeführt werden:
- Verbindung mit der Blitzschutzanlage des Gebäudes (siehe Bild 2.92),
- Verbindung mit dem Erdungssystem des Gebäudes, z. B. Fundamenterder (siehe Bilder 2.90 bis 2.92).

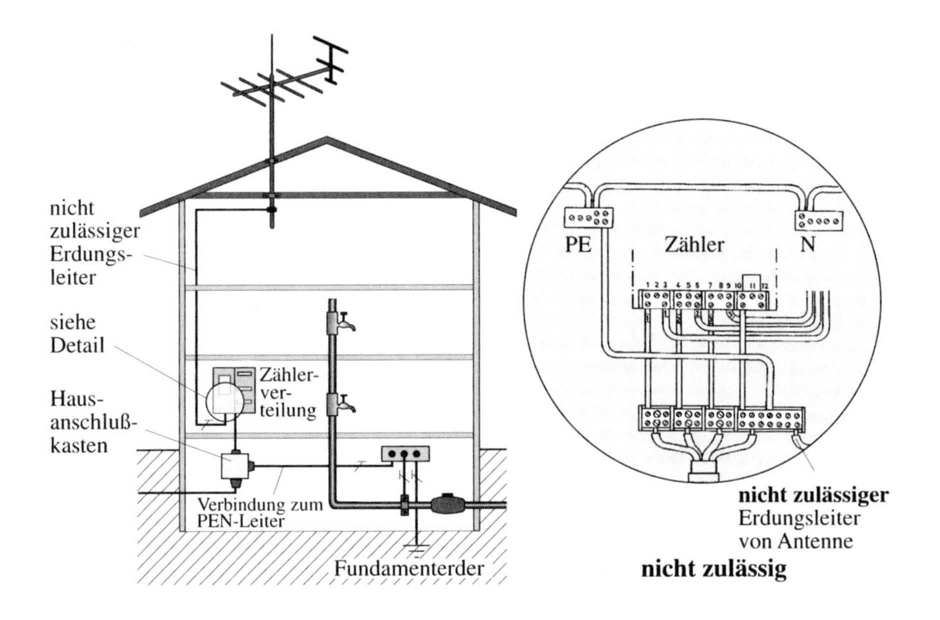

Bild 2.93 Nicht zulässiger Erdungsleiter

- Verbindung mit:
  - wenigstens zwei horizontalen Erdern von mindestens je 5 m Länge (siehe Bild 2.89) oder
  - einem vertikalen oder schrägen Erder mit einer Mindestlänge von 2,5 m (siehe Bild 2.88), verlegt mindestens 0,5 m tief und 1 m vom Fundament entfernt. Der Mindestquerschnitt jedes Erders muß 50 mm^2 Kupfer oder 80 mm^2 Stahl betragen.
- „Natürliche“ Bestandteile (Erder), z. B. durchverbundene Stahlbetonbewehrung, andere geeignete unterirdische Metallkonstruktionen, die in das Gebäudefundament eingebettet sind (z. B. von Stahlskeletten, Stahlbauten), wenn die Abmessungen den vorgenannten Grenzwerten entsprechen.

Da in Neubauten der Fundamenterder bis auf wenige begründete Ausnahmen vorhanden ist (siehe Kapitel 3), ist damit das Problem „Erder für Antennenanlage“ auf einfache Art gelöst.
Der Erder der Antennenanlage ist bei vorhandenem Hauptpotentialausgleich in diesen einzubeziehen. Bei Neuanlagen ist üblicherweise der Hauptpotentialausgleich mit dem Fundamenterder verbunden. Wird dieser auch als Antennenerder benutzt,

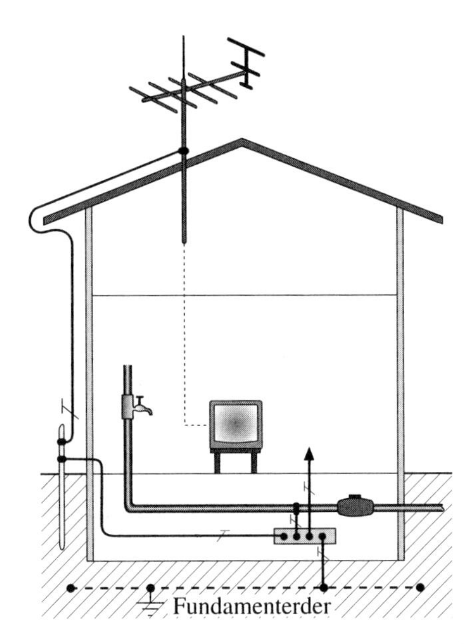

Bild 2.94 Einbeziehen des separaten Antennenerders in den Potentialausgleich

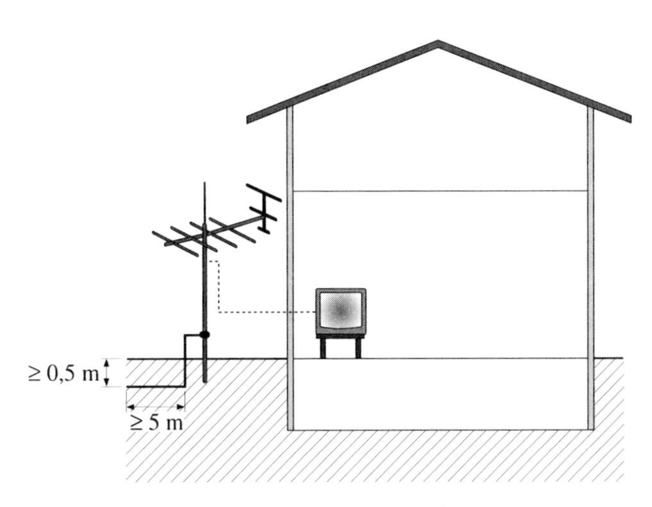

Bild 2.95 Abgesetzte Antennenanlage mit Banderder
(zwei horizontale Erder ≥ 5 m Länge erforderlich)

so ist meistens der Erdungsleiter der Antenne an die Potentialausgleichsschiene angeschlossen und die Anforderung ohne weitere Maßnahmen erfüllt.
Sofern jedoch ein – aus welchen Gründen auch immer – separater Antennenerder vorhanden ist, muß dieser in den Hauptpotentialausgleich mit einbezogen werden (**Bild 2.94**).
Hat das Gebäude eine Blitzschutzanlage, so muß der auf oder außen am Gebäude angebrachte Antennenträger auf kurzem Wege mit einem Erdungsleiter mit der Blitzschutzanlage verbunden werden (siehe Bild 2.92).
Sind die Antennen bzw. Antennenträger nicht auf oder am Gebäude, sondern abgesetzt davon errichtet, so müssen sie mindestens durch einen Erdungsleiter mit mindestens zwei Banderdern aus verzinktem Stahl von mindestens 5 m Länge, die mindestens 0,5 m tief im Erdreich verlegt sein müssen (**Bild 2.95**), oder einem Staberder aus verzinktem Stahl von mindestens 2,5 m Länge verbunden sein.
Schutzleiter (PE), PEN-Leiter und Neutralleiter (N) von Starkstromanlagen dürfen nicht als Erder verwendet werden (siehe Bild 2.93).

2.28.2 Verzicht auf Erdung der Antenne und auf Anschluß an den Potentialausgleich

Auf die Erdung von Antennen und auf den Anschluß an den Potentialausgleich darf verzichtet werden bei:

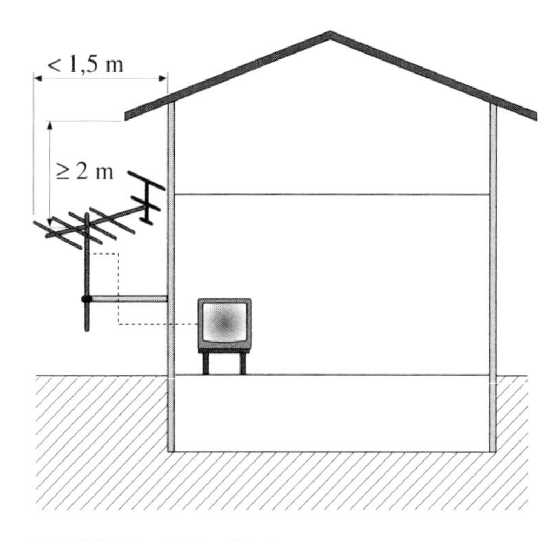

Bild 2.96 Verzicht auf Erdung

- Zimmerantennen und Antennen, die in den Geräten eingebaut sind,
- Außenantennen, deren höchster Punkt mindestens 2 m unter der Dachkante bleibt und deren äußerster Punkt weniger als 1,5 m von der Außenfront des Gebäudes abliegt (Fensterantennen) (**Bild 2.96**),
- Antennen innerhalb des Gebäudes (unter der Dachhaut).

2.28.3 Potentialausgleich im Antennenverteilungsnetz

Die Außenleiter (Schirme) der Antennenkabel sind am Eingang und Ausgang der Verstärker über jeweils eine Klemmschiene bzw. Erdungsschiene untereinander zu verbinden. Die Potentialausgleichsschienen müssen in unmittelbarer Nähe der Verstärker angebracht und mit dem Erdungssystem der Antennenanlage durch Potentialausgleichsleiter mit einem Querschnitt von mindestens 4 mm^2 Cu blank oder isoliert verbunden werden (**Bild 2.97**).

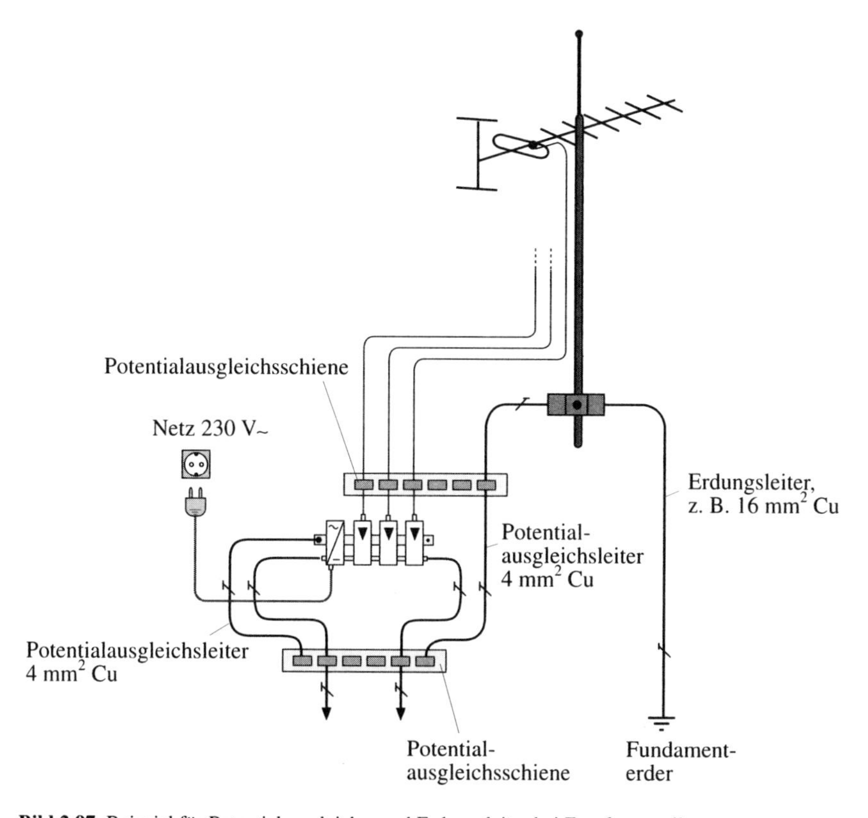

Bild 2.97 Beispiel für Potentialausgleichs- und Erdungsleiter bei Empfangsstellen

Sofern ein geerdetes Antennenkabel in ein Gebäude eingeführt wird, z. B. bei Anlagen, die sich über mehrere Gebäude erstrecken, ist der Außenleiter (Schirm) des Antennenkabels und – falls vorhanden – seine Armierung an der nächsten geeigneten Stelle, z. B. Hausabzweiger der Antennenanlage, über einen Potentialausgleichsleiter in den geerdeten Potentialausgleich einzubeziehen (**Bild 2.98**, **Bild 2.99**, **Bild 2.100** und **Bild 2.101**). Ist kein Potentialausgleich oder nur ein nicht geerdeter Potentialausgleich im Gebäude vorhanden, so ist ein Potentialausgleichsleiter mit einem Querschnitt von mindestens 4 mm^2 Cu blank oder isoliert zu einer Erde zu legen.
Bei Strecken-, Linien- und Stammverstärkern (Antennenkabel mit massivem Außenleiter aus Rohr und Folie) sind die Ein- und Ausgänge in den Potentialausgleich einzubeziehen. Die Potentialausgleichsleiter müssen einen Querschnitt von mindestens 4 mm^2 Cu blank oder isoliert haben.
Werden Antennensteckdosen bei Stammverstärkern (Hausverstärkern) über eine passive Verteilung (Hausinstallation) gespeist, dann sind die Außenleiter (Schirme) der Eingangs- und/ oder Ausgangskabel über Klemmschienen zu verbinden und in den Potentialausgleich einzubeziehen (siehe Bild 2.99 und Bild 2.100). Auch diese Potentialausgleichsleiter müssen einen Querschnitt von mindestens 4 mm^2 Cu

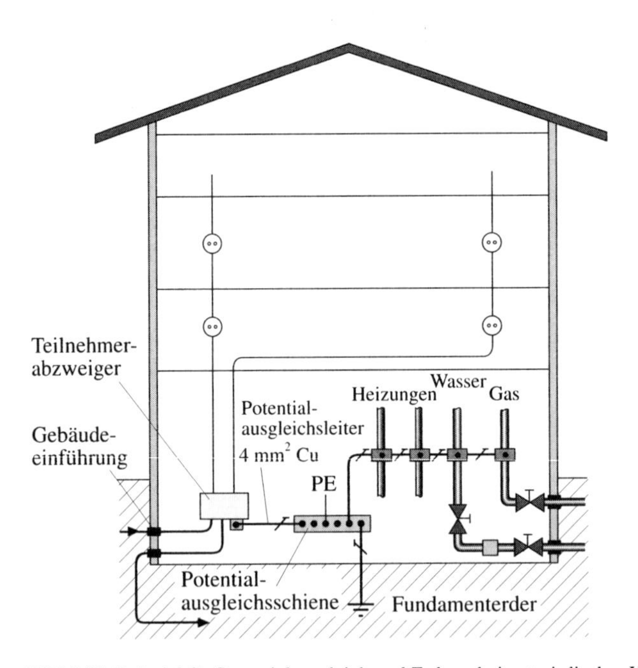

Bild 2.98 Beispiel für Potentialausgleich und Erdung bei unterirdischer Hauseinführung eines geerdeten Antennenkabels

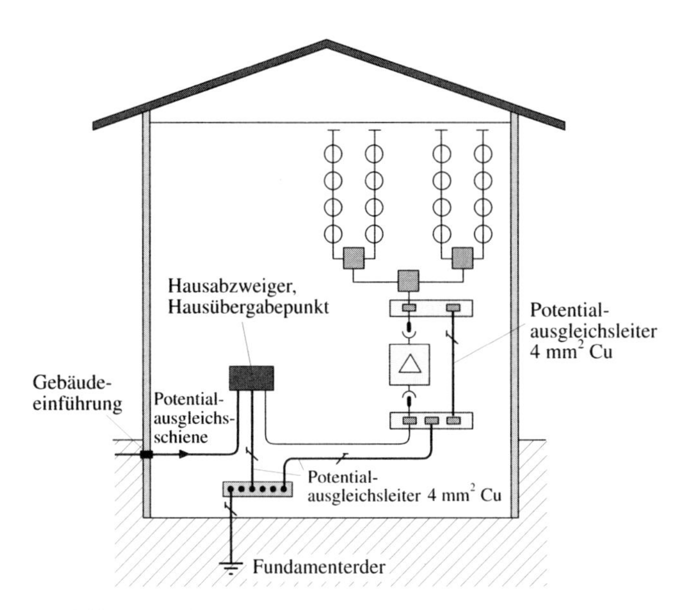

Bild 2.99 Beispiel für Potentialausgleich und Erdung bei unterirdischer Hauseinführung eines Antennenkabels und Anschluß des Hausabzweigers sowie Verstärkers an die Potentialausgleichsschiene

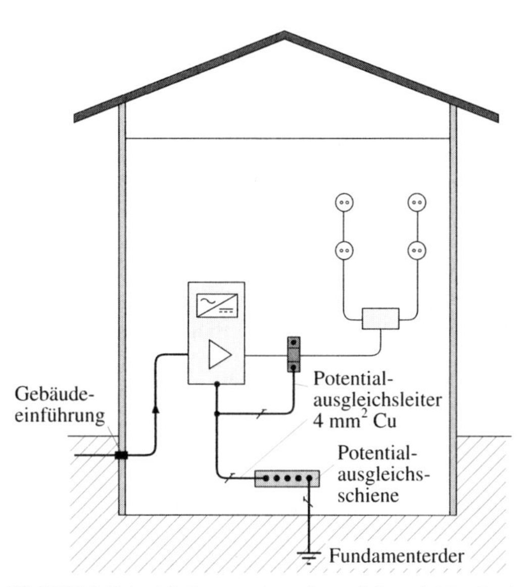

Bild 2.100 Beispiel eines externen Potentialausgleichs der Antennenkabel über das metallene Verstärkergehäuse an einem Stammverstärker (Hausverstärker)

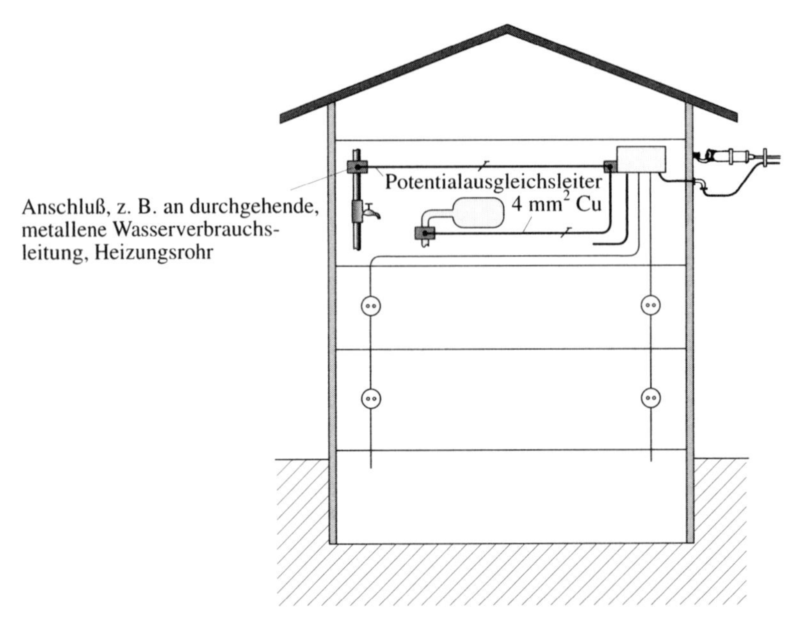

Bild 2.101 Beispiel für Potentialausgleich und Erdung bei oberirdischer Hauseinführung eines geerdeten Antennenkabels

blank oder isoliert aufweisen. Fehlt der Potentialausgleich in dem Gebäude oder ist nur ein nicht geerdeter Potentialausgleich vorhanden, so ist ein Ausgleichsleiter mit einem Querschnitt von mindestens 4 mm^2 Cu blank oder isoliert zu einer Erde zu legen.
In den vorgenannten Fällen muß bei Verwendung isolierter und blanker Potentialausgleichsleiter die Kennzeichnung grün-gelb sein (siehe Abschnitt 2.6.2).
Bei Entfernung oder Austausch von Betriebsmitteln muß sichergestellt sein, daß die Potentialausgleichsmaßnahmen (leitende Durchverbindung) erhalten bleiben (siehe Bild 2.99).

2.28.4 Potentialausgleich im privaten Verteilungsnetz von BK-Anlagen (Netzebene 4)

Nach DIN EN 50083-1 (VDE 0855 Teil 1) muß der Außenleiter (Schirm) eines in ein Gebäude eingeführten geerdeten Antennenkabels an der nächsten geeigneten Stelle, z. B. Hausabzweiger, Hausübergabepunkt, über einen Potentialausgleichsleiter in den geerdeten Potentialausgleich des Gebäudes einbezogen (siehe Bild 2.99) und bei fehlendem oder nicht geerdetem Potentialausgleich ein Potentialausgleichs-

leiter nach Erde gelegt werden. Weiterhin sind bei Hausverstärkern, die über die Hausinstallation Antennensteckdosen speisen, die Außenleiter (Schirme) der Eingangs- und/oder Ausgangskabel über Klemmschienen zu verbinden und in den Potentialausgleich einzubeziehen (siehe Bild 2.99). Dabei muß die leitende Verbindung auch dann bestehen bleiben, wenn Geräte ausgetauscht oder entfernt werden. Auch hier ist bei fehlendem oder nicht geerdetem Potentialausgleich ein Potentialausgleichsleiter nach Erde zu legen. Die Außenleiter (Schirme) müssen also immer in den geerdeten Potentialausgleich einbezogen sein, gegebenenfalls muß also auch der geerdete Potentialausgleich nachträglich erstellt werden.
Zur Zeit gehen die Niederlassungen der Deutschen Telekom AG bei dem Hausübergabepunkt wie folgt vor:

- Ist ein geerdeter Potentialausgleich im Gebäude vorhanden, schließt sich die Deutsche Telekom AG dort an, sie schafft die Verbindung vom Hausübergabepunkt bis zum geerdeten Potentialausgleich im Gebäude.
  Ist eine Potentialausgleichsschiene vorhanden, so wird der Hausübergabepunkt möglichst in der Nähe dieser angebracht und Hausübergabepunkt und Potentialausgleichsschiene miteinander verbunden. Ist zwar der Potentialausgleich vorhanden, nicht aber eine Potentialausgleichsschiene, wird eine Verbindung zwischen Hausübergabepunkt und einer der in den Potentialausgleich einbezogenen Anlagen geschaffen. Der Potentialausgleich wird für diesen Fall als vorhanden angenommen, wenn mindestens:
  - die Starkstromanlage,
  - die metallene Wasserverbrauchsanlage und
  - die zentrale Heizungsanlage

  miteinander verbunden (in den Potentialausgleich einbezogen) sind.
- Ist ein geerdeter Potentialausgleich nicht vorhanden, so wird von der Deutschen Telekom AG in der Nähe des Hausübergabepunkts eine Potentialausgleichsklemme angebracht und diese mit der Erdungsklemme des Hausübergabepunkts verbunden.
  Des weiteren wird dann der Kunde durch die Deutsche Telekom AG angeschrieben und darauf aufmerksam gemacht, daß die BK-Anlage zum Schutz gegen eventuell auftretende Überspannungen in den Potentialausgleich einbezogen werden muß. Der Kunde wird außerdem darauf hingewiesen, daß ein solcher Potentialausgleich nicht vorgefunden wurde und von einem eingetragenen Elektroinstallateur hergestellt und mit der in der Nähe des Hausübergabepunkts angebrachten Potentialausgleichsklemme verbunden werden muß.

Diese Vorgehensweise weicht von einer früheren Empfehlung ab (siehe 3. Auflage dieses Buches sowie dritte Auflage des Bandes 45 der VDE-Schriftenreihe). Die Empfehlung ist als Folge der technischen Weiterentwicklungen heute nicht mehr erforderlich.

2.28.5 Anschluß- und Verbindungsstellen

Alle Anschluß- und Verbindungsstellen müssen zugänglich sein und dürfen sich bei normaler Beanspruchung nicht lockern. Sie sind selbstverständlich mit derselben Sorgfalt und nach denselben handwerklichen Regeln auszuführen, wie sie für stromführende Stellen gelten.
Weichgelötete Verbindungen und Verbindungen durch Wickeln von Drähten um Rohre, Konstruktionsteile usw. dürfen nicht hergestellt werden.
Zum Anschluß an Rohrleitungen sind Schellen aus korrosionsfestem Material mit mindestens 10 cm^2 Berührungsfläche zu verwenden. Metallpaarungen, die elektrische Korrosion verursachen können, sind zu vermeiden.

2.29 Verbindung zwischen PEN-Leiter im Hausanschlußkasten und Hauptpotentialausgleich

2.29.1 Erfordernis der Verbindungsleitung

Da die öffentlichen Verteilungsnetze überwiegend als TN-Systeme ausgeführt sind, stellen sich in der Praxis immer wieder Fragen zur Verbindung zwischen PEN-Leiter im Hausanschlußkasten und der Potentialausgleichsschiene des Hauptpotentialausgleichs. Vor der Behandlung der Fragen ist klar herauszustellen:

Diese Verbindung wird zum Zweck des Potentialausgleichs vorgenommen.

Zu klären sind die Fragen:
- Wann muß eine Verbindung zwischen PEN-Leiter im Hausanschlußkasten und der Potentialausgleichsschiene des Hauptpotentialausgleichs geschaffen werden?
- Wann darf keine Verbindung zwischen PEN-Leiter im Hausanschlußkasten und der Potentialausgleichsschiene des Hauptpotentialausgleichs geschaffen werden?

Zunächst ist eindeutig festzuhalten, daß sich bei einem als TT-System ausgeführten Verteilungsnetz diese Frage nicht stellt, da es in TT-Systemen keine PEN-Leiter gibt und eine Verbindung mit dem Neutralleiter im Hausanschlußkasten nicht sein darf. Bedeutung haben die Fragen nur dort, wo das Verteilungsnetz ein TN-System ist. Kommt auch in der Verbraucheranlage ein TN-System zur Ausführung, so muß eine Verbindung zwischen PEN-Leiter im Hausanschlußkasten und der Potentialausgleichsschiene des Hauptpotentialausgleichs vorgenommen werden. Wird jedoch die Verbraucheranlage als TT-System ausgeführt – vom TN-Verteilungsnetz also kein Gebrauch gemacht –, so darf diese Verbindung nicht sein.
Wenn bei den Schutzmaßnahmen zum Schutz gegen elektrischen Schlag unter Fehlerbedingungen (Schutz bei indirektem Berühren) nur eine dauernd zulässige Be-

rührungsspannung in der Verbraucheranlage ≤ 25 V Wechselspannung zulässig ist, muß bei der Frage, ob eine Verbindung zwischen PEN-Leiter im Hausanschlußkasten und der Potentialausgleichsschiene des Hauptpotentialausgleichs nicht sein darf oder sein muß, eine differenzierte Betrachtungsweise stattfinden. Als Beispiele für solche Anlagen sind landwirtschaftliche Anwesen und medizinisch genutzte Räume zu nennen.
In der für landwirtschaftliche Anwesen zuständigen DIN VDE 0100 Teil 705 wurde noch in der alten Fassung 11.84 im Abschnitt 4.8 ausdrücklich darauf hingewiesen, daß ein im Verteilungsnetz (TN-System) vorhandener PEN-Leiter nicht als Schutzleiter verwendet und nicht mit dem Potentialausgleich verbunden werden darf (siehe Abschnitt 2.15.3.4). Solch eine Situation kann unter bestimmten Voraussetzungen auftreten. So z. B., wenn das Verteilungsnetz ein TN-System ist, im Wohnbereich ebenfalls ein TN-System zur Anwendung kommt (häufig bei älteren Anlagen) und im landwirtschaftlichen Anwesen die feste Installation der Verbraucheranlage als TT-System ausgeführt wird. Im vorgenannten Fall wäre es dann aber besser, auch die feste Installation der Wohnungen als TT-System auszuführen. Diese Art der Installation wurde aufgrund der Aussagen von DIN VDE 0100 Teil 705:1984-11 in den an landwirtschaftlichen Anwesen angrenzenden Bereichen sowieso gefordert, soweit diese mit leitfähigen Teilen der landwirtschaftlichen Anwesen wie Konstruktionsteilen, Einrichtungsgegenständen und Rohrleitungen unmittelbar verbunden sind (siehe Abschnitt 2.15.2).
In der neuen DIN VDE 0100 Teil 705:1992-10 ist der Hinweis, daß ein im Verteilungsnetz (TN-System) vorhandener PEN-Leiter nicht als Schutzleiter verwendet und nicht mit dem Potentialausgleichsleiter verbunden werden darf, nicht mehr vorhanden.
Da jedoch, wie im Abschnitt 2.15.2 ausführlich behandelt, bei Anwendung des TN-Systems die Einhaltung des Grenzwerts von 25 V Wechselspannung als dauernd zulässige Berührungsspannung U_L praktisch nicht gewährleistet werden kann, darf nach wie vor ein im Verteilungsnetz vorhandener PEN-Leiter, z. B. im Hausanschlußkasten, nicht mit dem Hauptpotentialausgleich verbunden werden (siehe hierzu auch Abschnitt 2.15.3.4).
Warum darf trotz des geforderten umfassenden zusätzlichen Potentialausgleichs und der empfohlenen Potentialsteuerung im Standbereich der Tiere, die gewährleisten, daß bei extern entstandener Fehlerspannung innerhalb des Potentialausgleichs nur geringe Berührungsspannungen auftreten können, dennoch die Verbindung nicht sein? Deshalb, weil auch beim Überschreiten des Wirkungsbereichs des Potentialausgleichs eine dauernd zulässige Berührungsspannung ≤ 25 V sichergestellt sein muß. Nur dann sind gefährliche Schrittspannungen für das Vieh ausgeschlossen. Darum ist in landwirtschaftlichen Anwesen die feste Installation auch weiterhin als TT-System mit Fehlerstrom-Schutzeinrichtung (RCD) auszuführen (siehe Abschnitt 2.15.2).
Eine völlig andere Situation ergibt sich bei medizinisch genutzten Räumen außerhalb von Krankenhäusern (Arztpraxen) (siehe auch Abschnitt 2.24).

Ein öfter in der Praxis vorkommender Fall stellt sich wie folgt dar:

In einem großen Gebäude mit z. B. vielen Wohnungen, Büros, Geschäften soll auch eine Arztpraxis errichtet werden. Als Verteilungsnetz liegt ein TN-System vor, die Verbraucheranlagen der Wohnungen, Büros und Geschäfte sind ebenfalls als TN-System installiert. Dementsprechend muß die Verbindung zwischen dem PEN-Leiter im Hausanschlußkasten und dem Hauptpotentialausgleich hergestellt sein. In der Arztpraxis wird dann die Verbraucheranlage zweckmäßiger als TT-System mit Fehlerstrom-Schutzeinrichtung (RCD) – möglich ist allerdings auch TN-C-S-System mit Fehlerstrom-Schutzeinrichtung (RCD) – zur Anwendung kommen. Hier muß wegen der anderen Wohnungen die Verbindung zwischen dem PEN-Leiter im Hausanschlußkasten und dem Hauptpotentialausgleich vorhanden sein.
Durch den umfassenden Potentialausgleich – Hauptpotentialausgleich und zusätzlicher Potentialausgleich in den medizinisch genutzten Räumen – kann aber keine höhere Berührungsspannung als 25 V überbrückt werden. Der Potentialausgleich gewährleistet, daß bei extern entstandener Fehlerspannung innerhalb des Wirkungsbereichs des Potentialausgleichs nur geringe, kaum meßbare Berührungsspannungen auftreten. Eine Gefahr beim Verlassen des Wirkungsbereichs des Potentialausgleichs wird für den Menschen nicht gesehen.

2.29.2 Querschnitt der Verbindungsleitung

Dient die Verbindung zwischen PEN-Leiter im Hausanschlußkasten und der Potentialausgleichsschiene des Hauptpotentialausgleichs ausschließlich dem Potentialausgleich, so ist der Querschnitt entsprechend dem des Hauptpotentialausgleichsleiters zu wählen (siehe Abschnitt 2.6.1.1).
Der Querschnitt der Verbindungsleitung zwischen dem PEN-Leiter im Hausanschlußkasten und der Potentialausgleichsschiene nach Bild 2.21 ergibt sich nach Tabelle 9 von DIN VDE 0100 Teil 540:1991-11 (Tabelle 2.2) aus dem halben Querschnitt des größten Schutzleiters der Anlage. Der größte Schutzleiter für die als Bemessungsgrundlage dienende Verbindungsleitung zu den Stromkreisverteilern mit dem Querschnitt 10 mm^2 Cu beträgt nach Tabelle 6 von DIN VDE 0100 Teil 540:1991-11 (siehe Tabelle 2.4 dieses Bandes) ebenfalls 10 mm^2 Cu. Der halbe Querschnitt ist dann 5 mm^2 Cu. Als zu verwendender Querschnitt ergibt sich dann der nächst höhere Nennquerschnitt von 6 mm^2 Cu für die Verbindungsleitung. Dieser Querschnitt erfüllt auch die Mindestanforderung von 6 mm^2 Cu gemäß Tabelle 9 von DIN VDE 0100 Teil 540:1991-11 (siehe Tabelle 2.2 dieses Bandes).
Für den Querschnitt der Verbindungsleitung zwischen dem PEN-Leiter im Hausanschlußkasten und der Potentialausgleichsschiene nach Bild 2.22 sind als Bemessungsgrundlage die vom Hauptverteiler abgehenden Hauptleitungen mit dem Querschnitt 25 mm^2 Cu heranzuziehen. Nach Tabelle 6 von DIN VDE 0100 Teil 540:1991-11 (siehe Tabelle 2.4 dieses Bandes) ergibt sich für den Schutzleiter ein Querschnitt von 16 mm^2 Cu. Der nach Tabelle 9 von DIN VDE 0100 Teil 540:1991-11

(siehe Tabelle 2.2 dieses Bandes) zu wählende halbe Querschnitt des größten Schutzleiters der Anlage beträgt dann 8 mm^2 Cu. Als Nennquerschnitt für die Verbindungsleitung ist somit 10 mm^2 Cu zu verlegen.

2.30 Prüfung der Wirksamkeit des Potentialausgleichs (DIN VDE 0100 Teil 610:1994-04, Abschnitte 4 und 5)

2.30.1 Allgemeines

Die Prüfung der Wirksamkeit des Potentialausgleichs ist in jedem Fall Aufgabe des Errichters der elektrischen Anlage, also des Elektroinstallateurs. Zu prüfen sind die Festlegungen nach DIN VDE 0100 Teil 410 und Teil 540. Die Prüfanforderungen selbst sind in DIN VDE 0100 Teil 610:1994-04, Abschnitte 4 und 5.2, festgehalten. Davor galten DIN VDE 0100 Teil 600:1987-11 und DIN VDE 0100g:1976-07, §§ 22, 23 und 24.
Zu unterscheiden sind die Prüfung des Hauptpotentialausgleichs und die Prüfung des zusätzlichen Potentialausgleichs, da die Prüfanforderungen unterschiedlich sind.
Der zusätzliche Potentialausgleich wiederum ist ebenfalls noch einmal zu unterscheiden in zusätzlichen Potentialausgleich als Ersatz für eine Schutzmaßnahme gegen elektrischen Schlag unter Fehlerbedingungen (Schutzmaßnahme bei indirektem Berühren) durch Abschaltung einerseits und zusätzlichen Potentialausgleich als Ergänzung für eine Schutzmaßnahme gegen elektrischen Schlag unter Fehlerbedingungen (Schutzmaßnahme bei indirektem Berühren) durch Abschaltung, z. B. in Räumen mit Badewanne oder Dusche, Schwimmbädern, andererseits.
Gleich welcher Potentialausgleich, der Prüfumfang besteht nach der neuen Zweiteilung aus „Besichtigen“ sowie „Erproben und Messen“. Das sonst bei vielen Prüfungen erforderliche Erproben ist hier allerdings nicht durchführbar.

2.30.2 Prüfung des Hauptpotentialausgleichs (DIN VDE 0100 Teil 610:1994-04, Abschnitte 4 und 5.2)

2.30.2.1 Besichtigen (DIN VDE 0100 Teil 610:1994-04, Abschnitt 4)

Das Besichtigen muß nach DIN VDE 0100 Teil 610:1994-04, Abschnitt 4, durchgeführt werden, um nachzuweisen, daß die fest angeschlossenen Betriebsmittel:

- entsprechend den Normen der Reihe DIN VDE 0100 korrekt ausgewählt und errichtet wurden,
- ohne sichtbare, die Sicherheit beeinträchtigende Beschädigungen sind.

Konkrete Vorgaben für das Besichtigen des ausgeführten Hauptpotentialausgleichs, wie sie noch im nunmehr abgelösten Teil DIN VDE 0100 Teil 600:1987-11 von DIN

VDE 0100 aufgeführt waren, sind in DIN VDE 0100 Teil 610:1994-04 nicht mehr enthalten.
Zwei wichtige allgemeine in DIN VDE 0100 Teil 610:1994-04 aufgeführte Besichtigungsmaßnahmen haben auch für den Hauptpotentialausgleich Gültigkeit, wobei durch das Besichtigen festzustellen ist, ob folgendes erfüllt ist:

- Kennzeichnung der Klemmen,
- ordnungsgemäße Leiterverbindungen.

Im Rahmen des Besichtigens stellt sich aber immer wieder die Frage, welche fremden leitfähigen Teile in den Hauptpotentialausgleich einzubeziehen sind. Hilfestellung gibt die nachfolgende Auflistung, die den früheren Ausführungen des nunmehr abgelösten Teils 600 von DIN VDE 0100 entspricht.
Durch Besichtigen muß festgestellt werden, daß mit der Potentialausgleichsschiene verbunden worden sind:

- Hauptpotentialausgleichsleiter,
- Hauptschutzleiter (z. B. der PEN-Leiter der Hauptleitung im TN-System),
- Haupterdungsleiter und weitere Erdungsleiter (z. B. Erdungsleiter für Funktionserdungen nach DIN VDE 0800 Teil 2 und Erdungsleiter für Überspannungsbegrenzungseinrichtungen (Trennfunkenstrecken, Überspannungs-Schutzeinrichtungen)),
- Erder, z. B. Fundamenterder, Blitzschutzerder, Erder von Antennenanlagen,
- metallene Rohrsysteme, z. B. Wasserverbrauchsleitungen, Gasinnenleitungen, Rohre von Heizungs- und Klimaanlagen,
- Metallteile der Gebäudekonstruktion (soweit dies möglich ist).

Metallteile der Gebäudekonstruktion können z. B. sein:

- Stahlskelette,
- Stahlträger,
- Stahleinlagen in Beton,
- Metallfassaden,
- Metalleindeckungen,
- Aufzugsführungsschienen.

Durch Besichtigen ist weiter festzustellen, daß:

- Vorrichtungen zum Abtrennen der Erdungsleiter zugänglich sind,
- Potentialausgleichsschiene, Haupterdungsleiter, Hauptpotentialausgleichsleiter und Hauptschutzleiter vor mechanischer, thermischer oder chemischer Beschädigung geschützt sind,
- der Querschnitt der Hauptpotentialausgleichsleiter DIN VDE 0100 Teil 540: 1991-11, Tabelle 9 (siehe Tabelle 2.2), entspricht.

2.30.2.2 Messen der Durchgängigkeit der Verbindungen des Hauptpotentialausgleichs (DIN VDE 0100 Teil 610:1994-04, Abschnitt 5.2)

Nach DIN VDE 0100 Teil 610, Abschnitt 5.2, muß das Messen der Durchgängigkeit der Verbindungen des Hauptpotentialausgleichs durchgeführt werden.
Durch Messen muß also nunmehr festgestellt werden, daß zwischen der Potentialausgleichsschiene und den in den Hauptpotentialausgleich einbezogenen fremden leitfähigen Teilen, z. B. metallenen Rohrsystemen, Verbindung besteht. Das uneingeschränkt geforderte Messen der Durchgängigkeit der Verbindungen des Hauptpotentialausgleichs ist neu. Nach der bisher gültigen DIN VDE 0100 Teil 600:1987-11 reichte üblicherweise allein das Besichtigen zum Prüfen der Wirksamkeit des Hauptpotentialausgleichs aus. Das Messen war nach DIN VDE 0100 Teil 600:1987-11 nur dann erforderlich, wenn die Wirksamkeit des Hauptpotentialausgleichs durch Besichtigen nicht beurteilt werden konnte.
Da die Potentialausgleichsleiter einen Mindestquerschnitt von 6 mm^2 haben müssen, ist üblicherweise eine ausreichende elektrische Verbindung sichergestellt. Bei derartigen Querschnitten wurde bisher davon ausgegangen, daß Leiterunterbrechungen durch Besichtigen zu erkennen sind.
Das Besichtigen als alleiniges Mittel des Prüfens der Wirksamkeit des Hauptpotentialausgleichs nach DIN VDE 0100 Teil 600:1987-11 setzte allerdings voraus, daß die verlegten Potentialausgleichsleiter leicht zu verfolgen sind. Beim Hauptpotentialausgleich im Hausanschlußraum von Neuanlagen (siehe Bild 2.14) war beispielsweise solch eine Situation gegeben. Nur wenn der Potentialausgleichsleiter sich nicht eindeutig verfolgen ließ, mußte nach DIN VDE 0100 Teil 600:1987-11 gemessen werden.
Diese einfache Lösung gilt aber nicht mehr. DIN VDE 0100 Teil 610:1994-04 fordert – wie ausgeführt – uneingeschränkt das Messen der Durchgängigkeit der Verbindungen des Hauptpotentialausgleichs.
Eine konkrete Aussage darüber, bis zu welchem Widerstandswert die Wirksamkeit des Hauptpotentialausgleichs gegeben ist, wird in DIN VDE 0100 Teil 610 nicht gemacht. Auf jeden Fall müssen die Verbindungen niederohmig sein. Ein Richtwert, an den man sich auch heute noch im Rahmen des zugelassenen Ermessensspielraums anlehnen kann, ist der Widerstandswert von 3 Ω aus der alten, inzwischen zurückgezogenen DIN VDE 0190:1973-05.
Beim Messen sind die Meßpunkte auf den in den Hauptpotentialausgleich einzubeziehenden fremden leitfähigen Teilen, z. B. metallenen Rohrsystemen, so zu wählen, daß die Übergangswiderstände der Verbindungsstellen, z. B. Rohrschellen oder ähnliche Verbindungselemente, mit gemessen werden.
Die in den Hauptpotentialausgleich einzubeziehenden fremden leitfähigen Teile brauchen selbst keine elektrischen Anforderungen zu erfüllen. Nur dann, wenn sie – ganz oder auch auf einer Teillänge – selbst die Funktion eines Potentialausgleichs-

leiters wahrnehmen, müssen auch die Anforderungen erfüllt sein, die an einen Potentialausgleichsleiter gestellt sind.
Ein Beispiel hierzu zeigt **Bild 2.102**. Vor- und Rücklauf einer Heizungsanlage verlaufen nicht durch den Hausanschlußraum und können daher nicht unmittelbar an

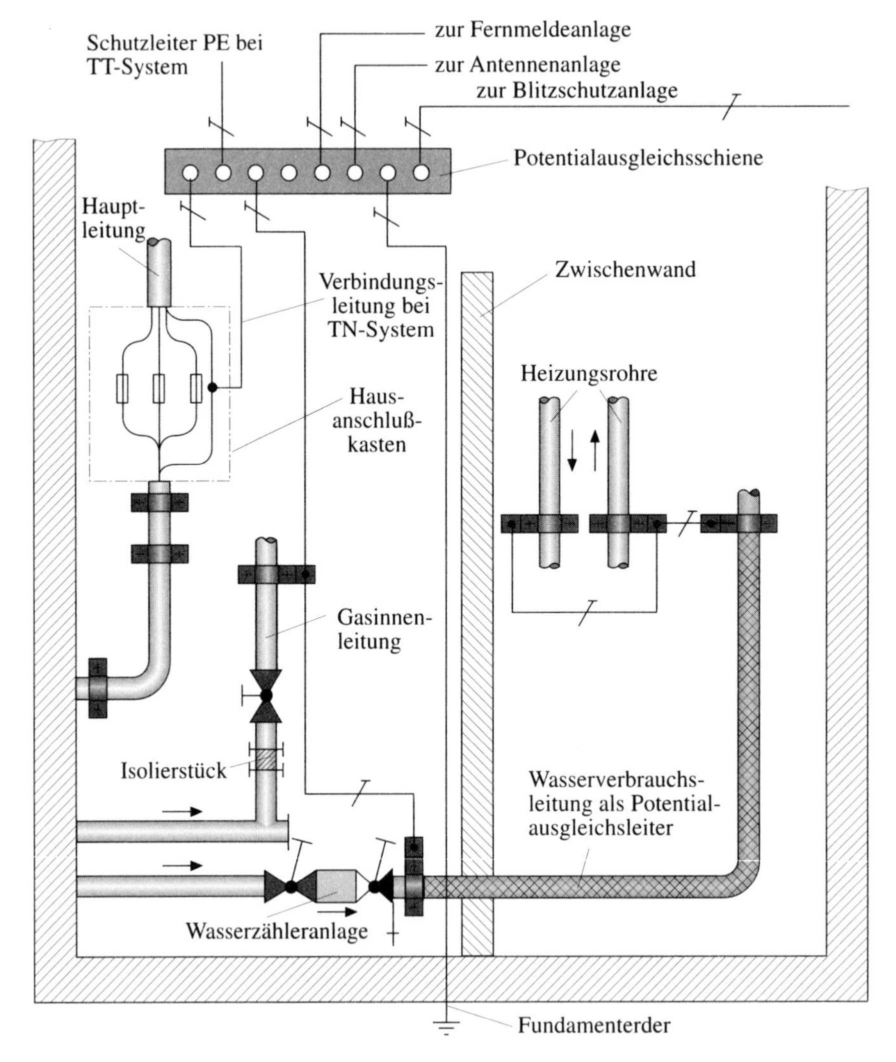

Bild 2.102 Hauptpotentialausgleich mit einem Teil der Wasserverbrauchsleitung als Potentialausgleichsleiter

die Potentialausgleichsschiene des Hauptpotentialausgleichs angeschlossen werden. Weil die Wasserverbrauchsleitung vom Hausanschlußraum ausgehend auch unmittelbar an den Heizungsrohren vorbeiführt, ist es zweckmäßig, die Wasserverbrauchsleitung als Potentialausgleichsleiter zu benutzen – besonders dann, wenn sie als hartgelötetes Kupferrohr ausgeführt ist.
Verwendet man die Wasserverbrauchsleitung als Potentialausgleichsleiter, ist lediglich eine kurze Leitung zwischen Wasserverbrauchsleitung und den beiden Heizungsrohren zu verlegen. Dadurch wird die Wasserverbrauchsleitung in einem Teilbereich zum Potentialausgleichsleiter. Dieser Teilbereich ist im Bild 2.102 gerastert dargestellt. In diesem Bereich muß die Wasserverbrauchsleitung die Anforderungen an einen Potentialausgleichsleiter erfüllen.
Die niederohmige Widerstandsmessung schafft in solch einem Fall klare Verhältnisse über die Durchgängigkeit der Verbindung des Hauptpotentialausgleichs mittels Wasserverbrauchsleitung. Dies gilt insbesondere dann, wenn die Wasserverbrauchsleitung aus verschraubten Stahlrohren besteht. Auf diese Weise wird ermittelt, ob die Dichtmittel an den Verschraubungen unzulässig hohe Übergangswiderstände darstellen.

Leiterquerschnitt S in mm^2	**Leiterwiderstandsbeläge $R'_{30°C}$ in $m\Omega/m$**
1,5	12,5755
2,5	7,5661
4	4,7392
6	3,1491
10	1,8811
16	1,1858
25	0,7525
35	0,5467
50	0,4043
70	0,2817
95	0,2047
120	0,1632
150	0,1341
185	0,1091

Die Leiterwiderstandsbeläge für $S = 1{,}5\ mm^2$ und $S = 2{,}5\ mm^2$ sind aus „Kabel und Leitungen für Starkstrom“ von *Lothar Heinhold* (Herausgeber und Verlag: Siemens AG, Berlin und München) entnommen.
Die Leiterwiderstandsbeläge für Querschnitt $S \geq 4\ mm^2$ sind aus DIN VDE 0102 Teil 2:1975-11, Tabelle 10, entnommen und auf 30 °C hochgerechnet worden.
Für andere Temperaturen Θ_x lassen sich die Leiterwiderstände $R_{\Theta x}$ mit folgender Gleichung berechnen:
$R_{\Theta x} = R'_{30°C}\ [1 + \alpha \cdot (\Theta_x - 30\ °C)]$,
α = Temperaturkoeffizient (bei Kupfer $\alpha = 0{,}00393\ K^{-1}$).

Tabelle 2.20 Leiterwiderstandsbeläge R' für Kupferleitungen bei 30 °C in Abhängigkeit vom Leiterquerschnitt S zur überschlägigen Berechnung von Leiterwiderständen*) (Werte entsprechen Tabelle F.4 aus DIN VDE 0100 Teil 610)

*) Bei der Ermittlung der zulässigen Leiterlängen für den Schutz bei indirektem Berühren und Schutz bei Kurzschluß genügen die Angaben nicht, da weitere Parameter zu beachten sind.

Ein eindeutiger Grenzwert (3 Ω) für den höchstzulässigen Widerstand ist nicht vorgegeben. Er liegt im Ermessensspielraum des jeweils verantwortlichen Fachmanns. Es scheint sinnvoll zu sein, sich an dem Widerstandswert einer sonst erforderlichen gleichwertigen Aderleitung als Potentialausgleichsleiter zu orientieren. Die Widerstandsbeläge von Kupferleitern sind **Tabelle 2.20** zu entnehmen.

2.30.3 Prüfung des zusätzlichen Potentialausgleichs (DIN VDE 0100 Teil 610:1994-04, Abschnitte 4 und 5.2)

2.30.3.1 Allgemeines

Hier ist zu berücksichtigen, daß es zwei Arten des zusätzlichen Potentialausgleichs gibt, für die in DIN VDE 0100 Teil 410 einerseits und in verschiedenen Teilen von DIN VDE 0100 Gruppe 700 andererseits grundlegend unterschiedliche Anforderungen festgelegt sind:

- Zusätzlicher Potentialausgleich als Ersatz für eine Schutzmaßnahme gegen elektrischen Schlag unter Fehlerbedingungen (Schutzmaßnahme bei indirektem Berühren) durch Abschaltung (relativ seltene Anwendung).
- Zusätzlicher Potentialausgleich als Ergänzung für eine Schutzmaßnahme gegen elektrischen Schlag unter Fehlerbedingungen (Schutzmaßnahme bei indirektem Berühren) durch Abschaltung (relativ häufige Anwendung).

2.30.3.2 Prüfung des zusätzlichen Potentialausgleichs als Ersatz für eine Schutzmaßnahme gegen elektrischen Schlag unter Fehlerbedingungen (Schutzmaßnahme bei indirektem Berühren) durch Abschaltung

2.30.3.2.1 Anwendungsbereich

Ein Merkmal für das Vorhandensein eines die Schutzmaßnahme gegen elektrischen Schlag unter Fehlerbedingungen (Schutzmaßnahme bei indirektem Berühren) ersetzenden Potentialausgleichs – durch die Potentialausgleichsmaßnahmen liegt eine vollwertige Schutzmaßnahme gegen elektrischen Schlag unter Fehlerbedingungen (Schutzmaßnahme bei indirektem Berühren) vor – ist, daß der zugehörige Potentialausgleichsleiter in erster Linie Körper von elektrischen Betriebsmitteln miteinander verbindet.

Der zusätzliche Potentialausgleich als Ersatz für eine Schutzmaßnahme gegen elektrischen Schlag unter Fehlerbedingungen (Schutzmaßnahme bei indirektem Berühren) durch Abschaltung nach DIN VDE 0100 Teil 410 liegt in folgenden Fällen vor:

- zusätzlicher Potentialausgleich bei Schutzmaßnahme im TN-System (Teil 410: 1997-01, Abschnitt 413.1.3.6),
- zusätzlicher Potentialausgleich bei Schutzmaßnahme im IT-System (Teil 410: 1997-01, Abschnitt 413.1.5.7),
- erdfreier örtlicher Potentialausgleich (Teil 410:1997-01, Abschnitt 413.4),

- Potentialausgleich bei Schutztrennung mit mehreren Verbrauchsmitteln (Teil 410:1997-01, Abschnitt 413.5.3).

In der Installationspraxis kommt der zusätzliche Potentialausgleich als Ersatz für eine Schutzmaßnahme gegen elektrischen Schlag unter Fehlerbedingungen (Schutzmaßnahme bei indirektem Berühren) durch Abschaltung relativ selten vor. Somit brauchen die in diesem Abschnitt 2.30.3.2 aufgeführten Verfahren nur gelegentlich angewendet zu werden.
Prüfkriterium ist die vereinbarte Grenze der dauernd zulässigen Berührungsspannung U_L bzw. bei Schutztrennung für mehrere Verbrauchsmittel die Abschaltzeit im Fehlerfall.

2.30.3.2.2 Besichtigen
(DIN VDE 0100 Teil 610: 1994-04, Abschnitt 4)

Das Besichtigen muß nach DIN VDE 0100 Teil 610:1994-04, Abschnitt 4, durchgeführt werden, um nachzuweisen, daß die fest angeschlossenen Betriebsmittel:
- entsprechend den Normen der Reihe DIN VDE 0100 (aber auch entsprechend den anderen DIN-VDE-Normen) korrekt ausgewählt und errichtet wurden,
- ohne sichtbare, die Sicherheit beeinträchtigende Beschädigungen sind.

Konkrete Vorgaben für das Besichtigen des ausgeführten zusätzlichen Potentialausgleichs, wie sie noch im nunmehr durch DIN VDE 0100 Teil 610:1994-04 abgelösten Teil 600:1987-11 von DIN VDE 0100 aufgeführt waren, sind in DIN VDE 0100 Teil 610:1994-04 nicht mehr enthalten.
Was soll aber nun die geforderte Besichtigung hinsichtlich des zusätzlichen Potentialausgleichs bewirken?
Es muß festgestellt werden, ob alle gleichzeitig berührbaren Körper, Schutzleiteranschlüsse und alle fremden leitfähigen Teile in den zusätzlichen Potentialausgleich einbezogen sind.
Welche Körper ortsfester Betriebsmittel als gleichzeitig berührbar gelten, ist indirekt Abschnitt 413.3.3 von DIN VDE 0100 Teil 410:1997-01 bei der Behandlung des Schutzes durch nichtleitende Räume zu entnehmen. Danach sind im Umkehrschluß unter anderem Abstände zwischen den einzelnen Körpern untereinander als gleichzeitig berührbar anzusehen, wenn die Entfernung zwischen zwei Teilen $< 2{,}5$ m beträgt (siehe Bild 2.15). Sie kann außerhalb des Handbereichs auf $< 1{,}25$ m herabgesetzt werden (siehe Bild 2.16). Als fremdes leitfähiges Teil gilt auch eine leitfähige Standfläche (siehe Bild 2.17).

2.30.3.2.3 Messen der Durchgängigkeit der Verbindungen des zusätzlichen Potentialausgleichs als Ersatz für eine Schutzmaßnahme gegen elektrischen Schlag unter Fehlerbedingungen (Schutzmaßnahme bei indirektem Berühren) durch Abschaltung (DIN VDE 0100 Teil 610:1994-04, Abschnitt 5.2)

Nach DIN VDE 0100 Teil 610/04.94, Abschnitt 5.2, muß eine Messung der Durchgängigkeit der Verbindungen des zusätzlichen Potentialausgleichs durchgeführt werden. Es muß also durch Messen – sinngemäß wie bei der Prüfung des Hauptpotentialausgleichs – festgestellt werden, daß zwischen den in den zusätzlichen Potentialausgleich einbezogenen, gleichzeitig berührbaren Körpern, Schutzleiteranschlüssen und fremden leitfähigen Teilen Verbindung besteht. Einzelheiten hierzu siehe auch Abschnitt 2.30.2.2 „Messen der Durchgängigkeit der Verbindungen des Hauptpotentialausgleichs".

Das uneingeschränkt geforderte Messen der Durchgängigkeit der Verbindungen des zusätzlichen Potentialausgleichs ist neu. Nach dem alten, nunmehr durch DIN VDE 0100 Teil 610:1994-04 abgelösten Teil 600:1987-11 von DIN VDE 0100 war das Messen nur dann erforderlich, wenn Zweifel an der Wirksamkeit des zusätzlichen Potentialausgleichs bestanden. Zwei häufiger vorkommende Zweifelsfälle waren:

- Die gleichzeitig berührbaren Körper untereinander sowie die gleichzeitig berührbaren Körper und fremden leitfähigen Teile sind nicht direkt, sondern auf größeren Umwegen miteinander verbunden.
- Sind leitfähige Standflächen vorhanden, ist meistens nicht geklärt, ob sie ausreichend in den zusätzlichen Potentialausgleich einbezogen sind.

Diese Handhabung gilt aber nicht mehr. DIN VDE 0100 Teil 610:1994-04 fordert – wie ausgeführt – uneingeschränkt das Messen der Durchgängigkeit der Verbindungen des zusätzlichen Potentialausgleichs.

Darüber hinaus kann durch Messen auch die Wirksamkeit der jeweiligen Schutzmaßnahme bei indirektem Berühren nachgewiesen werden. Festzustellen ist dann, ob der Widerstand zwischen den gleichzeitig berührbaren Körpern und fremden leitfähigen Teilen so niederohmig ist, daß beim maximal möglichen Fehlerstrom, der nicht zur Abschaltung führt, die vereinbarte Grenze der dauernd zulässigen Berührungsspannung U_L nicht überschritten wird. Diese Anforderung ist in DIN VDE 0100 Teil 410:1997-01, Abschnitt 413.1.6.2, vorgegeben.

Es ist also nachzuweisen, daß der Widerstand zwischen gleichzeitig berührbaren Körpern untereinander sowie zwischen gleichzeitig berührbaren Körpern und fremden leitfähigen Teilen folgende Bedingung erfüllt:

$$R \leq \frac{U_L}{I_a},$$

mit:

R Widerstand zwischen Körpern und fremden leitfähigen Teilen, die gleichzeitig berührbar sind,

U_L vereinbarte Grenze der dauernd zulässigen Berührungsspannung (im Normalfall $U_L = 50$ V bei Wechselspannung bzw. $U_L = 120$ V bei Gleichspannung; in besonderen Anwendungsfällen, z. B. Schwimmbäder, Tierhaltung in der Landwirtschaft, $U_L = 25$ V bei Wechselspannung bzw. $U_L = 60$ V bei Gleichspannung),

I_a Strom, der das automatische Abschalten der Schutzeinrichtung bewirkt:
- für Fehlerstrom-Schutzeinrichtung (RCD) der Nennfehlerstrom (Bemessungsdifferenzstrom) $I_{\Delta n}$,
- für Überstrom-Schutzeinrichtungen der Strom, der eine Abschaltung innerhalb der festgelegten Zeit bewirkt.

Aus welcher Anforderung resultiert die Bedingung

$$R \leq \frac{U_L}{I_a}?$$

Kriterium ist der Spannungsfall am Potentialausgleichsleiter zwischen zwei gleichzeitig berührbaren Körpern, der als Berührungsspannung U_B von einem Menschen überbrückt werden kann. Er ergibt sich zu:

$$U_B \leq U_L.$$

Die maximalen Werte für U_L ergeben sich aus Abschnitt 413.1.1.1 von DIN VDE 0100 Teil 410:1997-01 (im Normalfall $U_L = 50$ V bei Wechselspannung bzw. $U_L = 120$ V bei Gleichspannung; in besonderen Anwendungsfällen, z. B. Schwimmbäder, Tierhaltung in der Landwirtschaft, $U_L = 25$ V bei Wechselspannung bzw. 60 V bei Gleichspannung).

Folgende Anmerkung ist zu beachten:
Obwohl die Berührungsspannung U_B beim größtmöglichen Strom ihren Maximalwert annimmt, ist dennoch nur der Strom I_a bei der Rechnung anzusetzen, der zur automatischen Abschaltung innerhalb der festgelegten Zeit führt. Treten jedoch in der Praxis höhere Ströme auf, so werden die Abschaltzeiten kürzer und dadurch auch trotz steigender Berührungsspannung U_B die Sicherheit größer.
Somit tritt die Gefährdung nicht beim höchsten möglichen Spannungsfall auf, sondern bei:

$$U_B = R \cdot I_a.$$

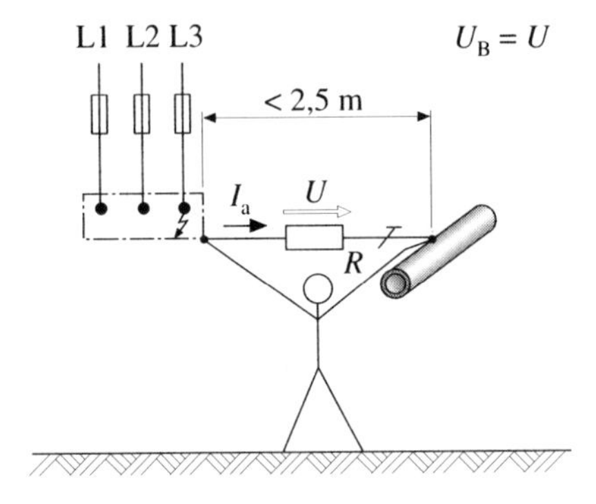

Bild 2.103 Prüfung des zusätzlichen Potentialausgleichs bei isolierter Standfläche

I_a ist dabei meist der Abschaltstrom der Überstrom-Schutzeinrichtung, die im Hinblick auf den Überstromschutz sowieso vorhanden ist.

Sowohl I_a als auch U_L sind also fest vorgegebene Werte. Als veränderbare Größe bleibt demnach nur der Widerstand R zwischen gleichzeitig berührbaren Körpern. Das Kriterium für die Dimensionierung für den zusätzlichen Querschnitt ergibt sich somit zu:

$$R \leq \frac{U_L}{I_a}.$$

Die Bedingung ist relativ leicht zu erfüllen und auch leicht zu kontrollieren, wenn eine direkte Verbindung zwischen zwei gleichzeitig berührbaren Körpern untereinander oder zwischen gleichzeitig berührbaren Körpern und fremden leitfähigen Teilen besteht (**Bild 2.103**).

Beispiel:

Gegeben:
PVC-isolierter Potentialausgleichsleiter zwischen zwei gleichzeitig berührbaren Körpern mit dem Querschnitt 2,5 mm^2 Cu und der Länge von 2 m; die Verbrauchsmittel sind mit Sicherungen der Betriebsklasse gL mit einem Nennstrom von 160 A bzw. 20 A abgesichert.

Gefragt:

Bedingung $R \leq \frac{U_L}{I_a}$ erfüllt?

Lösung:
Der 5-s-Abschaltstrom einer Sicherung der Betriebsklasse gL mit einem Nennstrom von 160 A (größte Sicherung) beträgt 900 A (**Bild 2.104**). Daraus ergibt sich:

$$R = \frac{U_L}{I_a} = \frac{50\ \text{V}}{900\ \text{A}} = 55{,}6\ \text{m}\Omega,$$

$$R = 55{,}6\ \text{m}\Omega.$$

Der Kaltwiderstand des 2 m langen Potentialausgleichsleiters aus Kupfer mit dem Querschnitt 2,5 mm^2 beträgt bei 30 °C nach Tabelle 2.20:

$$R_{30\ °\text{C}} = 2\ \text{m} \cdot 7{,}5661\ \text{m}\Omega/\text{m},$$

$$R_{30\ °\text{C}} = 15{,}1\ \text{m}\Omega.$$

Außer von Länge, Querschnitt und Leiterwerkstoff hängt der Widerstand aber noch von der Temperatur ab. Der Warmwiderstand ergibt sich zu:

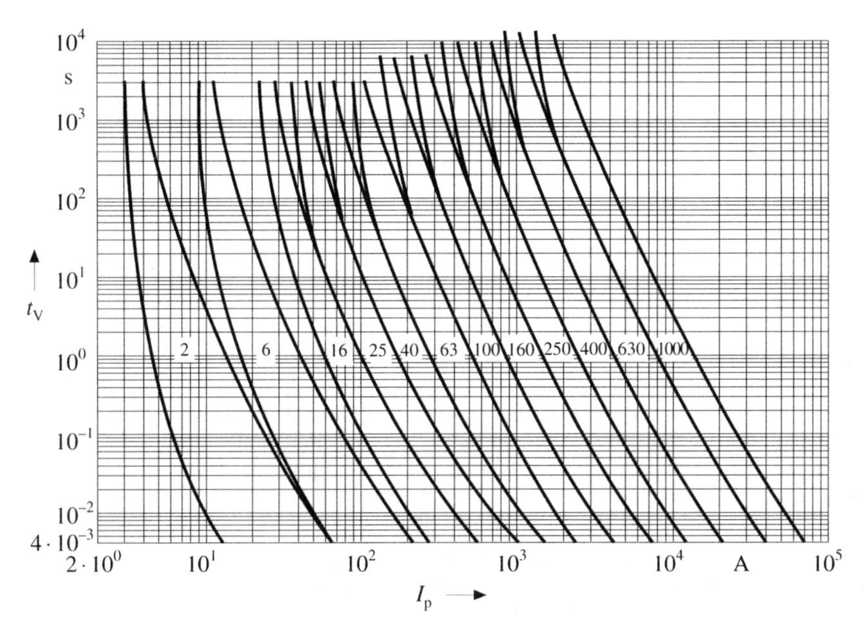

Bild 2.104 Zeit-Strom-Bereiche für NH-Sicherungseinsätze der Betriebsklasse gL gemäß DIN VDE 0636 Teil 21:1984-05

$R_{\Theta x} = R_{30\,°C}\,[1 + \alpha\,(\Theta_x - 30\,°C)],$

mit:
$R_{\Theta x}$ Warmwiderstand,
α Temperaturkoeffizient in K^{-1},
Θ_x andere Temperatur in °C.

Der Temperaturkoeffizient für Kupfer beträgt $\alpha = 3{,}93 \cdot 10^{-3}\,K^{-1}$. Die Temperatur Θ_x ergibt sich für den PVC-isolierten Potentialausgleichsleiter zu 160 °C, da als Leitertemperatur der Höchstwert angesetzt wird, der ebenfalls zur Ermittlung des Materialbeiwerts k im Abschnitt 5.1.1 und Anhang A von DIN VDE 0100 Teil 540: 1991-11 angewendet wird. Der Warmwiderstand ergibt somit zu:

$$R_{\Theta x} = R_{30\,°C}\,[1 + \alpha\,(\Theta_x - 30\,°C)],$$

$$R_{\Theta x} = 15{,}1 \cdot 10^{-3}\,\Omega\,[1 + 3{,}93 \cdot 10^{-3}\,K^{-1} \cdot (160\,°C - 30\,°C)],$$

$$R_{\Theta x} = 22{,}8\,m\Omega.$$

Die Forderung

$$R \leq \frac{U_L}{I_a}$$

ist erfüllt, da

$$22{,}8\,m\Omega \leq 55{,}6\,m\Omega.$$

Die Dimensionierung des Potentialausgleichsleiters mit Querschnitt 2,5 mm^2 Cu ist im Hinblick auf den Spannungsfall am Potentialausgleichsleiter, der von einem Menschen überbrückt werden kann, also richtig. Korrekterweise müßte nun noch geprüft werden, ob die thermische Belastbarkeit gegeben ist. Hierauf soll in diesem Band verzichtet werden.
Gerade die leitfähigen Standflächen bedeuten Probleme bei der Überprüfung des zusätzlichen Potentialausgleichs, da sie meist eine deutlich schlechtere Leitfähigkeit als sonstige Metallteile haben. Daher muß in solchen Fällen der Widerstand $R_Ü$ zwischen den metallenen Steuererdern und der Standfläche berücksichtigt werden (**Bild 2.105**). Weil ein Fehler zu einem in aller Regel deutlichen Spannungsfall $U_Ü$ am Übergangswiderstand führen wird, ist die vorbehandelte Prüfbedingung (siehe Beispiel) nicht mehr ausreichend. Sie ist als zu großzügig anzusehen.
In den Fällen mit leitfähiger Standfläche ist es besser, die Spannung, die bei einem Körperschluß auftritt, zwischen den berührbaren Körpern bzw. fremden leitfähigen Teilen und der leitfähigen Standfläche direkt zu messen. Für das Messen dieser

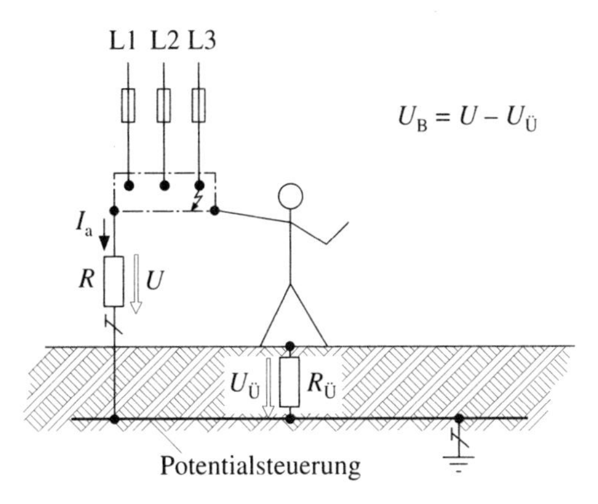

Bild 2.105 Prüfung des zusätzlichen Potentialausgleichs bei leitfähiger Standfläche

Spannung ist ein Verfahren gemäß DIN VDE 0141:1989-07, Abschnitt 7.5, zur Messung der Berührungsspannung anzuwenden. Bei dieser Methode (**Bild 2.106**) ist ein Spannungsmesser mit einem inneren Widerstand von etwa 1 kΩ zu verwenden. Die Meßelektrode zur Nachbildung der Füße muß eine Fläche von insgesamt 400 cm^2 (zwei Füße je 200 cm^2) haben und mit einer Kraft von 500 N (zwei Füße je 250 N) auf dem Boden aufliegen.

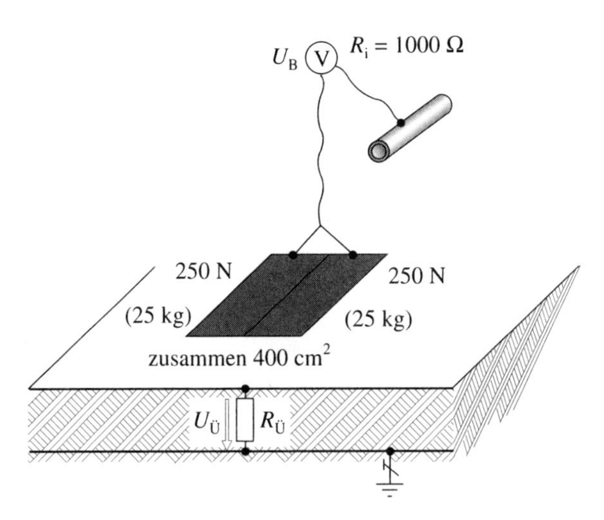

Bild 2.106 Prüfanordnung zur Messung der Spannung zwischen berührbaren Körpern bzw. fremden leitfähigen Teilen und leitfähigen Standflächen

2.30.3.3 Prüfung des zusätzlichen Potentialausgleichs als Ergänzung für eine Schutzmaßnahme gegen elektrischen Schlag unter Fehlerbedingungen (Schutzmaßnahme bei indirektem Berühren) durch Abschaltung

2.30.3.3.1 Anwendungsbereich

Als Merkmal für das Vorhandensein eines die Schutzmaßnahme gegen elektrischen Schlag unter Fehlerbedingungen (Schutzmaßnahme bei indirektem Berühren) ergänzenden Potentialausgleichs ist anzusehen, daß der zugehörige Potentialausgleichsleiter vorwiegend fremde leitfähige Teile miteinander verbindet. Bei dem die Schutzmaßnahme gegen elektrischen Schlag unter Fehlerbedingungen (Schutzmaßnahme bei indirektem Berühren) ergänzenden zusätzlichen Potentialausgleich handelt es sich demnach um den in der Hausinstallation üblichen zusätzlichen Potentialausgleich in Räumen und Anlagen besonderer Art, wie er beispielsweise in der Gruppe 700 der DIN VDE 0100 gefordert wird.
Beispiele für Orte und Bereiche, in denen der zusätzliche Potentialausgleich als Ergänzung für eine Schutzmaßnahme gegen elektrischen Schlag unter Fehlerbedingungen (Schutzmaßnahme bei indirektem Berühren) nach DIN VDE 0100 Teil 410 gefordert wird:

- Räume mit Badewanne oder Dusche (DIN VDE 0100 Teil 701),
- überdachte Schwimmbäder (Schwimmhallen) und Schwimmbäder im Freien (DIN VDE 0100 Teil 702),
- landwirtschaftliche Anwesen (DIN VDE 0100 Teil 705),
- Unterrichtsräume mit Experimentierständen (DIN VDE 0100 Teil 723),
- Springbrunnen (DIN VDE 0100 Teil 738).

2.30.3.3.2 Besichtigen (DIN VDE 0100 Teil 610:1994-04, Abschnitt 4)

Das Besichtigen muß nach DIN VDE 0100 Teil 610:1994-04, Abschnitt 4, durchgeführt werden, um nachzuweisen, daß die fest angeschlossenen Betriebsmittel:

- entsprechend den Normen der Reihe DIN VDE 0100 (aber auch entsprechend den anderen DIN-VDE-Normen) korrekt ausgewählt und errichtet wurden,
- ohne sichtbare, die Sicherheit beeinträchtigende Beschädigungen sind.

Hierzu gehört auch die Feststellung, daß der Querschnitt der Potentialausgleichsleiter des zusätzlichen Potentialausgleichs DIN VDE 0100 Teil 540:1991-11, Tabelle 9 (siehe Tabelle 2.12 dieses Bandes), entspricht.
Konkrete Vorgaben für das Besichtigen des ausgeführten zusätzlichen Potentialausgleichs, wie sie noch im nunmehr durch DIN VDE 0100 Teil 610 abgelösten Teil 600:1987-11 von DIN VDE 0100 aufgeführt waren, sind in DIN VDE 0100 Teil 610:1994-04 nicht mehr enthalten.
Was soll aber nun die geforderte Besichtigung hinsichtlich des zusätzlichen Potentialausgleichs bewirken?

Es muß festgestellt werden, ob alle gleichzeitig berührbaren Körper, Schutzleiteranschlüsse und alle fremden leitfähigen Teile in den örtlichen zusätzlichen Potentialausgleich einbezogen sind.

2.30.3.3.3 Messen der Durchgängigkeit der Verbindungen des zusätzlichen Potentialausgleichs als Ergänzung für eine Schutzmaßnahme gegen elektrischen Schlag unter Fehlerbedingungen (Schutzmaßnahme bei indirektem Berühren) durch Abschaltung (DIN VDE 0100 Teil 610:1994-04, Abschnitt 5.2)

Nach DIN VDE 0100 Teil 610:1994-04, Abschnitt 5.2, muß eine Messung der Durchgängigkeit der Verbindungen des zusätzlichen Potentialausgleichs durchgeführt werden.
Auch hier verfährt man sinngemäß wie bei der Prüfung des Hauptpotentialausgleichs. Es ist also durch Messen festzustellen, daß zwischen den in den zusätzlichen Potentialausgleich einbezogenen gleichzeitig berührbaren Körpern, Schutzleiteranschlüssen und fremden leitfähigen Teilen Verbindung besteht. Einzelheiten hierzu siehe auch Abschnitt 2.30.2.2.
Das uneingeschränkt geforderte Messen der Durchgängigkeit der Verbindungen des zusätzlichen Potentialausgleichs ist neu. Nach dem nunmehr durch DIN VDE 0100 Teil 610:1994-04 abgelösten Teil 600:1987-11 von DIN VDE 0100 war das Messen nur dann erforderlich, wenn die Wirksamkeit des zusätzlichen Potentialausgleichs durch Besichtigen nicht beurteilt werden konnte.

Die Einhaltung des Kriteriums

$$R \leq \frac{U_{\mathrm{L}}}{I_{\mathrm{a}}}$$

ist nicht erforderlich.

2.30.4 Meßgeräte für die Prüfung der Wirksamkeit des Potentialausgleichs (DIN VDE 0100 Teil 610:1994-04, Abschnitte 3.3 und 5.2)

2.30.4.1 Allgemeines

Während der Prüfung müssen nach DIN VDE 0100 Teil 610:1994-04, Abschnitt 3.3, Vorsichtsmaßnahmen ergriffen werden, um eine Gefährdung von Personen und eine Beschädigung von Sachen sowie der installierten Betriebsmittel zu vermeiden. Selbstverständlich darf auch der Messende selbst nicht gefährdet werden. Am günstigsten erreicht man diese Ziele, wenn die Prüfung mit normgerechten Meßgeräten für die Meßaufgaben erfolgt.
DIN VDE 0100 Teil 600:1987-11 forderte in Abschnitt 4.3 „Messen“ noch, daß die jeweiligen Meßaufgaben mit Meßgeräten nach Tabelle 1 durchzuführen sind. Eine

solche Zuordnung der Meßgeräte zu den Meßaufgaben gibt es im Wortlaut der DIN VDE 0100 Teil 610:1994-04 nicht mehr. Sie ist durch die Harmonisierung entfallen, da die Meßgeräte noch nicht harmonisiert sind.
Um dem Praktiker aber weiterhin diese Hilfe zu geben, wurde eine solche Zuordnungstabelle in die Erläuterung zu Abschnitt 3 der DIN VDE 0100 Teil 610:1994-04 aufgenommen. Die Auswahl normgerechter Meßgeräte für die jeweiligen Meßaufgaben gemäß dieser Tabelle ermöglicht neben der Nichtgefährdung der Messenden auch das Erreichen von nachvollziehbaren Meßergebnissen.
Für das Messen des Widerstands von Erdungsleitern, Schutzleitern und Potentialausgleichsleitern wird als Norm für das zugehörige Meßgerät DIN VDE 0413 Teil 4 genannt. Die aktuelle Fassung ist die Ausgabe Juli 1977.
Am einfachsten ist es somit, mit einem Meßgerät nach DIN VDE 0413 Teil 4 „Widerstands-Meßgeräte“ zu messen. Meßgeräte nach DIN VDE 0413 Teil 4 sind unter anderem geeignet zur Prüfung der Wirksamkeit des Potentialausgleichs, also der Messung des Widerstands von Potentialausgleichsleitern einschließlich ihrer Verbindungen und Anschlüsse.

2.30.4.2 Wesentliche Anforderungen

Die Meßspannung darf bei solchen Meßgeräten nach DIN VDE 0413 Teil 4 eine Gleich- oder Wechselspannung sein. Die Leerlaufspannung darf 24 V nicht überschreiten und 4 V nicht unterschreiten, wobei ein Kurzschlußstrom von mindestens 200 mA bei Gleichstrom und 5 A bei Wechselstrom fließen muß.
Der Empfehlung der DIN VDE 0100 Teil 610:1994-04, Abschnitt 5.2, die Prüfung mit einem Strom von mindestens 0,2 A mit einer Stromquelle durchzuführen, deren Leerlaufspannung zwischen 4 V und 24 V Gleich- oder Wechselspannung liegt, folgen auch die Meßgeräte nach DIN VDE 0413 Teil 4.
Die Mindestleerlaufspannung muß deshalb 4 V betragen, da bei niedrigeren Spannungen die Gefahr besteht, daß die Meßwerte in unzulässiger Weise, z. B. durch Thermospannungen oder galvanische Spannungen, Fremdschichten an Prüfobjekten, verfälscht werden können. Die untere Grenze des Kurzschlußstroms wurde bei Verwendung von Wechselstrom auf 5 A festgelegt, um den Einfluß von überlagerten Gleichströmen auf das Meßergebnis niedrig zu halten. Bei Anwendung von Gleichstrom – die meisten Geräte auf dem Markt sind so ausgelegt – ist ein Polwender vorgeschrieben. Dadurch ist auf einfache und schnelle Weise zu prüfen, ob Störgleichströme, z. B. galvanische Erdströme, in der Anlage vorhanden sind. Deren Einfluß läßt sich so ausschließen.
Da mitunter lange Meßleitungen benötigt werden, ist zu beachten, daß der Widerstand der Meßleitungen vom Meßwert abzuziehen ist, sofern dies nicht durch eine entsprechende Schaltung des Meßgeräts schon Berücksichtigung findet.
Es gibt Fachleute, die nach wie vor auf die Meßmethode schwören, die in der alten DIN VDE 0190:1973-05 aufgezeigt wurde (**Bild 2.107**), da hierbei „echte“ 5 A fließen und nicht – wie bei den meisten am Markt erhältlichen Geräten nach DIN VDE 0413 Teil 4 – nur 200 mA bei Gleichstrom. Diese alte Prüfmethode sollte nicht mehr

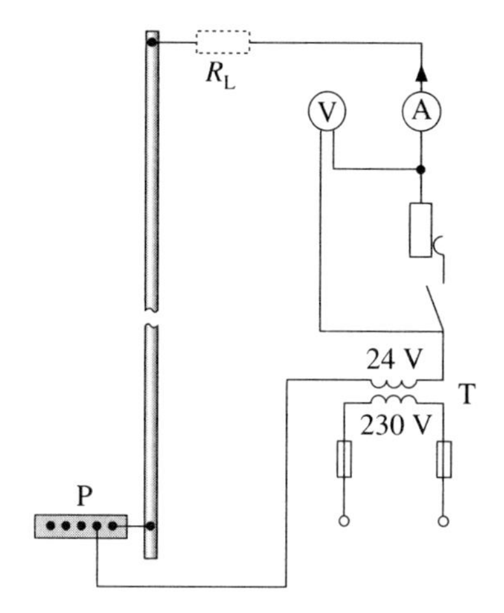

Bild 2.107 Beispiel für die Prüfung der Wirksamkeit des Potentialausgleichs nach DIN VDE 0190:1973-05 (wird heute als gefährlich angesehen)

$$R = \frac{U_1 - U_2}{I} - R_L,$$

mit:

U_1 Spannung bei offenem Stromkreis
U_2 Spannung bei geschlossenem Stromkreis
I Prüfstrom
R_L Widerstand der Meßleitung
T Transformator, Leistung etwa 150 VA
P Potentialausgleichsschiene

angewendet werden; sie wird von den Fachgremien nun als gefährlich angesehen, da bei unsachgemäßer Durchführung Brandgefahr gegeben ist. In DIN VDE 0100 Teil 600 fand sie keine Erwähnung mehr. Auch in DIN VDE 0100 Teil 610:1994-04 ist sie nicht aufgeführt.

Hinweis:
In den „Richtlinien für die Werkstattausrüstung von Elektroinstallationsbetrieben", herausgegeben vom Bundes-Installateurausschuß bzw. den Landes-Installateur-Ausschüssen (LIA) (zu erfragen bei den Elektrizitätsversorgungsunternehmen), wird ein Widerstands-Meßgerät nach DIN VDE 0413 Teil 4 für die niederohmige Widerstandsmessung gefordert.

2.31 Fortfall der Erderwirkung des Wasserrohrnetzes

2.31.1 Zeitliche Entwicklung

Schon in der ersten Ausgabe von DIN VDE 0190 – es war die Ausgabe Juli 1940 – wurde die Nutzung des metallenen Wasserrohrnetzes zu Erdungszwecken in elektrischen Starkstromanlagen zugelassen.
Begründet wurde dies mit der im allgemeinen bedeutenden Materialersparnis durch den Fortfall anderer Erder oder Erdungsleiter. Des weiteren wurde ausgeführt, daß das Einbeziehen des metallenen Wasserrohrnetzes in die Erdungsanlage eine Erhöhung der Sicherheit gegen Gefährdung der „Abnehmer“ (Kunden) beim Auftreten von Berührungsspannungen darstellt, auch wenn das metallene Wasserrohrnetz zu Erdungszwecken für die elektrische Anlage an sich nicht benötigt wird.
Um eine Gefährdung durch Verschlechtern der Erdungsverhältnisse – als Folge des nachträglichen Einbaus von Teilen aus nichtleitenden Rohrbaustoffen (z. B. Beton, Kunststoff) in das Wasserrohrnetz – zu verhindern, wurde schon damals ausgeführt, daß das Wasserwerk mit dem zuständigen Elektrizitätsversorgungsunternehmen gegebenenfalls eine Vereinbarung treffen soll, wonach das Elektrizitätsversorgungsunternehmen von solchen nachträglichen Änderungen im Wasserrohrnetz in Kenntnis gesetzt wird.
Die Folgeausgabe DIN VDE 0190:1957-05 konkretisierte die Aussagen. Das Benutzen des Wasserrohrnetzes zum Erden bedurfte nun der Genehmigung des Wasserversorgungsunternehmens. Auf eine hierüber getroffene Vereinbarung zwischen dem Deutschen Verein von Gas- und Wasserfachmännern (heute Deutscher Verein des Gas- und Wasserfachs – DVGW) und der Vereinigung Deutscher Elektrizitätswerke (VDEW) vom 1.2./23.2.1955 wurde in einer Fußnote hingewiesen.
Die Genehmigung mußte entweder vom Elektrizitätsversorgungsunternehmen oder vom „Stromabnehmer“ (Kunde) oder vom Betreiber einer eigenen Stromerzeugungsanlage, der das Wasserrohrnetz zum Erden benutzen wollte, beim Wasserversorgungsunternehmen eingeholt werden.
Grundsätzlich erstreckte sich die Genehmigung auf die Gesamtheit aller von einem Antragsteller beabsichtigten Erdungen am Wasserrohrnetz. Die Genehmigung konnte dem Elektrizitätsversorgungsunternehmen allgemein für sich und seine Kunden erteilt werden. Anlagenbetreiber mit eigenen Stromerzeugungsanlagen mußten die Genehmigung selbst einholen.
DIN VDE 0190:1970-10 enthielt in einer Vorbemerkung den Hinweis, daß durch die zunehmende Verwendung elektrisch nichtleitender Werkstoffe in Wasserrohrnetzen und Wasserverbrauchsanlagen die Wasserleitungen nicht mehr oder nur noch bedingt als Erder oder Schutzleiter für Starkstromanlagen benutzt werden können.
Somit durften nach DIN VDE 0190:1970-10 in neu errichteten elektrischen Verteilungsnetzen und Verbraucheranlagen Wasserrohrnetze und Wasserverbrauchsleitungen (Ausnahmen waren nach § 3e) und f) möglich) nicht mehr als Erder und nicht als Schutzleiter benutzt werden.

Für bestehende elektrische Verteilungsnetze und Verbraucheranlagen, in denen das Wasserrohrnetz als Schutz- oder Betriebserder verwendet wurde, war in DIN VDE 0190:1970-10 eine Umstellungsfrist genannt (**Bild 2.108**). Danach mußten diese Anlagen innerhalb einer Frist von 20 Jahren, also bis spätestens 30. September 1990, so umgestellt werden, daß sie nicht mehr Wasserrohrnetze und Wasserbrauchleitungen als Erder nutzten. Die Umstellzeit war zwischen den Elektrizitätsversorgungsunternehmen und Wasserversorgungsunternehmen zu vereinbaren.
Bei Änderung von Teilen bestehender Wasserrohrnetze, z. B. durch Einbau nichtleitender Werkstoffe, mußte in solchen Bezirken zeitlich so umgestellt werden, daß die Wirksamkeit der Schutzmaßnahmen sichergestellt blieb. Es mußten also dann sofort Maßnahmen ergriffen werden, wenn – z. B. durch Einbau von nichtleitenden Rohren in Hausanschlußleitungen – das Leben oder die Gesundheit von Personen gefährdet wurde.
Die Folgeausgabe DIN VDE 0190:1973-05 brachte gegenüber der Ausgabe Oktober 1970 bei dem Sachproblem „Erderwirkung des Wasserrohrnetzes" keine Änderung. Auch die Ausgabe DIN VDE 0190:1986-05, mit Herausgabe von DIN VDE 0100 Teil 540:1991-11 zurückgezogen, brachte keine grundsätzlichen Änderungen in diesem Punkt. Eindeutig wurde ausgeführt, daß Wasserrohrnetze in neu errichteten elektrischen Verteilungsnetzen und Verbraucheranlagen nicht als Erder, Erdungsleiter oder Schutzleiter verwendet werden dürfen. Nur in Ausnahmefällen durften Wasserrohrnetze als Erder verwendet werden, wenn sie dafür geeignet waren und

Anpassungsfrist zur Umstellung von bestehenden elektrischen Verteilungsnetzen und Verbraucheranlagen, für die die erforderliche Erderwirkung bisher durch das Verwenden des Wasserrohrnetzes erreicht wurde:

DIN VDE 0190:1970-10	DIN VDE 0190:1986-05
1. Oktober 1990	1. Oktober 1990

Inhalt der Anpassung:

In den bestehenden elektrischen Verteilungsnetzen und Verbraucheranlagen dürfen die Wasserrohrnetze nicht mehr als Erder, Erdungsleiter oder Schutzleiter verwendet werden.

Ausnahme in Sonderfällen möglich, sofern dies zwischen Wasserversorgungsunternehmen (WVU) und Elektrizitätsversorgungsunternehmen (EVU) vereinbart ist.

Bild 2.108 Fortfall der Erderwirkung des Wasserrohrnetzes – Umstellungsfrist

wenn zwischen Elektrizitätsversorgungsunternehmen und Wasserversorgungsunternehmen eine Vereinbarung getroffen war. Diese Ausnahmefälle waren aber auch schon in den Vorgängerausgaben DIN VDE 0190:1970-10 und 1973-05 aufgeführt. Unter dem Abschnitt „Beginn der Gültigkeit“ wurde in DIN VDE 0190:1986-05 noch einmal deutlich darauf hingewiesen, daß in bestehenden elektrischen Verteilungsnetzen und Verbraucheranlagen nach dem 30. September 1990 die Wasserrohrnetze nicht mehr als Erder, Erdungsleiter und Schutzleiter verwendet werden dürfen (siehe Bild 2.108).

Anmerkung:
Der Termin 30. September 1990 gilt nicht für neuen Bundesländer und den Ostteil Berlins. Nach einer Entscheidung des K 221 „Errichten von Starkstromanlagen mit Nennspannungen bis 1 000 V“ zur Anpassung bestehender elektrischer Anlagen in den neuen Bundesländern und im Ostteil Berlins (Beitrittsgebiet) (veröffentlicht z. B. in DIN-Mitteilungen 71 (1992) H. 2) dürfen in bestehenden elektrischen Verteilungsnetzen und Verbraucheranlagen nach dem 1. März 2002 die Wasserrohrnetze nicht mehr als Erder, Erdungsleiter oder Schutzleiter verwendet werden.
In Ausnahmefällen darf davon abgewichen werden, sofern dies zwischen Wasserversorgungsunternehmen und Elektrizitätsversorgungsunternehmen vereinbart ist.

2.31.2 Konsequenzen für das elektrische Verteilungsnetz (EVU-Bereich) (Bild 2.109)

Von besonderer Wichtigkeit war die Änderung der Aussagen beim zweiten Spiegelstrich des Abschnitts 3 „Allgemeines“ der Ausgabe Mai 1986 gegenüber der alten Aussage von DIN VDE 0190:1973-05, Kennbuchstabe b), der Vorbemerkungen. Es wurde eindeutig herausgestellt, wie das Elektrizitätsversorgungsunternehmen zu handeln hat, wenn das Wasserversorgungsunternehmen das metallene Wasserrohr-

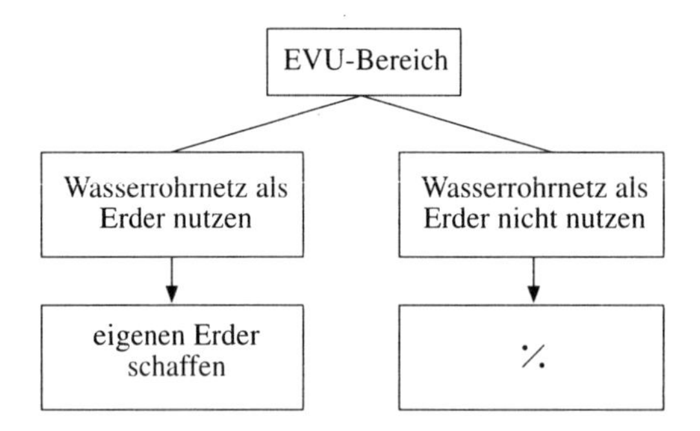

Bild 2.109 Fortfall der Erderwirkung des Wasserrohrnetzes – Konsequenzen für das elektrische Verteilungsnetz (EVU-Bereich)

netz auf ein Kunststoff-Wasserrohrnetz umstellt oder, gemäß Abschnitt „Beginn der Gültigkeit", das Wasserrohrnetz in bestehenden elektrischen Verteilungsnetzen ab dem 1. Oktober 1990 nicht mehr als Erder verwendet werden darf.
Das Elektrizitätsversorgungsunternehmen mußte also, wenn es bislang die Einhaltung der für ein TN-Verteilungsnetz gestellten Bedingungen nur mit Hilfe des metallenen Wasserrohrnetzes erfüllt hatte, eigene Maßnahmen treffen, z. B. eigene Erder schaffen, die die Erderwirkung des metallenen Wasserrohrnetzes ersetzen. Wurde in solchen Fällen der bisher durch das metallene Wasserrohrnetz gestützte, jetzt durch andere vorgenommene Erdermaßnahmen die Bedingungen erfüllende PEN-Leiter in die elektrische Verbraucheranlage geführt, so änderte sich für diese ansonsten nichts. Eine Information des Anschlußnehmers durch das EVU brauchte nicht zu erfolgen.
Konnte aber die bisherige Erderwirkung des metallenen Wasserrohrnetzes nicht durch andere Maßnahmen ersetzt und konnten die Bedingungen an ein TN-Verteilungsnetz nicht mehr erfüllt werden, so mußte das EVU den Anschlußnehmer (Kunden) über die daraus resultierenden Folgen, z. B. die Einrichtung einer Schutzmaßnahme im TT-System in seiner Anlage, unterrichten.
Wurde das metallene Wasserrohrnetz in bestehenden elektrischen Verteilungsnetzen für Erderzwecke nicht genutzt, so waren selbstverständlich auch keine besonderen Maßnahmen durch das Elektrizitätsversorgungsunternehmen erforderlich.

2.31.3 Konsequenzen für die Verbraucheranlage (Kundenanlage) (Bild 2.110)

Die nicht mehr zur Verfügung stehende Erderwirkung des metallenen Wasserrohrnetzes hat ggf. Konsequenzen für die Verbraucheranlage (Kundenanlage).
Zu klären sind im vorliegenden Fall für die Verbraucheranlagen zwei unabhängig voneinander stehende Fragen:

1. Wird die Erderwirkung des Wasserrohrnetzes für die Schutzmaßnahme zum Schutz gegen elektrischen Schlag unter Fehlerbedingungen (Schutzmaßnahme bei indirektem Berühren) in der Verbraucheranlage herangezogen?
2. Wird die Erderwirkung des Wasserrohrnetzes für andere Erdungsaufgaben herangezogen, z. B. Erdung von Antennenanlagen, Erdung von Blitzschutzanlagen?

Zu Frage 1:
Liegt als Verteilungsnetz ein TN-System vor und wird das TN-System in der Verbraucheranlage fortgeführt, sind im Hinblick auf die erforderliche Schutzmaßnahme zum Schutz gegen elektrischen Schlag unter Fehlerbedingungen (Schutzmaßnahme bei indirektem Berühren) in der Verbraucheranlage keine weiteren Maßnahmen bei Fortfall der Erderwirkung des metallenen Wasserrohrnetzes erforderlich.
Liegt als Verteilungsnetz ein TT-System vor und wurde das TT-System in der Verbraucheranlage (Kundenanlage) bisher mit einem eigenen Erder (nicht das metallene Wasserrohrnetz) zur Erdung des Schutzleiters (Fehlerstrom-Schutzeinrichtung

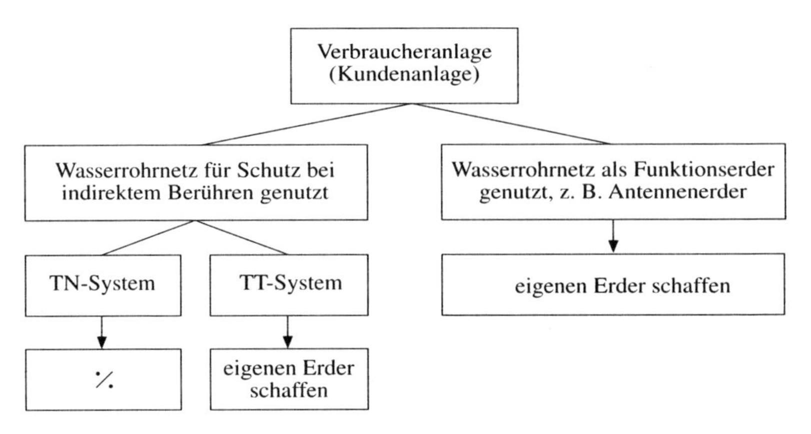

Bild 2.110 Fortfall der Erderwirkung des Wasserrohrnetzes – Konsequenzen für die Verbraucheranlage (Kundenanlage)

(RCD)) betrieben, sind im Hinblick auf die erforderliche Schutzmaßnahme Schutz gegen elektrischen Schlag unter Fehlerbedingungen (Schutzmaßnahme bei indirektem Berühren) in der Verbraucheranlage keine weiteren Maßnahmen bei Fortfall der Erderwirkung des metallenen Wasserrohrnetzes erforderlich.
Liegt als Verteilungsnetz ein TT-System vor und wird in der Verbraucheranlage zur Erdung des Schutzleiters (Fehlerstrom-Schutzeinrichtung (RCD)) das metallene Wasserrohrnetz herangezogen, so muß im Hinblick auf die erforderliche Schutzmaßnahme Schutz gegen elektrischen Schlag unter Fehlerbedingungen (Schutzmaßnahme bei indirektem Berühren) in der Verbraucheranlage als Ersatz für die nunmehr fehlende Erderwirkung des metallenen Wasserrohrnetzes ein Erder für die Verbraucheranlage neu errichtet, ggf. auch ein schon vorhandener Erder verwendet werden. Dabei ist auf einen für die Schutzmaßnahme ausreichenden Erdungswiderstand zu achten.
Eine Benachrichtigung des Anschlußnehmers (Kunden) durch das Elektrizitätsversorgungsunternehmen braucht hier nicht zu erfolgen, da es keine Änderungsmaßnahmen im Verteilungsnetz vorgenommen hat, welche die Schutzmaßnahme in der Kundenanlage beeinflußt. In diesem Fall obliegt die Information des Kunden dem Wasserversorgungsunternehmen als Verursacher der Auswechslung von metallenen Rohren des Wasserrohrnetzes gegen Rohre aus anderen Werkstoffen bzw. bei Einbau von Isoliertrennstellen.
Es kann nicht ausgeschlossen werden, daß in Kundenanlagen, speziell in Altanlagen, das metallene Wasserrohrnetz ohne Wissen des Elektrizitätsversorgungsunternehmens und Wasserversorgungsunternehmens für bestimmte Erdungszwecke benutzt wird. So wurde früher, obwohl vom Elektrizitätsversorgungsunternehmen nicht vorgegeben, hausintern beim Kunden ein TT-System mit Fehlerstrom-Schutz-

einrichtung (RCD) installiert. Als hierfür erforderlicher Erder wurde der Einfachheit halber vielfach das Wasserrohrnetz benutzt. Entfällt nun die Erderwirkung des Wasserrohrnetzes, so ist damit die Wirksamkeit des Schutzes in Frage gestellt, zumal sich in Altanlagen die Erderwirkung nicht zusätzlich auf einen Fundamenterder abstützen kann.

Zu Frage 2:
Unabhängig von der Frage der Wirksamkeit der Schutzmaßnahme zum Schutz gegen elektrischen Schlag unter Fehlerbedingungen (Schutzmaßnahme bei indirektem Berühren) in der Verbraucheranlage ist zu klären, ob durch den Fortfall der Erderwirkung des Wasserrohrnetzes andere Anlagen „erderlos“ werden. Insbesondere können dies wohl Antennenanlagen und Blitzschutzanlagen sein.
Die möglichen „Ersatzerder“ sind in den Abschnitten 2.26 (Blitzschutzanlagen) und 2.28 (Antennenanlagen) behandelt.
Es war daher, besonders bei Altanlagen, erforderlich, die Kunden darüber zu unterrichten, daß das Wasserrohrnetz nicht mehr für Erdungszwecke benutzt werden darf.
Dem Wasserversorgungsunternehmen oblag die Benachrichtigungspflicht, da seitens des Elektrizitätsversorgungsunternehmens keine Änderungen im Verteilungsnetz vorgenommen wurden.
Hinsichtlich der Benachrichtigung von Kunden des Wasserversorgungsunternehmens ist noch der Hinweis auf DIN 1988-2 von besonderer Wichtigkeit. Im Abschnitt 10.1 „Elektrische Schutzmaßnahmen und Streuströme“ wird das Auswechseln von metallenen Wasseranschluß- und Wasserverbrauchsleitungen mit einer eindeutigen Aussage über die Benachrichtigung von Kunden behandelt, die unabhängig von den Aussagen der über den generellen Fortfall der Erderwirkung des Wasserrohrnetzes in DIN VDE 0190 ist.
Danach dürfen metallene Anschluß- und Verbrauchsleitungen erst dann gegen Rohre aus elektrisch nichtleitenden Werkstoffen ausgewechselt werden, wenn vorher durch eine Elektrofachkraft sichergestellt ist, daß die elektrischen Schutzmaßnahmen weiterhin wirksam bleiben. DIN 1988 führt weiter an, daß dasselbe auch gilt für den nachträglichen Einbau von Isolierstücken in Hausanschlußleitungen als Korrosionsschutzmaßnahme.
Eindeutig wird dann in DIN 1988-2 darauf hingewiesen, daß der Hauseigentümer deshalb vor Beginn der Arbeiten zwecks weiterer Veranlassung vom Verursacher (Wasserversorgungsunternehmen, Wasserinstallateur) zu unterrichten ist.

2.32 Literatur

DIN 1988-2:1988-12	Technische Regeln für Trinkwasser-Installationen (TRWI); Planung und Ausführung; Bauteile, Apparate, Werkstoffe; Technische Regeln des DVGW; Beuth-Verlag, Berlin

DIN 3270:1974-12 — Sanitäre Armaturen; Badewannen-Ab- und Überlauf-Armatur, Ablauf R1 1/2 (40 mm) und R2 (50 mm); Beuth-Verlag, Berlin

DIN 3389:1984-08 — Einbaufertige Isolierstücke für Hausanschlußleitungen in der Gas-und Wasserversorgung; Anforderungen und Prüfungen; Beuth-Verlag, Berlin

DIN 4488:1962-09 — Badewannen; Brausewannen, Grauguß; Beuth-Verlag, Berlin

DIN 18012:1982-06 — Hausanschlußräume; Planungsgrundlagen; Beuth-Verlag, Berlin

DIN 18014:1994-02 — Fundamenterder; Beuth-Verlag, Berlin

DIN 18015-1:1992-03 — Elektrische Anlagen in Wohngebäuden; Planungsgrundlagen, Beuth Verlag, Berlin

DIN 40705:1980-02 — Kennzeichnung isolierter und blanker Leiter durch Farben; Beuth-Verlag, Berlin

DIN 42801-1:1980-04 — Anschlußbolzen für Potentialausgleichsleitungen; Beuth-Verlag, Berlin

DIN 42801-2:1984-01 — Potentialausgleichsleitungen; Anschlußbuchse; Beuth-Verlag, Berlin

DIN 48818:1986-08 — Blitzschutzanlage; Schellen, Beuth-Verlag, Berlin

DIN VDE 0100-200
VDE 0100 Teil 200:1993-11 — Errichten von Starkstromanlagen mit Nennspannungen bis 1 000 V; Begriffe; VDE-VERLAG, Berlin

DIN VDE 0100-300
VDE 0100Teil 300:1996-01 — Errichten von Starkstromanlagen mit Nennspannungen bis 1000 V; Bestimmungen allgemeiner Merkmale (IEC 364-3-1993, modifiziert); Deutsche Fassung HD 3843S2:1995; VDE-VERLAG, Berlin

DIN VDE 0100-410
VDE 0100 Teil 410 — Errichten von Starkstromanlagen mit Nennspannungen bis 1 000 V; Schutzmaßnahmen; Schutz gegen elektrischen Schlag; VDE-VERLAG, Berlin

E DIN VDE 0100-443
VDE 0100 Teil 443:1987-04 — Errichten von Starkstromanlagen mit Nennspannungen bis 1 000 V; Schutzmaßnahmen; Schutz gegen Überspannungen infolge atmosphärischer Einflüsse; VDE-VERLAG, Berlin

E DIN VDE 0100-443/A1
VDE 0100 Teil 443/A1:1988-02 — - -; Änderung 1 zum Entwurf DIN VDE 0100-443; VDE-VERLAG, Berlin

E DIN VDE 0100-443/A2
VDE 0100 Teil 443/A2:1993-02 — - -, Änderung 2 zum Entwurf DIN VDE 0100-443; VDE-VERLAG, Berlin

E DIN IEC 64 (Sec) 675
VDE 0100 Teil 443/A3:1993-10: - -, Änderung 3 zum Entwurf DIN VDE 0100-443; VDE-VERLAG, Berlin

DIN VDE 0100-510
VDE 0100 Teil 510:1995-11 Errichten von Starkstromanlagen mit Nennspannungen bis 1000 V; Auswahl und Errichtung elektrischer Betriebsmittel; Allgemeine Bestimmungen; VDE-VERLAG, Berlin

DIN VDE 0100-520
VDE 0100 Teil 520:1996-01 Errichten von Starkstromanlagen mit Nennspannungen bis 1000 V; Auswahl und Errichtung elektrischer Betriebsmittel; Kabel- und Leitungssysteme (-anlagen); VDE-VERLAG, Berlin

E DIN IEC 64 (Sec) 615
VDE 0100 Teil 534: 1993-02 Errichten von Starkstromanlagen mit Nennspannungen bis 1000 V; Auswahl und Errichtung elektrischer Betriebsmittel; Schaltgeräte und Steuergeräte; Einrichtungen zum Schutz bei Überspannung; VDE-VERLAG, Berlin

DIN VDE 0100-540
VDE 0100 Teil 540:1991-11 Errichten von Starkstromanlagen mit Nennspannungen bis 1000 V; Auswahl und Errichtung elektrischer Betriebsmittel; Erdung, Schutzleiter, Potentialausgleichsleiter; VDE-VERLAG, Berlin

DIN VDE 0100-610
VDE 0100 Teil 610:1994-04 Errichten von Starkstromanlagen mit Nennspannungen bis 1000 V; Prüfungen; Erstprüfungen; VDE-VERLAG, Berlin

DIN VDE 0100-701
VDE 0100 Teil 701:1984-05 Errichten von Starkstromanlagen mit Nennspannungen bis 1000 V; Räume mit Badewanne oder Dusche; VDE-VERLAG, Berlin

DIN VDE 0100-702
VDE 0100 Teil 702:1992-06 Errichten von Starkstromanlagen mit Nennspannungen bis 1000 V; Überdachte Schwimmbäder (Schwimmhallen) und Schwimmbäder im Freien; VDE-VERLAG, Berlin

DIN VDE 0100-705
VDE 0100 Teil 705:1992-10 Errichten von Starkstromanlagen mit Nennspannungen bis 1000 V; Landwirtschaftliche und gartenbauliche Anwesen; VDE-VERLAG, Berlin

DIN VDE 0100-706
VDE 0100 Teil 706:1992-06 Errichten von Starkstromanlagen mit Nennspannungen bis 1000 V; leitfähige Bereiche mit begrenzter Bewegungsfreiheit; VDE-VERLAG, Berlin

DIN VDE 0100-708
VDE 0100 Teil 708:1993-10 Errichten von Starkstromanlagen mit Nennspannungen bis 1000 V; Elektrische Anlagen auf Campingplätzen und in Caravans, VDE-VERLAG, Berlin

DIN VDE 0100-720 VDE 0100 Teil 720:1983-03	Errichten von Starkstromanlagen mit Nennspannungen bis 1000 V; Feuergefährdete Betriebsstätten; VDE-VERLAG, Berlin
DIN VDE 0100-721 VDE 0100 Teil 721:1984-04	Errichten von Starkstromanlagen mit Nennspannungen bis 1000 V; Caravans, Boote und Jachten sowie ihre Stromversorgung auf Camping- bzw. an Liegeplätzen; VDE-VERLAG, Berlin
DIN VDE 0100-723 VDE 0100 Teil 723:1990-03	Errichten von Starkstromanlagen mit Nennspannungen bis 1000 V; Unterrichtsräume mit Experimentierständen; VDE-VERLAG, Berlin
DIN VDE 0100-726 VDE 0100 Teil 726:1990-03	Errichten von Starkstromanlagen mit Nennspannungen bis 1000 V; Hebezeuge; VDE-VERLAG, Berlin
DIN VDE 0100-728 VDE 0100 Teil 728: 1990-03	Errichten von Starkstromanlagen mit Nennspannungen bis 1000 V; Ersatzstromversorgungsanlagen; VDE-VERLAG, Berlin
DIN VDE 0100-738 VDE 0100 Teil 738:1988-04	Errichten von Starkstromanlagen mit Nennspannungen bis 1000 V; Springbrunnen; VDE-VERLAG, Berlin
DIN VDE 0107 VDE 0107:1994-10	Errichten und Prüfen von elektrischen Anlagen in medizinisch genutzten Räumen; VDE-VERLAG, Berlin
DIN VDE 0110-1 VDE 0110 Teil 1:1989-1	Isolationskoordination für elektrische Betriebsmittel in Niederspannungsanlagen – Grundsätzliche Festlegungen; VDE-VERLAG, Berlin
DIN VDE 0131 VDE-VDE 0131:1984-04	Errichtung und Betrieb von Elektrozaunanlagen; VDE-VERLAG, Berlin
DIN VDE 0141 VDE 0141:1989-07	Erdungen für Starkstromanlagen mit Nennspannungen über 1 kV; VDE-VERLAG, Berlin
DIN VDE 0165 VDE 0165:1991-02	Errichten elektrischer Anlagen in explosionsgefährdeten Bereichen; VDE-VERLAG, Berlin
DIN VDE 0185-1 VDE 0185 Teil1:1982-11	Blitzschutzanlage; Allgemeines für das Errichten; VDE-VERLAG, Berlin
DIN VDE 0185-2 VDE 0185 Teil 2:1982-11	Blitzschutzanlage; Errichten besonderer Anlagen; VDE-VERLAG, Berlin
E DIN VDE 0185-100 VDE 0185 Teil 100:1992-11	Gebäudeblitzschutz; Allgemeine Grundsätze; VDE-VERLAG, Berlin

DIN VDE 0190:1986-05 (zurückgezogen 1991-11)
Einbeziehen von Gas- und Wasserleitungen in den Hauptpotentialausgleich von elektrischen Anlagen; VDE-VERLAG, Berlin

DIN VDE 0298-3
VDE 0298 Teil 3:1983-08
Verwendung von Kabeln und isolierten Leitungen für Starkstromanlagen; Allgemeines für Leitungen; VDE-VERLAG, Berlin

DIN VDE 0413-1
VDE 0413 Teil 1:1980-09
Geräte zum Prüfen der Schutzmaßnahmen in elektrischen Anlagen; Isolations-Meßgeräte; VDE-VERLAG, Berlin

DIN VDE 0413-3
VDE 0413 Teil 3:1977-07
Geräte zum Prüfen der Schutzmaßnahmen in elektrischen Anlagen; Schleifenwiderstands-Meßgeräte; VDE VERLAG, Berlin

DIN VDE 0413-4
VDE 0413 Teil 4:1977-07
Geräte zum Prüfen der Schutzmaßnahmen in elektrischen Anlagen; Widerstands-Meßgeräte; VDE VERLAG, Berlin

DIN VDE 0413-5
VDE 0413 Teil 5:1977-07
Geräte zum Prüfen der Schutzmaßnahmen in elektrischen Anlagen; Erdungs-Meßgeräte nach dem Kompensations-Meßverfahren; VDE-VERLAG, Berlin

DIN VDE 0413-7
VDE 0413 Teil 7:1982-07
Geräte zum Prüfen der Schutzmaßnahmen in elektrischen Anlagen; Erdungs-Meßgeräte nach dem Strom-Spannungs-Meßverfahren; VDE-VERLAG, Berlin

DIN VDE 0609-1
VDE 609 Teil 1:1983-06
Klemmstellen von Schraubklemmen zum Anschließen oder Verbinden von Kupferleitern bis 240 mm^2; Allgemeine Festlegungen; VDE-VERLAG, Berlin

DIN VDE 0618-1
VDE 0618 Teil 1:1989-08
Betriebsmittel für den Potentialausgleich; Potentialausgleichsschiene (PAS) für den Hauptpotentialausgleich; VDE-VERLAG, Berlin

E DIN VDE 0618-2
VDE 0618 Teil 2:1991-02
Betriebsmittel für den Potentialausgleich; Schellen; VDE-VERLAG, Berlin

DIN VDE 0664-1
VDE 0664 Teil 1:1985-10
Fehlerstrom-Schutzeinrichtungen; Fehlerstrom-Schutzschalter für Wechselspannung bis 500 V und bis 63 A; VDE-VERLAG, Berlin

E DIN VDE 0664-4
VDE 0664 Teil 4:1992-06
Fehlerstrom-Schutzeinrichtungen; Ableiter-Trennschalter mit Lecküberwachung bis AC 500 V; VDE-VERLAG, Berlin

DIN EN 60099-1
VDE 0675 Teil 1:1994-12
Überspannungsableiter; Überspannungsableiter mit nichtlinearen Widerständen und Funkenstrecken für Wechselspannungsnetze; VDE-VERLAG, Berlin

DIN VDE 0675-2
VDE 0675 Teil 2: 1975-08
Überspannungsschutzgeräte; Anwendung von Ventilableitern für Wechselspannungsnetze; VDE-VERLAG, Berlin

DIN VDE 0675-3
VDE 0675 Teil 3:1982-11
Überspannungsschutzgeräte; Schutzfunkenstrecken für Wechselspannungsnetze; VDE-VERLAG, Berlin

DIN EN 60099-4
VDE 0675 Teil 4:1994-05
Überspannungsableiter; Metalloxidableiter ohne Funkenstrecken für Wechselspannungsnetze; VDE-VERLAG, Berlin

DIN VDE 0800-1
VDE 0800 Teil 1:1989-05
Fernmeldetechnik; Allgemeine Begriffe, Anforderungen und Prüfungen für die Sicherheit der Anlagen und Geräte; VDE-VERLAG, Berlin

DIN VDE 0800-2
VDE 0800 Teil 2:1985-07
Fernmeldetechnik; Erdung und Potentialausgleich, VDE-VERLAG, Berlin

DIN EN 50083-1
VDE 0855 Teil 1:1994-08
Kabelverteilungssysteme für Ton- und Fernsehrundfunk-Signale; Sicherheitsanforderungen; VDE-VERLAG, Berlin

DVGW-Arbeitsblatt GW 306
Verbinden von Blitzschutzanlagen mit metallenen Gas- und Wasserleitungen in Verbrauchsanlagen; Wirtschafts- und Verlagsgesellschaft Gas und Wasser mbH, Bonn

DVGW-Arbeitsblatt GW 309
Elektrische Überbrückung bei Rohrleitungen; Deutscher Verein des Gas- und Wasserfachs e.V.; Eschborn

DVGW-Arbeitsblatt GW 459
Gasverteilung – Errichtung von Gas-Hausanschlüssen; Gas-Hausanschlüsse für Betriebsdrücke bis 4 bar; Deutscher Verein des Gas- und Wasserfachs e.V.; Eschborn

Technische Anschlußbedingungen für den Anschluß an das Niederspannungsnetz (TAB); VWEW-Verlag, Frankfurt a. M.; EVU.

Richtlinien für das Einbetten von Fundamenterdern in Gebäudefundamente; Herausgeber VDEW, Frankfurt a. M.; VWEW-Verlag, Frankfurt a. M. (ersetzt durch DIN 18014 „Fundamenterder").

Technische Regeln für Gasinstallationen, DVGW-TRGI 1986 mit Änderungen April 1992 und November 1993; Wirtschafts- und Verlagsgesellschaft Gas und Wasser mbH, Bonn.

AfK-Empfehlung Nr. 5; Katodischer Korrosionsschutz in Verbindung mit explosionsgefährdeten Bereichen; Wirtschafts- und Verlagsgesellschaft Gas und Wasser mbH, Bonn.

HEA-Merkblatt M2: Hausanschluß – Hausanschlußraum – Hauptpotentialausgleich; VWEW-Verlag, Frankfurt a. M.

HEA-Merkblatt M3: Fundamenterder; VWEW-Verlag, Frankfurt a. M.
HEA-Bilderdienstblatt 3.2.4: Schutzmaßnahmen – Schutz gegen Überspannung; VWEW-Verlag, Frankfurt a. M.
HEA-Bilderdienstblatt 3.3.1: Hauptstromversorgung – Hausanschluß; VWEW-Verlag, Frankfurt a. M.
HEA-Bilderdienstblatt 3.3.2: Hauptstromversorgung – Hauptpotentialausgleich, Fundamenterder; VWEW-Verlag, Frankfurt a. M.
HEA-Bilderdienstblatt 3.4.3: Installationsgeräte – Überspannungs-Schutzeinrichtungen, VWEW-Verlag, Frankfurt a. M.
DIN-VDE-Taschenbuch 519; DKE-Auswahlreihe; Blitzschutzanlagen 1 – Äußerer Blitzschutz; VDE-VERLAG, Berlin, und Beuth-Verlag, Berlin.
DIN-VDE-Taschenbuch 520; DKE-Auswahlreihe; Blitzschutzanlagen 2, VDE-VERLAG, Berlin, und Beuth-Verlag, Berlin.
VdS-Druckstück 2006: Blitzschutz durch Blitzableiter; Merkblatt zur Schadenverhütung; Verband der Schadenversicherer e.V., Köln.
VdS-Druckstück 2031: Überspannungsschutz in elektrischen Anlagen; Richtlinien zur Schadenverhütung; Verband der Schadenversicherer e.V., Köln.
VdS-Druckstück 2080: Antennen; Richtlinien zur Schadenverhütung, Verband der Schadenversicherer e.V., Köln.
VdS-Druckstück 2192: Überspannungsschutz; Merkblatt zur Schadenverhütung; Verband der Schadenversicherer e.V., Köln.
VdS-Druckstück 2258: Schutz gegen Überspannungen; Merkblatt zur Schadenverhütung; Verband der Schadenversicherer e.V., Köln.
RWE Energie Bau-Handbuch, Kapitel 11 „Elektroinstallation“; Energie-Verlag, Heidelberg.
ZH 1/200 Richtlinie für die Vermeidung von Zündgefahren infolge elektrostatischer Aufladungen – Richtlinie „Statische Elektrizität“; Carl Heymanns Verlag, Köln.

Baatz, H.: Mechanismus des Gewitters und Blitzes; Grundlagen des Blitzschutzes von Bauten. VDE-Schriftenreihe Band 34. Berlin & Offenbach: VDE-VERLAG, 1985.
Becker, H.; Hoffmann, H.; Linke, W; Möller, E. (Hrsg.); Slischka, H. J.; Tillmanns, K.: Starkstromanlagen in Krankenhäusern und in anderen medizinischen Einrichtungen. VDE-Schriftenreihe Bd. 17. Berlin & Offenbach: VDE-VERLAG, 1996.
Hasse, P.: Überspannungsschutz von Niederspannungsanlagen – Einsatz elektronischer Geräte auch bei direkten Blitzeinschlägen. Köln: Verlag TÜV Rheinland.
Hasse, P.; Runtsch, E.: Personen- und Sachschutz in Niederspannungsanlagen. etz Elektrotech. Z. (1984) H. 6/7, S. 312 – 315; VDE-VERLAG, Berlin & Offenbach.
Hasse, P.; Wiesinger, J.: Handbuch für Blitzschutz und Erdung. München: Pflaum-Verlag, Berlin & Offenbach: VDE-VERLAG, 1993.
Hasse, P.; Wiesinger, J.: EMV- Blitzschutzzonen-Konzept. München: Pflaum-Verlag, Berlin & Offenbach: VDE-VERLAG, 1993.

Hasse, P.: Blitzschutz für Gebäude und elektrische Anlagen. de/der elektromeister + deutsches elektrohandwerk (1996) H. 11, S. 960 – 964; H. 12, S. 1107 – 1112; Hüthig & Pflaum-Verlag, München & Heidelberg.
Hering, E.: Betrachtungen über den Potentialausgleich. Elektropraktiker 37 (1983) H. 11, S. 387 – 391; Verlag Technik, Berlin.
Hering, E.: Gefährliche elektrische Durchströmungen bei Freibädern. Elektropraktiker 40 (1986) H. 4, S. 117 – 120; Verlag Technik, Berlin.
Hörmann, W.; Nienhaus, H.; Schröder, B.: Elektrische Anlagen für Baderäume, Schwimmbäder und alle weiteren feuchten Bereiche und Räume. VDE-Schriftenreihe Bd. 67. Berlin & Offenbach: VDE-VERLAG, 1996.
Hotopp, R.; Oehms, K. J.: Schutzmaßnahmen gegen gefährliche Körperströme nach DIN 57 100/VDE 0100 Teil 410 und Teil 540. VDE-Schriftenreihe Bd. 9. Berlin & Offenbach: VDE-VERLAG, 1983.
Hotopp, R.: Erläuterungen zu Grundlagen und Ergänzungen von DIN 57 100/ VDE 0100; RWE Energie, Essen, Bereich Anwendungstechnik.
Kahnau, H. W.: DIN 57 100/VDE 0100 Teil 701/05.84: Räume mit Badewanne und Dusche. de / der elektromeister + deutsches elektrohandwerk (1984) H. 10, S. 729 – 736; H. 11, S. 846; Hüthig & Pflaum-Verlag, München & Heidelberg.
Kiefer, G.: VDE 0100 und die Praxis. 7. Aufl., Berlin & Offenbach: VDE-VERLAG, 1996.
Lange-Hüsken, M.; Roth, M.: Die neuen „Technischen Anschlußbedingungen für den Anschluß an das Niederspannungsnetz – TAB 1991“ der VDEW. Der Elektriker/Der Energieelektroniker (1992) H. 3 – 4; VWEW-Verlag, Frankfurt a. M.
Lenzkes, D.: Elektrische Ausrüstung von Hebezeugen – Erläuterungen zu DIN VDE 0100 Teil 726. VDE-Schriftenreihe Bd. 60. Berlin & Offenbach: VDE-VERLAG, 1992.
Müller, K.-P.: Äußerer Blitzschutz für bauliche Anlagen. Dachdecker-Handwerk (1990) H. 22.
Müller, K.-P.: Neue Blitzschutznormung. Elektropraktiker (1996) H. 6, S. 468 – 472; Verlag Technik, Berlin.
Nienhaus, H.: Potentialausgleich in Wohngebäuden. IKZ-Haustechnik 47 (1992) H. 9. Verlag A. Strobel KG, Arnsberg.
Nienhaus, H.; Schlagmann, H.: Elektroinstallation in überdachten Schwimmbädern und Schwimmbädern im Freien. de/der elektromeister + deutsches elektrohandwerk (1992) H. 15 – 16, S. 1264 – 1267; H. 17, S. 1344 – 1346; Hüthig & Pflaum-Verlag, München & Heidelberg.
Nienhaus, H.; Vogt, D.: Prüfungen zur Inbetriebnahme von Starkstromanlagen; Besichtigen – Erproben – Messen nach DIN VDE 0100 Teil 610. VDE-Schriftenreihe Bd. 63. Berlin & Offenbach: VDE-VERLAG, 1995.
Oehms, K. J.: Auswirkungen von DIN 57 100 Teil 410/VDE 0100 Teil 410 auf die Niederspannungsnetze der EVU. Elektrizitätswirtschaft 83 (1984) H. 2; VWEW-Verlag, Frankfurt a. M.
Poitner, E.: Schutzmaßnahmen bei indirektem Berühren und Potentialausgleich in medizinisch genutzten Räumen II. de / der elektromeister + deutsches elektrohandwerk (1979) H. 21, S. 1601 – 1605; Hüthig & Pflaum-Verlag, München & Heidelberg.

Poitner, E.: Potentialausgleich in explosionsgefährdeten Bereichen. de / der elektromeister + deutsches elektrohandwerk (1984) H. 4, S. 209 – 211; Hüthig & Pflaum-Verlag, München & Heidelberg.
Rolle, H. (Hrsg.); Bassen, H.; Becker, P.; Hannig, R.; Krakowski, H.; Merkel, F.; Meuser, A.; Trepte, P.; Ulrich, F.: Sicherheit in der Fernmelde- und Informationstechnik. VDE-Schriftenreihe Bd. 54. Berlin & Offenbach: VDE-VERLAG, 1991.
Rudolph, W.: Einführung in DIN 57 100/VDE 0100 – Errichten von Starkstromanlagen bis 1000 V. VDE-Schriftenreihe Bd. 39. Berlin & Offenbach: VDE-VERLAG, 1983.
Rudolph, W.: Allgemeine Bestimmungen für Erder, Erdungen und Potentialausgleich. Der Elektriker / Der Energieelektroniker (1992) H. 7 – 8, S. 186 – 193; VWEW-Verlag, Frankfurt a. M.
Rudolph, W.: Schutz bei indirektem Berühren durch Abschalten oder Melden – Teil 3: Bedingungen für Schutzleiter-Schutzmaßnahmen. etz Elektrotech. Z. 104 (1983) H. 19, S. 1030 – 1033; VDE-VERLAG, Berlin & Offenbach.
Schimanski, J.: Überspannungsschutz – Theorie und Praxis. Heidelberg: Hüthig-Verlag.
Schulte, K.: Kleinhuis-Leitfaden – Fundamenterder, Potentialausgleich; Fa. Hermann Kleinhuis, Lüdenscheid.
Schulte, K.: Kleinhuis-Leitfaden – Äußerer und innerer Blitzschutz; Fa. Hermann Kleinhuis, Lüdenscheid.
Vogt, D.: Potentialausgleichsleitungen an metallenen Badewannen gemäß VDE 0100, § 49. de / der elektromeister + deutsches elektrohandwerk (1981) H. 2, S. 61 – 62; Hüthig und Pflaum-Verlag, München & Heidelberg.
Vogt, D.: Elektroinstallation in Wohngebäuden – Handbuch für die Installationspraxis. VDE-Schriftenreihe Bd. 45. Berlin & Offenbach: VDE-VERLAG, 1995.
Vogt, D.: Zusätzlicher Potentialausgleich in Räumen mit Badewanne oder Dusche. de / der elektromeister + deutsches elektrohandwerk (1986) H. 2, S. 75 – 80; Hüthig & Pflaum-Verlag, München & Heidelberg.
Vogt, D.: Hauptpotentialausgleich und zusätzlicher Potentialausgleich – Ausführungen nach DIN VDE 0100 Teil 540:1991-11. de/der elektromeister + deutsches elektrohandwerk (1992) H. 22, S. 1873 – 1876; H. 23, S. 1983 – 1990; H. 24, S. 2104 – 2112; Hüthig & Pflaum-Verlag, München & Heidelberg.
Vogt, D.: Planung der Elektroinstallation nach DIN 18015 Teil 1/03.92. de / der elektromeister + deutsches elektrohandwerk (1992) H. 8, S. 619 – 629; H. 9, S. 739 – 743; H. 10, S. 810 – 814; Hüthig & Pflaum Verlag, München/Heidelberg.
Vogt, D.: Zusätzlicher Potentialausgleich bei überdachten Schwimmbädern (Schwimmhallen) und Schwimmbädern im Freien (DIN VDE 0100 Teil 702/06.92). de / der elektromeister + deutsches elektrohandwerk (1992) H. 18, S. 1446 – 1454; Hüthig & Pflaum-Verlag, München & Heidelberg.
Vogt, D.: Zusätzlicher Potentialausgleich in landwirtschaftlichen Anwesen (DIN VDE 0100 Teil 705/10.92). de / der elektromeister + deutsches elektrohandwerk (1992) H. 19, S. 1537 – 1541; Hüthig & Pflaum-Verlag, München & Heidelberg.

3 Fundamenterder

3.1 Allgemeines

In den letzten drei Jahrzehnten hat der Fundamenterder auf dem Gebiet der Erdungstechnik mehr und mehr an Bedeutung gewonnen, während in früheren Zeiten metallene Rohrleitungssysteme, insbesondere Wasserrohrnetze und Wasserverbrauchsleitungen, im Bereich der Schutzmaßnahmen zum Schutz gegen elektrischen Schlag unter Fehlerbedingungen (Schutzmaßnahme bei indirektem Berühren) lange Zeit eine entscheidende Rolle spielten. Im Zuge der technischen Entwicklung traten aber immer mehr die Wasserrohrnetze aus Kunststoff in den Vordergrund. Auch bewährte Bleimantelkabel wurden durch Kunststoffkabel ersetzt. Hinzu kommt, daß sich der Umfang der in den Gebäuden liegenden metallenen und elektrischen Installationen im Laufe der Zeit stark vergrößert hat.

Neben den früher in Gebäuden nur üblichen Wasserverbrauchs- und Starkstromleitungen traten z. B. Gasinstallationen, Zentralheizungs-, Antennen-, Hauskommunikations- und Fernmeldeanlagen hinzu. Somit ist heute in den Gebäuden ein weitverzweigtes und vermischtes Netz von Rohren und Leitungen entstanden, die ineinandergreifen, teils voneinander getrennt, mittelbar und teils auch unmittelbar miteinander in Verbindung stehen.

Die Gefahr, daß bei auftretenden Fehlern oder Mängeln ungünstige Rückwirkungen, vor allem auch Spannungsverschleppungen und somit gefährliche Berührungsspannungen in anderen Systemen entstehen, ist in erhöhtem Maß gegeben. Aus diesem Grund – d. h., um die Gefahr von Spannungsverschleppungen auszuschließen – wurde der Potentialausgleich geschaffen, der immer mehr an Bedeutung gewonnen hat. DIN VDE 0100 Teil 410 fordert einen Hauptpotentialausgleich, der alle vorhandenen metallenen Systeme miteinander verbindet (siehe Abschnitt 2.4).

Als besonders vorteilhaft hat es sich nun erwiesen, den Hauptpotentialausgleich durch einen Erder zu ergänzen und damit wirksamer zu gestalten (**Bild 3.1**). Da das Wasserrohrnetz nicht mehr in Frage kommt, das Verlegen von Oberflächenerdern (Strahlen-, Ring-, Maschenerder) im Laufe der Jahre – besonders in dicht besiedelten Gebieten – immer problematischer wurde, ist mit dem Fundamenterder ein idealer Erder gefunden worden, der sich sowohl in technischer als auch in wirtschaftlicher Hinsicht hervorragend hierfür eignet.

Der – bei einem Neubau – als geschlossener Ring in die Fundamente der Außenmauer der Gebäude zu legende Stahl bewirkt, daß bei Stromfluß zur Erde eine Fläche annähernd gleichen Potentials (Spannungsmulde) geschaffen und die Gefährdung durch Potentialunterschiede vermieden wird. Das ganze Objekt wird durch den Strom auf Erderspannung gegenüber der Umgebung angehoben. Das Potential auf der Erdoberfläche nimmt um den Erder herum mit zunehmendem Abstand von diesem ab.

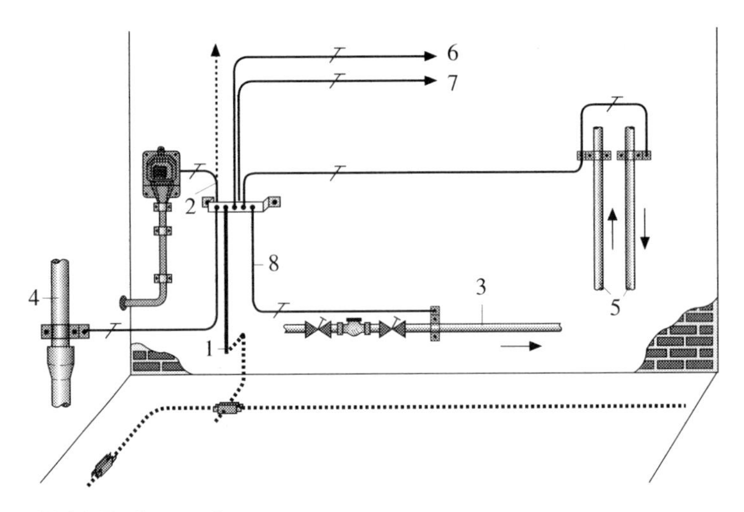

Bild 3.1 Fundamenterder
1 Anschlußfahne Fundamenterder
2 Verbindung zum PEN-Leiter bei Schutzmaßnahme im TN-System; gestrichelte Linie: Schutzleiter PE bei Schutzmaßnahme im TT-System
3 Wasserverbrauchsleitung
4 Abwasserrohr (Potentialausgleich evtl. erforderlich)
5 zentrale Heizungsanlage
6 Verbindung mit Antennenanlage
7 Verbindung mit Fernmeldeanlage
8 Verbindung zur Wasserverbrauchsleitung

Außer zum Potentialausgleich und zur Potentialsteuerung kann der Fundamenterder, falls im Einzelfall geeignet, auch zur Erfüllung aller weiteren, in einem Gebäude anstehenden Erdungsaufgaben herangezogen werden, z. B. als Erder für Schutzmaßnahmen im TT-System, Blitzschutz-, Fernmelde- und Antennenanlagen. Die in den jeweiligen DIN-VDE-Normen, z. B. DIN VDE 0100, DIN VDE 0185, DIN VDE 0800, DIN EN 50083-1 (VDE 0855 Teil 1), aufgeführten Anforderungen an den Erder müssen dabei in jedem Fall eingehalten werden.
Da der Fundamenterder Bestandteil der Kundenanlage ist, wird mitunter von Bauherren und ihren Beauftragten die Frage gestellt: „Will das EVU mit dem Fundamenterder auf unsere Kosten seine Erdungen verbessern?"
Hierzu ist eindeutig zu antworten, daß die Elektrizitätsversorgungsunternehmen (EVU) die nach den VDE-Bestimmungen zu erfüllenden Anforderungen an ein TN-System im Verteilungsnetz und damit auch die Erdungsbedingungen mit eigenen Mitteln einhalten.
Der Fundamenterder dient in erster Linie den Erfordernissen der Kundenanlagen. Mit Fundamenterdern lassen sich die anstehenden Erdungsprobleme am rationellsten lösen.

3.2 Forderung des Fundamenterders (TAB, DIN 18015-1)

Im Musterwortlaut der „Technischen Anschlußbedingungen“ (TAB), Ausgabe 1991, der Elektrizitätsversorgungsunternehmen (EVU) wird unter Abschnitt 10 „Schutzmaßnahmen“ für Neubauten der Einbau eines Fundamenterders gefordert, um den Hauptpotentialausgleich wirksamer zu gestalten.
Dem Geltungsbereich entsprechend gelten die „Technischen Anschlußbedingungen“ (TAB) für den Anschluß und Betrieb von Anlagen, die gemäß § 1 der „Verordnung über Allgemeine Bedingungen für die Elektrizitätsversorgung von Tarifkunden“ (AVBEltV) an das Niederspannungsnetz des Elektrizitätsversorgungsunternehmens (EVU) angeschlossen sind oder werden. Sehr oft sind die „Technischen Anschlußbedingungen“ auch Bestandteil von Sonderverträgen, sie müssen dann ebenfalls in Anlagen mit Sonderverträgen berücksichtigt werden.
Allerdings werden in den „Technischen Anschlußbedingungen“ (TAB) keine differenzierten Aussagen über die Neubauten gemacht, in deren Gebäudefundamente ein Fundamenterder einzubringen ist.
Generell fallen unter die Neubauten in jedem Fall alle Arten von Wohnhäusern, Zweckbauten wie z. B. Bürogebäude, Versammlungsstätten, Waren- und Geschäftshäuser, Lagerhallen, Werkhallen, Werkräume, Produktionsräume und -hallen.
Besondere Fälle von Neubauten, z. B. Einzelgarage, Anbau eines Wohnzimmers an ein bestehendes Wohngebäude, Stallgebäude, müssen individuellen Lösungen zugeführt werden.
In DIN 18015 „Elektrische Anlagen in Wohngebäuden“ Teil 1 „Planungsgrundlagen“ wurde erstmals mit der Ausgabe April 1980 die Einbringung eines Fundamenterders in jeden Neubau vorgeschrieben. Die Forderung im Abschnitt 7 „Fundamenterder“ der derzeit gültigen Fassung März 1992 lautet:

„(1) Bei jedem Neubau ist ein Fundamenterder für das Gebäude und seine Installationen vorzusehen ...“.

Dem Anwendungsbereich der DIN 18015 entsprechend gilt die Norm für die Planung von elektrischen Anlagen in Wohngebäuden. Für Gebäude mit vergleichbaren Anforderungen an die elektrische Ausrüstung ist sie sinngemäß anzuwenden. Als Beispiel sind hier Bürogebäude, Versammlungsstätten, Waren- und Geschäftshäuser zu nennen.
Außerdem sind in vielen Bundesländern die Bauaufsichtsbehörden aufgrund von Runderlassen der zuständigen Länderministerien gehalten, die Bauherren auf die Einbringung des Fundamenterders in das Gebäudefundament hinzuweisen (siehe Abschnitte 3.12.2 und 3.12.3).

3.3 VDEW-Richtlinien für das Einbetten von Fundamenterdern in Gebäudefundamente

Bereits im Jahre 1965 wurden von der Vereinigung Deutscher Elektrizitätswerke e. V. (VDEW) „Richtlinien für das Einbetten von Fundamenterdern in Gebäudefundamente“ herausgegeben.
Die Bedeutung dieser „Fundamenterder-Richtlinien“ der VDEW wird dadurch deutlich, daß auf sie sowohl in DIN 18015-1 – hierauf bezogen sich die „Technischen Anschlußbedingungen“ (TAB) der Elektrizitätsversorgungsunternehmen (EVU) im Musterwortlaut 1980 – als auch in DIN VDE 0100 Teil 540, DIN VDE 0141, DIN VDE 0185 Teil 1, DIN VDE 0190 (diese Norm wurde 1991 zurückgezogen), DIN VDE 0800 Teil 2, DIN VDE 0855 Teil 1 Ausgabe Mai 1984, verwiesen wird bzw. verwiesen wurde.
Zu anderen Erdern (Oberflächen- und Tiefenerdern) werden zum Teil in den vorerwähnten Normen spezifizierte Aussagen über die Ausführung gemacht. Beim Fundamenterder dagegen werden Einzelheiten nicht genannt, weil der Verweis auf die Ausführung nach den „Fundamenterder-Richtlinien“ der VDEW erfolgt.
Aufgrund der schutztechnischen Bedeutung des Fundamenterders und der großen Akzeptanz der „Fundamenterder-Richtlinien“ der VDEW in den Normen beantragte die VDEW 1990 die Normung des Fundamenterders auf Basis der „Fundamenterder-Richtlinien“ der VDEW.
Für die Normung des Fundamenterders sprach auch die geübte Praxis, in Normen auf bestehende andere Normen, möglichst wenig aber auf Schrifttum von Institutionen und Verbänden zu verweisen.
Dem Normungsantrag wurde vom zuständigen Lenkungsgremium des NABau noch 1990 stattgegeben und der Normungsauftrag dem NABau-Arbeitsausschuß „Elektrische Anlagen im Bauwesen“ zugewiesen, der die Normungsarbeit unverzüglich aufnahm und schon im August 1992 der Fachöffentlichkeit den Entwurf DIN 18014 „Fundamenterder“ zum Einspruch vorlegte. Der Weißdruck von DIN 18014 erschien mit Ausgabedatum Februar 1994.
Die „Fundamenterder-Richtlinien“ der VDEW – die letzte Fassung stammte aus dem Jahre 1987 – haben nun ihre Bedeutung verloren. An ihre Stelle ist nunmehr die Norm DIN 18014 getreten.

3.4 Ausführung des Fundamenterders nach DIN 18014

3.4.1 Allgemeines (DIN 18014)

Bei der Überführung der „Fundamenterder-Richtlinien“ der VDEW in die Norm DIN 18014 wurden neben vielen redaktionellen und gestalterischen Aspekten insbesondere die nunmehr praktizierten Bautechniken berücksichtigt.

Hinsichtlich des Anwendungsbereichs der DIN 18014 ist in der Norm nur angemerkt, daß sie für die Anordnung und den Einbau von Fundamenterdern gilt. Sie hat also Gültigkeit für Erder, die in den Fundamenten von Bauwerken eingebettet sind. Die Norm macht keine Aussagen darüber, in welchen Bauwerken nun der Fundamenterder in das Fundament einzubringen ist. Diese Ausagen werden z. B. in den „Technischen Anschlußbedingungen" (TAB) sowie in DIN 18015-1 getroffen (siehe auch Abschnitt 3.2).
Nach DIN 18014:1994-02 ist der Fundamenterder Bestandteil der elektrischen Anlage hinter dem Hausanschlußkasten bzw. einer gleichwertigen Einrichtung.

3.4.2 Grundsätzliche Anforderungen

Der Fundamenterder ist als geschlossener Ring auszuführen und in den Fundamenten der Außenwände des Gebäudes anzuordnen (**Bild 3.2**). Bei Fundamentplatten muß die Anordnung entsprechend erfolgen, der Fundamenterder also ebenfalls als geschlossener Ring ausgeführt und in den Außenbereichen der Fundamentplatte (Bereich, wo die Außenwände erstellt werden) angeordnet werden.
Bei größerem Gebäudeumfang empfiehlt es sich, die vom Fundamenterder umspannte Fläche durch Querverbindungen aufzuteilen. DIN 18014 nennt Maschenweiten von etwa 20 m × 20 m. **Bild 3.3** zeigt ein Beispiel für einen größeren Gewerbebau, **Bild 3.4** ein Beispiel für einen Wohnblock.

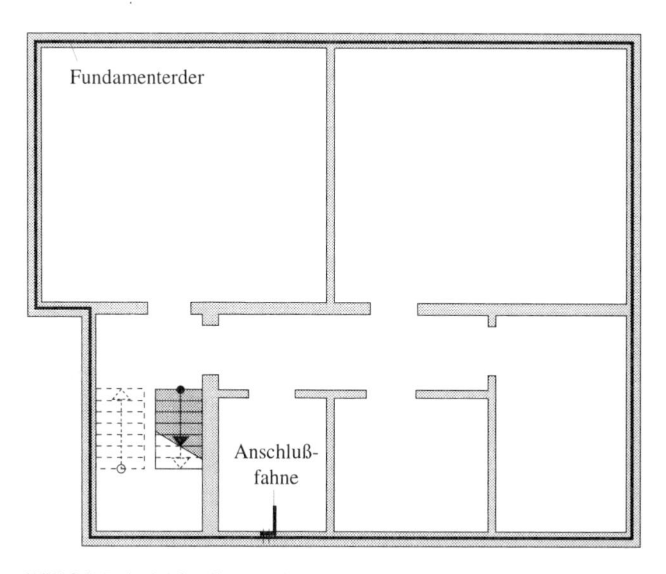

Bild 3.2 Beispiel für die Anordnung des Fundamenterders im Einzelhaus

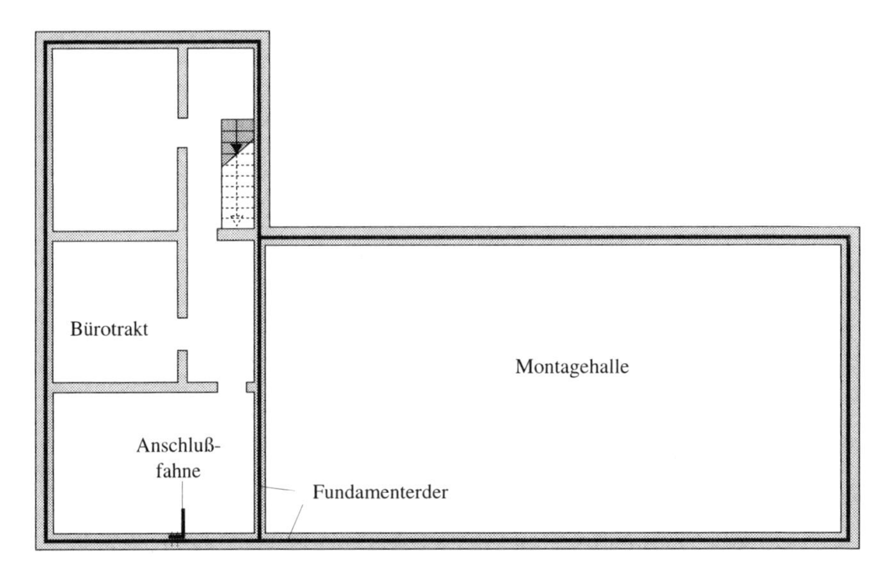

Bild 3.3 Beispiel für die Anordnung des Fundamenterders in einem größeren Gewerbebau

Bei Reihenhäusern werden zwangsläufig kleinere geschlossene Ringe gebildet (**Bild 3.5**), da jedes Haus auf einem eigenen Grundstück und auf jeweils separaten Fundamenten steht. Ein gemeinsamer Fundamenterder für mehrere Reihenhäuser mit entsprechenden Querverbindungen, wie sie bei Wohnblöcken sinnvoll sind, ist somit nicht durchführbar.

Querverbindungen bei Gebäuden mit größerem Umfang haben den Vorteil, daß sich ein verbesserter Potentialverlauf, also eine gute Potentialsteuerung ergibt. Je kleiner die Maschen, um so besser die Potentialsteuerung und der Potentialverlauf. Siehe hierzu auch Abschnitt 2.3. Auch bei der Nutzung des Fundamenterders als Blitzschutzerder ist eine innere Vermaschung und damit eine geringe Maschengröße von Vorteil. Siehe hierzu auch Abschnitt 3.5.

Die Anordnung des Fundamenterders muß so erfolgen, daß er allseitig von Beton umschlossen ist. Dadurch ist er gegen Korrosionserscheinungen hinreichend geschützt und weist somit eine nahezu unbegrenzte Lebensdauer auf (siehe Abschnitte 4.4.2 und 4.4.4). Mechanischen Einflüssen ist er dann ebenfalls völlig entzogen.

Es empfiehlt sich, über die Anordnung des Fundamenterders im Fundament einen Verlegeplan (Fundamenterderplan) zu erstellen. Dies gilt insbesondere bei Gebäuden größeren Umfangs, bei denen die vom Fundamenterder umspannte Fläche durch Querverbindungen aufgeteilt wird. Auch bei Gebäuden, bei denen entweder Querverbindungen geschaffen oder separate kleine geschlossene Ringe gebildet werden, dokumentiert ein Verlegeplan eindeutig den tatsächlichen Verlauf des Fun-

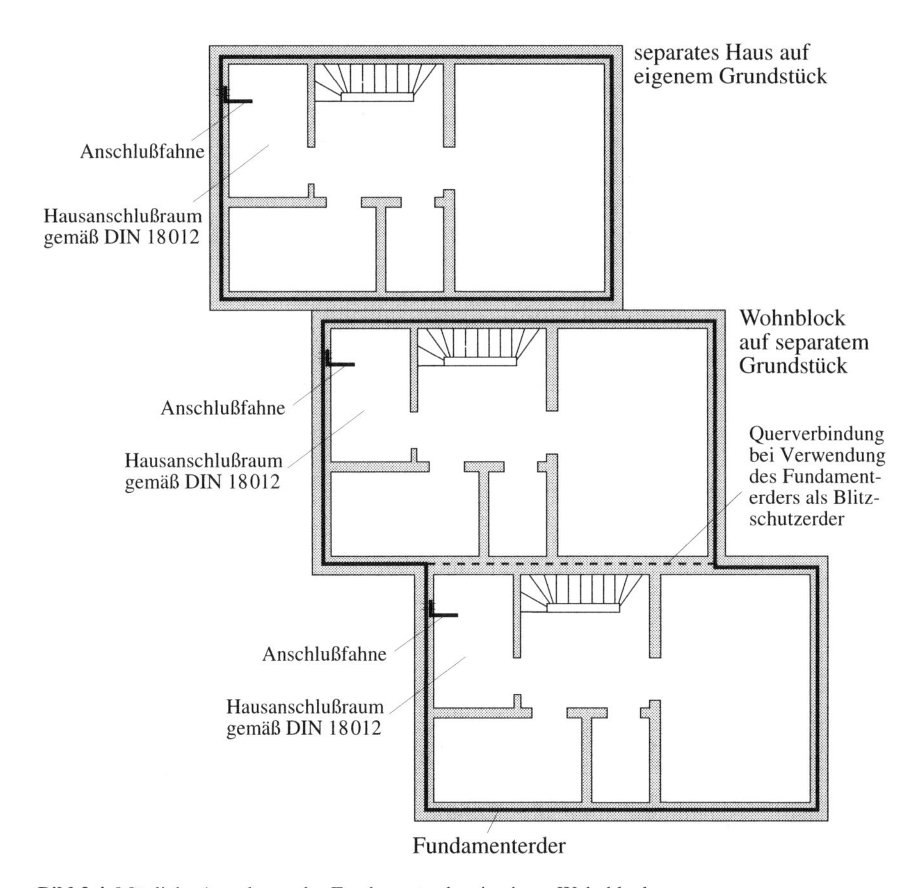

Bild 3.4 Mögliche Anordnung des Fundamenterders in einem Wohnblock

damenterders. Diskussionen zu einem späteren Zeitpunkt über den tatsächlichen Verlauf des Fundamenterders erübrigen sich.
Bei Verwendung von Bandstahl gilt, daß dieser hochkant zu verlegen ist. Einerseits ist dadurch das Einbringen des Bandstahls erleichtert, andererseits ist dadurch der Bandstahl allseits dicht von Beton umschlossen und damit gegen Korrosionserscheinungen geschützt.
Sofern der Fundamenterder über Bewegungsfugen (Dehnungsfugen) des Fundaments geführt wird, ist er an diesen Stellen zu unterbrechen. Die jeweiligen Enden sind aus den Fundamenterdern herauszuführen und mit Dehnungsbändern zu verbinden.

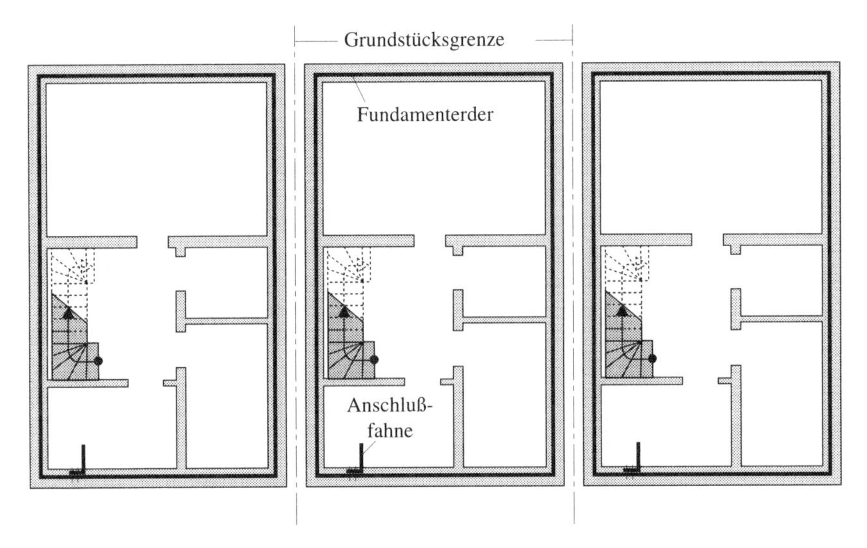

Bild 3.5 Beispiel für die Anordnung der Fundamenterder in Reihenhäusern

Bewegungsfugen (Dehnungsfugen) sind erforderlich bei Gebäuden mit größeren Abmessungen, insbesondere aber auch dort, wo mit geologischen Verschiebungen zu rechnen ist, wie z. B. im Ruhrgebiet, wo häufiger Bergschäden auftreten.
Die Bewegungsfugen (Dehnungsfugen) werden üblicherweise innerhalb des Gebäudes, jedoch außerhalb des Betons durch Dehnungsbänder (Dehnungsbügel) überbrückt. Ein Beispiel für die Überbrückung von Bewegungsfugen (Dehnungsfugen) mit einem Dehnungsband (Dehnungsbügel) im Innern von Gebäuden zeigt **Bild 3.6**.
Da aus der Wand hervorstehende Dehnungsfugenüberbrückungen im Gebäudeinnern behindern oder auch durch mögliche mechanische Beeinflussungen selbst beschädigt werden können, sollten die Fugenüberbrückungen vorzugsweise in Nischen bzw. Aussparungen angebracht oder mit einem mechanischen Schutz versehen werden.
Auf den notwendigen zusätzlichen Korrosionsschutz, z. B. durch Verwendung einer Korrosionsschutzbinde (siehe Abschnitt 4.5.8.1), ist zu achten.
Die Verbindungsstellen (Überbrückung der Enden des Fundamenterders) müssen jederzeit kontrollierbar sein. Sollten die Verbindungsstellen in Ausnahmefällen außerhalb des Gebäudes liegen, so sind entsprechende Kontrollstellen (Kontrollschächte) außerhalb des Gebäudes erforderlich.
Dehnungsbänder oder -bügel lassen auch sehr gut die Auftrennung des Rings und damit eine elektrische Überprüfung zu.

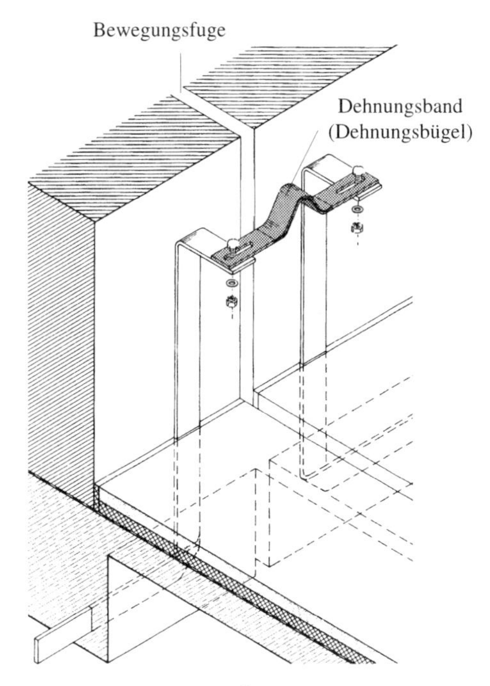

Bild 3.6 Beispiel für die Überbrückung von Bewegungsfugen mit Dehnungsband im Innern von Gebäuden

Handelsübliche Dehnungsbänder (Dehnungsbügel) zur Überbrückung von Bewegungsfugen (Dehnungsfugen) bei Fundamenterdern bestehen aus Aluminium mit einem Querschnitt von 40 mm × 5 mm und Befestigungsschrauben M 10 mit Federringen und Beilagscheiben. Das Beispiel eines Dehnungsbands (Dehnungsbügels) zeigt **Bild 3.7**.

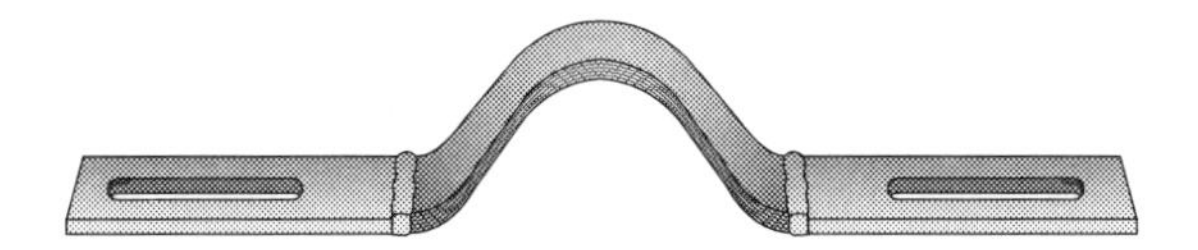

Bild 3.7 Beispiel eines Dehnungsbands (Dehnungsbügels)

3.4.3 Werkstoff

Als Werkstoff für den Fundamenterder ist Stahl zu verwenden. Der Stahl darf sowohl verzinkt als auch unverzinkt ausgeführt sein.
In der Ausgabe 1984 der „Richtlinien für das Einbetten von Fundamenterdern in Gebäudefundamente" der VDEW wurde erstmals auf die ausschließlich verzinkte Ausführung des Band- bzw. Rundstahls verzichtet. Die Begründung hierfür ist im Verhalten von feuerverzinktem Stahl im Zusammenspiel mit der Bewehrung von Betonfundamenten zu finden. Der feuerverzinkte Fundamenterderstahl kommt zwangsläufig an mehreren Stellen mit dem schwarzen Eisen der Bewehrung in Berührung. Durch elektrochemische Korrosion wird die Feuerverzinkung angegriffen und das Zink in relativ kurzer Zeit abgetragen (siehe Abschnitt 4.6.4). Deshalb kann von vornherein auf die verzinkte Ausführung verzichtet werden.
An der bisher bewährten Verwendung von feuerverzinktem Stahl wird sich aber in der Praxis zukünftig wohl kaum etwas ändern, da die verzinkte Ausführung des Bandstahls die Standardausführung darstellt. Dadurch, daß er seit Jahrzehnten gut eingeführt ist, wird der feuerverzinkte Stahl sicherlich auch weiterhin verwendet werden. Nachteile sind durch die Verwendung von feuerverzinktem Stahl ja auch nicht gegeben. Im Gegenteil. Korrosionsprobleme, wie sie bei Verwendung von schwarzem Stahl an der Austrittsstelle der Anschlußfahne auftreten (siehe Abschnitte 3.4.11 und 4.5.2), sind bei feuerverzinktem Stahl kaum vorhanden.
Mitunter wird angeführt, daß die Einbringung eines Fundamenterders aus verzinktem Stahl im Widerspruch zu DIN 1045 „Beton und Stahlbeton" steht. Dort hieß es in Ausgabe Dezember 1978 unter Abschnitt 13.1 „Einbau der Bewehrung":

„Verzinkte Stahlteile dürfen nicht mit Beton in Verbindung stehen."

Da in der Praxis aber sehr häufig der Fundamenterderstahl in der verzinkten Ausführung Verbindung mit der Bewehrung hat, nahm der für DIN 1045 zuständige „Deutsche Ausschuß für Stahlbeton" (DAfStb), Fachbereich VII „Beton- und Stahlbeton des NABau im DIN – Deutsches Institut für Normung e. V." hierzu seinerzeit wie folgt Stellung:

„Entsprechend einer Auslegung des Deutschen Ausschusses für Stahlbeton bestehen keine Bedenken gegen Verbindungen zwischen verzinkten Stahlteilen und Bewehrungen im Beton, wenn die Temperatur an den Kontaktstellen 40 °C nicht überschreitet. Auf die Anwendung des letzten Satzes von Abschnitt 13.1 der DIN 1045 darf im vorliegenden Fall verzichtet werden."

Bei der Überarbeitung der DIN 1045:1987-12 wurde dieser Gedanke übernommen.
In DIN 1045:1988-07 heißt es nunmehr:

„Verzinkte Stahlteile dürfen mit der Bewehrung in Verbindung stehen, wenn die Umgebungstemperatur an der Kontaktstelle + 40 °C nicht überschreitet."

Die Temperaturgrenze von 40 °C ist aus Gründen des Einsetzens elektroschemischer Korrosion festgesetzt worden (siehe Abschnitt 4.3). Zusätzlich führen Fachleute an, daß auch eine großflächige Berührung von verzinkten Stahlteilen mit der Bewehrung nicht gegeben sein darf.
Beide Anforderungen – Temperaturgrenze und nicht großflächige Berührung – werden bei der Einbringung des Fundamenterders erfüllt. Somit stehen also Planer und Errichter bei der weiteren Verwendung von verzinktem Stahl bei der Einbringung von Fundamenterdern in keinem Fall im Widerspruch zu DIN 1045.
Auf die Eignung feuerverzinkten Stahls für die Einbettung in Beton weist auch DIN VDE 0151:1986-06 im Abschnitt 3.1.2 hin.
Bei den Anschlußfahnen gibt es im Gegensatz zum Fundamenterder keine Wahl zwischen einer verzinkten und einer unverzinkten Ausführung des Stahls. Anschlußfahnen sind aus verzinktem Stahl herzustellen, da im Gebäudeinnern blank ausgeführte Anschlußfahnen (unverzinkter Stahl) unter Einfluß von Feuchtigkeit mitunter in kurzer Zeit an der Austrittstelle aus dem Mauerwerk (Beton) korrodieren.
Gegenüber den „Fundamenterder-Richtlinien" der VDEW ist dies eine Verschärfung. Die Richtlinien ließen sowohl verzinkte als auch unverzinkte Anschlußfahnen zu. Allerdings waren bei Verwendung von unverzinktem Stahl an den Austrittsstellen der Anschlußfahnen Korrosionsschutzmaßnahmen erforderlich, z. B. Korrosionsschutzbinden mit unverrottbarem Trägergewebe, Kunststoffummantelung. Die Korrosionsschutzmaßnahme mußte dabei schon im Mauerwerk (Beton) vor der Austrittstelle der Anschlußfahne beginnen. Bei der Ausführung der Anschlußfahnen in verzinkter Ausführung galt nach den „Fundamenterder-Richtlinien" der VDEW dies als Korrosionsschutzmaßnahme.
Zulässig sind auch Anschlußfahnen aus hochlegiertem nichtrostendem Stahl. Diese Variante ist in der Praxis allerdings wohl sehr selten und deshalb in DIN 18014 nicht genannt. Bei der Querschnittsbemessung ist ggf. die niedrigere elektrische Leitfähigkeit zu berücksichtigen.
Somit ist es möglich, den Fundamenterder zwar mit unverzinktem Stahl zu erstellen, die Anschlußfahnen müssen jedoch mit verzinktem Stahl ausgeführt werden.
Die zum Anschluß von äußeren Blitzableitungen erforderlichen Anschlußfahnen eines Fundamenterders dürfen in keinem Fall aus dem Beton nach außen in das Erdreich ausgeführt werden. Da die Korrosionsgefahr für nach außen geführte Anschlußfahnen wegen der nicht zu verhindernden Feuchtigkeit groß ist, sollen die Anschlußfahnen aus verzinktem Stahl innerhalb der aufgehenden Wände aus Beton mit eingegossen oder im Mauerwerk geführt und erst oberhalb der Erdoberfläche nach außen geführt werden. Innerhalb von Mauerwerk und Beton müssen sie aus Gründen des Korrosionsschutzes mit einer Kunststoffumhüllung (siehe Abschnitt 4.5.8) versehen werden.

Eine andere Möglichkeit ist, die Anschlußfahnen bereits innerhalb des Betonfundaments als kunststoff- oder bleiummantelte Leitungen oder Kabel (NYY 1 × 50 mm^2) an den Fundamenterder anzuschließen und in dieser Art durch das Erdreich zum Anschluß an die Ableitungen zu verlegen. Bleiummantelte Leitungen selbst dürfen aber auch nicht direkt im Beton verlegt werden, weil es in stark alkalischer Umgebung (Beton) dann ebenfalls zu Korrosionserscheinungen kommen kann. Der Bleimantel muß also mit einer nicht Feuchtigkeit aufnehmenden zusätzlichen Umhüllung, z. B. einer Korrosionsschutzbinde, geschützt werden (siehe auch Abschnitte 3.5, 4.4 und 4.5.8).

3.4.4 Querschnitte des Stahls

Es darf Band- oder Rundstahl verwendet werden. Bei Bandstahl muß der Querschnitt mindestens 30 mm × 3,5 mm betragen. Soll Rundstahl verwendet werden, so darf der Durchmesser 10 mm nicht unterschreiten.
Diese Querschnitte sind angelehnt an die Mindestmaße von Erdern nach DIN VDE 0151:1986-06.
Der in den alten „Fundamenterder-Richtlinien" der VDEW, Fassung 1987, noch angeführte Querschnitt von 25 mm × 4 mm wurde in DIN 18014 nicht mehr aufgenommen, da es sich um einen in der Praxis wenig üblichen Querschnitt handelte.

3.4.5 Anordnung in unbewehrtem Fundament

Damit der Stahl wegen des erforderlichen Korrosionsschutzes allseits dicht von Beton umschlossen wird, ist der Fundamenterder so zu verlegen, daß er nach Einbringen des Fundamentbetons allseitig mindestens 5 cm von Beton überdeckt ist.
Bei Einhaltung dieser Forderung ist der Stahl gegen Korrosionserscheinungen hinreichend geschützt und weist somit eine nahezu unbegrenzte Lebensdauer auf (siehe Abschnitte 4.4.2 und 4.4.4). Auch mechanischen Einflüssen ist er dann ebenfalls völlig entzogen. An den Stellen, an denen der Stahl bei Nichteinhaltung der Forderung aus dem Fundament herausragen würde, wäre eine unmittelbare Korrosionsgefahr gegeben.
Der Stahl muß deshalb so fixiert werden, daß er beim Einbringen des Fundamentbetons seine ursprüngliche Stellung beibehält, also gegen seitliches Verschieben und Absacken gesichert ist und somit nach dem Einbringen des Fundamentbetons die Forderung der allseitigen Überdeckung von mindestens 5 cm Beton erfüllt ist (**Bild 3.8**).
Zur Lagefixierung vor und während des Betonierens sind daher entsprechend DIN 18014 Abstandhalter nach DIN 48833 zu verwenden.
Um die geforderte allseitige Betonüberdeckung von mindestens 5 cm nach dem Einbringen des Fundamentbetons auch tatsächlich einzuhalten, ist eine entsprechende Anordnung der Abstandhalter erforderlich.

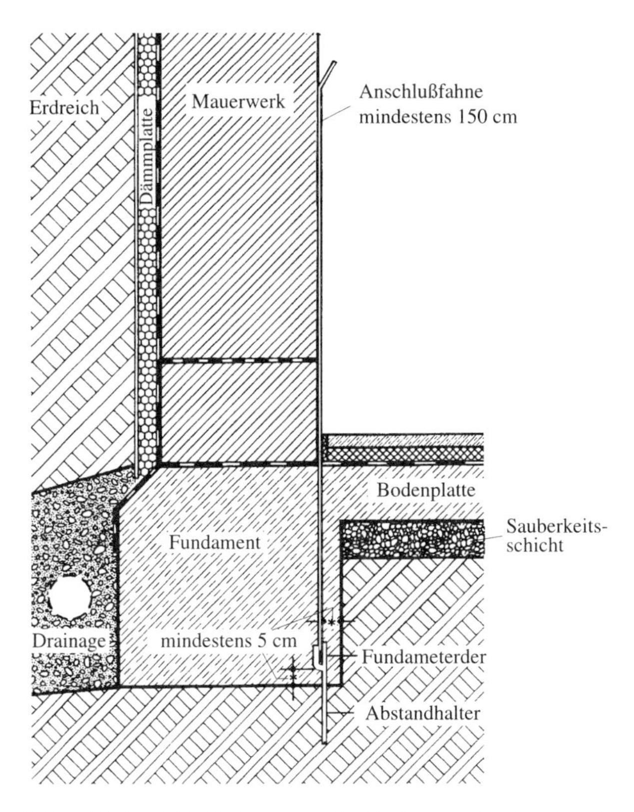

Bild 3.8 Beispiel für die Anordnung des Fundamenterders in unbewehrtem Fundament

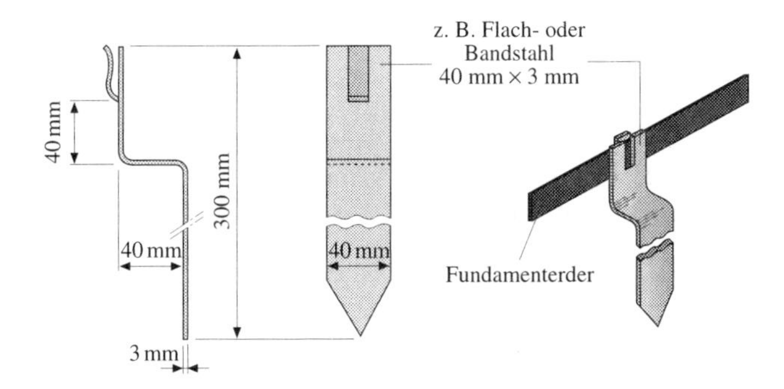

Bild 3.9 Beispiel eines Abstandhalters (Quelle: RWE Energie Bau-Handbuch)

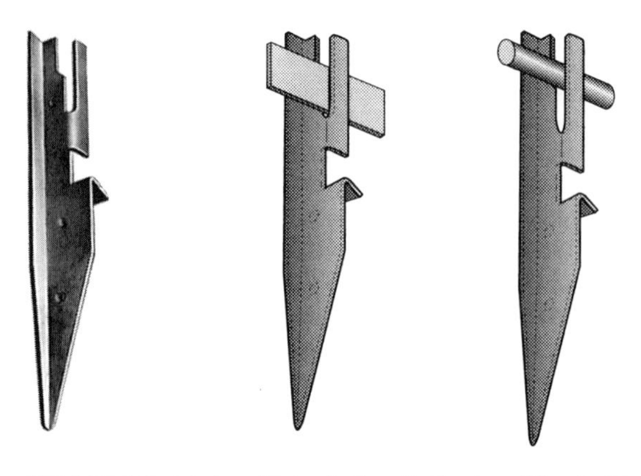

Bild 3.10 Beispiel eines Abstandhalters für Band- und Rundstahl
links: Bauteildarstellung
Mitte: Abstandhalter mit Bandstahl
unten: Abstandhalter mit Rundstahl
(Foto: Firma OBO Bettermann)

Abstandhalter sollen daher in einem gegenseitigen Abstand von 2 m bis 3 m in der Fundamentsohle angeordnet werden. Je nach Bodenbeschaffenheit sind unter Umständen mehr Halter notwendig. Ein Ausweichen des Fundamenterders beim maschinellen Einbringen des Betons muß durch den gewählten Abstand sicher vermieden werden.
Auf dem Markt gibt es einige Ausführungen von Abstandhaltern zur Führung des Bandstahls. **Bild 3.9** und **Bild 3.10** zeigen Beispiele. Die Ausführung in Bild 3.10 ist sowohl für Bandstahl (mittlere Darstellung) als auch für Rundstahl (rechte Darstellung) geeignet. Bei diesen Arten wird der Fuß unmittelbar in die Fundamentsohle gesteckt und danach der Bandstahl in die Abstandhalter eingelegt. Abstandhalter werden zum Teil in verschiedenen Längen angeboten, um den unterschiedlichen Bodenverhältnissen gerecht werden zu können. Außerdem haben einige Ausführungen eine Sicherungsnase gegen unbeabsichtigtes Lösen des Bandstahls während der Betoneinbringung.
Aufgrund vorliegender Erfahrungen wird auf die Forderung einer bestimmten Betongüte, früher B 225, verzichtet, weil die Betongüte keinen allzu großen Einfluß auf den Ausbreitungswiderstand des Fundamenterders hat (siehe Abschnitt 3.6).

3.4.6 Anordnung in bewehrtem Fundament

In bewehrtem Beton ist der Fundamenterder auf der untersten Bewehrungslage anzuordnen und zur Lagefixierung in Abständen von etwa 2 m mit der Bewehrung zu verrödeln (**Bild 3.11**).

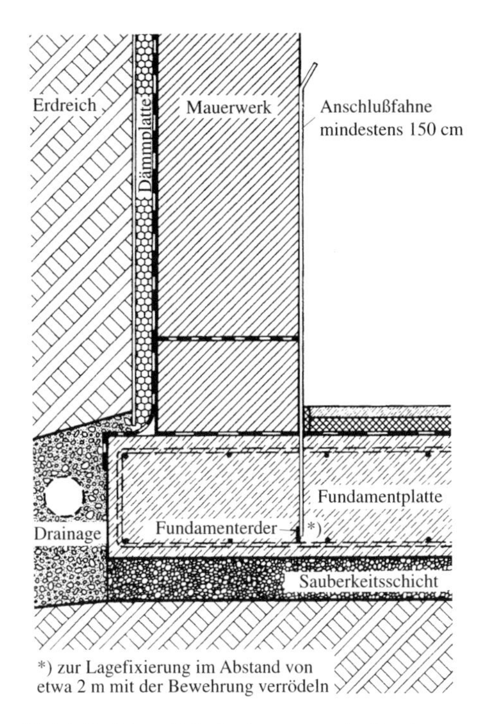

Bild 3.11 Beispiel für die Anordnung des Fundamenterders in bewehrtem Fundament

Durch diese Art der Einbringung ist fast zwangsläufig gewährleistet, daß der Stahl allseitig gut von Beton umschlossen ist (siehe Abschnitt 3.4.2), denn auch die Bewehrung muß nach DIN 1045 „Beton und Stahlbeton" immer eine Betonüberdekkung aufweisen.

Gegenüber den alten „Richtlinien für Fundamenterder" der VDEW, nach denen die Verrödelung des Fundamenterders mit der unteren Bewehrungslage nur durchgeführt werden sollte, liegt nach DIN 18014 nunmehr ein Muß zum Verrödeln vor.

Leitende Verbindungen zwischen Baustahlmatten und Bewehrung einerseits und dem Fundamenterder andererseits lassen sich in der Praxis sowieso kaum vermeiden. Sie sind meist zwangsläufig vorhanden. Zur besseren Lagefixierung kann der Stahl mit den Baustahlmatten und Bewehrungen deshalb dann auch verrödelt werden.

Unter „verrödeln" ist dabei das im Baugewerbe übliche Zusammenbinden der Bewehrungseisen (Moniereisen) für den Stahlbeton mit Rödeldraht (Bindedraht) zu verstehen. In diesem Fall also das Zusammenbinden von Fundamenterderstahl und Bewehrungseisen der Bewehrung mit Rödeldraht (Bindedraht).

Ist der Fundamenterder – wie die Baustahlmatten und Bewehrungen auch – aus schwarzem Stahl, so liegt kein Korrosionselement vor. Wenn dagegen der Fundamenterder aus verzinktem Stahl besteht, bildet sich zusammen mit den Baustahlmatten und Bewehrungen aus schwarzem Stahl ein Korrosionselement aus (siehe Abschnitt 4.6.4). Dabei wird die Zinkschicht abgetragen. Dieser Vorgang hört aber dann auf, wenn die Zinkschicht völlig abgetragen ist. Ein Nachteil entsteht dadurch nicht.
Aufgrund der vorliegenden Erfahrungen wird auf die Forderung einer bestimmten Betongüte, früher B 225, verzichtet, weil die Betongüte keinen allzugroßen Einfluß auf den Ausbreitungswiderstand des Fundamenterders hat (siehe Abschnitt 3.6).

3.4.7 Anordnung bei Wannenabdichtungen

3.4.7.1 Allgemeines

Gebäude in Gegenden mit hohem Grundwasserstand oder in Hanglagen mit drükkendem Wasser erfordern besondere Maßnahmen gegen das Eindringen von Wasser. Solche Maßnahmen sind also immer dort anzuwenden, wo Wasser von außen auf die Gebäude einen hydrostatischen Druck ausübt.
Sowohl die an das Erdreich grenzenden Außenwände als auch die Fundamentplatte sind gegen eindringendes Wasser abzudichten. Die Abdichtung hat dabei so zu erfolgen, daß an der Innenseite des Gebäudes keine Feuchtigkeit auftritt.
Als Entscheidungskriterium dafür, ob ein Gebäude mit Abdichtung gegen von außen drückendes Wasser vorliegt, ist DIN 18195-6 „Bauwerksabdichtungen; Abdichtungen gegen von außen drückendes Wasser; Bemessung und Ausführung" heranzuziehen.
In der heutigen modernen Bautechnik gibt es zwei Verfahren, um gegen eindringendes Wasser abzudichten:

- „Schwarze Wanne",
- „Weiße Wanne".

„Schwarze Wanne"
Der Begriff „Schwarze Wanne" ergibt sich aus der Art der Abdichtung. Es handelt sich hierbei um wasserdruckhaltende Abdichtungen der Bauwerke aus mehrlagigen Bitumenbahnen. Die Abdichtung kann erfolgen mit nackten Bitumenbahnen, nackten Bitumenbahnen mit Metallbändern, Bitumen-Schweißbahnen, Bitumen-Dichtungsbahnen, PIB-Bahnen und nackten Bitumenbahnen, PVC-Weich-Bahnen und nackten Bitumenbahnen sowie ECB-Bahnen und nackten Bitumenbahnen. Bei allen Abdichtungen wird immer Bitumen (schwarze Masse) verarbeitet.

„Weiße Wanne"
Der Begriff „Weiße Wanne" ergibt sich aus dem Gegensatz zur „Schwarzen Wanne", da bei der „Weißen Wanne" keine besondere Behandlung der dem Wasser zugekehrten Bauwerksseite erfolgt. Die an das Erdreich angrenzenden Bauwerksteile sind also weiß.

Die „Weiße Wanne" wird aus wasserundurchlässigem Beton hergestellt. Dennoch kann der Beton Wasser aufnehmen. Wasserundurchlässig bedeutet, daß Wasser bei langzeitigem Einwirken den Beton in der gesamten Dicke nicht durchdringt. Auf der wasserabgewandten Seite erfolgt kein Wasseraustritt, Feuchtigkeit tritt auf dieser Seite der Wanne nicht auf.
Nach DIN 1045 muß wasserdichter Beton für Bauteile mit einer Dicke von etwa 10 cm bis 40 cm so dicht sein, daß die größte Wassereindringtiefe 5 cm nicht überschreitet.

Bei Anwendung sowohl der „Schwarzen Wanne" als auch der „Weißen Wanne" muß gewährleistet sein, daß der für das Gebäude erforderliche Fundamenterder seine Erderwirkung nicht verliert.

3.4.7.2 Anordnung des Fundamenterders bei „Schwarzen Wannen"

Liegen Gebäude mit Abdichtung gegen von außen drückendes Wasser nach DIN 18195-6 (Abdichtungswanne) vor, so ist der Fundamenterder nach DIN 18014 in ei-

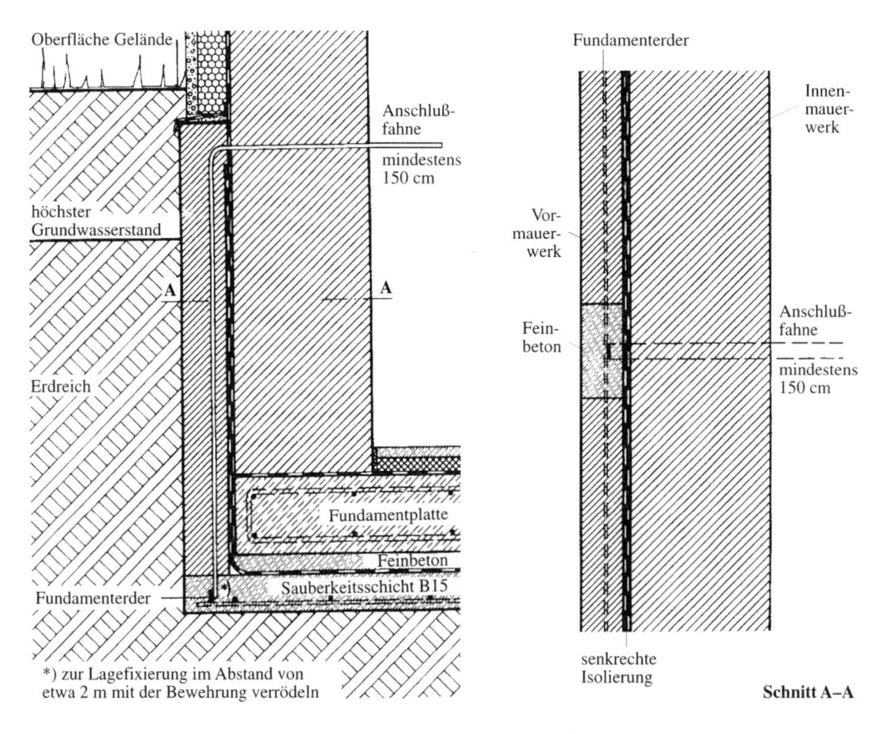

Bild 3.12 Beispiel für die Anordnung des Fundamenterders bei Wannenabdichtungen (Schnitt A – A)

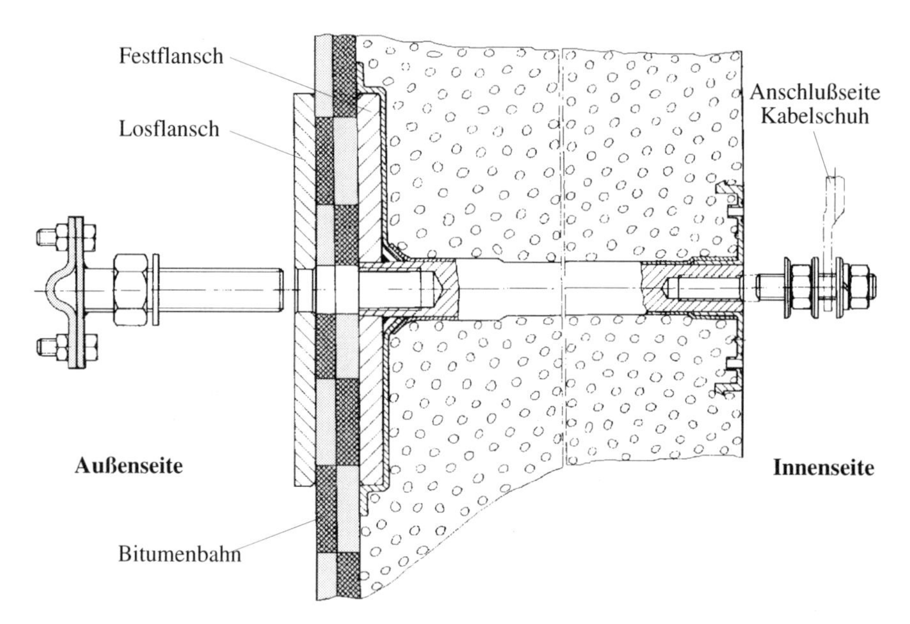

Bild 3.13a Erdungsdurchführung für schwarze Wannen nach DIN 18195-9 – Prinzipdarstellung im Schnitt (Quelle: Firma Hauff-Technik)

ner Betonschicht unterhalb der Abdichtung zu verlegen. Der Fundamenterder ist somit in einer Sauberkeitsschicht aus Beton B 15 zu verlegen.
Besondere Aufmerksamkeit ist den Anschlußfahnen zu widmen. Sie sind entweder an der Außenfläche oder innerhalb der Abdichtungsrücklage in Beton eingebettet

Bild 3.13b Erdungsdurchführung für schwarze Wannen nach DIN 18195-9 – Bauteildarstellung (Foto: Firma Hauff-Technik)

hochzuführen. Oberhalb des höchsten Grundwasserstands sind die Anschlußfahnen dann in das Gebäude einzuführen.
Bild 3.12 zeigt ein Beispiel für die Anordnung des Fundamenterders bei einer Wannenabdichtung. Sofern DIN 18195-9 „Bauwerksabdichtungen; Durchdringungen, Übergänge, Abschlüsse" Anwendung findet, dürfen die Anschlußfahnen auch durch die Abdichtung hindurch in das Gebäude eingeführt werden (**Bild 3.13**).

3.4.7.3 Anordnung des Fundamenterders bei „Weißen Wannen"

Die Anordnung des Fundamenterders erfolgt vom Grundsatz her wie beim bewehrten Fundament (siehe Abschnitt 3.4.6). Der Fundamenterderstahl ist also auf der untersten Bewehrungslage der Fundamentplatte anzuordnen und zur Lagefixierung in Abständen von etwa 2 m mit der Bewehrung zu verrödeln. Weitere Ausführungen zur Einbringung siehe Abschnitt 3.4.6.
Zu berücksichtigen ist allerdings, daß nach DIN 1045 wasserdichter Beton für Bauteile mit einer Dicke von etwa 10 cm bis 40 cm so dicht sein muß, daß die größte Wassereindringtiefe 5 cm nicht überschreitet. Somit liegt der Fundamenterderstahl in aller Regel im „trockenen" Bereich der „Weißen Wanne", was den Ausbreitungswiderstand des Fundamenterders negativ beeinflußt.
Allerdings ist der Fundamenterderstahl dabei nicht völlig gegen das Erdreich isoliert. Es wird sich ein bestimmter Ausbreitungswiderstand ergeben, der im Vergleich zu den üblicherweise zu erreichenden Werten deutlich größer sein wird. Welcher Ausbreitungswiderstand allerdings erreicht wird, ist auch abhängig von der handwerklichen Ausführung der Einbringung des Fundamenterderstahls. Könnte eine Einbringung nur im Bereich der Wassereindringtiefe gewährleistet werden – wobei der Fundamenterder wegen der Korrosionsgefahr auch in diesem Fall einen sicheren Abstand vom Erdreich haben muß (allseits von Beton umschlossen) –, so wäre ein üblicher Ausbreitungswiderstand zu erreichen. Dies wird praktisch aber wohl kaum durchführbar sein.
Um kein Risiko einzugehen, sollte deshalb auch bei der „Weißen Wanne" die Einbringung des Fundamenterders generell in einer Sauberkeitsschicht aus Beton B 15 unterhalb der „Weißen Wanne" erfolgen. Nur dann kann in jedem Fall ein guter Ausbreitungswiderstand gewährleistet werden. Bei Einbringung des Fundamenterderstahls in der „Weißen Wanne" ist dies nicht generell gewährleistet. Zudem ist im letztgenannten Fall die Durchführung der Anschlußfahne durch den Boden der „Weißen Wanne" ein weiteres Problem.

3.4.8 Anordnung bei Perimeterdämmung

3.4.8.1 Allgemeines

Für den Ausbreitungswiderstand von Fundamenterdern ergeben sich im allgemeinen vorzügliche Werte. Dies gilt ohne Einschränkungen für alle nach herkömmlichen Bauweisen erstellte Gebäude mit Fundamenterder, z. B. bei der Anordnung des Fundamenterders in unbewehrtem Fundament (siehe Bild 3.8) oder bei der Anordnung des Fundamenterders in bewehrtem Fundament (siehe Bild 3.11). Differenzierter sind hochwärmegedämmte Gebäude mit Perimeterdämmung zu betrachten.

3.4.8.2 Ausführung der Perimeterdämmung

Der Grundgedanke der Wärmedämmung von Gebäuden ist, eine Begrenzung des Wärmedurchgangs zu erreichen und die durch die Wärmeschutzverordnung vorgegebenen maximalen Wärmedurchgangskoeffizienten *k* für Bauteile und Bauteilegruppen nicht zu überschreiten.

Der k-Wert gilt dabei als wichtige Energiespargröße. Er ist der Kennwert für den Wärmestrom, der bei einem Temperaturunterschied von 1 °C beiderseits eines Bau-

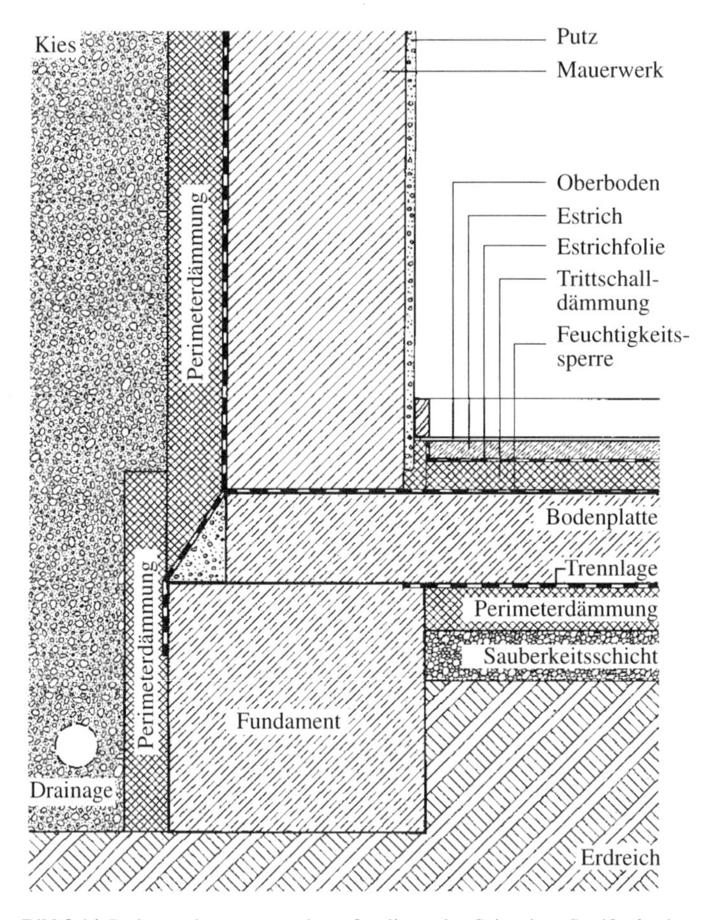

Bild 3.14 Perimeterdämmung an der außen liegenden Seite eines Streifenfundaments

teils stündlich durch 1 m^2 hindurchgeht. Je kleiner der k-Wert, desto besser der Dämmwert, um so geringer der Wärmeverlust.
Bei der Verwirklichung der Energieeinsparung, d. h. bei der Reduzierung der Wärmeverluste eines Hauses, spielt das beheizte Untergeschoß (Kellergeschoß) eine nicht unbedeutende Rolle. Ein angenehmes Raumklima wird ohne große Energieverluste nur erreicht, wenn die an das Erdreich angrenzenden Bauteile (Wände, Decken) ausreichend wärmegedämmt sind.
Diesen Gedanken verfolgt auch die Wärmeschutzverordnung vom 1. Januar 1995. Sie schreibt den Wärmeschutz beheizbarer, an das Erdreich angrenzender Räume vor.

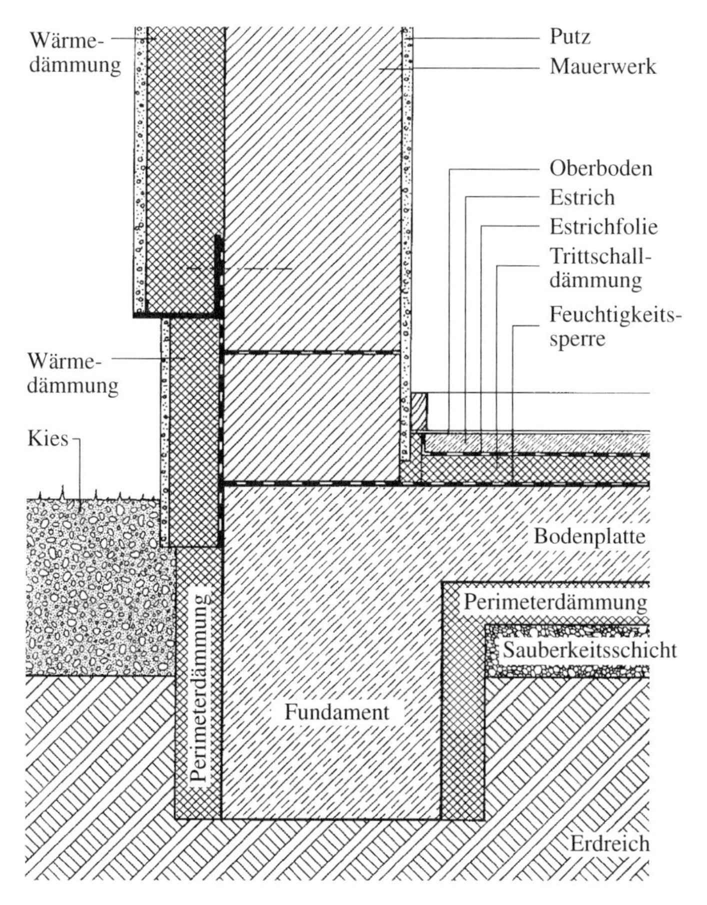

Bild 3.15 Perimeterdämmung an den außen und innen liegenden Seiten eines Streifenfundaments

So werden in der Wärmeschutzverordnung auch für Decken über dem Erdreich bei nicht unterkellerten Gebäuden, beheizten Kellerräumen und bei Gebäuden in Hanglage, bei denen der untere Abschluß der betreffenden Räume direkt an das Erdreich angrenzt, entsprechende maximale Wärmedurchgangskoeffizienten k vorgegeben. Für die Berechnung der Wärmeschutzwirkung bzw. des k-Werts eines Deckenaufbaus von Decken über dem Erdreich werden alle Schichten ab Oberkante der Feuchtigkeitsabdichtung in Ansatz gebracht. Bei Verwendung von Wärmedämmstoffen, die keine oder nur geringe Feuchte aufnehmen (z. B. hochverdichteter Polystyrol-Extruder-Hartschaumstoff, Schaumglas), können diese z. B. auch unter der Boden-

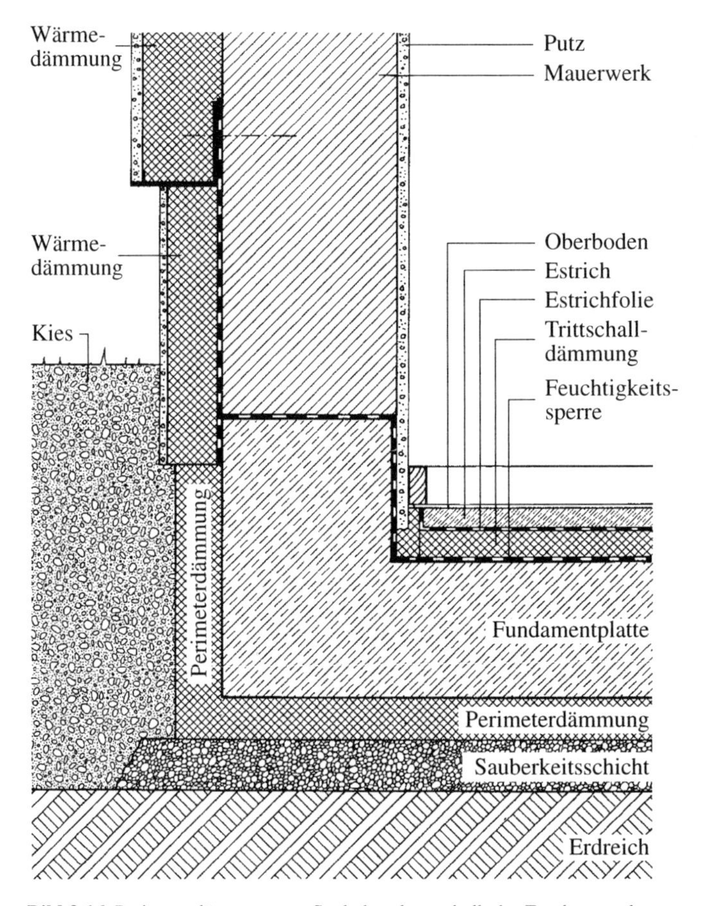

Bild 3.16 Perimeterdämmung am Sockel und unterhalb der Fundamentplatte

platte bzw. unter der Fundamentplatte verlegt und in die Ermittlung des k-Werts mit einbezogen werden.
Die Dämmung von an das Erdreich angrenzenden Bauteilen im Feuchtebereich wird Perimeterdämmung genannt. Mit Perimeter bezeichnet man den erdberührenden Wand- und Bodenbereich eines Bauwerks.
Bisher bestand die Perimeterdämmung im wesentlichen aus der Dämmung der an das Erdreich angrenzenden Außenwände. In jüngster Zeit – insbesondere durch die neue Wärmeschutzverordnung vom 1. Januar 1995 – findet sie auch mehr und mehr an Streifenfundamenten und unter Bodenplatten bzw. unter Fundamentplatten Anwendung.

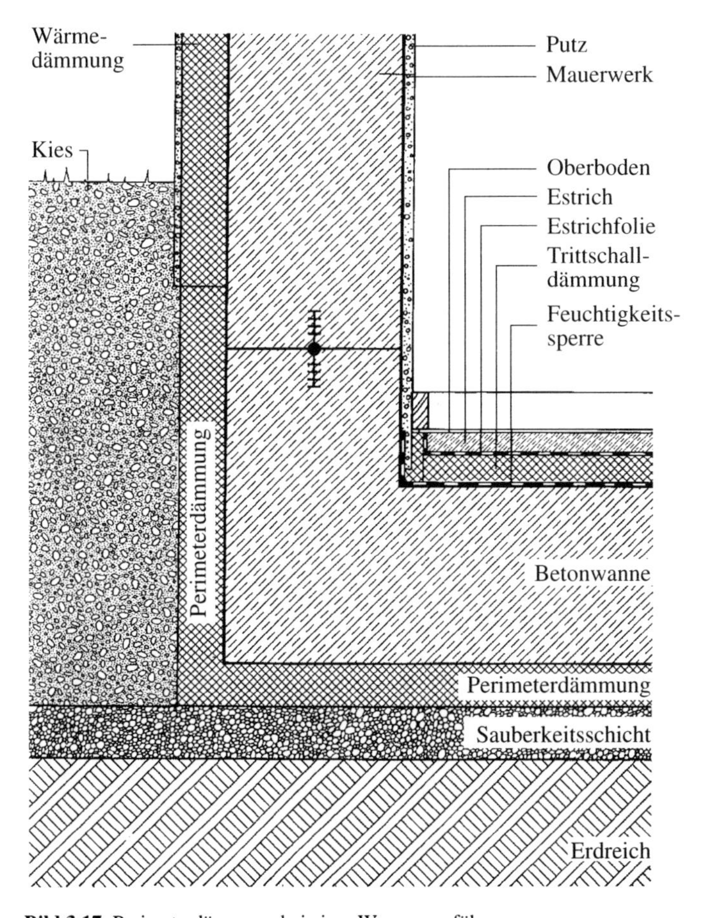

Bild 3.17 Perimeterdämmung bei einer Wannenausführung

Ausführungsbeispiele von perimetergedämmten Streifenfundamenten sowie Boden- und Fundamentplatten zeigen die Bilder 3.14 bis 3.17.
Bild 3.14 zeigt eine Perimeterdämmung an der außen liegenden Seite des Streifenfundaments sowie unterhalb der Bodenplatte. Bei **Bild 3.15** sind die Streifenfundamente beidseitig perimetergedämmt, des weiteren die Bodenplatte. **Bild 3.16** zeigt die Perimeterdämmung am Sockel und unterhalb einer Fundamentplatte. Im **Bild 3.17** ist die Perimeterdämmung bei einer Wannenausführung dargestellt.
Über das Einbeziehen der Wärmedämmung von Decken über dem Erdreich in die Ermittlung des k-Werts bestehen in der Baufachwelt differenzierte Meinungen. Hierüber soll aber an dieser Stelle nicht diskutiert werden. Es ist vielmehr davon auszugehen, daß die Perimeterdämmung von Decken über dem Erdreich in der Baupraxis Anwendung findet.

3.4.8.3 Auswirkung der Perimeterdämmung auf den Ausbreitungswiderstand
Eine entscheidende Größe stellt bei der Betrachtung der Auswirkungen von Perimeterdämmungen auf den Ausbreitungswiderstand von Fundamenterdern bei herkömmlicher Anordnung im Fundament (Streifenfundament, Fundamentplatte) der spezifische Widerstand der Perimeterdämmplatten dar. In der Literatur sind Angaben hierüber sehr spärlich.
So wird z. B. für einen Polyurethan-Hartschaum mit der Rohdichte 30 kg/m^3 ein spezifischer Widerstand von $5{,}4 \cdot 10^{14}$ Ω cm angegeben. Dem gegenüber liegt der spezifische Widerstand von Beton zwischen $5 \cdot 10^3$ Ω cm und $5 \cdot 10^4$ Ω cm.
Allein hieraus läßt sich ableiten, daß bei lückenloser Perimeterdämmung ein herkömmlich im Fundament (Streifenfundament, Fundamentplatte) angeordneter Fundamenterderstahl praktisch keine Erderwirkung hat. Die Perimeterdämmung wirkt auch elektrisch als Isolator.
Welche Auswirkungen hat nun die Perimeterdämmung auf den Ausbreitungswiderstand von Fundamenterdern? In jedem Fall sind hier die differenzierten Bauausführungen zu berücksichtigen.
Ist der Fundamenterder in einem Streifenfundament angeordnet, das einseitig an der außen liegenden Seite gegen das Erdreich mit einer Perimeterdämmung versehen ist, sind durch den Fundamenterder die bekannt guten Ausbreitungswiderstände zu erwarten.
Weniger positiv, aber nicht kritisch, ist die Anordnung des Fundamenterders in einem Streifenfundament, das einseitig an der außen liegenden Seite mit einer Perimeterdämmung versehen und außerdem die Bodenplatte gegen das Erdreich gedämmt ist (siehe Bild 3.14).
Kritisch ist die Anordnung des Fundamenterders in einem Streifenfundament zu sehen, das beidseitig gegen das Erdreich mit einer Perimeterdämmung versehen und wo außerdem die Bodenplatte gegen das Erdreich gedämmt ist (siehe Bild 3.15).
Völlig wirkungslos wird der Fundamenterder bei Anordnung in einer Fundamentplatte, die perimetergedämmt ist (siehe Bild 3.16).

Gleichermaßen wirkungslos wäre ein Fundamenterder auch in einer Wanne aus wasserundurchlässigem Beton, die perimetergedämmt ist (siehe Bild 3.17). Aber bei Wannenausführungen erfolgt die Anordnung des Fundamenterderstahls nach DIN 18014 „Fundamenterder" sowieso nicht im Wannenkörper, sondern unterhalb der Wanne in einer Sauberkeitsschicht aus Magerbeton (siehe Bild 3.12).

3.4.8.4 Einfluß des Feuchtegehalts von Perimeterdämmplatten

Dämmplatten aus Polystyrol-Extruder-Hartschaumstoff nehmen in geringem Umfang Wasser auf durch direktes Eindringen und durch Dampfdiffusion mit Kondensation. Dämmplatten aus Schaumglas sind dagegen wasser- und dampfdicht. Die nachfolgenden Ausführungen betreffen daher nur die Perimeterdämmung mit Dämmplatten aus Polystyrol-Extruder-Hartschaumstoff.

Die Wasseraufnahme von Polystyrol-Extruder-Hartschaumstoff ist abhängig von den Umgebungsbedingungen. Sie erfolgt sowohl durch Wassereindringung als auch durch Dampfdiffusion mit Kondensation. Einflußfaktoren sind die Rohdichte, die Abmessungen sowie die Einbauverhältnisse vor Ort.

Insbesondere hinsichtlich der Einbauverhältnisse vor Ort ist der Feuchtegehalt der Perimeterdämmplatten von vielerlei Faktoren abhängig. Sehr günstig stellt sich die Situation bei Verwendung einer Dränschicht (Wände) dar. Negativ wirkt sich ein falsches Gefälle aus, da Oberflächenwasser gegen die Hauswand drückt. Das nach unten sickernde Wasser bewirkt eine lang anhaltende Naßhaltung der vollflächigen Klebeschicht, mit der die Perimeterdämmplatten auf die Wand geklebt sind. In der nassen Klebeschicht herrscht über eine lange Zeit ein hoher Wasserdampf-Partialdruck, der in der kalten Jahreszeit einen starken Wasserdampf-Diffusionsstrom und starke Tauwasserbildung in der Perimeterdämmplatte bewirkt. Wasser an der warmen Seite der Dämmplatten ist hinsichtlich des Feuchtegehalts der Perimeterdämmplatten immer kritisch.

Einen großen Einfluß auf den Feuchtegehalt der Dämmplatten hat auch die Art des Erdbodens, der gegen die Dämmplatten anliegt.

Positiv zu bewerten sind Kies oder Kiessand, negativer stellt sich bindiger Boden, z. B. Lehm, dar.

Zu unterscheiden sind Perimeterdämmungen mit geringer Grundwasserbelastung und Perimeterdämmungen mit hoher Grundwasserbelastung. Entscheidend ist die Dauer der Grundwasserbelastung.

Nach der bauaufsichtlichen Zulassung dürfen Perimeterdämmungen aus Polystyrol-Extruder-Hartschaumstoff nicht ständig stauendem Wasser ausgesetzt werden.

Bei Perimeterdämmungen mit geringer Grundwasserbelastung ist davon auszugehen, daß die Perimeterdämmplatten einen Feuchtegehalt besitzen, wie er auch bei Perimeterdämmungen ohne Grundwasserbelastung auftritt.

Bei Perimeterdämmungen mit starker Grundwasserbelastung spielt die Qualität der Verklebung der Perimeterdämmplatten mit dem Baukörper eine entscheidende Rolle. Bei unzureichender Verklebung gelangt Grundwasser in die Fuge zwischen den Dämmplatten und dem Baukörper. Auf der warmen Seite der Dämmplatten (Innen-

seite) bildet sich ein hoher Wasserdampf-Partialdruck, der zu einem mehr oder weniger starken Wasserdampf-Diffusionsstrom mit entsprechender Tauwasserbildung in den Perimeterdämmplatten führt, abhängig vom jeweiligen Temperaturgradienten. Es verbietet sich daher eine nur teilweise Verklebung von Perimeterdämmplatten im Grundwasser, da eine solche Vorgehensweise zwangsläufig zu einem hohen Feuchtegehalt in den Dämmplatten führt. Es gilt daher die Vorgabe, Extruderschaumplatten nur vollflächig zu verkleben.
Über die Auswirkungen des Feuchtegehalts der Perimeterdämmplatten auf den Ausbreitungswiderstand eines in perimetergedämmten Streifenfundamenten oder in einer perimetergedämmten Fundamentplatte verlegten Fundamenterderstahls können z. Z. keine konkreten Angaben gemacht werden. Selbst wenn gegenüber „trockenen" Perimeterdämmplatten bei Dämmplatten mit einem „gewissen Feuchtegehalt" ein günstigerer Ausbreitungswiderstand erreicht werden sollte, so ist zu erwarten, daß der bei Fundamenterdern übliche Wert (etwa $< 10\ \Omega$) bei weitem nicht erreicht wird. Zudem ist abhängig von äußeren Einflüssen, z. B. Witterung, Jahreszeit, der Feuchtegehalt unterschiedlich groß. Außerdem sollte es das Bestreben sein, die Perimeterdämmung fachgerecht zu errichten. Je fachgerechter aber die Ausführung ist, desto niedriger ist der Feuchtegehalt der Dämmplatten.
Gegebenenfalls vorhandener Feuchtegehalt von Perimeterdämmplatten kann daher kein Argument dafür sein, einen in perimetergedämmten Streifenfundamenten oder in einer Fundamentplatte verlegten Fundamenterderstahl als wirksamen Fundamenterder zu akzeptieren.

3.4.8.5 Ausführung des Fundamenterders bei Anwendung der Perimeterdämmung

Den Ausführungen unter den Abschnitten 3.4.8.3 „Auswirkung der Perimeterdämmung auf den Ausbreitungswiderstand" und 3.4.8.4 „Einfluß des Feuchtegehalts von Perimeterdämmplatten" ist zu entnehmen, daß bei perimetergedämmten Streifenfundamenten und Fundamentplatten (siehe Bilder 3.14 bis 3.17) die Erderwirkung des Fundamenterders bei herkömmlicher Anordnung des Fundamenterderstahls im Streifenfundament bzw. in der Fundamentplatte nicht gegeben ist. Was aber ist in solchen Fällen zu tun?
Der für die DIN 18014 „Fundamenterder" zuständige Ausschuß ist bei der Beratung dieses Problems zu der Feststellung gekommen, daß zunächst keine Änderung von DIN 18014 erforderlich sei, wenngleich auf die Problematik bei Anwendung der Perimeterdämmung in DIN 18014 direkt nicht eingegangen wird.
Der Fundamenterder soll in solchen Fällen sinngemäß wie bei der Grundwasserwanne (siehe Bild 3.12) ausgeführt werden.
Der Fundamenterderstahl ist demnach bei Vorhandensein einer Perimeterdämmung an Streifenfundamenten bzw. unter Fundamentplatten in die Sauberkeitsschicht aus Magerbeton einzubringen (**Bild 3.18**).

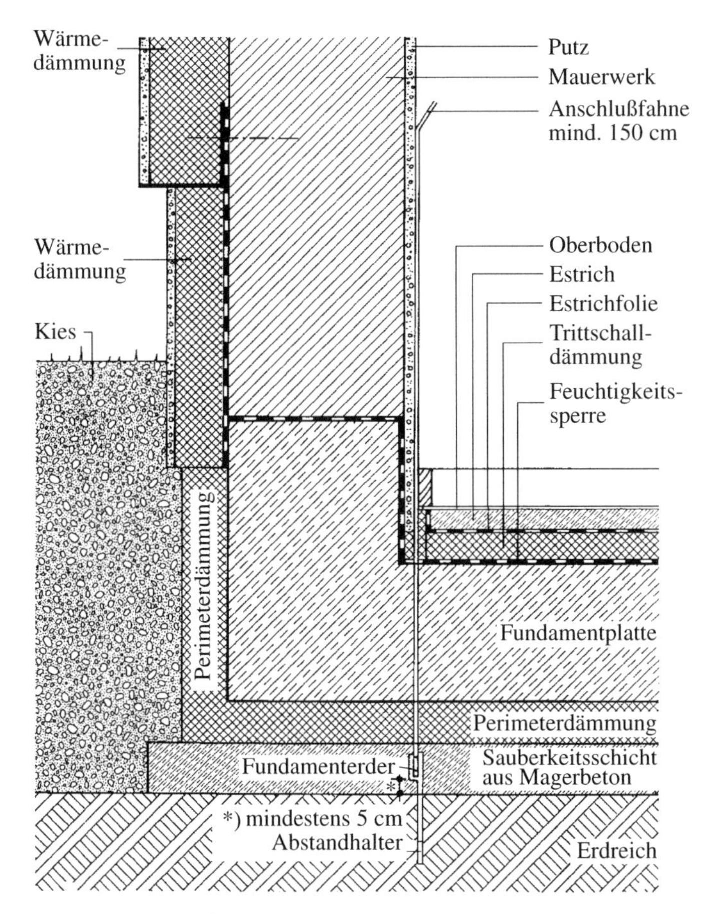

Bild 3.18 Anordnung des Fundamenterders in Sauberkeitsschicht aus Magerbeton bei Vorhandensein einer Perimeterdämmung unterhalb einer Fundamentplatte

3.4.9 Anordnung in gemauerten Fundamenten

Auf der Fundamentsohle wird eine 10 cm dicke Betonschicht eingebracht, in die der Fundamenterder einzulegen ist. Darüber wird das eigentliche Fundament aufgemauert (**Bild 3.19**).
Fundamente werden heutzutage jedoch aus Kostengründen kaum noch gemauert. Daher waren in der letzten Ausgabe (1987) der „Fundamenterder-Richtlinien“ der

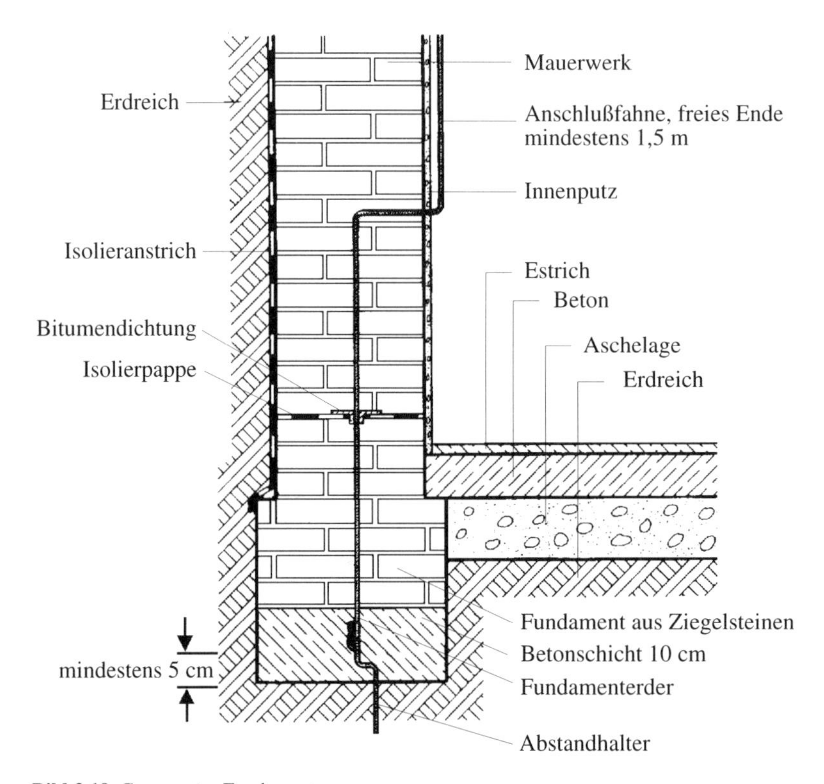

Bild 3.19 Gemauertes Fundament

VDEW schon keine Aussagen über gemauerte Fundamente mehr zu finden. Auch DIN 18014 trifft somit keine Aussage über gemauerte Fundamente.

3.4.10 Verbindung der Teile von Fundamenterdern

In jedem Fall sind bei der Einbringung des Fundamenterders Verbindungen erforderlich für:

- das Abzweigen von Anschlußfahnen,
- das Schließen des Rings,
- ggf. das Verlängern des Stahls bei großen Ringen,
- ggf. das Bilden von Maschen bei Gebäuden größeren Umfangs.

Nach DIN 18014 sind solche Verbindungen von Teilen eines Fundamenterders durch Verbindungselemente herzustellen.

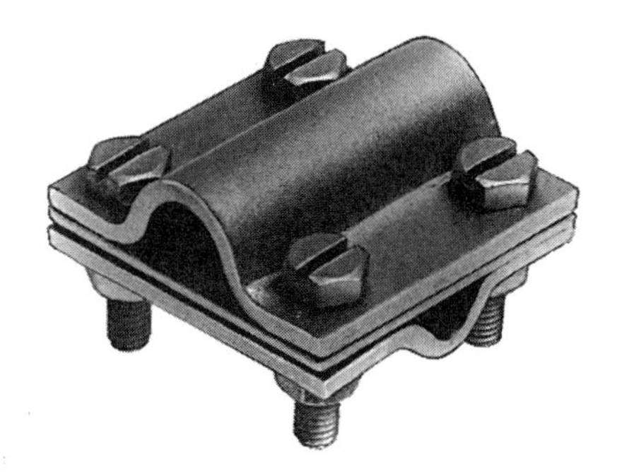

Bild 3.20 Kreuzverbinder für Flach- und Rundstahl (Foto: Firma Kleinhuis)

Als Verbindungselemente sind dabei zu verwenden:
- Kreuzverbinder nach DIN 48845 (**Bild 3.20** und **Bild 3.21**),
- Keilverbinder nach DIN 48834 (**Bild 3.22** und **Bild 3.23**).

Auch durch Schweißverfahren nach den Normen der Reihe DIN 1910 können solche Verbindungen hergestellt werden. Würgeverbindungen sind dagegen unzulässig.
Zum Schweißen von feuerverzinktem Stahl sind außer der sorgfältigen Entfernung der Zinkschicht an der Schweißstelle und einem schrägen Anschleifen der Verbindungsstellen keine besonderen Vorbereitungsarbeiten erforderlich. Die Schweißung kann mit normalen Elektroden durchgeführt werden. Die Verbindungsstellen sind ganzflächig zu umschweißen.
Da der Fundamenterder jedoch meist im Verlauf des Baufortschritts sehr kurzfristig eingebracht werden muß, hat sich die Verwendung von Keilverbindern (siehe Bild 3.22 und Bild 3.23) in der Praxis seit langem durchgesetzt. Diese Verbindungen gewähren einen völlig ausreichenden elektrischen Kontakt und können selbst von ungelernten Kräften einfach und schnell durchgeführt werden. Auf die Zuläs-

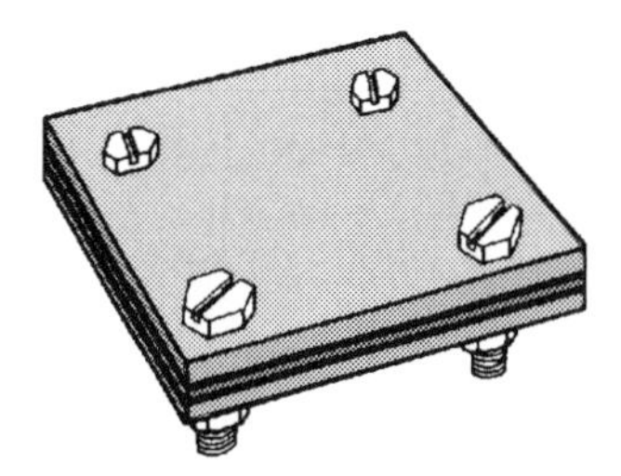

Bild 3.21 Kreuzverbinder für Fundamenterder – Ausführung für zwei Flachstähle

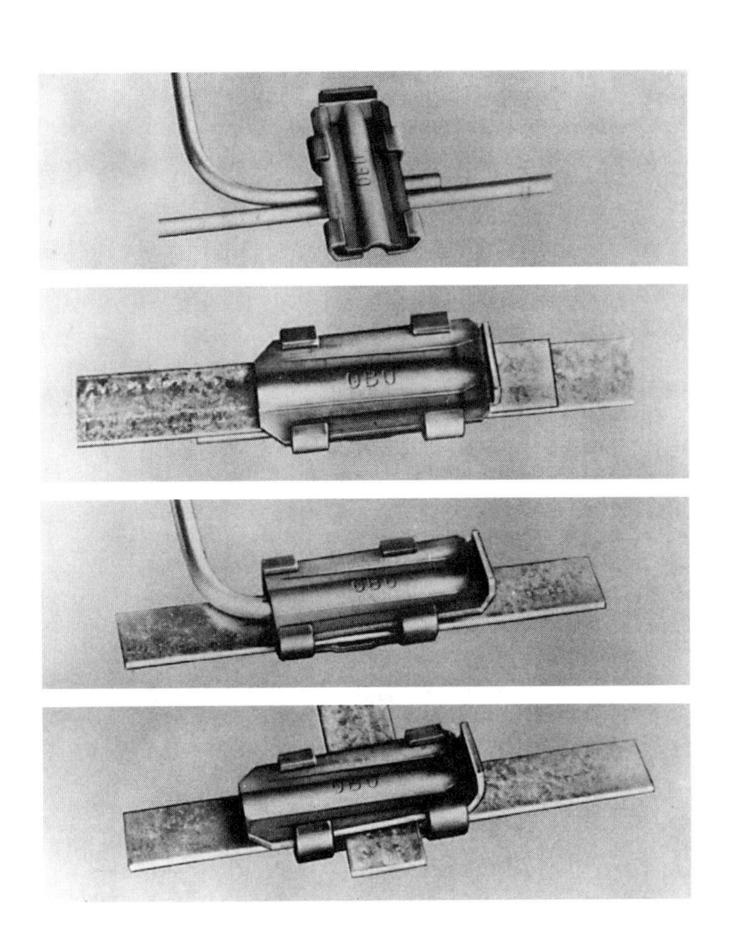

Bild 3.22 Keilverbinder für Fundamenterder – Ausführung für Flach- und Rundstahl (Foto: Firma OBO Bettermann)

sigkeit der Verwendung von Keilverbindern im Beton weist auch DIN VDE 0151:1986-06 hin.

Keilverbinder sind geeignet, Rundstahl mit Rundstahl, Flachstahl mit Flachstahl (Parallel-, Kreuz- oder T-Verbindung) als auch Rundstahl mit Flachstahl (Kreuz- oder T-Verbindung) zu verbinden (siehe Bild 3.22). Daneben gibt es auch Keilverbinder ausschließlich für Rundstahl (siehe Bild 3.23).

Kreuzverbinder – hier gibt es verschiedene Ausführungsformen, z. B. für zwei Rundstähle, für Rundstahl und Flachstahl (siehe Bild 3.20) und für zwei Flachstähle (siehe Bild 3.21) – werden im Betonfundament für Fundamenterder weniger häufig verwendet. Sie finden mehr Verwendung bei Erdungsanlagen im Erdreich.

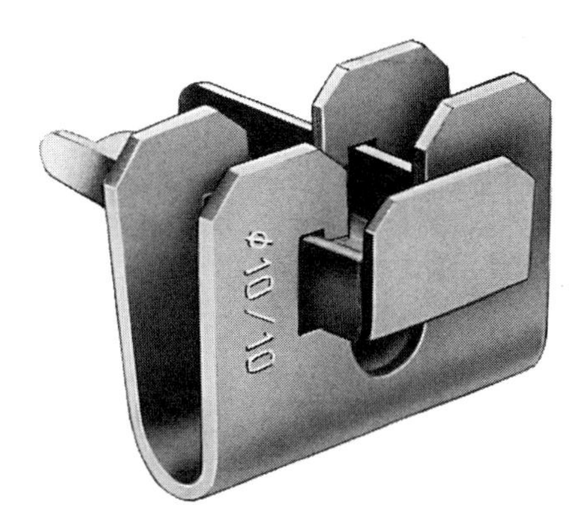

Bild 3.23 Keilverbinder für Fundamenterder – Ausführung für Rundstahl (Foto: Firma Dehn & Söhne)

Federverbinder (**Bild 3.24**) zum Anschließen und Verbinden von Flachstahl haben sich in der Praxis nicht bewährt. Sie sind in DIN 18014 als Verbindungselemente nicht genannt.
Auch Dehnungsbänder, wie sie bei Bewegungsfugen (Dehnungsfugen) Verwendung finden müssen (siehe Abschnitt 3.4.2), sind Verbindungselemente zur Verbindung von Teilen eines Fundamenterders. Für sie gelten die vorausgegangenen Aussagen aber nicht. Dehnungsbänder werden üblicherweise so ausgeführt, wie im Abschnitt 3.4.2 beschrieben.

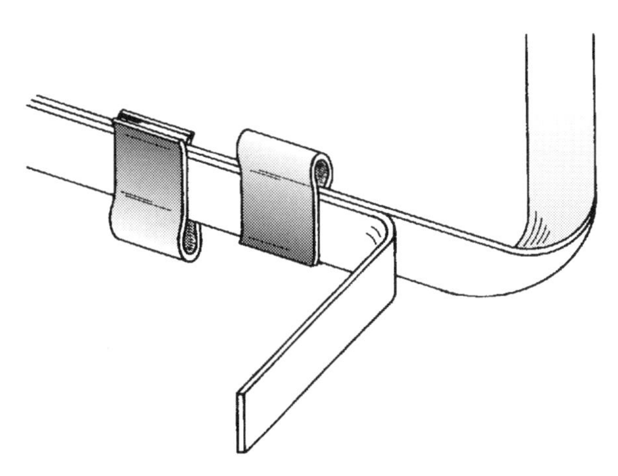

Bild 3.24 Federverbinder für Fundamenterder (nach DIN 18014 nicht zulässig)

3.4.11 Anschlußfahnen und Anschlußteile

Die Anschlußfahne des Fundamenterders ist das Verbindungsstück zwischen dem geschlossenen Fundamenterderring und der Potentialausgleichsschiene für den Hauptpotentialausgleich, der Ableitung einer Blitzschutzanlage oder sonstigen Konstruktionsteilen aus Metall.
Ein Anschlußteil ist ein in Beton oder Mauerwerk oberflächenbündig eingebettetes metallenes Bauelement, das mit dem Fundamenterder verbunden ist und zum Anschluß eines Erdungsleiters dient.
Während also die Anschlußfahne in aller Regel direkt auf die Potentialausgleichsschiene gelegt wird, muß bei Verwendung eines Anschlußteils noch eine Verbindung (Erdungsleiter) zwischen dem Anschlußteil und der Potentialausgleichsschiene für den Hauptpotentialausgleich durch den Elektroinstallateur geschaffen werden. An Anschlußteile können im Bedarfsfall auch die Ableitungen einer Blitzschutzanlage oder sonstige Konstruktionsteile aus Metall direkt angeschlossen werden.
Für den Anschluß an die Potentialausgleichsschiene für den Hauptpotentialausgleich ist eine Anschlußfahne im Hausanschlußraum (DIN 18012) in der Nähe des Hausanschlußkastens anzuordnen. In diesem Bereich wird üblicherweise auch die Potentialausgleichsschiene des Hauptpotentialausgleichs angeordnet.
Sofern ein Anschlußteil Verwendung findet, ist dieses ebenfalls in der Nähe des Hausanschlußkastens anzuordnen.
Bei Freileitungsanschlüssen ist die Anschlußfahne in der Nähe des Wasserhausanschlusses hochzuführen. Wird ein Anschlußteil verwendet, so ist auch dieses in der Nähe des Wasserhausanschlusses anzuordnen.
Soll der Fundamenterder als Blitzschutzerder verwendet werden, so sind besondere Anschlußfahnen oder Anschlußteile für die Blitzschutzanlage zum Anschluß der Ableitungen nach außen zu führen, damit die Ableitungen bzw. Erdungsleiter der Blitzschutzanlage nicht in das Gebäude geleitet werden müssen. Die Anzahl und die Ausführung dieser Anschlußfahnen bzw. Anschlußteile ist in DIN VDE 0185 Teil 1 festgelegt (siehe Abschnitt 3.5).
Bei größeren Gebäuden ist es zweckmäßig, zusätzliche Anschlußfahnen bzw. Anschlußteile im Gebäudeinnern, z. B. zum Anschluß von Aufzugsführungsschienen, Klimaanlagen, Stahlkonstruktionen, in entsprechender Anzahl an den erforderlichen Stellen vorzusehen. Hierauf weist DIN 18015-1 hin. Durch die direkte Anbindung über Anschlußfahnen bzw. Anschlußteile an den Fundamenterder werden diese Teile direkt in den Hauptpotentialausgleich einbezogen. Der Fundamenterder übernimmt in diesen Fällen gleichzeitig die Funktion des Potentialausgleichsleiters des Hauptpotentialausgleichs. Auf separate Potentialausgleichsleiter kann dann verzichtet werden.
Auch DIN 18014 weist auf diese Ausführung hin. So sind danach zusätzliche Anschlußfahnen bzw. Anschlußteile in entsprechender Anzahl an den erforderlichen Stellen vorzusehen, sofern Konstruktionsteile aus Metall, z. B. Führungsschienen für Aufzüge, direkt mit dem Fundamenterder verbunden werden sollen.

Anschlußfahnen sollen ab der Eintrittstelle in den Raum eine Länge von mindestens 1,5 m haben. Diese Länge ermöglicht in den meisten Fällen der Praxis den unmittelbaren Anschluß an die Potentialausgleichsschiene für den Hauptpotentialausgleich.
Es bestehen aber keine Bedenken, bei ungünstiger Lage, die sich nachträglich ergeben hat, zwischen dem nicht lang genug vorhandenen Ende der Anschlußfahne und der Potentialausgleichsschiene eine andere leitwertgleiche Verbindung herzustellen.
Über die Einführung der Anschlußfahne in den Raum macht DIN 18014 im Text keine Aussage mehr. Lediglich den bildlichen Darstellungen (siehe Beispiele in den Bild 3.8 und Bild 3.11) ist die Führung der Anschlußfahnen zu entnehmen).
Nach den „Fundamenterder-Richtlinien“ der VDEW mußten die Anschlußfahnen im Innern des Gebäudes etwa 30 cm über dem Kellerfußboden aus der Wand herausgeführt werden (siehe Beispiel in Bild 3.19). Diese Forderung bedeutete, daß die Anschlußfahnen in den Außenwänden hochgeführt und dabei zwangsläufig auch durch die vorhandene Feuchtigkeitssperre (Isolierpappe) gegen aufsteigende Feuchtigkeit geführt werden mußten. In der Praxis gab es hier mitunter Probleme bei der Ausführung.
DIN 18014 geht nun in den bildlichen Darstellungen von einer anderen Führung der Anschlußfahnen aus. Die Anschlußfahne wird danach so aus dem Fundament (Streifenfundament, Fundamentplatte) herausgeführt, daß sie direkt an der Außenwand im Innern des Gebäudes angeordnet werden kann (siehe Beispiele in Bild 3.8 und Bild 3.11).
Die Erstellung der Anschlußfahnen ist somit deutlich einfacher in der Handhabung geworden. Das „Ummauern“ der Anschlußfahnen (problematisch, da Mauerwerk im Mauerwerksverband gemauert) entfällt nun. Auch der spätere Anschluß an die Potentialausgleichsschiene gestaltet sich einfacher, da keine Biegestelle vorhanden ist.
Alle Anschlußfahnen sind unmittelbar nach dem Einlegen und während der Bauphase auffällig zu kennzeichnen, damit sie nicht während der Bauzeit versehentlich abgeschnitten werden. Zur Kennzeichnung können z. B. die Anschlußfahnen mit Markierungsbändern umwickelt oder Schrumpfschläuche aufgeschrumpft werden.
Da die Gefahr des Abschneidens durch die Baufachleute besonders gegeben ist, wenn ein runder Stahl – auch wenn er verzinkt ist – aus der Wand oder aus dem Rohbeton des Fußbodens ragt, sind bei der Ausführung des Fundamenterders in Rundstahl die Anschlußfahnen möglichst aus Bandstahl herzustellen.
Sofern PVC-ummantelter Rundstahl verwendet wird, bestehen gegen Rundstahl keine Einwände. Die Gefahr des unbeabsichtigten Abschneidens ist weniger groß, da ein PVC-ummantelter Rundstahl nicht bautypisch ist. Im übrigen bietet der PVC-Mantel einen guten Korrosionsschutz.
Anschlußfahnen sind nach DIN 18014 aus verzinktem Stahl herzustellen (siehe Abschnitt 3.4.3). Die „Fundamenterder-Richtlinien“ der VDEW ließen für die Anschlußfahnen noch unverzinkten Stahl zu, verlangten aber an den Austrittsstellen der Anschlußfahnen Korrosionsschutzmaßnahmen, z. B. Korrosionsschutzbinden mit

unverrottbarem Trägergewebe, Kunststoffummantelung, Bitumenanstrich, Schutzbandisolierung, da blank ausgeführte Anschlußfahnen (unverzinkter Stahl) unter Einfluß von Feuchtigkeit (Eigenkorrosion, siehe Abschnitt 4.2) mitunter in kurzer Zeit an der Austrittstelle (Beton, Mauerwerk) korrodieren.
Als Korrosionsschutzmaßnahme wurde in den „Fundamenterder-Richtlinien" der VDEW aber auch die alleinige Verwendung von verzinkten Anschlußfahnen angesehen. Nach DIN 18014 sind im Gebäudeinnern herausgeführte Anschlußfahnen aus Korrosionsschutzgründen nun von vornherein aus verzinktem Stahl herzustellen. Im Bereich der Eintrittstelle in den Raum sind sie darüber hinaus zusätzlich gegen Korrosion zu schützen.
Mit Eintrittstelle ist dabei sowohl der Bereich nach dem Austritt der Anschlußfahne aus dem Beton bzw. Mauerwerk als auch der Bereich der Anschlußfahne im Beton bzw. Mauerwerk vor dem Austritt gemeint.
Würde nur der Bereich nach dem Austritt der Anschlußfahne aus dem Beton bzw. Mauerwerk durch Korrosionsschutzmaßnahmen zusätzlich geschützt, wie es in der Praxis mitunter vorkommt, ist der Korrosionsschutz praktisch nicht vorhanden. Direkt an der Austrittstelle aus dem Beton bzw. Mauerwerk ist für die Anschlußfahne dann eine große Korrosionsgefahr gegeben.
Geeignete Korrosionsschutzmaßnahmen, die die Anforderung aus DIN 18014 erfüllen, sind z. B. die Verwendung von Stahl mit Kunststoffummantelung, Korrosionsschutzbinden mit unverrottbarem Trägergewebe, Bitumenanstrich, Schutzbandisolierung.
Sofern in besonderen Fällen für Anschlußfahnen als Werkstoff Edelstahl (nichtrostender Stahl) verwendet wird, so ist dies selbstverständlich zulässig. Wenngleich DIN 18014 verzinkten Stahl als Werkstoff für die Anschlußfahnen aus Korrosionsschutzgründen fordert, wird doch durch die Verwendung von Edelstahl eine mehr als gleichwertige Korrosionsschutzmaßnahme ergriffen.
Bei Verwendung von Anschlußteilen müssen diese nach DIN 18014 aus korrosionsbeständigem Stahl bestehen.
Die zum Anschluß von äußeren Blitzableitungen erforderlichen Anschlußfahnen außerhalb des Gebäudes dürfen schon gar nicht aus dem Beton nach außen in das Erdreich ausgeführt werden. Da die Korrosionsgefahr für nach außen geführte Anschlußfahnen wegen der nicht zu verhindernden Feuchtigkeit groß ist, sollen die Anschlußfahnen aus verzinktem Stahl innerhalb der aufgehenden Wände aus Beton mit eingegossen oder im Mauerwerk geführt und erst oberhalb der Erdoberfläche nach außen geführt werden.
Innerhalb des Mauerwerks müssen sie aus Gründen des Korrosionsschutzes mit einer Kunststoffumhüllung (siehe Abschnitt 4.5.8) versehen werden. Eine andere Möglichkeit besteht darin, die Anschlußfahnen bereits innerhalb des Betonfundaments als kunststoff- oder bleiummantelte Leitungen oder Kabel (NYY $1 \times 50\ mm^2$) an den Fundamenterder anzuschließen und in dieser Art durch das Erdreich zum Anschluß an die Ableitungen zu verlegen. Bleiummantelte Leitungen selbst dürfen aber auch nicht direkt im Beton verlegt werden, weil es in stark alka-

lischer Umgebung (Beton) dann ebenfalls zu Korrosionserscheinungen kommen kann. Der Bleimantel muß also mit einer nicht Feuchtigkeit aufnehmenden zusätzlichen Umhüllung, z. B. einer Korrosionsschutzbinde, geschützt werden (siehe auch Abschnitte 3.5, 4.4 und 4.5.8).

3.4.12 Stahlskelettbauten

Bei Stahlskelettbauten ist kein separater Fundamenterder erforderlich. Hier erfüllen die für die Stützen vorhandenen Einzelfundamente (häufiger Anwendungsfall) oder Streifenfundamente oder gegebenenfalls auch eine Fundamentplatte mit den in ihnen eingebrachten Stützen die an einen Fundamenterder gestellten Anforderungen. Durch die Vielzahl der über den gesamten Umfang verteilten Stützen, die miteinander durch das Stahlskelett verbunden sind, kann auf einen separat im Beton zu verlegenden Ring in Form eines geschlossenen Rings verzichtet werden.

3.4.13 Einzelfundamente (Einzelgründungen)

Bei Einzelfundamenten, auch einzelnen Streifen oder Platten (Einzelgründungen), erfüllen die in ihnen eingebrachten metallenen Stützen wesentliche Voraussetzungen für einen Fundamenterder. Allerdings ist die Wirkung des Fundamenterders dadurch noch nicht gegeben. Sie wird erst erreicht durch die Verbindung der metallenen Stützen außerhalb des Erdreichs (oberhalb der Erdoberfläche untereinander in Ringform). Eine solche Verbindung kann z. B. über einen bauseits vorhandenen Ringanker erreicht werden.
Sofern also die Verbindung der metallenen Stützen der Einzelfundamente außerhalb des Erdreichs untereinander in Ringform erfolgt, kann auf einen separat zu erstellenden Fundamenterder nach DIN 18014 verzichtet werden.

3.5 Fundamenterder als Blitzschutzerder (DIN VDE 0185 Teil 1:1982-11)

Fundamenterder dürfen – sofern sie entsprechend den Anforderungen gemäß DIN VDE 0185 Teil 1 ausgeführt sind – selbstverständlich auch als Blitzschutzerder verwendet werden. Voraussetzung ist zunächst, daß die notwendigen Anschlußfahnen nach außen geführt sind. Die Anzahl der vorzusehenden, nach außen zu führenden Anschlußfahnen richtet sich nach der für das Gebäude erforderlichen Anzahl der Ableitungen. Maßgebend für die Ermittlung der Ableitungen ist der Umfang der Dachaußenkanten, also die Projektion der Dachfläche (**Bild 3.25**).
Um den Fundamenterder als Blitzschutzerder nutzen zu können, ist es deshalb unbedingt erforderlich, daß die Blitzschutzanlage zeitgleich mit dem Rohbau geplant und ausgeschrieben wird. Oft wird an die Blitzschutzanlage erst nach Erstellung des Rohbaus (und damit zu spät) gedacht. Nur bei rechtzeitiger Planung kann die benö-

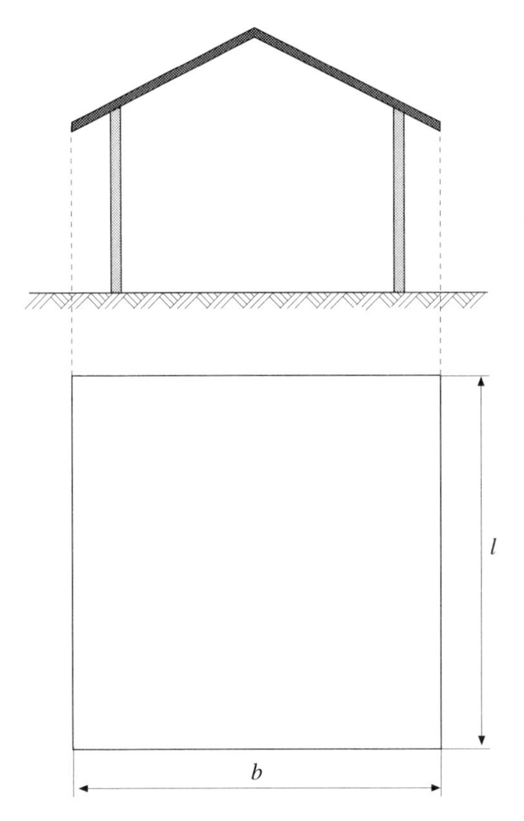

Projektion der Dachfläche:
Umfang = $2b + 2l$

Bild 3.25 Ermittlung des Umfangs der Dachaußenkanten

tigte Anzahl an äußeren Anschlußfahnen vorgesehen werden. Die Anzahl und der Ort von Ableitungen der Blitzschutzanlage kann objektbezogen nur durch Blitzschutzfachleute festgelegt werden.

Für die grobe Orientierung einige Hinweise:

Nach DIN VDE 0185 Teil 1 entfällt die etwas umständliche frühere Ermittlung der Anzahl der Ableitungen nach den ABB, die von Dachneigung, Gebäudebreite und anderen Kriterien abhängig war. An ihre Stelle tritt die einfachere Abhängigkeit vom Umfang der Dachaußenkanten.
Ableitungen müssen nach DIN VDE 0185 Teil 1 derart angeordnet werden, daß die Verbindungen zwischen den Fangeinrichtungen und der Erdungsanlage möglichst kurz sind. Je 20 m Umfang der Dachaußenkanten ist eine Ableitung vorzusehen. Er-

gibt sich bei der Berechnung keine glatte Zahl, so ist sie zunächst in jedem Fall aufzurunden. Ist die ermittelte Zahl eine ungerade Zahl, so muß sie bei symmetrischen Gebäuden um eine Ableitung erhöht werden, bei unsymmetrischen Gebäuden bleibt die ermittelte Zahl unverändert. Bei Gebäuden bis zu 12 m Länge oder Breite darf dagegen eine rechnerisch ermittelte und gegebenenfalls aufgerundete ungerade Zahl um eine Ableitung vermindert werden, gerade Zahlen bleiben auch hier unverändert. Eine Übersicht gibt **Tabelle 3.1**. Bei kleineren Gebäuden sind demnach meist zwei Ableitungen – und damit zwei diagonal gegenüber liegende äußere Anschlußfahnen des Fundamenterders – für den äußeren Blitzschutz ausreichend.
Ausgehend von den Ecken des Gebäudes sind die Ableitungen möglichst gleichmäßig auf den Umfang zu verteilen. Mitunter kann durch bauliche Gegebenheiten, z. B. Öffnungen in Form von Toren, Türen, Fenstern, der Abstand von 20 m zwischen den einzelnen Ableitungen nicht genau eingehalten werden. In solchen Fällen darf er auch größer sein. Die Gesamtzahl der erforderlichen Ableitungen aber ist immer einzuhalten, wobei die Abstände untereinander 10 m nicht unterschreiten sollen.
Ein einfaches Beispiel für die Anordnung von äußeren Anschlußfahnen eines Fundamenterders für die Erdung von Blitzschutzanlagen zeigt unter Berücksichtigung der vorangegangenen Aussagen **Bild 3.26**.
Zu berücksichtigen ist, daß gegebenenfalls weitere Anschlußfahnen für den Blitzschutz-Potentialausgleich außerhalb oder innerhalb des Gebäudes erforderlich sein können.
Die Anschlußfahnen (Verbindungsleitungen) aus verzinktem Stahl vom Fundamenterder zu den Ableitungen der Blitzschutzanlage sollen aus Gründen der oft nicht zu vermeidenden Feuchtigkeit (Korrosionsgefahr) im Beton oder Mauerwerk bis oberhalb der Erdoberfläche verlegt werden (**Bild 3.27**).

Umfang der Dachaußenkanten	**Anzahl der Ableitungen**		
	symmetrische Gebäude	**unsymmetrische Gebäude**	**Gebäude bis maximal 12 m Breite oder Länge**
			max. 12 m
bis 20 m	1	1	1
21 m bis 49 m	2	2	2
50 m bis 69 m	4	3	2
70 m bis 89 m	4	4	4
90 m bis 109 m	6	5	4
110 m bis 129 m	6	6	6
130 m bis 149 m	8	7	6

Tabelle 3.1 Erforderliche Anzahl der Ableitungen nach DIN VDE 0185 Teil 1:1982-11

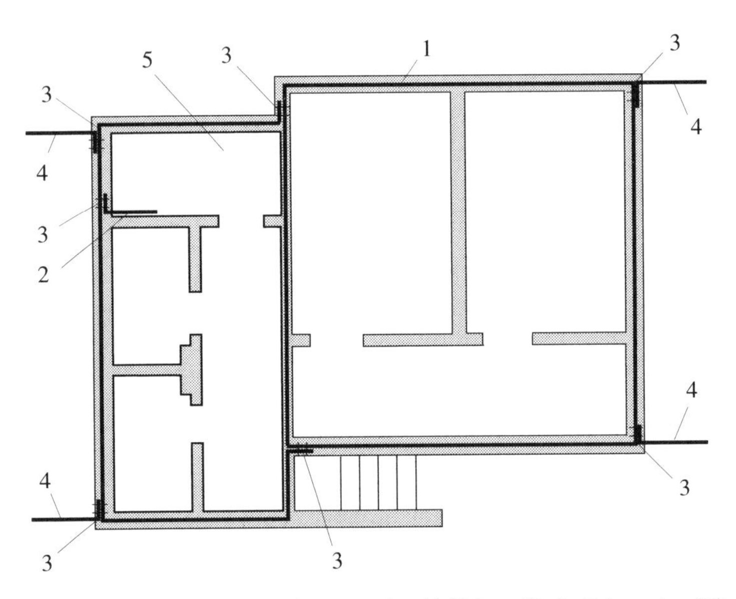

Bild 3.26 Beispiel für die Anordnung von Anschlußfahnen für die Erdung einer Blitzschutzanlage
1 Bandstahl
2 Anschlußfahne
3 Verbinder zur Bandstahlverbindung bzw. Abzweigung
4 Anschlußfahne für Blitzableiter
5 Hausanschlußraum

Innerhalb des Mauerwerks und des Betons müssen die Anschlußfahnen (Verbindungsleitungen) mit einer Umhüllung gegen Korrosion geschützt werden.
Bei Verbindungsleitungen aus Kupfer sind die Verbindungsstellen Kupfer mit Stahl oder Kupfer mit verzinktem Stahl im Beton mit einer Umhüllung gegen Korrosion zu schützen (siehe auch Abschnitte 3.4.10, 4.4 und 4.5.8).
Müssen die Anschlußfahnen (Verbindungsleitungen) jedoch durch das Erdreich geführt werden, sind kunststoff- oder bleiummantelte Leitungen oder Kabel NYY 1 × 50 mm^2 zu verwenden (**Bild 3.28**). Anstelle der im Bild 3.28 dargestellten direkten Erdeinführung mit Hilfe einer kunststoff- oder bleiummantelten Leitung oder eines Kabels NYY 1 × 50 mm^2 kann die Ableitung der äußeren Blitzschutzanlage auch aus verzinktem Rundmaterial bestehen. Dabei muß die Erdeinführung mit einer Erdeinführungsstange vorgenommen werden. Die Verbindung zwischen Erdeinführungsstange und Fundamenterder ist dann – wie bereits beschrieben – mit kunststoffummantelter Leitung, bleiummantelter Leitung oder NYY 1 × 50 mm^2 durchzuführen. Zu beachten ist, daß Kupfer- und Stahlleitungen mit Bleimantel nicht unmittelbar in Beton gebettet werden dürfen. In solchen Fällen ist eine zusätzliche Umhül-

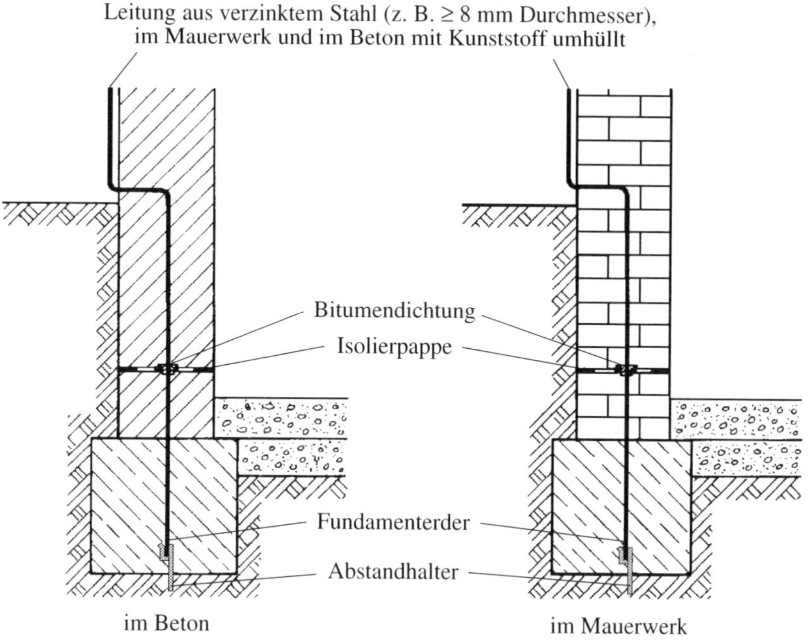

Bild 3.27 Leitungsführung in Beton oder Mauerwerk bis oberhalb der Erdoberfläche (Anschlußfahne bei Verwendung des Fundamenterders als Blitzschutzerder)

lung gegen Korrosion, z. B. durch Korrosionsschutzbinden, notwendig (siehe auch Abschnitte 3.4.10 und 4.4).
Zu berücksichtigen ist, daß im Hinblick auf den Umweltschutz die Verwendung von Blei allerdings in Diskussion geraten ist.
Sind bei einem bereits verlegten Fundamenterder keine Anschlußfahnen für die Ableitungen der Blitzschutzanlage vorhanden, so kann der Fundamenterder nicht als Blitzschutzerder verwendet werden. Es muß dann ein separater eigener Erder für die Blitzschutzanlage geschaffen werden, der unter Berücksichtigung der baulichen Gegebenheiten auf möglichst kurzem Wege mit dem Fundamenterder zum Zwecke des Potentialausgleichs verbunden werden muß. Die Verbindung wird zweckmäßigerweise an der Potentialausgleichsschiene vorgenommen.
Kontrovers wird in der Praxis immer wieder die Frage nach dem erforderlichen Erdungswiderstand der Erdung der Blitzschutzanlage diskutiert.
In früheren Bestimmungen der Arbeitsgemeinschaft für Blitzschutz und Blitzableiterbau e. V. (ABB) (früher: Ausschuß für Blitzableiterbau) bestand die Forderung, daß der Fundamenterder nur dann als Blitzschutzerder verwendet werden darf,

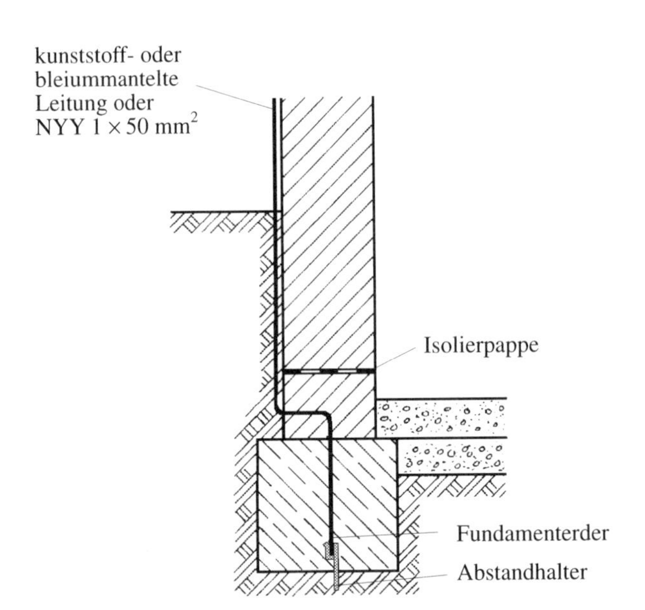

Bild 3.28 Leitungsführung durch das Erdreich (für Bleiumhüllung im Beton Korrosionsschutz erforderlich) (Anschlußfahne bei Verwendung des Fundamenterders als Blitzschutzerder)

wenn der Erdungswiderstand kleiner oder gleich 5 Ω ist. Seit geraumer Zeit besteht diese Forderung nicht mehr.

DIN VDE 0185 Teil 1 unterscheidet zwei Fälle zur Beurteilung des Erdungswiderstands der Erdung für die Blitzschutzanlage:

- Für Blitzschutzanlagen mit Blitzschutz-Potentialausgleich gemäß DIN VDE 0185 Tei 1 (siehe Abschnitt 2.26.3) wird für die Erdung kein bestimmter Erdungswiderstand gefordert.
- Für Blitzschutzanlagen ohne Blitzschutz-Potentialausgleich ist folgender Erdungswiderstand einzuhalten:

  $R \leq 5\,D,$

  mit:

  R Erdungswiderstand in Ω,

  D geringster Abstand in m zwischen oberirdischen Blitzableitungen und größeren Metallteilen oder einer Starkstromanlage.

Im Falle „Blitzschutzanlage mit Blitzschutz-Potentialausgleich“ kann jeder ordnungsgemäß verlegte Fundamenterder deshalb ohne Berücksichtigung seines Er-

dungswiderstands für die Erdung der Blitzschutzanlage herangezogen werden, sofern die vorerwähnten Anschlußfahnen korrekt, d. h. in richtiger Anzahl, am richtigen Ort und in richtiger Ausführung, ausgeführt sind.
Im Falle „Blitzschutzanlage ohne Blitzschutz-Potentialausgleich" dagegen muß kontrolliert werden, ob der Erdungswiderstand des Fundamenterders der Bedingung $R \leq 5\ D$ genügt. Da der Erdungswiderstand von Fundamenterdern meist sowieso deutlich kleiner als 10 Ω ist, kann davon ausgegangen werden, daß der Fundamenterder auch in diesem Fall für die Erdung von Blitzschutzanlagen verwendet werden kann. Es bedarf hier aber in jedem Einzelfall der Messung des Erdungswiderstands des Fundamenterders, um eindeutig die Einhaltung der Bedingung $R \leq 5\ D$ bestätigen zu können. Die Messung des Erdungswiderstands ist in Abschnitt 3.14 behandelt.
Bei großflächigen Bauten mit inneren Ableitungen ist der üblicherweise nur als äußerer Ring ausgeführte Fundamenterder nach innen zu vermaschen (siehe Bild 3.3 und Bild 3.5). Als Richtschnur für die Maschengröße gilt die Festlegung, daß kein Punkt der Kellersohle mehr als 10 m vom Fundamenterder entfernt sein soll. Ring- und Maschenerder schaffen so beim Stromfluß zur Erde eine Fläche annähernd gleichen Potentials und vermeiden die Gefährdung durch Potentialunterschiede. Das ganze zu schützende Objekt wird durch den Blitzstrom auf Erderspannung gegenüber der Umgebung gehoben. Das Potential auf der Erdoberfläche nimmt um den Erder herum mit zunehmendem Abstand von diesem ab. Siehe hierzu auch Abschnitt 2.3.

3.6 Ausbreitungswiderstand des Fundamenterders

Der Ausbreitungswiderstand R_A eines Erders ist abhängig von der Art und Beschaffenheit des den Erder umgebenden Mediums (spezifischer Erdwiderstand ρ_E), z. B. Erdreich, Beton, und von den Abmessungen und der geometrischen Anordnung des Erders. Er ist hauptsächlich von der Länge des Erders, weniger von seinem Querschnitt abhängig.
Um einen möglichst niedrigen Ausbreitungswiderstand zu erhalten, muß die Stromdichte beim Übergang zur Erde gering sein. Es muß also die Länge des Erders sehr groß im Vergleich zu seiner Breite oder Höhe oder seinem Durchmesser sein. Demnach haben Banderder (auch Fundamenterder), Erdseile, Rohrerder, Staberder einen viel niedrigeren Ausbreitungswiderstand als z. B. ein Plattenerder gleicher Oberfläche.
Der für die Größe des Ausbreitungswiderstands R_A eines Erders maßgebende spezifische Erdwiderstand ρ_E des Erdreichs ist von der Bodenzusammensetzung, dem Feuchtigkeitsgehalt des Bodens und der Temperatur abhängig. Er kann in weiten Grenzen schwanken.
Umfangreiche Messungen haben gezeigt, daß der spezifische Erdwiderstand ρ_E je nach verlegter Tiefe des Erders stark variiert. Wegen des negativen Temperaturkoef-

fizienten des Erdbodens (α_E = 0,02 K^{-1} bis 0,04 K^{-1}) erreichen die spezifischen Erdwiderstände ρ_E im Winter ein Maximum und im Sommer ein Minimum ohne Berücksichtigung des Einflusses durch jahreszeitliche Niederschläge, Feuchtigkeitsgehalt des Bodens oder Grundwasser. Gefrorenes Erdreich hat einen extrem hohen spezifischen Erdwiderstand ρ_E. Deshalb müssen Erder in frostsicherer Tiefe angeordnet werden.

Untersuchungen ergaben, daß bei Erdern, die nicht tiefer als 1,5 m unter der Erdoberfläche liegen, die maximalen Abweichungen des spezifischen Erdwiderstands ρ_E vom Mittelwert ohne Beeinflussung durch Niederschläge rund ± 30 % betragen. Sind die Erder tiefer eingegraben, beträgt die Abweichung nur etwa ± 10 %.

Es empfiehlt sich daher, die Meßwerte der Erdungswiderstände von Erdern im Erdreich auf die maximal zu erwartenden Werte umzurechnen, da auch unter ungünstigen Bedingungen (Tiefsttemperaturen) die zulässigen Gefährdungsspannungen nicht überschritten werden dürfen. Der Verlauf des spezifischen Erdwiderstands ρ_E in Abhängigkeit von der Jahreszeit (Bodentemperatur) kann mit guter Annäherung durch eine Sinuskurve beschrieben werden, die ihr Maximum etwa Mitte Februar und ihr Minimum etwa Mitte August hat (**Bild 3.29**). Anhand des sinusförmigen Verlaufs des spezifischen Erdwiderstands ρ_E in Bild 3.29 kann der an einem bestimmten Tag gemessene Ausbreitungswiderstand eines im Erdreich liegenden Erders auf den maximal zu erwartenden Wert umgerechnet werden.

Der Feuchtigkeitsgehalt des Bodens bewirkt den zu erwartenden Einfluß auf den spezifischen Erdwiderstand ρ_E ; mit zunehmender Bodenfeuchtigkeit wird der spezifische Erdwiderstand ρ_E geringer (**Bild 3.30**). Jedoch erfolgt dieser Einfluß nur bis zu einem bestimmten Wert, denn sonst müßte ein im Wasser verlegter Erder einen idealen spezifischen Erdwiderstand ρ_E besitzen. Die Werte eines in einem Gewässer verlegten Erders sind aber im allgemeinen höher als die Werte eines am Rande des Gewässers im feuchten Erdreich eingebrachten Erders.

So ist es nicht verwunderlich, wenn in der Literatur unterschiedliche Angaben über spezifische Erdwiderstände ρ_E der verschiedenen Bodenarten gemacht werden. In

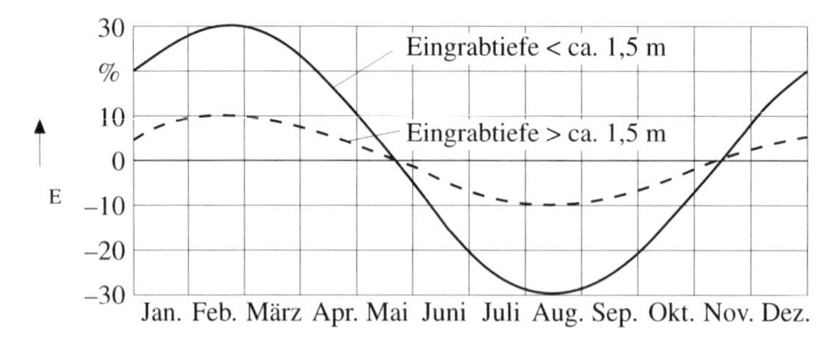

Bild 3.29 Spezifischer Erdwiderstand ρ_E in Abhängigkeit von der Jahreszeit ohne Beeinflussung durch Niederschläge (Quelle: Hasse, P.; Wiesinger, J.: Handbuch für Blitzschutz und Erdung)

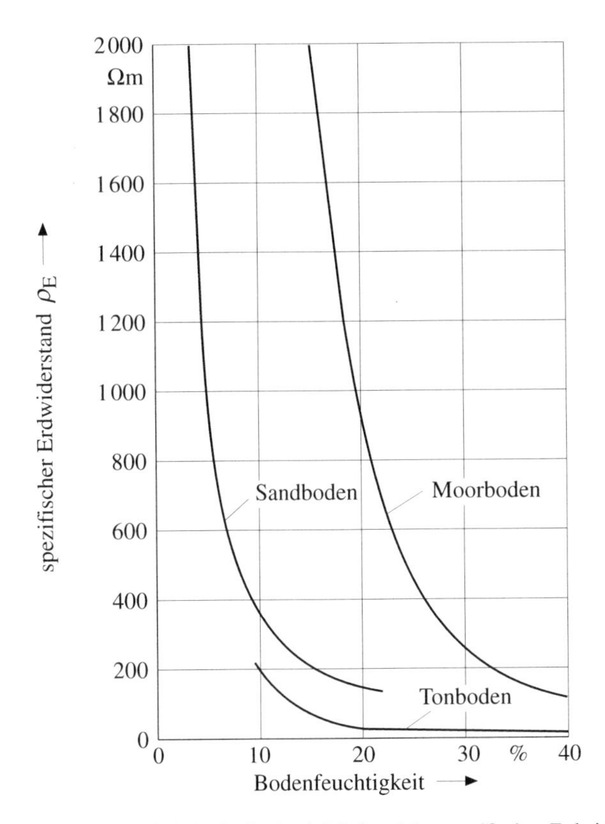

Bild 3.30 Einfluß der Bodenfeuchtigkeit auf den spezifischen Erdwiderstand ρ_E

Bild 3.31 sind für verschiedene Bodenarten die Schwankungsbreiten des spezifischen Erdwiderstands ρ_E anschaulich dargestellt. **Tabelle 3.2** zeigt weitere Werte von spezifischen Erdwiderständen ρ_E. **Tabelle 3.3** weist Durchschnittswerte für spezifische Erdwiderstände ρ_E auf, die für die grobe Schätzung gedacht sind. Sie ermöglichen, weil sehr grob in Zehnerpotenzen gestuft, eine leichte Erinnerung.
Besteht das Erdreich aus mehreren Schichten mit unterschiedlichen spezifischen Erdwiderständen ρ_E, ist eine Beurteilung des Erdreichs besonders schwierig. Man spricht in diesen Fällen von inhomogenem Erdreich. Mitunter wird auch von „Mehrschichtböden" gesprochen.
Der für die Größe des Ausbreitungswiderstands R_A des Fundamenterderstahls im Beton maßgebende spezifische Erdwiderstand ρ_E von Beton ist abhängig von der Betonfeuchtigkeit, Betonzusammensetzung und Temperatur.

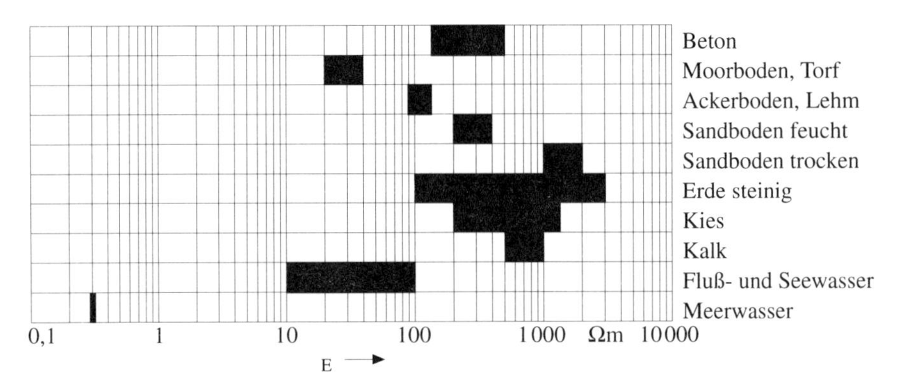

Bild 3.31 Spezifischer Erdwiderstand ρ_E bei verschiedenen Bodenarten (Quelle: Hasse, P.; Wiesinger, J.: Handbuch für Blitzschutz und Erdung)

Da Fundamente im allgemeinen von Erdreich umgeben sind und mit diesem in einem Feuchtigkeitsgleichgewicht stehen, besteht die Gefahr der Austrocknung nicht. Dadurch, daß nun der Beton meist eine bestimmte Grundfeuchtigkeit behält, weil das Betonvolumen als Speicher wirkt, ist die Abhängigkeit von der Witterung – Regen, Trockenheit – nicht in dem Maße gegeben wie bei einem Erder im Erdreich. Ebenso verhält es sich mit der Temperatur als Einflußgröße. Das Betonfundament liegt zudem meist unterhalb der Frostgrenze. Außerdem wird selbst bei anhaltender

Bodenart	Schwankungsbereich von ρ_E in Ωm	Durchschnittswert von ρ_E in Ωm
Moorboden	5 … 40	30
Gartenboden (Lehm, Ton, Humus)	20 … 200	100
Sand	200 … 2500	
– feucht		200
– trocken		1000
Kies	2000 … 3000	
verwittertes Gestein	500 … 1000	
Granit	2000 … 3000	
Beton	50 … 500	
– 1 Teil Zement + 3 Teile Sand		150
– 1 Teil Zement + 5 Teile Kies		400
– 1 Teil Zement + 7 Teile Kies		500

Tabelle 3.2 Schwankungsbereiche und Durchschnittswerte von spezifischen Erdwiderständen ρ_E

Bodenart	spezifischer Erdwiderstand ρ_E in Ωm
nasser organischer Boden	10
feuchter Boden	100
trockener Boden	1000
Felsen	10000

Tabelle 3.3 Durchschnittswerte spezifischer Erdwiderstände ρ_E (für grobe Schätzung) (nach Standard ANSI/IEEE 80 – 1986 USA)

Kälteperiode die im Haus (Keller) befindliche Wärme auch mit einem bestimmten Anteil im Fundament gespeichert; die Temperaturänderung eines im Fundament befindlichen Erders ist also keinesfalls so ausgeprägt wie bei einem Oberflächenerder (beispielsweise Ringerder).

Die Forderung, daß Art und Verlegungstiefe von Erdern so ausgewählt werden müssen, daß das Austrocknen oder Gefrieren des Bodens den Erdungswiderstand von Erdern nicht über den erforderlichen Wert hinaus erhöht, wird vom Fundamenterder somit im allgemeinen problemlos erreicht.

Zur Betonzusammensetzung ist zu sagen, daß zwar eine Abhängigkeit von der Betongüte besteht, der heute im Bauwesen verwendete Beton aber durchweg gute Ergebnisse (100 Ωm bis 150 Ωm) bringt. Bei einer Zusammensetzung im Verhältnis Zement zu Sand von 1 : 3 beträgt der spezifische Erdwiderstand $\rho_E \approx$ 150 Ωm. Liegt das Verhältnis Zement zu Sand bei 1 : 5, beträgt der spezifische Erdwiderstand $\rho_E \approx$ 400 Ωm. Bei dem Verhältnis 1 : 7 sind es ≈ 500 Ωm für den spezifischen Erdwiderstand ρ_E.

Beim Fundamenterder sind nun die spezifischen Erdwiderstände ρ_E des den Fundamenterderstahl umgebenden Betons und des den Beton umgebenden Erdreichs hintereinander geschaltet.

Der Ausbreitungswiderstand R_A ist dem spezifischen Erdwiderstand ρ_E proportional. Er setzt sich also zusammen aus dem ohmschen Widerstand des Betons und dem ohmschen Widerstand des Erdreichs. Insgesamt ergeben sich unter Berücksichtigung des ohmschen Widerstands des Betons plus ohmschem Widerstand des Erdreichs durch die positiven Eigenschaften des Betonfundaments für den Ausbreitungswiderstand R_A des Fundamenterders ausgezeichnete Werte für die Praxis. Aus Gründen der Vereinfachung darf bei Fundamenterdern so gerechnet werden, als ob der Erderstahl im umgebenen Erdreich verlegt wäre. Einen solchen Hinweis gibt auch DIN VDE 0141:1989:07.

In Abhängigkeit von den genannten Einflußgrößen bewegen sich in der Praxis die Ausbreitungswiderstände R_A von Fundamenterdern zwischen etwa 1 Ω und 10 Ω, wobei für das Einfamilienhaus häufig Werte von etwa 2 Ω bis 6 Ω anzutreffen sind. Regen, Trockenheit und Frost üben also nur einen untergeordneten Einfluß auf den Ausbreitungswiderstand R_A des Fundamenterders aus. Er ist annähernd witterungsunabhängig.

Wird die Größe des Ausbreitungswiderstands R_A des Fundamenterders über einen längeren Zeitraum betrachtet, so ist festzustellen, daß der Widerstand anfänglich leicht steigt, im Verlauf einiger Monate wiederum auf seinen Ausgangswert und sogar weiter auf einen noch niedrigeren Wert sinkt. Dieser liegt etwa 10 % bis 20 % unter dem Ausgangswert. Für die Folgezeit ist dann der Wert als annähernd konstant zu betrachten.
Näherungsformeln zur Berechnung des Ausbreitungswiderstands R_A für verschiedene Erder zeigt **Tabelle 3.4**. Der Ausbreitungswiderstand R_A einer metallenen Armierung im Betonfundament kann näherungsweise mit der Gleichung für Halbkugelerder berechnet werden. Sie kann auch für den Fundamenterder benutzt werden, wenn dieser mit der Armierung des Betonfundaments verbunden ist.
Für die grobe Abschätzung des Ausbreitungswiderstands R_A von Fundamenterdern kann näherungsweise die Faustformel für Ringerder verwendet werden:

Erder	Faustformel	Hilfsgröße
Banderder (Strahlenerder)	$R_A \approx \frac{2 \cdot \rho_E}{l}$	–
Staberder (Tiefenerder)	$R_A \approx \frac{\rho_E}{l}$	–
Ringerder	$R_A \approx \frac{2 \cdot \rho_E}{3D}$	$D = 1{,}13 \cdot \sqrt[2]{A}$
Maschenerder	$R_A \approx \frac{\rho_E}{2 \cdot D}$	$D = 1{,}13 \cdot \sqrt[2]{A}$
Plattenerder	$R_A \approx \frac{\rho_E}{4{,}5 \cdot a}$	–
Halbkugelerder	$R_A \approx \frac{\rho_E}{\pi \cdot D}$	$D = 1{,}57 \cdot \sqrt[3]{V}$

R_A Ausbreitungswiderstand in Ω,
ρ_E spezifischer Erdwiderstand in Ωm,
l Länge des Erders in m,
D Durchmesser eines Ringerders, Durchmesser der Ersatzkreisfläche eines Maschenerders oder Durchmesser eines Halbkugelerders in m,
A Fläche, die vom Ring- oder Maschenerder eingeschlossen wird, in m^2,
a Kantenlänge einer quadratischen Erderplatte in m, bei Rechteckplatten ist für a einzusetzen: $\sqrt{b \cdot c}$, wobei b und c die beiden Rechteckseiten in m sind,
V Inhalt eines Einzelfundaments in m^3

Tabelle 3.4 Formeln zur Berechnung des Ausbreitungswiderstands R_A für verschiedene Erder

$$R_A \approx \frac{2\rho_E}{3D},$$

mit:

$$D = 1{,}13 \cdot \sqrt{A},$$

ergibt sich:

$$R_A \approx \frac{2\rho_E}{3 \cdot 1{,}13 \cdot \sqrt{A}}.$$

Dabei ist A die Fläche der vom Fundamenterder eingeschlossenen Fläche in m^2.

Beispiel:
Gesucht wird der Ausbreitungswiderstand R_A des Fundamenterders eines Einfamilienhauses mit einer Länge von 18 m und einer Breite von 15 m. Die Dicke der Fundamentplatte liegt bei 20 cm. Der spezifische Erdwiderstand ρ_E beträgt 150 Ωm:

$$R_A \approx \frac{2\rho_E}{3 \cdot 1{,}13 \cdot \sqrt{A}},$$

$$R_A \approx \frac{2 \cdot 150\ \Omega\text{m}}{3 \cdot 1{,}13 \cdot \sqrt{18\ \text{m} \cdot 15\ \text{m}}},$$

$$R_A \approx 5{,}4\ \Omega.$$

Häufig wird in der Literatur auch angegeben, für die Berechnung des Ausbreitungswiderstands von Fundamenterdern näherungsweise die Faustregel für Halbkugelerder anzuwenden, die exakter ist:

$$R_A \approx \frac{\rho_E}{\pi \cdot D},$$

mit:

$$D = 1{,}57 \cdot \sqrt[3]{V},$$

ergibt sich:

$$R_A \approx \frac{\rho_E}{\pi \cdot 1{,}57 \cdot \sqrt[3]{V}}.$$

Dabei ist V der Inhalt des Fundaments in m^3.

Für das vorangegangene Beispiel ergibt sich dann folgende Rechnung:

$$R_A \approx \frac{\rho_E}{\pi \cdot 1{,}57 \cdot \sqrt[3]{V}},$$

mit $V = 18\ m \cdot 15\ m \cdot 0{,}2\ m = 54\ m^3$ ergibt sich:

$$R_A \approx \frac{150\ \Omega m}{3{,}14 \cdot 1{,}57 \cdot \sqrt[3]{54\ m^3}},$$

$$R_A \approx 8\ \Omega.$$

Wenngleich sich prozentual doch ein deutlicher Unterschied zwischen der Anwendung der Faustformel für Ringerder und der Anwendung der Faustformel für Halb-

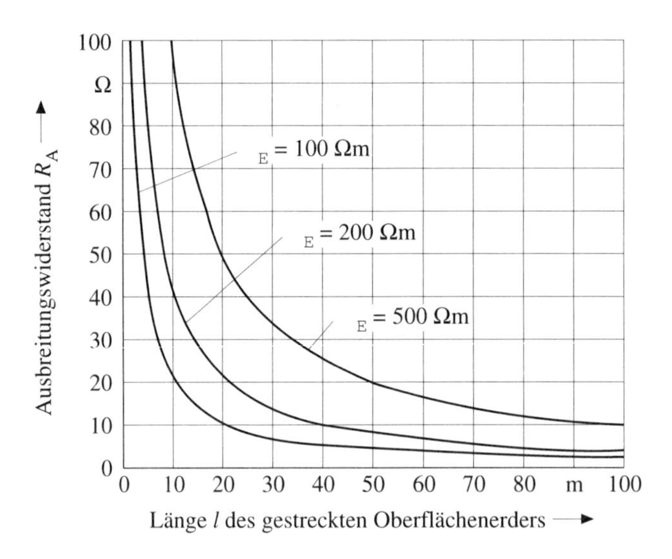

Bild 3.32 Abhängigkeit des Ausbreitungswiderstands R_A von der Länge l des Oberflächenerders bei verschiedenen spezifischen Erdwiderständen ρ_E in homogenem Erdreich

kugelerder ergibt (etwa 50 % höherer errechneter Wert bei Anwendung der Faustformel für Halbkugelerder), ist der Unterschied für die Praxis unbedeutend, da Fundamenterder absolut immer geringe Ausbreitungswiderstände R_A aufweisen.

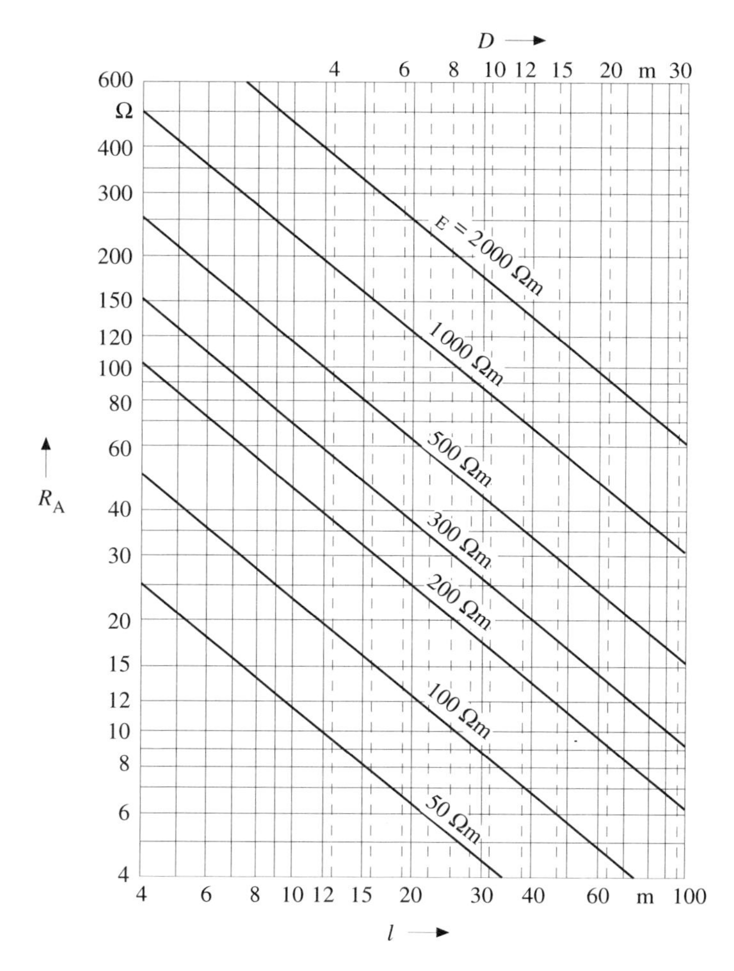

Bild 3.33 Ausbreitungswiderstand R_A von Oberflächenerdern (aus Band-, Rundmaterial oder Seil) bei gestreckter Verlegung oder als Ring in homogenem Erdreich (Werte entsprechen DIN VDE 0141:1989-07)

l Länge des Banderders in m
D Durchmesser des Ringerders
ρ_E spezifischer Erdwiderstand in Ωm
R_A Ausbreitungswiderstand in Ω

Außerdem ist der Einfluß durch den in aller Regel geschätzten spezifischen Erdwiderstand ρ_E meistens viel größer, da er selbst bei einer bestimmten Bodenart eine nicht unbedeutende Schwankungsbreite hat (siehe Bild 3.31 und Tabelle 3.2).
Bei überschlägiger Ermittlung des Ausbreitungswiderstands R_A von Fundamenterdern können somit durchaus auch **Bild 3.32** und **Bild 3.33** Verwendung finden. Bei etwa 66 m Länge des Fundamenterders werden danach etwa 6 Ω ermittelt werden.

3.7 Erdungswiderstand des Fundamenterders

Der Erdungswiderstand R_E des Fundamenterders setzt sich zusammen aus den Einzelwiderständen:

- R_{EE} Widerstand des Erdungsleiters, z. B. Anschlußfahne des Fundamenterders,
- R_{FE} Widerstand des Fundamenterderstahls,
- R_{AB} Ausbreitungswiderstand R_A – Anteil im Beton,
- R_{AE} Ausbreitungswiderstand R_A – Anteil im Erdreich.

Somit ergibt sich der Erdungswiderstand des Fundamenterders zu:

$$R_E = R_{EE} + R_{FE} + R_{AB} + R_{AE}.$$

Der Anteil des Ausbreitungswiderstands im Beton (R_{AB}) und der Anteil des Ausbreitungswiderstands im Erdreich (R_{AE}) ergeben zusammen den Ausbreitungswiderstand R_A des Fundamenterders. Der Erdungswiderstand ergibt sich somit zu:

$$R_E = R_{EE} + R_{FE} + R_A.$$

Der Ausbreitungswiderstand R_A des Fundamenterders stellt im Verhältnis zu den anderen Einzelwiderständen den größten Anteil am Erdungswiderstand R_E. Die anderen Anteile – Widerstand R_{EE} des Erdungsleiters und Widerstand R_{FE} des Fundamenterderstahls – sind verhältnismäßig klein. Sie können in aller Regel vernachlässigt werden. Vereinfacht lassen sich Erdungswiderstand R_E und Ausbreitungswiderstand R_A gleichsetzen:

$$R_E = R_A.$$

3.8 Verwendung von Kunststoffolien unter der Fundamentplatte

Seit geraumer Zeit gehen die Baufirmen vermehrt dazu über, bei Errichtung von Neubauten nach Aushebung der Baugrube diese mit einer kräftigen Kunststoffolie auszukleiden und dann erst das Fundament zu gießen. Hier stellt sich nun die Frage,

inwieweit dieses Vorgehen Auswirkungen auf den Ausbreitungswiderstand des Fundamenterderstahls hat.
Zunächst ist aber zu erklären, warum diese Folie verwendet wird. DIN 1045:1988-07 „Beton und Stahlbeton; Bemessung und Ausführung" fordert im Abschnitt 13.1, daß Bauteile und Stahleinlagen, die mit der Unterseite unmittelbar auf dem Baugrund hergestellt werden (z. B. Fundamentplatte), vorher eine Sauberkeitsschicht erhalten müssen. Diese Sauberkeitsschicht ist notwendig, um Einschlüsse von Erdklumpen während des Betongießens und damit eine später mögliche Korrosion der Bewehrung zu vermeiden. Sie soll entsprechend DIN 1045:1988-07 aus einer 5 cm dicken Betonschicht oder einer gleichwertigen Schicht bestehen. Statt der Magerbetonschicht wird aus Gründen eines rationelleren Arbeitsablaufs vielfach eine Sauberkeitsschicht aus Kies oder Schlacke geschaffen. Mehr und mehr ist festzustellen, daß anstelle der Sauberkeitsschicht aus Magerbeton, Kies oder Schlacke eine Kunststoffolie verwendet wird, wobei die Folienbahnen überlappt verlegt werden. Die Folie wird also nicht, wie vielfach angenommen, als Schutz gegen Grund- und Oberflächenwasser an Kellergeschoßwänden bis zur Oberkante des Erdreichs hochgeführt, sondern lediglich als Sauberkeitsschichtersatz unterhalb der Fundamentplatte verlegt und eventuell noch bis zur Oberkante der Fundamentplatte hochgezogen. Bei bewehrtem Fundament werden bei der Einbringung des Fundamenterders keine Abstandhalter verwendet, stattdessen wird der Bandstahl mit der Bewehrung verrödelt. In diesen Fällen besteht dann keine unmittelbare Verbindung zwischen dem Fundamenterder und dem Erdreich.
Durchgeführte Messungen des Erdungswiderstands an Objekten mit Folien unter der Fundamentplatte haben ergeben, daß anfängliche Befürchtungen hinsichtlich der Wirksamkeit des Fundamenterders nicht begründet waren.
Wie aus **Tabelle 3.5** hervorgeht, beträgt der Erdungswiderstand (mittlerer Wert einer Meßreihe über mehrere Jahre) in der Anlage ohne Kunststoffolie etwa 3 Ω bei einer Länge des Bandeisens von etwa 40 m und lehmigem Boden, der das Oberflächenwasser nur schwer durchläßt. Bei anderen Bauten, deren Fundamentplatte auf einer Kunststoffolie erstellt ist, ist lehmig/sandiger Boden vorhanden. Die mittleren Werte in einer Meßreihe über mehrere Jahre liegen bei etwa 5 Ω bis 6 Ω und somit zwar um einiges höher als in der Anlage ohne Folie; dennoch stellen sie den Sinn

Folie unter der Sohle	**Bodenverhältnisse**	**Bandeisenlänge in m**	**mittlerer Erdungswiderstand in Ω**
nein	Lehm	40	3
ja	Lehm/Sand	62	4,9[1)]
ja	Lehm/Sand	55	6,5[2)]
ja, bis Erdgleiche	Lehm/Sand	40	5,8[1)]

1) Abstandhalter durch Folie gestochen
2) keine Abstandhalter verwendet

Tabelle 3.5 Erdungswiderstände von Fundamenterdern in Objekten mit Kunststoffolien unter der Fundamentplatte

und Zweck des Fundamenterders nicht in Zweifel. Die Erdungswiderstände liegen noch weit unter den Werten, die üblicherweise mit anderen konventionellen Erdern erreicht werden.
Auch wenn der Fundamenterder als Erder für die Schutzmaßnahme gegen elektrischen Schlag unter Fehlerbedingungen (Schutzmaßnahme bei indirektem Berühren) im TT-System mit Fehlerstrom-Schutzeinrichtung (RCD) verwendet wird, sind die Wirksamkeit und die Bedeutung des Fundamenterders in Verbindung mit einer Folie unter der Fundamentplatte meist nicht herabgesetzt, da nach der Beziehung:

$$R_E \leq \frac{U_L}{I_a}$$

bei einer dauernd zulässigen Berührungsspannung von $U_L = 50$ V und einem Nennfehlerstrom (Bemessungsdifferenzstrom) der Fehlerstrom-Schutzeinrichtung (RCD) von $I_{\Delta n} = 0{,}5$ A ein Erdungswiderstand erforderlich ist von:

$$R_E \leq 100\ \Omega.$$

Darin bedeuten:

I_a Strom, der das automatische Abschalten der Schutzeinrichtung innerhalb der festgelegten Zeit bewirkt; bei Verwendung einer Fehlerstrom-Schutzeinrichtung (RCD) ist I_a der Nennfehlerstrom (Bemessungsdifferenzstrom) $I_{\Delta n}$,
R_E Erdungswiderstand des Erders der Anlage,
U_L vereinbarte Grenze der dauernd zulässigen Berührungsspannung.

3.9 Stoßerdungswiderstand des Fundamenterders

Der Stoßerdungswiderstand R_{St} ist der beim Durchgang von Blitzströmen zwischen einer Erdungsanlage und der Bezugserde wirksame Widerstand. Durch den Spannungsfall am Stoßerdungswiderstand wird ein Gebäude bei nahen Blitzeinschlägen gegenüber der fernen Umgebung im Potential angehoben. Für die Potentialanhebung gegenüber der fernen Umgebung gilt:

$$\hat{u}_E = \hat{i} \cdot R_{St}.$$

Darin bedeuten:

$\hat{u}_E$ maximal auftretender Spannungsfall am Stoßerdungswiderstand,
$\hat{i}$ Maximalwert des über den Erder fließenden Blitzstromanteils,
R_{St} Stoßerdungswiderstand.

Der Stoßerdungswiderstand R_{St} ist bei allen linienförmigen Erdern, z. B. Tiefenerder, Oberflächenerder, nicht identisch mit dem gemessenen oder näherungsweise

berechneten Ausbreitungswiderstand R_A. Eine Ausnahme bilden halbkugelförmige Erder. Hierzu kann der Fundamenterder hilfsweise gerechnet werden.
Es gilt also die Aussage, daß bei Fundamenterdern der Stoßerdungswiderstand R_{St} identisch mit dem Ausbreitungswiderstand R_A eines halbkugelförmigen Erders ist:

$$R_{St} = R_A.$$

Mit:

$$R_A = \frac{\rho_E}{\pi \cdot D}$$

ergibt sich der Stoßerdungswiderstand zu:

$$R_{St} = \frac{\rho_E}{\pi \cdot D}.$$

Mit:

$$D = 1{,}57 \cdot \sqrt[3]{V},$$

wobei V das Volumen des Fundaments in m^3 ist, ergibt sich (siehe Abschnitt 3.6):

$$R_{St} = \frac{\rho_E}{\pi \cdot 1{,}57 \cdot \sqrt[3]{V}}.$$

Der Stoßerdungswiderstand R_{St} hat für den Blitzschutz keine größere Bedeutung, sofern der Blitzschutz-Potentialausgleich konsequent ausgeführt ist. Mitunter kann es erforderlich sein, den Stoßerdungswiderstand R_{St} niedrig zu halten, um Berührungs- und Schrittspannungen möglichst klein zu halten.

3.10 Zuständigkeit

Selbstverständlich muß die Planung des Fundamenterders sehr frühzeitig vorgenommen werden. Gerade hier muß man mitunter feststellen, daß viel zu spät an das Verlegen des Fundamenterders gedacht wird und dann keine Möglichkeit mehr besteht, die Vorteile eines Fundamenterders zu nutzen.
Das Einbringen des Fundamenterders ist vom Bauherrn oder vom Architekten zu veranlassen. Bereits bei der Ausschreibung der Rohbauarbeiten muß das Einbringen des Fundamenterders berücksichtigt werden. Eine getrennte Ausschreibung des Fundamenterders ist vorteilhaft. In der Praxis wird der Fundamenterder sowohl vom Elektroinstallateur als auch vom Bauhandwerker eingebracht. Grundsätzlich kann

keinem, weder dem Bauhandwerker noch dem Elektroinstallateur, das alleinige Recht zur Einbringung zugestanden werden. Unabhängig davon, welches Unternehmen – Elektroinstallateur oder Bauunternehmer – den Fundamenterder einbaut, sollte die Bauleitung, ähnlich wie beim Baustahl, den Fundamenterder noch vor dem Einbringen des Betons abnehmen.
Das Anbringen der Potentialausgleichsschiene sowie das Anschließen der Anschlußfahne des Fundamenterders und aller weiteren Potentialausgleichsleiter, z. B. das Verbinden des PEN- oder Schutzleiters, der metallenen Wasserverbrauchs-, Antennen- und Gasinnenleitungen, der metallenen Rohrsysteme der Heizungsanlage, mit der Potentialausgleichsschiene sind jedoch ausschließlich dem Elektroinstallateur vorbehalten.

3.11 Kosten für die Einbringung des Fundamenterders

Die Kosten für die Einbringung eines Fundamenterders können stark schwanken. Sie sind zunächst einmal abhängig vom Grundriß des Hauses (Gebäudeumfang) und der Ausführung des Fundaments (bewehrter oder unbewehrter Beton). Bei Fundamenten aus unbewehrtem Beton gehen stark die Bodenverhältnisse ein. Sie entscheiden mit darüber, ob lange oder kurze (billigere) Abstandhalter verwendet werden müssen. Auch die Anzahl der Abstandhalter ist von den Bodenverhältnissen abhängig. Ideale Bodenverhältnisse lassen einen größeren Abstand zwischen den Haltern zu.
Für ein Ein- bis Dreifamilienhaus – der Umfang unterscheidet sich hier meist nur unwesentlich – können die Kosten für die Einbringung eines Fundamenterders insgesamt etwa 550 DM betragen. Als grober Richtwert kann etwa mit 9 DM bis 10 DM je Meter Gebäudeumfang gerechnet werden.

3.12 Maßnahmen zur Förderung der Einbringung von Fundamenterdern

3.12.1 Allgemeines

Es ist erfreulich festzustellen, daß die erstmals mit Erscheinen der Bundesfassung der „Technischen Anschlußbedingungen“ (TAB), Ausgabe 1974, von den Elektrizitätsversorgungsunternehmen (EVU) geforderte Einbringung eines Fundamenterders bei Neubauten sehr positiv verlaufen ist.
Die Information über den Fundamenterder muß selbstverständlich zu einem sehr frühen Zeitpunkt beim Bauherrn eintreffen. In der Praxis werden die Maßnahmen der Abschnitte 3.12.2 bis 3.12.11 angewendet, die die Einbringung weiter fördern sollen.

3.12.2 Aushändigung des HEA-Merkblatts M 3 „Fundamenterder“ (vormals M 5.2 „Fundamenterder“) mit den Bauantragsvordrucken bzw. Versendung durch die Baugenehmigungsbehörden mit der Baugenehmigung

Von der Hauptberatungsstelle für Elektrizitätsanwendung e. V. (HEA) wurde vor Jahren bei einigen Länderministerien erreicht, daß die Bauaufsichtsbehörden aufgrund von Runderlassen von den zuständigen Ministerien gebeten wurden, die Bauherrn auf die Einbringung eines Fundamenterders in das Gebäudefundament hinzuweisen.
In Nordrhein-Westfalen wurden z. B. die Bauaufsichtsämter mit Runderlaß des Innenministers vom 9.8.1973 – VA4-180.07 – darüber informiert, die Bauherrn auf die Möglichkeit der Einbringung von Fundamenterdern bei der Aushändigung der Bauantragsvordrucke hinzuweisen. Das Innenministerium des Landes Nordrhein-Westfalen sprach sich weiter dafür aus, daß die Bauaufsichtsbehörden das HEA-Merkblatt M 5.2 „Fundamenterder“ (heute M 3 „Fundamenterder“) den Bauantragsvordrucken als Information beifügen.
Auch in Niedersachsen wurden mit Runderlaß des Sozialministers vom 15.5.1972 – III/8 40 44 10 GültL 322/796 – die Bauaufsichtsämter gebeten, die Bauherrn auf die Möglichkeit des Einbaus von Fundamenterdern hinzuweisen. Zusätzlich fand in Niedersachsen die Beifügung des HEA-Merkblatts M 5.2 „Fundamenterder“ (heute M 3 „Fundamenterder“) als Information zu jeder Baugenehmigung volle Unterstützung des Sozialministers.
Das Beifügen von Merkblättern zu den Baugenehmigungen ist meist wirkungsvoller als das Beilegen zu den Antragsformularen für die Baugenehmigung. Die Aushändigung mit der Erteilung der Baugenehmigung ist gewissermaßen als „Amtshandlung“ anzusehen. Allerdings sind die Runderlasse der Länderministerien grundsätzlich nur Empfehlungen. Die einzelnen Baugenehmigungsbehörden sind lediglich gehalten, derartige Runderlasse zu beachten.
Die Bauaufsichtsbehörden erhalten die HEA-Merkblätter auf Anforderung kostenlos von der HEA. Anforderungskarten sind bei der HEA in Frankfurt a. M. erhältlich. Zwischen der HEA und den EVU ist auch vereinbart, daß die von den EVU veranlaßten Versendungen von HEA-Merkblättern durch die HEA direkt an die Bauämter ebenfalls kostenfrei sind.

3.12.3 Stempelaufdruck der Baugenehmigungsbehörde auf der Baugenehmigung mit dem Hinweis auf die Forderung der Einbringung des Fundamenterders

Durch den Stempelaufdruck erhält die Forderung noch mehr an Bedeutung. Sie hat dadurch fast „Amtscharakter“. Diese Methode ist als sehr vorteilhaft anzusehen. Der Stempelaufdruck kann z. B. lauten:

Text 1
Hinweis: Nach DIN 18015-1 ist in Neubauten ein Fundamenterder nach beiliegendem Merkblatt einzubauen.

Text 2
In Neubauten ist ein Fundamenterder einzubauen. Für die Ausführung beigefügtes Merkblatt beachten!

Der Text 2 ist besonders gut geeignet, die Einbringungsquote weiter zu erhöhen. Die Stempel können den Bauämtern z. B. vom EVU zur Verfügung gestellt werden.

3.12.4 Anschreiben der Bauherrn durch das EVU

Das EVU erhält die Anschriften der Bauherrn von den Baugenehmigungsbehörden. Sobald die Baugenehmigung erteilt ist, schreibt das EVU sofort den Kunden an und informiert ihn über den Einbau des Fundamenterders. Die Information z. B. durch EVU-eigene Merkblätter über Fundamenterder ist ebenfalls eine vorteilhafte Methode. Die Kunden müssen frühzeitig unterrichtet werden, da oft gleich nach Erlangen der Baugenehmigung mit dem Bau begonnen wird. Das Anschreiben kann sehr gut zur weiteren Information, z. B. über erforderliche Maßnahmen für den Hausanschluß, sinnvolle Stromanwendung usw., benutzt werden.

3.12.5 Hinweis auf den EVU-Anträgen für den Bauanschluß

Hierdurch erhält nicht unbedingt jeder Bauherr von der Forderung des Fundamenterders Kenntnis, da die Baustellenversorgung mit elektrischer Energie vielfach auch vom Bauunternehmer beantragt wird. Oft ist auch vor der Beantragung des Bauanschlusses das Fundament schon erstellt.

3.12.6 Elektroinstallateure geben den Bauherrn Hinweis bei der Anmeldung des Bauanschlusses (siehe Erläuterungen zu Abschnitt 3.12.5).

3.12.7 Anschreiben und Information von Architekten durch das EVU (Kontaktgespräche)

Diese Maßnahme ist im Rahmen der Kontaktpflege gut möglich. Die Information der Architekten ist unbedingt erforderlich.

3.12.8 Anschreiben und Information von Bauunternehmern und Baugesellschaften durch das EVU

Eine Maßnahme, die im Anfangsstadium oder dort, wo der Fundamenterder noch nicht gut eingeführt ist, angewendet werden kann. Da der Fundamenterder sowohl vom Elektroinstallateur als auch vom Bauhandwerker eingebracht werden kann (siehe Abschnitt 3.10), ist die Information auch der Bauhandwerker über die Forderung und die sachgemäße Einbringung des Fundamenterders von großer Bedeutung.

3.12.9 Hinweis auf dem Hausanschlußantrag des EVU

Der Hinweis kann allerdings in vielen Fällen zu spät kommen.

3.12.10 Forderung der Angabe des Erdungswiderstands des Fundamenterders auf dem Inbetriebsetzungsantrag (Zählerantrag) des EVU

Die Methode fällt schon unter die „Kontrolle" des Fundamenterders und ist in vielen Fällen zu aufwendig für den Elektroinstallateur. In allen Fällen, in denen er selbst den Fundamenterder errichtet hat, wird sich die oft mühsame Messung des Erdungswiderstands erübrigen lassen, weil dieser immer relativ gute Werte bei ordnungsgemäßer Einbringung bietet. Eine Messung in solchen Fällen wäre nicht unbedingt zu vertreten. Ausschließlich in den Fällen, in denen der Bauunternehmer den Fundamenterder eingebracht hat, ist eine Messung (Kontrolle) durch den Elektroinstallateur vorteilhaft.

3.12.11 Stichprobenartige Kontrolle durch EVU-Personal, ob der Fundamenterder eingebaut ist

Sicherlich eine Maßnahme, die unbedingt durchzuführen ist. Die aufwendige Methode des genauen Messens ist hierbei jedoch nur in seltenen Fällen notwendig. Meist genügt die Kontrolle z. B. mit einem Schleifenwiderstands-Meßgerät (siehe Abschnitt 3.13). Die hiermit erreichten Werte lassen unter der Voraussetzung, daß der Fundamenterder normalerweise einen Erdungswiderstand von etwa 10 Ω nicht überschreitet, die Aussage zu, ob ein Fundamenterder eingebaut ist und nicht nur ein Stück Bandeisen aus der Wand ragt.
In vielen Fällen wird bei Nichtvorhandensein des Fundamenterders (Nichteinhaltung der TAB der EVU) die nachträgliche Verlegung eines Ringerders um das Haus herum verlangt bzw. ausnahmsweise zugelassen.

3.13 Einbaukontrolle des Fundamenterders

3.13.1 Allgemeines

Mitunter ist es erforderlich festzustellen, ob der Fundamenterder wirklich eingebaut worden ist. Es soll Fälle geben, in denen nur ein Stück aus der Wand herausragendes Bandeisen den Fundamenterder darstellte. Was war geschehen? Die rechtzeitige Einbringung in das Fundament wurde versäumt, ein Stück in die Wand eingemauertes Bandeisen sollte den Fundamenterder vortäuschen.
Daher erscheint es ratsam, den Einbau zu kontrollieren. Geeignet sind zunächst einmal alle Meßmethoden zum Messen des Erdungswiderstands nach DIN VDE 0100 Teil 610 (Kompensations-Meßverfahren (siehe Abschnitt 3.14.3) und Strom-Spannungs-Meßverfahren (siehe Abschnitt 3.14.2). Allerdings ist der zu treibende Aufwand beim Messen des Erdungswiderstands eines Fundamenterders mit Meßverfahren, die das Schlagen von Sonden erfordern, im Vergleich zum Nutzen – Feststellung des Vorhandenseins des Fundamenterders – sehr groß. Das Problem des Sondenschlagens ist nicht zu unterschätzen. Geht man nun davon aus, daß der Erdungswiderstand meist etwa die Werte zwischen 2 Ω und 10 Ω hat, dann reicht auch eine einfachere und nicht so genaue Messung des Erdungswiderstands. Im Prinzip genügt es festzustellen, ob ein geringer Erdungswiderstand (bis etwa 10 Ω) vorhanden ist. Dieser läßt dann auf einen eingebauten Fundamenterder schließen. Größere Werte, z. B. 100 Ω, deuten darauf hin, daß kein Fundamenterder verlegt ist, sondern nur ein kurzes Stück Bandeisen.

3.13.2 Erdschleifenwiderstandsmessung

Unter den vorgenannten Voraussetzungen genügt es, zu solch einer vereinfachten Messung von Erdungswiderständen (Kontrolle) Schleifenwiderstands-Meßgeräte zu verwenden. Dabei ist vor dem Messen der Fundamenterder von der Anlage elektrisch zu trennen.
Schleifenwiderstands-Meßgeräte können aber nur in gewissen Grenzen zum Messen von Erdungswiderständen verwendet werden. Es handelt sich dann um eine Erdschleifenwiderstandsmessung. Der Schleifenwiderstand des Netzes sollte wesentlich kleiner als der zu messende Erdungswiderstand sein.
Bei der Erdschleifenwiderstandsmessung umfaßt der dabei gemessene Widerstand neben dem Erdungswiderstand noch den Widerstand des Außenleiters und den Widerstand der wirksamen Betriebserder. Der Meßwert ist also um den Erdungswiderstand der Betriebserder und den Widerstand des Außenleiters zu hoch. Der Widerstand des Außenleiters wie auch des wirksamen Betriebserders kann zusammen im Mittel etwa mit 1 Ω angenommen werden, der vom angezeigten Meßwert zu subtrahieren ist. Da der tatsächliche Wert nicht gemessen werden kann, geht diese Schätzung als Meßfehler ein.

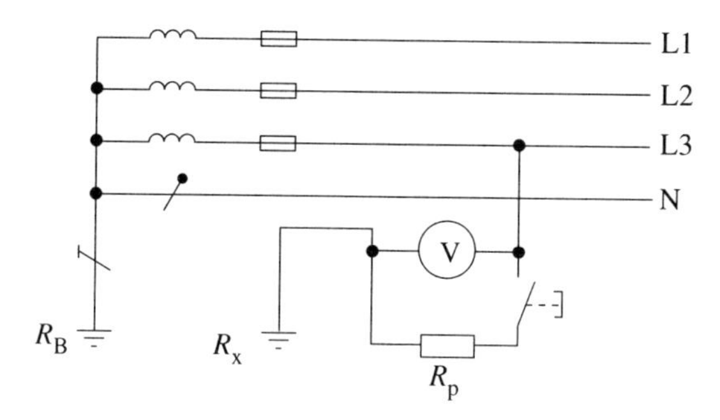

Bild 3.34 Prinzipschaltung zur Bestimmung des Erdschleifenwiderstands

Digitale Schleifenwiderstands-Meßgeräte haben einen eingeschränkten Anzeigebereich nach oben, z. B. 19,99 Ω. Mit diesen Meßgeräten können somit nur Erdungswiderstände innerhalb des angezeigten Bereichs gemessen werden.
Eine Prinzipschaltung zur Bestimmung des Erdschleifenwiderstands zeigt **Bild 3.34**.

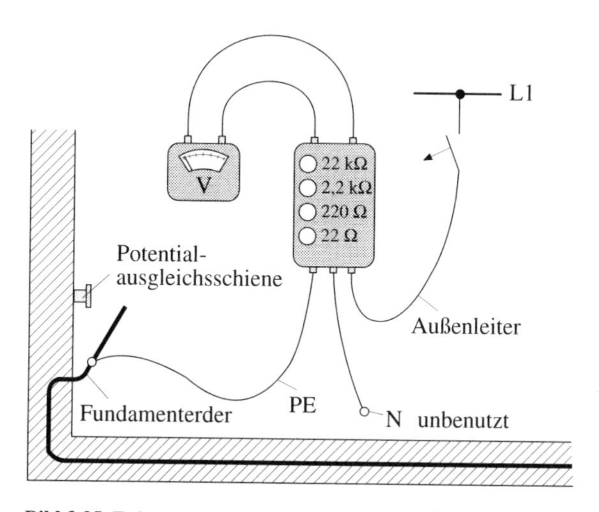

Bild 3.35 Erdungswiderstandsmessung mit einem Schleifenwiderstands-Meßgerät.
Ausreichend genau ergibt sich die Beziehung:
$R_p = 22000\ \Omega$ $R_{FU} \approx 100\ \Delta U$
$R_p = 2200\ \Omega$ $R_{FU} \approx 10\ \Delta U$
$R_p = 220\ \Omega$ $R_{FU} \approx \Delta U$
$R_p = 22\ \Omega$ $R_{FU} \approx \Delta U/10$

Die Ausführung einer Erdschleifenwiderstandsmessung mit einem Schleifenwiderstands-Meßgerät zeigt **Bild 3.35**. Dabei handelt es sich um das älteste Konstruktionsprinzip eines Schleifenwiderstands-Meßgeräts.

Bedingung ist:

$R_{Fu} >> R_{Sch}$.

Darin bedeuten:
R_{Fu} Erdungswiderstand des Fundamenterders,
R_{Sch} Schleifenwiderstand des Netzes,
R_p Prüfwiderstand,
ΔU Spannungsrückgang durch Belastung mit Prüfwiderstand R_p.

Bei diesen Messungen ist darauf zu achten, daß die Spannung am Erder nicht größer als 50 V ist, d. h., der nächst kleinere Prüfwiderstand darf nur eingeschaltet werden, wenn ΔU kleiner als 5,0 V ist. Der 22-Ω-Belastungswiderstand darf somit nur bei Erdungswiderständen < 5,0 Ω verwendet werden. Siehe hierzu auch die im Abschnitt 3.14.2 beschriebene Methode des Strom-Spannungs-Meßverfahrens mit vorhandener niederohmiger Erdungsanlage (N-Leiter, PEN-Leiter als Sonde). Sie ist eine interessante Alternative für die Erdschleifenwiderstandsmessung bei der Einbaukontrolle des Fundamenterders.

3.14 Messen des Erdungswiderstands

3.14.1 Allgemeine Hinweise für die Durchführung der Messung

Unter bestimmten Voraussetzungen wird es erforderlich sein, den Erdungswiderstand eines Fundamenterders zu messen. In den meisten Fällen kann jedoch die in Abschnitt 3.13 „Einbaukontrolle des Fundamenterders“ erwähnte Kontrollmöglichkeit als ausreichend angesehen werden.
Während bei der Erdungswiderstandsmessung mit dem Strom-Spannungs-Meßverfahren (siehe Abschnitt 3.14.2) die Benutzung eines möglichst hochohmigen Spannungsmessers den Einfluß des Übergangswiderstands der Meßsonde auf das Meßergebnis weitgehend verhindert, erreicht man das gleiche auch durch eine Kompensationsschaltung (Behrend-Methode; siehe Abschnitt 3.13.3). Bei dieser Schaltung sind im abgeglichenen Zustand Sonde und Anzeigeninstrument stromlos. Fließt aber kein Strom, so spielt der Widerstand auch keine Rolle. Auf diese Weise wird die Einwirkung des Meßsondenwiderstands unterdrückt; dieser sollte jedoch auch hierbei nicht zu hochohmig sein, da bis zum abgeglichenen Zustand ein Strom fließt. Üblicherweise sollten Widerstandswerte unter 800 Ω eingehalten werden.

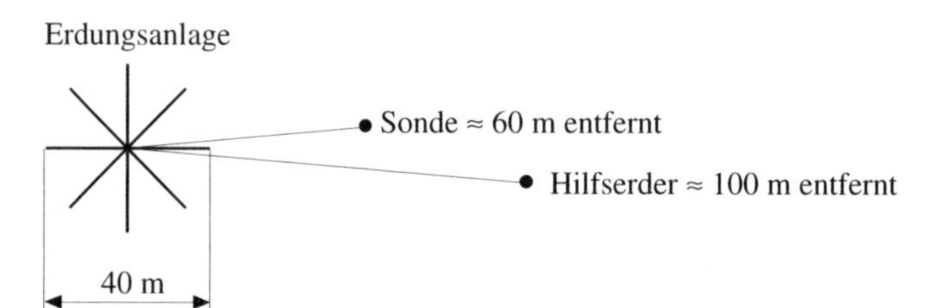

Bild 3.36 Anordnung der Sonden bei Kompensations-Meßverfahren (Beispiel 1)

Die Bedienungsanleitung des jeweiligen Meßgeräts gibt an, welche Widerstandswerte für Sonde und Hilfserder nicht überschritten werden dürfen.
Bei steinigem oder sandigem Boden können die Werte für die Meßsonden durchaus zunächst ermittelt werden unter Zuhilfenahme des zu messenden Erders (bei neueren Geräten darf der Wert über 1 000 Ω betragen).
Hat man sich so überzeugt, daß die Widerstände von Sonde und Hilfserder innerhalb der geforderten Grenzen liegen, wird in der folgenden Messung der eigentliche gesuchte Erder gemessen. Dabei müssen Erder, Hilfserder und Sonde im neutralen Bereich voneinander liegen. Da üblicherweise der neutrale Bereich nach etwa 20 m beginnt, ergibt sich die Mindestlänge der Meßsondenleitung mit 2 × 20 m = 40 m Leitungslänge. Berücksichtigt man Unsicherheiten, so kommt man auf die von der VDEW empfohlene Mindestleitungslänge von 60 m (**Bild 3.36**). Kürzeste Leitungslängen erreicht man beim Kompensations-Meßverfahren, wenn zu messender Erder, Hilfserder und Sonde in Form eines gleichseitigen Dreiecks angeordnet werden (**Bild 3.37**).
Trotz Verwendung großer Sondenleitungslängen kann nicht in jedem Fall sichergestellt werden, daß Erder, Hilfserder und Sonde sich jeweils im neutralen Bereich be-

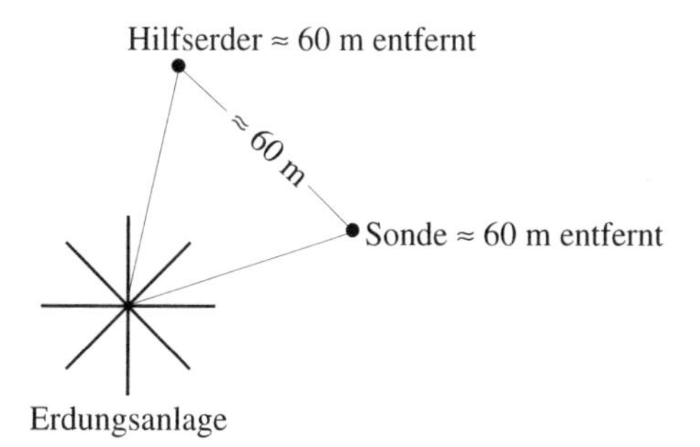

Bild 3.37 Anordnung der Sonden bei Kompensations-Meßverfahren (Beispiel 2)

finden. Zur genauestmöglichen Ermittlung des Erdungswiderstands sind mehrere Messungen nötig. Dabei sind die Sonden, wenn es die örtlichen Gegebenheiten zulassen, nach allen vier Himmelsrichtungen auszulegen.
Der höchste der gemessenen Werte bei mehreren Messungen ist als der richtige anzunehmen. Fehlereinflüsse wirken sich bei Erdungsmessungen immer dadurch aus, daß ein zu kleiner Erdungswiderstand angezeigt wird.
In bebauten Gebieten verursachen im Erdreich verborgene Teile Meßfehler. Hierunter sind auch alle Versorgungsleitungen mit leitendem Außenmantel zu verstehen (**Bild 3.38**). Aber auch in nichtbebautem Gelände kann die Messung durch Wurzelwerk von Bäumen und Hecken oder durch Wasseradern verfälscht werden. Um den Störeinfluß zu erkennen, kann der Spannungstrichter herangezogen werden (**Bild 3.39**). Bei der Ausmessung um den stromdurchflossenen Erder herum wird schließlich eine Zone erreicht, in der zwischen den beiden Sonden kein merklicher Spannungsunterschied mehr zu registrieren ist: der neutrale Bereich. Die neutralen Bereiche des gesuchten Erders sowie der benötigten Sonden können durch Versorgungsleitungen mit leitendem Außenmantel verzerrt, unter Umständen sogar Erder und Sonden miteinander „verbunden“ werden. Die dann ermittelten Meßwerte sind zu niedrig und unbrauchbar. Ein Verlassen des Spannungstrichters ist in solchen Fällen nicht möglich.
Erdungswiderstandsmessungen sind nicht grundsätzlich vom Eintreiben der Erdspieße abhängig. Auch bei felsigem Untergrund können Messungen gegen eine Sonde durchgeführt werden. Statt der ins Erdreich getriebenen „Spieße“ müssen dann gut leitende Metallnetze, z. B. verzinkter, engmaschiger Maschendraht, von mindestens 1 m^2 Größe angewendet werden. Um den erforderlichen Kontakt mit dem Erdreich zu erhalten, sind diese Oberflächensonden mit Sandsäcken zu beschweren. Nicht nur in der Ausführung, sondern hauptsächlich im Transport dieser Hilfsmittel liegen die besonderen Schwierigkeiten des Einsatzes von Oberflächensonden.

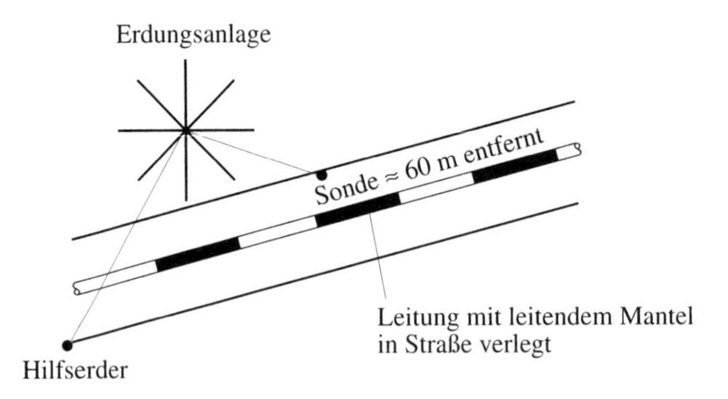

Bild 3.38 Verbindung der Spannungstrichter durch Fremderder

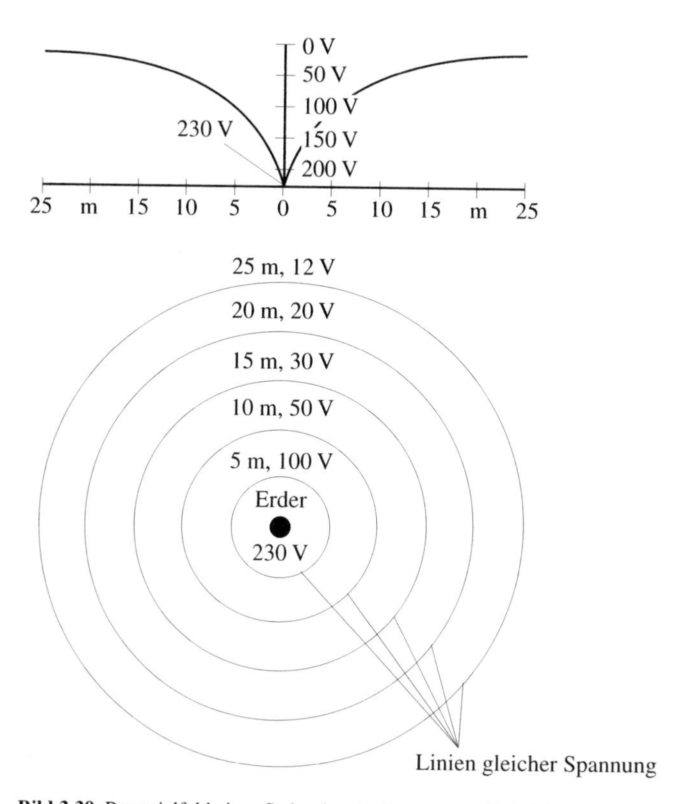

Bild 3.39 Potentialfeld eines Staberders im homogenen Erdreich

Die vorgenannten Schwierigkeiten, die sich besonders in dicht bebautem Gebiet bei der klassischen Erdungswiderstandsmessung ergeben, führen oft zu dem Ergebnis, daß eine Messung mit Sonden nicht durchführbar ist. In diesen Fällen bietet sich als Ersatzlösung die überschlägige Ermittlung durch eine Erdschleifenwiderstandsmessung an (siehe Bild 3.34 und Bild 3.35). Die Widerstandswerte sind in jedem Fall brauchbarer als die, die durch eine klassische Erdungswiderstandsmessung gewonnen werden. Diese Messung wird im Abschnitt 3.13.2 erläutert. Auch das unter Abschnitt 3.14.2 beschriebene Strom-Spannungs-Meßverfahren mit dem Neutralleiter (auch PEN-Leiter) als Sonde ist eine praktikable Lösung.

3.14.2 Messen mit einem Erdungs-Meßgerät nach dem Strom-Spannungs-Meßverfahren nach DIN VDE 0413 Teil 7

In dem bis Juli 1976 gültigen § 22 von DIN VDE 0100:1973-05 war als Prüfverfahren für einen Erder unter anderem das Strom-Spannungs-Meßverfahren genannt. Auch DIN VDE 0100 Teil 600:1987-11 und der Teil 610:1994-04 von DIN VDE 0100, der den Teil 600 ersetzt hat, führen aus, daß zur Messung des Erdungswiderstands das Strom-Spannungs-Meßverfahren angewendet werden darf.
Im Grunde genommen ist jede Erdungsmessung auf ein Strom-Spannungs-Meßverfahren zurückzuführen. Bei dem hier beschriebenen Meßverfahren wird die Netzspannung eines mit geerdetem Sternpunkt gefahrenen Netzes benutzt. Über einen einstellbaren Vorwiderstand wird ein Stromfluß über den zu messenden Erder geleitet, der mit einem Strommesser überwacht wird. Gleichzeitig wird mit einem möglichst hochohmigen Spannungsmesser der Spannungsfall am Erder gegen eine Sonde im neutralen Bereich gemessen (**Bild 3.40**). Nach dem Ohmschen Gesetz ergibt sich aus den Meßwerten der gesuchte Erdungswiderstand zu:

$$R_x = \frac{U}{I}.$$

Bei diesem Meßverfahren muß die Größe des Vorwiderstands nicht bekannt sein. In der Literatur finden sich Angaben zwischen 1000 Ω und 20 Ω. Kleiner als 10 Ω sollte die unterste Stufe jedoch nicht sein.
Vielfach unbeachtet ist die Tatsache, daß nicht nur am zu prüfenden Erder ein Spannungsfall auftritt. Der über das Erdreich zum Sternpunkt des Speisetransformators zurückfließende Strom verursacht auch an diesem Sternpunkt einen Spannungsfall,

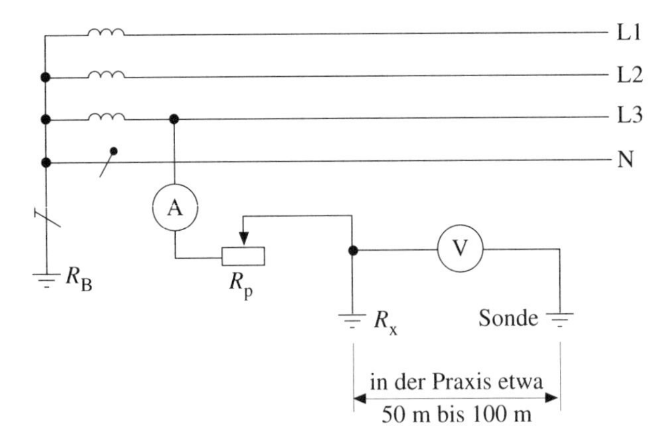

Bild 3.40 Erdungswiderstandsmessung mit Netzspannung (Strom-Spannungs-Meßverfahren)

der ein Anheben des Neutralleiterpotentials des speisenden Netzes nach sich zieht (**Bild 3.41**). Bei einem Prüfstrom von 10 A würde dies bei einem Betriebserder von $R_B = 2\ \Omega$ eine Anhebung des Potentials des Betriebserders bzw. des Neutralleiters auf 20 V bedeuten. Bei der Messung ist darauf zu achten, daß weder der Betriebserder noch der zu messende Erder eine Spannung > 50 V annehmen.
Bei dieser Art der Messung kann der Spannungsmesser bereits eine Spannung anzeigen, obwohl noch kein Prüfstrom fließt. Eine solche Anzeige rührt von Streuströmen im Erdreich her und geht als Fehler in die Messung ein. Da die vektorielle Lage dieser Störspannung unbekannt ist, kann nicht gesagt werden, ob dieser Betrag addiert oder subtrahiert werden muß. Dieser Meßfehler ist vertretbar, wenn die Spannung bei eingeschaltetem Prüfstrom wesentlich größer als die gemessene Streuspannung ist.
Es ist ratsam, einen möglichst hochohmigen Spannungsmesser für die Messung zu verwenden, um den Einfluß des Erdungswiderstands der Sonde weitgehend auszuschalten. Der Widerstandswert einer etwa 0,5 m in das Erdreich eingetriebenen Meßsonde liegt je nach Bodenbeschaffenheit erfahrungsgemäß zwischen 500 Ω und 1 000 Ω. Der meistbenötigte Meßbereich ist der 30-V-Bereich. Ein üblicher Spannungsmesser mit $R_i = 300\ \Omega/V$ hätte bei Vollausschlag dann etwa 9 000 Ω. Diese Bürde läge mit dem Sondenwiderstand von angenommen 800 Ω in Reihe. Der Sondenwiderstand macht somit fast 10 % in dieser Reihenschaltung aus. Hat der Spannungsmesser aber einen Innenwiderstand von 20 kΩ/V, ist die Bürde im gleichen Meßbereich bei gleichem Ausschlag 600 kΩ groß. In diesem Fall spielt der Sondenwiderstand keine Rolle mehr, er bleibt somit ohne Einfluß auf die Messung. Ein solcher Meßbereich ist sowohl in Geräten älterer Bauart als auch in ganz modernen digital anzeigenden Geräten enthalten. Für diese Geräte gilt DIN VDE 0413 Teil 7.

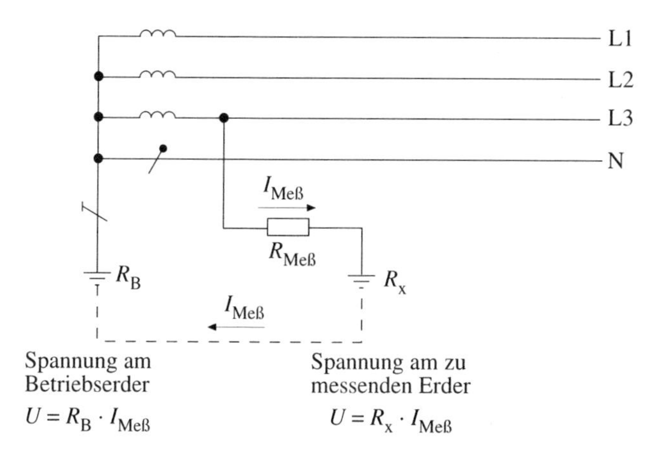

Bild 3.41 Mögliche Gefahren durch Meßverfahren mit Netzspannung

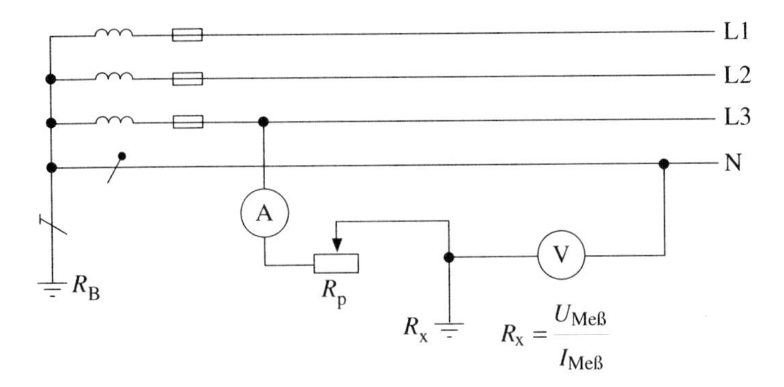

Bild 3.42 Erdungswiderstandsmessung mit Netzspannung (neu: N- oder PEN-Leiter als Sonde nach DIN VDE 0100 Teil 610)

DIN VDE 0100 Teil 600:1987-11 brachte erstmalig für die Benutzer des Strom-(Netz-)Spannungs-Meßverfahrens eine große Erleichterung bei der Erdungs-Widerstandsmessung in dicht bebauten Gebieten. Der Erdungswiderstand wird durch Messung der Schleifenimpedanz über zwei Erder unter Nutzung des PEN-bzw. N-Leiters ermittelt. Diese Methode ist auch im Teil 610:1994-04 von DIN VDE 0100 enthalten, der den Teil 600:1987-11 ersetzt hat.
Prüfgeräte für das Strom-(Netz-)Spannungs-Meßverfahren benötigen für den Bereich Erdungswiderstandsmessung den Anschluß einer Sonde als Bezugspunkt für die Messung. Nach DIN VDE 0100 Teil 610:1994-04 darf die Sondenbuchse mit dem Neutralleiter (auch PEN-Leiter) verbunden werden, wenn Erder gemessen werden sollen, die nicht mit dem Neutralleiter verbunden sind bzw. diese für die Messung abgeklemmt werden (**Bild 3.42**). Zu beachten ist hier allerdings auch, daß der zu messende Erder nicht im Spannungstrichter des Neutralleiters (PEN-Leiter) liegt. Viele in der Praxis durchgeführte Vergleichsmessungen haben zwischen dem Anschluß einer neutralen Sonde und dem Anschluß des Neutralleiters als Sonde keinen Unterschied erkennen lassen. So können mit ausreichender Genauigkeit Erder ermittelt werden, die nicht mit den Neutralleitern in Verbindung stehen.

3.14.3 Messen mit einem Erdungs-Meßgerät nach dem Kompensations-Meßverfahren (Erdungsmeßbrücke) gemäß DIN VDE 0413 Teil 5

In dem bis Juli 1976 gültigen § 22 von DIN VDE 0100:1973-05 war als Meßverfahren für die Messung des Erdungswiderstands unter anderem das Kompensations-Meßverfahren genannt. Auch DIN VDE 0100 Teil 600:1987-11 und der Teil 610 von DIN VDE 0100:1994-04, der den Teil 600:1987-11 ersetzt hat, führen aus, daß zur Messung des Erdungswiderstands das Kompensations-Meßverfahren angewendet werden darf.

Bei der Messung mit einer Erdungsmeßbrücke bedient man sich nicht der Netzspannung, sondern einer Fremdwechselspannung. Mit dieser Fremdspannung, durch Kurbelinduktor oder Batterie geliefert, wird auch ein Stromfluß über den zu messenden Erder geleitet. Hierzu muß jedoch ein Pol der Meßspannungsquelle geerdet werden. Aus diesem Grunde werden für eine Erdungswiderstandsmessung mit Hilfe einer Erdungsmeßbrücke zwei Sonden benötigt (**Bild 3.43**). Entsprechend ihrer Aufgabe nennt man die Sonde, die der Erdung der Meßspannungsquelle dient, Hilfserder. Die andere Sonde, mit der der Spannungsfall gemessen wird, hat keine besondere Bezeichnung. Das Anzeigeinstrument ist beim Erdungsmeßgerät in Ohm geeicht, so daß der Widerstandswert des gesuchten Erders direkt abgelesen werden kann.
Die Zwischenschaltung eines Kondensators in die Sondenleitung hält Streu-Gleichspannungen ab. Aus diesem Grund ist für diese Art der Messung nur eine Wechselspannung zu verwenden. Steuert man den Gleichrichter, der dem Anzeigeinstrument vorgeschaltet ist, derart mit der Meßspannungsquelle, daß nur die von ihr erzeugte Wechselspannung gleichgerichtet wird, hat man die Gewähr, daß keine Fremdwechselspannungen das Meßergebnis verfälschen.
Außerdem ist eine Frequenz zu verwenden, die weder mit den gebräuchlichen 50 Hz noch mit einem Vielfachen hiervon identisch ist. Hierdurch werden Meßfehler durch ggf. vorhandene Streu-Wechselströme des Versorgungsnetzes verhindert.
Die verwendeten Spannungen liegen im allgemeinen je nach Fabrikat zwischen 100 V und 500 V. Die benutzten Frequenzen differieren ebenfalls; so findet man sowohl Geräte mit 93 Hz als auch mit 111 Hz. Nach DIN VDE 0413 Teil 5 muß die

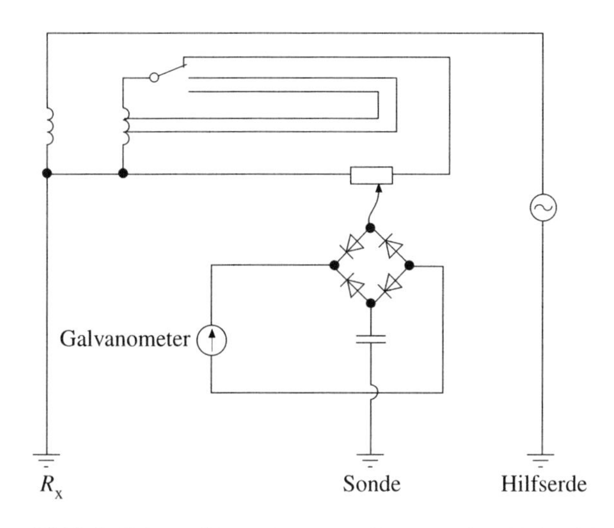

Bild 3.43 Erdungswiderstandsmessung (Kompensations-Meßverfahren)

verwendete Frequenz im Bereich von 70 Hz und 140 Hz liegen. Wenn die verwendete Wechselspannung über 50 V liegt, darf der Effektivwert des Kurzschlußstroms nicht größer als 10 mA sein oder die Leerlaufspannung nicht länger als 0,2 s anstehen. Erdungs-Meßgeräte mit größerer Leistung für Sonderaufgaben sind besonders gekennzeichnet.

3.15 Wesentliche Vorteile des Fundamenterders in Kurzfassung

Der Fundamenterder ergänzt den Potentialausgleich in sehr wirkungsvoller Art.
Die erzielbaren Erdungswiderstände sind ganz ausgezeichnet und von Witterungseinflüssen fast unabhängig.
Der im Beton eingebettete Erder ist gegen Korrosionserscheinungen gut geschützt und weist somit eine nahezu unbegrenzte Lebensdauer auf.
Der Fundamenterder kann als Erder auch für andere Erdungsaufgaben, z. B. Blitzschutzanlage, herangezogen werden.
Zeitraubende und oft schwierige Grabearbeiten für Oberflächenerder entfallen.

3.16 Literatur

DIN 1045:1988-07	Beton und Stahlbeton; Bemessung und Ausführung; Beuth-Verlag, Berlin
Normen der Reihe DIN 1910	Schweißen; Beuth–Verlag, Berlin
DIN 18 012:1982-06	Hausanschlußräume; Beuth-Verlag, Berlin
DIN 18014:1994-02	Fundamenterder; Beuth-Verlag, Berlin
DIN 18015-1:1992-03	Elektrische Anlagen in Wohngebäuden – Planungsgrundlagen; Beuth-Verlag, Berlin
DIN 18195-6:1983-08	Bauwerksabdichtungen; Abdichtungen gegen von außen drückendes Wasser; Bemessung und Ausführung; Beuth-Verlag, Berlin
DIN 18195-9:1986-12	Bauwerksabdichtungen; Durchdringungen, Übergänge, Abschlüsse; Beuth-Verlag, Berlin
DIN 48833:1986-08	Blitzschutzanlage; Abstandhalter für Fundamenterder; Beuth-Verlag, Berlin
DIN 48834:1986-08	Blitzschutzanlage; Keilverbinder für Fundamenterder; Beuth-Verlag, Berlin
DIN 48845:1986-03	Blitzschutzanlage; Kreuzverbinder, schwere Ausführung; Beuth-Verlag, Berlin

DIN VDE 0100-410 VDE 0100 Teil 410	Errichten von Starkstromanlagen mit Nennspannungen bis 1000 V; Schutzmaßnahmen; Schutz gegen elektrischen Schlag; VDE-VERLAG, Berlin
DIN VDE 0100-540 VDE 0100 Teil 540:1991-11	Errichten von Starkstromanlagen mit Nennspannungen bis 1000 V; Auswahl und Errichtung elektrischer Betriebsmittel; Erdung, Schutzleiter, Potentialausgleichsleiter; VDE-VERLAG, Berlin
DIN VDE 0100-610 VDE 0100 Teil 610:1994-04	Errichten von Starkstromanlagen mit Nennspannungen bis 1000 V; Prüfungen; Erstprüfungen; VDE-VERLAG, Berlin
DIN VDE 0141 VDE 0141:1989-07	Erdungen für Starkstromanlagen mit Nennspannungen über 1 kV; VDE-VERLAG, Berlin
DIN VDE 0151 VDE 0151:1986-06	Werkstoffe und Mindestmaße von Erdern bezüglich Korrosion; VDE-VERLAG, Berlin
DIN VDE 0185-1 VDE 0185 Teil 1:1982-11	Blitzschutzanlage; Allgemeines für das Errichten; VDE-VERLAG, Berlin
DIN VDE 0190 VDE 0190:1986-05 (zurückgezogen 1991-11)	Einbeziehen von Gas- und Wasserleitungen in den Hauptpotentialausgleich von elektrischen Anlagen; VDE-VERLAG, Berlin
DIN VDE 0413-3 VDE 0413 Teil 3:1977-07	Messen, Steuern, Regeln; Geräte zum Prüfen der Schutzmaßnahmen in elektrischen Anlagen; Schleifenwiderstands-Meßgeräte; VDE-VERLAG, Berlin
DIN VDE 0413-5 VDE 0413 Teil 5:1977-07	Messen, Steuern, Regeln; Geräte zum Prüfen der Schutzmaßnahmen in elektrischen Anlagen; Erdungs-Meßgeräte nach dem Kompensations-Meßverfahren; VDE-VERLAG, Berlin
DIN VDE 0413-7 VDE 0800 Teil 2:1985-07	Messen, Steuern, Regeln; Geräte zum Prüfen der Schutzmaßnahmen in elektrischen Anlagen; Erdungs-Meßgeräte nach dem Strom-Spannungs-Meßverfahren; VDE-VERLAG, Berlin
DIN VDE 0800-2 VDE 0800 Teil 2:1985-07	Fernmeldetechnik; Erdung und Potentialausgleich; VDE-VERLAG, Berlin
DIN EN 50083-1 VDE 0855 Teil 1:1994-08	Antennenanlagen; Errichtung und Betrieb; VDE-VERLAG, Berlin

Technische Anschlußbedingungen für den Anschluß an das Niederspannungsnetz (TAB); VWEW-Verlag, Frankfurt a. M.; EVU.
Richtlinien für das Einbetten von Fundamenterdern in Gebäudefundamente; Ausgabe 1987; Herausgeber VDEW, Frankfurt a. M.; VWEW-Verlag, Frankfurt a. M. (ersetzt durch DIN 18014:1994-02 „Fundamenterder").
HEA-Merkblatt M 2: Hausanschluß – Hausanschlußraum – Hauptpotentialausgleich; VWEW-Verlag, Frankfurt a. M.
HEA-Merkblatt M 3: Fundamenterder; VWEW-Verlag, Frankfurt a. M.
HEA-Bilderdienstblatt 3.3.1: Hauptstromversorgung – Hausanschlußraum; VWEW-Verlag, Frankfurt a. M.
HEA-Bilderdienstblatt 3.3.2: Hauptstromversorgung – Hauptpotentialausgleich, Fundamenterder; VWEW-Verlag, Frankfurt a. M.
VdS-Druckstück 2028: Fundamenterder für den Potentialausgleich und als Blitzschutzerder; Merkblatt zur Schadenverhütung; Verband der Schadenversicherer, Köln.
Blitz-Planer – Arbeitsunterlagen für den Fachmann; Fa. Dehn + Söhne, Nürnberg-Neumarkt/Opf.

Baatz, H.: Mechanismus des Gewitters und Blitzes; Grundlagen des Blitzschutzes von Bauten. VDE-Schriftenreihe Bd. 34. Berlin & Offenbach: VDE-VERLAG, 1985.
Barkey, H.; Vogt, D.: Fundamenterder – Ausbreitungswiderstand bei Verwendung von Kunststoffolien unter der Fundamentplatte. de/der elektromeister + deutsches elektrohandwerk (1979) H. 2, S. 67 – 71; Hüthig & Pflaum-Verlag, München & Heidelberg.
Cichowski, R. R.; Krefter, K. H.: Lexikon der Installationstechnik. VDE-Schriftenreihe Bd. 52. Berlin & Offenbach: VDE-VERLAG, 1992.
Hasse, P.; Wiesinger, J.: Handbuch für Blitzschutz und Erdung. München: Pflaum Verlag, Berlin & Offenbach: VDE-VERLAG, 1993.
Hering, E.: Grundsätzliches zu Fundamenterdern. Elektropraktiker (1994) H. 10, S. 893 – 895; Verlag Technik, Berlin.
Hering, E.: Gestaltung der Fundamenterder. Elektropraktiker (1994) H. 11, S. 962 – 968; Verlag Technik, Berlin.
Hering, E.: Korrosionsschutz der Fundamenterder. Elektropraktiker (1994) H. 12, S. 1051 – 1053; Verlag Technik, Berlin.
Hering, E.: Praktische Ausführung der Fundamenterder. Elektropraktiker (1995) H. 1, S. 40 – 43; Verlag Technik, Berlin.
Hering, E.: Berechnung der Fundamenterder. Elektropraktiker (1995) H. 12, S. 1031 – 1042; Verlag Technik, Berlin.
Lange-Hüsken, M.; Roth, H.: Die neuen „Technische Anschlußbedingungen für den Anschluß an das Niederspannungsnetz – TAB 1991" der VDEW. Der Elektriker/Der Energieelektroniker (1992) H. 3-4; VWEW-Verlag, Frankfurt a. M.

Neuhaus, H.: Blitzschutzanlagen – Erläuterungen zu DIN VDE 0185. VDE-Schriftenreihe Bd. 44. Berlin & Offenbach: VDE-VERLAG, 1983.
Rudolph, W.: Allgemeine Bestimmungen für Erder, Erdungen und Potentialausgleich. Der Elektriker/Der Energieelektroniker (1992) H. 7 – 8, S. 186 – 193; VWEW-Verlag, Frankfurt a. M.
Schulte, K.: Äußerer und Innerer Blitzschutz, Fa. Hermann Kleinhuis, Lüdenscheid
Schulte, K.: Fundamenterder, Potentialausgleich; Fa. Hermann Kleinhuis, Lüdenscheid
Vogt, D.: Planung der Elektroinstallation nach DIN 18015 Teil 1/03.92. de/der elektromeister + deutsches elektrohandwerk (1992) H. 8, S. 619 – 629; H. 9, S. 739 – 743; H. 10, S. 810 – 814; Hüthig & Pflaum-Verlag, München & Heidelberg
Vogt, D.: Zusätzlicher Potentialausgleich bei überdachten Schwimmbädern (Schwimmhallen) und Schwimmbädern im Freien (DIN VDE 0100 Teil 702/06.92). de/der elektromeister + deutsches elektrohandwerk (1992) H. 18, S. 1446 – 1454; Hüthig & Pflaum-Verlag, München & Heidelberg
Vogt, D.: Zusätzlicher Potentialausgleich in landwirtschaftlichen Anwesen (DIN VDE 0100 Teil 705/10.92). de/der elektromeister + deutsches elektrohandwerk (1992) H. 19, S. 1537 – 1541; Hüthig & Pflaum-Verlag, München & Heidelberg
Vogt, D.: Fundamenterder nach DIN 18014. etz Elektrotech. Z. 115 (1994) H. 20, S. 1168 – 1173; VDE-VERLAG, Berlin & Offenbach
Vogt, D.: Fundamenterder. de/der elektromeister + deutsches elektrohandwerk (1994) H. 12, S. 893 – 897; H. 14, S. 1080 – 1084; H. 15, S. 1148 – 1153; Hüthig & Pflaum-Verlag, München & Heidelberg
Vogt, D.: Überführung der „Fundamenterder-Richtlinien" der VDEW in die Norm DIN 18014. EVU-Betriebspraxis (1994) H. 4, S. 131 – 138; H. 5, S. 161 – 166; H. 6, S. 209 – 214; VWEW-Verlag, Frankfurt a. M.
Vogt, D.: Fundamenterder – Ausführung nach neuer DIN 18014; TAB – Technik am Bau (1995) H. 1, S. 49 – 59; Bertelsmann Fachzeitschriften GmbH, Gütersloh
Vogt, D.: Fundamenterder – Ausführung bei Perimeterdämmung. de/der elektromeister + deutsches elektrohandwerk (1996) H. 17, S. 1504 – 1508; Hüthig & Pflaum-Verlag, München & Heidelberg

4 Korrosionsgefährdung

4.1 Allgemeines

Korrosion kann ganz allgemein als Zerstörung von metallenen Werkstoffen (Veränderung des Werkstoffs) infolge chemischer oder elektrochemischer Reaktionen mit seiner Umgebung angesehen werden. Die wohl bekannteste und auch bedeutendste Korrosionserscheinung ist das Rosten (chemische Reaktion) des Eisens.
Der Schaden, der durch Korrosion entsteht, ist für die Bundesrepublik Deutschland allein auf jährlich mehrere Millionen DM zu schätzen. Deshalb ist es von großer Wichtigkeit, daß jeder Fachmann für sein Fachgebiet mögliche Korrosionsgefährdungen frühzeitig erkennt und Maßnahmen ergreift, die:

- Korrosionsgefährdungen nicht auftreten lassen (Vermeidung von Korrosion),
- Korrosionsgefährdungen weitgehend auf ein Minimum beschränken (Verminderung von Korrosion).

In sehr vielen Fällen lassen sich Korrosionsgefährdungen nicht ausschließen. Sie sind zwangsläufig vorhanden. Der Fachmann muß dann die Folgen der Korrosion abschätzen können, um sie von vornherein mit berücksichtigen zu können.
Unter Korrosionsgefährdung ist dabei die Gefahr einer Beeinträchtigung der Funktion von Erdern, Erdungsanlagen, aber auch der mit Erdern und Erdungsanlagen verbundenen metallenen Bauteile durch chemische Reaktion (Eigenkorrosion) oder elektrochemische Reaktion (Kontaktkorrosion) mit ihrer Umgebung zu verstehen.
Die chemische Korrosion findet meist unter unmittelbarer Einwirkung des angreifenden Stoffs auf den Werkstoff statt; die elektrochemische Korrosion dagegen benötigt die Mitwirkung eines Elektrolyten.
Um die Auswirkungen von Eigen- und Kontaktkorrosion größenordnungsmäßig abschätzen zu können, läßt sich in etwa festlegen, daß die lineare Abtragungsrate von feuerverzinktem Stahl in einem Beispiel-Kontaktelement Kupfer/feuerverzinkter Stahl mit einem neutralen belüfteten Boden als Elektrolyten etwa drei- bis zehnmal so groß ist wie die Dickenabnahme eines feuerverzinkten Stahls durch Eigenkorrosion in einem neutralen belüfteten Boden.
Bei der Auswahl von Erderwerkstoffen hinsichtlich Korrosionsgefährdung sind zu unterscheiden:

- Einzelerder ohne metallisch leitfähige Verbindung zu anderen Erdern,
- Erder mit metallisch leitfähiger Verbindung zu anderen Erdern.

Erderwerkstoffe von Einzelerdern sind im Hinblick auf die Bodenbeschaffenheit (Eigenkorrosion) auszuwählen (siehe Abschnitte 4.2 und 4.4).

Bei der Auswahl von Erderwerkstoffen von Erdern mit metallisch leitfähiger Verbindung zu anderen Erdern ist das Vermeiden von Korrosionselementen zu berücksichtigen (siehe Abschnitte 4.3 und 4.6).
Allgemein kann man sagen, daß für Erdungsanlagen Vorkehrungen getroffen werden müssen gegen voraussehbare Gefahren der Schädigung anderer Metallteile durch elektrolytische Einflüsse. Bei Erdern müssen der anzuwendende Werkstoff und die Ausführung so ausgewählt werden, daß sie den zu erwartenden Korrosionseinflüssen widerstehen.
Von vornherein muß bei der Planung der Erdungsanlage ein mögliches Ansteigen des Erdungswiderstands der Erder infolge Korrosion berücksichtigt werden.
Die nachfolgenden Abschnitte vermitteln Aussagen, die eine Einschätzung der Korrosionsgefahren und erforderlichen Korrosionsschutzmaßnahmen ermöglichen.

4.2 Eigenkorrosion (chemische Korrosion)

Unter Eigenkorrosion ist die chemische Reaktion eines metallenen Werkstoffs mit seiner Umgebung zu verstehen, die zu einer Beeinträchtigung der Eigenschaften des metallenen Werkstoffs führt. Faktoren für die Bildung von Eigenkorrosion außerhalb des Erdreichs sind aggressive Medien, z. B. Wasser, Sauerstoff, Abgase, Säuren, Jauche. Ursachen für die Bildung von Eigenkorrosion im Erdreich verlegter metallener Werkstoffe sind im wesentlichen der Belüftungsgrad des Bodens (gut, mäßig, schlecht belüfteter Boden) sowie der pH-Wert (neutral, sauer, alkalisch) des Bodens (siehe Abschnitt 4.4.1).
Im Erdreich verlegte Erder sind der Eigenkorrosion ausgesetzt. Bei sachgemäßer Einbringung von Stahl – verzinkt oder unverzinkt – in Beton ist keine Eigenkorrosion vorhanden. Es gilt also als sicher, daß bei einem dicht und blasenfrei verlegten, allseitig von Beton umschlossenen Fundamenterder keine Eigenkorrosion zu erwarten ist.
Bei der Betrachtung verzinkten Bandstahls als Erder im Erdreich interessiert der flächenbezogene Massenverlust Δm in g/m^2 bzw. die Dickenabnahme Δs in µm der Zinkschicht und des darunter liegenden Stahls durch Eigenkorrosion. Von zweitrangiger Bedeutung ist hierbei der Lochfraß, der wiederum bei metallenen Rohrleitungen von Wichtigkeit ist.
In Abhängigkeit von der Bodenbeschaffenheit kann der Korrosionsangriff durch Eigenkorrosion linear oder auch nichtlinear vor sich gehen und demnach auch unterschiedlich groß sein.
Bei den in der Bundesrepublik Deutschland am meisten vorkommenden neutralen belüfteten Böden ist anfänglich eine etwas höhere Abtragungsrate festzustellen, die nach etwa zwei Jahren infolge von Deckschichtbildung nur noch etwa 2 µm/Jahr beträgt. Bei feuerverzinktem Stahl ist rein rechnerisch mit einer Lebensdauer von 27 Jahren für die Zinkschicht zu rechnen. Auf dem Stahl bildet sich wiederum eine Deckschicht, so daß bei ausschließlicher Betrachtung der Eigenkorrosion die An-

wendung erdverlegter feuerverzinkter Stähle als Erder im Normalfall keine Probleme mit sich bringt (siehe Abschnitt 4.4.1.4). Deckschichtbildende Böden sind überwiegend vorhanden. Ausnahmen bilden aggressive Böden, z. B. Moorböden oder schlackehaltige Böden.
Die Deckschicht läßt sich wie folgt erklären. Die chemische Korrosion findet meist zwischen Metallen und Gasen statt. Dabei bilden sich an den Metalloberflächen durch die unmittelbare Einwirkung der Gase Oxid- und Sulfidschichten. Wird an der Oberfläche eine dichte und feste Schicht gebildet (Deckschicht), so ist das darunter liegende Metall vor weiterer Zerstörung geschützt. Metalle, die durch chemische Korrosion eine Deckschicht ausbilden, sind z. B. Aluminium, Chrom, Magnesium, Nickel, Zink, Zinn. Ist die Oberfläche jedoch porig und rissig, so können die eindringenden Gase zu einer völligen Zerstörung des metallenen Werkstoffs führen.
Die Bildung einer wasserunlöslichen Deckschicht bei Zink, der sogenannten Zinkpatina, entsteht bei ungehindeter Belüftung der Zinkschicht. Im Verlauf einer Außenbewitterungsperiode von sechs bis zwölf Monaten ist sie voll ausgebildet. Ist die Zinkschicht jedoch still stehender Luft ausgesetzt, kann sich die Zinkpatina nur ungenügend bilden. Anstelle von Zinkpatina entwickelt sich dann ein als Weißrost bekanntes Zinkoxidhydrat, das schon nach relativ kurzer Zeit die Verwitterung der Reinzinkschicht bewirken und die dunkelgrauen bis schwarzen Eisen-Zink-Legierungsschichten freisetzen kann. Diese Weißrostbildung kann z. B. gut bei enggelagerten Stapeln oder Lagerung von feuerverzinktem Stahl auf dem feuchten Boden beobachtet werden.

4.3 Kontaktkorrosion (elektrochemische Korrosion)

4.3.1 Allgemeines

Der größte Teil aller Korrosionsschäden – man spricht von über 98 % – wird durch elektrochemische Korrosion verursacht.
Die Kontaktkorrosion beruht auf der Ausbildung eines elektrochemischen Elements, wobei der unedlere Werkstoff verstärkt angegriffen wird. Voraussetzung ist das Vorhandensein eines Elektrolyten. Üblicherweise besteht der Elektrolyt aus Wasser in Verbindung mit Gasen, Säuren, Laugen oder Salzen.
Sind z. B. Erder mit anderen erdverlegten metallenen Bauteilen leitend verbunden und stehen sie auch über einen Elektrolyten in Verbindung, so entsteht Kontaktkorrosion. Bei den metallenen Bauteilen handelt es sich z. B. um andere Erder gleichen Werkstoffs, Erder aus anderen Werkstoffen, Stahlbetonarmierungen, Zwangserder. Der Elektrolyt ist dabei ein ionenleitendes Korrosionsmedium, z. B. Erdboden, Beton, Wasser, wäßrige Lösungen.
Voraussetzung für die Bildung von Korrosionselementen, d. h. galvanischen Elementen, ist also immer das Vorhandensein von Metallen und elektolytisch leitend verbundenen Anoden und Katoden.

Je nach vorliegenden Bedingungen kann es durch Kontaktkorrosion zu sehr hohen Abtragungsquoten kommen (siehe Abschnitt 4.3.8).
Bei der elektrochemischen Korrosion finden ähnliche Vorgänge wie in einem galvanischen Element statt. Sie läßt sich daher gut durch die Abläufe in einem galvanischen Element erklären.

4.3.2 Galvanisches Halbelement

Wird z. B. ein Metallstab in einen Elektrolyten (ionenleitendes Medium) getaucht, dann lösen sich aus dem Metallstab Atome, die als positiv geladene Ionen in den Elektrolyten übertreten. Die Elektronen bleiben im Metallstab. Umgekehrt werden positive Ionen aus dem Elektrolyten von dem Metall aufgenommen (**Bild 4.1**). In der Chemie spricht man in diesem Zusammenhang vom „Lösungsdruck" des Metalls – Bestreben des Metalls, sich aufzulösen – und vom „osmotischen Druck" der Lösung. Abhängig von der Größe der beiden Drücke gehen entweder die Metall-Ionen des Stabs vermehrt in die Lösung, d. h., der Metallstab wird gegenüber der Lösung negativ, oder die Ionen des Elektrolyten lagern sich vermehrt am Metallstab ab, d. h., der Metallstab wird positiv gegenüber dem Elektrolyten. Es entsteht demnach in beiden Fällen durch das Herauslösen der Ionen eine Ladungstrennung, die zu einer Spannung zwischen Metallstab und Elektrolyt führt. Dieser Vorgang vollzieht sich so lange, bis ein Gleichgewichtszustand erreicht wird.
Die von einem Halbelement erzeugte Spannung kann nicht direkt gemessen werden, da sich auch an der für die Messung erforderlichen zweiten Elektrode (Meßelektrode) eine Ladungstrennung vollzieht. Gemessen werden kann nur die Differenz der Spannungen, die sich einerseits zwischen Elektrolyt und Metallstab und andererseits zwischen Elektrolyt und Meßelektrode ergibt. Je nach Wahl von Meßelektrode und Elektrolyt sind unterschiedliche Spannungen zu messen. Deshalb müssen Elektrolyt und Meßelektrode eindeutig definiert sein. Die Potentiale von Halbelementen werden üblicherweise gegen eine Normalwasserstoff-Elektrode gemessen. Sie besteht aus einem mit Platinschwarz überzogenen Blech (platiniertes Blech), das in

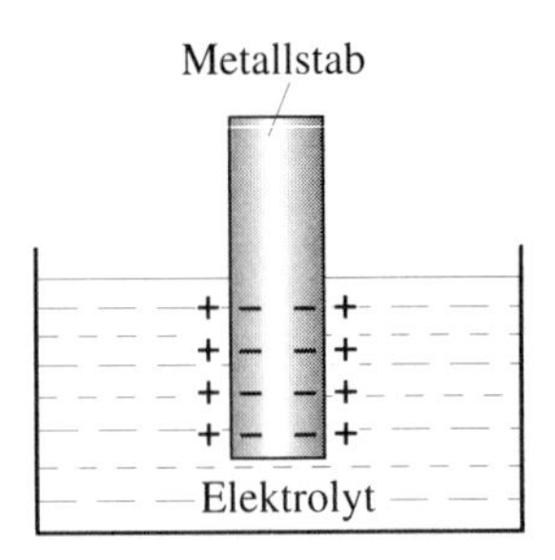

Bild 4.1 Galvanisches Halbelement

Werkstoff	chemisches Kurzzeichen	Normalpotential
Kalium	K	– 2,92 V
Calzium	Ca	– 2,87 V
Natrium	Na	– 2,71 V
Magnesium	Mg	– 2,38 V
Aluminium	Al	– 1,67 V
Mangan	Mn	– 1,05 V
Zink	Zn	– 0,76 V
Chrom	Cr	– 0,71 V
Eisen	Fe	– 0,44 V
Cadmium	Cd	– 0,40 V
Nickel	Ni	– 0,25 V
Zinn	Sn	– 0,15 V
Blei	Pb	– 0,13 V
Wasserstoff	H	± 0,00 V
Kupfer	Cu	+ 0,34 V
Silber	Ag	+ 0,81 V
Gold	Au	+ 1,50 V

Tabelle 4.1 Normalpotentiale

eine einnormale (einmolare) Säurelösung getaucht ist und mit gasförmigem Wasserstoff umspült wird. Das Potential der Meßelektrode wird auf 0 V festgelegt. Bei nun gleichem Elektrolyt und gleicher Meßelektrode nimmt jedes Metall ein anderes Potential an. Geordnet nach der Potentialhöhe wird somit die Spannungsreihe der Metalle aufgestellt, die mit dem unedelsten Metall (negative Potentialwerte) beginnt und mit dem edelsten Metall (positive Potentialwerte) endet (**Tabelle 4.1**). Negative Potentiale entsprechen dabei einer stärkeren Elektronendichte im Metallstab als in der Meßelektrode, positive Potentiale einer geringeren Elektronendichte im Metallstab gegenüber der Meßelektrode. Man nennt diese Spannungsreihe auch Normal- oder Standardpotentiale.
Die in der Technik meist verwendeten Metalle wie Eisen, Aluminium, Zink, Magnesium sind unedler als Wasserstoff, d. h., ihre Normalpotentiale sind negativ. In der Korrosionspraxis kann nur selten mit Normalpotentialen gearbeitet werden, sie liefern aber nützliche Hinweise. Positive Werte bedeuten im allgemeinen geringe Neigung zur Korrosionsbildung, negative Werte vermehrte Neigung zur Korrosionsbildung.

4.3.3 Ruhepotentiale in der Praxis

Im Gegensatz zu den Normalpotentialen sind die praktischen Potentiale (Ruhepotentiale) nicht genau festgelegt, denn je nach Oberflächenbeschaffenheit des Metalls (z. B. dem Verrostungsgrad) und Zusammensetzung des Elektrolyten (z. B. Karst- oder Moorwasser) können die Potentiale erheblich streuen. Trotzdem kann man sagen, daß Kupfer und Betoneisen in der Praxis Ruhepotentiale aufweisen, die prak-

tisch immer positiver sind als die Potentiale erdfühliger Stahl- und Bleikonstruktionen (**Tabelle 4.2**).
Damit bilden größere Kupfererdnetze, Armierungen von ausgedehnten, unterirdischen Bauten und auch großflächige Gußleitungen eine ernsthafte Korrosionsgefahr für andere metallene Leitungen und Bauteile, sofern sie mit diesen an irgendeiner Stelle leitend miteinander verbunden sind (siehe Abschnitte 4.4 und 4.6). Der Werkstoff mit dem positiveren Potential wirkt beim Zusammenschluß verschiedener Werkstoffe als Katode. Er ist nicht korrosionsgefährdet.
Zu den in Tabelle 4.2 aufgeführten Ruhepotentialen sind für die Praxis noch einige Hinweise von Bedeutung:
Aufgeführt sind unter anderem die Werte für Kupfer und Zinn. Wichtig ist mitunter auch der Wert für verzinntes Kupfer. Das Potential von verzinntem Kupfer ist abhängig von der Dicke der Zinnauflage. Bei üblichen Zinnauflagen von wenigen µm liegt das Potential etwa zwischen den Werten von Zinn und Kupfer im Erdreich.
Bei feuerverzinktem Eisen (Stahl) ist eine Zinkauflage von 70 µm im Mittel vorausgesetzt (siehe Tabelle 4.5). Wegen dieser geschlossenen äußeren Reinzinkschicht entspricht das Potential von feuerverzinktem Eisen (Stahl) im Erdreich in etwa dem angegebenen Wert von Zink im Erdreich. Wird die Zinkschicht durch Korrosion abgetragen, wird das Potential positiver. Es kann bei völligem Abtrag den Wert von Eisen (Stahl) erreichen.
Für das Potential von feuerverzinktem Eisen (Stahl) in Beton ergeben sich etwa die Anfangswerte wie bei feuerverzinktem Eisen (Stahl) im Erdreich. Im Laufe der Zeit kann das Potential aber positiver werden, jedoch sind positivere Werte als – 0,75 V noch nicht festgestellt worden.
Das Potential von stark feuerverzinktem Kupfer (Zinkauflage mindestens 70 µm) im Erdreich entspricht wegen der ebenfalls geschlossenen äußeren Reinzinkschicht etwa dem Wert von Zink im Erdreich. Auch hier wird bei dünneren Zinkschichten oder bei Abtrag der Zinkschicht durch Korrosion das Potential positiver.
Das Potential von Eisen (Stahl) im Beton (Bewehrung von Fundamenten) hängt in starkem Maß von äußeren Einflüssen ab. Im allgemeinen hat es die in Tabelle 4.2

Metall	Elektrolyt	Potential gegen $Cu/CuSO_4$-Sonde
Blei	Bodenfeuchtigkeit	– 0,5 V … – 0,6 V
Eisen (Stahl)	Bodenfeuchtigkeit	– 0,5 V … – 0,8 V
Eisen verrostet	Bodenfeuchtigkeit	– 0,4 V … – 0,6 V
Guß verrostet	Bodenfeuchtigkeit	– 0,2 V … – 0,4 V
Zink	Bodenfeuchtigkeit	– 0,9 V … – 1,1 V
Eisen verzinkt	Bodenfeuchtigkeit	– 0,7 V … – 1,0 V
Kupfer	Bodenfeuchtigkeit	– 0,0 V … – 0,1 V
Eisen (Stahl) in Beton	Zementfeuchte	– 0,1 V … – 0,4 V
V 4 A	Bodenfeuchtigkeit	– 0,1 V … + 0,3 V
Zinn	Bodenfeuchtigkeit	– 0,4 V … – 0,6 V

Tabelle 4.2 Potentiale der gebräuchlichsten Metalle im Erdboden bzw. im Beton

aufgeführten Werte. Bei metallenen Verbindungen mit großflächigen unterirdischen Anlagen aus Metall mit negativerem Potential wird es katodisch polarisiert (siehe Abschnitt 4.3.7.3) und erreicht dann Werte bis zu etwa – 0,5 V. Gemessen werden die Ruhepotentiale im stromlosen Zustand gegen besondere Vergleichselektroden, deren Potential immer gleichbleibt und nicht, wie z. B. bei einem eingerammten Eisenstab, davon abhängt, ob der Boden sauer, neutral oder alkalisch ist, ob er gut durchlüftet wird oder Sauerstoffmangel herrscht (siehe Abschnitt 4.4.1), ob der Eisenstab noch blank ist oder sich schon Deckschichten gebildet haben (siehe Abschnitt 4.2). In der Praxis hat sich die Verwendung der Kupfer/Kupfersulfat-Elektrode bewährt ($Cu/CuSO_4$). Es handelt sich dabei um eine unpolarisierte Bezugselektrode, die aus Kupfer in gesättigter Kupfersulfatlösung besteht.
Die in Tabelle 4.2 aufgeführten Ruhepotentiale können nur als grobe Orientierungswerte betrachtet werden. In der Praxis können sie sich in Abhängigkeit von der Zusammensetzung des Erdreichs (Belüftung, pH-Wert, Konzentration chemischer Bestandteile) und dem Oberflächenzustand des Erders deutlich von den genannten Werten unterscheiden. Im Extremfall kann sich sogar die Polarität ändern.

4.3.4 Galvanisches Element

Tauchen nun zwei Stäbe aus verschiedenen Metallen in einen Elektrolyten, so entsteht zwischen jedem Metallstab und dem Elektrolyten eine Spannung bestimmter Größe. Die Spannung, die ein zwischen den Metallstäben geschaltetes Voltmeter mißt, ist die Differenz zwischen den Spannungen der einzelnen Metallstäbe (Elektroden) gegen den Elektrolyten (**Bild 4.2**).
Bei offenem Element, d. h., wenn die Elektroden nicht metallen miteinander verbunden sind, ist das Potential im Elektrolyten konstant. Meßbar ist also nur $\varphi_{\text{Kupfer}} - \varphi_{\text{Eisen}} = +\,0{,}34\ \text{V} - (-\,0{,}44\ \text{V}) = 0{,}78\ \text{V}$ als Klemmenspannung.
Werden nun die Elektroden, z. B. Kupfer- und Eisenelektrode, außerhalb des Elektrolyten verbunden, so fließt im äußeren Stromkreis der Strom i von Plus nach Mi-

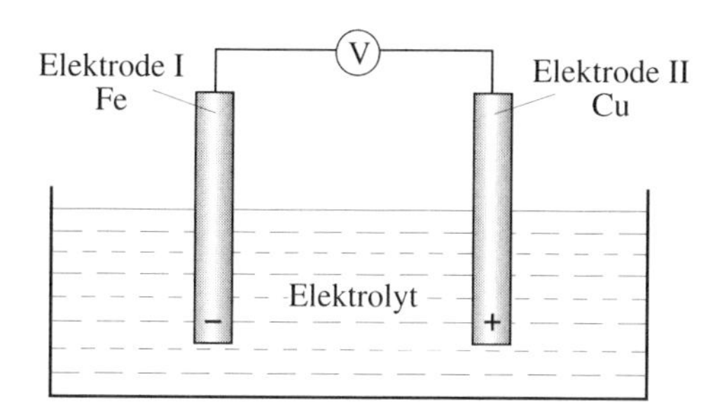

Bild 4.2 Spannung eines galvanischen Elements als Differenz aus den Spannungen der einzelnen Elektroden gegen den Elektrolyten

nus, also von der edleren Kupferelektrode zur unedleren Eisenelektrode. Infolgedessen muß der Strom i im Elektrolyten von der negativeren Eisenelektrode zur Kupferelektrode fließen. Damit schließt sich dann der Stromkreis (**Bild 4.3**).
Der negativere Pol, also das unedlere Metall, gibt positive Ionen aus dem Kristallgitter an den Elektrolyten ab und erhält damit eine negative Ladung. Er stellt die Anode des galvanischen Elementes dar und wird aufgelöst. Die Auflösung des Metalls findet an den Stellen statt, an denen der Strom in den Elektrolyten übertritt.
Am edleren Metall – positiver Pol – werden die Ionen aus dem Elektrolyten entladen und abgeschieden. Seine Ladung wird damit positiv.
Detailliert lassen sich die Vorgänge an einem Daniell-Element beschreiben. Das Daniell-Element besteht aus einer Zinkelektrode in $ZnSO_4$-Lösung und einer Kupferelektrode in $CuSO_4$-Lösung. Beide Lösungen (Elektrolyten) sind durch eine poröse Tonwand getrennt (**Bild 4.4**).
An der Minusseite des Daniell-Elements (Anode) geht das Zink als doppelt geladene positive Ionen (Zn^{++}) in Lösung. Jedes Ion hinterläßt also zwei Elektronen im Metall, die dieses somit negativ aufladen. Die Ionendichte γ_M unmittelbar an der Zinkelektrode folgt als Gleichgewichtsdichte bei der Konkurrenz zwischen Lösungsdruck (in der Fachliteratur auch Lösungstension genannt) und der Kondensationsrate im Elektrolyten. Jedoch ist die Ionendichte nicht in der ganzen Lösung konstant. Sie fällt mit zunehmendem Abstand x von der Zinkelektrode, da infolge der Anziehung zwischen Ionen und Zinkelektrode die Ionen sich vor der Elektrode anhäufen. Wird diesem Element kein Strom entnommen, so wird die Durchdringung der Ionen in ihrem Dichtegefälle durch eine elektrische Feldkraft kompensiert. Das Feld vor der Katode (Kupferelektrode) treibt die negativen SO_4-Ionen aus der Katodennähe fort, es entsteht hier eine Schicht positiver Raumladung. Sie bestimmt den Potentialverlauf $\varphi(x)$ und führt zu der negativen Krümmung. Jenseits der in aller Regel sehr dünnen Raumladungsschicht herrscht die ungestörte Ionenkonzentration γ_0, so daß also insgesamt vor der Zinkelektrode die Spannung $U = 0{,}76$ V ansteht.

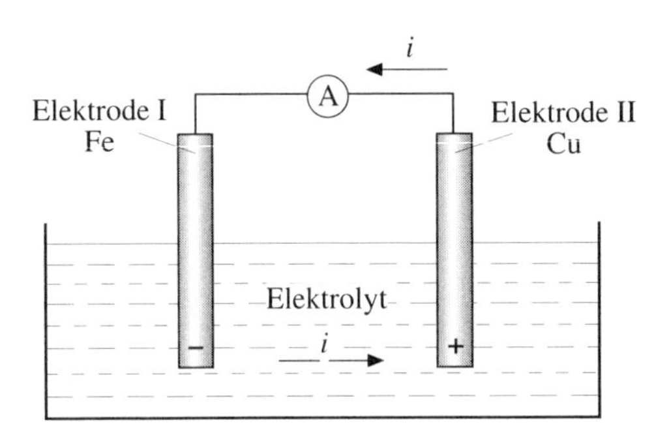

Bild 4.3 Galvanisches Element

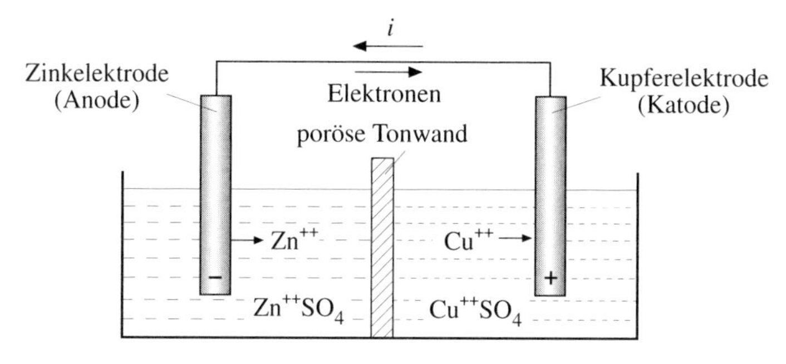

Bild 4.4 Daniell-Element

Diese Spannung ist der Anteil des anodischen Halbelements an der gesamten Urspannung des Daniell-Elements.

Die Katode des Daniell-Elements ist eine Kupferelektrode, die in den Elektrolyten $CuSO_4$ taucht. Als fast edles Metall hat Kupfer nur einen sehr geringen Lösungsdruck (Lösungstension). Das Bestreben, sich aufzulösen, ist beim Kupfer also sehr gering. Dementsprechend ist die dem Lösungsdruck entsprechende Ionendichte γ_M viel geringer als die Ionenkonzentration γ_0 im Elektrolyten. Diese fällt demnach zur Elektrode hin ab. Zum Herstellen des Gleichgewichts bei der Durchdringung der Ionen einerseits und der elektrischen Feldkraft andererseits ist ein Potentialanstieg zur Elektrode hin erforderlich. Die Anionen (SO_4^{--}) werden durch das elektrische Feld

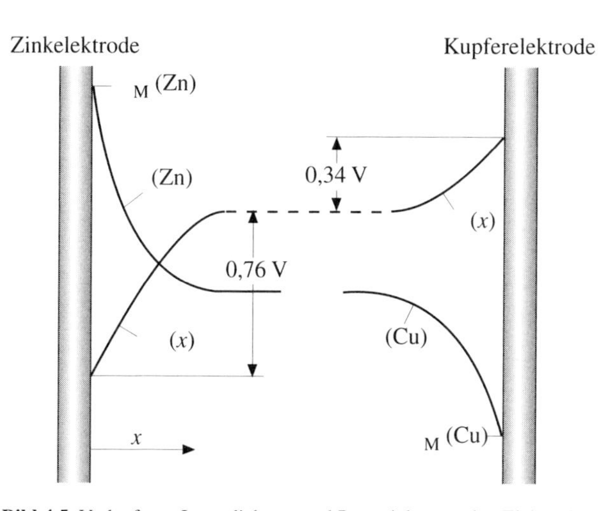

Bild 4.5 Verlauf von Ionendichte γ und Potential φ vor den Elektroden eines Daniell-Elements

vor der Kupferelektrode zu dieser hingezogen, so daß sich ihre Dichte dort weit über die der Kupferionen erhebt, die zudem hier stark vermindert ist. Die Übergangsschicht ist solch ein Gebiet mit negativer Raumladung, die den Potentialverlauf $\varphi(x)$ positiv krümmt. Es ergibt sich als Anteil des katodischen Halbelements an der gesamten Urspannung des Daniell-Elements eine Spannung vor der Kupferelektrode von $U = 0{,}34$ V.
Die Urspannungen beider Halbelemente addieren sich dann zur Gesamtspannung von $U = 1{,}1$ V. Den Verlauf von Ionendichte γ und Potential φ vor den Elektroden eines Daniell-Elements zeigt **Bild 4.5**.

4.3.5 Konzentrationselement

Ein Korrosionsstrom kann auch durch ein Konzentrationselement entstehen. In solch einem Fall befinden sich zwei Elektroden aus demselben Metall in verschiedenen Elektrolyten. Die Elektrode im Elektrolyten mit der größeren Metallionen-Konzentration wird positiver als die andere. Durch Verbindung der beiden Elektroden kommt es zum Stromfluß i, wobei sich die elektrochemisch negativere Elektrode auflöst (**Bild 4.6**).
Ein typisches Konzentrationselement ergibt sich z. B. durch zwei Eisenelektroden, von denen die eine im Beton (Elektrolyt 1) eingegossen ist (z. B. Fundamenterder) und die andere im Erdreich (Elektrolyt 2) liegt (z. B. Fremderder). Bei Verbindung dieser Elektroden (z. B. in der Praxis durch Potentialausgleichsleiter) wird das Eisen im Beton zur Katode und das Eisen im Erdreich zur Anode, die durch Ionenabbau zerstört wird (**Bild 4.7**).
Aber auch längs eines Erders, z. B. eines Banderders, einer Rohrleitung oder eines anderen Bauteils aus einem einheitlichen Werkstoff, entstehen Konzentrationselemente mit unterschiedlichen Metall/Erdboden-Potentialen, sofern sie von verschiedenen Bodenarten (inhomogenes Erdreich) umgeben sind. Es bilden sich ebenfalls

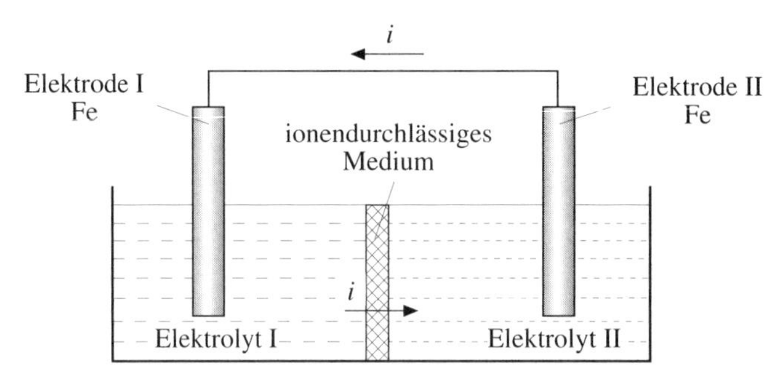

Bild 4.6 Konzentrationselement

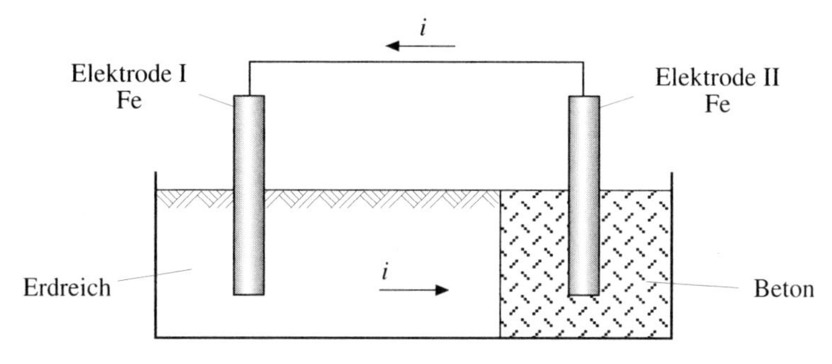

Bild 4.7 Beispiel eines Konzentrationselements (Eisen im Erdreich/Eisen im Beton)

anodische und katodische Bereiche, wobei die anodischen Bereiche die negativeren Potentiale aufweisen und korrosionsgefährdet sind.

4.3.6 Lokalelementbildung

Eine besondere Art der Kontaktkorrosion stellt das Lokalelement dar. Durch direkte Berührung verschiedener Werkstoffe entsteht bei Vorhandensein eines Elektrolyten ein lokal wirkendes Korrosionselement. Der Elektrolyt ist dabei sehr häufig verunreinigtes Wasser.
Werden Eisen und Kupfer leitend verbunden, z. B. durch eine Schraubverbindung, so entsteht bei Vorhandensein eines Wasserüberzugs an der Verbindungsstelle ein galvanisches Element (**Bild 4.8**). Weil es durch die metallene direkte Verbindung kurzgeschlossen ist, kann es relativ hohe Ströme führen. Das Eisen ist dabei als das unedlere Metall die Anode und wird angegriffen (siehe Abschnitt 4.3.4). Bei dünnen Wasserhäuten – gerade sie kommen häufig vor – wirkt ferner noch der Luftsauerstoff als Depolarisator. Er arbeitet also gegen die durch Polarisation entstehende Gegenspannung (siehe Abschnitt 4.3.7.3), so daß sich die Gesamtspannung dann kaum

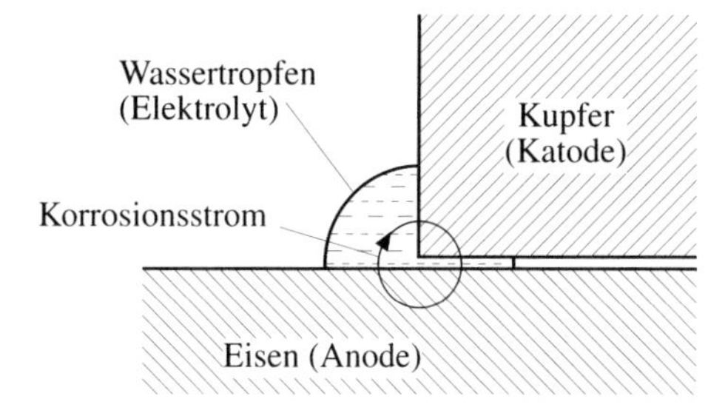

Bild 4.8 Beispiel eines Lokalelements

reduziert. Der Luftsauerstoff erhöht demnach die Wirkung des unerwünschten Korrosionselements.

4.3.7 Höhe des Korrosionsstroms

4.3.7.1 Faktoren

Die Höhe des Korrosionsstroms wird neben der in Abschnitt 4.3.4 behandelten Potentialdifferenz – sie bewirkt den Stromfluß – hauptsächlich durch zwei weitere Größen bestimmt. Zunächst durch den Widerstand, den der Elektrolyt dem Stromdurchgang entgegensetzt (innerer Widerstand), und durch das Polarisationsverhalten der Elektroden.

4.3.7.2 Innerer Widerstand

Der innere Widerstand eines Korrosionselements ist klar zu erfassen. Er ist abhängig von der Leitfähigkeit des Elektrolyten (z. B. Konzentration chemischer Bestandteile im Erdreich, Bodenfeuchtigkeit, Betonfeuchtigkeit) und der Geometrie des Elektrolyten (Größe, Form).

4.3.7.3 Polarisationsverhalten der Elektroden

Die elektrolytische Polarisation wird in der Fachliteratur oft mit stofflicher Veränderung der Elektroden beschrieben. Sie bewirkt bei Stromfluß eine Spannungserniedrigung des Korrosionselements, obwohl der Widerstand im äußeren Kreis sowie die Leitfähigkeit des Elektrolyten unverändert bleiben.
Wie aber findet diese stromabhängige Spannungserniedrigung statt? Die Ursache für das Entstehen der Polarisationsspannung ist die gleiche wie bei der Quellenspannung von galvanischen Elementen: Die Verschiedenheit der Elektroden bzw. der bei der Zersetzung auf den Elektroden abgeschiedenen Stoffe, z. B. Wasserstoff, Sauerstoff. Die Elektroden werden also an den Grenzschichten Metall/Elektrolyt stofflich verändert. Eine stoffliche Veränderung bedeutet aber auch, daß sich die Spannung der einzelnen Metalle (Elektroden) gegen den Elektrolyten verändert. Gegen die Spannung des Korrosionselements schaltet sich die Spannung der „neuen“ (veränderten) Elektrode. Die wirksame Spannung des Korrosionselements wird dadurch bei Stromfluß geringer. Mit Verringerung des Potentialunterschieds wird auch der Stromfluß herabgesetzt.
Die Größe des Korrosionsstroms hängt demnach ebenfalls von den Polarisationseigenschaften der Elektroden ab. Polarisationserscheinungen treten sowohl an der positiven als auch an der negativen Elektrode auf.

4.3.8 Wirkung von Korrosionselementen

Weil im Elektrolyten die Ladung durch wandernde Ionen transportiert wird, ist mit dem Stromfluß ein um so größerer Stofftransport verbunden, je größer die Ionen sind und je kleiner ihre Ladung ist. Die Wirkung des Stromdurchgangs ist folglich

proportional zur Atommasse und umgekehrt proportional zur Wertigkeit. Üblicherweise wird in der Praxis mit Stromstärken gerechnet, die über einen bestimmten Zeitraum fließen, z. B. mA über ein Jahr. **Tabelle 4.3** zeigt die Wirkung von Korrosionsströmen durch Angaben von Werten für die Menge aufgelösten Metalls für ein Jahr bei einem Stromfluß von 1 mA. Durch Korrosionsstrommessungen kann also im voraus berechnet werden, um wieviel Gramm ein Metall in einer bestimmten Zeit abgetragen wird.
Die Metallabtragung ist in jedem Fall proportional zum Ladungsdurchgang. Daraus läßt sich schließen, daß nicht die Größe der Potentiale (Potentialdifferenz) allein, sondern daneben die Einwirkungszeit und die Stromstärke maßgebend für das Korrosionsgeschehen sind. Korrosionsstrommessungen ermöglichen demnach die Berechnung der aufgelösten Menge (Abtrag), machen aber keine Aussage darüber, ob auch Löcher (Lochfraß) entstehen oder nach welcher Zeit der erste Durchbruch auftritt.
Neben der Menge, die in einer bestimmten Zeit abgetragen wird, ist es also genauso wichtig zu wissen, ob ein flächenmäßiger oder punktueller Angriff des Korrosionsstroms erwartet werden muß. Folglich ist für die Korrosionswirkung nicht die Größe des Korrosionsstroms allein, sondern insbesondere die Stromdichte (Strom je Flächeneinheit der Austrittsfläche) maßgebend.
Ein Beispiel soll dies verdeutlichen.

Beispiel:
Infolge eines Korrosionselements – angegriffen wird verzinkter Bandstahl – fließt ein Korrosionsstrom von 2 mA. Dieser Korrosionsstrom bedeutet in jedem Fall eine Korrosionsbelastung. Sie kann gefährlich sein, muß es aber nicht. Nach Tabelle 4.3 beträgt die aufgelöste Menge Zink (10,7g/mA Jahr · 2 mA = 21,4 g/Jahr. Tritt der Korrosionsstrom gleichmäßig aus dem verzinkten Bandstahl über die gesamte Län-

Metall	aufgelöste Menge in Gramm, falls ein Jahr lang 1 mA Strom fließt	aufgelöste Menge in cm^3, falls ein Jahr lang 1 mA Strom fließt	Linearabtrag in mm/Jahr, falls ein Jahr lang 1 mA Strom je dm^2 fließt
Aluminum	2,9	1,1	0,11
Blei	33,9	3,0	0,30
Eisen un- und niedriglegiert	9,1	1,2	0,12
Kupfer	10,4	1,2	0,12
Kupfer feuerverzinkt	10,7	1,5	0,15
Magnesium	4,0	2,3	0,23
Zink	10,7	1,5	0,15
Stahl feuerverzinkt	10,7	1,5	0,15
Stahl in Beton	9,1	1,2	0,12
Stahl nichtrostend	9,0	1,2	0,12
Zinn	19,4	2,7	0,27

Tabelle 4.3 Wirkung von Korrosionsströmen

ge, z. B. 100 m, aus, so wird eine gleichmäßige Flächenkorrosion erzeugt, deren Wirkung jahrzehntelang problemlos bleibt. Wenn aber der Korrosionsstrom punktuell austritt, bedeutet dies Lochfraß und damit hohe Korrosionsgefahr.

Die Stromdichte spielt für das Korrosionsgeschehen also eine wichtige Rolle. Leider läßt sie sich oft nicht direkt bestimmen. In solchen Fällen behilft man sich mit zusätzlichen Potentialmessungen. Durch sie kann man mitunter weitere Aufschlüsse über das Korrosionsverhalten erlangen. Die Beurteilung der wirksamen Spannung des Korrosionselements bringt dabei wesentliche Erkenntnisse über die Stromdichte.
Die Stärke der Polarisation ist direkt proportional zur Stromdichte. Je größer die Stromdichte ist, desto größer ist auch die Polarisation.
Das folgende Beispiel soll dies verdeutlichen.

Beispiel:
Mit einem Erder aus Kupfer (Kupferplatte) ist ein isoliertes Gasrohr aus Stahl verbunden.
Weist nun das isolierte Gasrohr aus Stahl Fehlstellen in der Isolierung auf, dann kommt es an diesen Fehlstellen zu sehr hohen Stromdichten. Eine schnelle Korrosion des Stahls an diesen Fehlstellen ist die Folge. Beim Kupfererder ist dagegen eine viel größere Stromeintrittsfläche (gesamte Fläche der Kupferplatte) vorhanden und folglich die Stromdichte nur gering.
Bei dem negativeren isolierten Stahlrohr (hohe Stromdichte) tritt jetzt eine größere Polarisation auf als beim positiven Kupfererder (geringe Stromdichte). Es kommt zu einer Verschiebung des Potentials des isolierten Stahlrohrs zu positiveren Werten. Insgcsamt nimmt dadurch auch die Potentialdifferenz zwischen beiden Elektroden ab.

Hierdurch wird noch einmal verdeutlicht, daß die Größe des Korrosionsstroms auch von den Polarisationseigenschaften der Elektroden abhängt.
Wie kann man nun die Stärke der Polarisation erfassen?
Um eine Aussage über die Stärke der Polarisation zu erhalten, sind die einzelnen Elektrodenpotentiale bei aufgetrenntem Kreis zu messen. Der Stromkreis wird aufgetrennt, um den Spannungsfall im Elektrolyten zu vermeiden. Weil häufig gleich nach der Unterbrechung des Korrosionsstroms infolge Stromkreisauftrennung eine unverzüglich auftretende Depolarisation auftritt, verwendet man schreibende Meßgeräte.
Ergibt die Messung eine starke Polarisation an der Anode (negativere Elektrode), so liegt eine deutliche Verschiebung zu positiveren Potentialen vor, und es besteht eine hohe Korrosionsgefahr für die Anode.
Ein Beispiel aus der Praxis kann dies erläutern.

Beispiel:
Untersucht werden soll das Verhalten eines Korrosionselements aus schwarzem Stahl im Beton (katodische Flächen) und verzinktem Stahl im Erdreich (anodische Flächen).
Je nach Verhältnis der anodischen zur katodischen Fläche und der Polarisierbarkeit der Elektroden kann man gegen eine weit entfernte Kupfer/Kupfersulfat-Elektrode ein Potential des zusammengeschalteten Elements zwischen – 0,15 V und – 0,65 V messen. Ist nun die Fläche des Stahls im Beton sehr groß gegenüber der Oberfläche des verzinkten Stahls im Erdreich, dann tritt am verzinkten Stahl im Erdreich eine hohe anodische Stromdichte auf, so daß er nahe bis an das Potential des Stahls im Beton polarisiert ist und somit in ganz kurzer Zeit zerstört wird. Das Feststellen einer hohen positiven Polarisation deutet also immer auf eine erhöhte Korrosionsgefahr hin.

Wo aber liegen die Grenzen? Bei welcher Potentialverschiebung liegt eine akute Korrosionsgefahr vor?
Eindeutige, für alle Fälle der Praxis gleichermaßen gültige Werte gibt es nicht. Die unterschiedlichen Bodeneinflüsse lassen das schon nicht zu. Grobe Richtwerte lassen sich für natürliche Böden schaffen. Eine Polarisation unter + 20 mV ist im allgemeinen ungefährlich. Dagegen sind Potentialverschiebungen, die über 100 mV hinausgehen, als sicher gefährlich anzusehen. Zwischen beiden Grenzwerten wird es jedoch immer Fälle geben, bei denen durch Polarisation deutliche Korrosionserscheinungen auftreten.
Eine gute Hilfe bei der Abschätzung der Korrosionsgefahr ist die Geschwindigkeit der elektrochemischen Korrosion. Für sie ist maßgebend die anodische Stromdichte I_A. Sie ist über die sogenannte „Flächenregel“ zu ermitteln:

$$I_A \approx \frac{\varphi_K - \varphi_A}{r_K} \cdot \frac{S_K}{S_A},$$

mit:

I_A	anodische Stromdichte in mA/m^2,
φ_A, φ_K	Metall-/Elektrolyt-Potentiale in mV,
r_K	spezifischer katodischer Polarisationswiderstand in Ωm^2 ($r_K = R_K \cdot S_K$),
S_A, S_K	Oberflächen der als Anode (A) und Katode (K) wirkenden Metalle in m^2.

Die Stromdichte eines Elements, die maßgebend für die Korrosionsgeschwindigkeit an dem anodisch wirkenden Material ist, ist im wesentlichen abhängig vom Flächenverhältnis katodischer Flächen zu den anodischen Flächen.
Mit größer werdendem Flächenverhältnis S_K/S_A steigt die Korrosionsgeschwindigkeit an der Anode fast linear an.
Die Flächenregel läßt deutlich erkennen, daß z. B. an umhüllten Stahlleitungen und Behältern (anodische Flächen) mit kleinen Isolationsfehlern in der Umhüllung in

Verbindung mit Kupfererdern oder großen Stahlbetonfundamenten (katodische Flächen) starke Korrosionserscheinungen auftreten. Sie treten auch auf bei Erdern aus verzinktem Stahl, die mit Kupfererdern zusammengeschlossen sind.
Ganz allgemein halten Fachleute ein Flächenverhältnis für unbedenklich, wenn gilt:

$$\frac{S_K}{S_A} \text{ von } \frac{10}{1} \text{ bis } \frac{100}{1}.$$

Mit stärkerer Korrosion ist demnach bei einem Flächenverhältnis $S_K/S_A > 100/1$ zu rechnen.
In der Praxis sind durchaus sehr viel größere Flächenverhältnisse S_K/S_A vorzufinden, mitunter sogar > 1000/1. So beträgt z. B. die Oberfläche eines als Anode wirkenden Tiefenerders von 20 m Länge etwa 1,2 m^2. Die Oberfläche des als Katode wirkenden Armierungsstahls im Beton eines Einfamilienhauses liegt je nach Beschaffenheit des Baukörpers zwischen 100 m^2 bis 200 m^2. Sehr gut kann man sich vorstellen, wie ungünstig dann das Flächenverhältnis S_K/S_A sein wird, wenn Großbauten vorhanden sind.
Zur Abschätzung der wirksamen Oberfläche der Bewehrung eines Gebäudes kann grob angesetzt werden:

„Wirksame Oberfläche der Bewehrung ist gleichzusetzen mit der Fundamentoberfläche im Erdreich."

Für die Korrosionsgefährdung von Anoden ist also weniger die Größe der wirksamen Elementspannung (Spannung unter Berücksichtigung der Polarisation) als vielmehr das Flächenverhältnis von Katode zu Anode wesentlich.

4.4 Beurteilung von Erderwerkstoffen im Hinblick auf Eigenkorrosion (DIN VDE 0151:1986-06, Abschnitt 3.1)

4.4.1 Feuerverzinkter Stahl im Erdreich

Um eine angemessene Lebensdauer von Erdern zu erreichen, muß ein hinreichend korrosionsbeständiger Werkstoff verwendet werden. Die nachfolgenden Ausführungen zu verschiedenen Erderwerkstoffen ermöglichen eine Beurteilung für die Praxis.

4.4.1.1 Allgemeines

Feuerverzinkter Stahl im Erdreich ist in fast allen Bodenarten relativ korrosionsbeständig. Allerdings ist Eigenkorrosion nicht ganz zu vermeiden. In Abhängigkeit von der Bodenbeschaffenheit ist ihre Bedeutung mehr oder weniger groß. Entscheidend ist dabei, ob die Bodenbeschaffenheit eine Deckschichtbildung auf der zur Deckschichtbildung neigenden Reinzinkschicht der Verzinkung zuläßt (siehe Abschnitt 4.2). Voraussetzung für eine angemessene Lebensdauer des feuerverzinkten Stahls ist eine ausreichend dicke poren- und rißfreie Zinkauflage. Deshalb sind nur Materialien mit gerundeten Kanten zu verwenden.

4.4.1.2 Einfluß der Bodenbelüftung

Allgemein sind überwiegend deckschichtbildende Böden vorhanden. Starken Einfluß auf die Deckschichtbildung von feuerverzinktem Stahl im Erdreich hat die Bodenbelüftung. Die Güte der Bodenbelüftung bei verschiedenen Bodenarten zeigt **Tabelle 4.4**. In gut bis mäßig belüfteten Böden tritt meist eine Deckschichtbildung (Schutzschicht bei Zutritt von Luft) auf. Es stellt sich ein nichtlinearer Abtrag ein, d. h., die Dickenabnahme nimmt im Laufe der Zeit ab. In deckschichtbildenden Böden sind in den ersten zwei bis vier Jahren starke Dickenabnahmen Δs_A festzustellen, danach stellt sich eine annähernd lineare Dickenabnahme Δs_K ein.
Beide Werte zusammen bestimmen die Lebensdauer feuerverzinkter Bandstahlerder, wobei das Δs_K für das Langzeitverhalten von besonderem Interesse ist. Würde man bei deckschichtbildenden Böden, also bei zeitlich nichtlinearem Abtrag, die Δs_A-Werte extrapolieren, so käme man zu irreführenden Schlüssen, zu in der Regel viel zu hohen Abtragungswerten.
In schlecht oder sehr schlecht belüfteten Böden treten dagegen wegen des Ausbleibens der Dickschichtbildung hohe lineare Abtragungsraten auf. In nichtdeckschichtbildenden Böden werden die Zinkschichten sehr schnell abgetragen.
Als Hilfsgröße für die Beurteilung der Belüftung eines Bodens bietet sich der spezifische Erdwiderstand ρ_E an. Spezifische Erdwiderstände über 10 Ωm deuten auf eine gute Belüftung und damit auf eine geringe lineare Abtragungsrate des verzinkten Bandstahls hin.
Lineare Abtragungsraten von blankem Stahl sind in sämtlichen Böden, egal ob in gut oder schlecht belüfteten Böden, durchweg größer als bei verzinktem Stahl. Insbesondere gilt dies jedoch für belüftete Böden. Daher ist zunächst einmal aus diesem Grund eine Verzinkung von Erdern von großem Vorteil.

Bodenart	Bodenbelüftung
toniger Lehm, Lehmboden, schluffiger Lehm	gut
Tonboden, Lehm mit feinem Kies	mäßig
Tonboden, Moorboden, Humusboden, Torfboden, schlackehaltiger Boden	schlecht

Tabelle 4.4 Bodenbelüftung verschiedener Bodenarten

4.4.1.3 Einfluß des pH-Werts

Neben der Belüftung hat der pH-Wert des Bodens einen Einfluß auf die Korrosionsgeschwindigkeit der Zinkschichten, da Zink in sauren und alkalischen Lösungen stark angegriffen wird. In Böden mit niedrigem pH-Wert bildet sich in der Regel keine ausreichende Deckschicht aus. In belüfteten alkalischen Böden werden anfänglich etwas höhere Korrosionsabträge als in neutralen bzw. schwach sauren belüfteten Böden auftreten.

4.4.1.4 Bedeutung für die Praxis

Für belüftete neutrale Böden (in der Bundesrepublik Deutschland sind die meisten Böden neutral, und von diesen ist der größte Teil gut oder mäßig belüftet) mit spezifischem Erdwiderstand $\rho_E > 10\ \Omega m$ lassen sich folgende Abtragungswerte als Richtwerte angeben:

- lineare Abtragungsrate Δs_A in den ersten zwei Jahren: ≈ 10 µm/Jahr,
- lineare Abtragungsrate Δs_K ab zwei Jahren: ≈ 2 µm/Jahr.

Für die Praxis bedeutet das, daß bei einem feuerverzinkten Bandstahlerder, der nach DIN 50976 eine Mindestzinkauflage von ≥ 70 µm hat (siehe **Tabelle 4.5**), die Zinkschicht nach rund 27 Jahren (2 × 10 µm in den ersten zwei Jahren plus 25 × 2 µm in den folgenden 25 Jahren) abgetragen ist. Nach dem Abtragen der Zinkschicht folgt meist eine Deckschichtbildung auf dem Stahl, so daß die Lebensdauer des Bandstahls noch höher zu veranschlagen ist. Außerdem erfüllt der Erder auch noch in der Anfangszeit des Stahlabtrags seine Erderfunktion.

In belüfteten alkalischen Böden (alkalische Böden sind in der Bundesrepublik Deutschland sehr selten) muß in den ersten zwei bis vier Jahren mit einer linearen Abtragungsrate Δs_A von insgesamt etwa 70 µm gerechnet werden, d. h., die Zinkschicht eines Bandstahlerders mit 70 µm Zinkauflage wäre in dieser Zeit schon abgetragen. Die Abtragung in den Folgejahren ist unterschiedlich groß. Im ganzen ist mit einer geringeren Lebensdauer als in belüfteten neutralen Böden zu rechnen.

Gruppe der Gegenstände	**Schichtdicke mindestens in µm**	**entsprechende flächenbezogene Masse gerundet in g/m²**
Stahlteile mit einer Dicke < 1 mm	50	360
Stahlteile mit einer Dicke von ≥ 1 mm bis < 3 mm	55	400
Stahlteile mit einer Dicke von ≥ 3 mm bis < 6 mm	70	500
Stahlteile mit einer Dicke ≥ 6 mm	85	610

Tabelle 4.5 Schichtdicken für feuerverzinkte Teile zum Schutz gegen Korrosion (gemäß Tabelle 2 von DIN 50976:1980-03)

4.4.2 Feuerverzinkter Stahl im Beton

Langjährige Erfahrungen sowie Langzeitversuche haben gezeigt, daß sich der feuerverzinkte Stahl im Beton hinsichtlich seines Korrosionsverhaltens ausgezeichnet bewährt hat. Eine frühzeitige Zersetzung, wie früher oft behauptet, findet nicht statt. Eine Bestätigung ist in der Tatsache zu finden, daß z. B. in den USA und in der Schweiz seit Jahrzehnten feuerverzinkter Armierungsstahl mit bestem Erfolg verwendet wird.
Untersuchungen von Forschungsinstituten haben gezeigt, daß durch Einwirkung von Beton auf Zink an der Oberfläche des verzinkten Stahls eine passivierende Schutzschicht entsteht (siehe Abschnitt 4.2). Die Beständigkeit dieser Schutzschicht und damit auch das weitere Verhalten des verzinkten Stahls werden wesentlich durch die Beschaffenheit des Betons und die statische Beanspruchung des Stahls bestimmt. So liegen die Verhältnisse bei schlaff armierten Stählen gegenüber statisch hoch beanspruchten Stählen wesentlich günstiger. In jedem Fall ist eine dichte und blasenfreie Einbringung des Betons erforderlich, damit keine Eigenkorrosion auftreten kann.
Feuerverzinkter Stahl ist also problemlos für die Einbettung im Beton geeignet. Bei sachgerechter allseitiger Umhüllung mit Beton ist er praktisch vor Eigenkorrosion sicher. Nach DIN 1045:1988-07 dürfen feuerverzinkte Stähle, z. B. als Fundamenterder, im Beton mit Bewehrungseisen in Berührung kommen (siehe Abschnitt 3.4.3).

4.4.3 Schwarzer Stahl im Erdreich

Schwarzer Stahl im Erdreich ist in starkem Maße eigenkorrosionsgefährdet. Auch hier ist – wie bei feuerverzinkten Stählen – eine Abhängigkeit von der Bodenbeschaffenheit gegeben, und somit findet ein mehr oder weniger starker Korrosionsverlauf statt. Lineare Abtragungsraten von schwarzem Stahl sind in sämtlichen Böden, egal ob gut oder schlecht belüftete Böden, durchweg größer als bei verzinktem Stahl. Insbesondere gilt dies jedoch für belüftete Böden. Im Vergleich zum feuerverzinkten Stahl ist schwarzer Stahl somit meist einer insgesamt nicht vertretbaren Korrosion unterworfen.

4.4.4 Schwarzer Stahl im Beton

Unter der Voraussetzung, daß schwarzer Stahl im Beton dicht und blasenfrei eingebracht wird, ist keine Korrosionsgefahr vorhanden. Jahrzehntelange Erfahrungen mit schwarzem Armierungsstahl (Bewehrungsstahl) beweisen dies.

4.4.5 Stahl mit Bleiummantelung im Erdreich

Aus Korrosionsschutzgründen werden mitunter Stahlleitungen mit einem Bleimantel umhüllt. Bei dieser Werkstoffkombination kommt nur der Bleimantel mit Erdreich in Berührung. Da Blei im Erdreich ebenfalls gut zur Deckschichtbildung (siehe Abschnitt 4.2) neigt, ist der Bleimantel in vielen Bodenarten ein beständiger Korrosionsschutz. Nur in stark alkalischer Umgebung (pH-Wert ≥ 10) kann es zu Korrosionserscheinungen kommen. Deshalb ist Blei auch nicht unmittelbar in Beton zu betten (siehe Abschnitt 4.4.7).
Bei Verletzung des Bleimantels besteht bei Verlegung im Erdreich eine Korrosionsgefahr für den Stahl. Sie ist bei gut belüfteten Böden, z. B. Sand (siehe Tabelle 4.4), jedoch relativ gering. In schlecht belüfteten Böden, z. B. Ton, Lehm, kann sie aber groß sein.
Ein sehr anschauliches Beispiel für das gute Verhalten von Blei in bezug auf Korrosion ist das früher in jahrzehntelangem Einsatz bewährte Bleimantelkabel. Es hat sich in unterschiedlichsten Bodenarten bestens bewährt.
Unter Berücksichtigung des Umweltschutzes ist die Verwendung von Blei allerdings in die Diskussion geraten.

4.4.6 Kupfer mit Bleiummantelung im Erdreich

Auch hier werden die guten, in Abschnitt 4.4.5 genannten Eigenschaften von Blei (Deckschichtbildung) in bezug auf Korrosionsschutz genutzt. Allerdings kann es in stark alkalischer Umgebung (pH-Wert ≥ 10) zu Korrosionserscheinungen kommen. Deshalb ist Blei auch nicht unmittelbar in Beton zu betten (siehe Abschnitt 4.4.7)
Im Erdreich besteht dagegen bei Verletzung des Bleimantels eine Korrosionsgefahr für den Mantel.
Bei dieser Werkstoffkombination steht darüber hinaus die gute elektrische Längsleitfähigkeit des Kupfers zur Verfügung, die sich insbesondere bei Erdungsanlagen mit hohen Fehlerströmen sehr günstig auswirkt.
Unter Berücksichtigung des Umweltschutzes ist die Verwendung von Blei allerdings in die Diskussion geraten.

4.4.7 Blei im Beton

Da Blei in stark alkalischer Umgebung – als Richtwert kann ein pH-Wert ≥ 10 angesehen werden – zu Korrosionserscheinungen führen kann, sollten Bleiummantelungen nicht unmittelbar in Beton gebettet werden, weil dieser sich alkalisch verhält (siehe Abschnitte 3.4.11 und 3.5). Die Teile des Bleimantels, die in Beton eingebettet werden, sind gegen Korrosion durch eine nicht Feuchtigkeit aufnehmende Umhüllung zu schützen, z. B. durch Korrosionsschutzbinden oder Schrumpfschläuche nach DIN 30672 (siehe Abschnitt 4.5.8).

Unter Berücksichtigung des Umweltschutzes ist die Verwendung von Blei allerdings in die Diskussion geraten.

4.4.8 Blankes Kupfer

Blankes Kupfer ist als sehr edler Werkstoff allgemein stark beständig, also auch im Erdreich. Wegen der wesentlich besseren elektrischen Leitfähigkeit gegenüber Stahl wird Kupfer häufig als Erderwerkstoff in Starkstromanlagen mit hohen Fehlerströmen angewendet.

4.4.9 Kupfer mit Zinn- oder Zinkauflage

Für verzinntes und verzinktes Kupfer gelten exakt die Aussagen des Abschnitts 4.4.8 über blankes Kupfer. Diese Ausführungen sind allgemein und auch im Erdreich sehr beständig. Verzinntes Kupfer gibt es in der Seilausführung, verzinktes Kupfer ausschließlich in Bandform.

4.4.10 Stahl mit Kupferummantelung und Stahl elektrolytisch verkupfert

Für den Kupfermantel und den Beschichtungswerkstoff Kupfer gelten exakt die Aussagen des Abschnitts 4.4.8 über blankes Kupfer. Stahl mit Kupfermantel ist folglich äußerst korrosionsbeständig. Wird jedoch der Kupfermantel verletzt, besteht eine ziemlich starke Korrosionsgefahr für den Stahlkern. Gerade bei dieser Werkstoffkombination muß immer eine lückenlose geschlossene Kupferummantelung vorhanden sein. Da diese Werkstoffkombination für Tiefenerder eingesetzt wird, ist darauf zu achten, daß bei mehrteiligen Ausführungen die Kupplungsstellen lückenlos und mindestens leitwertgleich durchverbunden sind.

4.4.11 Wetterfester Stahl

Mitunter werden auch wetterfeste Stähle als Erderwerkstoff verwendet. Sie bilden zwar in der Atmosphäre – also oberirdisch verlegt – schützende Deckschichten, aber im Erdreich, Wasser oder Beton verlegt haben sie keine Vorteile.

4.4.12 Nichtrostender Stahl (Edelstahl)

Bestimmte hochlegierte nichtrostende Stähle sind im Erdboden passiv und korrosionsbeständig. Das freie Korrosionspotential von hochlegierten nichtrostenden Stählen liegt dabei in üblich belüfteten Böden in den meisten Fällen in der Nähe des Werts von Kupfer. Nichtrostender Stahl ist daher in etwa wie Kupfer zu beurteilen. Ist der Chloridgehalt im Boden jedoch groß, kann es zum Lochfraß kommen. In solchen Fällen kann durch Verwendung von nichtrostenden Stählen mit erhöhten Molybdän-, Stickstoff- und Titan-Gehalt entgegengewirkt werden.

Folgende Legierungsbestandteile sind in nichtrostenden Stählen erfahrungsgemäß erforderlich, um als korrosionsbeständig zu gelten:

Chromgehalt	≥ 16,5 Gew.-%,
Molybdängehalt	≥ 2,0 Gew.-%,
Stickstoffgehalt	0,12 Gew.-% bis 0,22 Gew.-%,
Titangehalt	5 × Gew.-% C bis 0,8 Gew.-%.

Unerläßlich für die Korrosionsbeständigkeit von hochlegierten Stählen ist auch ihre metallisch blanke Oberfläche, die z. B. durch Beizen erreicht werden kann. Auch Anlauffarben und Zunder, z. B. in der Nähe von Schweißnähten, müssen vollständig entfernt sein.
Bei der Querschnittsbemessung von hochlegierten nichtrostenden Stählen ist die niedrigere elektrische Leitfähigkeit zu berücksichtigen.

4.4.13 Zusammenfassendes Ergebnis

Die Anfälligkeit gegen Eigenkorrosion von Erderwerkstoffen ist – wie aufgeführt – unterschiedlich. Wie unter Abschnitt 4.2 erwähnt, gibt es manchmal schwer abschätzbare Einflüsse. Man darf davon ausgehen, daß die Eigenkorrosion keine wesentliche Rolle spielt – also auf ein vertretbares Maß beschränkt bleibt –, wenn folgende Erderwerkstoffe angewendet werden:

- Kupfer blank,
- verzinntes Kupferseil,
- Stahl mit Kupferauflage,
- feuerverzinkter Stahl,
- Kupfer mit Bleiummantelung.

Unter Berücksichtigung des Umweltschutzes ist die Verwendung von Blei allerdings in Diskussion geraten.

4.5 Über die richtige Auswahl von Erderwerkstoffen hinausgehende Korrosionsschutzmaßnahmen gegen Eigenkorrosion (DIN VDE 0151:1986-06, Abschnitt 4)

4.5.1 Erdungseinführungen

Wegen der erhöhten Anfälligkeit gegen Korrosion sind Erdungseinführungen aus verzinktem Stahl im Übergangsbereich Erdreich/Luft von der Erdoberfläche ab nach oben und nach unten mindestens auf 0,3 m zu schützen. Geeignet ist eine gut haftende und nicht Feuchtigkeit aufnehmende Umhüllung, z. B. aus Korrosionsschutzbinden oder Schrumpfschläuchen nach DIN 30672 (siehe Abschnitt 4.5.8). Dünnbeschichtungen, z. B. Anstriche, reichen in keinem Fall aus.

4.5.2 Ein- und Austrittstellen aus Beton oder Mauerwerk

Die in den Abschnitten 3.4.11 und 3.5 ausführlich beschriebenen Maßnahmen sind zu ergreifen.
Leitungen, z. B. Erdungsleiter, Anschlußfahnen, an Ein- und Austrittstellen bei Putz, Mauerwerk und Beton müssen so verlegt werden, daß an den Leitungen ablaufendes Wasser nicht in die Wände eindringen kann. Es sind also sogenannte Tropfnasen oder Wassersäcke vorzusehen.

4.5.3 Verbindungen und Anschlüsse im Erdreich

Im Erdreich müssen alle Verbindungsstellen so ausgeführt sein, daß sie dem Erderwerkstoff in ihrem Korrosionsverhalten gleichwertig sind. Sofern die Verbindungsstellen nicht gleichwertig sind, z. B. durch die Bearbeitung, das Verlegen, aus Fertigungsgründen, müssen sie nach der Montage mit einer korrosionsbeständigen Umhüllung versehen werden.

4.5.4 Verbindungen und Anschlüsse im Beton

Im Beton bedürfen Verbindungen und Anschlüsse, z. B. durch Keilverbinder, bei schwarzem oder verzinktem Stahl keinerlei Korrosionsschutzmaßnahmen. Verbindungs- und Anschlußstellen von Kupfer mit schwarzem Stahl oder Kupfer mit verzinktem Stahl müssen nach der Montage mit einer Umhüllung gegen Korrosion geschützt werden.

4.5.5 Vermeiden aggressiver Umgebung

Grundsätzlich dürfen keine aggressiven Baustoffe – auch kein Bauschutt – beim Verfüllen von Gräben und Gruben unmittelbar mit dem Erderwerkstoff in Berührung kommen. Aggressive Baustoffe sind z. B. Schlacke- und Kohleteile. Bei oberirdischen Einrichtungen kann es mitunter eine Korrosionsgefährdung durch besonders aggressive Atmosphäre, z. B. Rauch, Abgase, Stalluft, geben.

4.5.6 Einbau von Trennfunkenstrecken

Manchmal kann auch durch Einbau von Trennfunkenstrecken Korrosion verhindert werden. Trennfunkenstrecken können die Unterbrechung einer leitenden Verbindung zwischen Anlagen mit stark unterschiedlichen Potentialen bewirken. Durch diese Unterbrechung kann dann kein Korrosionsstrom mehr fließen. Beim Auftreten von Überspannungen spricht die Trennfunkenstrecke jedoch an und verbindet die

Anlagen für die Dauer der Überspannungen miteinander (siehe Abschnitt 2.26.4.4.2).
Wenngleich eigentlich selbstverständlich, so soll doch erwähnt werden, daß bei Schutz- und Betriebserdern keine Trennfunkenstrecken installiert werden, weil diese Erder immer mit den Anlagen verbunden sein müssen.

4.5.7 Lokaler katodischer Korrosionsschutz

Bei sehr großen unterirdischen Anlagen in Verbindung mit Stahlbetonfundamenten, z. B. in Industrieanlagen, Kraftwerken, kann ein lokaler katodischer Korrosionsschutz zum Schutz der erdverlegten Anlagen gegen Korrosion vorgenommen werden (siehe Abschnitt 4.9).

4.5.8 Umhüllungen aus Korrosionsschutzbinden und Schrumpfschläuchen nach DIN 30672 als Korrosionsschutzmaterial

4.5.8.1 Korrosionsschutzbinde

Unter einer Korrosionsschutzbinde ist eine elektrisch isolierende Binde zu verstehen, die Metalloberflächen bei Verlegung und Betrieb im Erdboden dauerhaft gegen Korrosion schützt. Der Schutz ist auch dann vorhanden, wenn bei Verlegung und Betrieb mechanische Belastungen vorhanden sind.
Es gibt verschiedene Ausführungsarten:

- Petrolatumbinde
  Sie hat einen Träger aus Chemiefasergewebe, der beidseitig mit Petrolatummasse belegt und einseitig mit einer Kunststoffolie abgedeckt ist.
- Bitumenbinde
  Die Bitumenbinde hat einen Träger aus Glas- oder Chemiefasergewebe, der beidseitig mit bituminöser Masse belegt ist.
- Kunststoffbinde
  Die Kunststoffbinde besteht aus einer oder mehreren Schichten, deren füllstofffreier Anteil der Kunststoffolie oder der plastischen Kunststoffmasse zu mehr als 50 % aus synthetischen Polymeren besteht. Bei den Kunststoffbinden sind zu unterscheiden:
  - Kunststoffbinde mit Folie:
    Bei dieser Binde handelt es sich um eine Kunststoffbinde aus einer ein- oder beidseitig mit plastischer Masse belegten Kunststoffolie.
  - Kunststoffbinde mit Gewebe:
    Die Kunststoffbinde mit Gewebe ist eine Kunststoffbinde mit einem Träger aus Glas- oder Chemiefaser, der ein- oder beidseitig mit plastischer Kunststoffmasse belegt ist.
  - Kunststoffbinde ohne Träger:
    Hierbei handelt es sich um eine Kunststoffbinde, die nur aus einer plastischen Kunststoffmasse besteht.

4.5.8.2 Schrumpfschlauch

Auch das Verwenden von Schrumpfschläuchen stellt eine gute Korrosionsschutzmaßnahme dar. Beim Schrumpfschlauch handelt es sich um einen thermisch aufschrumpfbaren Schlauch oder eine Manschette aus Kunststoff.

4.6 Zusammenschluß von Erdern verschiedener Werkstoffe im Hinblick auf Kontaktkorrosion (DIN VDE 0100 Teil 540:1991-11, Abschnitt 4.2, und DIN VDE 0151:1986-06, Abschnitt 3.2)

4.6.1 Allgemeines

Eine Übersicht über empfehlenswerte und weniger empfehlenswerte Werkstoffkombinationen gibt **Tabelle 4.6**. Detaillierte Aussagen über die Auswirkungen von Zusammenschlüssen verschiedener Werkstoffe sind den Abschnitten 4.6.2 bis 4.6.7 zu entnehmen.

Werkstoff mit kleinem Flächenanteil (S_A)	**Werkstoff mit großem Flächenanteil (S_K)**								
	Stahl	**Stahl verzinkt**	**Stahl in Beton**	**Stahl verzinkt in Beton**	**Stahl nicht-rostend**	**Kupfer**	**Kupfer verzinnt**	**Kupfer verzinkt**	**Kupfer mit Blei-mantel**
Stahl	ja	ja	nein	nein	nein	nein	nein	ja	ja
Stahl verzinkt	ja (Zink-abtrag)	ja	nein	ja (Zink-abtrag)	nein	nein	nein	ja	ja (Zink-abtrag)
Stahl in Beton	ja	ja	ja	ja	ja	ja	ja	ja	ja
Stahl nichtrostend	ja	ja	ja	ja	ja	ja	ja	ja	ja
Stahl mit Bleimantel	ja	ja	bedingt (Blei-abtrag)	ja	nein	nein	ja	ja	ja
Stahl mit Kupfermantel	ja	ja	ja	ja	ja	ja	ja	ja	ja
Kupfer	ja	ja	ja	ja	ja	ja	ja	ja	ja
Kupfer verzinnt	ja	ja	ja	ja	ja	ja	ja	ja	ja
Kupfer verzinkt	ja (Zink-abtrag)	ja	ja (Zink-abtrag)	ja (Zink-abtrag)	ja (Zink-abtrag)	ja (Zink-abtrag)	ja (Zink-abtrag)	ja	ja (Zink-abtrag)
Kupfer mit Bleimantel	ja	ja	ja (Blei-abtrag)	ja	ja (Blei-abtrag)	ja (Blei-abtrag)	ja	ja	ja

Tabelle 4.6 Zusammenschließbarkeit von Erdern verschiedener Werkstoffe in Abhängigkeit vom jeweiligen Flächenanteil (Flächenverhältnisse $S_K/S_A > 100/1$)

Allgemein kann gesagt werden, daß der Werkstoff mit dem positiveren Potential als Katode wirkt, also nicht korrosionsgefährdet ist.
Somit verhalten sich in deckschichtbildenden Böden bei einem Zusammenschluß von Stahl (schwarz oder verzinkt) die Werkstoffe:

- Kupfer blank,
- Kupfer verzinnt,
- Kupfer oder Stahl mit Bleimantel,
- Bewehrungsstahl in Beton (auch Fundamenterder)

immer katodisch, es wirkt also der Stahl im Erdreich als Anode. Er ist damit korrosionsgefährdet.
Zu berücksichtigen ist, daß deckschichtbildende Böden überwiegend vorhanden sind. Ausnahmen sind aggressive Böden, z. B. Moorböden, schlackeartige Böden.

4.6.2 Zusammenschluß von verzinktem Bandstahl im Beton (Fundamenterder aus verzinktem Bandstahl) mit verzinkten Erdern im Erdreich

Mitunter werden Zusatzerder in Form von verzinkten Ringerdern oder verzinkten Staberdern außerhalb des Gebäudes im Erdreich verlegt und verzinkter Bandstahl im Beton (Fundamenterder) und verzinkter Erder im Erdreich dann leitend miteinander verbunden. Dies macht man z. B. in all den Fällen, in denen nachträglich eine Blitzschutzanlage installiert wird und Anschlußfahnen zum Anschluß der Ableitungen vom Fundamenterder nicht nach außen geführt worden sind. In diesen Fällen sind zusätzlich eigene Blitzschutzerder zu verlegen und mit dem Fundamenterder im Rahmen des Potentialausgleichs zu verbinden.
Da Metalle im Beton wegen dessen basischer Eigenschaft ein höheres Potential haben können als das gleiche Metall im Erdreich, kann demzufolge in manchen Fällen ein Korrosionsstrom zwischen dem als Katode wirkenden verzinkten Stahl im Beton (+) und dem als Anode wirkenden verzinkten Stahl im Erdreich (–) mit der Erdfeuchtigkeit als Elektrolyt entstehen, der zunächst die Zinkauflage der Erder im Erdreich aufzehrt und dann den Stahl angreift. Solche Korrosionen sind nach den bisherigen Erfahrungen nicht von schwerwiegender Bedeutung, weil die Spannung nur gering ist und das Flächenverhältnis der als Katode wirkenden Flächen des verzinkten Stahls im Beton zu den Flächen der als Anode wirkenden verzinkten Erder im Erdreich klein ist (siehe Abschnitt 4.3.8).

4.6.3 Zusammenschluß von schwarzem Stahl im Beton (Fundamenterder aus schwarzem Bandstahl, Bewehrung von Betonfundamenten) mit verzinkten Erdern im Erdreich

Solch ein Zusammenschluß kann aufgrund der unter Abschnitt 4.6.2 angeführten Gründe mitunter zwangsläufig nötig sein, ist aber auch durch andere Zwangsverbin-

dungen zwischen schwarzem Eisen im Beton und verzinkten Erdern im Erdreich gegeben.
Der schwarze Stahl im Beton bildet ebenfalls mit Erdern im Erdreich über die Elektrolyte des Erdreichs ein galvanisches Element. Er weist ein sehr hohes Potential auf (ähnlich wie Kupfer). Bei einem Zusammenschluß mit erdverlegten Anlagen aus Stahl in deckschichtbildenden Erdböden verhält sich schwarzer Stahl im Beton immer katodisch.
Die Spannung dieser Elemente liegt je nach Eigenschaft des Betons und des Erdreichs zwischen 0 mV und 500 mV. Bei einer metallenen Verbindung zwischen dem schwarzen Stahl im Beton und dem verzinkten Erder im Erdreich entsteht ein Korrosionsstrom, der den Erder im Erdreich zerstören kann. Verzinkte Erder im Erdreich sollten deshalb nicht mit der Stahlbewehrung von großen Betonfundamenten verbunden werden.
Mit der veränderten Bauweise – immer größere Stahlbetonfundamente und immer kleinere freie Stahlflächen im Erdreich (Gas- und Wasserrohrnetze aus Kunststoff, EVU-Kabel aus Kunststoff, Abwasserrohrnetze aus Kunststoff, immer weniger Straßenbahnschienen usw.) – gewinnt diese Korrosionserscheinung ständig an Bedeutung. Eine schädliche Elementbildung ist jedoch erst bei sehr kleinen freien Flächen von Stahl oder verzinktem Stahl im Erdreich (Anode S_A) gegenüber großen Flächen von Stahl im Beton (Katode S_K) zu erwarten (siehe Abschnitt 4.3.8). Nach den bisherigen Erfahrungen kommt eine derartige Korrosion im Erdreich nach Aufzehrung des Zinküberzugs im Gegensatz zum Fall im Abschnitt 4.6.2 nicht zum Stillstand. Vielmehr wird nach Aufzehrung der Zinkschicht der dann übrigbleibende Stahl oft sehr schnell vollständig aufgezehrt.
So ist z. B. in einem besonders kritischen Fall ein Bandstahl 30 mm × 3,5 mm, der als Ringerder um ein Hochhaus verlegt war und mit dessen Fundamentbewehrung Verbindung hatte, binnen zwei Jahren fast vollends zu Rost zerfallen.
Zur Abschätzung der wirksamen Oberfläche des schwarzen Stahls in Beton (Bewehrung), kann grob die wirksame Oberfläche der Bewehrung etwa mit der Fundamentoberfläche im Erdreich gleichgesetzt werden.
Verzinkter Stahl im Erdreich ist somit stets korrosionsgefährdet, wenn die Fundamentoberfläche mehr als 100mal größer ist als die Oberfläche des verzinkten Erders im Erdreich.
Im Erdreich liegende Erder und Erdungsleiter, die mit der Bewehrung von großen Stahlbetonfundamenten unmittelbar verbunden werden, sollten deshalb einen Bleimantel haben und nicht aus verzinktem Stahl bestehen (siehe Abschnitte 4.4.5 und 4.4.6). Die Teile des Bleimantels, die in Beton verlegt werden, sind wiederum wegen des stark alkalischen Verhaltens des Betons durch eine nicht Feuchtigkeit aufnehmende Umhüllung gegen Korrosion zu schützen (siehe Abschnitt 4.4.7).
Es ist wichtig, darauf hinzuweisen, daß das Bandeisen des Fundamenterders im Beton (verzinkt gemäß Abschnitt 4.6.2 oder schwarz gemäß Abschnitt 4.6.3) auch in das Flächenverhältnis Katode zu Anode eingeht. Wenngleich der Fundamenterder als Katode wirkt, so ist er mit seiner im Vergleich zu den anderen großen Flächen

von Stahl im Beton zu vernachlässigenden Fläche dabei aber unbedeutend. Ihm kann also kein erheblicher Beitrag zur Kontaktkorrosion angelastet werden.

4.6.4 Zusammenschluß von verzinktem Bandstahl im Beton (Fundamenterder aus verzinktem Bandstahl) mit der Bewehrung von Betonfundamenten (schwarzer Stahl)

Bei größeren Gebäuden, insbesondere bei Hochhäusern, werden die Betonfundamente von Stützen, Streifenfundamenten und Fundamentplatten mehr oder weniger stark mit schwarzem Stahl bewehrt.
Wird verzinkter Stahl als Fundamenterder verlegt und mit der Bewehrung verbunden, so ergibt diese Anordnung ein chemisches Element aus Stahl, Zink und feuchtem Beton als Elektrolyt. Die Spannung zwischen Stahl und Zink liegt dabei in der Größe von 500 mV bis 700 mV. Die metallene Verbindung zwischen schwarzem Stahl und verzinktem Stahl und die gute elektrische Leitfähigkeit des feuchten Betons bewirken einen verhältnismäßig starken Korrosionsstrom, der das Zink auflöst. Dieser Vorgang hört nach einigen Monaten auf, weil entweder das Zink restlos abgetragen ist oder weil der Beton so weit abgebunden hat, daß seine Feuchtigkeit weitgehend gebunden und sein Widerstand stark gestiegen ist. Beim Aufstemmen von Beton mit Bewehrung und eingelegten verzinkten Bandstählen hat man festgestellt, daß die Verzinkung nicht mehr vorhanden war. Allerdings finden nach der Entzinkung keine weiteren Korrosionen am Fundamenterderstahl mehr statt, so daß die Fundamenterder im Beton genausogut gegen äußere Einflüsse geschützt sind wie die Bewehrungsstähle. Voraussetzung ist hierbei, daß der Fundamenterder sachgemäß verlegt ist und demnach auch keine Verbindung mit Sauerstoff hat, der zur Eigenkorrosion führen könnte (siehe Abschnitt 4.2).

4.6.5 Zusammenschluß von schwarzem Bandstahl im Beton (Fundamenterder aus schwarzem Bandstahl) mit der Bewehrung von Betonfundamenten (schwarzer Stahl)

Dieser Zusammenschluß ist selbstverständlich völlig ungefährlich. Ein Korrosionselement entsteht nicht, weil es sich jeweils um schwarzen Stahl im Elektrolyten Beton handelt (siehe Abschnitt 4.6.4).

4.6.6 Zusammenschluß von Kupfer im Erdreich mit verzinktem oder schwarzem Stahl im Erdreich bzw. im Beton (z. B. Fundamenterder, Bewehrung von Betonfundamenten)

Blankes Kupfer hat in der Spannungsreihe der Normalpotentiale (siehe Abschnitt 4.3.2) ein sehr positives Potential. Gegenüber Zink und Eisen (Stahl) ist es deutlich positiver. Allein hieraus wäre zu schließen, daß das Kupfer als katodisch wirkende Elektrode bei einem Zusammenschluß dieser Metalle und gleichzeitigem Vorhan-

densein eines Elektrolyten die anodisch wirkende Elektrode aus verzinktem oder schwarzem Stahl in starkem Maße angreift. Auch die Betrachtung der Ruhepotentiale (siehe Abschnitt 4.3.3) führt zu diesem Schluß. So war die Fachwelt lange Zeit der Meinung, daß eine Verwendung von Kupfererdern erheblich korrosionsgefährdend auf andere, weniger edlere Metalle wirkt, z. B. Erder aus verzinktem Bandstahl, andere erdverlegte metallene Bauteile (Tanks, Rohrleitungen) und Konstruktionen, Fundamenterder im Beton, Armierungen im Betonbau.
Neuere Untersuchungsbefunde zeigen jedoch erfreulicherweise andere Ergebnisse. So konnte das im Jahre 1982 abgeschlossene Forschungsvorhaben „Verhalten von Erderwerkstoffen bezüglich der Korrosion", das vom Korrosionsinstitut Dr. Heim, Hilden, durchgeführt und von der Forschungsgemeinschaft für Hochspannungs- und Hochstromtechnik e. V. (FGH) betreut wurde, eindeutig die von Kupfer ausgehende Korrosionsgefährdung für andere Erder sowie Bauteile und -konstruktionen widerlegen.
Als wesentliches Ergebnis der Untersuchungen konnte gezeigt werden, daß sich verbleites, verzinntes und auch blankes Kupfer bei einem Zusammenschluß mit anderen erdverlegten Stahlproben innerhalb einer bei Korrosionserscheinungen üblichen Bandbreite annähernd gleich verhalten. Zwar wirken blankes Kupfer sowie verbleites und verzinntes Kupfer bei einem Zusammenschluß mit Stahl und Vorhandensein des Erdreichs als Elektrolyt in diesem elektrochemischen Element als Katode; es fließt dementsprechend auch ein Korrosionsstrom vom Stahl zum Kupfer. Jedoch sind aufgrund der leichten Polarisierbarkeit von blankem, verzinntem und verbleitem Kupfer die auftretenden Korrosionsströme nur sehr klein, so daß meist keine Korrosionsgefahr für den Stahl besteht. Voraussetzung ist aber, daß das blanke, verzinnte und verbleite Kupfer in nicht aggressivem Boden eingebettet ist, sich also Deckschichten bilden können (siehe Abschnitt 4.2).
Bei deckschichtbildenden Böden treten bei blankem, verzinntem und verbleitem Kupfer im Erdreich keine gefährlichen anodischen Elementstromdichten auf. Von diesen erdverlegten Materialien gehen folglich keine großen Korrosionsgefährdungen aus.
Als interessantes Ergebnis kann somit ebenfalls festgestellt werden, daß der Einsatz des häufig verwendeten Werkstoffs verzinntes Kupfer gegenüber der Verwendung von blankem Kupfer in elektrochemischer Hinsicht keine Vorteile bringt.
Selbstverständlich geht auch bei diesen Zusammenschlüssen, bei denen das blanke, verzinnte und verbleite Kupfer jeweils als Katode wirkt, die in Abschnitt 4.3.8 beschriebene Flächenregel ein. Für die anodische Elementstromdichte I_A in mA/m² gibt Heim für deckschichtbildendes Erdreich zur groben Abschätzung die Beziehung an:

$$\frac{I_\mathrm{A}}{\mathrm{mA/m^2}} = 4\,\frac{S_\mathrm{K}}{S_\mathrm{A}}.$$

Diese – wenn auch nur grobe – Abschätzung läßt erkennen, daß nur große katodisch wirkende Flächen blanken, verzinnten und verbleiten Kupfers eine Gefährdung darstellen.
Weil nun Kupfer in einem Korrosionselement katodisch wirkt, sind in einigen VDE-Bestimmungen, z. B. DIN VDE 0100 Teil 540:1991-11, wegen des oft schwer abzuschätzenden Ausmaßes der Korrosionsgefahr beim Zusammenschluß von ausgedehnten Erdern aus blankem oder verzinntem Kupfer oder Stahl mit Kupferummantelung mit unterirdischen Anlagen aus Stahl, z. B. Rohrleitungen und Behältern, Hinweise in der Form gegeben, daß möglichst keine metallene Verbindung vorhanden sein soll.
In DIN VDE 0185:1982-11 wird darauf hingewiesen, daß Blitzschutzerder möglichst nicht aus Kupfer oder aus Stahl mit Kupfermantel bestehen sollen. Ist dies jedoch unumgänglich, dann dürfen diese Erder nur über Trennfunkenstrecken mit den Rohrleitungen, Behältern aus Stahl oder Erdern aus verzinktem Stahl verbunden werden.
Kupfer – blank, verzinnt, verbleit – ist also selbst nicht korrosionsgefährdet. Die Korrosionswirkung auf andere erdverlegte Metalle, z. B. Erder aus verzinktem Bandstahl, und andere erdverlegte metallene Bauteile (Tanks, Rohrleitungen) ist entgegen bisherigen Meinungen relativ gering.

4.6.7 Zusammenschluß von Bleiummantelungen (z. B. Kupfer und Stahl mit Bleiummantelung) mit verzinktem und schwarzem Stahl im Erdreich

Bei einem solchen Zusammenschluß verhalten sich Kupfer und Stahl mit Bleiummantelungen in deckschichtbildenden Böden immer katodisch. Da Blei im Erdreich im Gegensatz zu Kupfer ein deutlich negativeres Potential hat – es entspricht etwa dem Wert von Stahl –, können sowohl Stahl als auch Kupfer mit Bleiummantelung relativ problemlos mit Erdern aus verzinktem Stahl und anderen erdverlegten Anlagen aus Stahl verbunden werden. Korrosion ist nicht in größerem Umfang zu erwarten.

4.7 Werkstoff und Mindestabmessungen von Erdern im Hinblick auf Korrosion (DIN VDE 0100 Teil 540:1991-11, Abschnitt 4.2, und DIN VDE 0151:1986-06, Abschnitt 3)

Eine elektrische Trennung anodisch wirkender Erder von anderen als Erder und Katode wirkenden Anlagen zur Verhinderung dieser Elementbildung ist nur selten möglich. Gerade heute strebt man den Zusammenschluß aller Erder auch mit anderen im Erdreich in Verbindung stehenden metallenen Anlagen an, um einen umfas-

Werkstoff		Form	Mindestmaße				
			Kern			Beschichtung/Mantel	
			Durchmesser in mm	Querschnitt in mm^2	Dicke in mm	Einzelwerte in µm	Mittelwerte in µm
Stahl	feuerverzinkt[1]	Band[3]		100	3	63	70
		Profil		100	3	63	70
		Rohr	25		2	47	55
		Rundstab für Tiefenerder	20			63	70
		Runddraht für Oberflächenerder	10[7]				50[5]
	mit Bleimantel[2]	Runddraht für Oberflächenerder	8			1000	
	mit Kupfermantel	Rundstab für Tiefenerder	15			2000	
	elektrolytisch verkupfert	Rundstab für Tiefenerder[6]	17,3			254	300
Kupfer	blank	Band		50	2		
		Runddraht für Oberflächenerder		35			
		Seil	1,8 Einzeldraht	35			
		Rohr	20		2		
	verzinnt	Seil	1,8 Einzeldraht	35		1	5
	verzinkt	Band[4]		50	2	20	40
	mit Bleimantel[2]	Seil	1,8 Einzeldraht	35		1000	
		Runddraht		35		1000	

1) verwendbar auch für Einbettung in Beton
2) nicht für unmittelbare Einbettung in Beton geeignet
3) Band in gewalzter Form oder geschnitten mit gerundeten Kanten
4) Band mit gerundeten Kanten
5) bei Verkürzung im Durchlaufbad zur Zeit fertigungstechnisch nur 50 µm herstellbar
6) entsprechend UL 467 „Standard for Safety-Grounding and Bonding Equipment", ANSI C33.8-1972
7) bei Fernmeldeanlagen der Deutschen Telekom AG 8 mm Durchmesser

Tabelle 4.7 Werkstoffe für Erder und ihre Mindestmaße bezüglich Korrosion und mechanischer Festigkeit (Werte entsprechen Tabelle 1 aus DIN VDE 0151:1986-06)

senden Potentialausgleich zu erhalten (siehe Kapitel 2). Daher bleibt nur noch der Weg, die Korrosionsgefahr durch die Wahl geeigneter Erderwerkstoffe zu vermeiden bzw. zu verringern.
Zur Erzielung einer ausreichenden Lebensdauer müssen wegen der zwangsläufigen Abtragungen durch Korrosionserscheinungen daher Werkstoffmindestabmessungen eingehalten werden. DIN VDE 0100 Teil 540:1991-11 und auch DIN VDE 0151:1986-06 weisen darauf hin, daß der anzuwendende Werkstoff und die Ausführung von Erdern so ausgewählt werden müssen, daß sie die zu erwartenden Korrosionseinflüsse berücksichtigen. In den Erläuterungen zu dieser Forderung von DIN VDE 0100 Teil 540:1991-11 werden in einer auf Aussagen von DIN VDE 0151:1986-06 basierenden Tabelle Mindestabmessungen für Erder aufgeführt (**Tabelle 4.7**).
Unter der Voraussetzung, daß eine annähernd gleichmäßige Verteilung der Stromdichte vorliegt, läßt sich aus dem Vergleich zwischen Linearabtrag und der gewählten Materialstärke des Erders, z. B. nach Tabelle 4.7, die Lebensdauer des Erders grob abschätzen. Richtwerte für den Linearabtrag nach einem Jahr sind in Tabelle 4.3 für die üblicherweise vorkommenden Erderwerkstoffe angegeben. Die Richtwerte beziehen sich auf eine Korrosionsstromdichte an der Anode von 1 mA/dm^2.
Zu beachten ist, daß mit einer gleichmäßigen Stromdichte meistens in der Praxis nicht gerechnet werden kann. An Stellen mit örtlich erhöhten Werten bildet sich dann infolge deutlich größerer Korrosionsgeschwindigkeit der sogenannte Lochfraß. Die Geschwindigkeit der Korrosion bei Lochfraß läßt sich in der Praxis nur sehr schwer abschätzen.
Von Bedeutung ist in diesem Zusammenhang auch der Hinweis in DIN VDE 0100 Teil 540:1991-11, daß bei der Planung von Erdungsanlagen ein mögliches Ansteigen des Erdungswiderstands der Erder durch Korrosion zu berücksichtigen ist.

4.8 Streustromkorrosion (DIN VDE 0150:1983-04)

Nicht unbedeutend ist auch die Streustromkorrosion. Hierbei handelt es sich um eine besondere Art der elektrolytischen Korrosion, und zwar in Form einer Zerstörung eines in einem Elektrolyten liegenden Metalls durch Streuströme (vagabundierende Gleichströme). Diese gefährlichen Streuströme treten auf, wenn z. B. wegen mangelnder oder fehlerhafter Isolierung in Gleichstromanlagen ein Kriechstrom den Betriebsstromkreis der elektrischen Anlage verläßt und im Elektrolyten weiterfließt. Der Streustrom kann dann metallene, nicht zum Stromführen bestimmte Leiter benutzen und verursacht bei seinem Austritt aus diesen Leitern in den Erdboden Streustromkorrosion. Die Ein- und Austrittsstellen können sehr weit auseinander liegen.
Zu den Gleichstromanlagen, die durch Streuströme Schäden verursachen können, gehören z. B.:

- Fahrschienen von gleichstrombetriebenen Bahnen, die zum Leiten des Stroms benutzt werden,
- Gleichstromschweißanlagen,
- Oberleitungsomnibusanlagen, bei denen mehr als eine leitende Verbindung eines Pols mit Erde oder mit dem Rückleiter einer Schienenbahn besteht,
- Gleichstromnetze und Gleichstrom-Industrieanlagen,
- Gleichstrom-Fernmeldenetze,
- Anlagen für Hochspannungs-Gleichstrom-Übertragung (HGÜ),
- Korrosionsschutzanlagen (Fremdstromanlagen, Streustromableitungen und Streustromabsaugungen),
- Elektrolyseanlagen,
- nicht geerdete Gleichstromanlagen.

Beispiele für streustromgefährdete metallene Anlagen und Teile sind:
- stromführende Erder von Gleichstromanlagen,
- metallene Erdtanks und andere metallene, erdverlegte Lagerbehälter,
- Kabelmäntel, Kabelbewehrungen,
- metallene Rohrleitungen,
- andere Metallteile in der Nähe von Straßenbahnen,
- Lager von Gleichstromschienen.

4.9 Streustromschutzverfahren (DIN VDE 0150:1983-04, Abschnitt 4)

4.9.1 Allgemeines

Bei einer Streustrombeeinflussung ist durch entsprechende Korrosionsschutzmaßnahmen ein Schutz gegen Streustromkorrosion erforderlich. Ein wirksames Mittel gegen Streustromkorrosion stellen Maßnahmen im Rahmen des katodischen Korrosionsschutzes dar. Solche Maßnahmen wirken in erster Linie gegen Streustromkorrosion. Gleichzeitig kann aber auch durch die Maßnahmen gegen Streustromkorrosion ein teilweiser oder sogar vollständiger Schutz gegen Korrosion durch aggressives Erdreich (chemische Korrosion) und Elementbildung (elektrochemische Korrosion) bewirkt werden.
Die Wirkungsweise von katodischen Korrosionsschutzverfahren gegen Streustromkorrosion besteht darin, den Stromaustritt aus den zu schützenden metallenen Anlagen in das Erdreich zu verhindern, indem sie die Streuströme über eine metallene Verbindung von der zu schützenden Anlage zurückführen.
Der Schutz gegen Streustromkorrosion ist immer dann erreicht, wenn das Potential der zu schützenden Anlage gleich oder negativer als das Potential ohne Streustromeinfluß ist. Kurzzeitige Spitzenwerte sind dabei ausgenommen. Um den Aufwand für die Korrosionsschutzmaßnahmen herabzusetzen und eine Beeinflussung be-

nachbarter Anlagen zu verringern, ist auch beim Anwenden des katodischen Schutzes gegen Streuströme eine gute Außenumhüllung der zu schützenden Anlage zweckmäßig. Rohrleitungen und Kabelmäntel müssen durchgehend elektrisch leitfähig sein. Gegebenenfalls sind einzelne, isolierend wirkende Muffen- oder Flanschverbindungen zu überbrücken.

4.9.2 Streustromableitung (Drainage)

4.9.2.1 Allgemeines

Unter Streustromableitung ist die Ableitung von Streuströmen aus streustromgefährdeten Anlagen über eine metallene Verbindung zu den Punkten der störenden Anlage zu verstehen, die ein negatives Potential gegen den umgebenden Elektrolyten haben, z. B. bei Straßenbahnschienen oder Minussammelschienen von Gleichrichterwerken.

Zu unterscheiden sind die unmittelbare Streustromableitung und die gerichtete oder polarisierte Streustromableitung.

4.9.2.2 Unmittelbare Streustromableitung

Bei der unmittelbaren Streustromableitung (**Bild 4.9**) handelt es sich um die Ableitung von Streuströmen über eine Kabelverbindung (Streustromrückleiter) von der gefährdeten Anlage zu stets negativen Punkten der die Streuströme erzeugenden Anlage, gegebenenfalls auch über einen einstellbaren Widerstand in dem Streustromrückleiter oder der Rückleitung zum Einstellen des Potentials der zu schützenden Anlage. Sie soll nur durchgeführt werden, wenn sichergestellt ist, daß das Potential des Anschlußpunkts an der störenden Anlage mit Ausnahme kurzzeitiger Spitzenwerte stets negativ gegenüber dem umgebenden Elektrolyten (Erdreich) ist und keine Streustromumkehr in dem Streustromrückleiter auftritt.

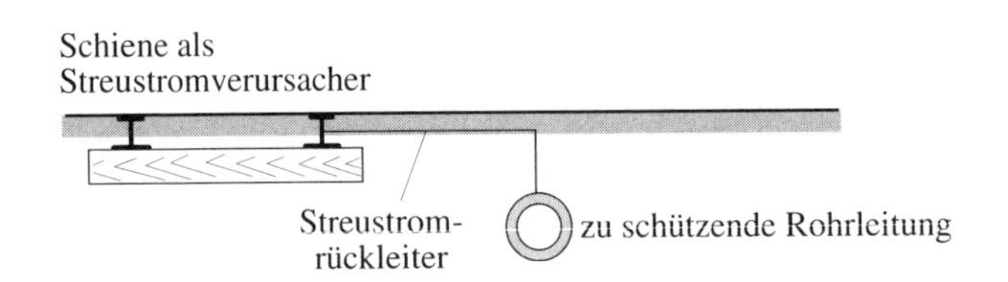

Bild 4.9 Katodischer Korrosionsschutz durch unmittelbare Streustromableitung

4.9.2.3 Gerichtete Streustromableitung

Die gerichtete oder polarisierte Streustromableitung (**Bild 4.10**) ist dagegen die Ableitung von Streuströmen über eine Kabelverbindung wie bei der unmittelbaren Streustromableitung, jedoch mit einem stromrichtungsabhängigen Glied, z. B.

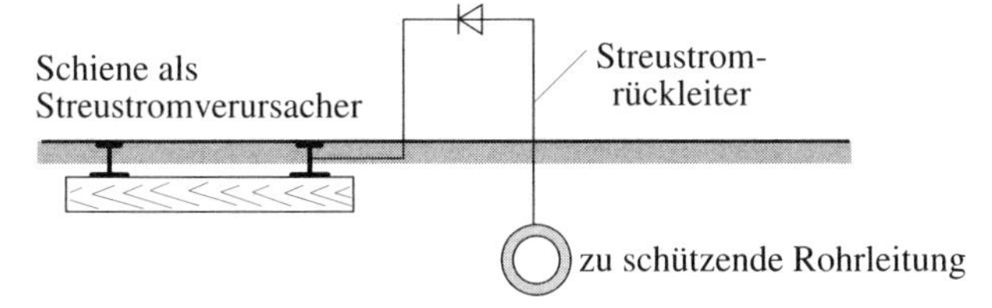

Bild 4.10 Katodischer Korrosionsschutz durch gerichtete (polarisierte) Streustromableitung

Gleichrichterzellen, durch das eine Stromumkehr im Streustromrückleiter verhindert wird. Die gerichtete Streustromableitung gestattet somit eine größere Freizügigkeit in der Wahl des Anschlußpunkts des Streustromrückleiters an die störende Anlage, da eine Stromumkehr nicht möglich ist.

4.9.3 Streustromabsaugung (Soutirage)

Bei der Streustromabsaugung (**Bild 4.11**) handelt es sich um eine erzwungene Streustromableitung, bei der im Streustromrückleiter eine Gleichstromquelle liegt. Durch sie wird an der gefährdeten Anlage auch dann ein negatives Potential gegenüber dem umgebenden Elektrolyten (Erdreich) erzwungen, wenn dies allein durch die Ableitung der Streuströme nicht erreicht wird. Die Streustromabsaugung ist immer dann zweckmäßig, wenn die unmittelbare oder die gerichtete Streustromableitung nicht genügt. Unnötig starke Potentialabsenkungen an der zu schützenden Anlage sind zu vermeiden, um benachbarte Anlagen nur geringfügig zu beeinflussen. Hierzu werden deshalb potentialregelnde Schutzstromgeräte verwendet.

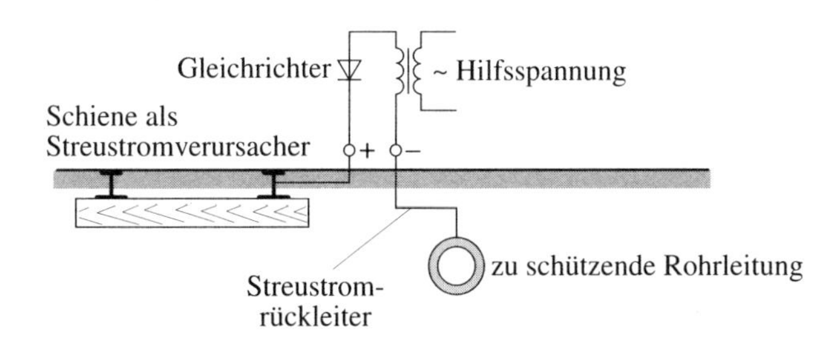

Bild 4.11 Katodischer Korrosionsschutz durch Streustromabsaugung (Soutirage)

4.9.4 Fremdstromanlage

Fremdstromanlagen (**Bild 4.12**) werden für den katodischen Korrosionsschutz eingesetzt, wenn der Abstand von einem für die Streustromrückleitung geeigneten Punkt der störenden Anlage zu groß ist und die elektrolytische Spannungsdifferenz zwischen Anode und Katode nicht ausreicht (siehe Abschnitt 4.3). Auch hier können – wie bei der Streustromabsaugung – potentialregelnde Schutzstromgeräte verwendet werden. Die Fremdstromanlage ist dabei eine Anlage, die zum Erzeugen des Schutzstroms für den katodischen Korrosionsschutz dient. Sie besteht aus einer Gleichstromquelle, den Fremdstromanoden und den erforderlichen Kabelverbindungen. Meist wird der Gleichstrom mit Hilfe von Gleichrichtern erzeugt, die aus dem öffentlichen Netz gespeist werden. Der negative Pol des Gleichrichters wird mit der zu schützenden Anlage, der positive Pol mit den in den Elektrolyten (Erdreich) eingebrachten Fremdstromanoden verbunden. Dadurch, daß der Gleichstrom der fremden Spannungsquelle vom Elektrolyten in die zu schützende metallene Anlage übertritt, wird sie zur Katode und ist geschützt.

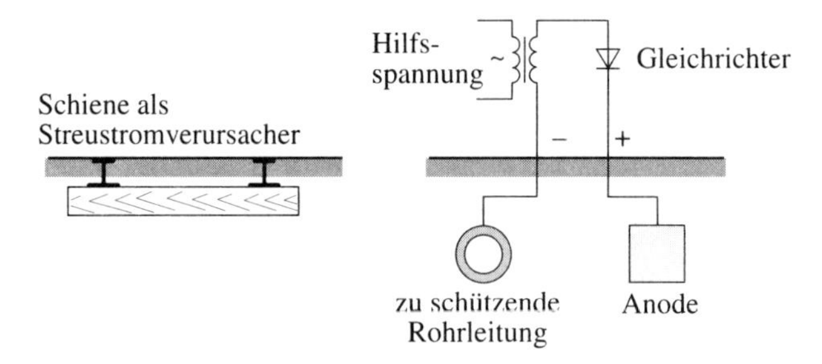

Bild 4.12 Katodischer Korrosionsschutz durch Fremdstromanlage

4.9.5 Galvanische Anoden

Eine sehr einfache Maßnahme des katodischen Korrosionsschutzes stellt der Einsatz galvanischer Anoden dar. Hierbei wird die zu schützende, bisher anodisch wirkende, erdverlegte metallene Anlage mit einer im Elektrolyten (Erdreich) eingebrachten Anode verbunden (**Bild 4.13**). Die Anode ist dabei eine Elektrode, die aus einem unedleren Metall als die zu schützende Anlage besteht, z. B. Magnesium, Magnesiumlegierung, Zink. Somit hat die Anode im Vergleich zur erdverlegten metallenen Anlage ein negativeres Potential. Der Schutzstrom wird durch die natürliche Potentialdifferenz zwischen dem unedleren Anodenmetall und der zu schützenden Anlage erzeugt. Die ursprünglich anodisch wirkende Anlage wird zur Katode. Sie bleibt darum vor Korrosion geschützt. Die korrosive Schädigung wird auf die „neue“ Anode

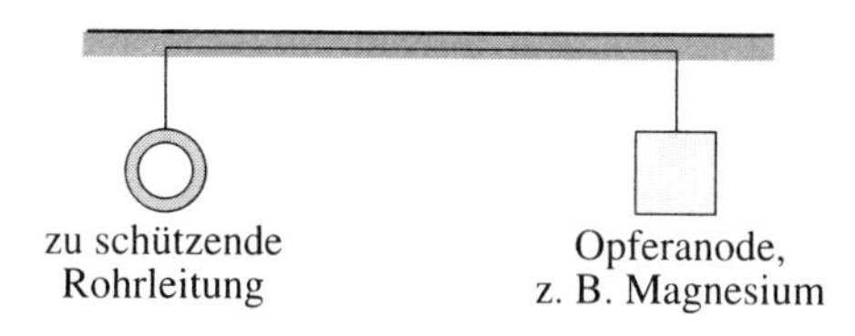

Bild 4.13 Katodischer Korrosionsschutz durch galvanische Anode

verlagert. Da sie geopfert wird, nennt man sie auch Opferanode. Sie muß deshalb in regelmäßigen Zeitabständen erneuert werden.
Für den Schutz gegen Streuströme aus Gleichstrombahnen ist der Katodenschutz mit Opferanoden im allgemeinen nicht geeignet. Verwendung findet er häufig bei Rohrleitungen im Erdreich, im Tankanlagenbau sowie beim Schutz von Heizkesseln und Wärmetauschern.

4.10 Literatur

DIN 1045:1988-07	Beton und Stahlbeton; Bemessung und Ausführung; Beuth-Verlag, Berlin
DIN 30 672:1979-08	Korrosionsschutzbinden und Schrumpfschläuche; Umhüllungen aus Korrosionsschutzbinden und Schrumpfschläuchen für erdverlegte Rohrleitungen; Beuth-Verlag, Berlin
DIN 50 976:1980-03	Korrosionsschutz; Durch Feuerverzinken auf Einzelteile aufgebrachte Überzüge, Anforderungen und Prüfungen; Beuth-Verlag, Berlin
DIN VDE 0100-200 VDE 0100 Teil 200:1993-11	Errichten von Starkstromanlagen mit Nennspannungen bis 1 000 V; Begriffe; VDE-VERLAG, Berlin
DIN VDE 0100-540 VDE 0100 Teil 540:1991-11	Errichten von Starkstromanlagen bis 1000 V; Auswahl und Errichtung elektrischer Betriebsmittel; Erdung, Schutzleiter, Potentialausgleichsleiter; VDE-VERLAG, Berlin
DIN VDE 0141 VDE 0141:1989-07	Erdungen für Starkstromanlagen mit Nennspannungen über 1 kV; VDE-VERLAG, Berlin
DIN VDE 0150 VDE 0150:1983-04	Schutz gegen Korrosion durch Streuströme aus Gleichstromanlagen; VDE-VERLAG, Berlin

DIN VDE 0151 VDE 0151:1986-06	Werkstoffe und Mindestmaße von Erdern bezüglich der Korrosion; VDE-VERLAG, Berlin
DIN VDE 0185 VDE 0185:1982-11	Blitzschutzanlagen; Allgemeines für das Errichten; VDE-VERLAG, Berlin
DIN VDE 0190 VDE 0190: 1986-05 (zurückgezogen 1991-11)	Einbeziehen von Gas- und Wasserleitungen in den Hauptpotentialausgleich von elektrischen Anlagen; VDE-VERLAG, Berlin

AfK-Empfehlung Nr. 9: Lokaler kathodischer Korrosionsschutz von unterirdischen Anlagen in Verbindung mit Stahlbetonfundamenten. Wirtschafts- und Verlagsgesellschaft Gas und Wasser mbH, Bonn.

Hasse, P.: Erdung von Blitzschutzanlagen – Werkstoffe und Mindestmaße unter besonderer Berücksichtigung der Korrosion. elektro handel 22 (1977) H. 7, S. 582 – 591.

Hasse, P.; Wiesinger, J.: Handbuch für Blitzschutz und Erdung. München: Pflaum-Verlag, Berlin & Offenbach: VDE-VERLAG, 1993.

Heim, G.: Korrosionsverhalten von Erderwerkstoffen. Elektrizitätswirtschaft (1982) H. 25, S. 875 – 884; VWEW-Verlag, Frankfurt a. M.

Heim, G.: Korrosionsverhalten von feuerverzinkten Bandstahl-Erdern. Technische Überwachung (1977) H. 7 – 8, VDI-Verlag, Düsseldorf.

Hering, E.: Betrachtungen über den Potentialausgleich. Elektropraktiker 37 (1983) H. 11, S. 387 – 391; Verlag Technik GmbH, Berlin.

Hering, E.: Lösung der Korrosionsprobleme beim Zusammenschluß erdverlegter metallener Anlagen mit Fundamenterdern, Teile 1 und 2. Elektropraktiker 38 (1984) H. 11, S. 383 – 388; H. 12, S. 407 – 409; Verlag Technik GmbH, Berlin.

Mierdel, G.: Elektrophysik – Hochschullehrbuch für Elektrotechniker. Heidelberg: Hüthig-Verlag.

Müller, K. P.; Wilhelm, W.: Korrosion von Erdungsanlagen. Elektrizitätswirtschaft (1991) H. 18; VWEW-Verlag, Frankfurt a. M.

Paul, H. U.: Korrosion von Erdungsanlagen und korrosive Beeinflussung. Elektrizitätswirtschaft (1987) H. 4, S. 120 – 123; VWEW-Verlag, Frankfurt a. M.

Pohl, J.: Maßnahmen für den Korrosionsschutz von unterirdischen Anlagen der Stromversorgungsunternehmen. ETZ-A Elektrotech. Z. 96 (1975) H. 8, S. 323 – 327; VDE-VERLAG, Berlin & Offenbach.

Rieger, G.: Richtlinie für den kathodischen Korrosionsschutz von unterirdischen Tanks und Betriebsrohrleitungen aus Stahl – Kommentar; Verlag TÜV Rheinland.

Rudolph, W.: Allgemeine Bestimmungen für Erder, Erdungen und Potentialausgleich. Der Elektriker/Der Energieelektroniker (1992) H. 7 – 8, S. 186 – 193, VWEW-Verlag, Frankfurt a. M.

Vögtli, K.: Betoneisen, eine immer häufigere Korrosionsursache. Technische Mitteilungen PTT (1973) H. 11, S. 502 – 519; herausgegeben von den Schweiz. Post-, Telephon- und Telegraphenbetrieben.

Völker, H.: Elektrochemische Korrosion an Bauteilen von Niederspannungsversorgungsnetzen. Elektrizitätswirtschaft (1984) H. 7, S. 330 – 332; VWEW-Verlag, Frankfurt a. M.

Stichwortverzeichnis

B

C

D

E

F

G

H

I

J

K

L

M

N

O

P

Q

R

T

U

Z